JN303510

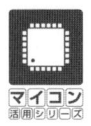

R8C/Tinyマイコン・リファレンス・ブック

R8C/Tiny microcomputer reference book

新海栄治 編著

**R8C/TinyのCPUアーキテクチャ,
R8C/14〜R8C/17の内蔵周辺機能を詳細解説**

CQ出版社

はじめに

「マイコン(マイクロコンピュータ)」という言葉を最新の国語辞典(大辞林)で引くと「中央処理装置や記憶装置などを，1個から数個のLSI チップによって実現した，ごく小型のコンピュータ．マイコン」と出ています．

また，「パソコン(パーソナル・コンピュータ)」は「事務所や家庭などで，個人の利用を目的としたマイクロコンピュータ．パソコン．PC」です．「マイコン」と「パソコン」の定義はいまだに混同して使われる場合も多いようです．

しかし，「マイコン」と言えば「組み込み用途に用いられる，中央処理装置や記憶装置などを，1個のLSIチップによって実現した小型のコンピュータ．マイコン」と定義してもよい時代に来ているのではないでしょうか．現在のパソコンはもはや「マイクロ…」と呼ぶにはふさわしくないように思えます．使用されるCPUも固有名詞で「…プロセッサ」，または単に「CPU」と呼ばれています．

元来「マイクロコンピュータ」という言葉は，汎用大型コンピュータ全盛の時代，その対極にあるLSI化された極小のコンピュータという意味で名付けられました．その中間には現在ではもう死語となった「ミニコン(ミニコンピュータ)」というものがあり，さまざまな制御機械のCPUとして使用されていました．ある意味，組み込み用途のマイコンは「ミニコン」の発展形と言えるかもしれません．今ではマイコンが使われていない機器を探すことが難しいほど，「マイクロ」の名にふさわしく，目に見えないところで，さまざまな形で我々の生活を支えています．

マイコンを使った機器開発も，企業の技術者や大学などの研究者の方のみならず，趣味でロボット開発をされているようなアマチュア技術者の方も増えています．しかし，組み込みマイコンはさまざまな半導体メーカから発売されているにもかかわらず，店頭や通信販売などでアマチュアの方が手に入れることのできるものはまだ限られています．

本書で取り上げているR8C/Tinyマイコンは，組み込み用途向けに開発された高性能16ビットCPUと最新のフラッシュ・メモリ技術，そして豊富な周辺機能を特徴としたルネサス テクノロジの最新マイコン・シリーズで，幅広い用途に，そしてアマチュアの方も含めて幅広い方々に使っていただけるマイコンです．

本書は1人でも多くの方にR8C/Tinyマイコンに触れていただきたく，このような方々の手助けになることを目的としています．組み込み用途のマイコンは時代の要求に即した性能と機能が求められます．本書では，R8C/Tinyマイコンを通して最新の組み込み用途マイコンの可能性を認識いただき，さらに具体的な使いかたを理解することで，マイコンを使ったもの作りの夢を広げていただけたらと願っております．これからマイコンを学ぶ方からエキスパートの方まで，本書がもの作りの夢を実現する一助となれば幸甚です．

最後になりましたが，本書の出版の機会を与えていただいたCQ出版社 寺前裕司氏他，関係者各位に，深く感謝申し上げます．

2005年7月
著者しるす

CONTENTS

はじめに ·· 3

[第1章] TinyマイコンにおけるR8C/Tinyの位置付け ─────── 13

1-1 簡単便利なTinyマイコン ·· 13
■ Tinyマイコンの条件 ··· 13
16ビット以上のCPUであること──13
フラッシュ・メモリが内蔵されていること──14
応用システムを簡略化できる周辺機能が内蔵されていること──14
低価格で使いやすいプログラム開発環境がサポートされていること──14
インターネット(ウェブ)での技術サポートが充実していること──14
■ R8C/Tinyシリーズの特徴 ··· 14
処理能力の高いR8Cコア──14
フラッシュ・メモリ内蔵版のみでの製品展開──15
機能凝縮により応用システムでの外付け部品を削減──15
少ピンでも最大の有効端子数──16
安全設計──16

1-2 R8C/Tinyシリーズの製品例 ·· 16
■ R8C/Tiny各グループの製品仕様 ·· 16
32ピン版R8C/10～R8C/13グループ──16
20ピン版R8C/14～R8C/17グループ──17

[第2章] 組み込みマイコンとしてのR8C/Tiny ───────── 19

2-1 開発の背景 ·· 19
2-2 アドレス空間 ·· 20
2-3 レジスタ ·· 20
2-4 命令フォーマットとアドレッシング・モード ······································· 24
2-5 データ・タイプ ··· 29
■ 基本データ ··· 29
■ ビットを扱う命令 ·· 30
■ そのほかのデータ形式 ·· 30
2-6 高機能命令 ·· 34
2-7 割り込み ··· 35

Column…2-1　再帰呼び出しとスタック・フレーム ·······································22
Column…2-2　リエントラント・プログラムとスタティック・ベース・レジスタ ··24
Column…2-3　マスカブル割り込みのしくみ ···26
Column…2-4　符号付き整数の除算について ···31
Column…2-5　ストリング命令の情報はなぜレジスタに設定するか ···············33

Column…2-6　シングル・ステップ割り込み…………………………………………………36

[第3章] R8C/Tinyシリーズのアーキテクチャ ——————— 39

3-1　アドレス空間……………………………………………………………………………39
■ 固定領域と内部RAM，ROMの展開 ………………………………………42
SFR領域——42
固定割り込みベクタ・テーブル——42
内部RAM，ROMの展開——42
データ・フラッシュとは——42

3-2　メモリおよびレジスタ上のデータ配置 ………………………………………42
エンディアン——42

3-3　4種類のデータ・タイプ ………………………………………………………43
■ 整数 …………………………………………………………………………43
■ 10進データ …………………………………………………………………43
■ ストリング・データ ………………………………………………………43
■ ビット ………………………………………………………………………44
レジスタのビット——45
メモリのビット——45

3-4　レジスタの構成…………………………………………………………………46
■ 全体のレジスタ構成 ………………………………………………………46
■ データ・レジスタ(R0，R0H，R0L，R1，R1H，R1L，R2，R3) …………47
■ アドレス・レジスタ(A0，A1) ……………………………………………47
■ フレーム・ベース・レジスタ(FB) ………………………………………47
■ スタティック・ベース・レジスタ(SB) …………………………………47
■ プログラム・カウンタ(PC) ………………………………………………47
■ 割り込みテーブル・レジスタ(INTB) ……………………………………47
■ ユーザ・スタック・ポインタ(USP)と割り込みスタック・ポインタ(ISP) ……47
■ フラグ・レジスタ(FLG) …………………………………………………48
ビット0：キャリ・フラグ(Cフラグ)——48
ビット1：デバッグ・フラグ(Dフラグ)——48
ビット2：ゼロ・フラグ(Zフラグ)——48
ビット3：サイン・フラグ(Sフラグ)——48
ビット4：レジスタ・バンク指定フラグ(Bフラグ)——48
ビット5：オーバーフロー・フラグ(Oフラグ)——49
ビット6：割り込み許可フラグ(Iフラグ)——49
ビット7：スタック・ポインタ指定フラグ(Uフラグ)——49
ビット12～14：プロセッサ割り込み優先レベル(IPL)——49

3-5　割り込みの種類と動作…………………………………………………………49
■ 割り込みの種類 ……………………………………………………………49
未定義命令(UND命令)割り込み——50
オーバーフロー(INTO命令)割り込み——52
BRK命令割り込み——52
INT命令割り込み——52
ウォッチ・ドッグ・タイマ割り込み——52
発振停止検出割り込み——52
電圧監視2割り込み——52

シングル・ステップ割り込み，アドレス・ブレーク割り込み──52
アドレス一致割り込み──52
周辺機能割り込み──53
■ 割り込みベクタ・テーブルとは …………………………………………………………53
可変ベクタ──53
■ 割り込みの優先順位 ………………………………………………………………………55
■ 周辺機能割り込みの優先順位の決めかた ……………………………………………55
■ 割り込み受け付け条件 ……………………………………………………………………56
■ 割り込み受け付けタイミング ……………………………………………………………57
■ 割り込み受け付け後の動作 ………………………………………………………………57
割り込みシーケンス──57
FLGレジスタとスタックの状態──60
■ 割り込みからの復帰方法 …………………………………………………………………60
■ 多重割り込み受け付け方法 ………………………………………………………………61
■ 割り込み使用上の注意事項 ………………………………………………………………62
00000h番地の読み出しについて──62
スタック・ポインタ(ISP，USP)の設定について──64
割り込み発生要因の変更について──64
割り込み制御レジスタの変更に関する注意点──65
　　　Column…**3-1**　ソフトウェア割り込み（INTO命令，UND命令，BRK命令）
　　　　　　　　　 の使用例 …………………………………………………………………50
　　　Column…**3-2**　INTBレジスタの有効性 …………………………………………54
　　　Column…**3-3**　レジスタ・バンクの活用方法 …………………………………59
　　　Column…**3-4**　なぜスタック・ポインタが2本あるのか …………………60
　　　Column…**3-5**　R8C/Tiny-H8/300H用語の比較一覧 …………………………64

[第4章] アドレッシングと命令セットの特徴 ─────── 67

4-1　アドレッシング・モードの特徴 ……………………………………………………67
　　　■ 一般命令アドレッシング ………………………………………………………………67
アドレス・レジスタ間接/アドレス・レジスタ相対アドレッシング──70
SB相対/FB相対アドレッシング──72
　　　■ 特定命令アドレッシング ………………………………………………………………72
　　　■ ビット命令アドレッシング ……………………………………………………………73
4-2　命令の記述規則 …………………………………………………………………………79
構文1──79
構文2──79
4-3　R8C/Tinyの特徴的な命令 ……………………………………………………………80
　　　■ 転送命令 …………………………………………………………………………………80
MOV命令──80
4ビット転送命令──80
条件ストア命令──81
ストリング命令──81
実効アドレス転送命令──83
複数レジスタの退避，復帰──83
メモリおよび即値のプッシュ──83
10進加算，10進減算命令──83

■ 演算命令 ………………………………………………………………… 84
　積和演算命令──84
　シフト命令──85
■ 分岐命令 ………………………………………………………………… 85
　条件分岐命令──85
　間接分岐，間接サブルーチン・コール命令──86
　加算/減算＆条件分岐命令──87
■ ビット命令 ……………………………………………………………… 87
　ビット・テスト命令──87
　条件ビット転送命令──88
■ その他，専用命令 ……………………………………………………… 89
　スタック・フレームの構築，解除命令──89
　タスク・コンテキストの退避，復帰命令──89
4-4　命令キュー・バッファ ………………………………………………… 90
　Column…4-1　SB相対アドレッシング使用方法 ………………………… 71
　Column…4-2　スタック・フレームとFBレジスタの関係 ………………… 72

[第5章] R8C/14～R8C/17の概要とクロック発生回路，リセット機能の詳細 ── 93

5-1　概要 …………………………………………………………………… 93
　■ ブロック図とピン配置，端子の機能 ………………………………… 93
5-2　クロック発生回路 …………………………………………………… 96
　■ メイン・クロック ……………………………………………………… 97
　■ オンチップ・オシレータ・クロック ………………………………… 99
　　低速オンチップ・オシレータ・クロック──99
　　高速オンチップ・オシレータ・クロック──99
　■ CPUクロックと周辺機能クロック …………………………………… 101
　　システム・クロック──101
　　CPUクロック──101
　　周辺機能クロック(f1, f2, f4, f8, f32)──102
　　fRING, fRING128──102
　　fRING-fast──102
　　fRING-S──102
　■ クロックの選択方法 ………………………………………………… 103
　　メイン・クロックの選択方法
　　〔オンチップ・オシレータ・モード→中速(8分周)モードの場合〕──104
　　オンチップ・オシレータの選択方法──104
　　システム・クロック制御レジスタのその他のビット──108
　■ パワー・コントロール ……………………………………………… 109
　　通常動作モード──109
　　ウェイト・モード──110
　　ストップ・モード──110
　　ウェイト・モードへ移行する方法──111
　　ウェイト・モードから復帰する方法──112
　　ストップ・モードへ移行する方法──113
　　ストップ・モードから復帰する方法──115

■ 発振停止検出機能とその使いかた ……………………………………………………………115
発振停止検出割り込みの利用方法──117
発振停止検出機能使用時の注意点──117
5-3 リセット機能 ………………………………………………………………………………117
■ リセットの種類 …………………………………………………………………………117
ハードウェア・リセット──117
パワーONリセット機能──119
電圧監視1リセット──120
電圧監視2リセット──120
ウォッチ・ドッグ・タイマ・リセット──120
ソフトウェア・リセット──121
■ リセット・シーケンス ……………………………………………………………………121
■ リセット後の状態 …………………………………………………………………………122

[第6章] R8C/14～R8C/17の電圧検出回路，プロテクト機能，プログラマ入出力ポートの詳細 ── 123

6-1 電圧検出回路 ……………………………………………………………………………123
■ 電圧監視1リセット ………………………………………………………………………126
ディジタル・フィルタの使用について──126
■ 電圧監視2割り込みと電圧監視2リセット ………………………………………………127
ディジタル・フィルタの使用について──129
電圧監視2割り込みモード時のV_{CC}入力電圧のモニタについて──130
6-2 プロテクト機能 …………………………………………………………………………131
プロテクト対象レジスタ──132
6-3 プログラマブル入出力ポート …………………………………………………………132
■ 使用するレジスタと設定方法 ……………………………………………………………133
使用するレジスタ──133
設定方法と使いかた──136
周辺機能の入出力端子として使用する場合──137
未使用端子の処理──137
■ プルアップ制御レジスタ …………………………………………………………………137
■ ポートの駆動能力制御 ……………………………………………………………………138

[第7章] R8C/14～R8C/17のタイマX，タイマZ，タイマCの詳細 ── 141

7-1 タイマX ……………………………………………………………………………………142
■ タイマ・モードとその使いかた …………………………………………………………144
■ パルス出力モードとその使いかた ………………………………………………………147
■ イベント・カウンタ・モードとその使いかた …………………………………………147
■ パルス幅測定モードとその使いかた ……………………………………………………151
■ パルス周期測定モードとその使いかた …………………………………………………154
7-2 タイマZ ……………………………………………………………………………………157
■ タイマ・モード ……………………………………………………………………………161
■ プログラマブル波形発生モード …………………………………………………………162
■ プログラマブル・ワンショット発生モード ……………………………………………165

　　　　■ プログラマブル・ウェイト・ワンショット発生モード……………………………167
　7-3　タイマC …………………………………………………………………………………170
　　　　■ インプット・キャプチャ・モードとその使いかた ……………………………174
　　　　■ アウトプット・コンペア・モードとその使いかた ……………………………176

[第8章] R8C/14～R8C/17のシリアル・インターフェース，A-Dコンバータの詳細 ── 179

　8-1　シリアル・インターフェース ……………………………………………………………179
　　　　■ クロック同期型シリアルI/O ………………………………………………………183
　　　　送信器としてデータ送信するときの動作──186
　　　　受信器としてデータ受信するときの動作──187
　　　　エラー発生時の対処方法──188
　　　　■ クロック非同期型シリアルI/O ……………………………………………………189
　　　　ビット・レートの算出方法──191
　　　　送信器としてデータ送信するときの動作──192
　　　　受信器としてデータ受信するときの動作──192
　　　　エラー発生時の対処方法──194
　8-2　A-Dコンバータ ……………………………………………………………………………195
　　　　■ 仕様の概略とモードの種類 …………………………………………………………195
　　　　A-D変換開始トリガ──196
　　　　動作モード──196
　　　　サンプル＆ホールド機能──197
　　　　A-D変換時間──197
　　　　A-D変換の方法(10ビット・モード)──198
　　　　A-D変換の方法(8ビット・モード)──199
　　　　絶対精度と微分非直線性誤差──201
　　　　■ A-Dコンバータの設定方法とその使いかた ……………………………………202
　　　　単発モード──202
　　　　繰り返しモード──207
　　　　A-Dコンバータ使用時の注意事項──207

[第9章] R8C/14～R8C/17のWDT，外部割り込みの詳細とフラッシュ・メモリの書き換え方法 ── 209

　9-1　ウォッチ・ドッグ・タイマ(WDT) ………………………………………………………209
　　　　■ オプション機能選択レジスタ(OFSレジスタ)について ………………………213
　　　　■ ウォッチ・ドッグ・タイマによる暴走の検出方法 ……………………………213
　9-2　外部割り込み ………………………………………………………………………………215
　　　　■ INT割り込み …………………………………………………………………………215
　　　　INT0割り込み──215
　　　　INT0入力フィルタについて──216
　　　　INT1割り込み──216
　　　　INT3割り込み──217
　　　　INT割り込み使用時の注意事項──217
　　　　■ キー入力割り込み ……………………………………………………………………218
　　　　キー入力割り込み使用時の注意事項──219

9-3 フラッシュ・メモリの書き換え方法 …………………………………………219
　■ 書き換えモードの種類……………………………………………………220
　CPU書き換えモード——220
　標準シリアル入出力モード——220
　パラレル入出力モード——221
　■ フラッシュ・メモリの書き換え禁止機能……………………………………221
　IDコード・チェック機能——221
　ROMコード・プロテクト機能——223
　■ CPU書き換えモード ……………………………………………………225
　EW0モード——225
　EW1モード——227
　フラッシュ・メモリ関連のレジスタとビットの詳細——228
　EW0モードとEW1モードの設定と解除手順——232
　ソフトウェア・コマンドについて——232
　ステータス・レジスタについて——235
　フルステータス・チェック——235
　CPU書き換えモード時の注意事項——236
　■ 標準シリアル入出力モード…………………………………………………238
　シリアル・ライタとオンチップ・デバッギング・エミュレータとの接続例——241
　■ パラレル入出力モード……………………………………………………241

**Appendix　データ・フラッシュ領域を疑似的EEPROMとして
　　　　　　使用する方法** ………………………………………………242
　バイト単位のイレーズ動作と同様な動作を実現する方法——242
　イレーズ中ウォッチ・ドッグ・タイマのオーバーフローを防ぐ方法——244

[第10章] R8C/14～R8C/17のチップ・セレクト付きクロック同期型シリアルI/O(SSU)の詳細 ── 245

10-1 チップ・セレクト付きクロック同期型シリアルI/Oとは ………………………245
　転送クロック——246
　転送クロックの極性，位相とデータの関係——251
　SSシフトレジスタ(SSTRSR)——252
　データの入出力端子とSSシフトレジスタの関係——252
　割り込み要求——253
　各通信モードと端子機能——253
10-2 クロック同期型通信モードの動作…………………………………………254
　クロック同期型通信モードの初期化——254
　データ送信——254
　データ受信——256
　データ送受信——259
10-3 4線式バス通信モードの動作 ……………………………………………259
　4線式バス通信モードの初期化——259
　データの送信——260
　データの受信——262
　SCS端子制御とアービトレーション——263

[第11章] R8C/14～R8C/17のI²Cバス・インターフェース（IIC）の詳細 ―― 265

11-1 I²Cバス・インターフェース（IIC）とは ―― 265
転送クロック――267
割り込み要求――267

11-2 I²Cバス・フォーマット ―― 274
マスタ送信動作――274
マスタ受信動作――278
スレーブ送信動作――280
スレーブ受信動作――282

11-3 クロック同期型シリアル・フォーマット ―― 285
送信動作――285
受信動作――286

11-4 ノイズ除去回路とビット同期回路 ―― 287
ノイズ除去回路――287
ビット同期回路――287

[第12章] R8C/10～R8C/13グループの概略 ―― 289

12-1 R8C/10，R8C/12グループとR8C/15，R8C/17グループの相違点 ―― 289
12-2 R8C/11，R8C/13グループとR8C/15，R8C/17グループの相違点 ―― 292

[第13章] R8C/Tinyの開発環境 ―― 295

13-1 High-performance Embedded Workshopについて ―― 295
13-2 High-performance Embedded Workshopの操作例 ―― 296
プロジェクトの作成――296
ビルド時のオプション設定――297
ビルド操作――297
デバッガの設定――297
エディタの設定――297
コンフィグレーションの設定――299

13-3 オンチップ・デバッギング・エミュレータE8について ―― 299
オンチップ・デバッギング・エミュレータとは――299
E8エミュレータの特徴――299
E8エミュレータの仕様――300

13-4 E8エミュレータの操作例 ―― 301
E8エミュレータの起動――301
プログラムのビルド――304
プログラムのダウンロード――304
PCブレーク・ポイントの設定――305
レジスタ内容の変更――306
プログラムの実行――307
メモリの参照――307
変数の参照――307
プログラムのステップ実行――307
ハードウェア・ブレーク条件の設定――308

　　　　PCブレークとハードウェア・ブレークの違い──309
　　　　トレース内容の参照──310
　13-5 モニタ・デバッガとの違い ………………………………………………310
　13-6 インサーキット・エミュレータとの違い …………………………………311

[第14章] R8C/Tinyの命令一覧 ─────────── 313

　命令機能の見かた ……………………………………………………………313
　JMP，JPMI，JSR，JSRI各命令の構文について ……………………………315

ABS──316	ADC──316	ADCF──318
ADD──319	ADJNZ──321	AND──322
BAND──323	BCLR──324	BM*Cnd*──325
BNAND──325	BNOR──326	BNOT──327
BNTST──328	BNXOR──328	BOR──329
BRK──330	BSET──330	BTST──331
BTSTC──332	BTSTS──333	BXOR──334
CMP──335	DADC──337	DADD──338
DEC──339	DIV──339	DIVU──340
DIVX──342	DSBB──343	DSUB──343
ENTER──344	EXITD──345	EXTS──346
FCLR──346	FSET──347	INC──347
INT──348	INTO──349	J*Cnd*──349
JMP──350	JMPI──350	JSR──351
JSRI──352	LDC──353	LDCTX──354
LDE──354	LDINTB──355	LDIPL──355
MOV──356	MOVA──357	MOV*Dir*──358
MUL──359	MULU──360	NEG──362
NOP──363	NOT──363	OR──364
POP──366	POPC──367	POPM──367
PUSH──368	PUSHA──369	PUSHC──370
PUSHM──371	REIT──372	RMPA──372
ROLC──374	RORC──375	ROT──376
RTS──377	SBB──377	SBJNZ──379
SHA──380	SHL──381	SMOVB──382
SMOVF──383	SSTR──385	STC──386
STCTX──387	STE──388	STNZ──389
STZ──390	STZX──390	SUB──391
TST──393	UND──394	WAIT──395
XCHG──395	XOR──396	

　索　引 …………………………………………………………………………398

[第1章] Tinyマイコンにおける R8C/Tinyの位置付け

石丸 善行

1-1　簡単便利なTinyマイコン

　組み込み用途のマイコンは，今や我々の生活に欠かせない半導体デバイスです．身の回りを見回しても，リモコン，TV，洗濯機，冷蔵庫，エアコン，電子レンジ，AV機器，自動車など，目に見えないところで広い用途に使われています．近年その範囲はますます広がりを見せており，たとえば従来機械式であったスイッチやタイマといったところまで，マイコン方式に置き換わろうとしています．また，それらの機器が有線や無線のネットワークで接続されるなど，高機能化にも拍車がかかっています．

　このような時代の要求に対応したマイコンとして，ルネサス テクノロジの"Tiny"というマイコン・シリーズがあります（図1-1）．現在，TinyマイコンにはH8/Tiny，R8C/Tiny，M16C/Tiny，SH/Tinyの4シリーズがあり，R8C/Tinyシリーズは，Tinyマイコンでもっとも小型のシリーズです．

■ Tinyマイコンの条件

　組み込み用途に使われる小型マイコン"Tiny"とは，以下の条件を満足するものを指します（図1-2）．

● 16ビット以上のCPUであること

　小型の組み込みマイコンは，システムのシーケンス制御，システム・エラーや電源電圧監視などのシステム管理といった比較的単純な処理に使われてきました．したがって，CPUも8ビットが主流でした．

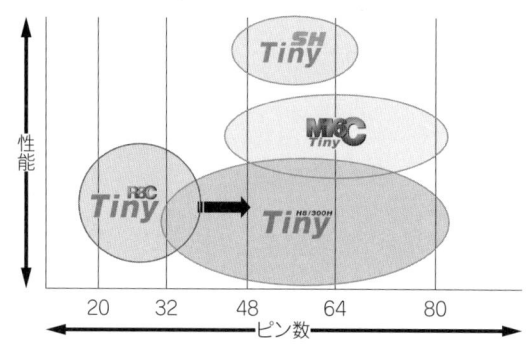

図1-1　Tinyマイコン・シリーズ

図1-2　Tinyマイコンの条件

しかし，ネットワーク時代を迎え，プロトコル制御や機密保持のための暗号処理といった，より複雑な処理が求められるようになり，8ビットのCPUではデータ処理能力や演算能力が不足してきました．

そこで，小型組み込み用途のマイコンである"Tiny"では，すべてのシリーズで16ビット以上のCPUを採用しています．R8C/Tinyに採用されているCPUも，R8Cコアと呼ばれる16ビットCPUで，乗算器も搭載されています．

● フラッシュ・メモリが内蔵されていること

プログラムを格納するための内蔵メモリはマスクROMが主流で，フラッシュ・メモリ内蔵版は価格や信頼性の問題から開発用や少量の初期量産用に限って使用されてきました．しかし，近年のフラッシュ・メモリ技術の進歩はこれらの問題点を克服しつつあります．

Tinyマイコンでは，フラッシュ・メモリを搭載しています．特にR8C/Tinyシリーズは，フラッシュ・メモリ内蔵版だけで製品を展開しています．フラッシュ・メモリを搭載することで，システム上でプログラムを書き換えることができるなど，マスクROMではできなかった多くの機能が実現されました．

● 応用システムを簡略化できる周辺機能が内蔵されていること

マイコンが小型になっても，使われる応用システムの基板上に多くの周辺回路が搭載されていたのでは，システムの小型化や低コスト化は図れません．Tinyマイコンにはタイマ，シリアル・インターフェース，A-Dコンバータ，パワーONリセット機能，オンチップ・オシレータなど，多くの周辺機能が内蔵されています．R8C/Tinyシリーズにもこれらの機能が内蔵されています．

● 低価格で使いやすいプログラム開発環境がサポートされていること

マイコンを使ったシステム開発では，高機能なプログラム開発環境がサポートされていることが重要ですが同時に高価でした．Tinyのような小型マイコンでは搭載されるメモリも比較的小さく，デバッグ機能も基本的なものがあれば十分です．機能より低価格で手に入るプログラム開発環境が必要です．

Tinyマイコンでは，すべてのシリーズで低価格なオンチップ・デバッガが提供されています．また，Cコンパイラも無償版が提供されています．もちろんR8C/Tinyシリーズも例外ではありません．

● インターネット（ウェブ）での技術サポートが充実していること

手軽に技術情報が入手できサポートも受けられる，これもTinyマイコン・シリーズの重要な条件です．ワンチップ・マイコンは，機能が複雑になるほどマニュアルだけですべてを理解することは難しく，より詳細な特性データや具体的なプログラム例，さらにはQ＆Aサポートなどが求められます．

Tinyマイコンでは，最新の製品情報，各種マニュアル類から，実際の特性データ，アプリケーション・ノート，FAQなど，必要な情報をできる限りインターネット（ウェブ）上に公開することで，このような要求に対応しています．R8C/Tinyシリーズも下記URLでサポートを行っています．

http://www.renesas.com/

■ R8C/Tinyシリーズの特徴

R8C/Tinyシリーズの特徴について説明します（図1-3）．

● 処理能力の高いR8Cコア

R8Cコアは第2章で詳しく説明されているM16Cコアと同じアーキテクチャです．R8Cコアは内部は完全16ビットCPUですが，R8C/Tinyシリーズでは周辺データ・バスを8ビット化することで小型少ピン化を実現しています．

● フラッシュ・メモリ内蔵版のみでの製品展開

R8C/Tinyシリーズは全製品がフラッシュ・メモリ内蔵版でマスクROM版はありません．したがって，開発段階と量産段階でまったく同一のマイコンを使用できます．プログラムの書き込みには各種ライタがサポートされています．

また，大量に使用したい場合は，ルネサス テクノロジが，従来のマスクROM版同様，ROMコードを受け付けて工場での書き込み出荷サービスを実施しています．

● 機能凝縮により応用システムでの外付け部品を削減

R8C/Tinyシリーズは小型マイコンですが，チップ内に多くの機能を搭載し，外付け部品がほとんど要りません．

▶ 高機能タイマ

インプット・キャプチャ/アウトプット・コンペア機能をもつ16ビット・タイマ，8ビット・タイマを内蔵しています．

▶ シリアル・インターフェース

クロック同期型，非同期型(UART)のシリアル・インターフェースが標準で搭載されています．またI^{2}Cバス・インターフェース，チップ・セレクト付きクロック同期型シリアルI/O(SSU)を搭載した製品もあります．

▶ 10ビットA-Dコンバータ

10ビットのA-Dコンバータが搭載されているので，電圧制御，温度制御など，外部からアナログ信号を直接入力し処理することができます．

▶ パワーONリセット機能

パワーONリセット機能を搭載した製品では，外付けリセットICやリセット回路を省略することができます．

▶ 高速オンチップ・オシレータ

標準8MHzの高速内部発振器を内蔵している製品では，外付けの発振素子を省略することができます．

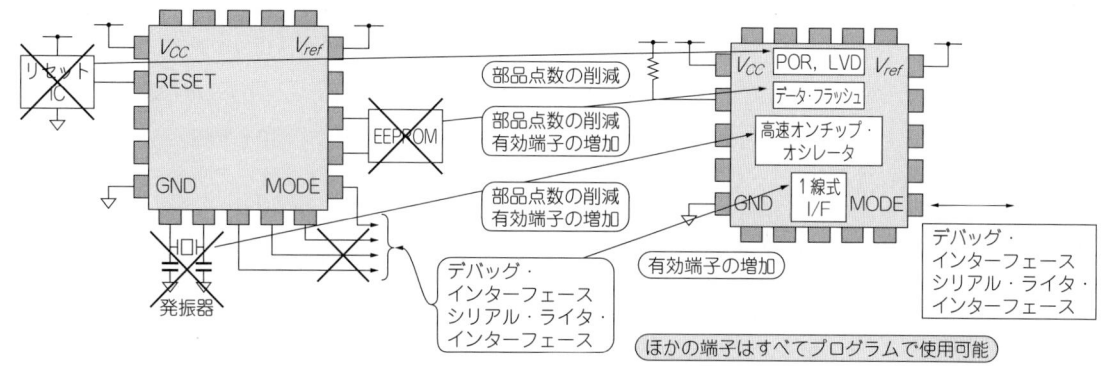

(1) 外付け部品の削減…高速内部発振器，POR(パワーONリセット)，LVD(低電圧検出回路)，データ・フラッシュなど
(2) 有効端子数の拡大…20ピンでI/O(入力/出力)：13本+1(入力)：2本のポート，ユーザ・ピンを使わないデバッグ環境(R8C/14～17以降)
(3) 安全設計…………発振停止検出，WDT(ウォッチ・ドッグ・タイマ)，ROMプロテクト機能など

図1-3　R8C/Tinyシリーズの特徴

また，発振精度の高精度化を実現している製品では，この基準クロックで非同期型(UART)のシリアル通信を行うこともできます．

▶ **データ・フラッシュ機能**

　フラッシュ・メモリの一部のブロックを，データ・フラッシュ領域として10,000回のブロック消去を保証した製品では，この部分にデータを格納することができます．書き込まれたデータは電源がOFFしても消えないので，外付けEEPROMの代わりとして使用することができます．

● **少ピンでも最大の有効端子数**

　もっとも小型の20ピン・パッケージ品でも，高速オンチップ・オシレータを使用することで，最大15ピンを汎用ポートなどの機能端子として使うことができます．また，オンチップ・デバッガを使用する場合も，デバッガとのインターフェースに必要な端子はMODE端子1ピンだけです．応用システムで使われる機能端子は使用しないので，オンチップ・デバッグの際もマイコンの機能端子をすべて使うことができます．

● **安全設計**

　マイコンの暴走などから応用システムの動作を守るために，以下のようなフェイルセーフ機能が内蔵されています．

▶ **メイン・クロック発振停止検出機能**

　外部発振子やクロック入力によるメイン・クロックが停止した場合，それを内部回路が検出し自動的に内蔵のオンチップ・オシレータにクロック・ソースを切り替えます．この機能により，発振トラブルによる応用システムの不具合の発生を回避することができます．

▶ **独立したクロックで動作するウォッチ・ドッグ・タイマ**

　内蔵ウォッチ・ドッグ・タイマは，マイコンの暴走検出に有効な機能です．しかし，従来のマイコン内蔵ウォッチ・ドッグ・タイマは，マイコンのCPUクロックと同じクロック・ソースで動作していたので，クロックが停止するとウォッチ・ドッグ・タイマも動作しなくなります．

　R8C/Tinyでは，CPUクロック・ソースとは別の内蔵オンチップ・オシレータをウォッチ・ドッグ・タイマのクロック・ソースとして使用しています．これにより，内蔵ウォッチ・ドッグ・タイマの信頼性が向上し，外付けウォッチ・ドッグ・タイマと同様の信頼性を確保しています．

1-2　R8C/Tinyシリーズの製品例

　R8C/Tinyシリーズは2005年2月時点で，R8C/10～R8C/17までの8グループ，32品種(各グループでメモリ容量の異なる3種類の製品がある)が製品化されています．そのうち，R8C/10～R8C/13グループが32ピン版，R8C/14～R8C/17が20ピン版です．

■ R8C/Tiny各グループの製品仕様

● **32ピン版R8C/10～R8C/13グループ(表1-1)**

▶ **R8C/10，R8C/12グループ**

　R8C/10はもっともベーシックな仕様の製品です．最大動作周波数が16MHzで，高速オンチップ・オシレータ，パワーONリセット，低電圧検出回路，タイマのアウトプット・コンペア機能は内蔵されていません．R8C/12はR8C/10に2Kバイト×2ブロック(合計4Kバイト)のデータ・フラッシュ機能を追加したもので，そのほかの仕様はR8C/10と同じです．

▶ R8C/11, R8C/13グループ

R8C/11はR8C/10に高速オンチップ・オシレータ，パワーONリセット，低電圧検出回路，タイマのアウトプット・コンペア機能が追加された機能拡張版で，最大動作周波数が20MHzです．R8C/13はR8C/11に2Kバイト×2ブロック(合計4Kバイト)のデータ・フラッシュ機能を追加したもので，そのほかの仕様はR8C/11と同じです．

すべてのグループには，内蔵メモリ容量の異なる表1-2の3種類の製品があります．

このR8C/10～R8C/13グループは最初に製品化されたR8C/Tinyシリーズであり，オンチップ・デバッガのインターフェースがMODE端子1ピン化にはなっておらず，UART機能を使用します．したがって，オンチップ・デバッガ使用時は，2チャネル内蔵されているシリアル・インターフェスのうち，1チャネルが使えなくなります．

● 20ピン版R8C/14～R8C/17グループ（表1-3）

20ピンのR8C/14～R8C/17では，すべての製品で最大動作周波数が20MHz化されており，また高速オンチップ・オシレータ，パワーONリセット，低電圧検出回路，タイマのアウトプット・コンペア機能も標準搭載されています．またオンチップ・デバッガのインターフェースも1ピン化されています．

20ピン版で新たに追加されたI^{2}Cバス，SSU（clock synchronized serial I/O with chip select function）機能の有無とデータ・フラッシュ機能の有無でグループ分けがなされています．

表1-1 R8C/10～R8C/13の製品仕様一覧

機能		グループ	R8C/10			R8C/12			R8C/11			R8C/13		
内蔵メモリ（バイト）	ROM		8K	12K	16K	8K	12K	16K	8K	12K	16K	8K	12K	16K
	データ・フラッシュ		–			2K×2ブロック			–			2K×2ブロック		
	RAM		512	768	1K	512	768	1K	512	768	1K	512	768	1K
I/Oポート（本）	入力専用		2											
	CMOS入出力		22											
タイマ（本）	16ビット		1											
	8ビット（8ビット・プリスケーラ付き）		3											
	インプット・キャプチャ		1（16ビット・タイマと兼用）											
	アウトプット・コンペア		–			–			2（16ビット・タイマと兼用）			2（16ビット・タイマと兼用）		
シリアルI/O（本）	クロック同期/UART兼用		1											
	UART専用		1											
A-D変換器（分解能×チャネル）			10ビット×8			10ビット×8			10ビット×12			10ビット×12		
外部割り込み（要因）			5											
電圧検出回路			–			–			1			1		
パワーONリセット			–			–			1			1		
クロック			2回路 XIN, オンチップ・オシレータ（低速）			2回路 XIN, オンチップ・オシレータ（低速）			2回路 XIN, オンチップ・オシレータ（低速，高速）			2回路 XIN, オンチップ・オシレータ（低速，高速）		
付加機能			ウォッチ・ドッグ・タイマ LED駆動ポート			ウォッチ・ドッグ・タイマ（リセット・スタート可） LED駆動ポート			ウォッチ・ドッグ・タイマ LED駆動ポート			ウォッチ・ドッグ・タイマ（リセット・スタート可） LED駆動ポート		
パッケージ			32ピン QFP（32P6U-A）											
電源電圧（V）			3.0～5.5（@16MHz），2.7～5.5（@10MHz）						3.0～5.5（@20MHz），2.7～5.5（@10MHz）					
動作周囲温度（℃）			−20～85，−40～85											
最短命令実行時間（ns）			62.5（@16MHz）						50（@20MHz）					
基本命令数			89											

表1-2　R8C/10～R8C/13の内蔵メモリ容量

フラッシュROM	RAM
8Kバイト	512バイト
12Kバイト	768バイト
16Kバイト	1024バイト

表1-4　R8C/14～R8C/17の内蔵メモリ容量

フラッシュROM	RAM
8Kバイト	512バイト
12Kバイト	768バイト
16Kバイト	1024バイト

表1-3　R8C/14～R8C/17の製品仕様一覧

機能		グループ	R8C/14			R8C/15			R8C/16			R8C/17		
内蔵メモリ（バイト）	ROM		8K	12K	16K	8K	12K	16K	8K	12K	16K	8K	12K	16K
	データ・フラッシュ		－			1K×2ブロック			－			1K×2ブロック		
	RAM		512	768	1K	512	768	1K	512	768	1K	512	768	1K
I/Oポート（本）	入力専用		2											
	CMOS入出力		13											
タイマ（本）	16ビット		1											
	8ビット(8ビット・プリスケーラ付き)		2											
	インプット・キャプチャ		1(16ビット・タイマと兼用)											
	アウトプット・コンペア		2(16ビット・タイマと兼用)											
シリアルI/O（本）	クロック同期/UART兼用		1											
	SSU/I²Cバス		SSU：1						I²Cバス：1					
A-D変換器(分解能×チャネル)			10ビット×4											
外部割り込み(要因)			3											
電圧検出回路			2(TYP. 2.85V, TYP. 3.3V)											
パワーONリセット			1											
クロック			2回路　XIN, オンチップ・オシレータ(低速, 高速：誤差±3％)											
付加機能			ウォッチ・ドッグ・タイマ(リセット・スタート可), LED駆動ポート											
パッケージ			20ピンSSOP(20P2F-A), 20ピンSDIP(20P4B)											
電源電圧(V)			3.0～5.5(@20MHz), 2.7～5.5(@10MHz)											
動作周囲温度(℃)			－20～85, －40～85											
最短命令実行時間(ns)			50(@20MHz)											
基本命令数			89											

注1：SSU(Synchronous Serial Communication Unit)
注2：I²CバスはPhilips社の商標

▶ R8C/14, R8C/15グループ

　SSU機能を内蔵したグループです．R8C/15はR8C/14に1Kバイト×2ブロック（合計2Kバイト）のデータ・フラッシュ機能を追加した製品です．

▶ R8C/16, R8C/17グループ

　I²Cバス機能を内蔵したグループです．R8C/17はR8C/16に1Kバイト×2ブロック（合計2Kバイト）のデータ・フラッシュ機能を追加した製品です．

　すべてのグループは内蔵メモリ容量の異なる**表1-4**の3種類の製品があります．

[第2章]

組み込みマイコンとしてのR8C/Tiny

中村 和夫

2-1 開発の背景

　R8C/TinyのCPUは，1995年に三菱電機で開発されたワンチップ・マイコンM16C/60と同じCPUコアを使用しています(注2-1)．

　1995年当時のワンチップ・マイコンは8ビットが主流で，16ビット以上のアーキテクチャのCPUはメモリを内蔵しないマイクロプロセッサがほとんどでした．一方，ワンチップ・マイコンの応用製品は高機能化しており，それにともないプログラムはより複雑により大きくなってきていました．このため利用者からは，以下が強く求められ始めました．

　（1）64Kバイト以上のプログラム・サイズ
　（2）アセンブリ言語ではなく高級言語(C言語)を使ったプログラム開発

　また，アーキテクチャとは直接関係ないのですが，プロセスの進化とともにLSIが高速になったことにより，高周波のノイズ輻射が大きいことやノイズに対して敏感になるという問題も顕著化してきていました(注2-2)．これらの問題を解決するために，次のような課題を達成するべく開発されたのがM16C/60です．

　（1）8ビット・マイコン並みの手軽さで16ビット・マイコンを提供する
　（2）1Mバイトのプログラム・メモリ空間
　（3）高級言語対応のアーキテクチャ
　（4）高いオブジェクト効率
　（5）低ノイズ輻射，高ノイズ耐性

　16ビット・アーキテクチャが採用されたのは，8ビット・アーキテクチャで高級言語対応の命令を実現するのに無理があったからです．

　高いオブジェクト効率は，プログラム・コードの最適化や効率のよい命令を導入することにより達成されています．

　低ノイズ輻射，高ノイズ耐性は，CPUコアのレイアウトを注意深く行うことで実現しています．

　R8C/Tinyは，M16C/60のこれらの特徴を継承しつつ，周辺機能や外部端子を簡略化して使いやすくしたワンチップ・マイコンです．

注2-1：ルネサス テクノロジは日立製作所の半導体部門と三菱電機の半導体部門が統合して2003年に設立された会社である．
注2-2：パソコンと違いAV機器や産業機器などの制御を行うワンチップ・マイコンでは，ノイズ輻射が大きいことやノイズに弱いことが致命的な欠点となる．

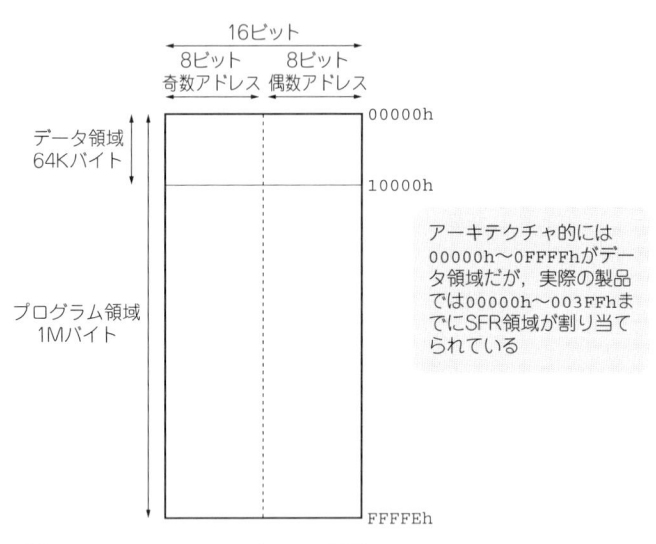

```
        16ビット
     ┌─────────┐
     8ビット    8ビット
     奇数アドレス 偶数アドレス
                           00000h
  ↑ ┌────┬────┐
データ領域
64Kバイト
  ↓ ├────┼────┤  10000h
                           アーキテクチャ的には
                           00000h～0FFFFhがデー
                           タ領域だが，実際の製品
                           では00000h～003FFhま
  ↑                        でにSFR領域が割り当て
                           られている
プログラム領域
1Mバイト

  ↓ └────┴────┘  FFFFEh
```

図2-1　R8C/Tinyのアドレス空間

2-2　アドレス空間

　図2-1にR8C/Tinyのアドレス空間を示します．アドレスは8ビット単位で割り当てられており，16ビットのうち下位8ビットが偶数アドレス，上位8ビットが奇数アドレスとなります．

　アドレス空間は全体で1Mバイトで，プログラム領域としてはすべてが使用できます．書き換え可能なデータ領域としては下位64Kバイトを前提としています（上位の領域も転送命令は使用できる）．

　このようなメモリ・アーキテクチャを採っているのは，マイコンの応用では，RAMが32Kバイト以下ですむ場合がほとんどだからです[注2-3]．このため，R8C/Tinyではプログラム・カウンタは20ビットですが，アドレス・レジスタやスタック・ポインタは16ビットになっています．アドレス・レジスタが16ビットということは，CPUがコンパクトになるだけでなく，サブルーチンや割り込みのときに退避するレジスタの"量"が少なくてすむことを意味しており，高速化とRAM容量の節約に大きく寄与しています．

2-3　レジスタ

　R8C/Tinyは次のレジスタで構成されています（図2-2）．
(1) 汎用レジスタ
　データ・レジスタとしてR0，R1，R2，R3とアドレス，データ兼用レジスタとしてA0，A1
(2) ベース・レジスタ
　相対アドレッシング専用のスタティック・ベース・レジスタ（SB）とフレーム・ベース・レジスタ（FB）

注2-3：実際に，これまで出荷されたM16C/60の99%以上は，RAMを32Kバイト以下で使用されている．表示装置などで大きなデータ領域を扱う用途もあるが，それには上位のM32/80を使用すればよい．シングル・チップ応用を前提としているR8C/Tinyでは，このアーキテクチャは理にかなったものである．

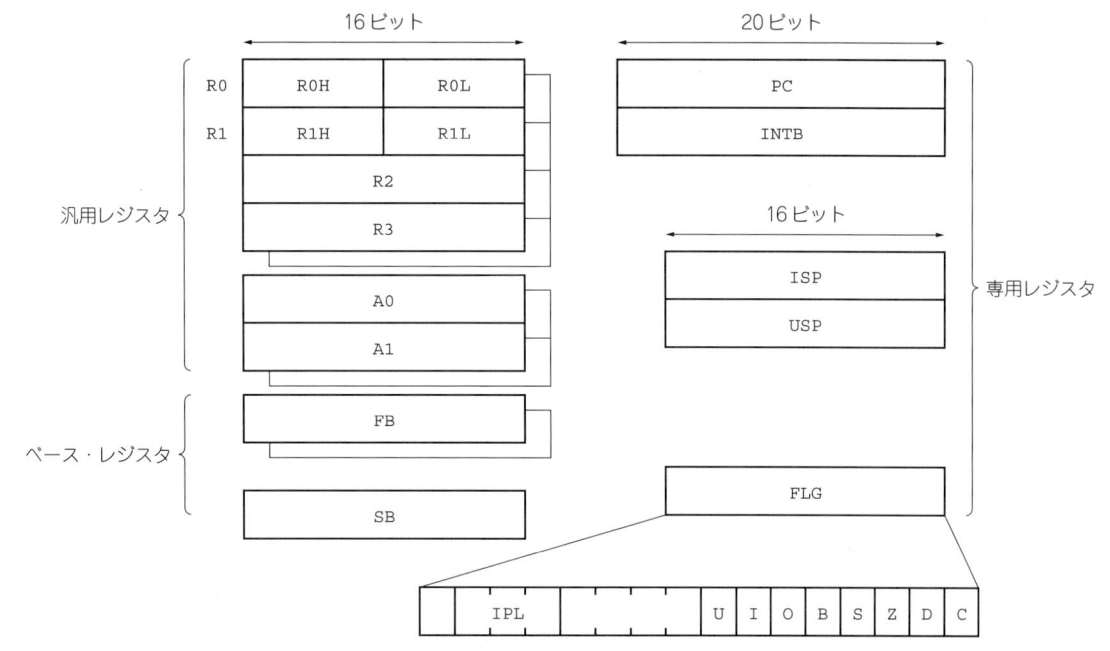

図2-2　R8C/Tinyのレジスタ・セット

(3) 専用レジスタ

　フラグ・レジスタ(FLG)，プログラム・カウンタ(PC)，ユーザ・スタック・ポインタ(USP)，割り込みスタック・ポインタ(ISP)と割り込みテーブル・レジスタ(INTB)

　汎用レジスタのうちR0，R1は8ビット単位のR0L，R0H，R1L，R1Hとしてもアクセスできます．

　A0，A1はアドレス・レジスタとして間接アドレッシング，相対アドレッシングに使用されるほか，汎用のデータ・レジスタとしても使用可能です．ベース・レジスタのうちFBは，スタック・フレームをアクセスするためのもので，CやPASCALなどの高級言語に対応したものです(**Column…2-1参照**)．SBは汎用のベース・レジスタで，リエントラント・プログラムなどでレジスタをベースとした相対アドレッシングに使用されます(**Column…2-2参照**)．

　FLGは演算結果を反映するキャリ・フラグ(C)，ゼロ・フラグ(Z)，サイン・フラグ(S)，オーバーフロー・フラグ(O)と割り込みを制御する割り込み許可フラグ(I)，割り込み優先レベル(IPL)および使用するレジスタを切り換えるバンク・フラグ(B)，スタック・ポインタ指定フラグ(U)で構成されます(空白は何も割り当てられていない)．

　汎用レジスタとフレーム・ベース・レジスタは表と裏の2セットが準備されており，Bフラグをセットするかリセットするかで切り換えることができます．

　スタック・ポインタは16ビットです．割り込み用のISPと通常のプログラムで使うUSPがあり，Uフラグが0のときはISPが選択され，1のときはUSPが選択されるようになっています(注2-4)．CPUが割り込みを受け付けたときはFLGとPCが退避されますが，その前にUフラグが0になるので，退避はISPが示すスタック領域に行われることになります．

注2-4：以降の説明では，Uフラグで選択されたISPまたはUSPを単にスタック・ポインタ(SP)と記す．

Column…2-1　再帰呼び出しとスタック・フレーム

サブルーチン呼び出しで，ある関数が自身を呼び出すことを再帰呼び出しと言います(あるいは関数Aが関数Bを呼び出し，関数Bが関数Aを呼び出すような場合)．CやPASCALではこのような関数の呼び出しかたを許しています．たとえば，リスト2-Aのようなプログラムです．

リスト2-A　再帰呼び出しを使ったCプログラム

```
int Svar;              /* static 変数 */
    …
ProcA()
{
    int AvarA;
    ProcB(AvarA);
}
    …
ProcB(int Param)
{
    int Avar0, AVar1;  /* auto変数 */
    Svar = Svar - 1;
    if (Svar != 0)
    {
        ProcB(Avar0);
    }
}
```

このプログラムは図2-Aのように関数ProcAが関数ProcBを呼び出し(呼び出しA)，さらにProcBが自身ProcBを呼び出しています(呼び出しB)[注2-A]．

このときProcBではSvar，Avar0，Avar1，Paramの変数を扱いますが，これらの属性は次のようになります．

(1) Svar　　　　　　すべての呼び出しで共通の変数(アドレスは一定)

(2) Avar0，Avar1　　呼び出しに固有の変数(呼び出しごとにアドレスが変化)

(3) Param　　　　　関数の引き数(呼び出しごとにアドレスが変化)

このようなメモリの構造を実現するために，CやPASCALではスタックの中にスタック・フレームという領域を構築し，その中にAvar0，Avar1とParamを配置します．

スタック・フレームは呼び出しごとに構築されるので，Avar0，Avar1とParamは呼び出しごとに固有の領域に割り当てられることになります．

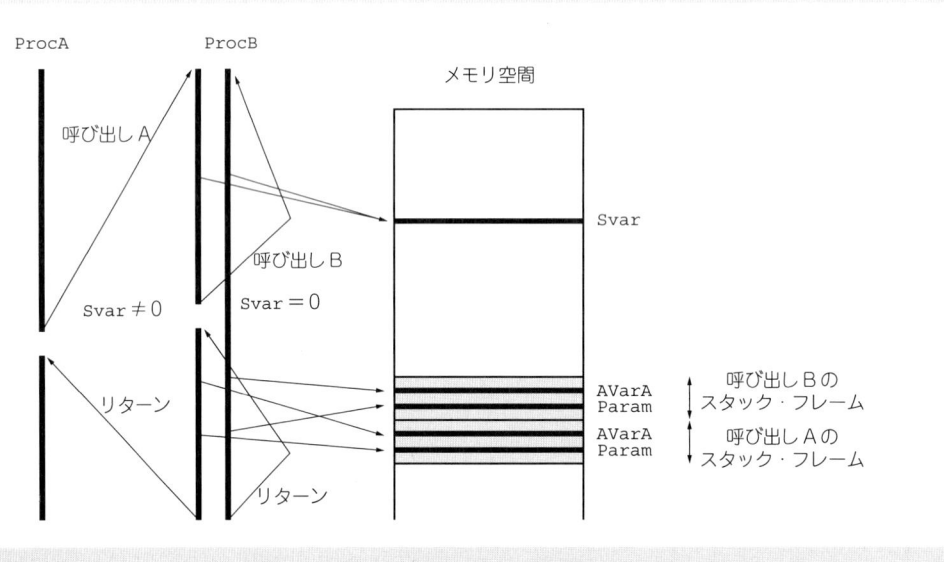

図2-A　再帰呼び出し

注2-A：ProcBがProcBを呼び出すのは条件文の中なので無限に呼び出しが繰り返されることはない．再帰呼び出しは漸化式の計算や入れ子構造のデータを扱うときに使うとプログラムの構造が簡単になる．

R8C/Tinyではスタック・フレームの構築のためにENTER命令が準備されており，次のような手順で構築を行います（図2-B）．
(1) 呼び出しの前に実引き数となるAvarA（呼び出しA），Avar0（呼び出しB）をプッシュする
(2) JSR命令で関数を呼び出す．スタックにはリターン・アドレスがプッシュされる
(3) ENTER命令を実行．ENTER命令では，まずフレーム・ベース・レジスタ（FB）を退避（プッシュ）し，その後スタック・ポインタ（SP）の値をFBにコピーする
(4) 次に，Avar0，Avar1の領域を確保するためにSPからAvar0，Avar1の長さ（バイト）を減算する

最終状態が図2-B（e）です．Avar0，Avar1とParamの領域が設定されています．これらのアクセスにはFB相対アドレッシングを使用します．このときAvar0，Avar1では変位が負にParamでは変位が正になります．

関数からのリターン時には，EXITD命令を使い，上記とは逆の手続きをします．
(1) EXITD命令を実行．EXITD命令はSPにFBをコピーしそのあとFBをポップ（復帰）する．さらに，リターン・アドレスをポップしそのアドレスに分岐する
(2) リターン先でSPにParamの長さ（バイト）を加算する

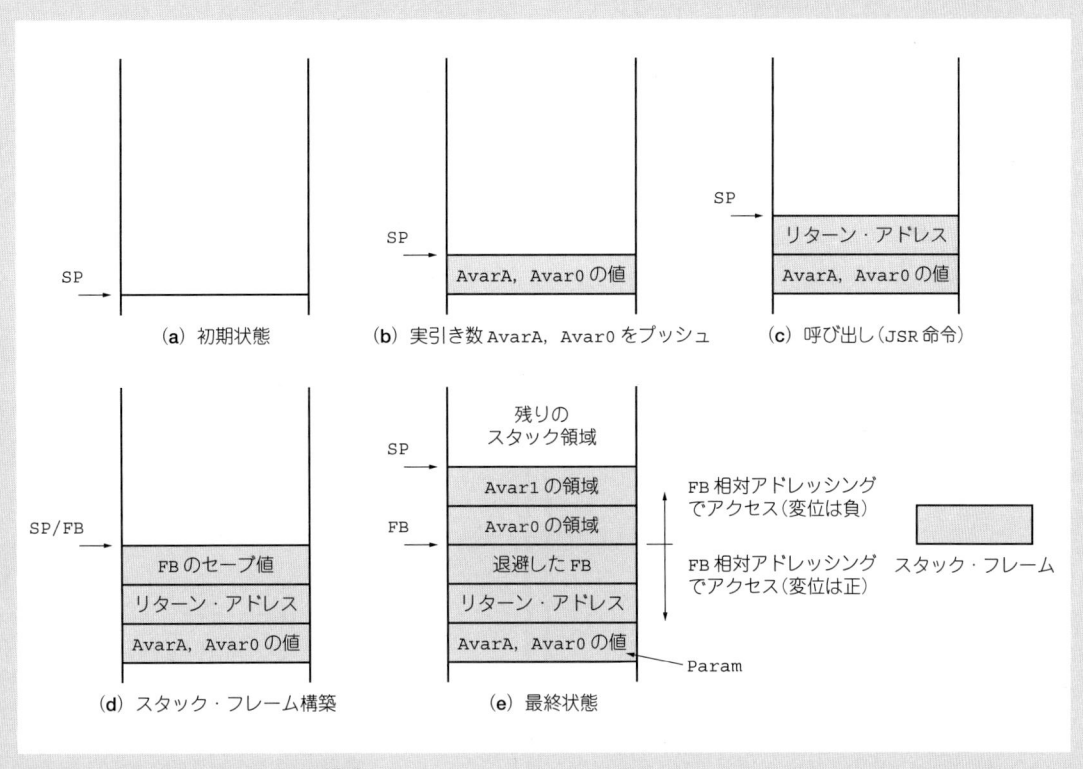

図2-B　スタック・フレームの構造

PCは20ビットであり連続した1Mバイトのプログラムを実行することが可能です．

INTBは割り込みベクタ・テーブルのベース・アドレスを示すレジスタです（**Column…2-3**参照）．

2-4　命令フォーマットとアドレッシング・モード

R8C/Tinyの命令フォーマットは，オペコード部分が8ビットの命令（8ビット・オペコード命令）と16ビットの命令（16ビット・オペコード命令）で構成されています．**図2-3**にオペランドをもつ命令のフォーマットを示します[注2-5]．

注2-5：ここでは命令のフォーマットについて簡単に説明する．命令の詳細は，第14章「R8C/Tinyの命令一覧」を参照のこと．

Column…2-2　　リエントラント・プログラムとスタティック・ベース・レジスタ

リエントとは，マルチタスクOSなどで発生するプログラム構造で，一つのプログラムが複数のタスクによって同時に実行されるような状態を表します．

たとえば，**図2-C**のようにタスクAとタスクBが存在するマルチタスクOSにおいて，プログラムCがタスクAでもタスクBでも使用可能な共通プログラムとします．このとき，タスクAがプログラムCを実行中に割り込みが発生し，実行がタスクBに移ったとします．そして，タスクBもプログラムCを実行するとします．このようなことが可能なプログラムをリエントラント・プログラムと呼びます（**図2-D**）．このとき，プログラムCが変数を絶対アドレッシングでアクセスすると，タスクAの変数もタスクBの変数も同じアドレスになってしまうので，タスクBがタスクAの変数を破壊してしまうことになります．

これを避けるために，リエント状態になるプログラムでは，リエントラント・プログラム自身はメモリ領域をもたず，**図2-D**のように呼び出す側がメモ

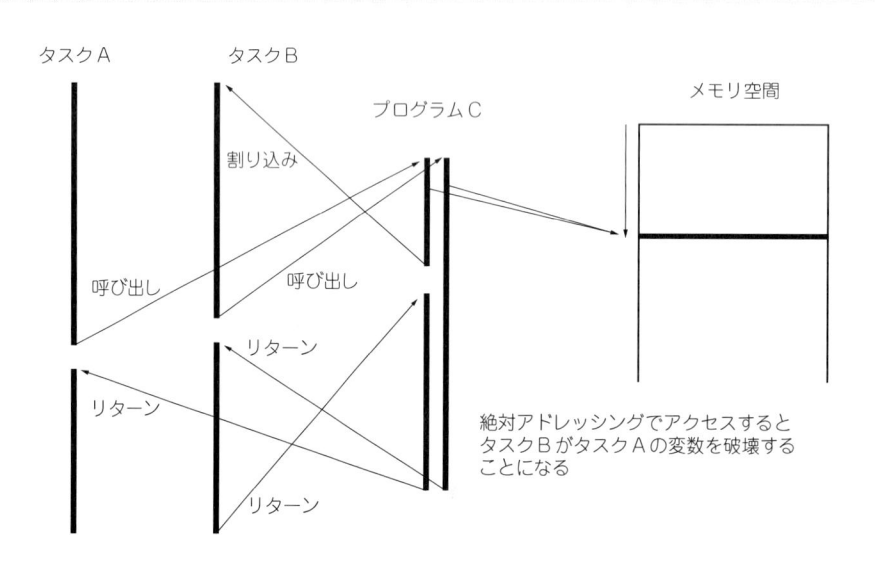

図2-C　リエントラント・プログラムの動作

図2-4は，そのアドレッシング・モードを示したものです．R8C/Tinyでは，即値はアドレッシング・モードで指定するのではなく，フォーマット上は別の命令として存在します．
　オペランドをもつ8ビット・オペコード命令の演算長は8ビットだけであり（アドレス・レジスタへのロード命令を除く），タイプAはRで指定されるレジスタとS1，S0で指定されるレジスタ，またはメモリ（以下レジスタ/メモリと記す）の間で転送，加減算，論理演算などを行う命令です．タイプBは即値とS1，S0で指定されるレジスタ/メモリの間で転送，加減算，論理演算などを行う命令です．
　16ビット・オペコード命令では8ビット長と16ビット長で演算ができます．この指定はWで行います．タイプCがH0～H3で指定されるレジスタ/メモリとG0～G3で指定されるレジスタ/メモリの間で転送，加減算，論理演算などを行う命令です．タイプDには即値とG0～G3で指定されるレジスタ/メモリの間で転送，加減算，論理演算などを行う命令とG0～G3で指定されるレジスタ/メモリに対してインクリメント，

リ領域を準備するようにします．このようにすれば，プログラムCはタスクAを実行する場合とタスクBを実行する場合でまったく別のメモリ領域をアクセスすることになるので，上記のような問題はなくなります．プログラムCは呼ばれるときにタスクから引き数としてベース・アドレスの値をもらい，そこからの相対アドレッシングでメモリをアクセスします．

　R8C/Tinyでは相対アドレッシング専用のレジスタとしてスタティック・ベース・レジスタ（SB）が用意されており，このような場合のアクセスでも効率を落とすことなく実行可能になっています（相対アドレッシングでは変位が8ビットですむことが多いので，16ビット変位の絶対アドレッシングよりもオブジェクト・コードは小さくなる）．

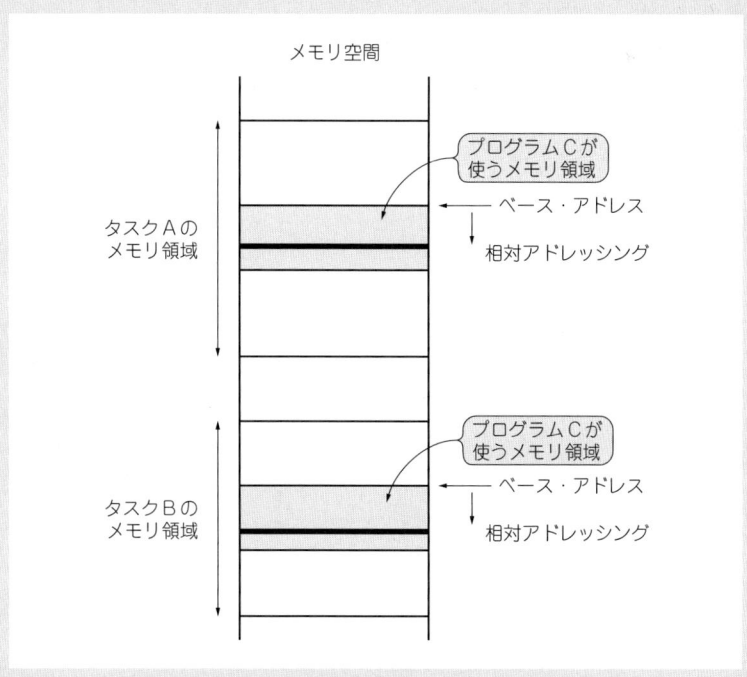

図2-D　リエントラント・プログラムでのメモリ・アクセス

Column…2-3　マスカブル割り込みのしくみ

割り込みには，緊急に処理をしなくてはならないものとそれほど早く処理をしなくてもよい割り込みがあり，マイコンでは優先順位を考慮した割り込みの扱いが重要となります．

たとえば，それぞれの優先順位が大，中，小の割り込みA，割り込みB，割り込みCがあるシステムを考えます．このようなシステムで割り込みB，割り込みC，割り込みAの順に割り込み要求が発生したとします．この場合の処理は次のように実行されなくてはなりません（**図2-E**）．

(1) メイン・プログラムを実行中に，割り込みBの要求が発生し，割り込みBの処理に移る
(2) この状態で割り込みCの要求が発生する．しかし，割り込みBの処理を優先しなくてはならないので，割り込みCの要求はそのまま保持し割り込みBの処理を継続する
(3) 次に割り込みAの要求が発生する．この場合は割り込みAの処理を優先しなくてはならないので，処理は割り込みAに移る
(4) 割り込みAの処理が終わり，割り込みBの処理に戻る
(5) 割り込みBの処理が終わる．ここで待たせていた割り込みCの処理に移る
(6) 割り込みCの処理が終わり，メイン・プログラムの処理に戻る

つまり，割り込みBの処理をしているときには優先順位の高い割り込みAの要求は受け付け，優先順位の低い割り込みCの要求は待たせるようなしくみが必要となります．これを実現するために，R8C/Tinyでは次に示す三つの値を導入しています．

● 割り込み優先レベル
　割り込みの優先順位を1～7の値で示すもので，個々の割り込みごとに設定できる．
● 割り込み番号
　個々の割り込みを識別するための値で，割り込みごとに固有の値が設定されている．
● 割り込みベクタ
　個々の割り込み処理プログラムの開始アドレスで，メモリ上に割り込み番号をインデックス値とする割り込みベクタ・テーブルとして配置される．テーブルのベース・アドレスは割り込みベース・レジスタ（INTB）で指定される．

そして，R8C/Tinyは次のような手順で割り込み要求を受け付けます（**図2-F**）

(1) 割り込みコントローラのレジスタに個々の割り込みレベル（以下レベルと記す）をあらかじめ設定する．また，割り込みベクタ・テーブをメモリ上に設定し，そのベース・アドレスをINTBに設定し，CPUのフラグ・レジスタ（FLG）内のIPL（受け付け許可レベル）に受け付け可能なレベルの値を設

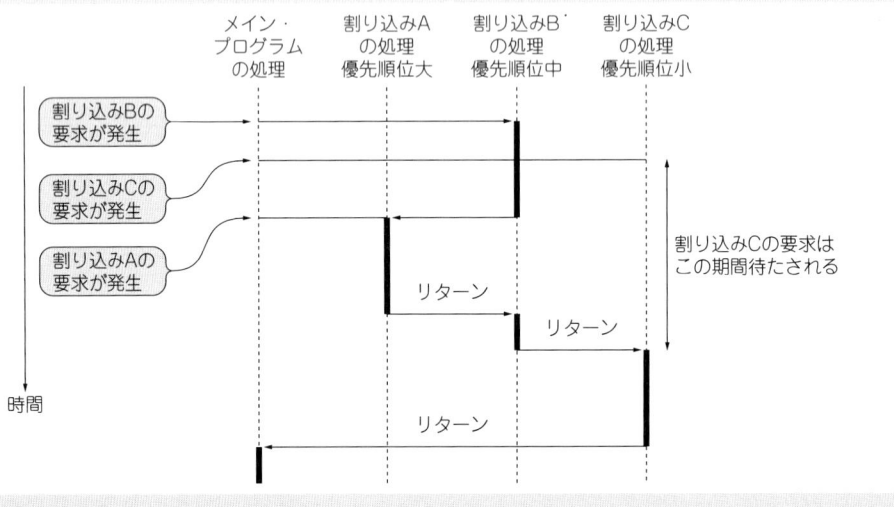

図2-E　優先順位に基づいた割り込み処理

定する
(2) 割り込み要求があるとそれらは割り込みコントローラに入力される
(3) 割り込みコントローラは割り込み要求をラッチに記憶し，ラッチされた全要求の最大レベルの値を検出しIPLと比較する．そして割り込みのレベルのほうが高ければ，CPUに割り込み受け付け要求を出す
(4) CPUは受け付け要求があり，FLGのIフラグが1であれば命令の終了時点で割り込みを受け付け，割り込みアクノリッジ・バス・サイクル（INTAサイクル）を実行する
(5) 割り込みコントローラは，INTAサイクルのときに最大レベルの値とそれに対応する割り込みの割り込み番号をデータ・バスに出力する．また，その割り込み要求のラッチをクリアする
(6) CPUはそれらを取り込み，割り込み番号を4倍したものとINTBの値を加算し，それをアドレスとするメモリから3バイトの割り込みベクタをリードする
(7) その後CPUはFLGとプログラム・カウンタ（PC）を割り込みスタックに退避し，FLGのDフラグ，Iフラグ，Uフラグをクリアする．またIPLにINTAサイクルで取り込んだレベルの値を設定する
(8) 最後に，CPUは割り込みベクタをPCにロードし，そのアドレスに分岐する
(9) 割り込みからリターンするときは，退避したPCとフラグを復帰し，復帰したPCのアドレスからプログラムを実行する

このように，R8C/Tinyでは割り込みを受け付けるたびに，ハードウェアに従って自動的に受け付け許可レベルの退避と更新が行われます．

この結果，割り込み処理ではつねに処理中の割り込みより高い優先順位の割り込み要求しか受け付けないという機能が，ソフトウェアの介在なしに行えるようになっています．

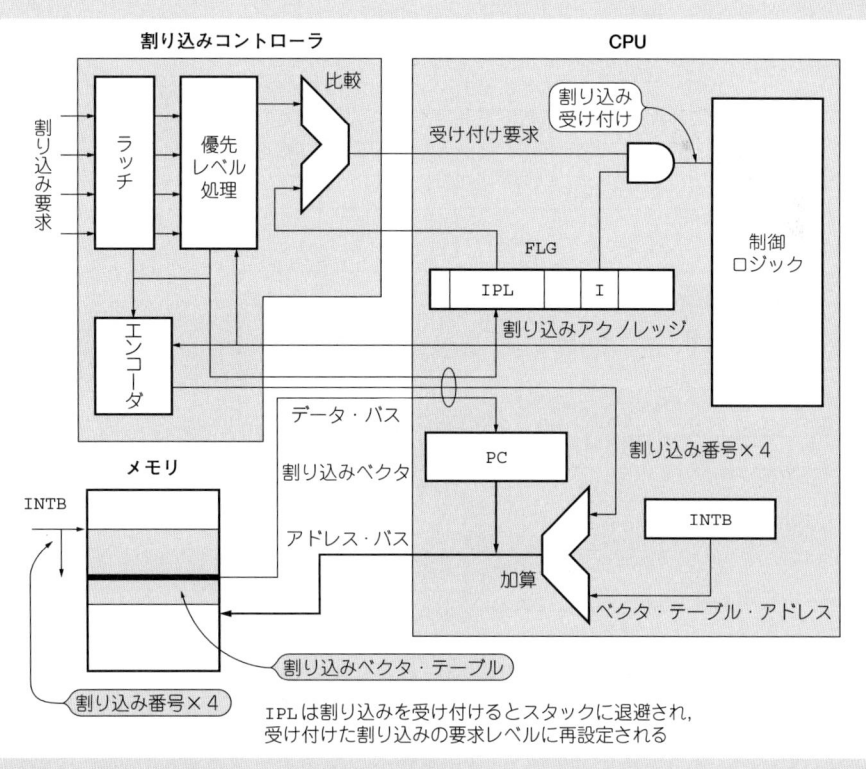

図2-F　割り込み受け付けの手順

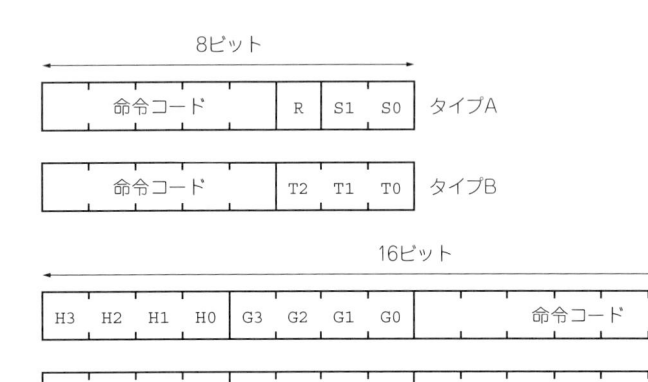

図2-3 オペランドをもつ命令コード

タイプA: 命令コード | R | S1 | S0 (8ビット)
タイプB: 命令コード | T2 | T1 | T0
タイプC: H3 H2 H1 H0 | G3 G2 G1 G0 | 命令コード | W (16ビット)
タイプD: 命令コード | G3 G2 G1 G0 | 命令コード | W

(a) タイプA

R	
0	1
R0L	R0H

(b) タイプA

S1, S0			
00	01	10	11
R0L/R0H	dsp8[SB]	dsp8[FB]	abs16

- abs16 : 16ビット絶対
- [] : 間接
- dsp8[] : 8ビット変位相対
- dsp16[] : 16ビット変位相対

(c) タイプB

T2, T1, T0				
011	100	101	110	111
R0H	R0L	dsp8[SB]	dsp8[FB]	abs16

(d) タイプC, D

G3, G2/ H3, H2	G1, G0/H1, H0			
	00	01	10	11
00	R0L/R0	R0H/R1	R1L/R2	R1H/R3
01	A0	A1	[A0]	[A1]
10	dsp8[A0]	dsp8[A1]	dsp8[SB]	dsp8[FB]
11	dsp16[A0]	dsp16[A1]	dsp16[SB]	abs16

- W=0のときR0L, R0H, R1L, R1H
- W=1のときR0, R1, R2, R3

図2-4 主なアドレッシング・モード

デクリメント,論理反転などの単項演算を行う命令があります.

図2-4に示すように,アドレッシング・モードにはレジスタや間接アドレッシングのほか,いろいろな相対アドレッシングが備えられています.これは図2-5のように,レジスタの値をベースと考えれば相対アドレッシング(ベース・アドレッシング)になりますが,変位をベースと考えればインデックス・アドレッシングにもなります.

```
         メモリ空間                              メモリ空間
              00000h                              00000h

レジスタの値                         変位

     変位                      レジスタの値


    (a) 相対アドレッシング              (b) インデックス・アドレッシング
```

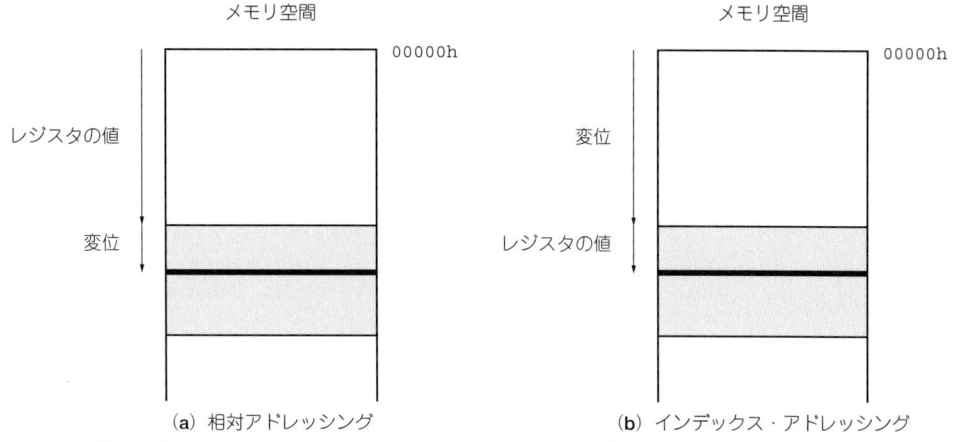

図2-5　相対アドレッシングとインデックス・アドレッシング

　R8C/Tinyの命令セットは，このような命令フォーマットを採用しているので次の特徴をもっています．
（1）使用頻度の高い命令が8ビット・オペコードになっているので，オブジェクト効率が高い
（2）16ビット・オペコード命令を使えばメモリとメモリ間で転送，演算が可能
（3）豊富な相対アドレッシングにより，高級言語のほとんどの変数はアドレス計算なしに直接アクセスができる
（4）16ビット・オペコード命令では演算の種類，アドレッシング・モード，演算長の任意の組み合わせができる（この特徴を命令の直交性が高いと言う）

2-5　データ・タイプ

■ 基本データ

　R8C/Tinyは16ビット・マイコンであり，基本データは16ビットおよび8ビットです．これらについては，加減乗除の数値演算やAND，OR，XORなどの論理演算ができます．データを整数と考えた場合は，符号なし整数としても符号付き整数としても扱うことができます（図2-6）．
　加算，減算（比較を含む）では符号なし整数も符号付き整数も同じ命令で処理できますが，演算結果の大小判定は異なるので，それぞれに対応した条件分岐命令があります（符号なし整数はJGTU命令，JGEU命令，JLTU命令，JLEU命令，符号付き整数にはJGT命令，JGE命令，JLT命令，JLE命令）．
　また，フラグ・レジスタにはオーバーフロー・フラグ（Oフラグ）があり，符号付き整数演算のオーバーフローの検出もできるようになっています（JO命令，JNO命令，INTO命令）．乗算，除算は符号なし整数と符号付き整数で同じ命令は使用できないので，それぞれに別の命令が設けられています．また，除算命令は，まるめる方向の違う2種類の命令があります（Column…2-4参照）．

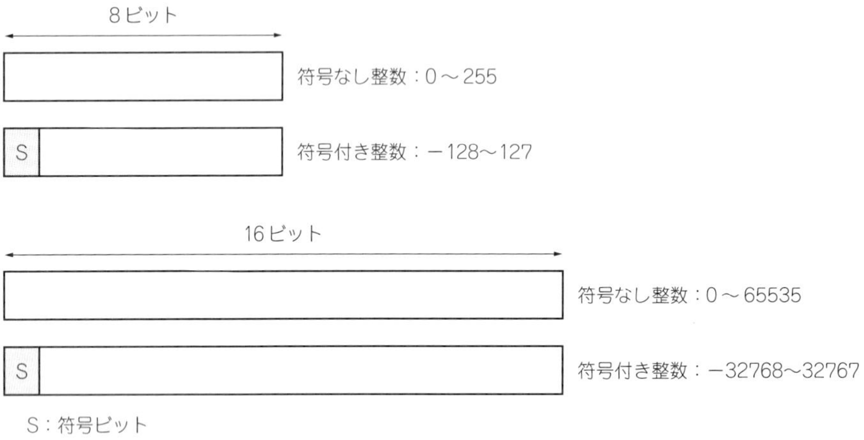

```
       8ビット
┌─────────────────┐
│                 │   符号なし整数：0～255
└─────────────────┘

┌─┬───────────────┐
│S│               │   符号付き整数：－128～127
└─┴───────────────┘

           16ビット
┌─────────────────────────────────┐
│                                 │   符号なし整数：0～65535
└─────────────────────────────────┘

┌─┬───────────────────────────────┐
│S│                               │   符号付き整数：－32768～32767
└─┴───────────────────────────────┘
```

S：符号ビット

図2-6 符号なし整数と符号付き整数

■ ビットを扱う命令

ビットの処理はワンチップ・マイコンでは必須の機能です．R8C/Tinyでは，単にビットのセットやクリア，ビット反転やビットの0，1をテストする命令のほかに，ビットを扱う次のような命令が用意されています．

▶ テストとセット，テストとクリア（BTSTS命令，BTSTC命令）

ビットの0，1のテスト結果をフラグ・レジスタに反映した後，そのビットをセットあるいはクリアする命令です．

▶ 条件セット（BM*Cnd*命令）

ほかのビットのテスト結果や演算の大小結果を指定したビットに転送します．この命令を使うと，ビットを他のビットにコピーする処理や，演算結果に応じてビットをセットあるいはクリアするという処理を条件分岐命令なしで実現できます．

▶ ビット演算（BAND命令，BOR命令など）

Cフラグとビットの間でAND，ORなどの論理演算を行い，結果をCフラグにセットする命令です．この命令を使うことによりビット単位での論理演算が実現できます．

■ そのほかのデータ形式

▶ 10進数

4ビットで10進数の1桁を表現するデータ形式です（パックド10進数）．8ビットでは0～99，16ビットでは0～9999までの値を表します（**図2-7**）．R8C/Tinyではこれらの加減算命令があります．

通常のプログラムではほとんど使用されませんが，マン・マシン・インターフェースで2進数と10進数の変換を行うときに役立ちます．10進の加減算ではおのおのの桁は0～9であることが前提です．A～F（16進表記）の場合の演算結果は保証されません．

Column…2-4　符号付き整数の除算について

符号付き整数で負の数の除算をするとき，結果の出しかたには次の二つの方法があります．
(1) DIV命令：剰余の符号を被除数の符号に合わせる
(2) DIVX命令：剰余の符号を除数の符号に合わせる

たとえば，−5を3で除算する場合の商と剰余はそれぞれ次のようになります．
(1) DIV命令：$-5 \div 3 = -1 \cdots -2$
(2) DIVX命令：$-5 \div 3 = -2 \cdots 1$

通常，除算では（C言語を含め）前者を使用します．しかし，前者の演算では奇妙なことが起こります．次の二つの式を考えてみます．

$P = X/A - Y/A$
$Q = (X-Z)/A - (Y-Z)/A$

当然$P = Q$のはずですが，$X = 14$, $Y = 5$, $Z = 10$, $A = 3$のとき，この式にDIV命令を適用すると，

$X/A = 14 \div 3 = 4 \cdots 2$
$Y/A = 5 \div 3 = 1 \cdots 2$
$(X-Z)/A = (14-10) \div 3 = 4 \div 3 = 1 \cdots 1$
$(Y-Z)/A = (5-10) \div 3 = -5 \div 3 = -1 \cdots -2$

ですから，

$P = X/A - Y/A = 4 - 1 = 3$
$Q = (X-Z)/A - (Y-Z)/A = 1 - (-1) = 2$

となりPとQが違ってしまいます．DIVX命令を適用すると，

$(Y-Z)/A = (5-10) \div 3 = -5 \div 3 = -2 \cdots 1$

なので，

$Q = (X-Z)/A - (Y-Z)/A = 1 - (-2) = 3$

となり，$P = Q$となります．これは，図2-G，図2-Hのように，商をまるめるときのまるめの方向の違いによって生じるものです．DIV命令では商を0の向きにまるめるので0の近傍でまるめが不連続になり，上記ようなことが起こります．DIVX命令では商を$-\infty$（マイナス無限大）の向きにまるめるので，不連続が存在せず，そのようなことは起こりません．

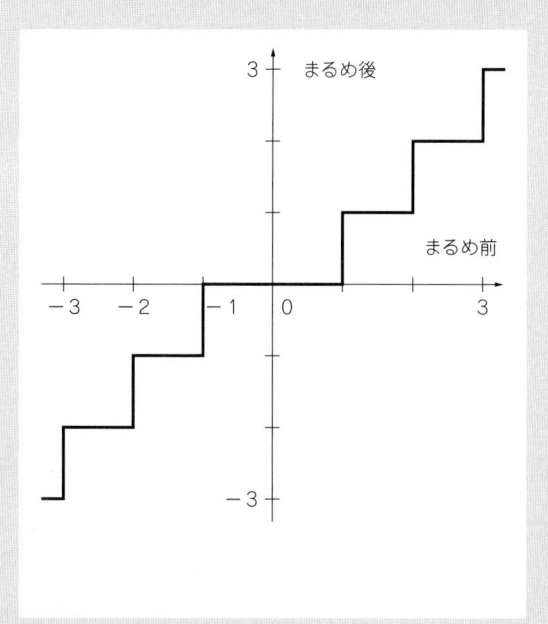

図2-G　DIV命令でのまるめ

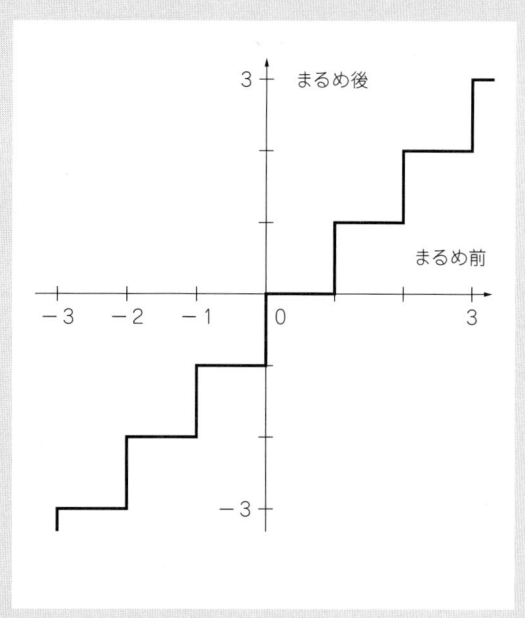

図2-H　DIVX命令でのまるめ

図2-7 10進数の表現

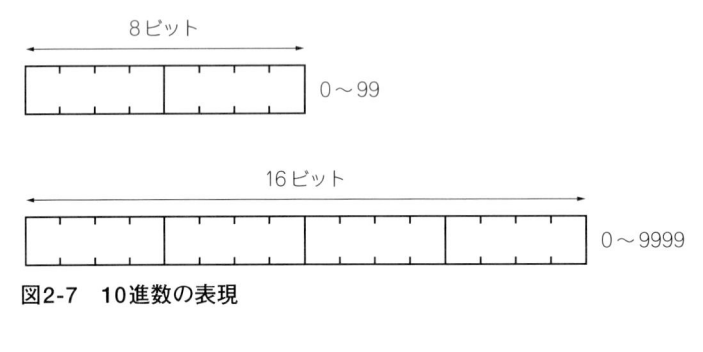

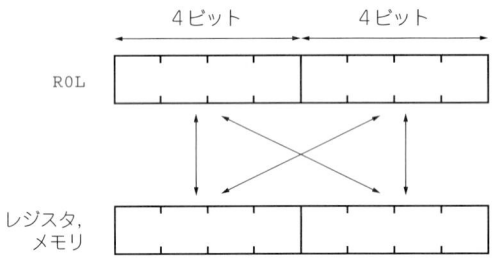

図2-8 ニブルの表現

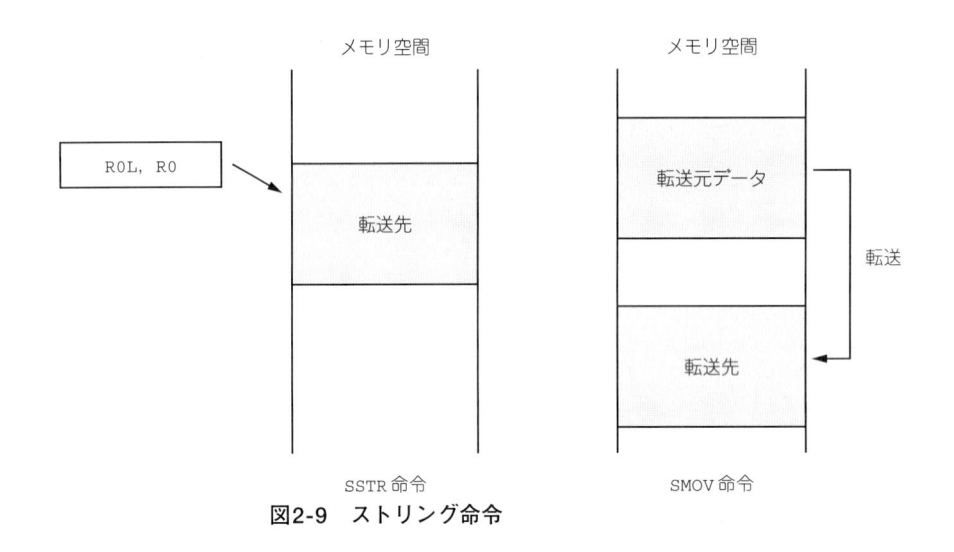

図2-9 ストリング命令

▶ ニブル(4ビット)

図2-8のようにR0Lとレジスタ/メモリ［図2-4(d)］との間で4ビット単位の転送を行う命令です．これは電話番号などの10進数を1桁単位で処理するときに便利なように設けられているもので，RAM容量の節約にも寄与しています．

▶ ストリング

ストリングは8ビットまたは16ビットのデータのブロックです．ストリングを初期化(同じ値をストア)したり転送する命令があります(図2-9)．ブロックの最大数は65535です．

ブロックの数が大きいストリング命令の実行には時間がかかるので，命令を途中で中断して割り込みを受け付ける機能があります．割り込みからリターンした場合は中断した部分からストリング命令を再実行します（Column…2-5参照）．

Column…2-5　ストリング命令の情報はなぜレジスタに設定するか

　R8C/Tinyには，メモリのブロックを一括して初期化/転送するストリング命令SMOVF（B）があります．SMOVF（B）命令はストリング転送命令ですが，これを実行するには前もっての次の値をレジスタに設定しておきます（図2-I）．

転送元アドレス	A0レジスタ
転送先アドレス	A1レジスタ
ストリングの長さ（転送回数）	R3レジスタ

　その後SMOVF（B）命令を実行すれば，8ビットまたは16ビット長で転送が繰り返されます．ストリング命令は実行時間が長い（SMOVF（B）命令で5×転送回数＋5）ので，命令実行途中で割り込みを受け付けることができるようになっています．CPUは割り込みを受け付けるとストリング命令を中断し，割り込み処理プログラムに分岐します．

　割り込みからリターンしたあとはストリング命令を再実行するわけですが，このときは最初から転送を行うのではなく中断した領域から再開します．そのために，転送元アドレス，転送先アドレス，転送回数は退避可能なレジスタに設定するようにしてあります．A0，A1，R3は1回の転送ごとに更新されるので，割り込み処理プログラムに分岐するときはその途中状態の値がスタックに退避されます．

　割り込みからのリターン後は，復帰したA0，A1，R3の値をもとにストリング命令を再実行するので，結果的に中断した領域から再開されることになります．なお，ストリング命令中断時の割り込みでは，割り込み処理プログラムに分岐する前に以下の処理を行います．

（1）退避するプログラム・カウンタ（PC）の値は，次の命令ではなくストリング命令自身のアドレスにする
（2）退避するフラグ・レジスタのPフラグをセット

　（1）は割り込みからのリターン時にストリング命令を再実行するようにするためです．
　（2）は割り込みからリターンしたときシングル・ステップ割り込みが発生しないようにするためです（注2-B）．

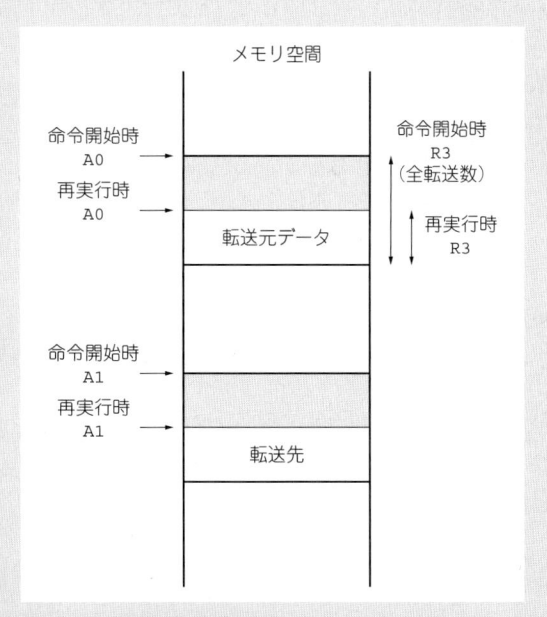

図2-I　SMOV命令の動作

注2-B：ストリング命令をシングル・ステップ割り込みでデバッグしている場合，割り込みがなければ命令終了時にシングル・ステップ割り込みが発生する．命令実行中に割り込みを受け付けたときは，Pフラグをセットしないと割り込みからリターンしたときストリング命令の再実行前にシングル・ステップ割り込みが発生する．これはデバッグ・モニタから見れば命令の途中でシングル・ステップ割り込みが発生したことになる．Pフラグをセットすれば再実行したストリング命令の終了後にシングル・ステップ割り込みが発生するので問題は生じない（Column…2-3参照）．

2-6 高機能命令

R8C/Tinyでは，オブジェクト効率や実行速度を上げるためにさまざまなアーキテクチャを採用しています．SBとFBの二つのベース・レジスタや10進演算命令，ストリング命令もそれらに含まれます．このほかにも次のような命令が設けられています．

(1) スタック・フレームの構築と解除

CやPASCALなどの高級言語では，サブルーチンを呼び出すときにスタック・フレームと呼ばれるメモリ領域が構築されます．これを構築する命令としてENTER命令が，解除する命令としてEXITD命令が用意されています(**Column**…2-1参照)．

(2) 複数レジスタの退避，復帰

任意の複数レジスタを退避，復帰する命令です(PUSHM命令，POPM命令)．**図2-10**のように汎用レジスタとSB，FBのなかの任意のレジスタを指定することができ，1命令で複数レジスタをプッシュ，ポップすることが可能です．サブルーチンの入り口と出口でのレジスタの退避，復帰が1命令ですむので高速化と高オブジェクト効率に大きく寄与しています．

(3) 条件ロード命令

Zフラグが1のときのみ即値をレジスタ/メモリ〔**図2-4(d)**〕にロードする命令(STZ命令)，Zフラグが0のときのみ即値をレジスタ/メモリにロードする命令(STNZ命令)，Zフラグが0と1のときで違う即値をレジスタ/メモリにロードする命令です(STX命令)．組み込み用のマイコンでは，演算結果がゼロかどうかで値の設定を変更するという処理が多いので，BM*Cnd*命令とともにこれらの命令は非常に有効なものとなっています(注2-6)．

(4) アドレス・ロード命令

図2-4(d)で示したアドレッシング・モードのアドレス(メモリ上のデータではない)を汎用レジスタにロードする命令(MOVA命令)です．C言語の&(アドレス)演算子に対応する命令です．

(5) メモリのプッシュ命令

R8C/Tinyのプッシュ(PUSH)命令，ポップ(POP)命令の対象はレジスタではなく，レジスタ/メモリ〔**図2-4(d)**〕です．したがってメモリ・プッシュ，メモリ・ポップが可能です．即値のプッシュ命令も用意さ

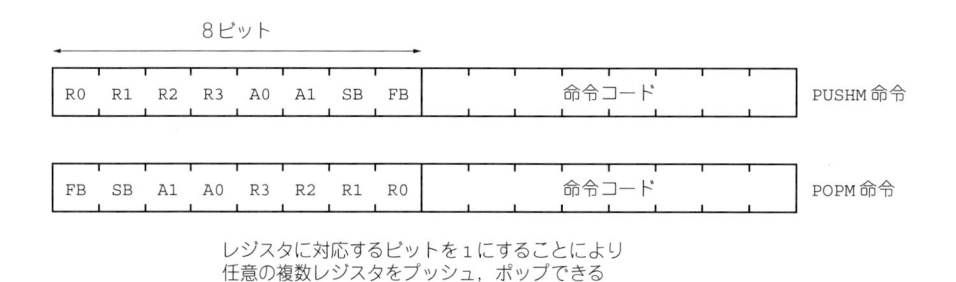

図2-10 PUSHM命令とPOPM命令

レジスタに対応するビットを1にすることにより任意の複数レジスタをプッシュ，ポップできる

注2-6：プログラムの解析によりたいていの制御用プログラムでは，条件分岐命令の80%以上がZフラグの値を条件とする分岐であることが判明したので条件はZフラグのみとなっている．

れています．これらも高級言語に対応した命令で，サブルーチンの引き数のプッシュがレジスタを介することなく1命令でできるようになっています．

2-7 割り込み

割り込みは組み込み用マイコンでは重要な機能であり，R8C/Tinyでも強力な割り込み処理機能が実現されています．R8C/Tinyには，次の割り込みがあります．

▶ ハードウェア要因で発生する割り込み

(1) ノンマスカブル割り込み

マスク不可能な割り込みで，SFRのウォッチ・ドッグ・タイマがオーバーフローしたときに発生する割り込みがその一つです．ウォッチ・ドッグ・タイマはプログラムの暴走を監視するためのもので，これを使うときはウォッチ・ドッグ・タイマが定期的にリセットされるようにプログラムを作成します．プログラムが暴走するとリセットが実行されなくなるので，ウォッチ・ドッグ・タイマがオーバーフローし割り込みが発生します．

(2) マスカブル割り込み

マスク可能な割り込みで，割り込み入力端子やSFRのシリアル・インターフェースなどからの要求で発生します．割り込みの受け付けと禁止はFLGのIフラグで制御できます(**Column**…2-3参照)．

(3) アドレス一致割り込み

アドレス一致割り込みレジスタ(SFR)に設定したアドレスをCPUが実行したときに発生する割り込みです．プログラムのデバッグのために用意されています．

▶ ソフトウェアで発生させる割り込み

(1) 割り込み発生(INT)命令割り込み

INT命令を実行して発生させる割り込みで，即値で0～63の割り込み番号を指定することにより，64通りの割り込みを発生させることができます(マスカブル割り込み，ブレーク命令も割り込み番号を識別に用いるのでこれら全体で64通りとなる)．

(2) オーバーフロー割り込み命令

FLGのOフラグが'1'の状態でオーバーフロー割り込み(INTO)命令を実行したときに発生します．Oフラグは加減算や除算命令でオーバーフローしたときに'1'にセットされます．これらの命令の後にINTO命令を挿入しておけば，不正な演算結果を検出できるので信頼性の高いプログラムを作成することができます．

(3) ブレーク(BRK)命令割り込み，未定義(UND)命令割り込み

両者とも8ビット長の命令で，実行した時点で割り込みが発生します．BRK命令はデバッグ用に設けられています．UND命令はプログラムの暴走を検出するためのものです．プログラム以外のROM領域をUND命令に設定しておけば，プログラムが暴走してそれらの領域を実行しようとしたときに割り込みを発生させることができます(UND命令のコードは16進表記でFFhであり，フラッシュROMを消去した状態と同じなので，あえてフラッシュROMに書き込む必要はない)．

(4) シングル・ステップ割り込み

シングル・ステップ割り込みは，1命令を実行した後に発生する割り込みで，デバッグ用の機能です(**Column**…2-6参照)．

Column…2-6　シングル・ステップ割り込み

プログラムのデバッグは，デバッグ・モニタでターゲット・プログラムを制御することによって実現します．

これは図2-Jのように，通常CPUはデバッグ・モニタを実行しており，レジスタやメモリの表示，ブレークポイントの設定などを行い，必要に応じてターゲット・プログラムに分岐し，それを実行することで実現されます．

ターゲット・プログラムからデバッグ・モニタへの分岐は割り込みによって行われます．この割り込みにはハードウェアによるデバッグ割り込み，ブレーク命令の実行あるいはシングル・ステップ割り込みがあります．

デバッグ・モニタからターゲット・プログラムへの分岐は，割り込みリターン(REIT)命令を使用します(割り込みでデバッグ・モニタへ分岐したのだから，逆は割り込みリターンとなる)．このとき，リターン後1命令だけを実行し，割り込みを発生させる機能がシングル・ステップ割り込みです．

R8C/Tinyではシングル・ステップ割り込みを実現するために次のようなしくみを設けています．

(1) フラグ・レジスタ(FLG)にDフラグと仮想のPフラグを設ける(図2-K)
(2) 割り込みリターン(REIT)命令以外の命令では，命令終了時にDフラグが1であればシングル・ステップ割り込みを発生する
(3) REIT命令では，命令終了時にDフラグが1かつPフラグが0のときのみシングル・ステップ割り込みを発生する
(4) Pフラグは命令実行の最初にクリアされる(注2-C)．

このしくみを使って，デバッグ・モニタからターゲット・プログラムの1命令を実行するには次のようにします(図2-L)．

(1) スタック上に退避されているプログラム・カウンタ(PC)に相当するメモリに，実行するターゲット・プログラムのアドレスを設定する
(2) スタック上に退避されているFLGに相当するメモリのDフラグとPフラグのビットをセットする
(3) REIT命令を実行する

このようにすれば，
(1) REIT命令終了時点ではFLGのDフラグとPフ

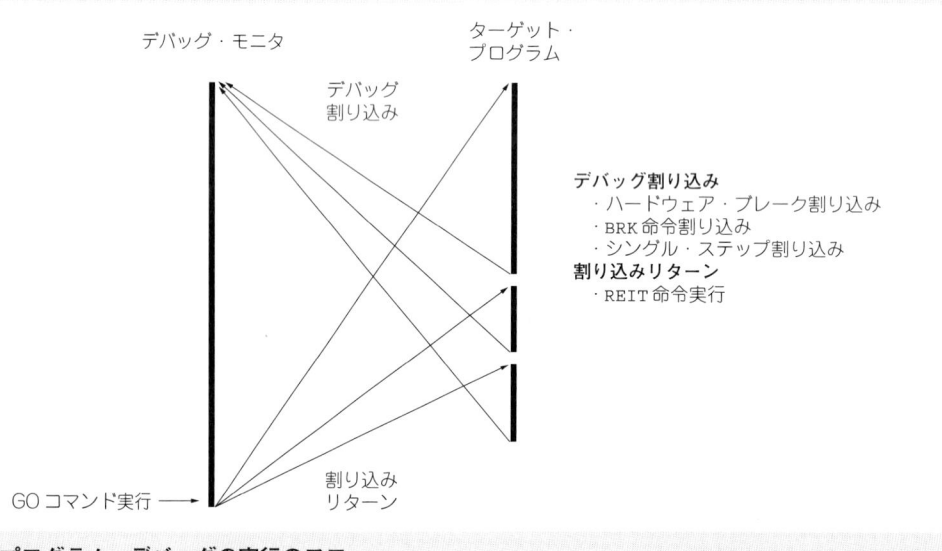

図2-J　プログラム・デバッグの実行のフロー

デバッグ・モニタ　　ターゲット・プログラム

デバッグ割り込み
・ハードウェア・ブレーク割り込み
・BRK命令割り込み
・シングル・ステップ割り込み

割り込みリターン
・REIT命令実行

GOコマンド実行　　割り込みリターン

注2-C：フラグを読み出す命令を実行してもPフラグはつねに0となるので，マニュアルでは説明が省略されている

ラグがともにセットされているので，シングル・ステップ割り込みは発生せず，復帰したPCのアドレスの命令（命令X）を実行する

(5) 命令Xの開始時点でPフラグがクリアされる

(6) 命令Xの終了時点ではFLGのDフラグがセットされていて，Pフラグがクリアされいるのでシングル・ステップ割り込みが発生する

ということになります．また，デバッグしたい命令（命令Y）の途中で外部からの割り込み要求があった場合は，

(1) シングル・ステップ割り込みは一番低い優先順位なので，命令Yの終了後は外部割り込みプログラムへ分岐する

(2) このときFLGは退避されるが，Dフラグは1のままでPフラグは0となっている

(3) その後FLGのDフラグはクリアされるので，外部割り込みプログラム実行中にシングル・ステップ割り込みは発生しない

(4) 外部割り込みプログラムの最後でREIT命令を実行した場合，復帰したフラグのDフラグが1でPフラグが0なので命令終了後割り込みが発生するということになり，外部割り込みが発生したことはデバッグ・モニタ側には伝わりません．

このようなしくみを実現することにより，R8C/Tinyではシングル・ステップによるデバッグのときに，外部割り込みの発生を気にすることなくデバッグができるようになっています．

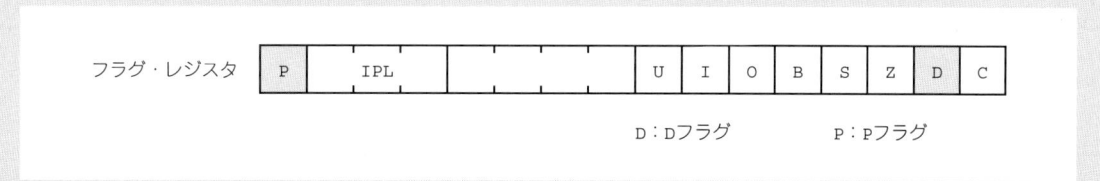

図2-K　DフラグとPフラグ

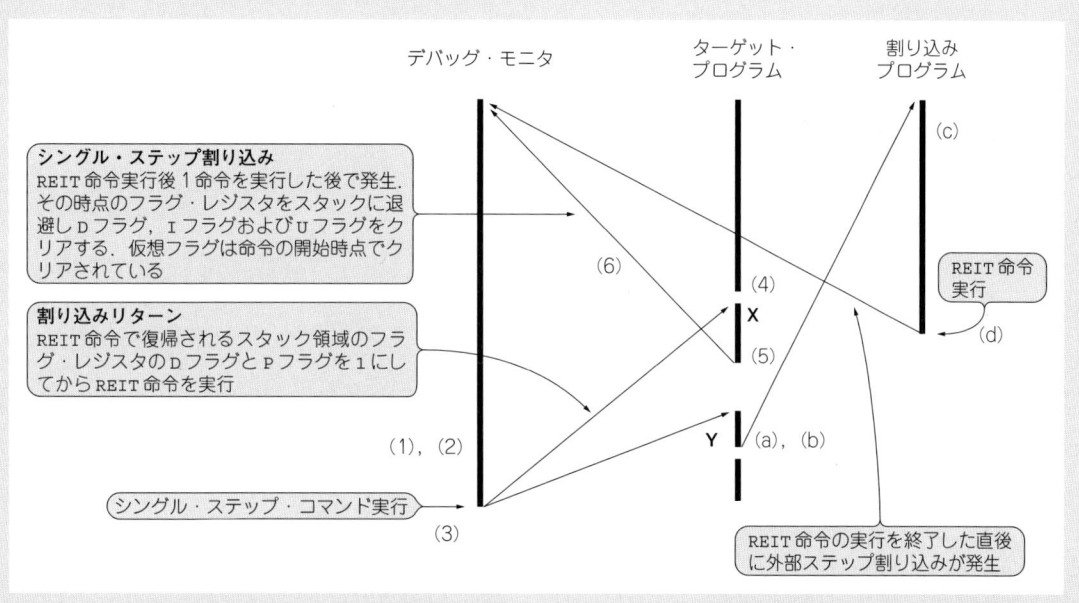

図2-L　シングル・ステップ割り込み実行のフロー

[第3章]

R8C/Tinyシリーズのアーキテクチャ

新海 栄治

3-1 アドレス空間

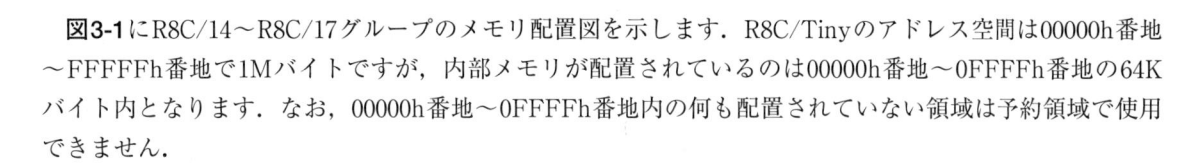

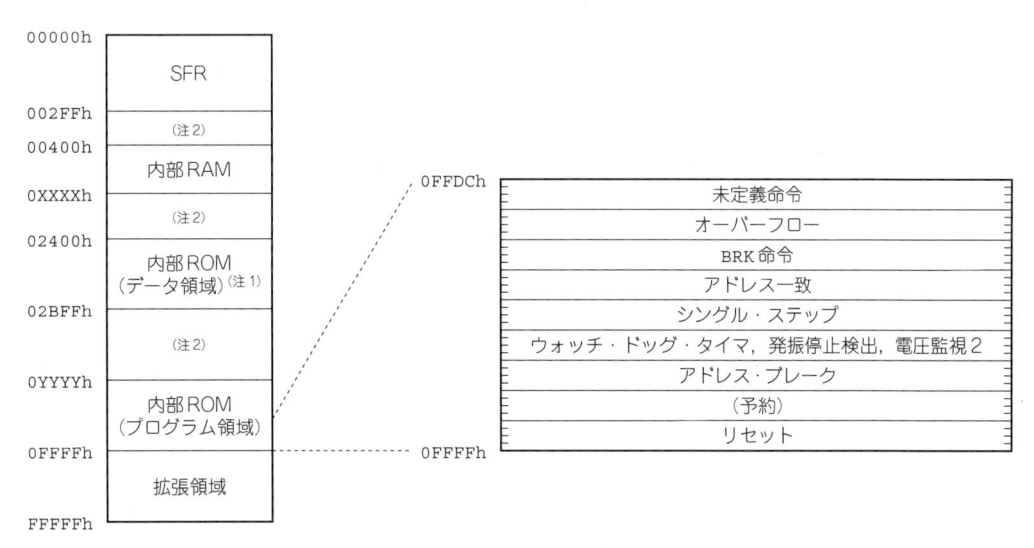

図3-1にR8C/14〜R8C/17グループのメモリ配置図を示します．R8C/Tinyのアドレス空間は00000h番地〜FFFFFh番地で1Mバイトですが，内部メモリが配置されているのは00000h番地〜0FFFFh番地の64Kバイト内となります．なお，00000h番地〜0FFFFh番地内の何も配置されていない領域は予約領域で使用できません．

```
00000h  ┌─────────────┐
        │    SFR      │
002FFh  ├─────────────┤
        │   (注2)     │
00400h  ├─────────────┤
        │  内部RAM    │
0XXXXh  ├─────────────┤
        │   (注2)     │
02400h  ├─────────────┤
        │  内部ROM    │
        │(データ領域)(注1)│
02BFFh  ├─────────────┤
        │   (注2)     │
0YYYYh  ├─────────────┤
        │  内部ROM    │
        │(プログラム領域)│
0FFFFh  ├─────────────┤
        │  拡張領域   │
FFFFFh  └─────────────┘
```

```
0FFDCh ┌──────────────────────────────────┐
       │         未定義命令                │
       ├──────────────────────────────────┤
       │         オーバーフロー            │
       ├──────────────────────────────────┤
       │         BRK命令                   │
       ├──────────────────────────────────┤
       │         アドレス一致              │
       ├──────────────────────────────────┤
       │         シングル・ステップ        │
       ├──────────────────────────────────┤
       │ ウォッチ・ドッグ・タイマ，発振停止検出，電圧監視2 │
       ├──────────────────────────────────┤
       │         アドレス・ブレーク        │
       ├──────────────────────────────────┤
       │          (予約)                   │
       ├──────────────────────────────────┤
       │          リセット                 │
0FFFFh └──────────────────────────────────┘
```

注1：データ・フラッシュROMのブロックA（1Kバイト）およびブロックB（1Kバイト）を示す（R8C/15, 17）
注2：空欄は予約領域．アクセス不可

型名	内部ROM		内部RAM	
	容量	0YYYYh番地	容量	0XXXXh番地
R5F211x4SP, R5F211x4DSP, R5F211x4DD, R5F211x4DDD	16Kバイト	0C000h	1Kバイト	007FFh
R5F211x3SP, R5F211x3DSP, R5F211x3DD, R5F211x3DDD	12Kバイト	0D000h	768バイト	006FFh
R5F211x2SP, R5F211x2DSP, R5F211x2DD, R5F211x2DDD	8Kバイト	0E000h	512バイト	005FFh

x：4(R8C/14)，5(R8C/15)，6(R8C/16)，7(R8C/17)

図3-1　R8C/14〜R8C/17グループのメモリ配置図

表3-1 SFR領域の一覧(空欄および0100h～01B2h番地，01B8h～02FFh番地は予約領域．アクセス不可．Xは不定)

番地	レジスタ	シンボル	リセット後の値	番地	レジスタ	シンボル	リセット後の値
0000h				0042h			
0001h				0043h			
0002h				0044h			
0003h				0045h			
0004h	プロセッサ・モード・レジスタ0	PM0	00h	0046h			
0005h	プロセッサ・モード・レジスタ1	PM1		0047h			
0006h	システム・クロック制御レジスタ0	CM0	01101000b	0048h			
0007h	システム・クロック制御レジスタ1	CM1	00100000b	0049h			
0008h				004Ah			
0009h	アドレス一致割り込み許可レジスタ	AIER	XXXXXX00b	004Bh			
000Ah	プロテクト・レジスタ	PRCR	00XXX000b	004Ch			
000Bh				004Dh	キー入力割り込み制御レジスタ	KUPIC	XXXXX000b
000Ch	発振停止検出レジスタ	OCD	00000100b	004Eh	A-D変換割り込み制御レジスタ	ADIC	XXXXX000b
000Dh	ウォッチ・ドッグ・タイマ・リセット・レジスタ	WDTR	XXh	004Fh	SSU 割り込み制御レジスタ	SSUAIC	XXXXX000b
000Eh	ウォッチ・ドッグ・タイマ・スタート・レジスタ	WDTS	XXh	0050h	コンペア1 割り込み制御レジスタ	CMP1IC	XXXXX000b
000Fh	ウォッチ・ドッグ・タイマ制御レジスタ	WDC	000XXXXXb	0051h	UART0 送信割り込み制御レジスタ	S0TIC	XXXXX000b
0010h	アドレス一致割り込みレジスタ0	RMAD0	00h	0052h	UART0 受信割り込み制御レジスタ	S0RIC	XXXXX000b
0011h			00h	0053h			
0012h			X0h	0054h			
0013h				0055h			
0014h	アドレス一致割り込みレジスタ1	RMAD1	00h	0056h	タイマX 割り込み制御レジスタ	TXIC	XXXXX000b
0015h			00h	0057h			
0016h			X0h	0058h	タイマZ 割り込み制御レジスタ	TZIC	XXXXX000b
0017h				0059h	INT1 割り込み制御レジスタ	INT1IC	XXXXX000b
0018h				005Ah	INT3 割り込み制御レジスタ	INT3IC	XXXXX000b
0019h				005Bh	タイマC 割り込み制御レジスタ	TCIC	XXXXX000b
001Ah				005Ch	コンペア0 割り込み制御レジスタ	CMP0IC	XXXXX000b
001Bh				005Dh	INT0 割り込み制御レジスタ	INT0IC	XX00X000b
001Ch	カウント・ソース保護モード・レジスタ	CSPR	00h	005Eh			
001Dh				005Fh			
001Eh	INT0 入力フィルタ選択レジスタ	INT0F	XXXXX000b	0060h			
001Fh				～			
0020h	高速オンチップ・オシレータ制御レジスタ0	HRA0	00h				
0021h	高速オンチップ・オシレータ制御レジスタ1	HRA1	出荷時の値				
0022h	高速オンチップ・オシレータ制御レジスタ2	HRA2	00h	007Fh			
0023h				0080h	タイマZ モード・レジスタ	TZMR	00h
0024h				0081h			
0025h				0082h			
				0083h			
002Fh				0084h	タイマZ 波形出力制御レジスタ	PUM	00h
0030h				0085h	プリスケーラZ	PREZ	FFh
0031h	電圧検出レジスタ1(注1)	VCA1	00001000b	0086h	タイマZ セカンダリ	TZSC	FFh
0032h	電圧検出レジスタ2(注1)	VCA2	00h(注2)	0087h	タイマZ プライマリ	TZPR	FFh
			01000000b(注3)	0088h			
0033h				0089h			
0034h				008Ah	タイマZ 出力制御レジスタ	TZOC	00h
0035h				008Bh	タイマX モード・レジスタ	TXMR	00h
0036h	電圧監視1回路制御レジスタ(注1)	VW1C	0000X000b(注2)	008Ch	プリスケーラX	PREX	FFh
			0100X001b(注3)	008Dh	タイマX	TX	FFh
0037h	電圧監視2回路制御レジスタ(注4)	VW2C	00h	008Eh	タイマ・カウント・ソース設定レジスタ	TCSS	00h
0038h				008Fh			
0039h				0090h	タイマC	TC	00h
003Ah				0091h			00h
003Bh				0092h			
003Ch				0093h			
003Dh				0094h			
003Eh				0095h			
003Fh				0096h	外部入力許可レジスタ	INTEN	00h
0040h				0097h			
0041h							

注1：ソフトウェア・リセット，ウォッチ・ドッグ・タイマ・リセット，電圧監視2リセットでは変化しない　注2：ハードウェア・リセットの場合
注3：パワーONリセット，電圧監視1リセットの場合　注4：ソフトウェア・リセット，ウォッチ・ドッグ・タイマ・リセット，電圧監視2リセットではb2, b3は変化しない

番地	レジスタ	シンボル	リセット後の値	番地	レジスタ	シンボル	リセット後の値
0098h	キー入力許可レジスタ	KIEN	00h	00CCh			
0099h				00CDh			
009Ah	タイマC 制御レジスタ0	TCC0	00h	00CEh			
009Bh	タイマC 制御レジスタ1	TCC1	00h	00CFh			
009Ch	キャプチャ,コンペア0 レジスタ	TM0	FFh	00D0h			
009Dh			FFh	00D1h			
009Eh	コンペア1 レジスタ	TM1	FFh	00D2h			
009Fh			FFh	00D3h			
00A0h	UART0 送受信モード・レジスタ	U0MR	00h	00D4h	A-D 制御レジスタ2	ADCON2	00h
00A1h	UART0 ビット・レート・レジスタ	U0BRG	XXh	00D5h			
00A2h	UART0 送信バッファ・レジスタ	U0TB	XXh	00D6h	A-D 制御レジスタ0	ADCON0	00000XXXb
00A3h			XXh	00D7h	A-D 制御レジスタ1	ADCON1	00h
00A4h	UART0 送受信制御レジスタ0	U0C0	00001000b	00D8h			
00A5h	UART0 送受信制御レジスタ1	U0C1	00000010b	00D9h			
00A6h	UART0 受信バッファ・レジスタ	U0RB	XXh	00DAh			
00A7h			XXh	00DBh			
00A8h				00DCh			
00A9h				00DDh			
00AAh				00DEh			
00ABh				00DFh			
00ACh				00E0h			
00ADh				00E1h	ポートP1 レジスタ	P1	XXh
00AEh				00E2h			
00AFh				00E3h	ポートP1 方向レジスタ	PD1	00h
00B0h	UART 送受信制御レジスタ2	UCON	00h	00E4h			
00B1h				00E5h	ポートP3 レジスタ	P3	XXh
00B2h				00E6h			
00B3h				00E7h	ポートP3 方向レジスタ	PD3	00h
00B4h				00E8h	ポートP4 レジスタ	P4	XXh
00B5h				00E9h			
00B6h				00EAh	ポートP4 方向レジスタ	PD4	00h
00B7h				00EBh			
00B8h	IICバス・コントロール・レジスタ1(注5)	ICCR1	00h	00ECh			
00B9h	IICバス・コントロール・レジスタ2(注5)	ICCR2	7Dh	00EDh			
00BAh	IICバス・モード・レジスタ(注5)	ICMR	18h	00EEh			
00BBh	IICバス・インタラプト・イネーブル・レジスタ(注5)	ICIER	00h	00EFh			
00BCh	IICバス・ステータス・レジスタ(注5)	ICSR	00h	00F0h			
00BDh	スレーブ・アドレス・レジスタ(注5)	SAR		00F1h			
00BEh	IICバス送信データ・レジスタ(注5)	ICDRT	FFh	00F2h			
00BFh	IICバス受信データ・レジスタ(注5)	ICDRR	FFh	00F3h			
00B8h	SS コントロール・レジスタH(注6)	SSCRH	00h	00F4h			
00B9h	SS コントロール・レジスタL(注6)	SSCRL	7Dh	00F5h			
00BAh	SS モード・レジスタ(注6)	SSMR	18h	00F6h			
00BBh	SS イネーブル・レジスタ(注6)	SSER	00h	00F7h			
00BCh	SS ステータス・レジスタ(注6)	SSSR	10000000b	00F8h			
00BDh	SS モード・レジスタ2(注6)	SSMR2		00F9h			
00BEh	SS トランスミット・データ・レジスタ(注6)	SSTDR	FFh	00FAh			
00BFh	SS レシーブ・データ・レジスタ(注6)	SSRDR	FFh	00FBh			
00C0h	A-D レジスタ	AD	XXh	00FCh	プルアップ制御レジスタ0	PUR0	00XX0000b
00C1h			XXh	00FDh	プルアップ制御レジスタ1	PUR1	XXXXXX0Xb
00C2h				00FEh	ポートP1 駆動能力制御レジスタ	DRR	00h
00C3h				00FFh	タイマC 出力制御レジスタ	TCOUT	00h
00C4h							
00C5h				01B3h	フラッシュ・メモリ制御レジスタ4	FMR4	01000000b
00C6h				01B4h			
00C7h				01B5h	フラッシュ・メモリ制御レジスタ1	FMR1	1000000Xb
00C8h				01B6h			
00C9h				01B7h	フラッシュ・メモリ制御レジスタ0	FMR0	00000001b
00CAh							
00CBh				0FFFFh	オプション機能選択レジスタ	OFS	(注7)

注5：R8C/16, 17　注6：R8C/14, 15　注7：OFSレジスタはプログラムで変更できない．フラッシュ・ライタで書く

また，10000h番地～FFFFFh番地は拡張領域として存在しますが，R8C/Tinyはシングル・チップ・モード（内部メモリとSFRだけアクセス可能な動作モード）でのみ動作するので，外部メモリなどをこの領域に割り付けて使用することはできません．

■ 固定領域と内部RAM，ROMの展開

アドレス固定の領域として，SFR（Special Function Register．特殊機能レジスタ）領域と固定割り込みベクタ・テーブルがあります．

● SFR領域

R8C/Tinyの内蔵周辺機能や割り込みなどの制御用レジスタ群で，00000h番地～002FFh番地に配置されています．SFR領域内の何も配置されていない領域は予約領域となっているため，ユーザは使用できません．**表3-1**にSFR領域の一覧を示します．

● 固定割り込みベクタ・テーブル

ノンマスカブル割り込み（第3章，3-5節「割り込みの種類と動作」を参照）の要求をCPUが受け付けた後の飛び先アドレスを格納する領域です．0FFDCh番地～0FFFFh番地に配置しています．

● 内部RAM，ROMの展開

内部RAMは00400h番地から配置され，アドレスの大きい方向に拡張していきます．内部ROMは0FFFFh番地からアドレスの小さい方向に拡張していきます．

また，マイコンの動作プログラムを格納する領域とは別に，主にデータを格納するためのROM領域を2K～4Kバイトもっており，R8C/15，R8C/17グループは02400h～02BFFh番地に，R8C/12～13グループは02000h～02FFFh番地にそれぞれ配置されています．R8C/Tinyでは，この領域をデータ・フラッシュ領域と呼んでいます．

● データ・フラッシュとは

イレーズ回数が10,000回まで保証されている内蔵フラッシュ・メモリのことで，疑似的なEEPROM領域として利用することができます．

なお，通常の内蔵フラッシュ・メモリのイレーズ保証回数は1,000回です（データ・フラッシュを搭載していない製品のイレーズ保証回数は100回）．

3-2 メモリおよびレジスタ上のデータ配置

R8C/Tinyはリトル・エンディアンのため，メモリ上のデータ配置はアドレスの小さいほうからデータの下位側に配置されます．16ビット以上のデータ（ワード，アドレス，ロング・ワード）はワード境界（2の倍数番地）をまたいで配置することもできます．なおレジスタ上のデータ配置については，ビット0がLSB側で配置されます．

図3-2にメモリ上のデータ配置，**図3-3**にレジスタ上のデータ配置を示します．

● エンディアン

エンディアンとは，2バイト以上の数値をメモリへ格納する場合の方式のことで，リトル・エンディアンとビッグ・エンディアンがあり，マイコンによって方式が異なります．R8C/Tinyはリトル・エンディアンです．

図3-2　メモリ上のデータ配置

(a) バイト(8ビット)データ
(b) ワード(16ビット)データ
(c) アドレス(20ビット)データ
(d) ロング・ワード(32ビット)データ

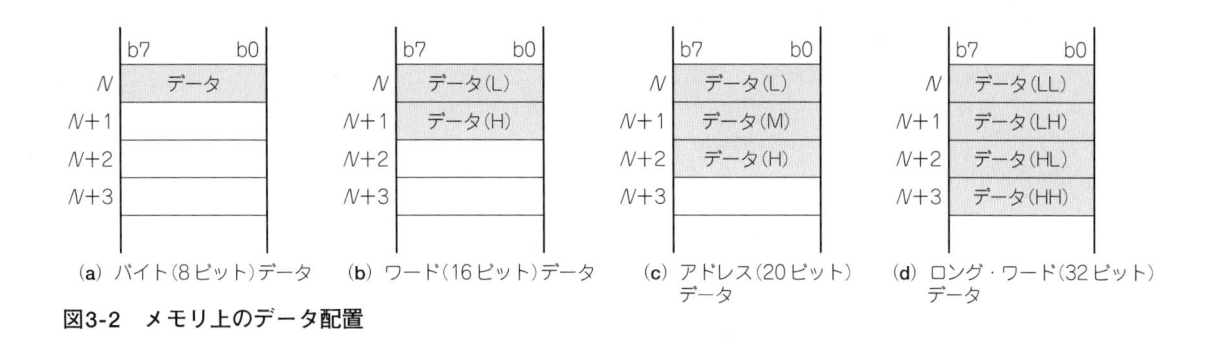

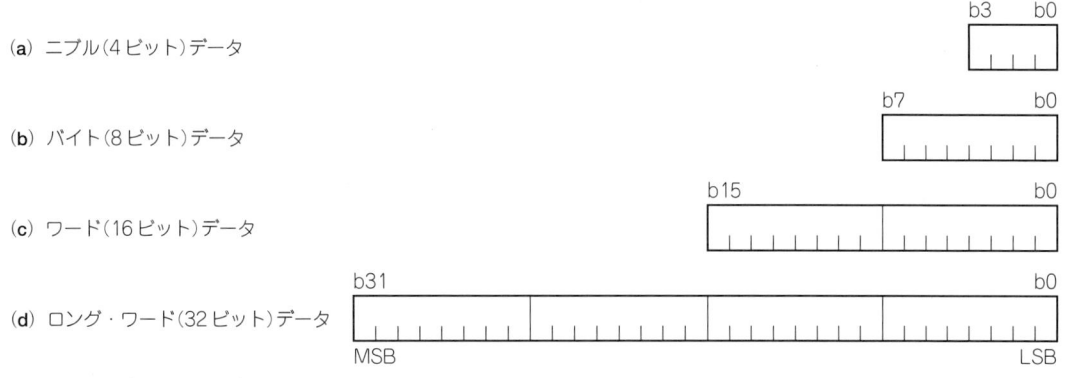

図3-3　レジスタ上のデータ配置

(a) ニブル(4ビット)データ
(b) バイト(8ビット)データ
(c) ワード(16ビット)データ
(d) ロング・ワード(32ビット)データ

3-3　4種類のデータ・タイプ

R8C/Tinyは，以下に示す4種類のデータ・タイプを扱うことができます．

■ 整数

整数は，符号付きと符号なしがあります(図3-4)．符号付き整数の負の値は，2の補数で表現します．なお，32ビット・データについては，乗算命令(MUL，MULU)やシフト命令(SHA，SHL)など，一部の命令でのみ使用できます．

■ 10進データ

10進データは，BCD(Binary Code Decimal)コード(10進数を2進数4ビットで表現したもの)で表します(図3-5)．このデータ・タイプは，4種類の10進演算命令(DADC，DADD，DSBB，DSUB)で使用できます．

■ ストリング・データ

ストリング・データとは，バイト(8ビット)またはワード(16ビット)のデータを任意の長さだけ連続して並べたデータ配列です．メモリ上では，アドレスの小さい側がストリングの先頭になります．また，

R8C/Tinyはリトル・エンディアンなので，ワード・ストリングの場合はストリング・データの下位8ビット，上位8ビットの順で並びます(**図3-6**).

このデータ・タイプは，3種類のストリング命令(SMOVB，SMOVF，SSTR)で使用できます．

■ ビット

ビットは，ビット命令で使用できるデータ・タイプです．ビットには以下に示すレジスタのビットとメ

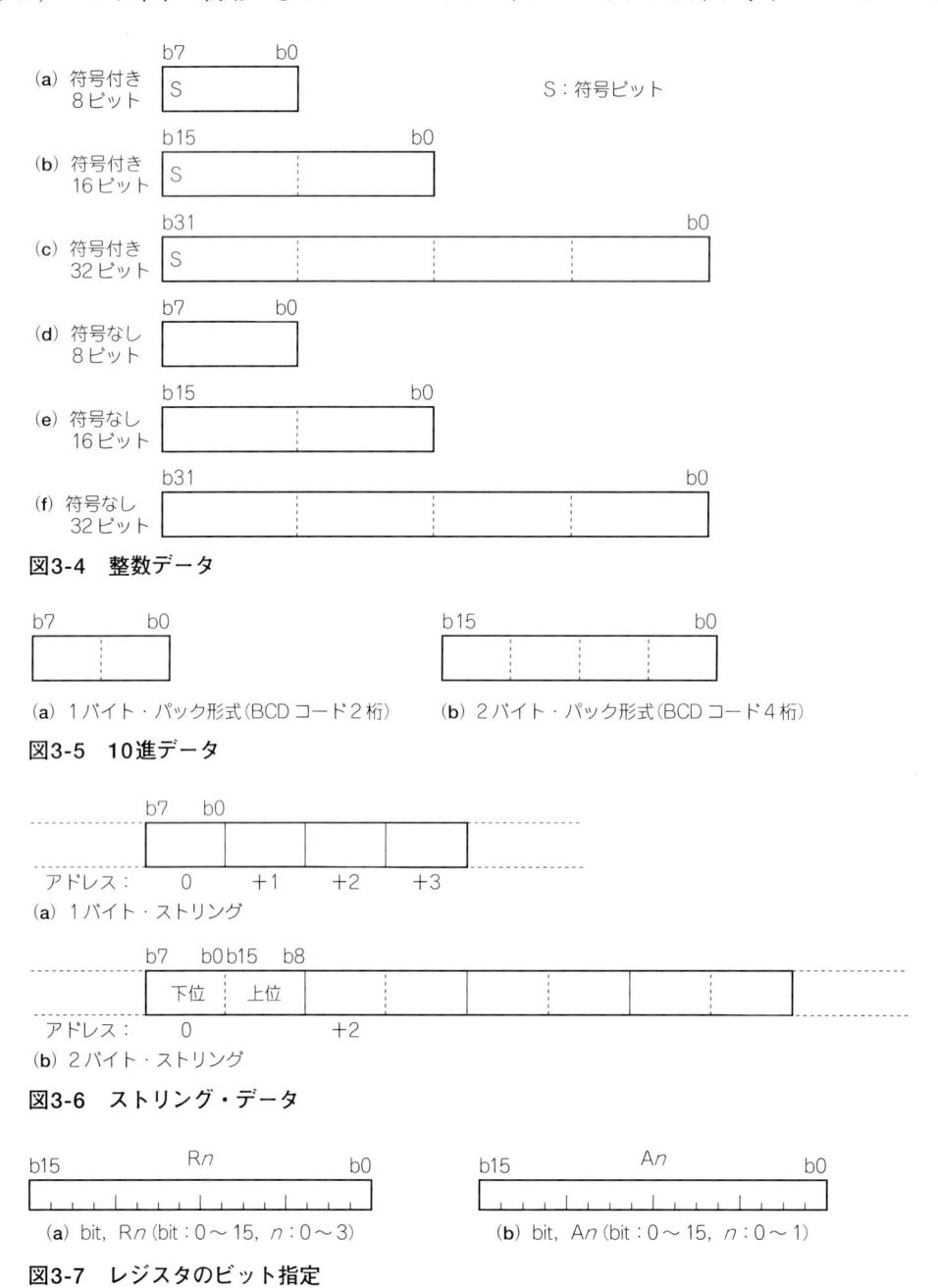

図3-4 整数データ

(a) 1バイト・パック形式(BCDコード2桁)　(b) 2バイト・パック形式(BCDコード4桁)

図3-5 10進データ

(a) 1バイト・ストリング

(b) 2バイト・ストリング

図3-6 ストリング・データ

(a) bit, Rn (bit：0〜15, n：0〜3)　(b) bit, An (bit：0〜15, n：0〜1)

図3-7 レジスタのビット指定

モリのビットの2種類があります．メモリのビットについては，アドレッシング・モードによってビットの指定方法および指定できる範囲が異なります．詳細は第4章，4-1節「アドレッシング・モードの特徴」を参照してください．

● レジスタのビット

　レジスタのビット指定を図3-7に示します．各レジスタのビットは，LSBからMSBにそれぞれ0～15のビット番号をもちます．したがって，レジスタ上のビットはビット0～ビット15の範囲で指定できます．

● メモリのビット

　メモリ・マップとビット・マップの関係を図3-8に示します．リトル・エンディアンなので1バイト中のビット0はLSB側となり，0番地のビット0が最下位ビットになります．

　メモリ上のビットは連続したビットの配列として扱うことができます．ビットの指定は，原則として任意のビット番号とベースとなるアドレスの組み合わせによって指定することができます．ベースとなるア

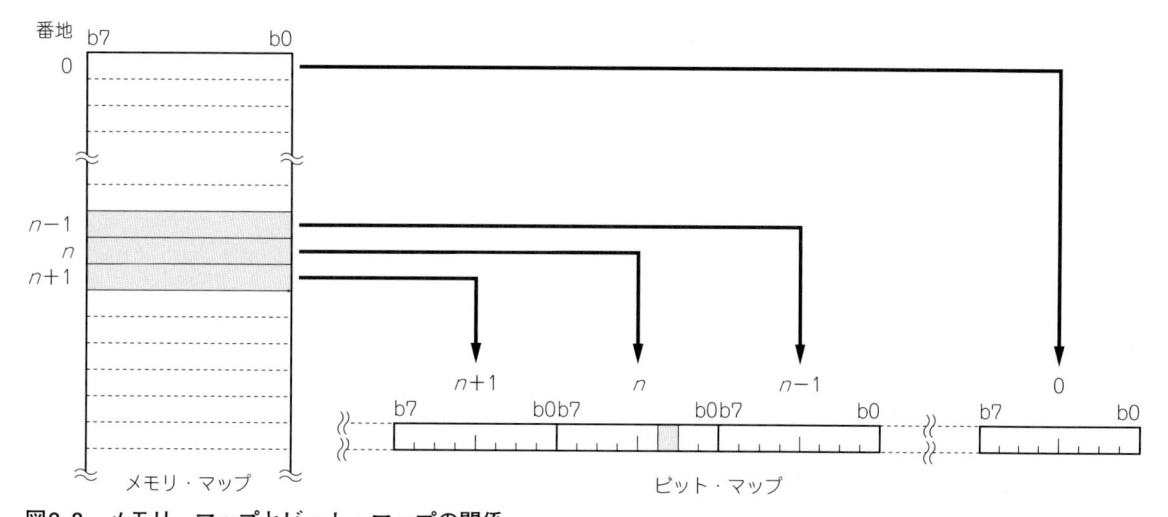

図3-8　メモリ・マップとビット・マップの関係
メモリのマッピングとビットのマッピングの関係を示しているだけである．メモリ中のn番地を例として，メモリの$n-1$～$n+1$までの3バイトをビット単位で考えた場合の「関係」を表している．命令のオペランドはいっさい関係ない

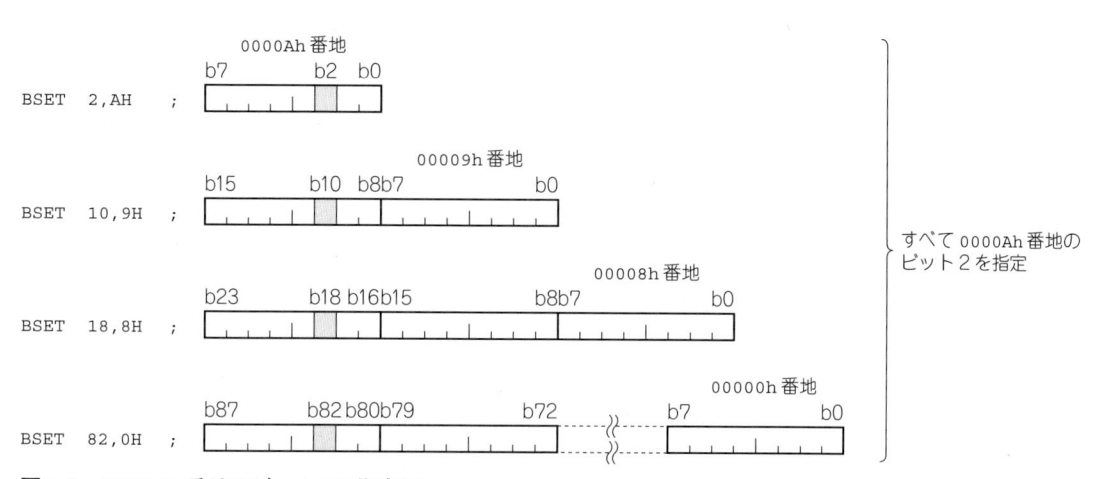

図3-9　0000Ah番地のビット2の指定例

ドレスに設定したアドレスのビット0を基準(0)として，対象となるビット位置までのオフセット値をビット数で指定します．0000Ah番地のビット2の指定例を，**図3-9**に示します．

3-4 レジスタの構成

CPUは13個のレジスタをもっています．**図3-10**にレジスタの構成を示します．

■ 全体のレジスタ構成

R8C/Tinyのデータ・レジスタ(R0, R1, R2, R3)，アドレス・レジスタ(A0, A1)，フレーム・ベース・レジスタ(FB)は2セットあり，レジスタ・バンク0とレジスタ・バンク1にそれぞれ別のレジスタとして存

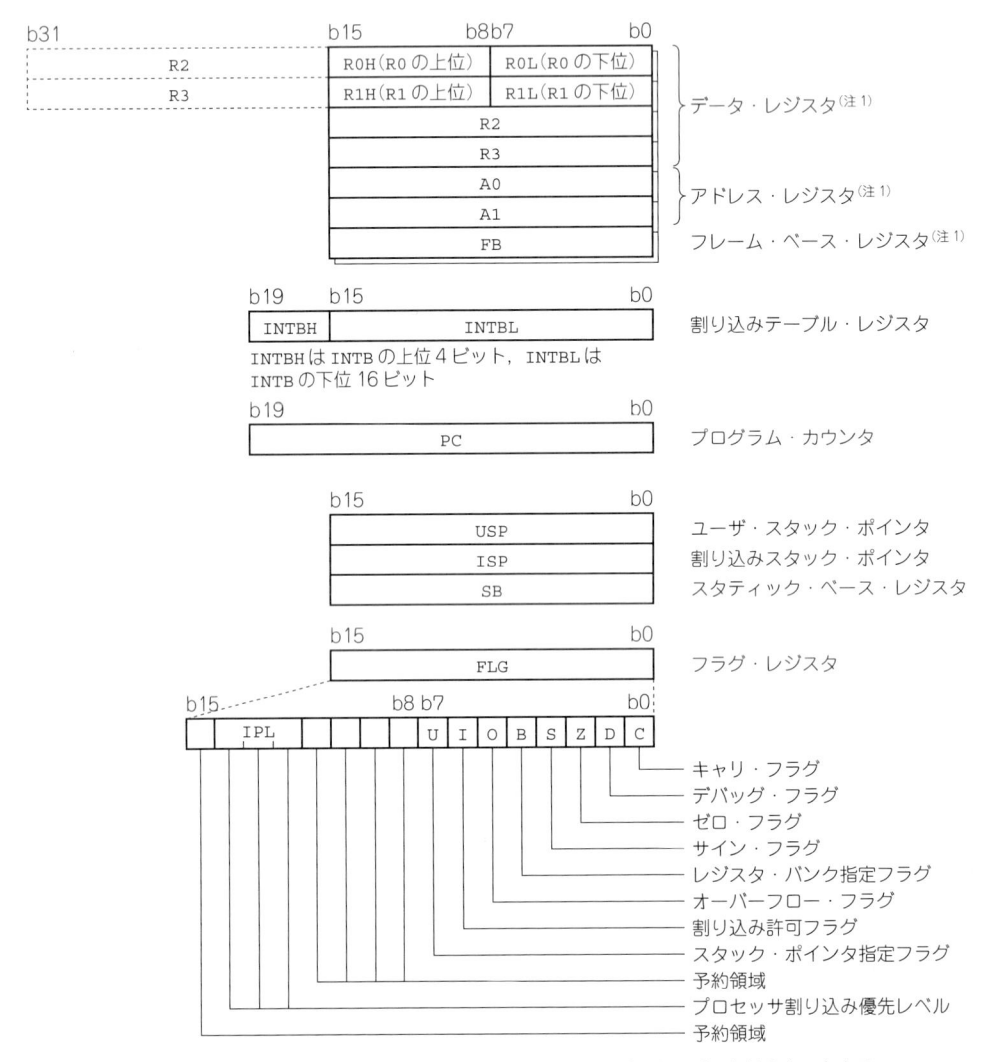

```
 b31          b15     b8b7       b0
┌────────────┬──────────┬──────────┐
│    R2      │R0H(R0の上位)│R0L(R0の下位)│ ┐
├────────────┼──────────┴──────────┤ │
│    R3      │R1H(R1の上位)│R1L(R1の下位)│ ├ データ・レジスタ(注1)
             ├─────────────────────┤ │
             │         R2          │ │
             ├─────────────────────┤ ┘
             │         R3          │
             ├─────────────────────┤ ┐
             │         A0          │ ├ アドレス・レジスタ(注1)
             ├─────────────────────┤ ┘
             │         A1          │
             ├─────────────────────┤
             │         FB          │ ── フレーム・ベース・レジスタ(注1)

      b19    b15               b0
      ┌─────┬──────────────────┐
      │INTBH│      INTBL       │ ── 割り込みテーブル・レジスタ
      └─────┴──────────────────┘
      INTBHはINTBの上位4ビット，INTBLは
      INTBの下位16ビット

      b19                      b0
      ┌────────────────────────┐
      │           PC           │ ── プログラム・カウンタ
      └────────────────────────┘

             b15               b0
             ┌──────────────────┐
             │       USP        │ ── ユーザ・スタック・ポインタ
             ├──────────────────┤
             │       ISP        │ ── 割り込みスタック・ポインタ
             ├──────────────────┤
             │       SB         │ ── スタティック・ベース・レジスタ
             └──────────────────┘

             b15               b0
             ┌──────────────────┐
             │       FLG        │ ── フラグ・レジスタ
             └──────────────────┘

 b15          b8 b7             b0
┌───┬─────┬───┬───┬─┬─┬─┬─┬─┬─┬─┐
│   │ IPL │   │ U │I│O│B│S│Z│D│C│
└───┴─────┴───┴───┴─┴─┴─┴─┴─┴─┴─┘
                                └─ キャリ・フラグ
                              └─── デバッグ・フラグ
                            └───── ゼロ・フラグ
                          └─────── サイン・フラグ
                        └───────── レジスタ・バンク指定フラグ
                      └─────────── オーバーフロー・フラグ
                    └───────────── 割り込み許可フラグ
                  └─────────────── スタック・ポインタ指定フラグ
              └─────────────────── 予約領域
          └─────────────────────── プロセッサ割り込み優先レベル
      └─────────────────────────── 予約領域
```

注1：これらのレジスタは，レジスタ・バンクを構成している．レジスタ・バンクは2セットある．

図3-10 CPUのレジスタ構成

在します．

　レジスタ・バンク0とレジスタ・バンク1を同時にアクセスすることはできず，FLGレジスタ中のBフラグで指定されているほうのレジスタ・バンクだけをアクセスできます．

■ データ・レジスタ（R0，R0H，R0L，R1，R1H，R1L，R2，R3）

　データ・レジスタは，主にデータ転送や算術，論理演算などで使用します．R0とR1については，上位8ビット（R0H/R1H）と下位8ビット（R0L/R1L）を別々に8ビット・レジスタとして使用できます．また乗算命令など一部の命令においては，R2とR0，R3とR1を組み合わせて32ビット・レジスタ（R2R0/R3R1）としても使用できます．

■ アドレス・レジスタ（A0，A1）

　アドレス・レジスタは，メモリ上のデータを相対アクセス（アドレス・レジスタ間接アドレッシングおよびアドレス・レジスタ相対アドレッシング）する場合に，ベースとなるアドレスを設定するためのレジスタとして使用します．C言語の記述においては，ポインタによる変数参照や配列の要素参照を行った場合に使われます．詳細は，第4章，4-1節の「アドレス・レジスタ間接/アドレス・レジスタ相対アドレッシング」を参照してください．

　また，アドレス・レジスタは，データ・レジスタと同じように使用でき，乗算命令など一部の命令においてA1とA0とを組み合わせて32ビット・レジスタ（A1A0）としても使用できます．

■ フレーム・ベース・レジスタ（FB）

　フレーム・ベース・レジスタは，メモリ上のデータを相対アクセス（FB相対アドレッシング）する場合に，ベースとなるアドレスを設定するレジスタで，Cプログラミング時のスタック・フレーム・アクセス用の専用レジスタとして使われます．詳細は，第4章，4-1節の「FB相対アドレッシング」を参照してください．

■ スタティック・ベース・レジスタ（SB）

　スタティック・ベース・レジスタは，メモリ上のデータを相対アクセス（SB相対アドレッシング）する場合に，ベースとなるアドレスを設定するレジスタです．詳細は，第4章，4-1節の「SB相対アドレッシング」を参照してください．

■ プログラム・カウンタ（PC）

　プログラム・カウンタは，次に実行する命令の番地を示します．

■ 割り込みテーブル・レジスタ（INTB）

　割り込みテーブル・レジスタは，可変割り込みベクタ・テーブルの先頭アドレスを設定するレジスタです．詳細は，3-5節の「割り込みの種類と動作」を参照してください．

■ ユーザ・スタック・ポインタ（USP）と割り込みスタック・ポインタ（ISP）

　スタック・ポインタは，ユーザ・スタック・ポインタと割り込みスタック・ポインタの2種類あります．

どちらのスタック・ポインタを使用してCPUを動作させるかは，フラグ・レジスタ(FLG)内のスタック・ポインタ指定フラグ(Uフラグ)で選択します．したがって，ユーザ・スタック・ポインタと割り込みスタック・ポインタが同時に使われることはありません．

なお，プログラム上でスタック・ポインタを一つしか使用しない場合は，必ず割り込みスタック・ポインタ(ISP)を使用します．詳細は，第3章，3-5節の「割り込み受け付け後の動作」で解説します．

■ フラグ・レジスタ(FLG)

フラグ・レジスタには，ユーザが初期値を設定して使用するフラグ(U，I，B)と，命令の実行結果により変化するフラグ(O，S，Z，C)が割り付けられています．

各フラグの機能を図3-11に示します．

● ビット0：キャリ・フラグ(Cフラグ)

加算減算命令などで発生したキャリ(桁上がり)やボロー(桁借り)を表します．8ビット加算時は255(DADD，DADC命令実行時は99h)，16ビット加算時は65535(DADD，DADC命令実行時は9999h)を超えたときに'1'にセットされ，減算時は8ビット，16ビット演算ともに0を超えたときに'0'にクリアされます．またシフト命令実行時は，シフトアウトした最上位/最下位ビットを保持します．

● ビット1：デバッグ・フラグ(Dフラグ)

シングル・ステップ割り込みを許可するフラグです．このフラグを'1'にセットした後，命令を実行するとシングル・ステップ割り込みが発生します．割り込みを受け付けると，このフラグは'0'になります(シングル・ステップ割り込みは開発サポート・ツール専用割り込みなのでユーザは使用禁止)．

● ビット2：ゼロ・フラグ(Zフラグ)

演算した結果が'0'のとき'1'になり，それ以外のときは'0'になります．

● ビット3：サイン・フラグ(Sフラグ)

演算の結果が負のとき'1'になり，それ以外のときは'0'になります．

● ビット4：レジスタ・バンク指定フラグ(Bフラグ)

レジスタ・バンクの切り替え用フラグです．このフラグが'0'のときレジスタ・バンク0が指定され，'1'

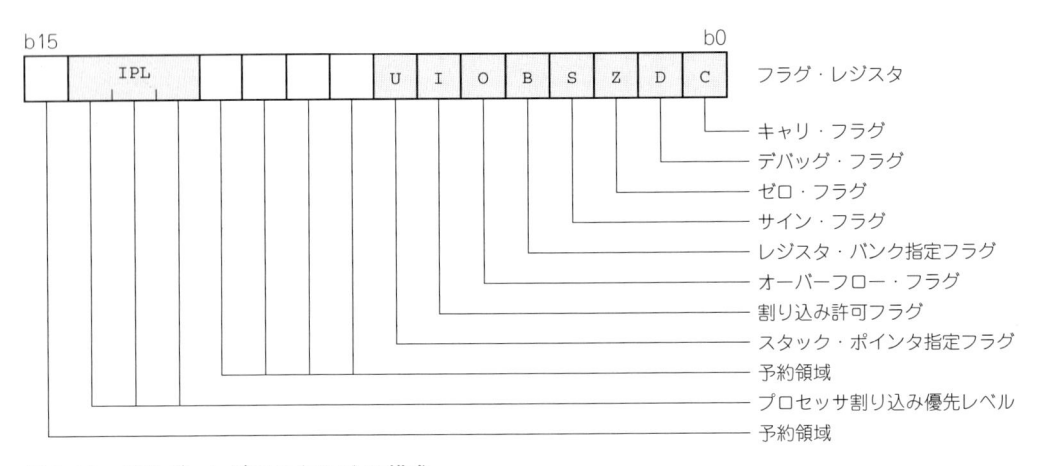

図3-11 フラグ・レジスタ(FLG)の構成

のときレジスタ・バンク1が指定されます．

● ビット5：オーバーフロー・フラグ(Oフラグ)

演算の結果がオーバーフローしたときに'1'になります．8ビット演算時は－128～＋127を超えたとき，16ビット演算時は－32768～＋32767を超えたときに，それぞれ'1'にセットされます．

● ビット6：割り込み許可フラグ(Iフラグ)

マスカブル割り込みを許可するフラグです．このフラグが'0'のとき割り込みは禁止され，'1'のとき許可されます．マイコンのリセット解除後は'0'なので，ユーザがプログラムで'1'にセットすることにより割り込みが許可されます．

● ビット7：スタック・ポインタ指定フラグ(Uフラグ)

スタック・ポインタの切り替え用フラグです．このフラグが'0'のとき割り込みスタック・ポインタ(ISP)が指定され，'1'のときユーザ・スタック・ポインタ(USP)が指定されます．

CPUがハードウェア割り込みを受け付けたとき，またはソフトウェア割り込み番号0～31のINT命令を実行したときに，このフラグは自動的に'0'クリアされます．

● ビット12～14：プロセッサ割り込み優先レベル(IPL)

0～7の8段階のプロセッサ割り込み優先レベルを指定できます．このプロセッサ割り込み優先レベルで指定されたレベル以下の割り込み要求を禁止できます．詳細は，第3章，3-5節の「周辺機能割り込みの優先順位の決めかた」で解説します．

3-5 割り込みの種類と動作

■ 割り込みの種類

R8C/Tinyには，命令を実行することで発生するソフトウェア割り込みと，内蔵周辺機能などにより発生するハードウェア割り込みの二つがあります．ハードウェア割り込みは，周辺機能割り込み(マスカブル割り込み)と特殊割り込み(ノンマスカブル割り込み)に分けられます．図3-12に割り込みの分類を示します．

▶ マスカブル割り込み：割り込み許可フラグ(Iフラグ)による割り込みの禁止/許可，および割り込み優先レベルの変更が可能

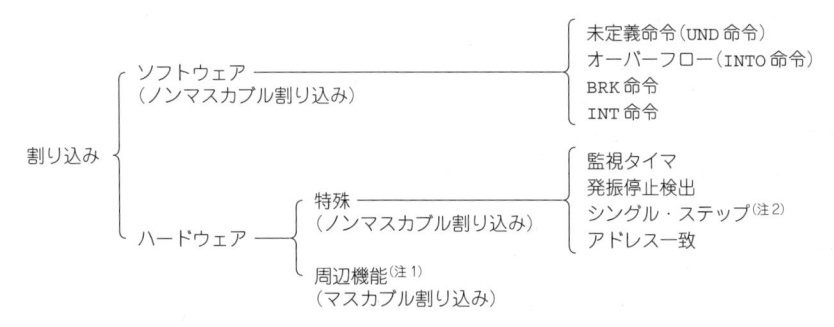

```
                    ┌─ ソフトウェア      ┌─ 未定義命令(UND命令)
                    │  (ノンマスカブル    ├─ オーバーフロー(INTO命令)
                    │   割り込み)        ├─ BRK命令
                    │                    └─ INT命令
割り込み ───────────┤
                    │                    ┌─ 監視タイマ
                    │   ┌─ 特殊          ├─ 発振停止検出
                    │   │  (ノンマスカブル├─ シングル・ステップ(注2)
                    └─ ハードウェア       └─ アドレス一致
                        │   割り込み)
                        │
                        └─ 周辺機能(注1)
                           (マスカブル割り込み)
```

注1：周辺機能割り込みは，マイクロコンピュータ内部の周辺機能による割り込み
注2：開発サポート・ツール専用の割り込みなので，使用しない

図3-12 割り込みの分類

▶ ノンマスカブル割り込み：割り込み許可フラグ（Iフラグ）による割り込みの禁止/許可，および割り込み優先レベルの変更が不可能

● **未定義命令（UND命令）割り込み**

　一般的に未定義命令割り込みは，存在しない機械語をCPUがフェッチした場合に発生する"命令例外"を指すことが多いですが，R8C/Tinyの場合，1バイト命令は00h～FEhまですべて命令として割り付けられ

Column…3-1　ソフトウェア割り込み（INTO命令，UND命令，BRK命令）の使用例

● INTO命令

　積和演算命令（RMPA）や除算命令（DIV，DIVX，DIVU）など，演算結果がオーバーフローする可能性のある命令の後にINTO命令を記述しておくと，演算の結果がオーバーフローしていた場合，Oフラグが'1'になっているので，INTO命令の実行で割り込みが発生します．

　これにより，積和演算命令などの実行後にオーバーフローしたかどうか（Oフラグ＝1）をソフトウェアで判定しなくても，オーバーフロー処理を実行できます．つまりINTO命令は，演算結果がオーバーフローした場合の"処理ルーチン呼び出し命令"として使用できます．リスト3-Aに使用例を示します．

● UND命令，BRK命令

　UND命令とBRK命令は，プログラムの暴走検出用としても使用することができます．

　BRK命令またはUND命令を内部ROMのプログラム領域として使用していない領域すべてに書き込んでおきます（書き込みはフラッシュ・ライタを使用して行う）．

　一般的にプログラムが暴走した場合，一定箇所で無限ループに陥ったり，プログラム領域以外の予期せぬアドレスに分岐することが多いです．つまり，プログラム領域以外のアドレスに格納されているコードをフェッチすることになり，UND命令あるいはBRK命令を実行して割り込みが発生します．これにより，プログラムが暴走していることを検知するわけです（図3-A）．

　なお，発生したUND命令割り込みやBRK命令割り込みの処理方法（暴走を検知した後のプログラムの再スタート方法）については，第9章の「ウォッチ・ドッグ・タイマ」を参照してください．

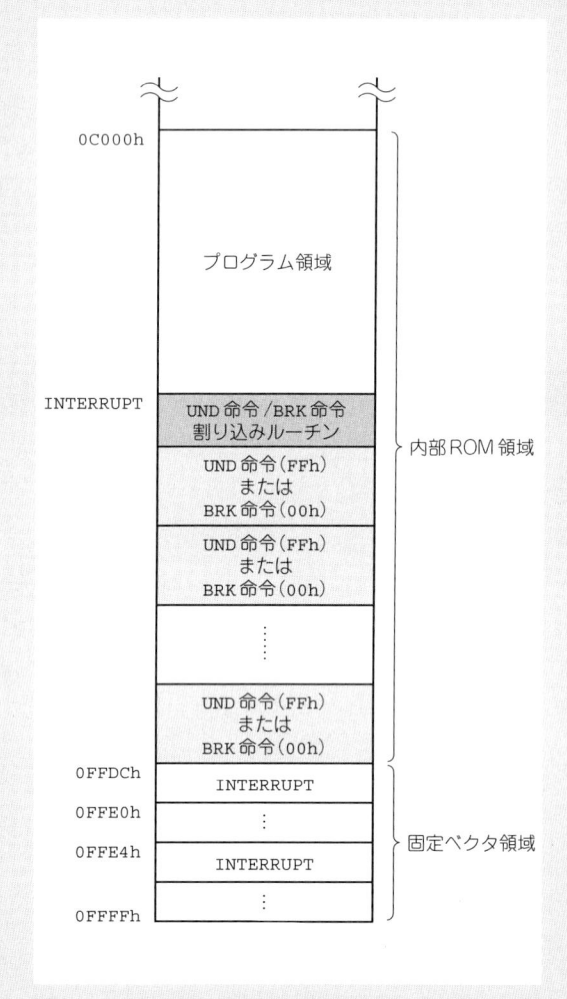

0C000h	プログラム領域	内部ROM領域
INTERRUPT	UND命令/BRK命令 割り込みルーチン	
	UND命令（FFh）またはBRK命令（00h）	
	UND命令（FFh）またはBRK命令（00h）	
	⋮	
	UND命令（FFh）またはBRK命令（00h）	
0FFDCh	INTERRUPT	固定ベクタ領域
0FFE0h	⋮	
0FFE4h	INTERRUPT	
0FFFFh	⋮	

図3-A　UND命令，BRK命令割り込みによる暴走検知

ているため，"命令例外"は事実上存在しません．
　したがって，機械語"FFh"が未定義命令（UND命令）となっており，この命令を実行すると割り込みが発生します．
　UND命令の使いかたは**Column…3-1**を参照してください．

リスト3-A　INTO命令の使用例

```
;===================== Sample Program ================================
MAIN:
            :
        MOV.W   DATA1,   R0
        MOV.W   DATA2,   R2
        DIV.W   #5                      ;符号付き除算
        INTO                            ;オーバーフロー割り込み
        MOV.W   R0, ANS_DATA
            :                           ┌─ オーバーフローしていない場合
        MOV.W   #0,     R0              │  割り込み要求は発生せず，後続
        MOV.W   #0,     R2              └─ の命令を実行する
        MOV.W   #0500H, A0              ;被乗数格納アドレスの設定
        MOV.W   #0600H, A1              ;乗数格納アドレスの設定
        MOV.W   #0FFH,  R3              ;積和回数の設定
        RMPA.W                          ;積和演算
        INTO                            ;オーバーフロー割り込み
        MOV.W   R0, ANS_L
        MOV.W   R2, ANS_H               ┌─ 積和演算命令は演算中にオーバーフロー
            :                           │  した場合，命令の実行を中断して後続の
;                                       └─ 命令(INTO命令)を実行する
;================ オーバーフロー(INTO命令)割り込みルーチン ================
INT_OVER_FLOW:
        演算結果オーバーフロー時の処理
            :
        REIT
;
;================ ダミー割り込みルーチン ================================
dummy:
        REIT
;
;********** 固定ベクタの設定 **************
;
        .SECTION        F_VECT, ROMDATA
        .ORG            0FFDCH           ;固定ベクタの先頭番地
;
        .LWORD  dummy                    ;未定義命令割り込みベクタ
        .LWORD  INT_OVER_FLOW            ;オーバーフロー(INTO)割り込みベクタ
        .LWORD  dummy                    ;BRK 命令割り込みベクタ
        .LWORD  dummy                    ;アドレス一致割り込みベクタ
        .LWORD  dummy                    ;シングル・ステップ割り込みベクタ
        .LWORD  dummy                    ;ウオッチ・ドッグ・タイマ割り込みベクタ
        .LWORD  dummy                    ;アドレス・ブレーク割り込みベクタ
        .LWORD  dummy                    ;予約
        .LWORD  START                    ;リセット・ベクタ
;
        .END
```

● オーバーフロー(INTO命令)割り込み

　オーバーフロー割り込みは，Oフラグが'1'（演算の結果がオーバーフロー）の状態で，INTO命令を実行すると発生する割り込みです．したがってINTO命令実行前に，Oフラグを変化させる演算命令を実行していることが前提となります．Oフラグが変化する命令は次のとおりです．

　　ABS，ADC，ADCF，ADD，CMP，DIV，DIVU，DIVX，NEG，RMPA，SBB，SHA，SUB
　INTO命令の使いかたは**Column**…**3-1**を参照してください．

● BRK命令割り込み

　BRK命令を実行することで発生する割り込みです．デバッガのソフトウェア・ブレーク機能などで使われます．

　BRK命令の使いかたは**Column**…**3-1**を参照してください．

● INT命令割り込み

　INT命令割り込みは，INT命令を実行することで発生します．INT命令は，オペランドで指定した番号のベクタに書かれているアドレスに分岐します．

　ソフトウェア割り込み番号0～63番のうち，13～29番は周辺機能割り込み用のベクタが割り当てられています（グループに従って割り付けが異なる）．したがって，単体テストを行うときなど，INT命令で13～29番のいずれかのベクタを指定することで，周辺機能の割り込み要求により実行される割り込みルーチンを疑似的に実行することができます．

　またINT命令は，リアルタイムOSを組み込んだ場合のサービス・コール用命令としても使われます．この場合，ソフトウェア割り込み番号の32～63番をサービス・コール用として使用するため，ユーザは使用できなくなります．

● ウォッチ・ドッグ・タイマ割り込み

　ウォッチ・ドッグ・タイマがアンダーフローすることで発生する割り込み要求です．ウォッチ・ドッグ・タイマは暴走検知用のタイマとして使用するので，この割り込みが発生している場合はプログラムが暴走していることになります．ウォッチ・ドッグ・タイマ割り込みの使用方法や発生後の処理などについては，第9章の「ウォッチ・ドッグ・タイマ」で詳しく解説します．

● 発振停止検出割り込み

　発振停止検出機能による割り込みで，メイン・クロックが何らかの異常で停止してしまった場合に発生します．このときの割り込みルーチンは，マイクロコンピュータに内蔵されているオンチップ・オシレータ・クロックでバックアップ動作します．発振停止割り込み発生後の処理などについては，第5章，5-2節の「発振停止検出機能とその使いかた」で詳しく解説します．

● 電圧監視2割り込み

　電圧検出回路による割り込みで，V_{CC}の入力電圧が決められた電位を下回ると発生する割り込みです．電圧監視2割り込みの使用方法や発生後の処理などについては，第6章，6-1節の「電圧監視2割り込みと電圧監視2リセット」で詳しく解説します．

● シングル・ステップ割り込み，アドレス・ブレーク割り込み

　オンチップ・デバッガ専用の割り込みなので使用できません．

● アドレス一致割り込み

　アドレス一致割り込みは，アドレス一致割り込みレジスタ（RMAD0，RMAD1レジスタ）に設定されているアドレス値と，プログラム・カウンタ（PC）のアドレスが一致したときに発生する割り込みで，指定でき

るアドレスは2か所です．

　オンチップ・デバッガでハードウェア・ブレーク機能として使用するので，オンチップ・デバッガ使用時はアドレス一致割り込みを使用することはできません．

● 周辺機能割り込み

　周辺機能割り込みは，マイクロコンピュータ内部の周辺機能による割り込みです．周辺機能割り込みはマスカブル割り込みで，割り込み要因ごとに"割り込み制御レジスタ"で優先レベルを設定できます．

■ 割り込みベクタ・テーブルとは

　割り込みベクタとは，割り込み要求受け付け後の分岐先アドレスを格納しておく場所のことで，1ベクタ4バイトで構成されます．このベクタが連続して並び，データ・テーブルとなっているのがベクタ・テーブルです．R8C/Tinyには，この割り込みベクタ・テーブルが固定ベクタ・テーブルと可変ベクタ・テーブルの2種類があります（表3-2，表3-3）．

　固定ベクタ・テーブルは，0FFDCh番地～0FFFFh番地に固定で配置されており，特殊割り込みとINT命令を除くソフトウェア割り込みのベクタが割り付けられています．またフラッシュ・メモリ書き込み時の"IDコードチェック機能"（第9章，9-3節の「フラッシュ・メモリの書き換え禁止機能」参照）でも使われます．

　可変ベクタ・テーブルは，SFR領域と予約領域を除く，すべての領域にユーザが任意で配置することができ，周辺機能割り込みとINT命令割り込みのベクタが割り付けられています．

● 可変ベクタ

　可変ベクタ・テーブルは，割り込みテーブル・レジスタ（Column…3-2参照）に設定された値を先頭アドレスとする256バイトのベクタ・テーブルです．

　可変ベクタは，アドレスの小さいほうから順番に，0～63までベクタに番号が割り当てられています．この番号をソフトウェア割り込み番号と呼び，R8C/15グループでは13～18，22，24～29番が周辺機能割り込み用として予約されています．

　各ベクタの上位12ビットの値は無視されますが，設定する際は"000h"を設定してください．

表3-2　固定ベクタ・テーブル

割り込み要因	ベクタ番地 番地（L）～番地（H）	備　　考
未定義命令	0FFDCh～0FFDFh	UND命令で割り込み
オーバーフロー	0FFE0h～0FFE3h	INTO命令で割り込み
BRK命令	0FFE4h～0FFE7h	0FFE7h番地の内容がFFhの場合は可変ベクタ・テーブル内のベクタが示す番地から実行
アドレス一致	0FFE8h～0FFEBh	―
シングル・ステップ[注1]	0FFECh～0FFEFh	―
ウォッチ・ドッグ・タイマ，発振停止検出，電圧監視2	0FFF0h～0FFF3h	―
アドレス・ブレーク[注1]	0FFF4h～0FFF7h	―
（予約）	0FFF8h～0FFFBh	―
リセット	0FFFCh～0FFFFh	―

注1：開発サポート・ツール専用の割り込みなので使用しない

表3-3 可変ベクタ・テーブル

割り込み要因	ベクタ番地[注1] 番地（L）～番地（H）	ソフトウェア 割り込み番号
BRK命令[注2]	+0～+3（0000h～0003h）	0
—（予約）		1～12
キー入力	+52～+55（0034h～0037h）	13
A-D変換	+56～+59（0038h～003Bh）	14
SSU	+60～+63（003Ch～003Fh）	15
コンペア1	+64～+67（0040h～0043h）	16
UART0送信	+68～+71（0044h～0047h）	17
UART0受信	+72～+75（0048h～004Bh）	18
—（予約）		19
—（予約）		20
—（予約）		21
タイマX	+88～+91（0058h～005Bh）	22
—（予約）		23
タイマZ	+96～+99（0060h～0063h）	24
INT1	+100～+103（0064h～0067h）	25
INT3	+104～+107（0068h～006Bh）	26
タイマC	+108～+111（006Ch～006Fh）	27
コンペア0	+112～+115（0070h～0073h）	28
INT0	+116～+119（0074h～0077h）	29
—（予約）		30
—（予約）		31
ソフトウェア[注2]	+128～+131（0080h～0083h） ～ +252～+255（00FCh～00FFh）	32～63

注1：INTBレジスタが示す番地からの相対番地
注2：Iフラグによる禁止はできない

Column…3-2　INTBレジスタの有効性

R8C/Tinyの可変ベクタは，INTBレジスタに設定した値でユーザが任意に配置できます（SFR領域と予約領域を除く）．つまり，RAM領域にも配置が可能です．

割り込みベクタがROM領域に固定番地で配置されているマイコンでは，分岐アドレスは一つのベクタに1回しか設定できないため，場合分けで割り込みの分岐先を変えることはできません．

これに対し，割り込みベクタをRAM上に配置できれば，プログラム実行中でも割り込みの分岐先を変えることが可能となります．つまり，一つの割り込み要因でいくつもの割り込み処理が実行できるわけです．

たとえば，フラッシュ・メモリのデータを書き換える場合（CPU書き換えモードのEW0モードで，イレーズ・サスペンド有効時〔第9章，9-3節の「CPU書き換えモード」を参照〕），データの書き換えを行うプログラムはRAM上でしか実行できません．したがって，「データ書き換えプログラム」をRAM領域に転送後，RAM上のデータ書き換えプログラムでフラッシュ・メモリを書き換えます．

この際，「データ書き換えプログラム」を実行する前に，INTBレジスタの値を変更しておけば，通常のプログラムを実行中なのか，データ書き換えプログラムを実行中なのかにより，発生した割り込み要求に対する処理を切り替えることができます．

■ 割り込みの優先順位

R8C/Tinyの割り込み優先順位は，以下のとおりです．

　　リセット ＞ 監視タイマ/発振停止検出/電圧監視2 ＞ 周辺機能 ＞ シングル・ステップ ＞ アドレス一致

周辺機能の各割り込み要因の優先順位については，割り込み要因ごとにソフトウェアで優先順位を設定できます．

■ 周辺機能割り込みの優先順位の決めかた

R8C/Tinyは割り込み要因ごとに，図3-13に示す"割り込み制御レジスタ"をもっており，割り込み制御レジスタのILVL0～ILVL2の値を変更することで，ユーザが割り込み優先レベルを設定できます．レベルは数値が大きいほど高くなります(レベル0は割り込み禁止となる)．

割り込み要求ビット(IRビット)は，割り込み要求が発生すると'1'(割り込み要求あり)になり，CPUが割り込み要求を受け付けると自動的に'0'(割り込み要求なし)になるので，割り込みルーチン内でソフトウェアによりクリアする必要はありません(CPUが割り込み要求を受け付けない限り'1'を保持する)．

なお，割り込み許可フラグ(Iフラグ)が'0'で割り込みが禁止されている場合は，割り込み要求ビット(IRビット)は'1'のまま保持されるので，ポーリングにより割り込み要求ビット(IRビット)を判定しているような場合は，ソフトウェアで'0'にクリアしてください．

シンボル	アドレス	リセット後の値
KUPIC	004Dh番地	XXXXX000b
ADIC	004Eh番地	XXXXX000b
SSUAIC	004Fh番地	XXXXX000b
CMP1IC	0050h番地	XXXXX000b
S0TIC	0051h番地	XXXXX000b
S0RIC	0052h番地	XXXXX000b
TXIC	0056h番地	XXXXX000b
TZIC	0058h番地	XXXXX000b
INT1IC	0059h番地	XXXXX000b
INT3IC	005Ah番地	XXXXX000b
TCIC	005Bh番地	XXXXX000b
CMP0IC	005Ch番地	XXXXX000b

b7 b6 b5 b4 b3 b2 b1 b0

ビット・シンボル	ビット名	機能	RW
ILVL0	割り込み優先レベル選択ビット	b2 b1 b0 0 0 0：レベル0(割り込み禁止) 0 0 1：レベル1 0 1 0：レベル2 0 1 1：レベル3 1 0 0：レベル4 1 0 1：レベル5 1 1 0：レベル6 1 1 1：レベル7	RW
ILVL1			RW
ILVL2			RW
IR	割り込み要求ビット	0：割り込み要求なし 1：割り込み要求あり	RW (注1)
―	何も配置されていない 書く場合，'0'を書く．読んだ場合，その値は不定		―

注1：IRビットは'0'のみ書ける('1'を書かない)

図3-13　割り込み制御レジスタ
割り込み制御レジスタの変更は，そのレジスタに対応する割り込み要求が発生しない箇所で行う

b7 b6 b5 b4 b3 b2 b1 b0			
シンボル INT0IC	アドレス 005Dh 番地		リセット後の値 XX00X000b

ビット・シンボル	ビット名	機能	RW
ILVL0	割り込み優先レベル選択ビット	b2 b1 b0 0 0 0：レベル0（割り込み禁止） 0 0 1：レベル1	RW
ILVL1		0 1 0：レベル2 0 1 1：レベル3 1 0 0：レベル4	RW
ILVL2		1 0 1：レベル5 1 1 0：レベル6 1 1 1：レベル7	RW
IR	割り込み要求ビット	0：割り込み要求なし 1：割り込み要求あり	RW (注1)
POL	極性切り替えビット(注3)	0：立ち下がりエッジを選択 1：立ち上がりエッジを選択(注2)	RW
—	予約ビット	'0'にする	RW
—	何も配置されていない 書く場合，'0'を書く．読んだ場合，その値は不定		—

注1：IRビットは'0'だけ書ける（'1'を書かない）
注2：INTENレジスタのINT0PLビットが'1'（両エッジ）の場合，POLビットを'0'（立ち下がりエッジを選択）にする
注3：POLビットを変更すると，IRビットが'0'（割り込み要求あり）になることがある

図3-14　INT0割り込み制御レジスタ（INT0ICレジスタ）
割り込み制御レジスタの変更は，そのレジスタに対応する割り込み要求が発生しない箇所で行う

図3-14は，INT0割り込み制御レジスタ（INT0IC）のビット構成で，このレジスタだけほかの割り込み制御レジスタとビット構成が異なります．INT0割り込みはINT0端子に入力されるエッジにより発生する割り込みなので，入力エッジの極性を選択できるビットが追加されています．詳細は第9章，9-2節の「INT割り込み」で解説します．

■ 割り込み受け付け条件

R8C/Tinyでは，以下に示す条件がすべてそろった場合に割り込みを受け付けます．
(1) 割り込み許可フラグ（Iフラグ）が'1'（割り込み許可）であること
(2) 割り込み要求ビット（割り込み制御レジスタのビット3）が'1'であること
(3) プロセッサ割り込み優先レベル（IPL）よりも要求のあった割り込みの割り込み優先レベルが高いこと

割り込み制御レジスタで設定する割り込み優先レベル（ILVL2～ILVL0ビット）が'000b'の場合は，割り込み受け付け条件(3)を満たすことができず，その割り込み要求は受け付けられません．したがって，優先レベルは'1'以上を設定してください．逆に，任意の割り込み要因を禁止したい場合は，優先レベルを'0'にします．

IPLの値については，多重割り込みを許可している場合で，割り込みルーチン実行中に任意のレベル以下の割り込みを禁止したい場合など，ユーザが割り込みのネスティングを操作したい場合に書き換えることはできますが，通常はリセット解除後の初期値である'000b'で使用します．

表3-4に，IPLにより許可される割り込み優先レベルを示します．

表3-4 IPLにより許可される割り込み優先レベル

IPL	許可される割り込み優先レベル
000b	レベル1 以上を許可
001b	レベル2 以上を許可
010b	レベル3 以上を許可
011b	レベル4 以上を許可
100b	レベル5 以上を許可
101b	レベル6 以上を許可
110b	レベル7 以上を許可
111b	すべてのマスカブル割り込みを禁止

■ 割り込み受け付けタイミング

R8C/Tinyは，原則として命令と命令の間で割り込み要求を受け付けます(例外としてSMOVF，SMOVB，SSTR，RMPA命令実行中は，命令の実行途中でも割り込み要求を受け付ける)．各命令の実行終了後に要求のあった割り込みの優先順位が判定され，レベルの一番高い割り込み要求を受け付けます．

多重割り込みを禁止している状態で複数の割り込みが発生した場合は，優先順位の一番高い割り込み要求が受け付けられ，優先順位の低い割り込み要求は割り込み要求ビットIR=1を保持し，優先レベルの高い割り込み処理が完了するまで応答が遅延します．図3-15に割り込み応答時間を示します．

一命令実行中に，割り込み優先レベルが同じである割り込み要求が複数あった場合は，ハードウェアで決められている割り込み優先レベルに従って，一番レベルの高い割り込み要求を受け付けます(図3-16)．

■ 割り込み受け付け後の動作

● 割り込みシーケンス

割り込み要求が受け付けられてから割り込みルーチンが実行されるまでの，割り込みシーケンスは以下のとおりです．

(1) CPUが00000h番地を読み込み，割り込み情報(割り込み番号，割り込み要求レベル)を獲得する．

(a) 割り込み要求発生時点からそのとき実行している命令が終了するまでの時間．実行している命令によって異なる．この時間がもっとも長くなる命令はDIVX命令で30サイクル(ウェイトなし，除数がレジスタの場合のサイクル数)
(b) アドレス一致割り込み，シングル・ステップ割り込みは21サイクル

図3-15 割り込み応答時間

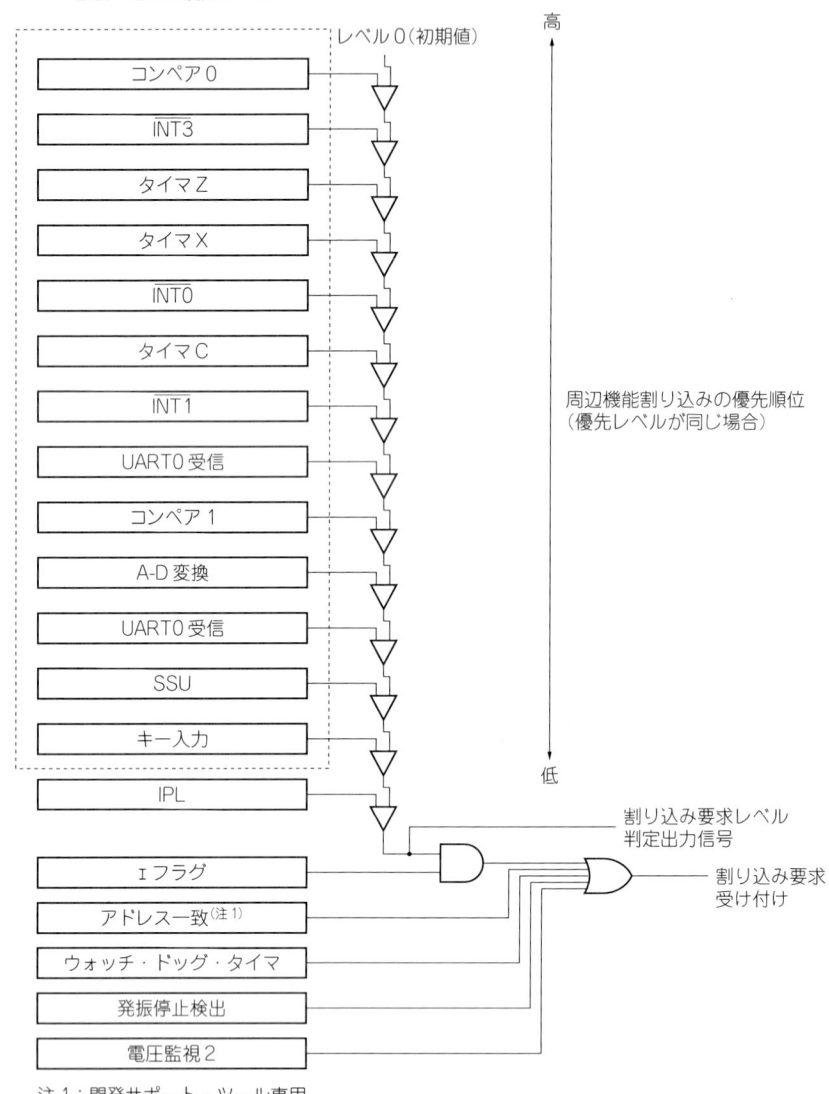

図3-16 割り込み優先レベル判定回路

　その後，該当する割り込みのIRビットが'0'（割り込み要求なし）になる
(2) 割り込みシーケンス直前のFLGレジスタをCPU内部の一時レジスタ(注3-1)に退避する
(3) FLGレジスタのIフラグ，Dフラグ，Uフラグをすべて'0'クリアする
　Iフラグを'0'にすることで，割り込みルーチン実行中はほかの割り込みは禁止（多重割り込み禁止）となる

注3-1：ユーザがソフトウェアで読み出し，および書き込みすることはできない．

Dフラグを'0'にすることで，シングル・ステップ割り込みは禁止

Uフラグを'0'にすることで，スタック・ポインタは割り込みスタック・ポインタ(ISP)に強制的に切り替わる．ただし，ソフトウェア割り込み番号32～63のINT命令を実行した場合は，Uフラグは変化しない

(4) CPU内部の一時レジスタ(注3-1)をスタックに退避する
(5) プログラム・カウンタをスタックに退避する
(6) フラグ・レジスタ内のIPLに，受け付けた割り込みの割り込み優先レベルを設定する
(7) 割り込みベクタに設定された割り込みルーチンの先頭番地がプログラム・カウンタに転送され，割り込みルーチンの先頭番地から命令を実行する

Column…3-3　レジスタ・バンクの活用方法

　R8C/Tinyのデータ・レジスタ(R0，R1，R2，R3)，アドレス・レジスタ(A0，A1)，フレーム・ベース・レジスタ(FB)は，データ転送や演算などで頻繁に使われるレジスタです．割り込みルーチンなどでこれらのレジスタを使用する場合，データを破壊しないようスタックにこれらのレジスタを退避するのが一般的です．

　しかし，データをスタックに退避/復帰する方法は，退避/復帰するレジスタの数に比例してその時間が増加していきます．またC言語で記述する場合，割り込みルーチンの処理を行う前に，データ転送や演算で使用するすべてのレジスタをスタックに退避/復帰するコードを出力するコンパイラがほとんどです．

　R8C/Tinyのデータ・レジスタ(R0，R1，R2，R3)，アドレス・レジスタ(A0，A1)，フレーム・ベース・レジスタ(FB)は，レジスタ・バンク0とレジスタ・バンク1として2組存在します．

　したがって，メインでレジスタ・バンク0を使用するとした場合，割り込みルーチンに分岐した後，レジスタ・バンクを0→1に切り替えることで，直前まで使用していた側のレジスタ・バンク内の全レジスタを保持し，切り替えた側のレジスタ群を使うことができます．

　これにより，メモリ(スタック)にアクセスすることなくR0～R3，A0，A1，FBレジスタを2サイクル〔Bフラグセット/クリア命令(FSET B/FCLR B)の実行サイクル〕で退避することができるので，イベントに対して高速応答させたい割り込みなどで非常に有効です．図3-Bにレジスタ・バンクの活用法を示します．

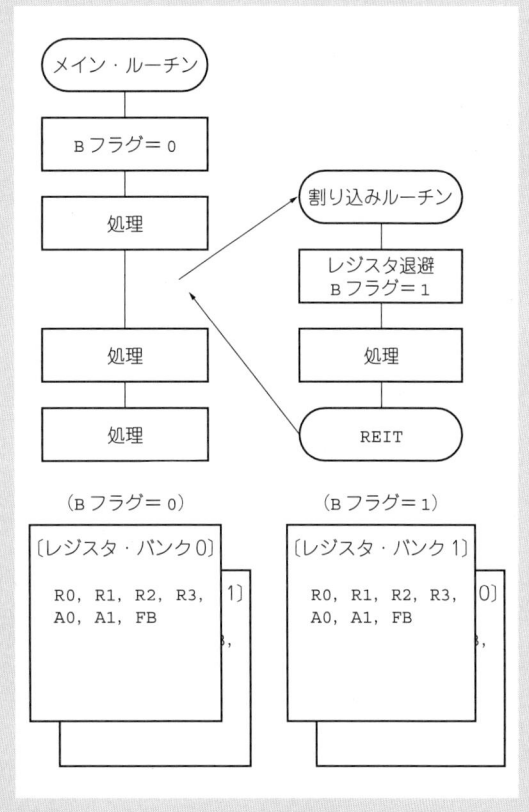

図3-B　レジスタ・バンクの活用

● FLGレジスタとスタックの状態

　スタックへは，PCの最上位4ビット，FLGレジスタの最上位4ビット(IPL)と下位8ビットの合計16ビットをまず退避し，次にPCの下位16ビットを退避します．**図3-17**に割り込み要求受け付け前後のスタックの状態，およびFLGレジスタの状態，**表3-5**に割り込み受け付け後のIPLの変化を示します．

■ 割り込みからの復帰方法

　割り込みルーチンからの復帰は，"REIT命令"で行います．REIT命令を実行することで，スタックに退避されていたフラグ・レジスタと戻り先アドレスが，それぞれFLGとPCに復帰されます．

　割り込みルーチンの最後ではREIT命令を忘れずに記述します．

Column…3-4　なぜスタック・ポインタが2本あるのか

　ISPとUSP，2本のスタック・ポインタを使用する最大のメリットは，リアルタイムOSを搭載した場合のスタック(RAM)使用量を削減できることです．

　リアルタイムOSを使用する場合，タスクが使用するスタックの最大値を各タスクごとにスタック領域に確保する必要があります．さらにタスク実行中に割り込みを受け付ける場合，どのタスク実行中に割り込みが発生するかわからないので，スタック・ポインタを1本しかもたないマイコンの場合は，各タスクで使用するスタックの最大値に，割り込みがネスティングした場合の最悪値を加算しなければなりません．つまり，タスク数が多いシステムの場合，スタック(RAM)を非常に消費するということになります(図3-C)．

　これに対して，スタック・ポインタが2本(ISPとUSP)あるR8C/Tinyでは，周辺機能，およびソフトウェア割り込み番号0～31番のINT命令割り込みの割り込み要求が発生すると，割り込みシーケンス内でUフラグを'0'にして，強制的にISPに切り替える動きをします．つまり，Uフラグをプログラムで'1'

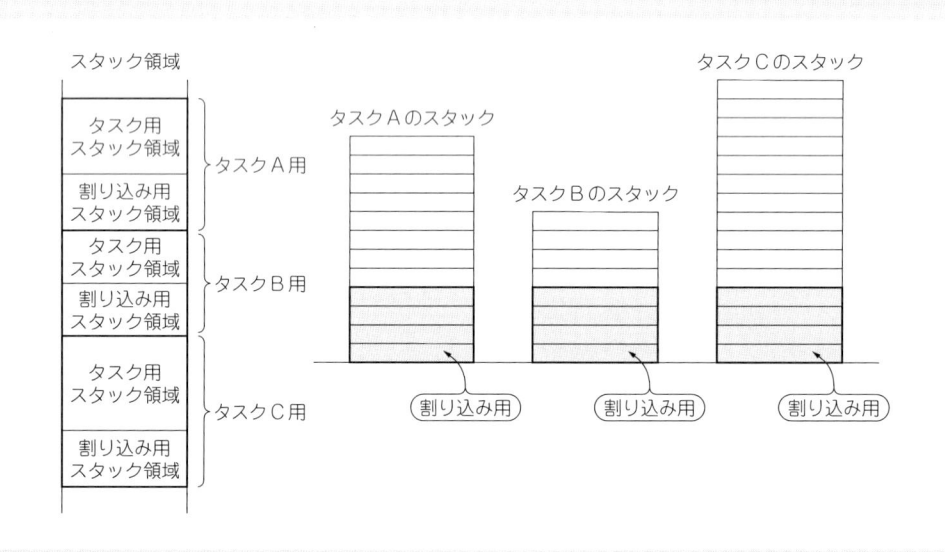

図3-C　スタック・ポインタが一つの場合

表3-5 割り込み受け付け後のIPLの変化

割り込み要因	設定されるIPLの値
周辺機能	受け付けた割り込みの優先レベル
ウォッチ・ドッグ・タイマ，発振停止検出，電圧監視2	7
ソフトウェア，アドレス一致，シングル・ステップ	変化しない

■ 多重割り込み受け付け方法

割り込みルーチン内で割り込み許可フラグ(Iフラグ)を'1'にすることによって，現在実行している割り込みルーチンよりも高い優先順位をもつ割り込み要求を受け付けることができます．図3-18に多重割り込

にし，USPを使用してプログラムを動作させている場合でも，割り込み要求が発生すると，スタック・ポインタが強制的にISPに切り替わるということです(リセット解除後Uフラグは'0'で，マイコンはISPを使用して動作する)．

したがって，タスク実行中はUSPが指し示す"ユーザ・スタック領域"を使用して動作させます．そして割り込みが発生すると自動的にUSPからISPに切り替わるので，ISPが指し示す"割り込みスタック領域"には，割り込みで使用するスタックの最大値だけを確保しておけばよいことになり，各タスクごとに，割り込みで使用するスタック容量を加算して確保する必要がなくなります．これにより，スタック使用量(RAM)を大幅に削減できます(図3-D)．

また，リアルタイムOSを搭載しないC言語プログラムにおいてもメリットがあります．通常の関数(mainからコールされるすべての関数)ではUSP(つまりユーザ・スタック領域)を使って動作させ，割り込み関数はISP(つまり割り込みスタック領域)を使って動作させるようにします．

スタック(RAM)の使用量は減りませんが，通常関数で使用する最大値と割り込み関数で使用する最大値とを分けて，ユーザ・スタック領域と割り込みスタック領域それぞれに確保すればよいので，システム全体のスタック使用量を見積もる際，計算が容易になります．

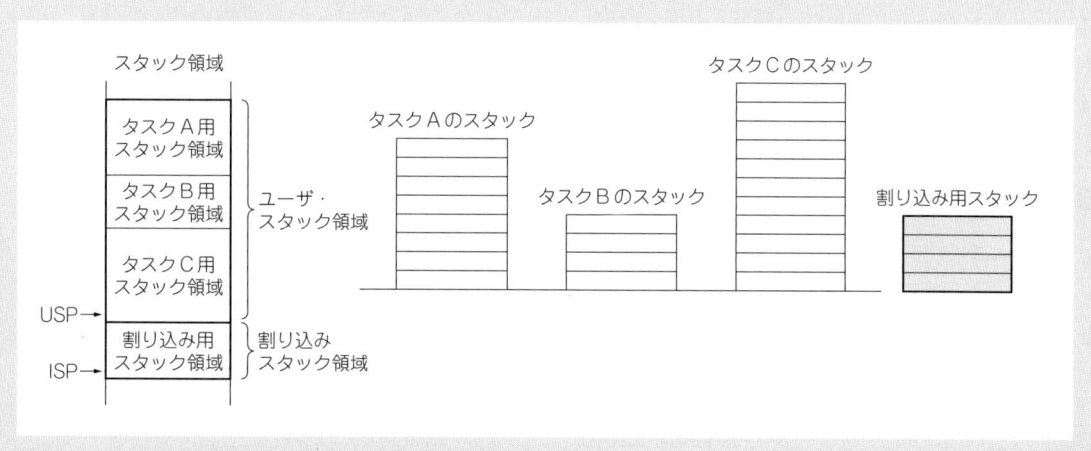

図3-D スタック・ポインタが二つの場合

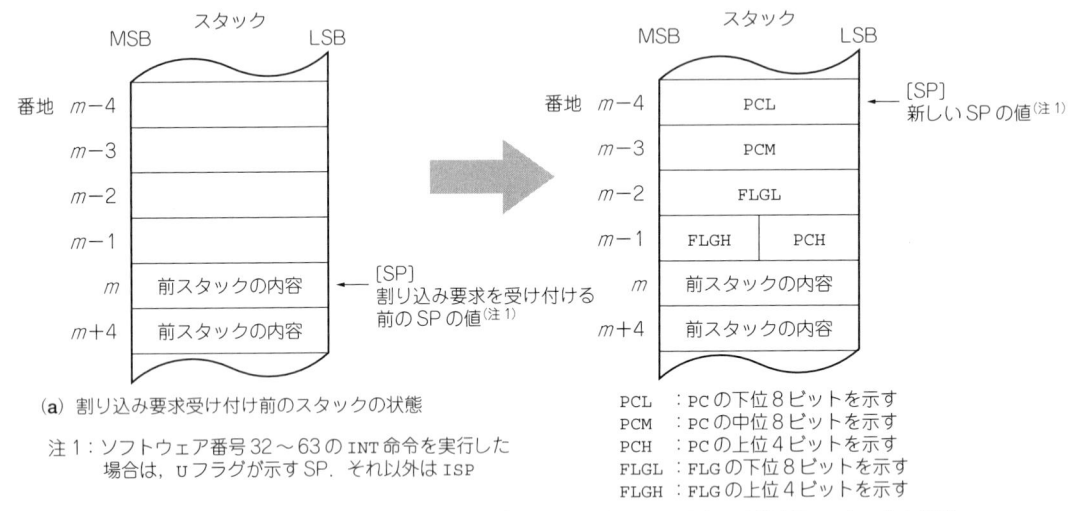

(図 3-17 割り込み受け付け前後のFLGレジスタとスタックの状態)

(a) 割り込み要求受け付け前のスタックの状態

注1:ソフトウェア番号32～63のINT命令を実行した場合は，Uフラグが示すSP．それ以外はISP

PCL ：PCの下位8ビットを示す
PCM ：PCの中位8ビットを示す
PCH ：PCの上位4ビットを示す
FLGL：FLGの下位8ビットを示す
FLGH：FLGの上位4ビットを示す

(b) 割り込み要求受け付け後のスタックの状態

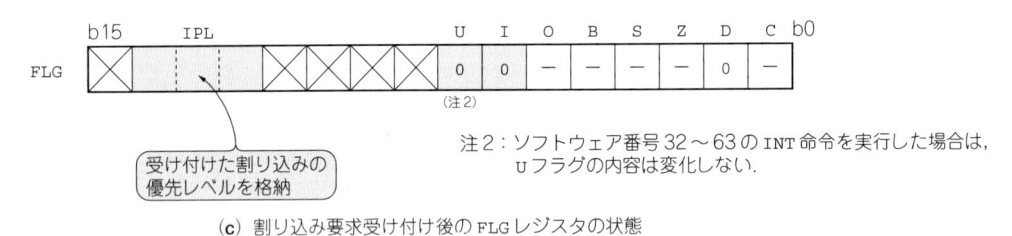

注2:ソフトウェア番号32～63のINT命令を実行した場合は，Uフラグの内容は変化しない．

(c) 割り込み要求受け付け後のFLGレジスタの状態

図3-17 割り込み受け付け前後のFLGレジスタとスタックの状態

みについて示します．

なお，優先順位が低いために受け付けられなかった割り込み要求はすべて保持されます．現在実行中の割り込みルーチンから復帰する際に，REIT命令によって割り込みを受け付ける直前のIPLが復帰され，割り込み優先順位の判定が行われます．その結果，

　　保持されている割り込み要求の割り込み優先レベル ＞ IPL

であれば，保持されていた割り込み要求の中で，優先順位の一番高いものが受け付けられます．

■ 割り込み使用上の注意事項

● 00000h番地の読み出しについて

プログラムで00000h番地を読まないでください．マスカブル割り込みの割り込み要求をCPUが受け付けると，CPUは割り込みシーケンスの中で割り込み情報(割り込み番号と割り込み要求レベル)を00000h番地から読み込みます．そして，受け付けた割り込みの割り込み要求ビット(IRビット)を'0'にします．

したがって，ユーザのプログラムで00000h番地を読むと，許可されている割り込みのうち，もっとも優先順位の高い割り込みの割り込み要求ビット(IRビット)が'0'になってしまいます．このため，割り込みがキャンセルされたり，予期しない割り込みが発生したりすることがあります．

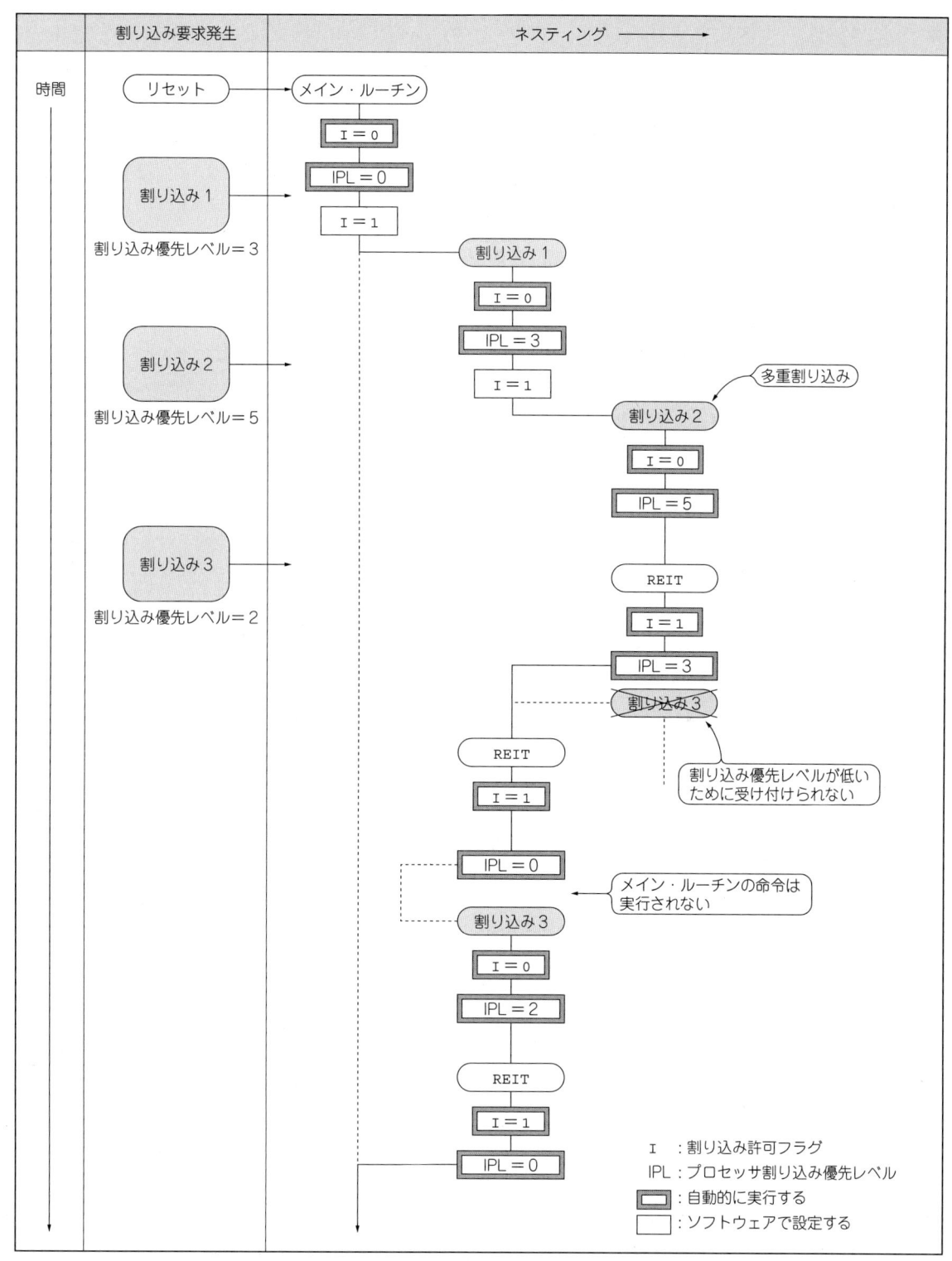

図3-18 多重割り込みの受け付けタイミング

● スタック・ポインタ(ISP, USP)の設定について

　割り込みを受け付ける前に，必ず割り込みスタック・ポインタ(ISP)に値を設定してください．リセット解除後，ISPとUSPはともに"0000h"です．そのため，割り込みスタック・ポインタ(ISP)に値を設定する前に割り込みを受け付けると，暴走の要因となります．

　また，割り込みスタック・ポインタ(ISP)だけでなく，ユーザ・スタック・ポインタ(USP)も使用する場合は，同様にユーザ・スタック・ポインタ(USP)にも値を必ず設定してください．

● 割り込み発生要因の変更について

　割り込みが発生する要因を変更すると，割り込み制御レジスタのIRビットが'1'（割り込み要求あり）になることがあります．したがって，割り込み発生要因を変更した後は，必ずIRビットを'0'（割り込み要求なし）にします．

　なお，ここで言う「割り込み発生要因の変更」とは，各ソフトウェア割り込み番号に割り当てられている割り込みの発生要因，つまり極性やタイミングを替えるすべての要素を含みます．したがって，タイマなどの周辺機能のモード変更が，割り込みの発生要因，極性，タイミングに関与する場合は，これらを変更した後に，必ずIRビットを'0'（割り込み要求なし）にします．図3-19に割り込み要因の変更手順例を示します．

Column…3-5　R8C/Tiny-H8/300H 用語の比較一覧

　R8C/TinyとH8/300Hとでは，同じような意味の用語に異なる表現が使われています．表3-Aに主な用語の比較表を示します．

表3-A　R8C/Tiny-H8/300H用語の比較

項　目		R8C/Tiny	H8/300H
周辺機能の制御レジスタ群		SFR（スペシャル・ファンクション・レジスタ）	内部I/Oレジスタ
CPUの内部レジスタ名		FLG（フラグ・レジスタ）	CCR（コンディション・コード・レジスタ）
フラグ名		Sフラグ（サイン・フラグ）	Nフラグ（ネガティブ・フラグ）
		Oフラグ（オーバーフロー・フラグ）	Vフラグ（オーバーフロー・フラグ）
CPUの動作モード		ウェイト・モード	スリープ・モード
		ストップ・モード	スタンバイ・モード（ソフトウェア・スタンバイ・モード／ハードウェア・スタンバイ・モード）
割り込み関連		割り込み処理	例外処理
		割り込み許可フラグ	割り込みマスク・ビット
周辺機能関連	ポート関連	ポート方向レジスタ	ポート・ディレクション・レジスタ
	タイマ関連	タイマ・モード	周期カウント（通常動作時）
	シリアル関連	シリアル・インターフェース	シリアル・コミュニケーション・インターフェース（SCI）
		クロック同期型シリアルI/Oモード	クロック同期式モード
		クロック非同期型シリアルI/Oモード（UARTモード）	調歩同期式モード
	A-D変換関連	単発モード	単一モード
		繰り返しモード	スキャン・モード

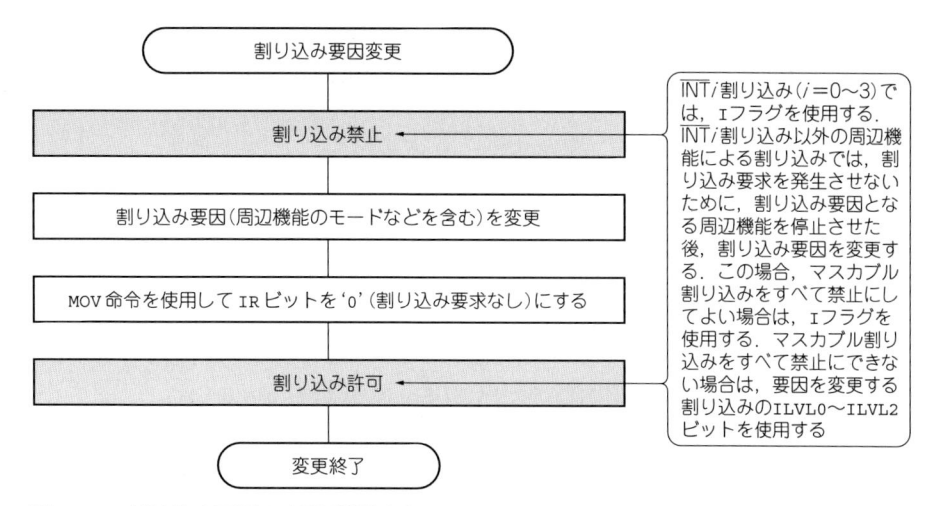

```
                    ┌─────────────────────┐
                    │   割り込み要因変更   │
                    └──────────┬──────────┘
                               │
                    ┌──────────▼──────────┐      ┌──────────────────────┐
                    │    割り込み禁止     │◄─────┤ INT/割り込み(i=0～3)で│
                    └──────────┬──────────┘      │ は，Iフラグを使用する．│
                               │                  │ INT/割り込み以外の周辺機│
                    ┌──────────▼────────────────┐│ 能による割り込みでは，割│
                    │割り込み要因(周辺機能のモー ││ り込み要求を発生させない│
                    │ドなどを含む)を変更        ││ ために，割り込み要因とな│
                    └──────────┬────────────────┘│ る周辺機能を停止させた │
                               │                  │ 後，割り込み要因を変更する．│
                    ┌──────────▼──────────────────┐ この場合，マスカブル   │
                    │MOV命令を使用してIRビットを  │  │ 割り込みをすべて禁止にし│
                    │'0'(割り込み要求なし)にする  │  │ てよい場合は，Iフラグを │
                    └──────────┬──────────────────┘ 使用する．マスカブル割り│
                               │                  │ 込みをすべて禁止にできな│
                    ┌──────────▼──────────┐      │ い場合は，要因を変更する│
                    │     割り込み許可     │◄─────┤ 割り込みのILVL0～ILVL2 │
                    └──────────┬──────────┘      │ ビットを使用する       │
                               │                  └──────────────────────┘
                    ┌──────────▼──────────┐
                    │      変更終了       │
                    └─────────────────────┘
```

図3-19　割り込み要因の変更手順例
設定は個々に実行する．二つ以上の設定を同時に(1命令で)実行しないこと

● 割り込み制御レジスタの変更に関する注意点

(1) 割り込み制御レジスタは，そのレジスタに対応する割り込み要求が発生しない場所で変更する．割り込み要求が発生する可能性がある場合は，割り込みを禁止した後，割り込み制御レジスタを変更する
(2) 割り込みを禁止して割り込み制御レジスタを変更する場合，使用する命令に注意する
　　(a) IRビット以外のビットの変更について
　　　　命令の実行中に，そのレジスタに対応する割り込み要求が発生した場合，IRビットが'1'(割り込み要求あり)にならず，割り込みが無視されることがある．このことが問題になる場合は，次の命令を使用してレジスタを変更する
　　　　　　対象となる命令：AND, OR, BCLR, BSET

リスト3-1　割り込み制御レジスタが変更されるまでNOP命令で待たせるプログラム例

```
INT_SWITCH1:
        FCLR    I               ;割り込み禁止
        AND.B   #00H, 0056H     ;TXICレジスタを"00h"にする
        NOP
        NOP
        FSET    I               ;割り込み許可
```

リスト3-2　ダミー・リードでFSET命令を待たせるプログラム例

```
INT_SWITCH2:
        FCLR    I               ;割り込み禁止
        AND.B   #00H, 0056H     ;TXICレジスタを"00h"にする
        MOV.W   MEM, R0         ;ダミーリード
        FSET    I               ;割り込み許可
```

リスト3-3　POPC命令でIフラグを変更するプログラム例

```
INT_SWITCH3:
        PUSHC   FLG
        FCLR    I               ;割り込み禁止
        AND.B   #00H, 0056H     ;TXICレジスタを"00h"にする
        POPC    FLG             ;割り込み許可
```

　(b)　IRビットの変更

　　IRビットを'0'(割り込み要求なし)にする場合，使用する命令によって，IRビットが'0'にならないことがある．この場合，IRビットはMOV命令を使用して'0'にする

(3) Iフラグを'0'にして割り込み禁止にする場合，参考プログラム例**リスト3-1～リスト3-3**に従ってIフラグの設定をする．これらのプロフラムは，内部バスと命令キュー・バッファの影響により，割り込み制御レジスタが変更される前にIフラグが'1'(割り込み許可)になることを防ぐ方法である

[第4章] アドレッシングと命令セットの特徴

新海 栄治

4-1 アドレッシング・モードの特徴

　アドレッシング・モードは以下に示す三つのタイプがあり，それぞれのタイプの中にいろいろなアドレッシング・モードが存在します．その中から特徴的なアドレッシング・モードの動作について説明します．
- 一般命令アドレッシング
- 特定命令アドレッシング
- ビット命令アドレッシング

　表4-1にアドレッシング・モードの一覧表を示します．

■ 一般命令アドレッシング

　00000h～FFFFFh番地の1Mバイトのうち，00000h～0FFFFh番地の64Kバイト領域がアクセス可能なアドレッシングで，ほとんどの命令で使用できるアドレッシングです(**表4-2**)．

表4-1　アドレッシング・モード一覧

アドレッシング名称	アドレッシング・モード		
	一般命令	特定命令	ビット命令
即値	○	×	―
レジスタ直接	○	○	○
絶対	○	○	○
アドレス・レジスタ間接	○	○	○
アドレス・レジスタ相対	○	○	○
SB 相対	○	×	○
FB 相対	○	×	○
スタック・ポインタ相対	○	×	×
プログラム・カウンタ相対	×	○	×
専用レジスタ直接	×	○	×
FLG 直接	×	×	○

○：該当アドレッシングあり
×：該当アドレッシングなし

表4-2 一般命令アドレッシング

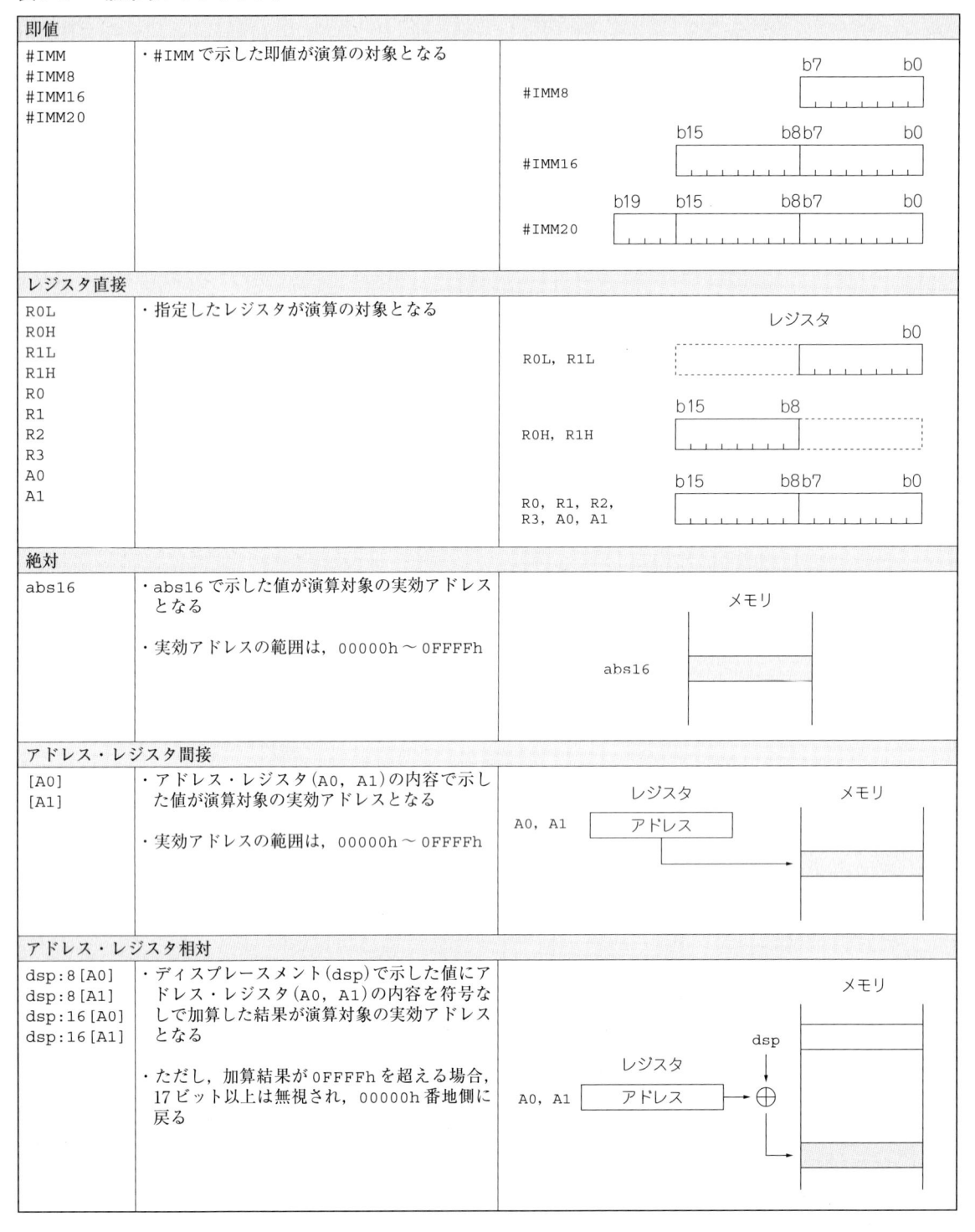

即値		
#IMM #IMM8 #IMM16 #IMM20	・#IMMで示した即値が演算の対象となる	#IMM8: b7〜b0 #IMM16: b15〜b8, b7〜b0 #IMM20: b19〜b15, b8b7〜b0
レジスタ直接		
R0L R0H R1L R1H R0 R1 R2 R3 A0 A1	・指定したレジスタが演算の対象となる	R0L, R1L: b0側 R0H, R1H: b15〜b8 R0, R1, R2, R3, A0, A1: b15〜b0
絶対		
abs16	・abs16で示した値が演算対象の実効アドレスとなる ・実効アドレスの範囲は,00000h〜0FFFFh	メモリ中のabs16番地を参照
アドレス・レジスタ間接		
[A0] [A1]	・アドレス・レジスタ(A0, A1)の内容で示した値が演算対象の実効アドレスとなる ・実効アドレスの範囲は,00000h〜0FFFFh	A0, A1のアドレスでメモリを参照
アドレス・レジスタ相対		
dsp:8[A0] dsp:8[A1] dsp:16[A0] dsp:16[A1]	・ディスプレースメント(dsp)で示した値にアドレス・レジスタ(A0, A1)の内容を符号なしで加算した結果が演算対象の実効アドレスとなる ・ただし,加算結果が0FFFFhを超える場合,17ビット以上は無視され,00000h番地側に戻る	A0, A1のアドレス + dsp でメモリを参照

SB 相対		
dsp:8[SB] dsp:16[SB]	・スタティック・ベース・レジスタ(SB)の内容で示したアドレスに，ディスプレースメント(dsp)で示した値を符号なしで加算した結果が，演算対象の実効アドレスとなる ・ただし，加算結果が0FFFFhを超える場合，17ビット以上は無視され，00000h番地側に戻る	レジスタ　　　　　メモリ SB [アドレス] → アドレス dsp → ⊕

FB 相対		
dsp:8[FB]	・フレーム・ベース・レジスタ(FB)の内容で示したアドレスに，ディスプレースメント(dsp)で示した値を符号付きで加算した結果が，演算対象の実効アドレスとなる ・ただし，加算結果が00000h〜0FFFFhを超える場合，17ビット以上は無視され，00000h番地側，または0FFFFh番地側に戻る	メモリ dspの値が負のとき dsp → ⊕ レジスタ FB [アドレス] → アドレス dsp → ⊕ dspの値が正のとき

スタック・ポインタ相対		
dsp:8[SP]	・スタック・ポインタ(SP)の内容で示したアドレスにディスプレースメント(dsp)で示した値を符号付きで加算した結果が，演算対象の実効アドレスとなる．スタック・ポインタ(SP)は，Uフラグで示すスタック・ポインタが対象となる ・ただし，加算結果が00000h〜0FFFFhを超える場合，17ビット以上は無視され，00000h番地側または0FFFFh番地側に戻る ・このアドレッシングはMOV命令で使用できる	メモリ dspの値が負のとき dsp → ⊕ レジスタ SP [アドレス] → アドレス dsp → ⊕ dspの値が正のとき

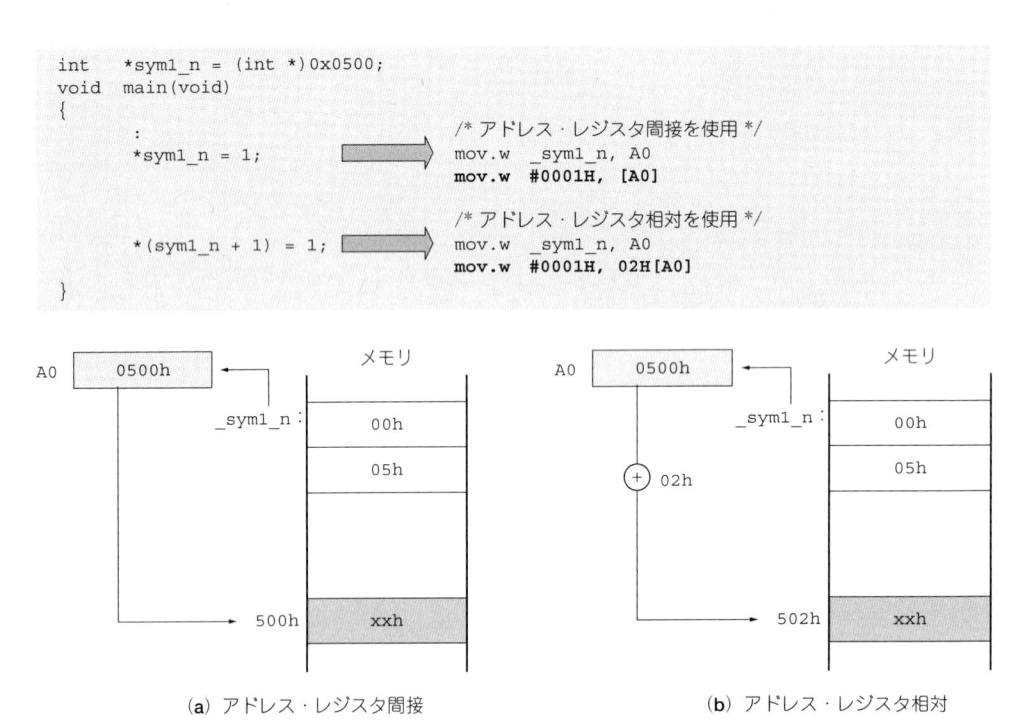

● アドレス・レジスタ間接/アドレス・レジスタ相対アドレッシング

C言語において，ポインタや配列の参照/変更の際に使われます(**図4-1**)．

```
int    *sym1_n = (int *)0x0500;
void   main(void)
{
       :
       *sym1_n = 1;                    /* アドレス・レジスタ間接を使用 */
                            ⇒         mov.w  _sym1_n, A0
                                      mov.w  #0001H, [A0]

       *(sym1_n + 1) = 1;              /* アドレス・レジスタ相対を使用 */
                            ⇒         mov.w  _sym1_n, A0
                                      mov.w  #0001H, 02H[A0]
}
```

(a) アドレス・レジスタ間接　　　　　　(b) アドレス・レジスタ相対

図4-1　アドレス・レジスタ間接/相対アドレッシング

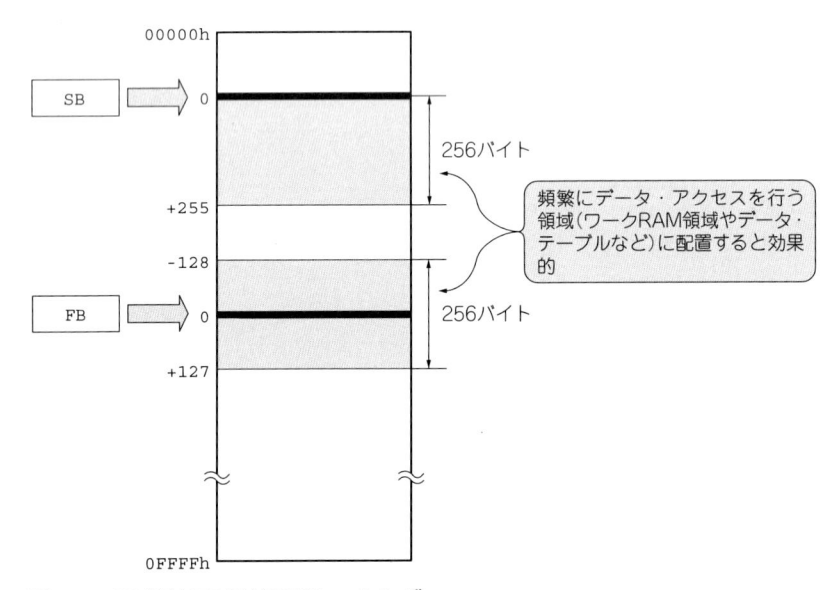

図4-2　SB相対/FB相対アドレッシング

Column…4-1 SB相対アドレッシング使用方法

頻繁にアクセスするデータ領域があるとき，その領域の先頭アドレスをSBレジスタに設定しておきます(図4-A)．

SBレジスタに設定したアドレスから256バイトの領域内に存在するデータについては，アクセスするアドレスを直接指定せずに，SBレジスタからの相対値でアクセスすることができるため，命令サイズを小さくすることができます．

これにより，プログラムのオブジェクト・サイズを削減することができます．

● 絶対アドレッシング
　MOV.B　DATA1①, DATA2②
　　　………命令サイズ：5バイト
　→①＝2バイト，②＝2バイト(ラベルは2バイトに展開される)

● SB相対アドレッシング
　SBレジスタ＝0400hに設定
　MOV.B　2[SB]①, 5[SB]②
　　　………命令サイズ：3バイト
　→①＝1バイト，②＝1バイト〔dsp(ディスプレースメント)部だけ展開される〕

```
;******************** Sample Program ****************************
;======================= ワーク領域確保 ===============================
;
        .SECTION    WORK, DATA
        .ORG 400H
WORK1:          .BLKB       1
WORK2:          .BLKB       1
DATA1:          .BLKB       1
TEMP1:          .BLKB       1
TEMP2:          .BLKB       1
DATA2:          .BLKB       1
;
;======================= プログラム領域 ===============================
;
        .SECTION PROGRAM, CODE
        .SB 400H                        ;SBレジスタの値を宣言
;
MAIN:
            LDC #400H, SB               ;SBレジスタ初期値設定
             :
             :
            MOV.B 02[SB],  05[SB]       ;SBレジスタ相対アドレッシング
             :         ↓        ↓
                     DATA1    DATA2
```

図4-A　SB相対アドレッシングの使用方法

● SB相対/FB相対アドレッシング

変数のアクセス効率，およびオブジェクト・サイズの削減を図るために用意されているアドレッシングです（図4-2）．

なお，FB相対アドレッシングは，Cプログラミング時auto変数および引き数のアクセス用としてコンパイラ（M3T-NC30WA）が専有します．

■ 特定命令アドレッシング

R8C/Tinyがもつ専用レジスタをアクセスするためのアドレッシングです．また，00000h～FFFFFh番地のフル・アドレス空間をアクセスできるアドレッシングももちますが，内部メモリが64Kバイト以下のR8C/Tinyでは使用しません（表4-3）．

Column…4-2　スタック・フレームとFBレジスタの関係

C言語でプログラムする場合，auto変数や引き数を頻繁に使用しますが，auto変数は通常スタックに領域が取られ，引き数はスタックあるいはレジスタにコピーされて関数に渡されます．一般的にスタック領域のアドレスはスタック・ポインタからの相対値で示しますが，R8C/Tinyの"スタック・ポインタ相対アドレッシング"は，MOV命令（転送命令）でしか使うことができません．このため，スタック・ポ

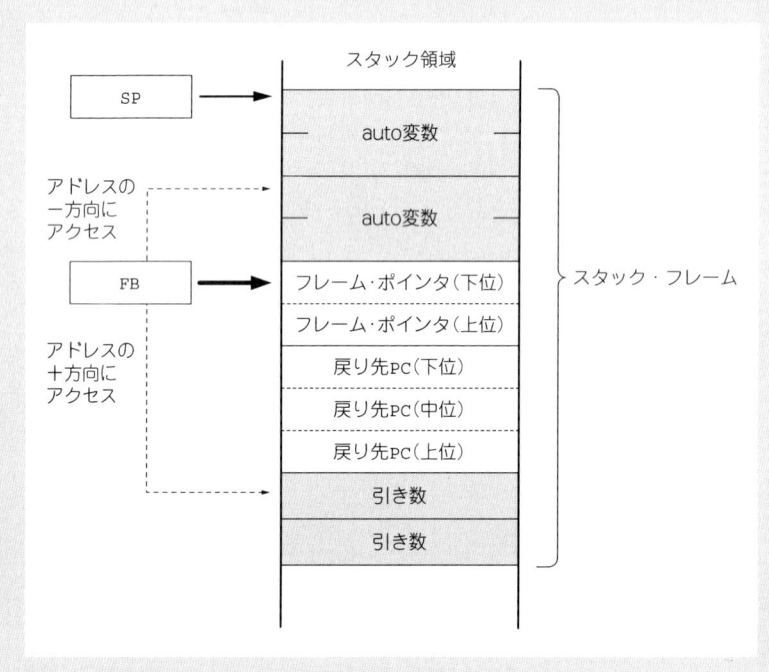

図4-B　FB相対アドレッシングの使用方法

■ ビット命令アドレッシング

00000h〜FFFFFh番地の1Mバイトのうち，00000h〜0FFFFh番地の64Kバイト領域をビット単位でアクセスするアドレッシングで，ビット命令でのみ使用できます(**表4-4**)．

インタを使用してauto変数や引き数を読み書きしようとすると，「auto変数/引き数をスタックから読み出す」→「演算する」→「スタックに書き戻す」という手順となり，効率が悪くなります．

R8C/Tinyでは，Cコンパイラ用としてフレーム・ベース・レジスタ(FB)を用意し，auto変数や引き数のアクセスはFB相対アドレッシングにより行います．FB相対アドレッシングは，演算命令など多くの命令で使用することのできるアドレッシング・モードです．これによりスタック上の変数に対して「直接演算する」ことができるため，auto変数や引き数に対して効率よく処理を行うことができます．

なお，FB相対アドレッシングがコンパイラで使用される場合，FBレジスタで示すアドレスを中心としてプラス方向には引き数，マイナス方向にはauto変数となるようにアドレスが設定されます．

図4-BにFB相対アドレッシングの使用方法を，**図4-C**にFB相対アドレッシングによるauto変数と引き数へのアクセスを示します．

```
char    a;
void    main(void)
{
        char    b, c, d;
        d = func( b , c ) ;
}
char    func( char   x, char   y )
{
        int     i, j ;
        i = x + y ;             展開例
                        ────→   mov.b   -1[FB], R0L     ; x
        j = a * y ;             add.b   5[FB], R0L      ; x + y → x
            :                   mov.b   R0L, -3[FB]     ; x → i
        return    i + j ;       mov.b   #00H, -3+1[FB]  ; i
}
```

FB - 5	auto j
FB - 4	
FB - 3	auto i
FB - 2	
FB - 1	引き数x
FB	フレーム・ポインタ
FB + 1	
FB + 2	戻りPC
FB + 3	
FB + 4	引き数y
FB + 5	
FB + 6	

図4-C　FB相対アドレッシングによるauto変数と引き数へのアクセス

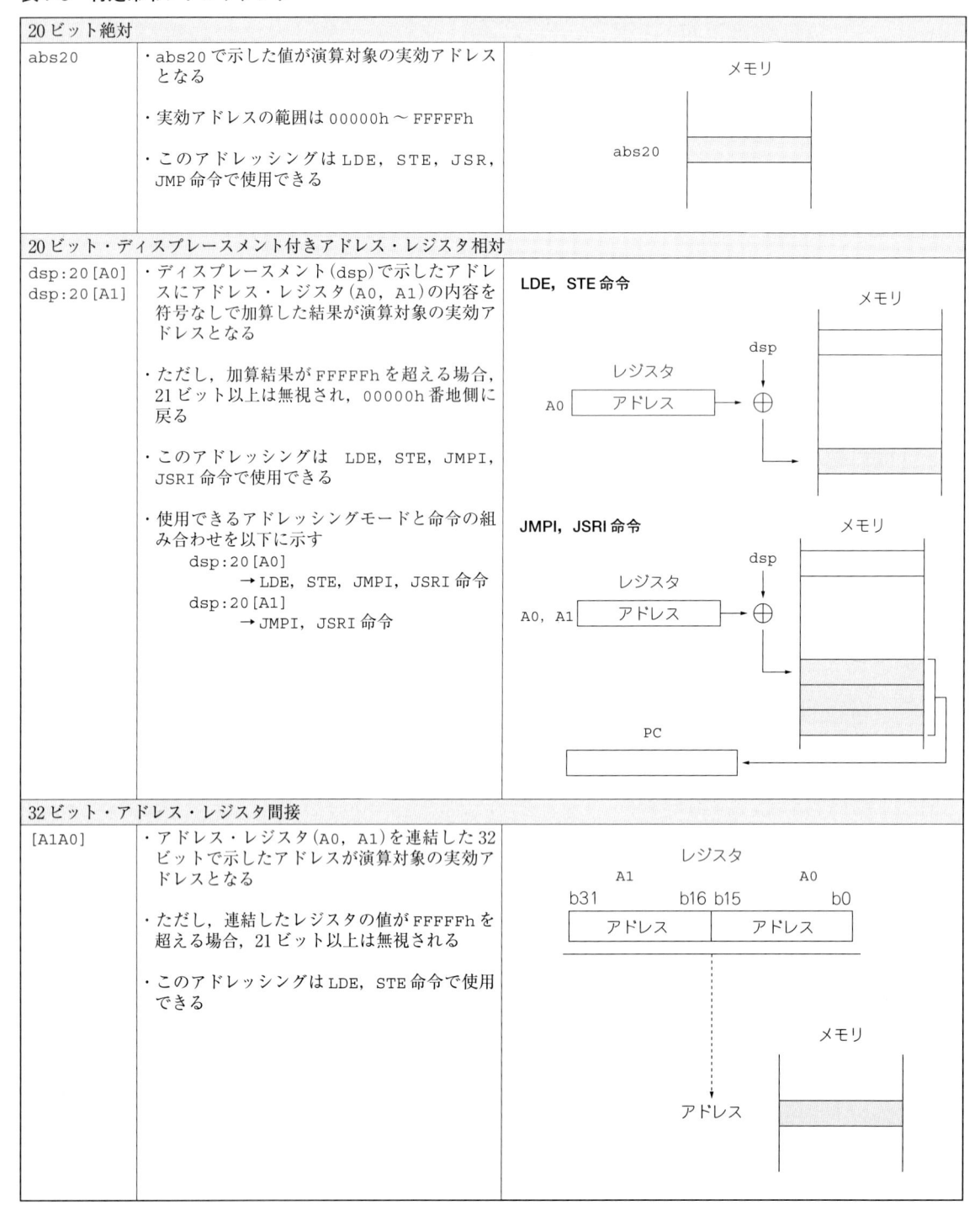

表4-3 特定命令アドレッシング

20ビット絶対
abs20	・abs20で示した値が演算対象の実効アドレスとなる ・実効アドレスの範囲は00000h〜FFFFFh ・このアドレッシングはLDE, STE, JSR, JMP命令で使用できる

20ビット・ディスプレースメント付きアドレス・レジスタ相対

dsp:20[A0]
dsp:20[A1]
	・ディスプレースメント(dsp)で示したアドレスにアドレス・レジスタ(A0, A1)の内容を符号なしで加算した結果が演算対象の実効アドレスとなる
	・ただし，加算結果がFFFFFhを超える場合，21ビット以上は無視され，00000h番地側に戻る
	・このアドレッシングは LDE, STE, JMPI, JSRI命令で使用できる
	・使用できるアドレッシングモードと命令の組み合わせを以下に示す
	    dsp:20[A0]
	        →LDE, STE, JMPI, JSRI命令
	    dsp:20[A1]
	        →JMPI, JSRI命令

32ビット・アドレス・レジスタ間接
[A1A0]	・アドレス・レジスタ(A0, A1)を連結した32ビットで示したアドレスが演算対象の実効アドレスとなる ・ただし，連結したレジスタの値がFFFFFhを超える場合，21ビット以上は無視される ・このアドレッシングはLDE, STE命令で使用できる

32ビット・レジスタ直接		
R2R0 R3R1 A1A0	・指定した二つのレジスタを連結した32ビットのレジスタが演算の対象となる ・このアドレッシングはSHL, SHA, JMPI, JSRI命令で使用できる ・使用できるレジスタと命令の組み合わせを以下に示す 　　R2R0, R3R1 　　　　→ SHL, SHA, JMPI, JSRI命令 　　A1A0 　　　　→ JMPI, JSRI命令	SHL, SHA命令 　　　　　　　b31　　　　b16 b15　　　　　b0 R2R0, R3R1　[	] JMPI, JSRI命令 　　　　　　　b31　　　　b16 b15　　　　　b0 R2R0, R3R1, A1A0　　　　[	] 　　　　　　　　　　　　　　　　↓ 　　　　　　　　　　　　PC [　　　　　　　]
専用レジスタ直接		
INTBL INTBH ISP SP SB FB FLG	・指定した専用レジスタが演算の対象となる ・このアドレッシングはLDC, STC, PUSHC, POPC命令で使用できる ・SPを指定した場合、Uフラグで示すスタック・ポインタが対象となる	レジスタ 　　　　b15　　　　　　　　b0 INTBL [　　　　　　　　　] 　　　　b15　　　　　　b4 b3　b0 INTBH [	] 　　　　b15　　　　　　　　b0 ISP　[　　　　　　　　　] 　　　　b15　　　　　　　　b0 USP　[　　　　　　　　　] 　　　　b15　　　　　　　　b0 SB　 [　　　　　　　　　] 　　　　b15　　　　　　　　b0 FB　 [　　　　　　　　　] 　　　　b15　　　　　　　　b0 FLG　[　　　　　　　　　]

表4-3　特定命令アドレッシング(つづき)

プログラム・カウンタ相対		
label	**分岐距離指定子(.length)が(.S)の場合** ・基準の番地にディスプレースメント(dsp)で示した値を符号なしで加算した結果が実効アドレスとなる ・このアドレッシングは，JMP命令で使用できる	メモリ 基準の番地 dsp → ⊕ 　　　　↓ 　　　　label +0 ≦ dsp ≦ +7 基準の番地は(命令の先頭番地+2)
	分岐距離指定子(.length)が(.B)または(.W)の場合 ・基準の番地にディスプレースメント(dsp)で示した値を符号付きで加算した結果が実効アドレスとなる ・ただし，加算結果が00000h～FFFFFhを超える場合，21ビット以上は無視され，00000h番地またはFFFFFh番地側に戻る ・このアドレッシングは，JMP，JSR命令で使用できる	メモリ dspの値が負のとき　　label dsp → ⊕ 　　　　↓ 　　基準の番地 　　　　↓ dsp → ⊕ dspの値が正のとき　　label (.B)のとき －128 ≦ dsp ≦ +127 (.W)のとき －32768 ≦ dsp ≦ +32767 基準の番地は命令によって異なる

表4-4 ビット命令アドレッシング

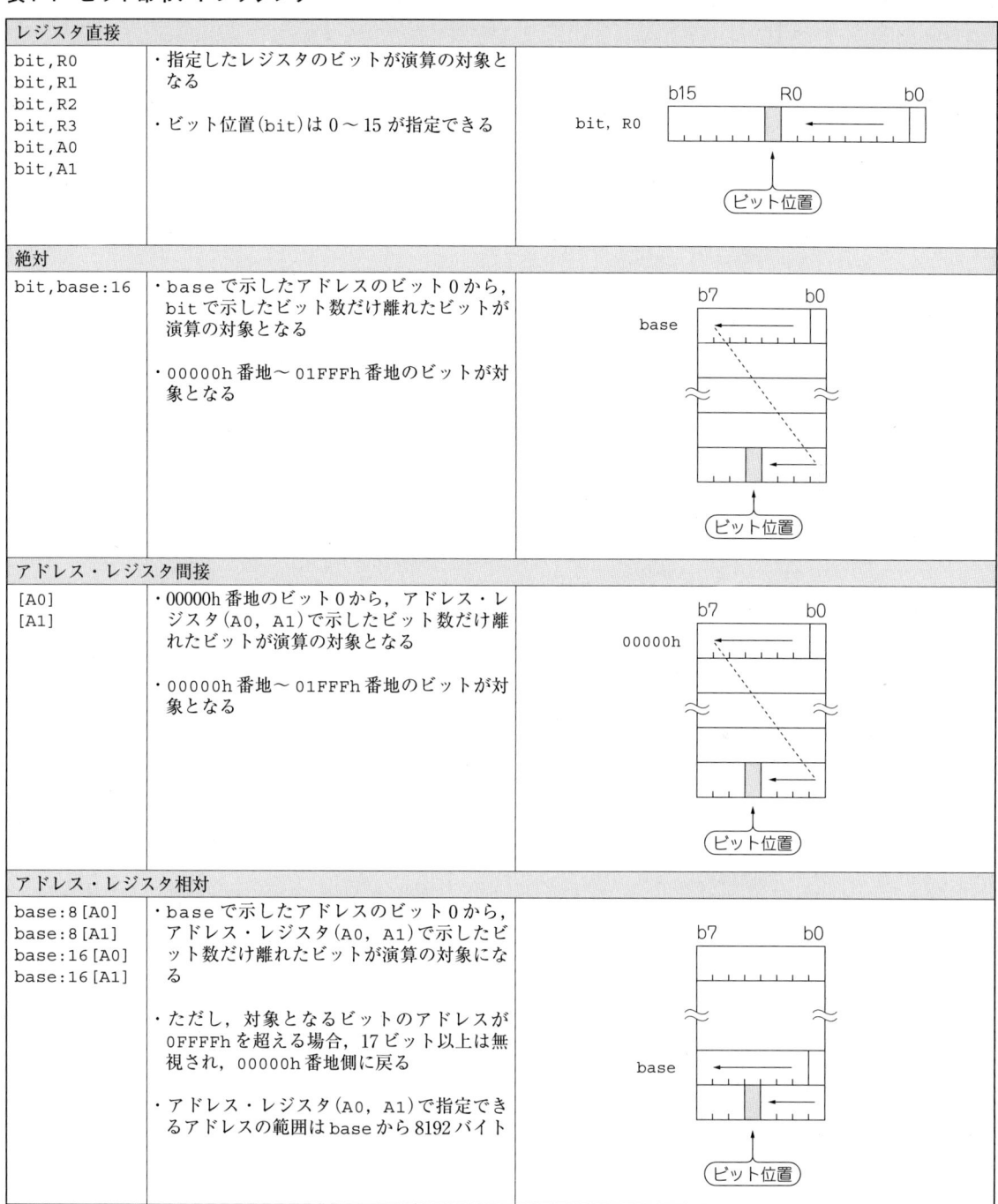

レジスタ直接		

`bit,R0`
`bit,R1`
`bit,R2`
`bit,R3`
`bit,A0`
`bit,A1`
	・指定したレジスタのビットが演算の対象となる
	
	・ビット位置(bit)は 0 ～ 15 が指定できる
		(図: `bit,R0` — b15 R0 b0、ビット位置)

絶対		
`bit,base:16`	・base で示したアドレスのビット 0 から，bit で示したビット数だけ離れたビットが演算の対象となる ・00000h 番地～01FFFh 番地のビットが対象となる	(図: base — b7 b0、ビット位置)
アドレス・レジスタ間接		
`[A0]` `[A1]`	・00000h 番地のビット 0 から，アドレス・レジスタ(A0，A1)で示したビット数だけ離れたビットが演算の対象となる ・00000h 番地～01FFFh 番地のビットが対象となる	(図: 00000h — b7 b0、ビット位置)
アドレス・レジスタ相対		

`base:8[A0]`
`base:8[A1]`
`base:16[A0]`
`base:16[A1]`
	・base で示したアドレスのビット 0 から，アドレス・レジスタ(A0，A1)で示したビット数だけ離れたビットが演算の対象になる
	
	・ただし，対象となるビットのアドレスが 0FFFFh を超える場合，17 ビット以上は無視され，00000h 番地側に戻る
	
	・アドレス・レジスタ(A0，A1)で指定できるアドレスの範囲は base から 8192 バイト
		(図: base — b7 b0、ビット位置)

4-1 アドレッシング・モードの特徴

表4-4 ビット命令アドレッシング（つづき）

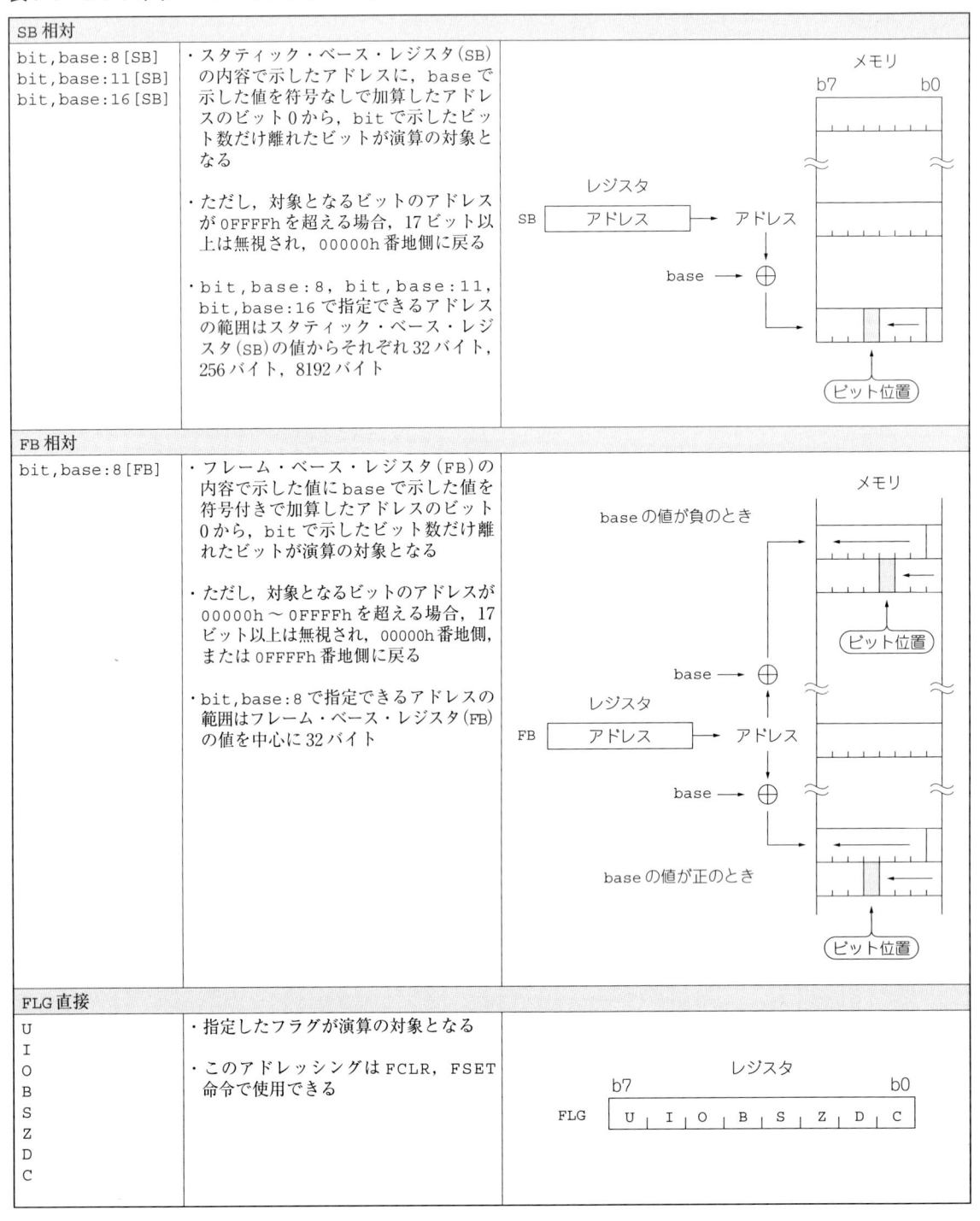

SB相対

`bit,base:8[SB]`
`bit,base:11[SB]`
`bit,base:16[SB]`

- スタティック・ベース・レジスタ（SB）の内容で示したアドレスに，baseで示した値を符号なしで加算したアドレスのビット0から，bitで示したビット数だけ離れたビットが演算の対象となる
- ただし，対象となるビットのアドレスが0FFFFhを超える場合，17ビット以上は無視され，00000h番地側に戻る
- `bit,base:8`，`bit,base:11`，`bit,base:16`で指定できるアドレスの範囲はスタティック・ベース・レジスタ（SB）の値からそれぞれ32バイト，256バイト，8192バイト

FB相対

`bit,base:8[FB]`

- フレーム・ベース・レジスタ（FB）の内容で示した値にbaseで示した値を符号付きで加算したアドレスのビット0から，bitで示したビット数だけ離れたビットが演算の対象となる
- ただし，対象となるビットのアドレスが00000h〜0FFFFhを超える場合，17ビット以上は無視され，00000h番地側，または0FFFFh番地側に戻る
- `bit,base:8`で指定できるアドレスの範囲はフレーム・ベース・レジスタ（FB）の値を中心に32バイト

FLG直接

U
I
O
B
S
Z
D
C

- 指定したフラグが演算の対象となる
- このアドレッシングはFCLR，FSET命令で使用できる

4-2 命令の記述規則

● 構文1

MOV.size src, dest
　(a)　(b)　　(c)

(a) ニーモニック

　　ニーモニックの後ろには原則としてサイズ指定子を記述します．

(b) サイズ指定子(.size)

　　オペランドで記述するメモリやレジスタのデータ・サイズ(ビット長)を指定します．指定できるサイズは以下の3通りで，srcとdestを別々に指定することはできません．なお，サイズ指定子をもたない命令もあります．

　　　.B　バイト(8ビット)
　　　.W　ワード(16ビット)
　　　.L　ロング・ワード(32ビット)

(c) オペランド(src, dest)

　　srcからdestへのデータ転送，およびsrc，dest間の演算結果をdestに格納します．したがってsrcはデータ転送や演算の結果変化することはなく，destのみが変更されます．

● 構文2

JMP(.length) label
(a)　(b)　　　(c)

(a) ニーモニック

　　ニーモニックの後ろに以下の分岐距離指定子が記述できます．

(b) 分岐距離指定子(.length)

　　分岐する距離を指定できます．JMP命令とJSR命令については省略可能です．省略した場合は，アセンブラが最適な(命令サイズが最小となるように)指定子を選択します．

　　指定できる分岐距離は以下の4通りです．

　　　.S　3ビットPC前方相対(分岐範囲：+2 〜 +9)
　　　.B　8ビットPC相対(分岐範囲：-128 〜 +127)
　　　.W　16ビットPC相対(分岐範囲：-32768 〜 +32767)
　　　.A　20ビット絶対(分岐範囲：フル・アドレス空間(00000h番地 〜 FFFFFh番地：内部メモリが64Kバイト以下のR8C/Tinyでは，00000h番地〜0FFFFhまで)

(c) オペランド(label)

　　分岐先を記述します．

4-3 R8C/Tinyの特徴的な命令

表4-5にR8C/Tinyの命令一覧表を示します。ここではR8C/Tinyがもつ命令の中で，特徴的な命令をいくつか取り上げて説明します。R8C/Tinyの全命令の詳細については，第14章「R8C/Tinyの命令一覧」に示します。

■ 転送命令

● MOV命令

　　MOV.size　src, dest

　srcをdestに転送します。MOV命令はsrc, destともにメモリを指定することができるので，メモリからメモリへの転送が1命令で実行できます。

【例】

　　MOV.B　R0L, R1L　　　　　　　レジスタ→レジスタ
　　MOV.W　#1234h, R0　　　　　　即値→レジスタ
　　MOV.W　MEM1, MEM2　　　　　　メモリ→メモリ

● 4ビット転送命令

　R8C/Tinyは16ビット・マイコンでありながら，4ビット・データを扱う命令をもっています。

　　MOV*Dir*　src, dest

　*Dir*には以下に示す四つのいずれかを記述します。したがって，この命令は*Dir*の違いにより4命令が存在します。

▶ *Dir* = HH（MOVHH命令）

　srcの上位4ビットをdestの上位4ビットに転送します（destの下位4ビットの値は変化しない）。

表4-5　R8C/Tinyの命令一覧表

大分類	中分類	大分類	中分類
転送命令 17命令	転送命令 実効アドレス転送命令 4ビット・データ転送命令 プッシュ／ポップ命令 条件付き転送命令 データ交換命令 ストリング命令	分岐命令 8命令	加算（減算）＆条件分岐命令 無条件分岐命令 条件分岐命令 間接分岐命令 サブルーチン・コール命令 間接分岐サブルーチン・コール命令 サブルーチン復帰命令
演算命令 31命令	加算命令 減算命令 乗算命令 除算命令 10進加算命令 10進減算命令 インクリメント／デクリメント命令 積和演算命令 その他（絶対値，2の補数，符号拡張） 論理演算命令 テスト命令 シフト／ローテート命令	ビット処理命令 14命令	ビット論理演算命令 ビット・セット／ビット・クリア命令 ビット・テスト命令 条件ビット転送命令
		その他の命令 19命令	専用レジスタ転送命令 フラグ・レジスタ操作命令 高級言語サポート命令 OSサポート命令 デバッガ・サポート命令 ソフトウェア割り込み命令 割り込み復帰命令 ウェイト命令 ノー・オペレーション命令

リスト4-1　MOVHL命令の効用
R0Lの上位4ビットをR1Lの下位4ビットに設定する処理

```
MOV.B    R1L, TMP     ; R1LをTMPに一時退避
MOV.B    R0L, R1L     ; R0LをR1Lに転送
SHL.B    -4, R1L      ; R1Lを右に4ビット論理シフト
AND.B    #F0h, TMP    ; TMPの下位4ビットを0でマスク
OR.B     TMP, R1L     ; TMPとR1Lの論理和をとり，結果をR1Lに転送
```

(a) MOV命令

```
MOVHL    R0L, R1L     ; R0Lの上位4ビットをR1Lの下位4ビットに転送
```

(b) MOVHL命令

▶ *Dir* = HL（MOVHL命令）
srcの上位4ビットをdestの下位4ビットに転送します（destの上位4ビットの値は変化しない）．

▶ *Dir* = LH（MOVLH命令）
srcの下位4ビットをdestの上位4ビットに転送します（destの下位4ビットの値は変化しない）．

▶ *Dir* = LL（MOVLL命令）
srcの下位4ビットをdestの下位4ビットに転送します（destの上位4ビットの値は変化しない）．

＊

　この命令により，BCDコードを扱う場合，バイト・データのビット・シフトや上位ビットのマスク処理を行わずに，4ビット・データを直接転送することができます．
　仮に，MOV命令を使ってR0Lの上位4ビットをR1Lの下位4ビットに設定する処理を行う場合，**リスト4-1(a)**のように5命令を必要としますが，MOVHL命令を使用すれば，**リスト4-2(b)**のように1命令で実現することができます．

● 条件ストア命令
　　STZ   src, dest
　　STNZ src, dest
　　STZX src1, src2, dest

　演算した結果が'0'のとき，あるいは演算した結果が'0'ではないときに，srcをdestに転送します．またSTZX命令では，演算した結果が'0'のときsrc1を，'0'以外のときsrc2をdestに転送します．
　従来の命令でこれらを実現しようとした場合，「データを読み込む」→「比較する」→「分岐する/しない」→「データを転送する」のように3～4命令を必要としますが，STZ，STNZ，STZX命令ならこれを1命令で実現できるため，C言語で記述した場合，単純なif文，if-else文であれば1命令で実行することができます（**図4-3**，**リスト4-2**）．

● ストリング命令
　　SMOVF.size
　　SMOVB.size
　　SSTR.size

　SMOVF，SMOVB命令はA0レジスタで設定したアドレスの内容をA1レジスタで設定したアドレスに，R3レジスタで設定した回数分データを転送します．転送単位は，サイズ指定子によりバイト転送/ワード

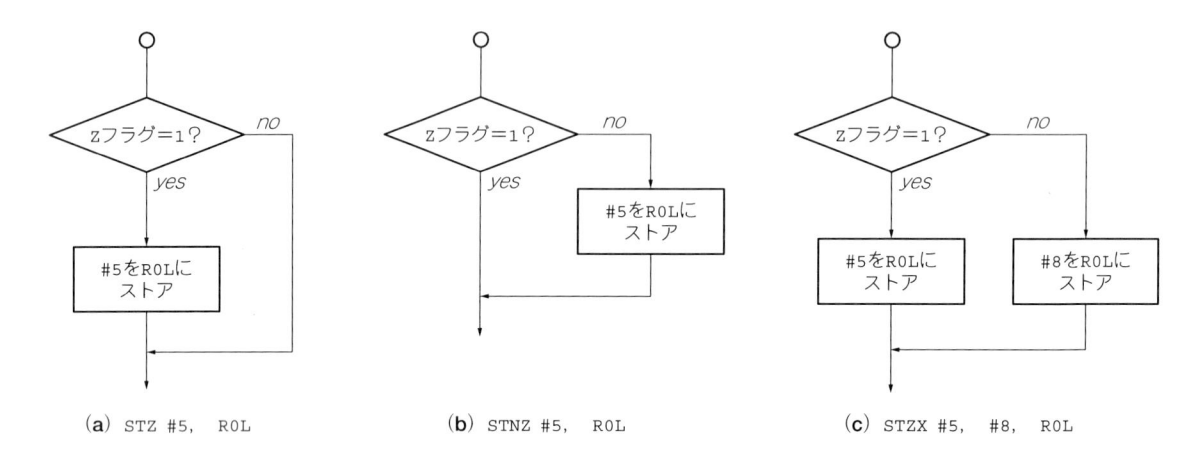

(a) `STZ #5, R0L`   (b) `STNZ #5, R0L`   (c) `STZX #5, #8, R0L`

図4-3　条件転送命令

リスト4-2　条件ストア命令のコード展開例

```
void  main(void)
{
    char  data1,data2;

    data1++;
    if(data1 ==5){        ──→   cmp.b     #05H,_data1
        data2 = 0;                stz       #00H,_data2
    }

    if(data1 == 10){      ──→   cmp.b     #0AH,_data1
        data2 = 0;                stzx      #00H,#03H,_data2
    }else{
        data2 = 3;
    }
}
```

リスト4-3　実効アドレス転送命令のコード展開例

```
int *p;
void  main(void)
{
    int   data;
    ...
    p = &data;           ──→   mova     -3[FB],R0    ; -3[FB] = data
                                mov.w    R0,_p
}
```

転送を決定します．SMOVF命令は1データ転送後にA0，A1レジスタをインクリメントし，SMOVB命令は1データ転送後にA0，A1レジスタをデクリメントしていきます．

　SSTR命令は，指定したアドレスから指定したアドレスまで同一のデータを充填する動作を行うので，変数領域の0クリア処理などに応用できます（**図4-4**）．

転送元アドレス：($2^{16} \times$ R1H)＋A0
転送先アドレス：A1
転送回数　　　：R3

1回の転送サイズ：.Bを指定した場合 → バイト単位
　　　　　　　　：.Wを指定した場合 → ワード単位

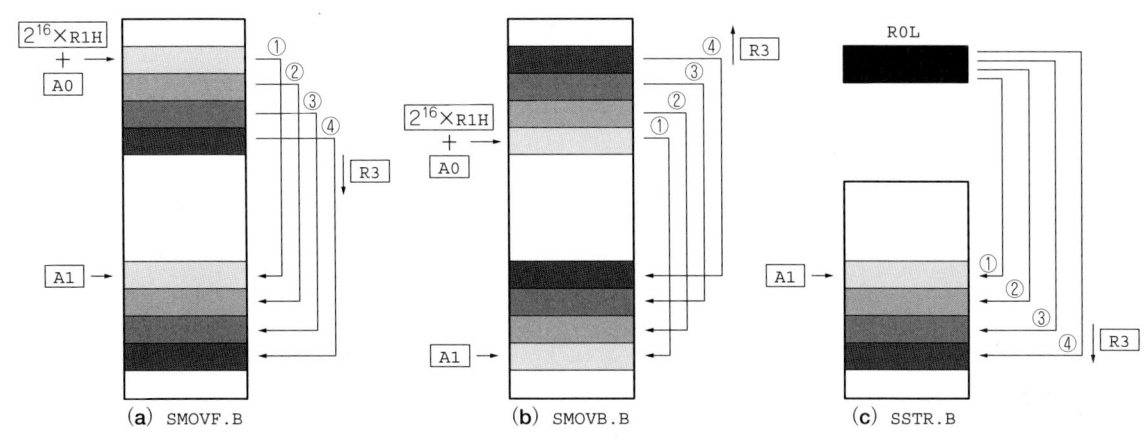

(a) SMOVF.B　　(b) SMOVB.B　　(c) SSTR.B

図4-4　ストリング命令

● **実効アドレス転送命令**

　　MOVA　src, dest

srcの実効アドレスをdestに転送します．C言語の＆（アドレス）演算子に対応する命令です．

リスト4-3にコード展開例を示します．

● **複数レジスタの退避，復帰**

　　PUSHM　src … 複数レジスタの退避

　　POPM　dest … 複数レジスタの復帰

srcで選択した複数のレジスタ（R0～R3，A0，A1，FB）を退避および復帰します．関数の入り口と出口や割り込みの入り口と出口でレジスタの退避，復帰が1命令で行えるため，関数および割り込みのオーバーヘッドの削減とオブジェト・サイズの削減ができます．

● **メモリおよび即値のプッシュ**

　　PUSH.size　src … レジスタ／メモリ／即値の退避

　　POP.size　dest … レジスタ／メモリの復帰

R8C/Tinyのプッシュ（PUSH），ポップ（POP）命令は，srcまたはdestの対象がレジスタだけでなく，メモリや即値も対象となります．

したがって，関数の引き数をスタックにプッシュする場合，レジスタを介することなく1命令でプッシュできるので，関数のオーバーヘッドおよびオブジェクト・サイズの削減ができます．

● **10進加算，10進減算命令**

　　DADD.size　src, dest

　　DSUB.size　src, dest

srcとdestを10進で加算／減算し結果をdestに格納します．10進データを扱うような場合，16進で演算し

た結果を10進に補正する必要がないため，補正処理を削減できます．

【例1】 10進加算（R0L=09h）

  DADD.B #1, R0L

 命令実行後，R0Lは09h → 10hとなります．10進演算命令は10進数で演算をしているわけではなく，演算結果を10進補正しています（つまり演算結果に6を加算するわけで，扱っているデータはあくまで16進数）．したがって，通常の演算（16進演算）では09h → 0Ah（10d）となりますが，DADD命令では演算結果が10進補正され，09h → 10hとなるのです．なお，99h + 1 = 00hとなります．

【例2】 10進減算（R0L=10h）

  DSUB.B #1, R0L

 命令実行後，R0Lは10h → 09h となります．通常の演算（16進演算）では10h（16d） → 0Fh（15d）となりますが，この場合演算結果から6を減算して10進補正を行うので，DSUB命令では10h → 09hとなるわけです．なお，00h - 1 = 99hとなります．

■ 演算命令

● 積和演算命令

  RMPA.size

 積和演算はFFTバタフライ演算をはじめ，画像の圧縮/伸張処理や座標変換処理など，フーリエ変換を行う場合に用いられる演算です．

 R8C/Tinyの積和演算命令は，A0レジスタで設定したアドレスの内容とA1レジスタで設定したアドレスの内容を乗算（8ビット×8ビット/16ビット×16ビット）し，その結果とR0またはR2R0の内容を加算して，

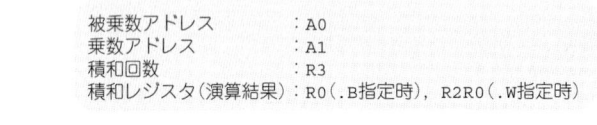

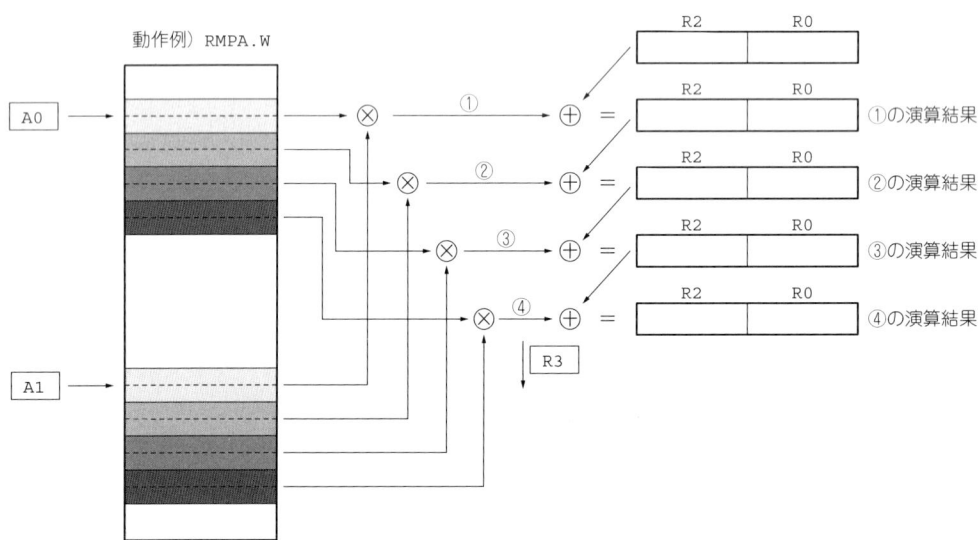

```
被乗数アドレス         : A0
乗数アドレス           : A1
積和回数               : R3
積和レジスタ(演算結果) : R0(.B指定時), R2R0(.W指定時)
```

図4-5　積和演算命令

結果をR0またはR2R0に格納します(1回の演算ごとにA0, A1レジスタはインクリメントされていく). この演算をR3レジスタで設定した回数ぶん繰り返して行います.

なお,演算結果がオーバーフローした場合は,FLGレジスタ内のオーバーフロー・フラグ(Oフラグ)がセットされます(図4-5).

● シフト命令

  SHA.size src, dest

  SHL.size src, dest

R8C/Tinyのシフト命令は,算術シフト命令(SHA)と論理シフト命令(SHL)に分かれており,C言語での論理シフトと算術シフトにそれぞれ対応します. destで指定されたレジスタまたはメモリの内容をsrcの値分だけシフトします. シフトの方向はsrcの符号が正であれば左シフト,負であれば右シフトとなり,16ビットまでのシフトであればSHA, SHLともに1命令でシフトができます.

リスト4-4にコード展開例を示します.

■ 分岐命令

● 条件分岐命令

  J*Cnd* label

リスト4-4 シフト命令のコード展開例

```
void    main(void)
{
        signed int   s_data = 0x8000;
        unsigned int u_data = 0x8000;

        s_data >>= 2   ――→  sha.w   #-02H, -1[FB]       ; s_data

        u_data >>= 2   ――→  shl.w   #-02H, -3[FB]       ; u_data
}
```

表4-6 判断分岐命令の条件表

Cnd	条件		式	Cnd	条件		式
GEU/C	C=1	等しいまたは大きい	≦	LTU/NC	C=0	小さい	>
EQ/Z	Z=1	等しい	=	NE/NZ	Z=0	等しくない	≠
PZ	S=0	正またはゼロ	0≦	N	S=1	負	0>
O	O=1	Oフラグが '1'	―	NO	O=0	Oフラグが '0'	―

(a) 単独フラグに対する判断

Cnd	条件		式	Cnd	条件		式
GTU	C∧Z̄=1	大きい	<	LEU	C∧Z̄=0	等しいまたは小さい	≧
GE	S∀O=0	等しいまたは符号付きで大きい	≦	LE	(S∀O)∨Z=1	等しいまたは符号付きで小さい	≧
GT	(S∀O)∨Z=0	符号付きで大きい	<	LT	S∀O=1	符号付きで小さい	>

(b) 複数のフラグに対する一括判断

演算や比較命令などにより変化したフラグをCndで示す条件で判定し，真であれば指定したlabelへ分岐し，偽であれば後続の命令を実行します．Cndの部分に**表4-6**で示す判定条件を記述します．

条件分岐命令は，C言語における制御文などで使用されます．14種類の分岐条件があるので，"<"，"≧"など二つ以上のフラグ判定が必要な場合でも，JCnd命令単独で判断分岐ができます．

リスト4-5にコード展開例を示します．

● 間接分岐，間接サブルーチン・コール命令

JMPI.length src
JSRI.length src

srcがレジスタの場合，srcが示す番地に分岐（レジスタ間接）し，srcがメモリの場合はsrcに格納されている番地に分岐（メモリ間接）します．

間接分岐命令や間接サブルーチン・コール命令はswitch～case文や関数ポインタを記述した場合に使用されます．

リスト4-6にコード展開例を示します．

リスト4-5　条件分岐命令のコード展開例

```
void  main(void)
{
    char  data1;
                        /* data1が5以下なら分岐 */
    if(data1 > 5){        cmp.b    #05H,_data1
        data2 = 0;        jleu     L13
    }                     mov.b    #00H,_data2
                       L13:
}
```

リスト4-6　間接分岐，間接サブルーチン・コール命令のコード展開例

```
int (*jmptbl[])(char,char) = {func1, func2, func3, func4};    // 関数ポインタ配列（ジ
ャンプ・テーブル）宣言

void  main(void)
{
    char data1, data2;
    int  i, ans;
    i = 1;
    ans = (*jmptbl[i])(data1, data2);      /* JSRI.A命令を使用して分岐 */
}
int func1(char data1, char data2)
{
    return data1 + data2;
}
int func2(char data1, char data2)
{
    return data1 - data2;
}
```

● 加算/減算＆条件分岐命令

　　ADJNZ.size　src, dest, label
　　SBJNZ.size　src, dest, label

srcとdestを加算または減算した結果が'0'でなければ，labelで指定した番地に分岐します（図4-6）．

従来の命令でこれを実現しようとした場合，「データを読み込む」→「加算/減算する」→「演算結果が'0'か比較する」→「分岐する/しない」のように4命令を必要としますが，ADJNZ命令，SBJNZ命令ならこれを1命令で実現できるため，演算結果を'0'に収束させるdo～while文やfor文などを1命令で実行できます．

リスト4-7にコード展開例を示します．

■ ビット命令

● ビット・テスト命令

　　BTST　src

srcで示されるビットの内容をCフラグに転送し，srcで示されるビットの内容の反転したものをZフラグに転送します．この命令は，条件分岐命令と組み合わせることで，指定したビットの状態によりlabelで示される番地に分岐させることができます．

リスト4-7　加算/減算＆条件分岐命令のコード展開例

```
void main(void)
{
        int i = 0xff;
        /* iが'0'になるまで減算 */
        do{
              i -= 3;
        }while(i != 0);
}
```

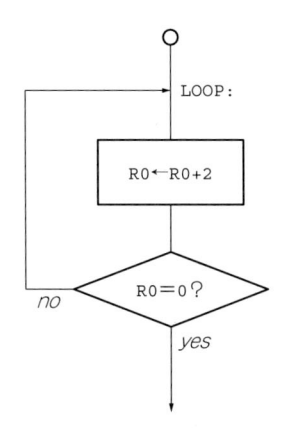

```
L18:
            adjnz.w #-3, _i, L18
```

(a) ADJNZ.W　#2, R0, LOOP　　　(b) SBJNZ.W　#2, R0, LOOP

図4-6　加算/減算＆条件分岐命令

リスト4-8にコード展開例を示します．

● 条件ビット転送命令

BM*Cnd* dest

*Cnd*で示される判定条件が真であれば，destで示されるビットを'1'にセットし，偽であればdestで示されるビットを'0'にクリアします．*Cnd*の部分に表4-7で示す判定条件を記述します．

従来の命令でこれらを実現しようとした場合，「データを読み込む」→「比較する」→「分岐する/しない」→「指定されたビットを0または1にする」のように3～4命令を必要としますが，BM*Cnd*命令ならこれを1命令で実現することができます．

周辺機能による処理の完了を判定（A-D変換の変換完了フラグなど）し，その結果ユーザが作成したフラグをセット/クリアするような場合に使用します．

リスト4-9にコード展開例を示します．

リスト4-8 ビット命令のコード展開例

```
void func(void){
    struct bit{
        char    b0 : 1;
        char    b1 : 1;
        char    b2 : 1;
        char    b3 : 1;
        char    b4 : 1;
        char    b5 : 1;
        char    b6 : 1;
        char    b7 : 1;
    } flag = 0;
    if(flag.b3 == 1){        btst    03H,-1[FB]    ; flag, bit3
        data++;              jz      L1
                             inc.b   -2[FB]        ; data
    }                    L1:
}
```

表4-7 条件ビット転送命令の条件表

Cnd	条	件	式	*Cnd*	条	件	式
GEU/C	C=1	等しいまたは大きい	≦	LTU/NC	C=0	小さい	>
EQ/Z	Z=1	等しい	=	NE/NZ	Z=0	等しくない	≠
PZ	S=0	正またはゼロ	0≦	N	S=1	負	0>
O	O=1	Oフラグが'1'	─	NO	O=0	Oフラグが'0'	─

(a) 単独フラグに対する判断

Cnd	条	件	式	*Cnd*	条	件	式
GTU	$C \wedge \bar{Z}=1$	大きい	<	LEU	$C \wedge \bar{Z}=0$	等しいまたは小さい	≧
GE	$S \veebar O=0$	等しいまたは符号付きで大きい	≦	LE	$(S \veebar O) \vee Z=1$	等しいまたは符号付きで小さい	≧
GT	$(S \veebar O) \vee Z=0$	符号付きで大きい	<	LT	$S \veebar O=1$	符号付きで小さい	>

(b) 複数のフラグに対する一括判断

リスト4-9　条件ビット転送命令のコード展開例

```
struct bit {
      char   b0 : 1;
      char   b1 : 1;
      char   b2 : 1;
      char   b3 : 1;
      char   b4 : 1;
      char   b5 : 1;
      char   b6 : 1;
      char   b7 : 1;
};
struct bit   io_sfr;
struct bit   flag = 0;

void func(void){
      if(io_sfr.b1 == 1){         ─────▶   tst.b   #02H, _io_sfr ;io_sfr
            flag.b3 = 1;                    bmnz    3, _flag;       ;flag
      }
}
```

■ その他，専用命令

● スタック・フレームの構築，解除命令

　C言語でプログラミングした場合，auto変数はスタックまたはレジスタにその領域を取ります．スタックに領域を取る場合，プッシュ命令などでスタックへダミー・プッシュすることでスタック・ポインタを変化させたり，スタック・ポインタ・レジスタ値を直接減算するなどしてauto変数の領域をスタックに確保します．

　R8C/Tinyでは，C言語専用命令としてこのauto変数の領域確保を行うENTER命令，および関数コールしたことで確保されたスタック領域（スタック・フレーム）の解放を行うEXITD命令をもっています．コンパイラはこれらの命令を関数の入り口，および出口で出力することにより関数のオーバーヘッドを軽減しています．

● タスク・コンテキストの退避，復帰命令

　リアルタイムOSを搭載している場合，タスクがディスパッチする際に，RUNNING→READY状態になるタスクのコンテキスト退避，およびREADY→RUNNING状態なるタスクのコンテキスト復帰が必ず行われます．一般的にこのコンテキストの退避/復帰処理は，マイクロコンピュータのもつ全レジスタをスタックへプッシュ，ポップすることで実現されます．そのため，退避/復帰するレジスタ数に比例してタスクのディスパッチ時間も長くなります．

　R8C/Tinyでは，タスクがディスパッチするときのコンテキストの退避を行うSTCTX命令，コンテキストの復帰処理を行うLDCTX命令をそれぞれ専用命令としてもっており，1命令でコンテキストの退避/復帰を行うことができます．これによりタスクのオーバーヘッドを減らし，OSの性能を向上させることができます．

4-4 命令キュー・バッファ

命令キュー・バッファとは，命令実行中に次に実行する命令を先読みし，格納しておくためのバッファです．命令キューの役割は，命令実行中に次の命令フェッチが可能になるので，命令フェッチ・サイクルを短縮することができます．

R8C/Tinyシリーズでは，この命令キュー・バッファを4段（4バイト）もっています．CPUが実行している命令がバスを使用していない状態で，命令キュー・バッファに空きがある場合に，命令コードが命令キュー・バッファに取り込まれます．これをプリフェッチと言います．そしてCPUは，この命令キュー・バッファに入っている命令コードを読み出しながら（フェッチ），プログラムを実行していきます．命令キュー・バッファに命令コードが3バイト以上存在する場合は，命令キュー・バッファに空きがないと判断されプリフェッチを行いません．

また，R8C/Tinyの内部データ・バスは8ビットであるため，16ビット・データに対しては2回のバス・アクセスでデータの読み書きを行います．

表4-8にアクセス単位とバスの動作，**図4-7**に読み込み命令を開始する場合の命令キュー・バッファの動き（ウェイトなし）を示します．

なお，第14章「R8C/Tinyの命令一覧」に記載している命令の実行サイクル数は，命令キュー・バッファに命令コードがそろっており，メモリに対して8ビットのデータをソフトウェア・ウェイトなしで読み

表4-8 アクセス単位とバスの動作

領域	SFR	内部ROM/内部RAM
偶数番地 バイト・アクセス	CPUクロック / アドレス：偶数 / データ：データ	CPUクロック / アドレス：偶数 / データ：データ
奇数番地 バイト・アクセス	CPUクロック / アドレス：奇数 / データ：データ	CPUクロック / アドレス：奇数 / データ：データ
偶数番地 ワード・アクセス	CPUクロック / アドレス：偶数，偶数+1 / データ：データ，データ	CPUクロック / アドレス：偶数，偶数+1 / データ：データ，データ
奇数番地 ワード・アクセス	CPUクロック / アドレス：奇数，奇数+1 / データ：データ，データ	CPUクロック / アドレス：奇数，奇数+1 / データ：データ，データ

書きする場合のサイクル数です．したがって下記の場合は，マニュアルに記述しているサイクル数よりも多くなります．

(1) 命令キュー・バッファにCPUが必要とする命令コードがそろっていない場合

この場合は，実行に必要な命令コードがそろうまで命令コードをまず読み込みます．

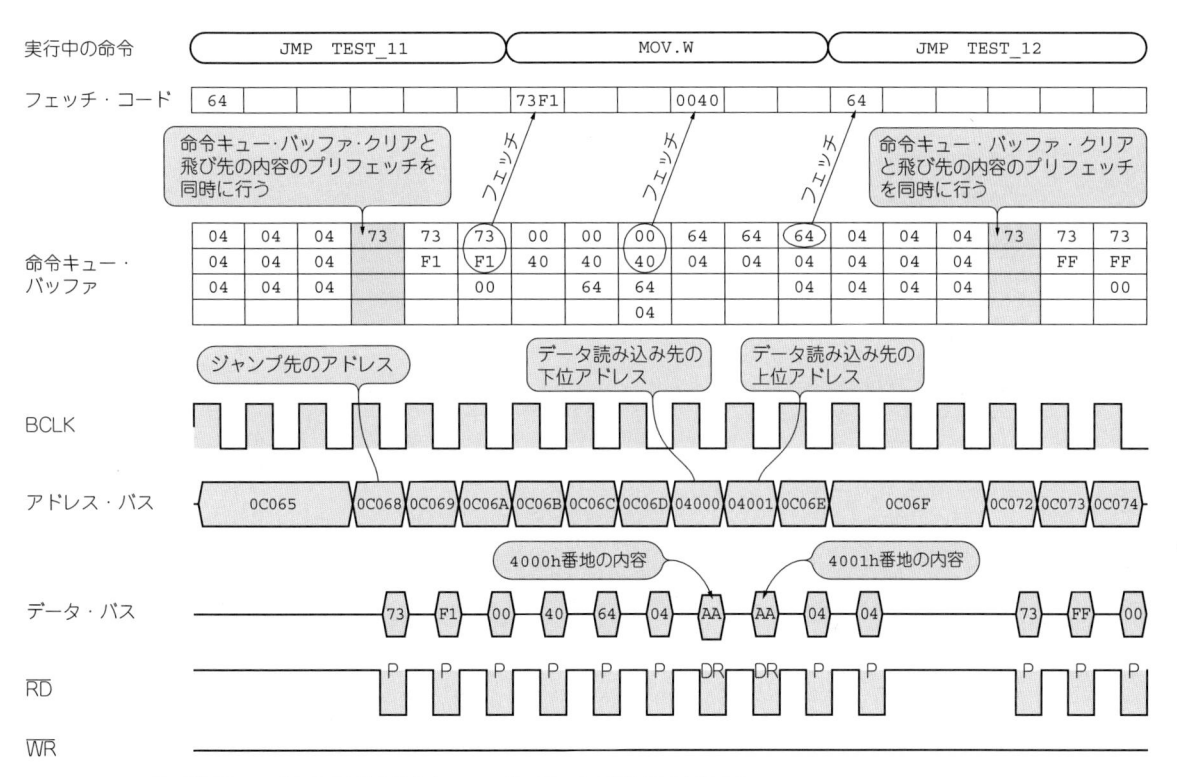

参考プログラム

アドレス	コード	命令	
0C062	64	JMP	TEST 11
0C063	04	NOP	
0C064	04	NOP	
0C065	04	NOP	
0C066	04	NOP	
0C067	04	NOP	
0C068	TEST 11:		
0C068	73F10040	MOV.W	04000h, R1
0C06C	64	JMP	TEST 12
0C06D	04	NOP	
0C06E	04	NOP	
0C06F	04	NOP	
0C070	04	NOP	
0C071	04	NOP	
0C072	TEST 12:		

図4-7 読み込み命令を開始する場合の命令キュー・バッファの動き（ウェイトなし）

（2）ソフトウェア・ウェイト・サイクルが存在する領域から命令キュー・バッファに命令コードを読み込んだ場合
（3）ソフトウェア・ウェイト・サイクルが存在する領域(R8C/TinyではSFR領域)にデータを読み書きした場合
（4）16ビットのデータをSFR領域または内部メモリに対して読み書きした場合

[第5章]
R8C/14〜R8C/17の概要とクロック発生回路,リセット機能の詳細

新海 栄治

5-1 概要

　R8C/14〜R8C/17グループは,最大動作周波数20MHz(5V動作時)で,シングル・チップ・モード(内部メモリのみを使用して動作するモード)でのみ動作します.また,R8C/15,R8C/17グループは,データ用ROM領域として,書き換え回数10,000回を保証するデータ・フラッシュを2Kバイト,それぞれ内蔵しています.

　内蔵周辺機能は,R8C/14〜R8C/17グループ共通で,LED駆動用の入出力ポート(通常の入出力ポートより電流を多く流すことができる)を4本,タイマは8ビット・タイマを2チャネル,16ビット・タイマを1チャネルの合計3チャネル,プログラムでクロック同期/非同期を切り替えられるシリアル・インターフェースを1チャネル,10ビット分解能のA-Dコンバータを1回路,15ビットのウォッチ・ドッグ・タイマを1チャネル搭載し,発振停止検出機能,電圧検出回路,パワーONリセット回路もそれぞれ内蔵しています.

　R8C/14,15とR8C/16,17グループの相違点は,R8C/14,15グループには「チップ・セレクト付きクロック同期型シリアル(SSU)」が搭載されており,R8C/16,17グループには「I^2Cバス・インターフェース(IIC)」が搭載されているという点です.

　R8C/14〜R8C/17グループの性能概要を,**表5-1**に示します.

■ ブロック図とピン配置,端子の機能

　図5-1(a)にR8C/14〜R8C/17の内部ブロック図を示します.R8C/TinyのCPUは16ビットですが,内部データ・バスおよび周辺データ・バスは8ビットで構成されています.

　図5-1(b)にR8C/14〜R8C/17のピン接続図を,**表5-2**に端子の機能説明を示します.各端子はポートまたは内蔵周辺機能用の入出力端子のいずれかで使用することができます.R8C/14〜R8C/17のピン数は20ピンとなっており,少ないピン数で高機能化を図るために,各端子には二つ以上の機能が割り付けられているマルチファンクションとなっています.各端子の機能を切り替えるための専用レジスタはなく,使用する内蔵周辺機能を設定することにより,その周辺機能の入出力用端子として機能します.

表5-1 R8C/14～R8C/17グループの性能概要

項　目		性　能
CPU	基本命令数	89命令
	最小命令実行時間	50ns (f_{XIN} = 20MHz, V_{CC} = 3.0～5.5V) 100ns (f_{XIN} = 10MHz, V_{CC} = 2.7～5.5V)
	動作モード	シングル・チップ
	アドレス空間	1Mバイト
	メモリ容量	内部ROM…8K/12K/16Kバイト(プログラム領域) + 1Kバイト×2(データ領域),内部RAM…512/768/1Kバイト
周辺機能	ポート	入出力：13本(LED駆動用ポートを含む) 入力：2本
	LED駆動用ポート	入出力：4本
	タイマ	タイマX：8ビット×1チャネル,タイマZ：8ビット×1チャネル (各タイマ：8ビット・プリスケーラ付き) タイマC：16ビット×1チャネル (インプット・キャプチャ回路,アウトプット・コンペア回路)
	シリアル・インターフェース	1チャネル クロック同期型シリアルI/O,クロック非同期型シリアルI/O
	チップ・セレクト付きクロック同期型シリアルI/O(SSU)[注1] I²Cバス・インターフェース[注2]	1チャネル
	A-Dコンバータ	10ビットA-Dコンバータ：1回路,4チャネル
	ウォッチ・ドッグ・タイマ	15ビット×1チャネル(プリスケーラ付き) リセット・スタート機能選択可能,カウント・ソース保護モード
	割り込み	内部：9要因,外部：4要因,ソフトウェア：4要因,割り込み優先レベル：7レベル
	クロック発生回路	2回路 ・メイン・クロック発振回路(帰還抵抗内蔵) ・オンチップ・オシレータ(高速,低速) 　高速オンチップ・オシレータは周波数調整機能付き
	発振停止検出機能	メイン・クロック発振停止検出機能
	電圧検出回路	内蔵
	パワーONリセット回路	内蔵
電気的特性	電源電圧	V_{CC} = 3.0～5.5V (f_{XIN} = 20MHz) V_{CC} = 2.7～5.5V (f_{XIN} = 10MHz)
	消費電流	標準9mA (V_{CC} = 5V, f_{XIN} = 20MHz) 標準5mA (V_{CC} = 3V, f_{XIN} = 10MHz) 標準35μA (V_{CC} = 3V, ウェイト・モード,周辺クロック停止) 標準0.7μA (V_{CC} = 3V, ストップ・モード)
フラッシュ・メモリ	プログラム,イレーズ電圧	V_{CC} = 2.7～5.5V
	プログラム,イレーズ回数	10,000回(データ領域.R8C/15,R8C/17)
		1,000回(プログラム領域)
動作周囲温度		−20℃～+85℃ −40℃～+85℃(Dバージョン)
パッケージ		20ピン・プラスチック・モールドSSOP
		20ピン・プラスチック・モールドSDIP

注1：R8C/14,R8C/15グループ
注2：R8C/16,R8C/17グループ

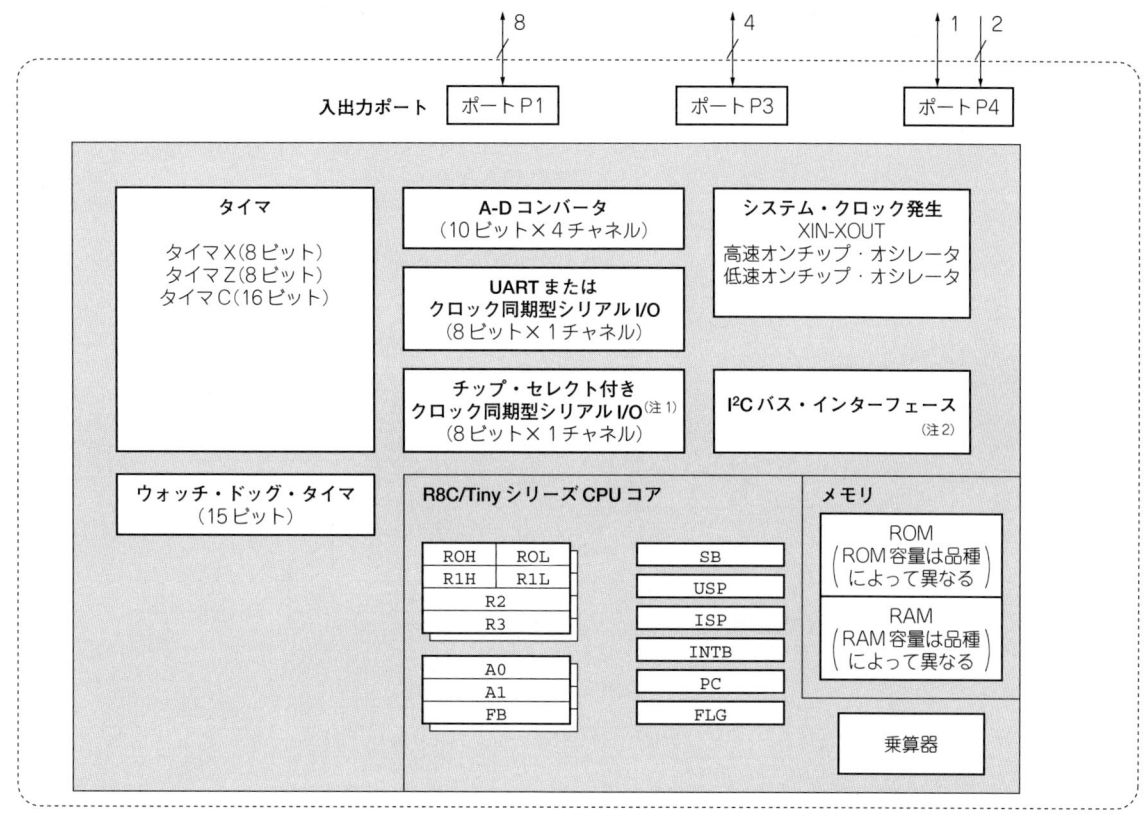

(a) ブロック図

注1：R8C/14, R8C/15グループ
注2：R8C/16, R8C/17グループ

入出力ポート
- ポートP1（8）
- ポートP3（4）
- ポートP4（1, 2）

タイマ
- タイマX（8ビット）
- タイマZ（8ビット）
- タイマC（16ビット）

A-Dコンバータ（10ビット×4チャネル）

UARTまたはクロック同期型シリアルI/O（8ビット×1チャネル）

チップ・セレクト付きクロック同期型シリアルI/O（注1）（8ビット×1チャネル）

システム・クロック発生
XIN-XOUT
高速オンチップ・オシレータ
低速オンチップ・オシレータ

I²Cバス・インターフェース（注2）

ウォッチ・ドッグ・タイマ（15ビット）

R8C/Tiny シリーズ CPU コア
- R0H, R0L
- R1H, R1L
- R2
- R3
- A0, A1, FB
- SB, USP, ISP, INTB, PC, FLG

メモリ
- ROM（ROM容量は品種によって異なる）
- RAM（RAM容量は品種によって異なる）

乗算器

ピン接続図：

- 1: P3_5/SSCK(SCL)(注2)/CMP1_2
- 2: P3_7/CNTR0/SSO(なし)(注2)
- 3: RESET
- 4: XOUT/P4_7(注1)
- 5: Vss/AVss
- 6: XIN/P4_6(注1)
- 7: Vcc
- 8: MODE
- 9: P4_5/INT0
- 10: P1_7/CNTR00/INT10
- 11: P1_6/CLK0
- 12: P1_5/RXD0/CNTR01/INT11
- 13: P1_4/TXD0
- 14: P1_3/KI3/AN11/TZOUT
- 15: P1_2/KI2/AN10/CMP0_2
- 16: A_{VCC}/V_{REF}
- 17: P1_1/KI1/AN9/CMP0_1
- 18: P1_0/KI0/AN8/CMP0_0
- 19: P3_3/TCIN/INT3/SSI(なし)(注2)/CMP1_0
- 20: P3_4/SCS(SDA)(注2)/CMP1_1

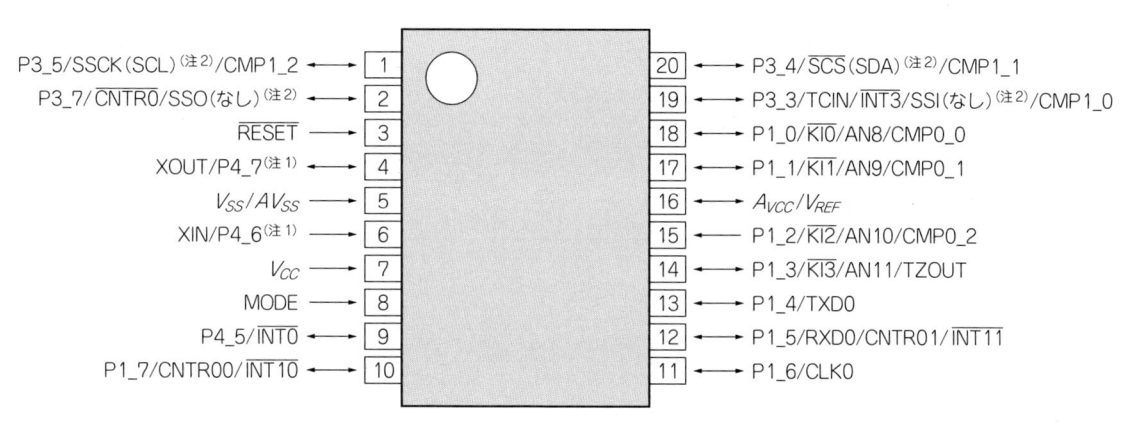

注1：P4_6, P4_7は入力専用ポート
注2：かっこ内はR8C/16, R8C/17グループ

(b) ピン接続図

図5-1　R8C/14～R8C/17グループのブロック図とピン接続図

表5-2 R8C/14～R8C/17の端子機能(外形 20P2F-A)

分 類	端子名	入出力	機 能
電源入力	V_{CC} V_{SS}	入力	V_{CC}には，2.7V～5.5Vを入力する V_{SS}には，0Vを入力する
アナログ電源入力	AV_{CC} AV_{SS}	入力	A-Dコンバータの電源入力．AV_{CC}はV_{CC}に接続する．AV_{SS}には0Vを入力する．AV_{CC}とAV_{SS}間にはコンデンサを接続する
リセット入力	RESET	入力	この端子に"L"を入力すると，マイクロコンピュータはリセット状態になる
MODE	MODE	入力	リセット解除後の動作モードを選択する端子．通常は，抵抗を介してV_{CC}に接続する．"L"を入力した場合，リセット解除後，ブート・モードで起動する
メイン・クロック入力	XIN	入力	メイン・クロック発振回路の入出力．XINとXOUTの間にはセラミック発振子，または水晶発振子を接続する．外部で生成したクロックを入力する場合は，XINからクロックを入力し，XOUTは開放にする
メイン・クロック出力	XOUT	出力	
INT割り込み入力	INT0，INT1，INT3	入力	INT割り込みの入力
キー入力割り込み入力	KI0～KI3	入力	キー入力割り込み入力
タイマX	CNTR0	入出力	タイマXの入出力
	$\overline{\text{CNTR0}}$	出力	タイマXの出力
タイマZ	TZOUT	出力	タイマZの出力
タイマC	TCIN	入力	タイマCの入力
	CMP0_0～CMP0_3， CMP1_0～CMP1_3	出力	タイマCの出力
シリアル・インターフェース	CLK0	入出力	転送クロック入出力
	RXD0	入力	シリアル・データ入力
	TXD0	出力	シリアル・データ出力
チップ・セレクト付きクロック同期型シリアルI/O(SSU)[注1]	SSI	入出力	データ入出力
	$\overline{\text{SCS}}$	入出力	チップ・セレクト入出力
	SSCK	入出力	クロック入出力
	SSO	入出力	データ入出力
I²Oバス・インターフェース(IIC)[注2]	SCL	入出力	クロック入出力
	SDA	入出力	データ入出力
基準電圧入力	V_{REF}	入力	A-Dコンバータの基準電圧入力．V_{REF}はV_{CC}に接続する
A-Dコンバータ	AN8～AN11	出力	A-Dコンバータのアナログ入力
入出力ポート	P1_0～P1_7，P3_3～P3_5，P3_7，P4_5	入出力	CMOSの入出力ポート．入出力を選択するための方向レジスタをもち，1端子ごとに入力ポート，または出力ポートにできる．入力ポートは，プログラムでプルアップ抵抗の有無を選択できる．ポートP1_0～P1_3はLED駆動ポートとして使用できる
入力ポート	P4_6，P4_7	入力	入力専用ポート

注1：R8C/14，R8C/15グループ　　注2：R8C/16，R8C/17グループ

5-2 クロック発生回路

　クロック発生回路として，メイン・クロック発振回路とオンチップ・オシレータの2回路を内蔵しています．オンチップ・オシレータを使用することで，外部に発振子を接続する必要がなくなるため，実装面積やコストを抑えることができます．なおリセット解除後は，オンチップ・オシレータ(低速オンチップ・オシレータ)で動作します．**表5-3**にクロック発生回路の概略仕様を，**図5-2**にクロック発生回路を示します．
　リセット解除後は低速オンチップ・オシレータのみ発振しており，メイン・クロックと高速オンチップ・オシレータは停止しています．したがって，プログラムでメイン・クロックや高速オンチップ・オシレー

表5-3 クロック発生回路の概略仕様

項　目	メイン・クロック 発振回路	オンチップ・オシレータ	
		高速オンチップ・オシレータ	低速オンチップ・オシレータ
用途	・CPUのクロック源 ・周辺機能のクロック源	・CPUのクロック源 ・周辺機能のクロック源 ・メイン・クロック発振停止時の 　CPU，周辺機能のクロック源	・CPUのクロック源 ・周辺機能のクロック源 ・メイン・クロック発振停止時の 　CPU，周辺機能のクロック源
クロック周波数	0〜20MHz	約8MHz	約125kHz
接続できる発振子	・セラミック発振子 ・水晶発振子	―	―
発振子の接続端子	XIN，XOUT (注1)	― (注1)	― (注1)
発振の開始と停止	あり	あり	あり
リセット後の状態	停止	停止	発振
その他	外部で生成されたクロックを入 力可能	―	―

注1：メイン・クロック発振回路を使用せず，オンチップ・オシレータ・クロックをCPUクロックに使用する場合には入力ポートP4_6，
　　P4_7として使うことができる

タを発振させ，クロックを切り替えない限り，低速オンチップ・オシレータから供給されるクロックがシステム・クロックとなります．

　高速オンチップ・オシレータは"HRA00ビット"により発振させます．メイン・クロックについては，"CM05ビット"および"CM13ビット"で発振させます．また，システム・クロックの変更については，低速オンチップ・オシレータと高速オンチップ・オシレータの切り替えを"HRA01ビット"で，オンチップ・オシレータ・クロックとメイン・クロックの切り替えを"OCD2ビット"でそれぞれ行います．

　システム・クロックは分周器で分周され，タイマやシリアルI/Oなどの周辺機能クロックおよびプログラム動作用のCPUクロックとしてそれぞれ供給されます．

　分周器は，プログラムで"CM06ビット"および"CM17，CM16ビット"を設定することにより，1/2/4/8/16分周のいずれかを選択できます．なお，リセット解除後は8分周に自動的に設定されるので，ユーザ・プログラムは低速オンチップ・オシレータ・クロックを8分周したクロックで動作を開始します．

　さらにR8C/Tinyは「発振停止検出機能」をもっており，CPUクロックをメイン・クロックとしている場合に，何らかの原因でメイン・クロックが異常停止すると，自動的にオンチップ・オシレータ・クロックに切り替え，ユーザ・プログラムを動かすことができます．詳細は本節の「発振停止検出機能とその使いかた」で解説します．

　以下に，各クロックと設定方法について説明します．

■ メイン・クロック

　メイン・クロック発振回路が供給するクロックで，CPUと周辺機能のクロック源になります．メイン・クロック発振回路はXIN-XOUT端子間に発振子を接続することで発振回路が構成され，CPUと周辺機能にクロックが供給されます．メイン・クロック発振回路には帰還抵抗が内蔵されており，ストップ・モード時には消費電力を低減するために発振回路から切り離されます．

　またメイン・クロック発振回路には，外部で生成されたクロックをXIN端子へ直接入力することもできます．図5-3に，メイン・クロックの接続回路例を示します．

　リセット解除後，メイン・クロックは停止しているので，メイン・クロックでCPUを動作させる場合は，

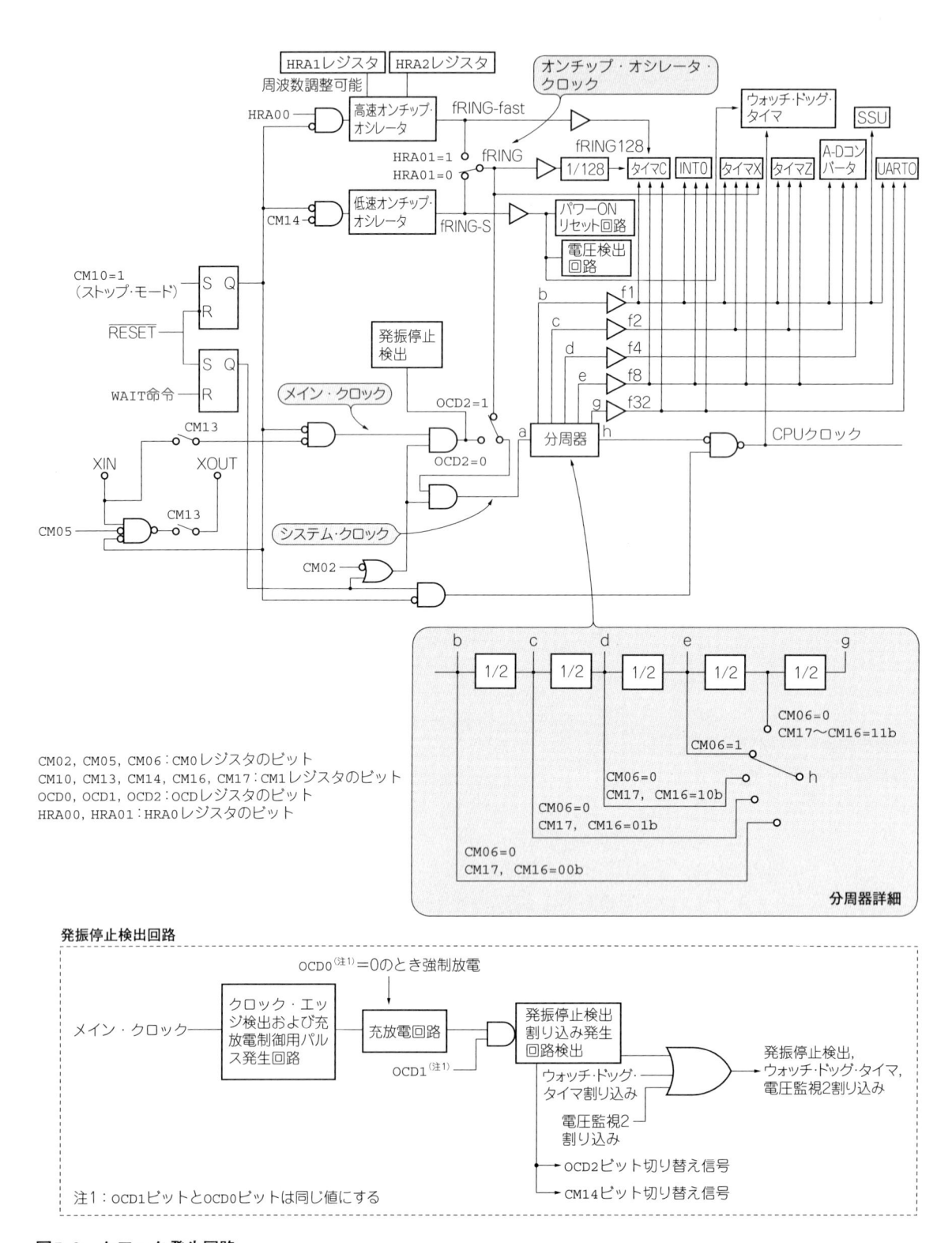

図5-2 クロック発生回路

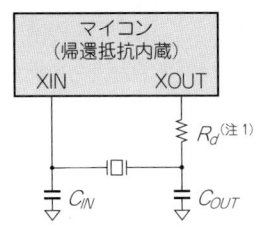

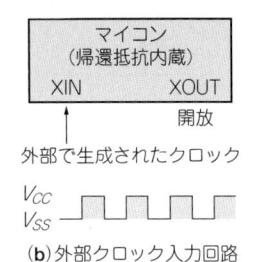

(a)セラミック発振子外付け回路 　　(b)外部クロック入力回路

注1：必要に応じてダンピング抵抗R_dを挿入する．抵抗値は発振子，発振駆動
能力によって異なるので，発振子メーカの推奨する値に設定する
発振駆動能力をLOWで使用する場合には，LOWの状態でも安定して発
振するか確認する．また，発振子メーカから外部に帰還抵抗を追加する
旨の指示があった場合は，その指示に従ってXIN，XOUT間に，帰還抵
抗を付加する

図5-3　メイン・クロックの接続回路例
参考値：村田製作所製のセラミック発振子を付けた場合のC_{IN}, C_{OUT}は，
20MHzで15pF，10MHzで33pF．R_dは必要ない

ソフトウェアでシステム・クロック制御レジスタ(CM0，CM1レジスタ)，および発振停止検出レジスタ(OCDレジスタ)を設定する必要があります．

■ オンチップ・オシレータ・クロック

マイコン内部のオンチップ・オシレータが供給するクロックで，CPUと周辺機能のクロック源，およびメイン・クロック異常停止時のバックアップ用クロックになります．

オンチップ・オシレータには，高速オンチップ・オシレータと低速オンチップ・オシレータの二つがあり，リセット解除後は低速オンチップ・オシレータがCPUクロックとして動きます．低速/高速どちらのオンチップ・オシレータで動作させるかは，高速オンチップ・オシレータ選択ビット(高速オンチップ・オシレータ制御レジスタ0のHRA01ビット)で選択できます．

● 低速オンチップ・オシレータ・クロック

リセット解除後，低速オンチップ・オシレータで生成されたオンチップ・オシレータ・クロックがシステム・クロックとなり，その8分周したものがCPUクロックになります．

低速オンチップ・オシレータの周波数は電源電圧，動作周囲温度によって大きく変動するため，応用製品設計の際には周波数変動に対して十分なマージンを取る必要があります．

● 高速オンチップ・オシレータ・クロック

高速オンチップ・オシレータで生成されるオンチップ・オシレータ・クロックは，リセット解除後は停止しているので，高速オンチップ・オシレータのクロックでCPUを動作させる場合は，ソフトウェアで高速オンチップ制御レジスタ0(HRA0レジスタ)を設定する必要があります．

なお，高速オンチップ・オシレータ制御レジスタ1(HRA1レジスタ)および高速オンチップ・オシレータ制御レジスタ2(HRA2レジスタ)により，高速オンチップ・オシレータの周波数を任意の周波数に調整することができます．図5-4〜図5-6に高速オンチップ・オシレータ制御関連のレジスタを示します．

▶ 高速オンチップ・オシレータ制御レジスタ1による周波数調整

このレジスタに設定する値によって発振周波数を調整することができます．これは8ビット・レジスタで，リセット解除後8MHzで発振する値に調整されています．レジスタ値を小さくすると周波数が高くな

b7 b6 b5 b4 b3 b2 b1 b0
0 0 0 0 0 0

シンボル：HRA0　アドレス：0020h番地　リセット後の値：00h

ビット・シンボル	ビット名	機能	RW
HRA00	高速オンチップ・オシレータ許可ビット	0：高速オンチップ・オシレータ停止 1：高速オンチップ・オシレータ発振	RW
HRA01	高速オンチップ・オシレータ選択ビット(注1)	0：低速オンチップ・オシレータ選択(注2) 1：高速オンチップ・オシレータ選択	RW
―	予約ビット	'0'にする	RW

注1：HRA01ビットは次の条件のとき変更する
　　・HRA00=1（高速オンチップ・オシレータ発振）
　　・CM1レジスタのCM14=0（低速オンチップ・オシレータ発振）
　　・CM0レジスタのCM06=1（8分周モード）
注2：HRA01ビットに'0'（低速オンチップ・オシレータ選択）を書くとき，同時にHRA00ビットに'0'（高速オンチップ・オシレータ停止）を書かない．HRA01ビットを'0'にした後，HRA00ビットを'0'にする

図5-4　高速オンチップ・オシレータ制御レジスタ0（HRA0レジスタ）
このレジスタは，PRCRレジスタのPRC0ビットを'1'（書き込み許可）にした後，書き換える

b7 b6 b5 b4 b3 b2 b1 b0

シンボル：HRA1　アドレス：0021h番地　リセット後の値：出荷時の値

機能	RW
ビット0～7で高速オンチップ・オシレータの周波数を調整できる 高速オンチップ・オシレータの周波数 =8MHz 　　　　　　（HRA1レジスタ=出荷時の値；fRING-fastモード0） HRA1レジスタの値を小さく（最小値：00h）すると周波数が高くなる HRA1レジスタの値を大きく（最大値：FFh）すると周波数が低くなる	RW

図5-5　高速オンチップ・オシレータ制御レジスタ1（HRA1レジスタ）
このレジスタは，PRCRレジスタのPRC0ビットを'1'（書き込み許可）にした後，書き換える

b7 b6 b5 b4 b3 b2 b1 b0
× × ×   0 0 0

シンボル：HRA2　アドレス：0022h番地　リセット後の値：00h

ビット・シンボル	ビット名	機能	RW
HRA20	高速オンチップ・オシレータ・モード選択ビット	b1 b0 0 0：fRING-fastモード0（HRA1レジスタが出荷時の値のとき，8MHz） 0 1：fRING-fastモード1(注1) 1 0：fRING-fastモード2(注2) 1 1：設定しない	RW
HRA21			RW
―	予約ビット	'0'にする	RW
―	何も配置されていない 書く場合，'0'を書く読んだ場合，その値は'0'		―

注1：fRING-fastモード0からfRING-fastモード1にすると周波数は1.5倍になる
注2：fRING-fastモード0からfRING-fastモード2にすると周波数は0.5倍になる

図5-6　高速オンチップ・オシレータ制御レジスタ2（HRA2レジスタ）
このレジスタは，PRCRレジスタのPRC0ビットを'1'（書き込み許可）にした後，書き換える

リスト5-1　高速オンチップ・オシレータの発振設定例（HRA1レジスタによる周波数調整）

```
        BSET    0, PRCR         ; CM0～1, OCD, HRA0～2レジスタのプロテクトを解除
        BSET    6, CM0          ; システム・クロックを8分周モードに設定
        BCLR    6, CM1
        BCLR    7, CM1
        MOV.B   #27H, HRA1      ; 高速オンチップ・オシレータの周波数を設定（約10MHzに設定）
        BSET    0, HRA0         ; 高速オンチップ・オシレータ発振
        NOP                     ; 発振安定待ち
        NOP                     ;
        NOP                     ;
        BSET    1, HRA0         ; システム・クロックとして高速オンチップ・オシレータを選択
        BCLR    6, CM0          ; システム・クロックを分周なしモードに設定（CM16, CM17を有効）
        BCLR    0, PRCR         ; CM0～1, OCD, HRA0～2レジスタをプロテクト
```

リスト5-2　高速オンチップ・オシレータの発振設定例（HRA2レジスタによる周波数調整）

```
        BSET    0, PRCR         ; CM0～1, OCD, HRA0～2レジスタのプロテクトを解除
        BSET    6, CM0          ; システム・クロックを8分周モードに設定
        BCLR    6, CM1
        BCLR    7, CM1
        MOV.B   #02H, HRA2      ; 高速オンチップ・オシレータの周波数を1.5倍に設定〔約8MHz（出荷時）→
                                  12MHzに設定〕
        BSET    0, HRA0         ; 高速オンチップ・オシレータ発振
        NOP                     ; 発振安定待ち
        NOP                     ;
        NOP                     ;
        BSET    1, HRA0         ; システム・クロックとして高速オンチップ・オシレータを選択
        BCLR    6, CM0          ; システム・クロックを分周なしモードに設定（CM16, CM17を有効）
        BCLR    0, PRCR         ; CM0～1, OCD, HRA0～2レジスタをプロテクト
```

り，大きくすると周波数が低くなります．コーディング例をリスト5-1に示します．

▶ 高速オンチップ・オシレータ制御レジスタ2による周波数調整

　このレジスタのビット0～1（高速オンチップ・オシレータ・モード選択ビット）により，高速オンチップ・オシレータ制御レジスタ1で設定してある周波数〔初期周波数は8MHz（fRING-fastモード0）〕の1.5倍，または0.5倍に自動調整することができます．コーディング例をリスト5-2に示します．

■ CPUクロックと周辺機能クロック

　以下に，図5-2に記されているメイン・クロックおよびオンチップ・オシレータ・クロック以外のクロックの名称について解説します．

● システム・クロック

　CPUクロックおよび周辺機能クロックのクロック源のことです．システム・クロックとして，メイン・クロックまたはオンチップ・オシレータ・クロックが選択できます．

● CPUクロック

　CPU（命令実行）とウォッチ・ドッグ・タイマの動作用クロックのことです．CPUクロックとして，システム・クロックの1分周（分周なし），または2/4/8/16分周のいずれかを選択できます．リセット解除後は，低速オンチップ・オシレータ・クロックの8分周がCPUクロックになります．なお，CPUクロックのクロック源変更については，次項「クロックの選択方法」を参照してください．

● 周辺機能クロック(f1, f2, f4, f8, f32)

周辺機能の動作用クロックのことです.

$fi(i=1, 2, 4, 8, 32)$はシステム・クロックをi分周したクロックです. fiはタイマX, タイマZ, タイマC, シリアル・インターフェース, A-Dコンバータで使用されます.

周辺機能クロックの周波数(分周比)は, 各周辺機能ごとに選択します.

● fRING, fRING128

fRING はオンチップ・オシレータ・クロックと同一周波数のクロックで, タイマXで使用することができます. fRING128はfRINGを128分周したクロックで, タイマCでのみ使用することができます. なお, fRINGとfRING128はウェイト・モード中でも停止しません.

● fRING-fast

fRING-fast は高速オンチップ・オシレータで生成したクロックで, タイマCのカウント・ソースとして使用できます.

● fRING-S

fRING-S は低速オンチップ・オシレータで生成したクロックで, ウォッチ・ドッグ・タイマと電圧検出回路の動作用クロックとなります. fRING-Sはウェイト・モード中, またはウォッチ・ドッグ・タイマのカウント・ソース保護モード時は停止しません.

b7 b6 b5 b4 b3 b2 b1 b0	シンボル CM0	アドレス 0006h番地	リセット後の値 68h	
0 _ _ 0 1 _ 0 0	ビット・シンボル	ビット名	機能	RW
	—	予約ビット	'0'にする	RW
	CM02	WAIT時周辺機能クロック停止ビット	0:ウェイト・モード時, 周辺機能クロック停止しない 1:ウェイト・モード時, 周辺機能クロック停止する[注5]	RW
	—	予約ビット	'1'にする	RW
	—	予約ビット	'0'にする	RW
	CM05	メイン・クロック (XIN-XOUT)停止ビット[注1, 注3]	0:発振 1:停止[注2]	RW
	CM06	システム・クロック分周比 選択ビット0[注4]	0:CM16, CM17有効 1:8分周モード	RW
	—	予約ビット	'0'にする	RW

注1:CM05ビットはオンチップ・オシレータ・モードにするときメイン・クロックを停止させるビット
メイン・クロックが停止したかどうかの検出には使えない. メイン・クロックを停止させる場合, 次のようにする
(1) CM06ビットを'1'(8分周モード)にする
(2) OCDレジスタのOCD1, OCD0ビットを'00b'(発振停止検出機能無効)にする
(3) OCD2ビットを'1'(オンチップ・オシレータ・クロック選択)にする
注2:外部クロック入力時には, クロック発振バッファだけ停止し, クロック入力は受け付けられる
注3:CM05ビットが'1'(メイン・クロック停止)の場合, P4_6, P4_7は入力ポートとして使用できる
注4:高速モード, 中速モードからストップ・モードへの移行時, CM06ビットは'1'(8分周モード)になる
注5:オンチップ・オシレータ・モード時は'0'(ウェイト・モード時周辺機能クロック停止しない)にする

図5-7 システム・クロック制御レジスタ0(CM0レジスタ)
このレジスタは, PRCRレジスタのPRC0ビットを'1'(書き込み許可)にした後, 書き換える

■ クロックの選択方法

R8C/Tinyは，CPUおよび内蔵周辺機能の動作クロックとして，メイン・クロック，高速オンチップ・オシレータ・クロック，低速オンチップ・オシレータ・クロックと3種類のクロックを選択できます．

各クロックの選択基準としては，処理速度はそれほど必要とせず，消費電流を下げたい場合は低速オンチップ・オシレータ・クロック，処理速度も必要で，かつ消費電流を抑えたい場合は高速オンチップ・オシレータ，処理速度および発振精度を重視する場合はメイン・クロックといったぐあいに使い分ければよいでしょう．

メイン・クロックについては，最大20MHzの発振子または発振器を接続できます．仮に，外部発振周波数が20MHzで8分周した場合の消費電流は，高速オンチップ・オシレータ8MHz時とほぼ同じになりますが，CPUの動作周波数が2.5MHzとなってしまうため，この場合は高速オンチップ・オシレータを使用したほうが処理速度を上げることができます．しかし，オンチップ・オシレータは周囲の温度や動作電圧によって変動するので，タイマを使用した時間計測や波形出力など，時間精度が求められる処理を行う場合は，メイン・クロックを使用したほうがよいでしょう．

b7 b6 b5 b4 b3 b2 b1 b0	シンボル CM1	アドレス 0007h 番地		リセット後の値 20h	
	ビット・シンボル	ビット名	機能		RW
	CM10	全クロック停止制御ビット (注3, 注6, 注7)	0：クロック発振 1：全クロック停止(ストップ・モード)		RW
	—	予約ビット	'0'にする		RW
	—	予約ビット	'0'にする		RW
	CM13	ポート XIN-XOUT 切り替えビット (注6)	0：入力ポート P4_6, P4_7 1：XIN-XOUT 端子		RW
	CM14	低速オンチップ・オシレータ発振停止ビット(注4, 注5, 注7)	0：低速オンチップ・オシレータ発振 1：低速オンチップ・オシレータ停止		RW
	CM15	XIN-XOUT 駆動能力選択ビット(注1)	0：LOW 1：HIGH		RW
	CM16	システム・クロック分周比選択ビット1(注2)	b7 b6 0 0：分周なしモード 0 1：2分周モード		RW
	CM17		1 0：4分周モード 1 1：16分周モード		RW

注1：高速モード，中速モードからストップ・モードへの移行時，'1'(駆動能力 HIGH)になる
注2：CM06 ビットが'0'(CM16, CM17 ビット有効)の場合，有効となる
注3：CM10 ビットが'1'(ストップ・モード)の場合，内蔵している帰還抵抗は無効となる
注4：CM14 ビットは OCD2 ビットが'0'(メイン・クロック選択)のとき，'1'(低速オンチップ・オシレータ停止)にできる．OCD2 ビットを'1'(オンチップ・オシレータ・クロック選択)にすると，CM14 ビットは'0'(低速オンチップ・オシレータ発振)になる．'1'を書いても変化しない
注5：電圧検出割り込みを使用する場合，CM14 ビットを'0'(低速オンチップ・オシレータ発振)にする
注6：CM10 ビットが'1'(ストップ・モード)の場合 CM13 ビットが'1'(XIN-XOUT 端子)のとき，XOUT(P4_7)端子は"H"になる．CM13 ビットが'0'(入力ポート P4_6, P4_7)のとき，P4_7(XOUT)は入力状態になる
注7：カウント・ソース保護モード有効時は，CM10, CM14 ビットへ書いても値は変化しない

図5-8 システム・クロック制御レジスタ1(CM1 レジスタ)
このレジスタは，PRCR レジスタの PRC0 ビットを'1'(書き込み許可)にした後，書き換える

b7 b6 b5 b4 b3 b2 b1 b0	シンボル	アドレス	リセット後の値
0 0 0 0	OCD	000Ch番地	04h

ビット・シンボル	ビット名	機能	RW
OCD0	発振停止検出有効ビット	b1 b0 0 0：発振停止検出機能無効 0 1：設定しない	RW
OCD1		1 0：設定しない 1 1：発振停止検出機能有効(注3, 注6)	RW
OCD2	システム・クロック選択ビット(注5)	0：メイン・クロック選択 1：オンチップ・オシレータ・クロック選択(注1)	RW
OCD3	クロック・モニタ・ビット(注2, 注4)	0：メイン・クロック発振 1：メイン・クロック停止	RO
―	予約ビット	'0'にする	RW

注1：OCD2ビットは，OCD1，OCD0ビットが'11b'(発振停止検出機能有効)のときにメイン・クロック発振停止を検出すると，自動的に'1'(オンチップ・オシレータ・クロック選択)に切り替わる．また，OCD3ビットが'1'(メイン・クロック停止)のとき，OCD2ビットに'0'(メイン・クロック選択)を書いても変化しない
注2：OCD3ビットはOCD1，OCD0ビットが'11b'のとき有効．発振停止検出割り込み処理プログラムでOCD3ビットを数回読むことにより，メイン・クロックの状態を判定する
注3：ストップ・モード，オンチップ・オシレータ・モード(メイン・クロック停止)に移行する前にOCD1，OCD0ビットを'00b'(発振停止検出機能無効)に設定する
注4：OCD1，OCD0ビットが'00b'のときOCD3ビットは'0'(メイン・クロック発振)になり，変化しない
注5：OCD2ビットを'1'(オンチップ・オシレータ・クロック選択)にすると，CM14ビットは'0'(低速オンチップ・オシレータ発振)になる
注6：発振停止検出後，メイン・クロックが再発振した場合の切り替え手順は，図5-13を参照

図5-9 発振停止検出レジスタ(OCDレジスタ)
このレジスタは，PRCRレジスタのPRC0ビットを'1'(書き込み許可)にした後，書き換える

システム・クロックを選択するための制御用レジスタを図5-7のシステム・クロック制御レジスタ0，図5-8のシステム・クロック制御レジスタ1，図5-9の発振停止検出レジスタにそれぞれ示します．

● **メイン・クロックの選択方法〔オンチップ・オシレータ・モード→中速(8分周)モードの場合〕**

【メイン・クロックでプログラムを動作させる場合】
(1) ポートXIN-XOUT切り替えビット(システム・クロック制御レジスタ1のCM13ビット)を'1'(XIN-XOUT端子)にした後，メイン・クロック停止ビット(システム・クロック制御レジスタ0のCM05ビット)を'0'(メイン・クロック発振)にする．
(2) システム・クロック分周比選択ビット0(システム・クロック制御レジスタ0のCM06ビット)を'1'(8分周モード)にする．
(3) メイン・クロックの発振が安定する時間ウェイトした後，システム・クロック選択ビット(発振停止検出レジスタのOCD2ビット)を'0'(メイン・クロック選択)にする．

上記設定により，メイン・クロックがシステム・クロックとなります．コーディング例をリスト5-3に示します．

● **オンチップ・オシレータの選択方法**

▶ 低速オンチップ・オシレータ・クロック
　リセット解除後は，低速オンチップ・オシレータ・クロックがシステム・クロックになっています．

リスト5-3　メイン・クロックをシステム・クロックにする

```
        FSET    I               ; 割り込み禁止
        BSET    0, PRCR         ; CM0～1, OCD, HRA0～2レジスタのプロテクトを解除
        BSET    3, CM1          ; ポートP4_6, P4_7を XIN-XOUT端子に切り替え
        BSET    5, CM1          ; XIN-XOUT駆動能力High
        BSET    5, CM0          ; メイン・クロック(XIN-XOUT)を発振
        BCLR    6, CM1          ; メイン・クロックを分周なしに設定
        BCLR    7, CM1          ;
        BCLR    6, CM0          ; CM16,CM17を有効(メイン・クロックを分周なしモード)
        NOP                     ; 発振安定待ち
        NOP                     ;
        NOP                     ;
        NOP                     ;
        BCLR    2, OCD          ; システム・クロックとしてメイン・クロックを選択
        BCLR    0, PRCR         ; CM0～1, OCD, HRA0～2レジスタをプロテクト
        FSET    I               ; 割り込み許可
```

【メイン・クロックから低速オンチップ・オシレータ・クロックへ切り替える場合】
(1) システム・クロック分周比選択ビット0(システム・クロック制御レジスタ0のCM06ビット)を'1'(8分周モード)にする．
(2) 低速オンチップ・オシレータ発振停止ビット(システム・クロック制御レジスタ1のCM14ビット)を'0'(低速オンチップ・オシレータ発振)にする．
(3) 高速オンチップ・オシレータ許可ビット(高速オンチップ・オシレータ制御レジスタ0のHRA00ビット)を'1'(高速オンチップ・オシレータ発振)にする．
(4) 高速オンチップ・オシレータ選択ビット(高速オンチップ・オシレータ制御レジスタ0のHRA01ビット)を'0'(低速オンチップ・オシレータ選択)にする．
(5) システム・クロック選択ビット(発振停止検出レジスタのOCD2ビット)を'1'(オンチップ・オシレータ・クロック選択)にする．
　上記設定により，低速オンチップ・オシレータ・クロックがシステム・クロックとなります．コーディング例を**リスト5-4**に示します．

【高速オンチップ・オシレータ・クロックから低速オンチップ・オシレータ・クロックへ切り替える場合】
(1) システム・クロック分周比選択ビット0(システム・クロック制御レジスタ0のCM06ビット)を'1'(8分周モード)にする．
(2) 低速オンチップ・オシレータ発振停止ビット(システム・クロック制御レジスタ1のCM14ビット)を'0'(低速オンチップ・オシレータ発振)にする．
(3) 高速オンチップ・オシレータ選択ビット(高速オンチップ・オシレータ制御レジスタ0のHRA01ビット)を'0'(低速オンチップ・オシレータ選択)にする．
　上記設定により，低速オンチップ・オシレータ・クロックがシステム・クロックとなります．コーディング例を**リスト5-5**に示します．
※ 低速オンチップ・オシレータが発振している場合，上記(1)，(2)の処理は不要です．

リスト5-4　メイン・クロックから低速オンチップ・オシレータ・クロックへの切り替え

```
        FSET    I               ; 割り込み禁止
        BSET    0, PRCR         ; CM0～1, OCD, HRA0～2レジスタのプロテクトを解除
        BSET    6, CM0          ; システム・クロックを8分周モードに設定
        BCLR    4, CM1          ; 低速オンチップ・オシレータ発振
        BSET    0, HRA0         ; 高速オンチップ・オシレータを発振
        BCLR    1, HRA0         ; 低速オンチップ・オシレータを選択
        NOP                     ; 発振安定待ち
        NOP                     ;
        NOP                     ;
        NOP                     ;
        BSET    2, OCD          ; システム・クロックとしてオンチップ・オシレータを選択
        BCLR    6, CM1          ;
        BCLR    7, CM1          ;
        BCLR    6, CM0          ; システム・クロックを分周なしモード(CM16, CM17を有効)に設定
        BCLR    0, PRCR         ; CM0～1, OCD, HRA0～2レジスタをプロテクト
        FSET    I               ; 割り込み許可
```

リスト5-5　高速オンチップ・オシレータ・クロックから低速オンチップ・オシレータ・クロックへの切り替え

```
        FSET    I               ; 割り込み禁止
        BSET    0, PRCR         ; CM0～1, OCD, HRA0～2レジスタのプロテクトを解除
        BSET    6, CM0          ; システム・クロックを8分周モードに設定
        BCLR    4, CM1          ; 低速オンチップ・オシレータ発振
        NOP                     ; 発振安定待ち
        NOP                     ;
        NOP                     ;
        NOP                     ;
        BCLR    1, HRA0         ; 低速オンチップ・オシレータに切り替え
        BCLR    6, CM1          ;
        BCLR    7, CM1          ;
        BCLR    6, CM0          ; システム・クロックを分周なしモード(CM16, CM17を有効)に設定
        BCLR    0, PRCR         ; CM0～1, OCD, HRA0～2レジスタをプロテクト
        FSET    I               ; 割り込み許可
```

▶ 高速オンチップ・オシレータ・クロック

【メイン・クロックから高速オンチップ・オシレータ・クロックへ切り替える場合】
(1) システム・クロック分周比選択ビット0(システム・クロック制御レジスタ0のCM06ビット)を'1'(8分周モード)にする．
(2) 高速オンチップ・オシレータ許可ビット(高速オンチップ・オシレータ制御レジスタ0のHRA00ビット)を'1'(高速オンチップ・オシレータ発振)にする．
(3) 低速オンチップ・オシレータ発振停止ビット(システム・クロック制御レジスタ1のCM14ビット)を'0'(低速オンチップ・オシレータ発振)にする．
(4) 高速オンチップ・オシレータ選択ビット(高速オンチップ・オシレータ制御レジスタ0のHRA01ビット)を'1'(高速オンチップ・オシレータ選択)にする．
(5) システム・クロック選択ビット(発振停止検出レジスタのOCD2ビット)を'1'(オンチップ・オシレータ・クロック選択)にする．

　上記設定により，高速オンチップ・オシレータ・クロックがシステム・クロックとなります．コーディング例を**リスト5-6**に示します．

リスト5-6　メイン・クロックから高速オンチップ・オシレータ・クロックへの切り替え

```
        FSET    I               ; 割り込み禁止
        BSET    0, PRCR         ; CM0～1, OCD, HRA0～2レジスタのプロテクトを解除
        BSET    6, CM0          ; システム・クロックを8分周モードに設定
        BSET    0, HRA0         ; 高速オンチップ・オシレータを発振
        BCLR    4, CM1          ; 低速オンチップ・オシレータ発振
        BSET    1, HRA0         ; 高速オンチップ・オシレータを選択
        NOP                     ; 発振安定待ち
        NOP                     ;
        NOP                     ;
        NOP                     ;
        BSET    2, OCD          ; システム・クロックとしてオンチップ・オシレータを選択
        BCLR    6, CM1          ;
        BCLR    7, CM1          ;
        BCLR    6, CM0          ; システム・クロックを分周なしモード(CM16, CM17を有効)に設定
        BCLR    0, PRCR         ; CM0～1, OCD, HRA0～2レジスタをプロテクト
        FSET    I               ; 割り込み許可
```

リスト5-7　低速オンチップ・オシレータ・クロックから高速オンチップ・オシレータ・クロックへの切り替え

```
        FSET    I               ; 割り込み禁止
        BSET    0, PRCR         ; CM0～1, OCD, HRA0～2レジスタのプロテクトを解除
        BSET    6, CM0          ; システム・クロックを8分周モードに設定
        BSET    0, HRA0         ; 高速オンチップ・オシレータ発振
        NOP                     ; 発振安定待ち
        NOP                     ;
        NOP                     ;
        NOP                     ;
        BSET    1, HRA0         ; 高速オンチップ・オシレータに切り替え
        BCLR    6, CM1          ;
        BCLR    7, CM1          ;
        BCLR    6, CM0          ; システム・クロックを分周なしモード(CM16, CM17を有効)に設定
        BCLR    0, PRCR         ; CM0～1, OCD, HRA0～2レジスタをプロテクト
        FSET    I               ; 割り込み許可
```

【低速オンチップ・オシレータ・クロックから高速オンチップ・オシレータ・クロックへ切り替える場合】
(1) システム・クロック分周比選択ビット0(システム・クロック制御レジスタ0のCM06ビット)を'1'(8分周モード)にする.
(2) 高速オンチップ・オシレータ許可ビット(高速オンチップ・オシレータ制御レジスタ0のHRA00ビット)を'1'(高速オンチップ・オシレータ発振)にする.
(3) 高速オンチップ・オシレータ選択ビット(高速オンチップ・オシレータ制御レジスタ0のHRA01ビット)を'1'(高速オンチップ・オシレータ選択)にする.

上記設定により，高速オンチップ・オシレータ・クロックがシステム・クロックとなります．コーディング例を**リスト5-7**に示します．
※ 高速オンチップ・オシレータが発振している場合，上記(1)，(2)の処理は不要です．

　オンチップ・オシレータをシステム・クロックとしている場合，メイン・クロックを停止しておけば消費電流を低減することができます．メイン・クロックはメイン・クロック停止ビット(システム・クロック制御レジスタ0のCM05ビット)を'1'(メイン・クロック停止)にすることで停止します．ただし，外部で生

成したクロックをXIN端子に入力している場合は，メイン・クロック停止ビットを '1' にしてもメイン・クロックは停止しません．

留意しなければならない点として，CPUクロックのクロック源を切り替えるときは，切り替え先のクロックが安定して発振している必要があるので，プログラムで発振が安定するまで待ち時間を取ってから移るようにする必要があります．

● システム・クロック制御レジスタのその他のビット
▶ システム・クロック分周比選択ビット

システム・クロック制御レジスタ0と1にそれぞれ割り付けられています．システム・クロック分周比選択ビット0（システム・クロック制御レジスタ0側のCM06ビット）では，メイン・クロック/オンチップ・オシレータ・クロックの8分周したものをCPUクロックにするか，それ以外の分周比にするかを選択します．

8分周以外を選択した場合は，システム・クロック分周比選択ビット1（システム・クロック制御レジスタ1のCM16, 17ビット）で選択されている分周比がCPUクロックとなります．なお，システム・クロック分周比を8分周以外に設定する場合は，システム・クロック分周比選択ビット1を設定した後に，システム・クロック分周比選択ビット0を '0' にします．

▶ XIN-XOUT駆動能力選択ビット（システム・クロック制御レジスタ1のCM15ビット）

発振クロック・バッファの駆動能力を増減させるためのビットです．**図5-10**に示すように，駆動能力を "H" にしている場合，クロック・バッファからの発振クロックは5Vの振幅を実際にはオーバーシュートして振幅しています．このクロック・バッファのオーバーシュートによる消費電流，および不要輻射ノイズを削減する目的で駆動能力選択ビットがあります．

リセット解除後，クロック・バッファの駆動能力を高くしているのは，短時間で発振を安定させるためです．駆動能力を低くすると発振安定時間は長くなる傾向にあります．したがって，リセットを解除した

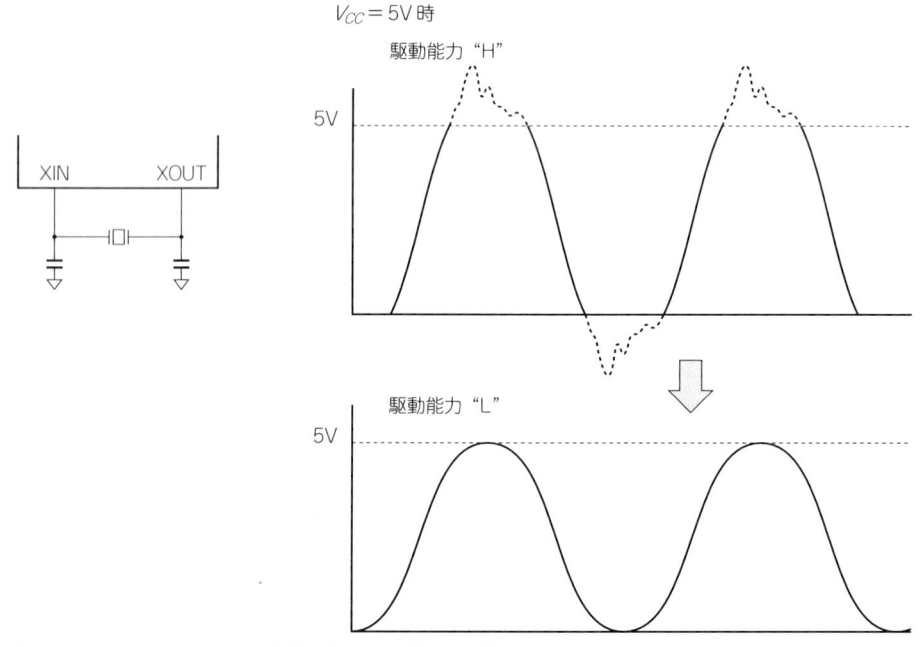

図5-10 XIN-XOUTの駆動能力設定と発振の振幅

後，発振が安定してからクロック・バッファの駆動能力を下げることで，クロック・バッファから発生する不要輻射ノイズ，および消費電流を削減することができます．

▶ WAIT時周辺機能クロック停止ビット

ウェイト・モード時に周辺機能へのクロック供給を停止するためのビットです．詳しくは次項「パワー・コントロール」の「ウェイト・モード」を参照してください．

■ パワー・コントロール

R8C/Tinyは，CPUクロックの分周比を何通りも選択することができます．これにより，システムに応じて最適な消費電力を選択できることから"パワー・コントロール"と呼んでいます．

パワー・コントロールには，通常動作モード，ウェイト・モード，ストップ・モードの3モードがあります．以下に各モードについて解説します．

● 通常動作モード

表5-4に示すように，高速モード，中速モード，オンチップ・オシレータ・モードの3モードにさらに分けられます．通常動作モードは，CPUクロック，周辺機能クロックともクロック発生回路から供給されるので，CPUも周辺機能も動作します．

したがって通常動作モードでは，CPUクロックの周波数を制御することでパワー・コントロールを行います．CPUクロックの周波数が高いほど処理能力は上がり，低いほど消費電力は小さくなります．また，不要な発振回路を停止させることで，さらに消費電力を小さくできます．

▶ 高速モード

メイン・クロックの1分周（分周なし）をCPUクロックとした場合のモードです．

▶ 中速モード

メイン・クロックの2/4/8/16分周のいずれかをCPUクロックとした場合のモードです．

▶ オンチップ・オシレータ・モード

オンチップ・オシレータ・クロックの1（分周なし）/2/4/8/16分周のいずれかをCPUクロックとした場合

表5-4 クロック制御関連レジスタのビット設定とモード

モード		OCD レジスタ	CM1 レジスタ	CM0 レジスタ	
		OCD2	CM17, CM16	CM06	CM05
高速モード		0	00b	0	0
中速モード	2分周	0	01b	0	0
	4分周	0	10b	0	0
	8分周	0	—	1	0
	16分周	0	00b	0	0
オンチップ・オシレータ・モード(注1)	分周なし	1	00b	0	—
	2分周	1	00b	0	—
	4分周	1	10b	0	—
	8分周	1	—	1	—
	16分周	1	11b	0	—

注1：CM1レジスタのCM14 = 0（低速オンチップ・オシレータ発振），かつHRA0レジスタのHRA01 = 0のとき，低速オンチップ・オシレータがオンチップ・オシレータ・クロックになる

HRA0レジスタのHRA00 = 1（高速オンチップ・オシレータ発振），かつHRA0レジスタのHRA01 = 1のとき，高速オンチップ・オシレータがオンチップ・オシレータ・クロックになる

のモードです．このモードの場合，周辺機能のクロック源はオンチップ・オシレータ・クロックだけになります．

なお，高速または中速モード時は，メイン・クロックとは別に高速オンチップ・オシレータが発振していれば，高速オンチップ・オシレータ・クロックをタイマXとタイマCで使用できます．また低速オンチップ・オシレータが発振していれば，低速オンチップ・オシレータ・クロックをタイマXとタイマC，ウォッチ・ドッグ・タイマ，および電圧検出回路で使用することができます．

● ウェイト・モード

ウェイト・モードは，プログラムとカウント・ソース保護モード無効時のウォッチ・ドッグ・タイマが停止します．クロック・バッファの出力を"H"固定にし，CPUクロックを停止することでプログラムを停止します．したがって，メイン・クロックやオンチップ・オシレータ・クロックは発振しているので，これらのクロックを使用している周辺機能は動作します．

ウェイト・モード時の各端子の状態は，ウェイト・モードに入る直前の状態を保持します．

● ストップ・モード

ストップ・モードは，すべての発振が停止するモードです．したがって，CPUクロックも周辺機能クロックも供給されないので，プログラムも周辺機能も停止します〔外部からの入力信号によって動作する周辺機能は動作．たとえば$\overline{\mathrm{INT}}$端子に入力されるエッジ信号やキー入力端子（KI0〜KI3）に入力されるエッジ，シリアルI/Oの動作クロックを外部クロックにして使用しているときのシリアルI/Oなど．**表5-6**に記載〕．

また，ストップ・モード時の各端子の状態は，ストップ・モードに入る直前の状態を保持します．ただ

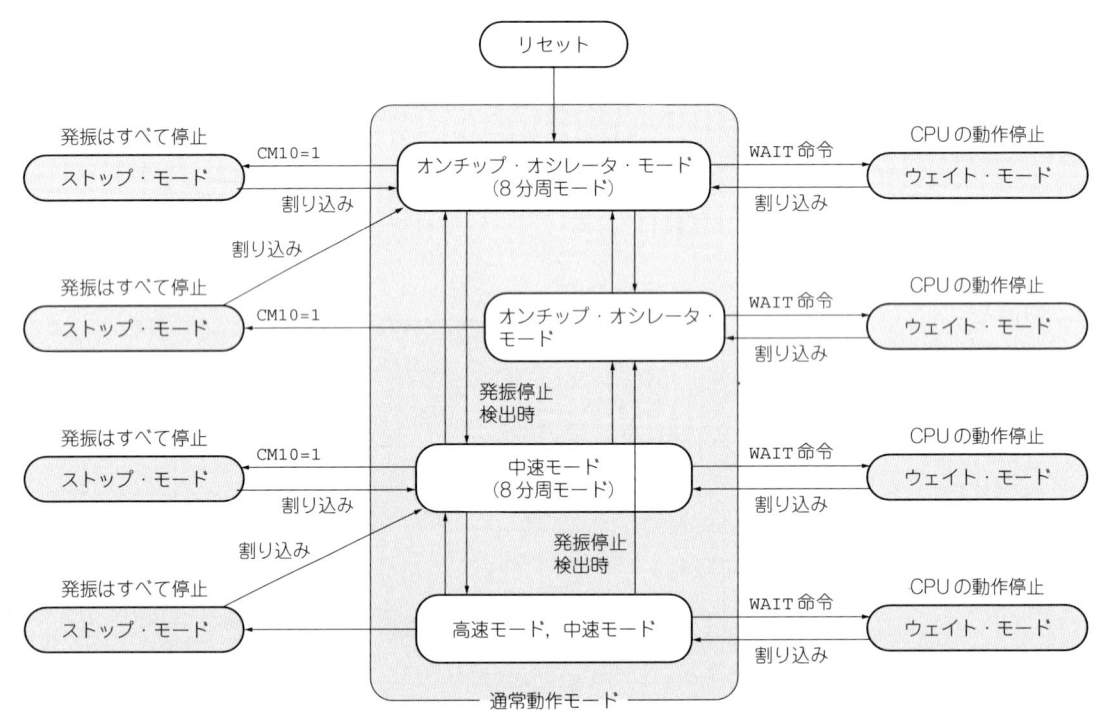

CM10：CM1レジスタの全クロック停止制御ビット

図5-11 ウェイト・モードとストップ・モードへの状態遷移

し，システム・クロック制御レジスタ1のポートXIN-XOUT切り替えビットが'1'（XIN-XOUT端子）のときは，XOUT（P4_7）端子は"H"固定になり，ポートXIN-XOUT切り替えビットが'0'（入力ポートP4_6，P4_7）のときは，ポートP4_7（XOUT）は入力ポートになります．

なお，V_{CC}端子に印加する電圧が2.0V以上であれば，内部RAMの値は保持されます．

図5-11にウェイト・モードとストップ・モードの状態遷移を示します．

● ウェイト・モードへ移行する方法

プログラム中で"WAIT命令"を実行するとウェイト・モードに移行することができます．この際，以下のことに注意してください．

ウェイト・モードに移行する場合，CPUはWAIT命令から4バイトぶん命令キュー・バッファに先読みしてプログラムを停止します．CPUは命令キュー・バッファにある命令コードをフェッチして動作します．したがって，図5-12に示すように，ウェイト・モードから通常動作モードに復帰するための割り込み要求を受け付けた直後に，命令キュー・バッファにある命令を割り込みプログラムに書かれている命令よりも先に実行することになります．

しかし，本来WAIT命令の直後に書かれている命令は，ウェイト・モードから復帰したときに実行されるべき命令のはずです．したがって，これを避けるためにWAIT命令の後ろにダミー命令としてNOP命令を最低四つ入れ，割り込み要求受け付け後はこのNOP命令を実行させるようにします．

また，内部RAM領域へ書き込んだ後に，WAIT命令を実行してウェイト・モードに移行した場合，ウェイト・モードからの復帰時に特定の内部RAM領域が書き換わってしまう場合があるので，内部RAM領域への書き込み命令とWAIT命令の間に"JMP.B命令"を挿入してください（書き替わる領域は，WAIT命令の前に書き込んだ内部RAMの次のアドレスから最大3バイトぶんの領域で，書き替わる値はWAIT命令の前に書き込んだ値と同じ値になる）．

なお，内部RAM領域への書き込み命令とWAIT命令の実行の間に，内部RAM以外の領域へアクセスした場合は，この現象は発生しません．

```
                    MOV.B  R1L,DATA1
                    MOV.B  55h,DATA2
                    WAIT        ;ウェイト・モードへ移行
プログラム停止    ┌ ①MOV.B  DATA2,R0L  ………2バイト
ウェイト・モード │ ②INC.B   R0L         ………1バイト
からの復帰後ここ ┤ ③CMP.B   #36h,R0L   ………2バイト
から実行再開     │   JC     LABEL_10   ………2バイト
                  └ MOV.B   #0,R0L      ………1バイト
                         :
                         :
                    LABEL_10:
```

割り込み
命令A
命令B
割り込み要求により復帰し，割り込みルーチン内の命令から実行再開のはずが…

この3命令（命令キュー・バッファ4バイト相当分）が先読みされ，復帰用割り込みプログラムよりも先に実行される

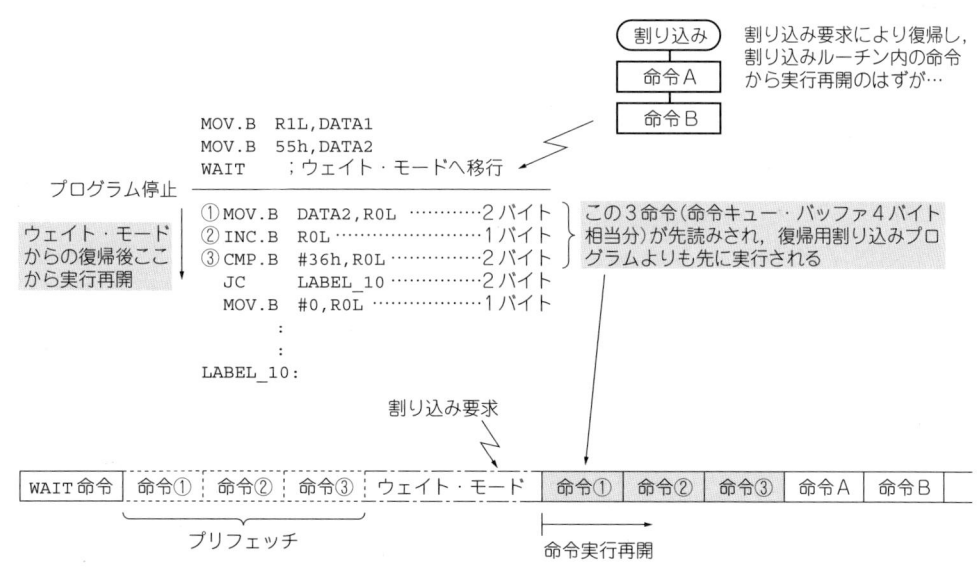

| WAIT命令 | 命令① | 命令② | 命令③ | ウェイト・モード | 命令① | 命令② | 命令③ | 命令A | 命令B |

プリフェッチ　　　　　　　　　　割り込み要求　　　命令実行再開

図5-12　ウェイト・モード復帰時の動作

リスト5-8にウェイト・モード移行のプログラム例を示します．

● ウェイト・モードから復帰する方法

　ウェイト・モードからは，周辺機能割り込み，またはハードウェア・リセットにより復帰します．周辺機能割り込みは，"WAIT時周辺機能クロック停止ビット"の影響を受けます．WAIT時周辺機能クロック停止ビット（CM02ビット）が'0'（ウェイト・モード時，周辺機能クロックを停止しない）の場合は，すべての周辺機能割り込みがウェイト・モードからの復帰に使用できます．

　WAIT時周辺機能クロック停止ビットが'1'（ウェイト・モード時，周辺機能クロックを停止する）の場合は，周辺機能クロックを使用する周辺機能は停止しているので，外部信号によって動作する周辺機能の割

リスト5-8　ウェイト・モードへの移行のプログラム例

```
            MOV.B    #55h, 0601h       ; 内部RAM領域へ書き込み
            JMP      LABEL_001         ; ジャンプ命令の実行
LABEL_001:
            WAIT                       ; ウェイト・モードへ移行
            NOP
            NOP
            NOP
            NOP
            MOV      …
```

リスト5-9　INT0割り込みによるウェイト・モードからの復帰

```
; --- ウェイトモードからの復帰用割り込み(INT0)の設定---
        FCLR     I                    ; 割り込み禁止
        MOV.B    #00H, INT0F          ; フィルタなし
        MOV.B    #03H, INTEN          ; 入力極性片エッジ選択，INT0入力許可
        MOV.B    #07H, INT0IC         ; INT0割り込み優先レベル7，割り込み要求ビットクリア，立ち下がりエッジを選択
        FSET     I                    ; 割り込み許可
              :
              :
; --- ウェイトモードへの移行プログラム---
        WAIT                          ; ウェイトモードへ移行
        NOP
        NOP
        NOP
        NOP
; --- ウェイトモードから復帰---  ①
        FCLR     I                    ; 割り込み禁止
        MOV.B    #00H, INT0IC         ; INT0割り込みを禁止
        NOP
        NOP
        FSET     I                    ; 割り込み許可
              :
              :
              :
```

(a) ウェイト・モード移行 → 復帰のプログラム

```
INT_INT0:
        REIT                          ; 割り込みからの復帰
; --- 割り込み処理実行後，①からプログラムを再実行---
```

(b) ウェイト・モードから復帰させるための割り込みルーチン

り込みでウェイト・モードからの復帰ができます．

周辺機能割り込みでウェイト・モードから復帰する場合は，WAIT命令実行前に次の設定をしてください（リスト5-9）．

(1) ウェイト・モードからの復帰に使用する周辺機能割り込みの割り込み優先レベルを1以上に設定する．ウェイト・モードからの復帰に使用しない周辺機能割り込みの割り込み優先レベルはすべて'000b'（割り込み禁止）にする
(2) 割り込み許可フラグ（Iフラグ）を'1'（許可）にする
(3) ウェイト・モードからの復帰に使用する周辺機能を動作させる

周辺機能割り込みで復帰する場合，割り込み要求が発生してCPUクロックの供給が開始されると，割り込みシーケンスを実行します．ウェイト・モードから復帰したときのCPUクロックは，ウェイト・モードに入る前のCPUクロックと同じクロックです．

なお，ハードウェア・リセットで復帰する場合は，周辺機能割り込みの割り込み優先レベルを'000b'（割り込み禁止）にした後，WAIT命令を実行してください．

表5-5にウェイト・モードからの復帰に使用できる割り込みと使用条件を示します．

● ストップ・モードへ移行する方法

ストップ・モードは命令で移行するのではなく，システム・クロック制御レジスタ1の全クロック停止制御ビット（CM10）を'1'（全クロック停止）にすることで移行します．同時にシステム・クロック制御レジスタ0のシステム・クロック分周比選択ビット（CM06）が'1'（8分周モード）になるので，ストップ・モードから復帰するときは，必ずシステム・クロックの8分周モードで復帰します．

ストップ・モードを使用する場合は，発振停止検出レジスタの発振停止検出有効ビット（OCD0，OCD1ビット）を必ず'00b'（発振停止検出機能無効）にしてからストップ・モードにしてください．発振停止検出が有効になっている場合，メイン・クロックの発振が停止したことを検出し，オンチップ・オシレータを使ってCPUが動作してしまいます．つまり，ストップ・モードに移行できなくなってしまいます．詳細は次項「発振停止検出機能とその使いかた」で解説します．

またウェイト・モード同様，CPUは全クロック停止制御ビットを'1'（ストップ・モード）にする命令から4バイトぶん命令キュー・バッファに先読みしてプログラムを停止するので，命令の後ろにNOP命令を

表5-5 ウェイト・モードからの復帰に使用できる割り込みと使用条件

割り込み	CM02 = '0'の場合	CM02 = '1'の場合
シリアル・インターフェース割り込み	内部クロック，外部クロックで使用可	外部クロックで使用可
SSU割り込み	すべてのモードで使用可	（使用しない）
キー入力割り込み	使用可	使用可
A-D変換割り込み	単発モードで使用可	（使用しない）
タイマX割り込み	すべてのモードで使用可	イベント・カウンタ・モードで使用可
タイマZ割り込み	すべてのモードで使用可	（使用しない）
タイマC割り込み	すべてのモードで使用可	（使用しない）
INT割り込み	使用可	使用可（INT0，INT3はフィルタなしの場合）
電圧監視2割り込み	使用可	使用可
発振停止検出割り込み	使用可	（使用しない）
ウォッチ・ドッグ・タイマ割り込み	カウント・ソース保護モードで使用可	カウント・ソース保護モードで使用可

最低四つ入れてください．なお，ストップ・モードから割り込みで通常動作モードに復帰する場合，ストップ・モードへ移行するための命令から5番目に位置する命令が，復帰用の割り込みプログラムよりも先に実行されてしまうことがあるため，ストップ・モードへ移行する命令の直後に"JMP.B命令"を挿入するようにしてください．

リスト5-10にストップ・モード移行のプログラム例を示します．

リスト5-10　ストップ・モード移行のプログラム例

```
            BSET    0, PRCR       ; システム・クロック制御レジスタ1のプロテクトを解除
            BSET    0, CM1        ; ストップ・モードへ移行
            JMP.B   LABEL_001     ; ジャンプ命令の実行
LABEL_001:
            NOP
            NOP
            NOP
            NOP
            MOV     …
```

リスト5-11　INT0割り込みによるストップ・モードからの復帰

```
; --- ストップ・モードからの復帰用割り込み(INT0)の設定 ---
        FCLR    I                  ; 割り込み禁止
        MOV.B   #00H, INT0F        ; フィルタなし
        MOV.B   #03H, INTEN        ; 入力極性片エッジ選択, INT0入力許可
        MOV.B   #07H, INT0IC       ; INT0割り込み優先レベル7, 割り込み要求ビット・クリア, 立ち下がりエッジを選択
        FSET    I                  ; 割り込み許可
            :
; --- ストップ・モードへの移行プログラム ---
        BSET    0, PRCR            ; システム・クロック制御レジスタ1のプロテクトを解除
        BSET    0, CM1             ; ストップ・モードへ移行
        JMP.B   LABEL_001          ; キューのクリア
LABEL_001:
        NOP
        NOP
        NOP
        NOP
; --- ストップ・モードから復帰 ---  ①
        FCLR    I                  ; 割り込み禁止
        MOV.B   #00H, INT0IC       ; INT0割り込みを禁止
        NOP
        NOP
        FSET    I                  ; 割り込み許可
            :
            :
```

(a) ストップ・モード移行 → 復帰のプログラム

```
INT_INT0:
        BCLR    0, PRCR            ; システム・クロック制御レジスタ1のプロテクト
        REIT                       ; 割り込みからの復帰
; --- 割り込み処理実行後，①からプログラムを再実行 ---
```

(b) ストップ・モードから復帰させるための割り込みルーチン

● ストップ・モードから復帰する方法

　ストップ・モードからは，周辺機能割り込み，またはハードウェア・リセットにより復帰します．周辺機能割り込みで復帰する場合は，次の設定をした後，全クロック停止制御ビットを'1'にしてください（リスト5-11）．

　（1）ストップ・モードからの復帰に使用する周辺機能割り込みの割り込み優先レベルを1以上に設定する．ストップ・モードからの復帰に使用しない周辺機能割り込みの割り込み優先レベルはすべて'000b'（割り込み禁止）にする
　（2）割り込み許可フラグ（Iフラグ）を'1'（許可）にする
　（3）ストップ・モードからの復帰に使用する周辺機能を動作させる

　周辺機能割り込みで復帰する場合，割り込み要求発生後，CPUクロックの供給が開始されると割り込みシーケンスを実行します．

　また，周辺機能割り込みでストップ・モードから復帰した場合，安定した発振をCPUクロックとして供給できるように，ストップ・モード直前に使用していたクロックの8分周したものとなります．

　なお，ハードウェア・リセットで復帰する場合は，周辺機能割り込みの割り込み優先レベルをすべて'000b'（割り込み禁止）にした後，全クロック停止制御ビットを'1'にしてください．

　表5-6に，ストップ・モードからの復帰に使用できる割り込みと使用条件を示します．

■ 発振停止検出機能とその使いかた

　発振停止検出機能とは，メイン・クロックの発振状態をつねに監視して，メイン・クロックが何らかの原因で停止してしまった場合に低速オンチップ・オシレータ・クロックに自動的に切り替え，CPUにクロックを供給させてマイコンの停止を防ぐことができる機能です．発振停止検出レジスタのビット0～1（発振停止検出有効ビット）を'11b'（発振停止検出機能有効）にしておけば，この機能を使うことができます．

　もちろん，ウォッチ・ドッグ・タイマの割り込みで自動的にシステム・リセットすることもできます．しかし，CPUをメイン・クロック（XIN）で動作させている場合は，ウォッチ・ドッグ・タイマもメイン・クロック（XIN）で動作する（カウント・ソース保護モード無効時）ので，メイン・クロックが異常停止した場合は，ウォッチ・ドッグ・タイマも停止してしまい暴走検知はできません．

　発振停止検出機能は，マイコンの暴走を検知するためのものではなく，外部発振が異常停止してしまった場合でも，マイコンは止まらず動き続けることができるという機能です．

　具体的な動作としては，メイン・クロックでプログラム動作中，メイン・クロックが停止した時点で低速オンチップ・オシレータが発振を開始し，低速オンチップ・オシレータ・クロックがメイン・クロック

表5-6　ストップ・モードからの復帰に使用できる割り込みと使用条件

割り込み	使用条件
キー入力割り込み	―
$\overline{INT0}$～$\overline{INT1}$割り込み	$\overline{INT0}$はフィルタなしの場合に使用可
INT3割り込み	フィルタなし，タイマCがアウトプット・コンペア・モード（TCC1レジスタのTCC13ビットが'0'）の場合に使用可
タイマX割り込み	イベント・カウンタ・モードで外部パルスをカウント時
シリアル・インターフェース割り込み	外部クロック選択時
電圧監視2割り込み	ディジタル・フィルタ無効モード（VW2CレジスタのVW2C1ビットが'1'）の場合に使用可

に代わってCPUクロックや周辺機能のクロック源となります．またこの際，発振停止検出割り込み要求が発生します．

発振停止検出後は，各レジスタが以下のようになります．
- 発振停止検出レジスタのシステム・クロック選択ビット＝1（オンチップ・オシレータ・クロック選択）
- 発振停止検出レジスタのクロック・モニタ・ビット＝1（メイン・クロック停止）
- システム・クロック制御レジスタ1の低速オンチップ・オシレータ発振停止ビット＝0（低速オンチップ・オシレータ発振）

発振停止検出機能を有効にするための条件を表5-7に示します．

メイン・クロックの周波数が2MHz以下の場合は，発振停止検出機能は使用できないので，発振停止検出機能は無効にします．

発振停止検出後に，CPUクロックと周辺機能のクロック源に低速オンチップ・オシレータ・クロックを使用したい場合は，HRA0レジスタのHRA01ビットを'0'（低速オンチップ・オシレータ選択）にしてOCD1，OCD0ビットを'11b'（発振停止検出機能有効）にします．

表5-7 発振停止検出機能を有効にするための条件

項　目	仕　様
発振停止検出可能クロックと周波数域	$f_{XIN} \geq 2MHz$
発振停止検出機能有効条件	・OCD1～OCD0ビットを'11b'（発振停止検出機能有効）にする
発振停止検出時の動作	発振停止検出割り込み発生

表5-8 割り込み要因の判別方法

発生した割り込み要因	割り込み要因を示すビット
発振停止検出〔(a)または(b)のとき〕	(a) OCDレジスタのOCD3＝1
	(b) OCDレジスタのOCD1, OCD0＝11b かつ OCD2＝1
ウォッチ・ドッグ・タイマ	VW2CレジスタのVW2C3＝1
電圧監視2	VW2CレジスタのVW2C2＝1

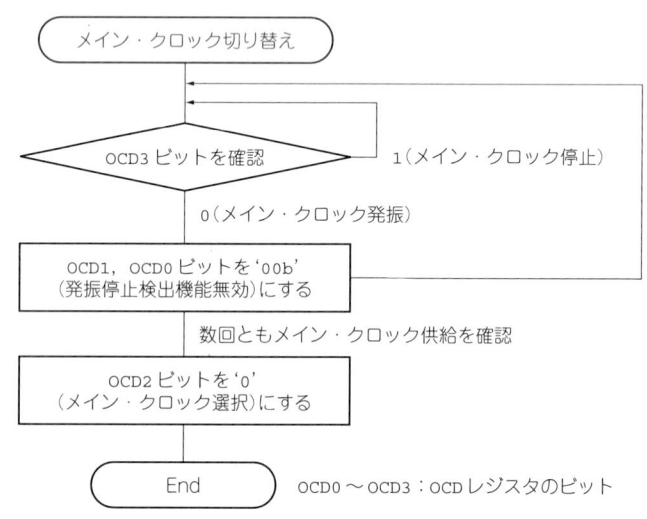

図5-13 低速オンチップ・オシレータからメイン・クロックへの切り替え手順

```
       ┌─────────────────────┐
       │ メイン・クロック切り替え │
       └──────────┬──────────┘
                  │ ◄──────────────────┐
          ┌───────▼───────┐            │
          │ OCD3ビットを確認 ├─1（メイン・クロック停止）
          └───────┬───────┘
                  │ 0（メイン・クロック発振）
       ┌──────────▼──────────┐
       │ OCD1, OCD0ビットを'00b'│
       │ （発振停止検出機能無効）にする│
       └──────────┬──────────┘
                  │ 数回ともメイン・クロック供給を確認
       ┌──────────▼──────────┐
       │ OCD2ビットを'0'       │
       │ （メイン・クロック選択）にする│
       └──────────┬──────────┘
              ┌───▼───┐
              │  End  │   OCD0～OCD3：OCDレジスタのビット
              └───────┘
```

発振停止検出後に，CPUクロックと周辺機能のクロック源に高速オンチップ・オシレータ・クロックを使用したい場合は，HRA01ビットを'1'（高速オンチップ・オシレータ選択）にしてOCD1，OCD0ビットを'11b'（発振停止検出機能有効）にしてください．

● 発振停止検出割り込みの利用方法

メイン・クロックの発振停止後は発振停止検出割り込みが発生しますが，発振停止検出割り込みはウォッチ・ドッグ・タイマ割り込み，および電圧監視2割り込みと割り込みベクタを共用しています．したがって，発振停止検出割り込み，ウォッチ・ドッグ・タイマ割り込み，および電圧監視2割り込みをすべて使用する場合，どの要因で発生した割り込み要求かを判別する必要があります．表5-8にそれぞれの割り込み要因の判別方法を示します．

一時的な発振異常によりメイン・クロックが停止して，割り込みが発生する場合も考えられます．この場合，メイン・クロックが再発振した時点でCPUクロックをメイン・クロックに復帰させたほうがよいでしょう．CPUクロックを元のメイン・クロックに切り替える手順を図5-13に示します．

● 発振停止検出機能使用時の注意点

発振停止検出機能は外部要因によるメイン・クロック停止に備えた機能なので，プログラムでメイン・クロックを停止させる場合，すなわちストップ・モードに移行したり，高速オンチップ・オシレータで動作中に消費電流を抑えるためメイン・クロックを停止〔メイン・クロック(XIN-XOUT)停止ビット(CM05) = '1'〕したりする場合は，必ず発振停止検出有効ビットを"00b"（発振停止検出機能無効）にしてください．

発振停止検出有効ビットが有効のままだと，プログラムでメイン・クロックを停止した時点でCPUクロックが低速オンチップ・オシレータに切り替わり，発振停止検出割り込みが発生してしまいます．

5-3 リセット機能

■ リセットの種類

R8C/14～R8C/17グループは6種類のリセット機能をもっています．内訳はハードウェア・リセット，パワーONリセット，電圧監視1リセット，電圧監視2リセット，ウォッチ・ドッグ・タイマ・リセット，およびソフトウェア・リセットです．表5-9にリセットの名称と要因を示します．

● ハードウェア・リセット

$\overline{\text{RESET}}$端子に印加する電圧レベルによるリセットです．電源電圧が推奨動作条件を満たすとき，$\overline{\text{RESET}}$端子に"L"を入力すると端子，CPU内部レジスタ，SFR領域がそれぞれ初期化されます．$\overline{\text{RESET}}$端子の入力レベルを"L"から"H"にするとリセットが解除され，リセット・ベクタに格納されている番地からプログラムが実行されます．

表5-9 リセットの名称と要因

リセットの名称	要　因
ハードウェア・リセット	$\overline{\text{RESET}}$端子の入力電圧が"L"
パワーONリセット	V_{CC}の上昇
電圧監視1リセット	V_{CC}の下降（監視電圧：V_{det1})
電圧監視2リセット	V_{CC}の下降（監視電圧：V_{det2})
ウォッチ・ドッグ・タイマ・リセット	ウォッチ・ドッグ・タイマのアンダーフロー
ソフトウェア・リセット	PM0レジスタのPM03ビットに'1'を書く

リセット後のCPUクロックには，低速オンチップ・オシレータ・クロックを8分周したクロックが自動的に選択されます．なお，ハードウェア・リセットによる内部RAMの初期化は行われません．また内部RAMへ書き込み中に$\overline{\text{RESET}}$端子が"L"になると，内部RAMは不定となります．
　以下にハードウェア・リセットが行われる条件を示します．

▶ 電源が安定している状態でのリセット
（1）$\overline{\text{RESET}}$端子に"L"（$0.2V_{CC}$以下）を入力する
（2）$500\mu s \times \left(\dfrac{1}{\text{fRING-S}} \times 20\right)$待ってから$\overline{\text{RESET}}$端子を"H"にする

▶ 電源投入時のリセット
（1）$\overline{\text{RESET}}$端子に"L"（$0.2V_{CC}$以下）を入力する
（2）電源電圧が推奨動作条件（2.7V）を満たすレベルまで上昇したら
（3）内部電源が安定時間〔2ms（max）〕+ $500\mu s \times \left(\dfrac{1}{\text{fRING-S}} \times 20\right)$待ってから$\overline{\text{RESET}}$端子を"H"にする

　図5-14にハードウェア・リセットの回路例と動作，**図5-15**にハードウェア・リセットの回路例（外付け電源電圧検出回路の使用例）と動作を示します．

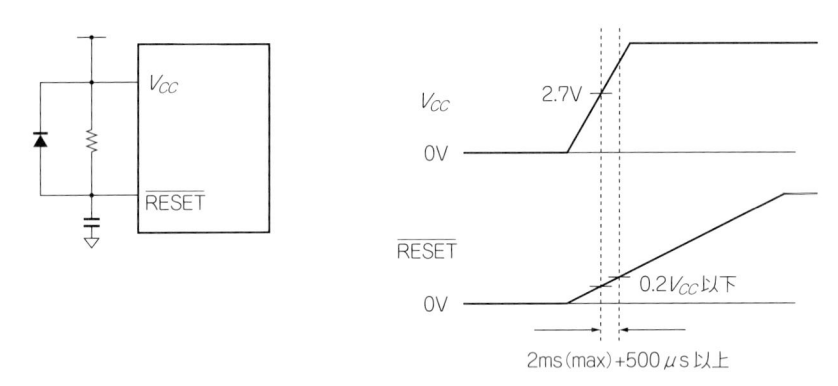

図5-14　ハードウェア・リセットの回路例と動作

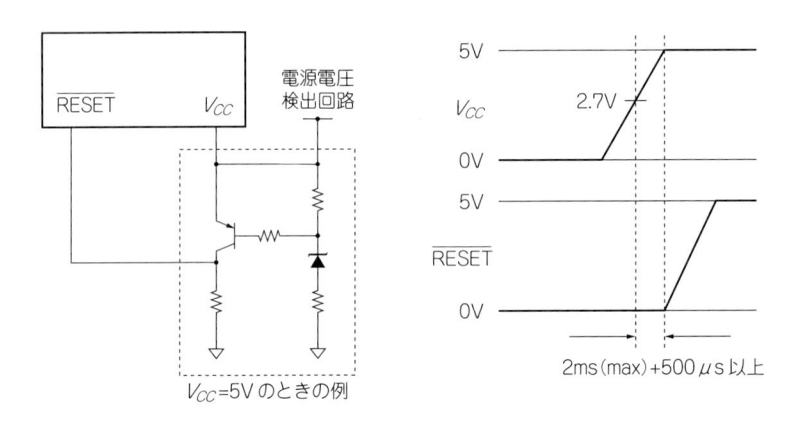

図5-15　ハードウェア・リセットの回路例（外付け電源電圧検出回路の使用例）と動作

● パワーONリセット機能

マイコン内部のパワーONリセット回路により電源電圧（V_{CC}）の立ち上がりを監視し，外部にリセット回路やリセットICを接続しなくてもマイコンを初期化することができる機能です．$\overline{\text{RESET}}$端子に5kΩ程度のプルアップ抵抗を介してV_{CC}に接続し，V_{CC}を立ち上げるとパワーONリセット機能が有効になり，端子，CPU内部レジスタ，SFR領域がそれぞれ初期化されます．

V_{CC}端子に入力する電圧が規定の電圧レベル（V_{det1}=2.85V±0.15）以上になると，低速オンチップ・オシレータ・クロックのカウントを開始します．低速オンチップ・オシレータ・クロックを32回カウントすると，内部リセット信号が"L"から"H"になり，リセット・シーケンスに移ってリセット・ベクタに格納されている番地からプログラムが実行されます．リセット後のCPUクロックには，低速オンチップ・オシレータ・クロックの8分周したクロックが自動的に選択されます．

なお，パワーONリセット後は電圧監視1回路が自動的に有効となり，電圧監視1リセットが使えるようになります．

以下にパワーONリセットが行われる条件を示します．パワーONリセットは動作温度範囲によって使用条件が変わります．

V_{det1}	：電圧検出レベル
V_{por1}	：パワーONリセットが有効になる電圧（電圧監視1リセット未使用時）
V_{por2}	：パワーONリセットが有効になる電圧（電圧監視1リセット使用時）
$t_{W(por1)}$	：V_{por1}の保持時間
$t_{d(P-R)}$	：電源投入時の内部電源安定時間（電源投入時に内部電源発生回路が安定するまでの待ち時間）
$t_{W(Vpor1-Vdet1)}$	：パワーONリセットを解除するためのV_{CC}立ち上がり時間
$t_{W(por2)}$	：外部電源を有効電圧V_{por2}以下に保持する時間
$t_{W(Vpor2-Vdet1)}$	：パワーONリセットを解除するためのV_{CC}立ち上がり時間

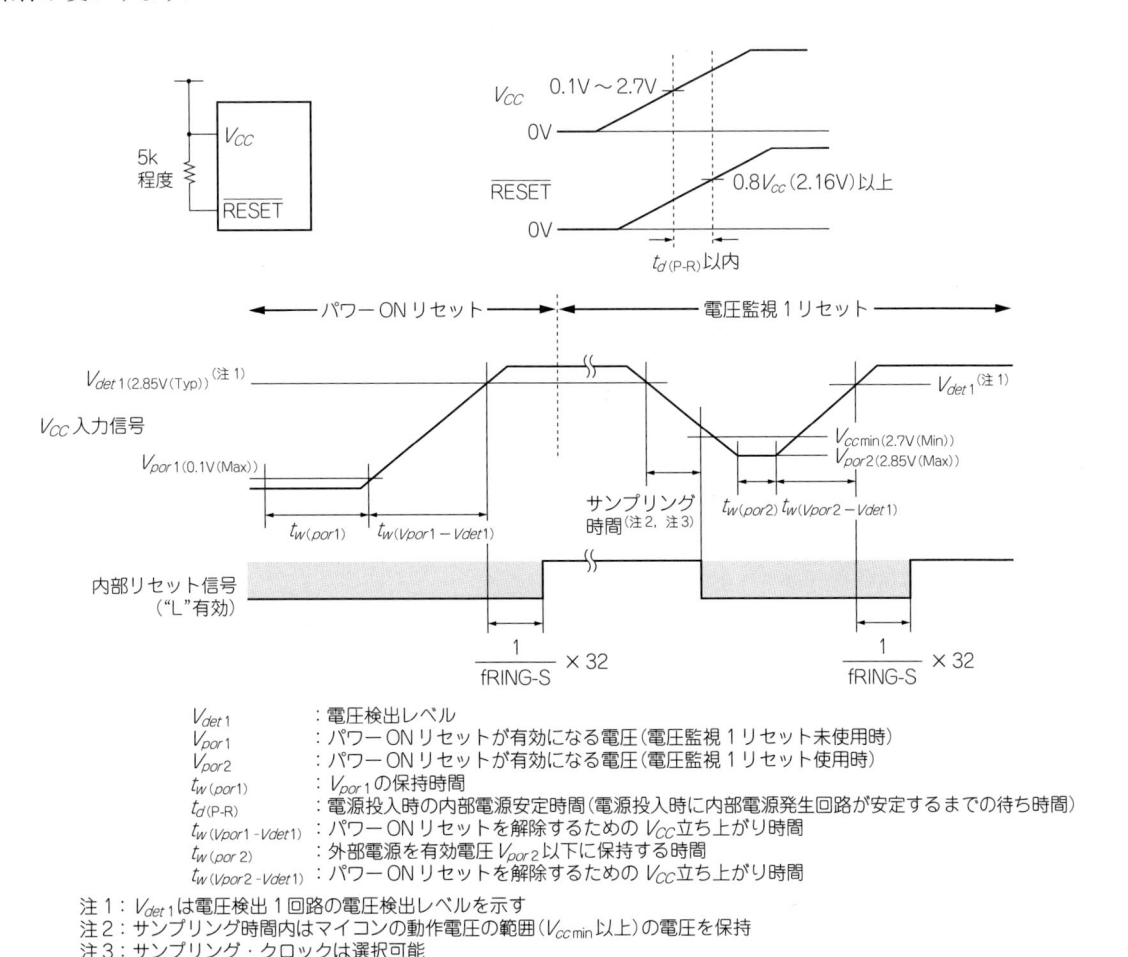

注1：V_{det1}は電圧検出1回路の電圧検出レベルを示す
注2：サンプリング時間内はマイコンの動作電圧の範囲（V_{CCmin}以上）の電圧を保持
注3：サンプリング・クロックは選択可能

図5-16　パワーONリセットの回路例と動作

(1) V_{CC}端子に0.1V以下の電圧を$t_{w(por1)}$以上入力した後
(2) V_{CC}電圧をV_{det1}(2.85V)まで$t_{w(Vpor1-Vdet1)}$以内で立ち上げる

周囲温度が0℃～85℃の場合，$t_{w(por1)}$と$t_{w(Vpor1-Vdet1)}$は①または②となります．

① $t_{w(por1)}$ = 1sのとき，$t_{w(Vpor1-Vdet1)}$ = 0.5ms
② $t_{w(por1)}$ = 10sのとき，$t_{w(Vpor1-Vdet1)}$ = 100ms

周囲温度が−20℃～0℃の場合は，$t_{w(por1)}$と$t_{w(Vpor1-Vdet1)}$は③または④となります．

③ $t_{w(por1)}$ = 10sのとき，$t_{w(Vpor1-Vdet1)}$ = 1ms
④ $t_{w(por1)}$ = 30sのとき，$t_{w(Vpor1-Vdet1)}$ = 100ms

図5-16にパワーONリセットの回路例と動作を示します．

● 電圧監視1リセット

V_{CC}のパワー・ダウン・リセットとして使用できるリセット機能です．電圧検出1回路によりリセットを行います．電圧検出1回路はV_{CC}端子に入力されている電圧を監視する回路で，監視する電圧はV_{det1} = 2.85V（±0.15），つまり動作保証電圧(2.7V) + 0.15Vです．V_{CC}端子に入力されている電圧がV_{det1}以下になると，端子，CPU内部レジスタ，SFR領域がそれぞれ初期化されます．

次に，V_{CC}端子に入力する電圧がV_{det1}以上になる（V_{CC}の電圧が，V_{det1}以下になった後の最低電圧値からV_{det1}に立ち上がるまでの時間が100ms以下であること）と，低速オンチップ・オシレータ・クロックのカウントを開始します．低速オンチップ・オシレータ・クロックを32回カウントすると内部リセット信号が"H"になり，リセット・シーケンスに移ってリセット・ベクタに格納されている番地からプログラムを再実行します．リセット後のCPUクロックには，低速オンチップ・オシレータ・クロックを8分周したクロックが自動的に選択されます．

なお，内部RAMは初期化されません．また，内部RAMへ書き込み中にV_{CC}端子に入力する電圧がV_{det1}以下になると，内部RAMは不定となります．

● 電圧監視2リセット

V_{CC}のパワー・ダウン・リセットとして使用できるリセット機能です．電圧検出2回路によりリセットを行います．電圧検出2回路もV_{CC}端子に入力されている電圧を監視する回路で，監視する電圧はV_{det2}=3.30V（±0.3）です．V_{CC}端子に入力されている電圧がV_{det2}以下になると，端子，CPU内部レジスタ，SFR領域がそれぞれ初期化され（一部のSFR領域は初期化されない），その後，低速オンチップ・オシレータ・クロックを8分周したクロックがCPUクロックとして自動的に選択されて，リセット・ベクタに格納されている番地からプログラムを再実行します．

V_{CC}の電圧レベルがV_{det2}以下となり，端子，CPU，SFRの初期化が終わった時点でプログラムが再開される点が電圧監視1リセットと異なります．つまり電圧監視2リセットでは，V_{CC}の電圧レベルがV_{det2}以上になってからリセットが解除されて，プログラムが再実行されるわけではありません．

なお，内部RAMは初期化されません．また，内部RAMへ書き込み中にV_{CC}端子に入力する電圧がV_{det2}以下になると，内部RAMは不定となります．

● ウォッチ・ドッグ・タイマ・リセット

ウォッチ・ドッグ・タイマは，プログラムの暴走を検知するための専用タイマです．プロセッサ・モード・レジスタ1（第6章の図6-20参照）のWDT割り込み/リセット切り替えビットが'1'（ウォッチ・ドッグ・タイマ・アンダーフロー時リセット）の場合に，ウォッチ・ドッグ・タイマがアンダーフローした時点（つまりプログラムが暴走している状態）でマイコンの端子，CPU内部レジスタ，SFR領域を自動的に初期化

することができます(ウォッチ・ドッグ・タイマ・リセットではSFR領域の一部が初期化されないので注意).

リセット後は，リセット・ベクタで示される番地からプログラムを再開します．また，リセット後のCPUクロックとして，低速オンチップ・オシレータ・クロックを8分周したクロックが自動的に選択されます．

なお，内部RAMは初期化されません．また，内部RAMへ書き込み中にウォッチ・ドッグ・タイマがアンダーフローした場合は，内部RAMは不定となります．

ウォッチ・ドッグ・タイマの使用方法などの詳細は第9章を参照してください．

● ソフトウェア・リセット

プログラムでマイコンを強制的にリセットすることができる機能です．ウォッチ・ドッグ・タイマ割り込みや周辺機能による割り込みで強制的にマイコンをリセットしたい場合などに使います．

プロセッサ・モード・レジスタ0(第6章の図6-19参照)のソフトウェア・リセット・ビットを'1'にすることで端子，CPU内部レジスタ，SFR領域を初期化できます．リセット後は，リセット・ベクタに格納されている番地からプログラムを再実行します．また，リセット後のCPUクロックとして，低速オンチップ・オシレータ・クロックを8分周したクロックが自動的に選択されます．なお，ソフトウェア・リセットではSFR領域の一部が初期化されないので注意してください．

■ リセット・シーケンス

リセットが解除されてからプログラムが動き出すまでのシーケンスを図5-17に示します．リセットの種類によらず，リセット後は低速オンチップ・オシレータの8分周をCPUクロックとして動き始めます．

内部リセットが立ち上がってCPUクロックが動作するまでの時間は，低速オンチップ・オシレータ・クロックの8サイクルぶんとなります．

注1：ハードウェア・リセットの場合

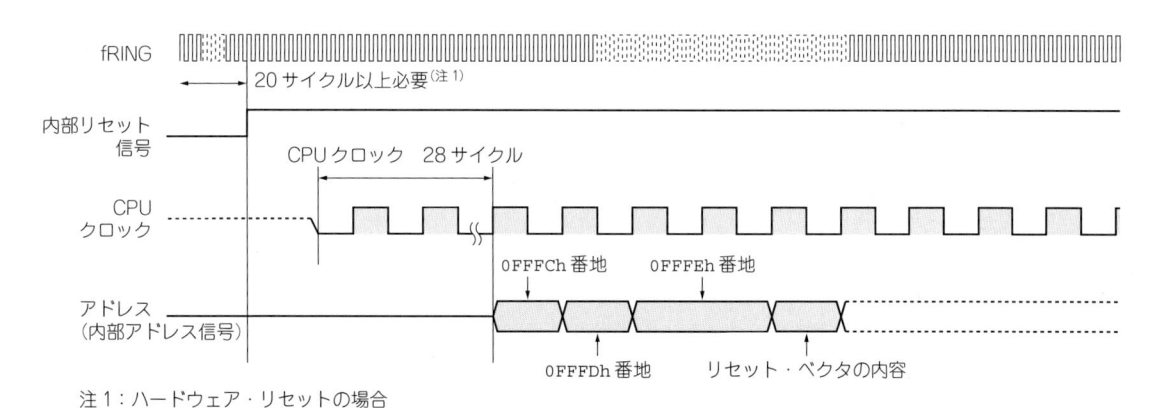

図5-17 リセット・シーケンス

表5-10 リセット後の端子の状態

端子名	端子の状態
P1_0～P1_6	入力ポート
P3_3～P3_5，P3_7	入力ポート
P4_5～P4_7	入力ポート

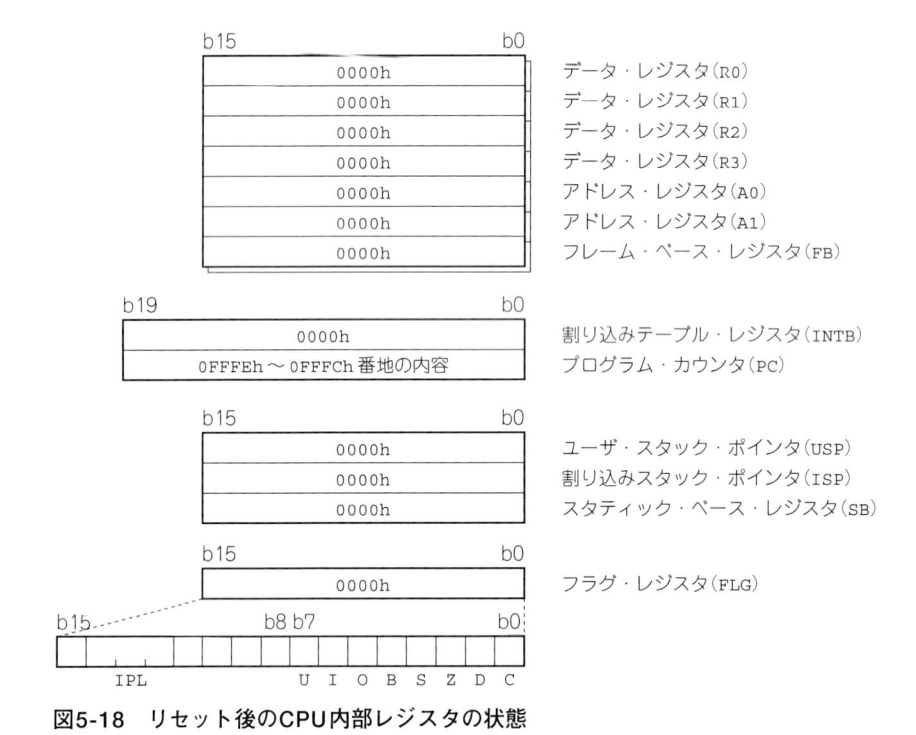

```
          b15                    b0
         ┌────────────────────────┐
         │        0000h           │  データ・レジスタ（R0）
         │        0000h           │  データ・レジスタ（R1）
         │        0000h           │  データ・レジスタ（R2）
         │        0000h           │  データ・レジスタ（R3）
         │        0000h           │  アドレス・レジスタ（A0）
         │        0000h           │  アドレス・レジスタ（A1）
         │        0000h           │  フレーム・ベース・レジスタ（FB）
         └────────────────────────┘

          b19                    b0
         ┌────────────────────────┐
         │        0000h           │  割り込みテーブル・レジスタ（INTB）
         │ 0FFFEh～0FFFCh 番地の内容 │  プログラム・カウンタ（PC）
         └────────────────────────┘

          b15                    b0
         ┌────────────────────────┐
         │        0000h           │  ユーザ・スタック・ポインタ（USP）
         │        0000h           │  割り込みスタック・ポインタ（ISP）
         │        0000h           │  スタティック・ベース・レジスタ（SB）
         └────────────────────────┘

          b15                    b0
         ┌────────────────────────┐
         │        0000h           │  フラグ・レジスタ（FLG）
         └────────────────────────┘
      b15          b8 b7         b0
     ┌──┬─┬─┬─┬─┬──┬─┬─┬─┬─┬─┬─┬─┬─┬─┬──┐
     │  │ │ │ │ │  │ │ │ │ │ │ │ │ │ │  │
     └──┴─┴─┴─┴─┴──┴─┴─┴─┴─┴─┴─┴─┴─┴─┴──┘
       IPL            U I O B S Z D C
```

図5-18 リセット後のCPU内部レジスタの状態

■ リセット後の状態

　リセットの種類は6種類ありますが，リセット後の端子の状態とCPU内部レジスタの初期値に違いはありません．ただし，電圧監視2リセットとソフトウェア・リセット，およびウォッチ・ドッグ・タイマ・リセットについては，SFR領域の一部が初期化されません．

　表5-10にリセット後の端子の状態，**図5-18**にリセット後の内部レジスタの状態を示します．リセット後のSFRの初期値については，第3章の**表3-1**を参照してください．

[第6章] R8C/14〜R8C/17の電圧検出回路, プロテクト機能, プログラマ入出力ポートの詳細

新海 栄治

6-1 電圧検出回路

　電圧検出回路は，V_{CC}端子に入力される電圧を監視し，決められた電圧検出レベルを下回った時点でマイコンをリセットしたり，電圧検出レベルを通過した場合に，割り込み要求を発生させることができる回路です．

　R8C/14〜R8C/17グループでは，電圧検出1回路と電圧検出2回路の2回路を内蔵しており，電圧検出レベルとしてV_{det1}とV_{det2}の二つがあります．V_{det1}は電圧検出1回路の監視電圧レベルで，V_{det1}=2.85V（±0.15）です．V_{det2}は電圧検出2回路の監視電圧レベルで，V_{det2}=3.30V（±0.3）です．なお，電圧検出レベルを通過した場合に割り込みをかけることができるのは，電圧検出2回路だけです．

　表6-1に電圧検出回路の仕様を，**図6-1**に電圧検出回路のブロック図を示します．また，電圧検出によるリセットや割り込みを制御するレジスタを**図6-2**〜**図6-5**に示します．

　図6-1において，VCA26ビットを'1'にすることで電圧検出1回路が有効になります．電圧監視1リセットを行う場合は，あらかじめ電圧監視1回路制御レジスタのVW1C0ビットによりリセットを許可しておく

表6-1 電圧検出回路の仕様

項　目		電圧検出1	電圧検出2
V_{CC}監視	監視する電圧	V_{det1}	V_{det2}
	検出対象	上昇または下降してV_{det1}を通過したか	上昇または下降してV_{det2}を通過したか
	モニタ	なし	VCA1レジスタのVCA13ビット V_{det2}より高いか低いか
電圧検出時の処理	リセット	電圧監視1リセット $V_{det1}>V_{CC}$でリセット； $V_{CC}>V_{det1}$でCPU動作再開	電圧監視2リセット $V_{det2}>V_{CC}$でリセット； 一定時間後にCPU動作再開
	割り込み	なし	電圧監視2割り込み ディジタル・フィルタ有効時は， 　$V_{det2}>V_{CC}$，$V_{CC}>V_{det2}$ の両方で割り込み要求 ディジタル・フィルタ無効時は， 　$V_{det2}>V_{CC}$，$V_{CC}>V_{det2}$ のどちらかで割り込み要求
ディジタル・フィルタ	有効/無効切り替え	あり	あり
	サンプリング時間	(fRING-Sのn分周)×4 n：1, 2, 4, 8	(fRING-Sのn分周)×4 n：1, 2, 4, 8

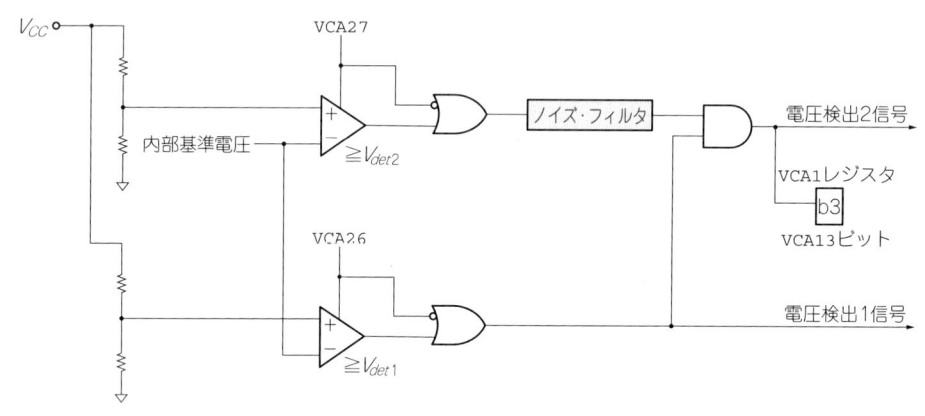

図6-1　電圧検出回路のブロック図

図6-2　電圧検出レジスタ1（VCA1レジスタ）

シンボル：VCA1
アドレス：0031h番地
リセット後の値(注2)：00001000b

ビット・シンボル	ビット名	機能	RW
—	予約ビット	'0'にする	RW
VCA13	電圧検出2信号モニタ・フラグ(注1)	0：$V_{CC} < V_{det2}$ 1：$V_{CC} \geq V_{det2}$、または電圧検出2回路無効	RO
—	予約ビット	'0'にする	RW

注1：VCA2レジスタのVCA27ビットが'1'（電圧検出2回路有効）のとき、VCA13ビットは有効
　　　VCA2レジスタのVCA27ビットが'0'（電圧検出2回路無効）のとき、VCA13ビットは'1'（$V_{CC} \geq V_{det2}$）になる
注2：ソフトウェア・リセット、ウォッチ・ドッグ・タイマ・リセット、電圧監視2リセット時は変化しない

図6-3　電圧検出レジスタ2（VCA2レジスタ）

シンボル：VCA2
アドレス：0032h番地
リセット後の値(注3)：
ハードウェア・リセット：00h
パワーONリセット
電圧監視1リセット：01000000b

ビット・シンボル	ビット名	機能	RW
—	予約ビット	'0'にする	RW
VCA26	電圧検出1許可ビット(注1)	0：電圧検出1回路無効 1：電圧検出1回路有効	RW
VCA27	電圧検出2許可ビット(注2)	0：電圧検出2回路無効 1：電圧検出2回路有効	RW

注1：電圧監視1リセットを使用する場合、VCA26ビットを'1'にする。VCA26ビットを'0'から'1'にした後、100μs（max）経過してから検出回路が動作する
注2：電圧監視2割り込み/リセットを使用する場合、またはVCA1レジスタのVCA13ビットを使用する場合、VCA27ビットを'1'にする
　　　VCA27ビットを'0'から'1'にした後、100μs（max）経過してから検出回路が動作する
注3：ソフトウェア・リセット、ウォッチ・ドッグ・タイマ・リセット、電圧監視2リセット時は変化しない

このレジスタは、PRCRレジスタのPRC3ビットを'1'（書き込み許可）にした後で書き換える

| | b7 b6 b5 b4 b3 b2 b1 b0 | シンボル
VW1C | アドレス
0036h 番地 | リセット後の値(注1)
ハードウェア・リセット入力：0000x000b
パワーONリセット
電圧監視1リセット：0100x001b | |

ビット・シンボル	ビット名	機能	RW
VW1C0	電圧監視1リセット許可ビット(注2)	0：禁止 1：許可	RW
VW1C1	電圧監視1ディジタル・フィルタ無効モード選択ビット	0：ディジタル・フィルタ有効モード 　（ディジタル・フィルタ回路有効） 1：ディジタル・フィルタ無効モード 　（ディジタル・フィルタ回路無効）	RW
VW1C2	電圧変化検出フラグ	0：未検出 1：V_{det1} 通過検出	RW
VW1C3	電圧検出1信号モニタ・フラグ	0：$V_{CC} < V_{det1}$ 1：$V_{CC} \geq V_{det1}$、または電圧検出1回路無効	RO
VW1F0	サンプリング・クロック選択ビット	b5 b4 0　0：fRING-Sの1分周 0　1：fRING-Sの2分周 1　0：fRING-Sの4分周 1　1：fRING-Sの8分周	RW
VW1F1			RW
VW1C6	電圧監視1回路モード選択ビット	VW1C0ビットが'1'（電圧監視1リセット許可）の場合は，'1'にする	RW
VW1C7	電圧監視1リセット発生条件選択ビット	VW1C1ビットが'1'（ディジタル・フィルタ無効モード）の場合は，'1'にする	RW

注1：ソフトウェア・リセット，ウォッチ・ドッグ・タイマ・リセット，電圧監視2リセット時は変化しない
注2：VW1C0ビットはVCA2レジスタのVCA26ビットが'1'（電圧検出1回路有効）のとき有効．VCA26ビットが'0'（電圧検出1回路無効）のとき，VW1C0ビットを'0'（禁止）にする

図6-4　電圧監視1回路制御レジスタ（VW1Cレジスタ）
このレジスタは，PRCRレジスタのPRC3ビットを'1'（書き込み許可）にした後で書き換える必要があります．

　V_{CC}がV_{det1}を通過（$V_{CC} < V_{det1}$）すると，電圧検出1回路から電圧監視1リセット発生回路に信号が送られます（**図6-6**）．電圧監視1回路制御レジスタのVW1C1ビットによりディジタル・フィルタが有効となっている場合は，VW1F1，VW1F0ビットで選択したクロック×4クロックの間，その信号をサンプリングし，同一レベルであった場合は電圧監視1リセットをかけます．

　同様に，VCA27ビットを'1'にすることで電圧検出2回路が有効になります．電圧監視2リセット/電圧監視2割り込みを発生させる場合は，あらかじめ電圧監視2回路制御レジスタのVW2C0ビットにより電圧監視2割り込み/リセットを許可しておく必要があります．

　V_{CC}がV_{det2}を通過（$V_{CC} < V_{det2}$）すると，電圧検出2回路から電圧監視2割り込み/リセット発生回路に信号が送られます（**図6-7**）．電圧監視2回路制御レジスタのVW2C1ビットによりディジタル・フィルタが有効となっている場合は，VW2F1，VW2F0ビットで選択したクロック×4クロックの間その信号をサンプリングし，同一レベルであった場合は電圧監視2割り込み，または電圧監視2リセットを発生させます（この際，VW2C2ビットが'1'にセットされる）．電圧監視2割り込みを発生させたい場合は，VW2C6ビットを'0'，電圧監視2リセットをかけたい場合は，あらかじめVW2C6ビットを'1'にしておきます．

　なお，ディジタル・フィルタを有効にしている場合，電圧監視2割り込みはV_{CC}がV_{det2}を通過した時点，つまり$V_{CC} < V_{det2}$および$V_{CC} \geq V_{det2}$で発生します．どちらの条件で発生した割り込みであるかは，電圧検出レジスタ1のVCA13ビットで判定できます．

	シンボル	アドレス	リセット後の値(注5)	
b7 b6 b5 b4 b3 b2 b1 b0	VW2C	0037h 番地	00h	

ビット・シンボル	ビット名	機能	RW
VW2C0	電圧監視2割り込み/リセット許可ビット(注1)	0：禁止 1：許可	RW
VW2C1	電圧監視2ディジタル・フィルタ無効モード選択ビット(注2)	0：ディジタル・フィルタ有効モード（ディジタル・フィルタ回路有効） 1：ディジタル・フィルタ無効モード（ディジタル・フィルタ回路無効）	RW
VW2C2	電圧変化検出フラグ(注3, 注4, 注5)	0：未検出 1：V_{det2} 通過検出	RW
VW2C3	WDT 検出フラグ(注4, 注5)	0：未検出 1：検出	RW
VW2F0	サンプリング・クロック選択ビット	b5 b4 0 0：fRING-S の 1 分周 0 1：fRING-S の 2 分周 1 0：fRING-S の 4 分周 1 1：fRING-S の 8 分周	RW
VW2F1			RW
VW2C6	電圧監視2回路モード選択ビット(注6)	0：電圧監視2割り込みモード 1：電圧監視2リセットモード	RW
VW2C7	電圧監視2割り込み/リセット発生条件選択ビット(注7, 注8)	0：V_{CC} が V_{det2} 以上になるとき 1：V_{CC} が V_{det2} 以下になるとき	RW

注1：VW2C0 ビットは VCA2 レジスタの VCA27 ビットが '1'（電圧検出2回路有効）のとき有効．VCA27 ビットが '0'（電圧検出2回路無効）のとき，VW2C0 ビットを '0'（禁止）にする
注2：電圧監視2割り込みをストップ・モードからの復帰に使用した後，再度復帰に使用する場合，VW2C1 ビットに '0' を書き込み後，'1' を書き込む
注3：VW2C2 ビットは VCA2 レジスタの VCA27 ビットが '1'（電圧検出2回路有効）のとき有効
注4：プログラムで '0' にする．プログラムで '0' を書くと '0' になる（'1' を書いても変化しない）
注5：VW2C2 ビットと VW2C3 ビットはソフトウェア・リセット，ウォッチ・ドッグ・タイマ・リセット，電圧監視2リセット時は変化しない
注6：VW2C6 ビットは VW2C0 ビットが '1'（電圧監視2割り込み/リセット許可）のとき有効
注7：VW2C7 ビットは VW2C1 ビットが '1'（ディジタル・フィルタ無効モード）のとき有効
注8：VW2C6 ビットが '1'（電圧監視2リセット・モード）のとき，VW2C7 ビットは '1'（V_{det2} 以下になるとき）にする（'0' にしない）

図6-5 電圧監視2回路制御レジスタ（VW2C レジスタ）
このレジスタは，PRCR レジスタの PRC3 ビットを '1'（書き込み許可）にした後で書き換える

■ 電圧監視1リセット

電圧監視1リセットを有効にすると，システムがパワー・ダウンした場合，動作保証電圧以下になる直前（2.85V）でマイコンをリセットできます．電圧監視1リセット発生回路のブロック図を図6-6に，電圧監視1リセットを有効にするための手順を表6-2，動作例を図6-8にそれぞれ示します．

なお，パワーONリセット機能を使用している場合は，パワーONリセット後に電圧監視1リセットが自動的に有効となります．

● ディジタル・フィルタの使用について

電圧監視1リセット発生回路，電圧監視2割り込み/リセット発生回路ともにディジタル・フィルタが内蔵されています．ディジタル・フィルタ有効モードにすることで，電圧監視1リセット発生回路では，$V_{CC}<V_{det1}$ となった時点で，サンプリング・クロック選択ビット（電圧監視1回路制御レジスタのビット4～5）で選択されているクロックの4クロック間，V_{CC} の電圧レベルをサンプリングし，ノイズによるV_{det1}通過でなければマイコンをリセットします．

表6-2 電圧監視1リセット関連ビットの設定手順

手順	ディジタル・フィルタを使用する場合	ディジタル・フィルタを使用しない場合
1	VCA2レジスタのVCA26ビットを'1'(電圧検出1回路有効)にする	
2	$100\mu s$(max)待つ	
3	VW1CレジスタのVW1C1ビットを'0'(ディジタル・フィルタ有効)にする VW1CレジスタのVW1F0～VW1F1ビットでディジタル・フィルタのサンプリング・クロックを選択する	VW1CレジスタのVW1C1ビットを'1'(ディジタル・フィルタ無効)にする VW1CレジスタのVW1C7ビットを'1'にする
4(注1)	VW1CレジスタのVW1C6ビットを'1'(電圧監視1リセット・モード)にする VW1CレジスタのVW1C2ビットを'0'(V_{det1}通過未検出)にする	
5	CM1レジスタのCM14ビットを'0'(低速オンチップ・オシレータ発振)にする	－
6	ディジタル・フィルタのサンプリング・クロック×4サイクル待つ	－ (待ち時間なし)
7	VW1CレジスタのVW1C0ビットを'1'(電圧監視1リセット許可)にする	

注1:手順3と手順4は同時に(1命令で)実行してもかまわない

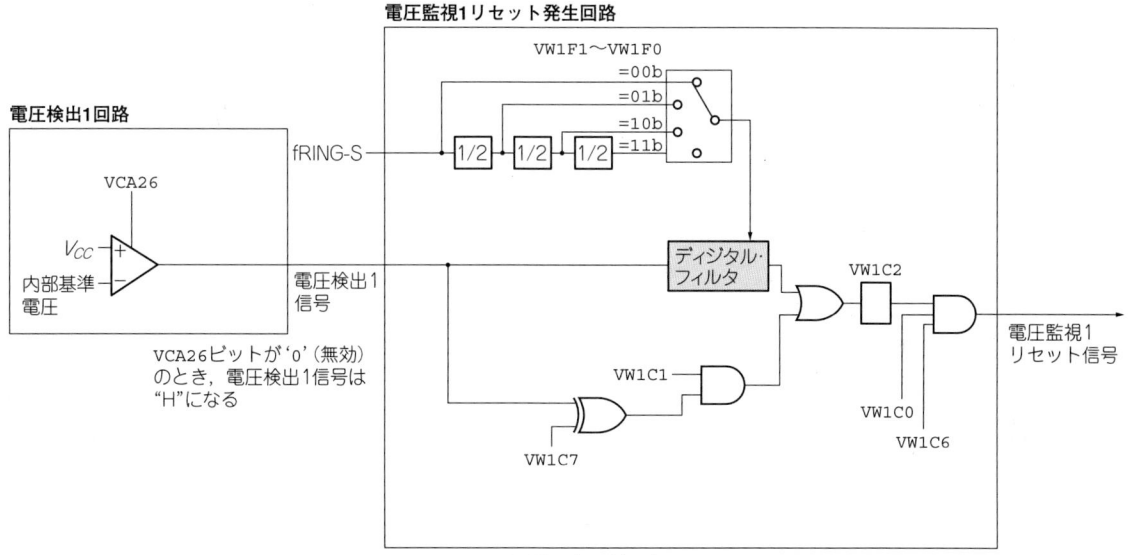

VW1C0～VW1C1, VW1F0～VW1F1, VW1C6, VW1C7:VW1Cレジスタのビット
VCA26:VCA2レジスタのビット

図6-6 電圧監視1リセット発生回路のブロック図

■ 電圧監視2割り込みと電圧監視2リセット

電圧監視2割り込みと電圧監視2リセットを同時に使用することはできないので,どちらかを選択して使います.また,電圧監視2割り込み要求はV_{CC}がV_{det2}(3.3V)以上,あるいはV_{det2}(3.3V)以下になったとき(つまりV_{CC}レベルがV_{det2}を通過したとき)に発生させることができますが,電圧監視2リセットについては,V_{CC}レベルがV_{det2}(3.3V)以下になったときのみ有効です.

電圧監視2割り込みは以下のような場合に使用できます.
(1) V_{CC}が動作保証電圧を下回った場合のマイコンの不安定な動作を防ぐ(電圧監視1リセット未使用時)
システム動作中に電源電圧が下降しても,V_{CC}が動作保証電圧(2.7V)以上(プログラムが正常動作中)で

あれば，ウェイト・モードまたはストップ・モードに遷移しておくことで，電源電圧が動作保証電圧以下へ下降したときの不安定な状態を回避し，システムの安全性を高めることができます．

つまり，電源電圧下降時（$V_{CC} < V_{det2}$）の電圧監視2割り込みで，システムを通常動作モードからウェイト・モードまたはストップ・モードへ遷移させ，電源電圧上昇時（$V_{CC} \geq V_{det2}$）の電圧監視2割り込みによりウェイト・モードまたはストップ・モードから通常動作モードへ復帰させます．

(2) 電源OFF前に使用中のデータをバックアップし，システム復帰後リセット前の状態に復帰させる

表6-3 電圧監視2割り込み/電圧監視2リセット関連ビットの設定手順

手順	ディジタル・フィルタを使用する場合		ディジタル・フィルタを使用しない場合	
	電圧監視2割り込み	電圧監視2リセット	電圧監視2割り込み	電圧監視2リセット
1	VCA2レジスタのVCA27ビットを'1'（電圧検出2回路有効）にする			
2	$100\mu s$(max)待つ			
3	VW2CレジスタのVW2C1ビットを'0'（ディジタル・フィルタ有効）にする VW2CレジスタのVW2F0～VW2F1ビットでディジタル・フィルタのサンプリング・クロックを選択する		VW2CレジスタのVW2C1ビットを'1'（ディジタル・フィルタ無効）にする VW2CレジスタのVW2C7ビットで割り込み，リセット要求のタイミングを選択する(注1)	
4(注2)	VW2CレジスタのVW2C6ビットを'0'（電圧監視2割り込みモード）にする	VW2CレジスタのVW2C6ビットを'1'（電圧監視2リセット・モード）にする	VW2CレジスタのVW2C6ビットを'0'（電圧監視2割り込みモード）にする	VW2CレジスタのVW2C6ビットを'1'（電圧監視2リセット・モード）にする
5(注2)	VW2CレジスタのVW2C2ビットを'0'（V_{det2}通過未検出）にする			
6	CM1レジスタのCM14ビットを'0'（低速オンチップ・オシレータ発振）にする		—	—
7	ディジタル・フィルタのサンプリング・クロック×4サイクル待つ		(待ち時間なし)	
8(注2)	VW2CレジスタのVW2C0ビットを'1'（電圧監視2割り込み/リセット許可）にする			

注1：電圧監視2リセットではVW2C7ビットを'1'（V_{det2}以下になるとき）にする
注2：手順3，手順4，手順5は同時に（1命令で）実行してもかまわない

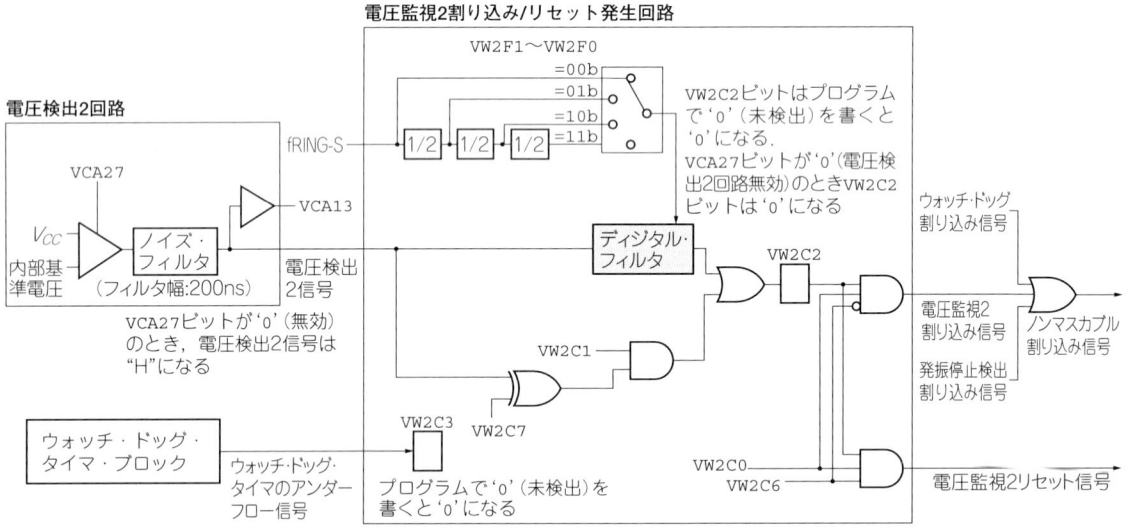

図6-7 電圧監視2リセット発生回路のブロック図

VW2C0～VW2C3, VW2F0, VW2F1, VW2C6, VW2C7：VW2Cレジスタのビット
VCA13：VCA1レジスタのビット
VCA27：VCA2レジスタのビット

システムの電源を落とす前(動作保証電圧2.7Vを下回る前)に，電源電圧下降時($V_{CC} < V_{det2}$)の電圧監視2割り込みで，必要なデータをデータ・フラッシュにバックアップします．このとき，システムが復帰した際にデータをRAMに書き戻すかどうかを判定するフラグもデータ・フラッシュの特定アドレスに用意しておき，仮に01hなら書き戻しを行い，FFh(ブロック・イレーズするとデータ・フラッシュの値はFFhになる)なら何もしないとしておきます．

　システム復帰の際には，電源電圧上昇時($V_{CC} \geq V_{det2}$)の電圧監視2割り込みが発生するので，割り込みルーチン内でデータ・フラッシュ内のフラグを判定し，FFhであればデータの復帰は行わず，01hであればデータ・フラッシュからRAMにデータを復帰させ，その後バックアップしたデータとともにフラグもイレーズしておきます．

　電圧監視2リセット発生回路のブロック図を**図6-7**に，電圧監視2割り込みまたは電圧監視2リセットを有効にするための手順を**表6-3**，動作例を**図6-9**にそれぞれ示します．

● ディジタル・フィルタの使用について

　電圧監視2割り込み/リセット発生回路では，電圧監視2割り込みモード，電圧監視2リセット・モードともにディジタル・フィルタを有効にできます．電圧監視2割り込みモードでディジタル・フィルタを有効にし，V_{CC}がV_{det2}を通過する($V_{CC} < V_{det2}$および$V_{CC} \geq V_{det2}$)と，サンプリング・クロック選択ビット(電圧監視2回路制御レジスタのビット4～5)で選択されているクロックの4クロック間，V_{CC}の電圧レベルをサンプリングし，ノイズによるV_{det2}通過でなければ割り込み要求を発生します．

　電圧監視2リセット・モードでディジタル・フィルタを有効にした場合は，$V_{CC} < V_{det2}$となった時点で，サンプリング・クロック選択ビット(電圧監視2回路制御レジスタのビット4～5)で選択されているクロッ

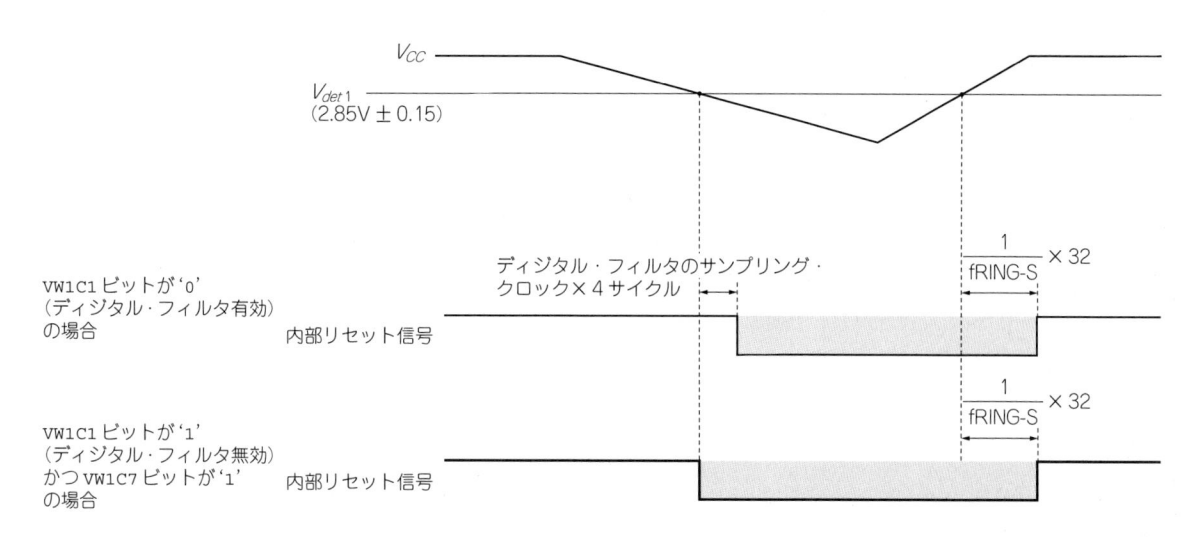

図6-8　電圧監視1リセットの動作例

図6-9 電圧監視2割り込み，電圧監視2リセットの動作例
電圧監視1リセットを使用しない場合，$V_{CC} \geq 2.7V$で使用する

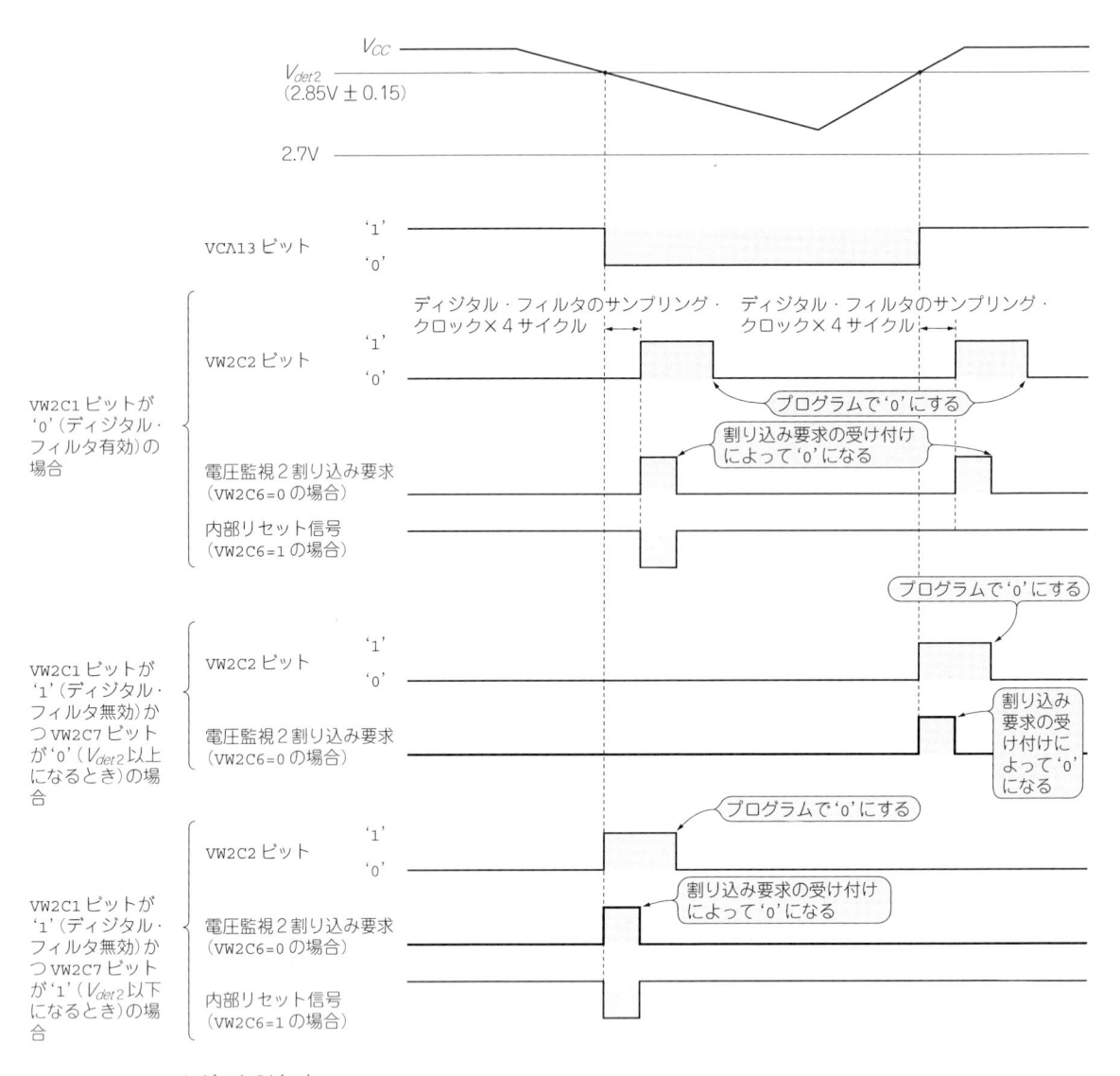

VCA13：VCA1レジスタのビット
VW2C1, VW2C2, VW2C6, VW2C7：VW2Cレジスタのビット

この図は次の条件の場合
VCA2レジスタのVCA27=1（電圧検出2回路有効）
VW2CレジスタのVW2C0=1（電圧監視2割り込み，電圧監視2リセット許可）

クの4クロック間，V_{CC}の電圧レベルをサンプリングし，ノイズによるV_{det2}通過でなければマイコンをリセットします。

● 電圧監視2割り込みモード時のV_{CC}入力電圧のモニタについて

電圧監視2割り込みモードで，かつディジタル・フィルタが有効となっていれば（電圧監視2ディジタル・フィルタ無効モード選択ビットが'0'），V_{CC}がV_{det2}を下降したとき，および上昇したときともに割り込み要

求を発生できます．どちらの要因で発生した割り込み要求なのかは，割り込みルーチン内で電圧検出レジスタ1の電圧検出2信号モニタ・フラグ・ビット(VCA13ビット)により判定できます．電圧検出2信号モニタ・フラグが'0'であれば，$V_{CC}<V_{det2}$で発生した割り込みであり，電圧検出2信号モニタ・フラグが'1'であれば，$V_{CC}≧V_{det2}$で発生した割り込みとなります．

　したがって，システムの安全性を高めるために電圧監視2割り込みを使用してウェイト・モードやストップ・モードに遷移させる場合，割り込みルーチンで電圧検出2信号モニタ・フラグをポーリングし，'0'であれば$V_{CC}<V_{det2}$で発生した割り込みなので，ウェイト・モードまたはストップ・モードに遷移させます．電圧検出2信号モニタ・フラグが'1'であれば，$V_{CC}≧V_{det2}$で発生した割り込みで，ウェイト・モードまたはストップ・モードから復帰した状態であるため，システム・クロックの再設定など復帰後の処理を行います．

　同じく，使用中のデータをデータ・フラッシュにバックアップするような場合は，電圧検出2信号モニタ・フラグをポーリングし，'0'であれば$V_{CC}<V_{det2}$で発生した割り込みなので，使用中のデータをデータ・フラッシュ領域にバックアップします．電圧検出2信号モニタ・フラグが'1'であれば，$V_{CC}≧V_{det2}$で発生した割り込みなので，必要に応じてバックアップしたデータをRAMに書き戻し，その後データ・フラッシュをイレーズしておきます．

6-2　プロテクト機能

　R8C/Tinyでは，プログラムが暴走したときのことを考慮して，以下に示すシステム・クロックや電圧監視などマイコンの動作を制御する重要なレジスタについては，簡単に書き換えができないようにプロテクトされています．

　プロテクトの設定/解除は，図6-10に示すプロテクト・レジスタの各ビットで行い，'0'でプロテクト(書

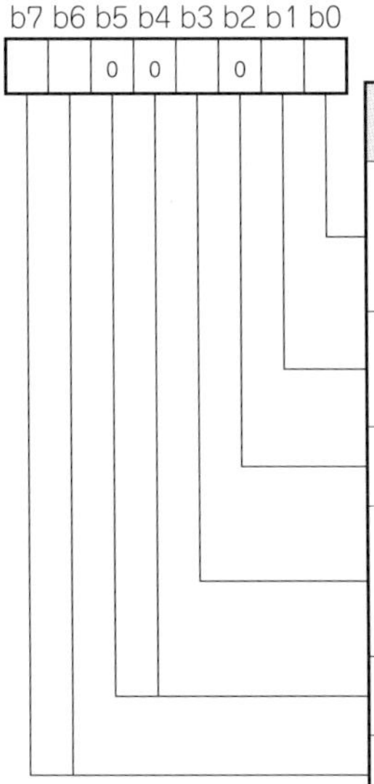

シンボル PRCR	アドレス 000Ah番地	リセット後の値 00XXX000b		
ビット・シンボル	ビット名	機　能	RW
PRC0	プロテクト・ビット0	CM0，CM1，OCD，HRA0，HRA1，HRA2レジスタへの書き込み許可 0：書き込み禁止 1：書き込み許可	RW
PRC1	プロテクト・ビット1	PM0，PM1レジスタへの書き込み許可 0：書き込み禁止 1：書き込み許可	RW
－	予約ビット	'0'にする	RW
PRC3	プロテクト・ビット3	VCA2，VW1C，VW2Cレジスタへの書き込み許可 0：書き込み禁止 1：書き込み許可	RW
－	予約ビット	'0'にする	RW
－	予約ビット	読んだ場合，その値は'0'	RO

図6-10　プロテクト・レジスタ(PRCRレジスタ)

リスト6-1　プロテクト対象レジスタの設定例

```
INITIAL:
        LDC     #0800h, ISP     ; 割り込みスタック・ポインタ値設定
        MOV.B   #09h,000Ah      ; 設定対象のプロテクトを解除
        BSET    0, 0020h        ; 高速オンチップ・オシレータ発振
        BSET    1, 0020h        ; 高速オンチップ・オシレータを選択
        BCLR    6,0006h         ; システム・クロック分周比を設定
        BSET    7,0032h         ; 電圧検出2回路有効
        BSET    0,0037h         ; 電圧監視2割り込み許可
        MOV.B   #00h,000Ah      ; 対象レジスタをプロテクト
        MOV.W   #024Ch, 00Fch   ; プルアップ抵抗接続
        LDC     #0400, SB       ; SBレジスタ初期値設定
        LDINTB  #0FEDCh         ; 可変割り込みベクタ領域の先頭番地設定
          :
          :
```

き換え禁止), '1' でプロテクト解除(書き換え許可)となります．なお，リセット解除後，プロテクト対象レジスタはすべてプロテクトされているので，初期化プログラムなどでプロテクトを解除してから設定し，設定終了後すぐにプロテクトします．**リスト6-1**にプロテクト対象レジスタの設定例を示します．

● プロテクト対象レジスタ

▶ プロテクト・レジスタのビット0で保護されるレジスタ

システム・クロック制御レジスタ0，システム・クロック制御レジスタ1，発振停止検出レジスタ，高速オンチップ・オシレータ制御レジスタ0，高速オンチップ・オシレータ制御レジスタ1，高速オンチップ・オシレータ制御レジスタ2

▶ プロテクト・レジスタのビット1で保護されるレジスタ

プロセッサ・モード・レジスタ0(**図6-19**)，プロセッサ・モード・レジスタ1(**図6-20**)

▶ プロテクト・レジスタのビット3で保護されるレジスタ

電圧検出レジスタ2，電圧監視1回路制御レジスタ，電圧監視2回路制御レジスタ

6-3　プログラマブル入出力ポート

プログラマブル入出力ポート(以下 入出力ポートとする)は，P1_0〜P1_7，P3_3〜P3_5，P3_7，P4_5の13本があり，メイン・クロック発振回路を使用しなければ，P4_6，P4_7を入力専用ポートとして使用できます．**表6-4**に，プログラマブル入出力ポートの概要を示します．

表6-4　プログラマブル入出力ポートの概要

ポート名	入出力	出力形式	入出力設定	内部プルアップ抵抗	駆動能力選択
P1	入出力	CMOS 3ステート	1ビット単位で設定	4ビット単位で設定(注1)	P1_0〜P1_3を1ビット単位で設定(注2)
P3_3，P4_5	入出力	CMOS 3ステート	1ビット単位で設定	1ビット単位で設定(注1)	なし
P3_4，P3_5，P3_7	入出力	CMOS 3ステート	1ビット単位で設定	3ビット単位で設定(注1)	なし
P4_6，P4_7(注3)	入力	(出力機能なし)	なし	なし	なし

注1：入力モード時，PUR0レジスタおよびPUR1レジスタで内部プルアップ抵抗を接続するかしないかを選択できる
注2：DRRレジスタを '1' (High)にすることで，LED駆動ポートとして使用できる
注3：メイン・クロック発振回路を使用しない場合，入力専用ポートとして使用できる

■ 使用するレジスタと設定方法

● 使用するレジスタ

入出力ポートは，出力したデータを保持するポート・ラッチと，端子の状態を読み込む回路で構成されており，ポートPiレジスタ($i=1, 3, 4$)とポートPi方向レジスタ($i=1, 3, 4$)で制御します．

ポートPi方向レジスタは，ポートの入出力方向を決めるレジスタで，レジスタ内の各ビットがポート端子の各ビットと対応しており，'0'で入力，'1'で出力となり，リセット解除後は全ポート入力となります．

シンボル	アドレス	リセット後の値
PD1	00E3h 番地	00h
PD3 (注1)	00E7h 番地	00h
PD4 (注2)	00EAh 番地	00h

ビット・シンボル	ビット名	機能	RW
PDi_0	ポートPi0方向ビット	0：入力モード（入力ポートとして機能） 1：出力モード（出力ポートとして機能）	RW
PDi_1	ポートPi1方向ビット		RW
PDi_2	ポートPi2方向ビット		RW
PDi_3	ポートPi3方向ビット		RW
PDi_4	ポートPi4方向ビット		RW
PDi_5	ポートPi5方向ビット		RW
PDi_6	ポートPi6方向ビット		RW
PDi_7	ポートPi7方向ビット		RW

($i=1, 3, 4$)

注1：PD3レジスタのPD3_0〜PD3_2，PD3_6ビットは何も配置されていない
　　PD3_0〜PD3_2，PD3_6ビットに書く場合，'0'（入力モード）を書く．読んだ場合，その値は'0'
注2：PD4レジスタのPD4_0〜PD4_4ビット，PD4_6ビットとPD4_7ビットは何も配置されていない
　　PD4レジスタのPD4_0〜PD4_4ビット，PD4_6ビットとPD4_7ビットに書く場合，'0'（入力モード）を書く．読んだ場合，その値は'0'

図6-11　ポートP1，P3，P4方向レジスタ（PD1レジスタ，PD3レジスタ，PD4レジスタ）

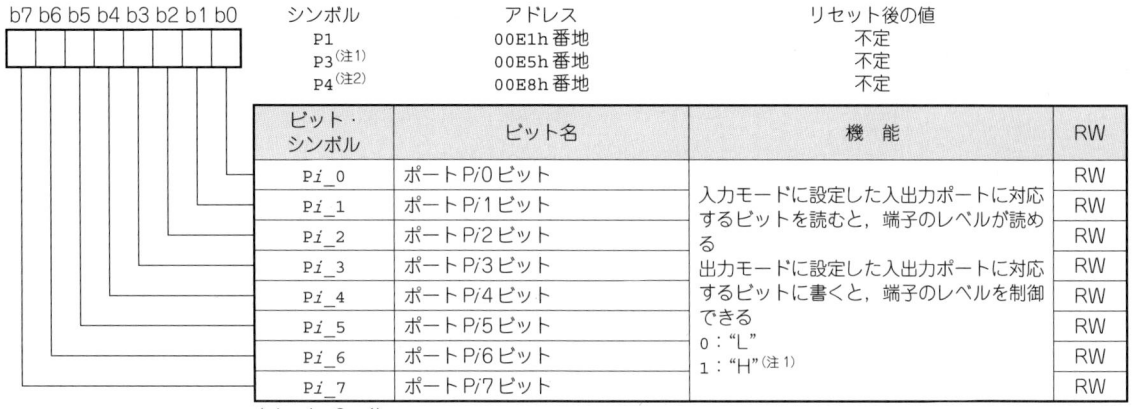

シンボル	アドレス	リセット後の値
P1	00E1h 番地	不定
P3 (注1)	00E5h 番地	不定
P4 (注2)	00E8h 番地	不定

ビット・シンボル	ビット名	機能	RW
Pi_0	ポートPi0ビット	入力モードに設定した入出力ポートに対応するビットを読むと，端子のレベルが読める 出力モードに設定した入出力ポートに対応するビットに書くと，端子のレベルを制御できる 0："L" 1："H"(注1)	RW
Pi_1	ポートPi1ビット		RW
Pi_2	ポートPi2ビット		RW
Pi_3	ポートPi3ビット		RW
Pi_4	ポートPi4ビット		RW
Pi_5	ポートPi5ビット		RW
Pi_6	ポートPi6ビット		RW
Pi_7	ポートPi7ビット		RW

($i=1, 3, 4$)

注1：P3レジスタのP3_0〜P3_2，P3_6ビットは何も配置されていない
　　P3_0〜P3_2，P3_6ビットに書く場合，'0'（"L"）を書く．読んだ場合，その値は'0'
注2：P4レジスタのP4_0〜P4_4ビットは何も配置されていない
　　P4_0〜P4_4ビットに書く場合，'0'（"L"）を書く．読んだ場合，その値は'0'

図6-12　ポートP1，P3，P4レジスタ（P1レジスタ，P3レジスタ，P4レジスタ）

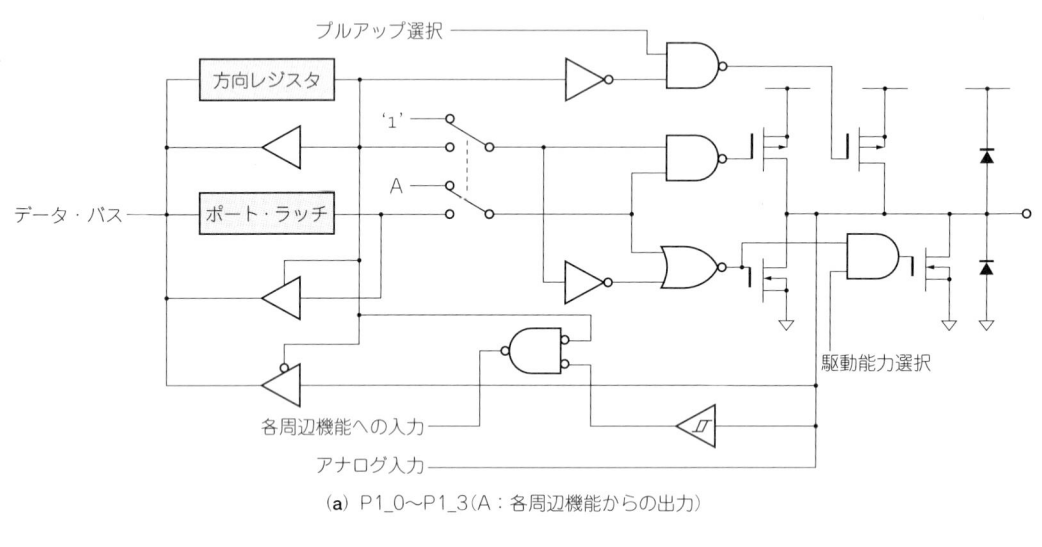

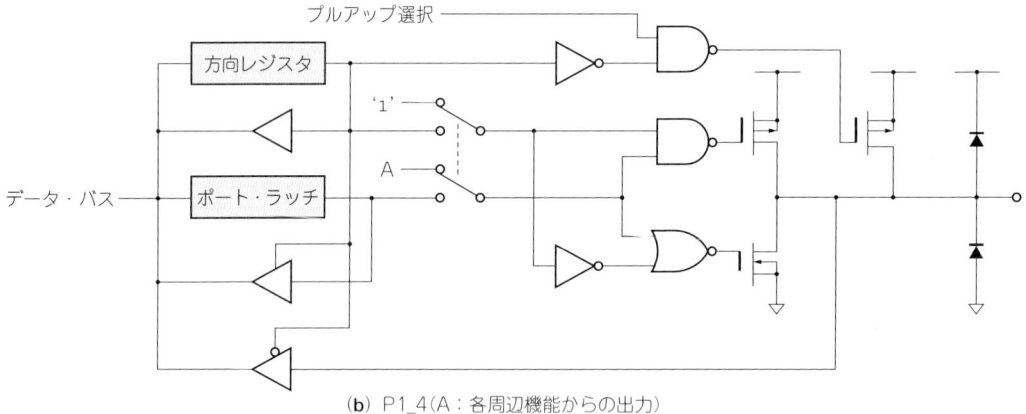

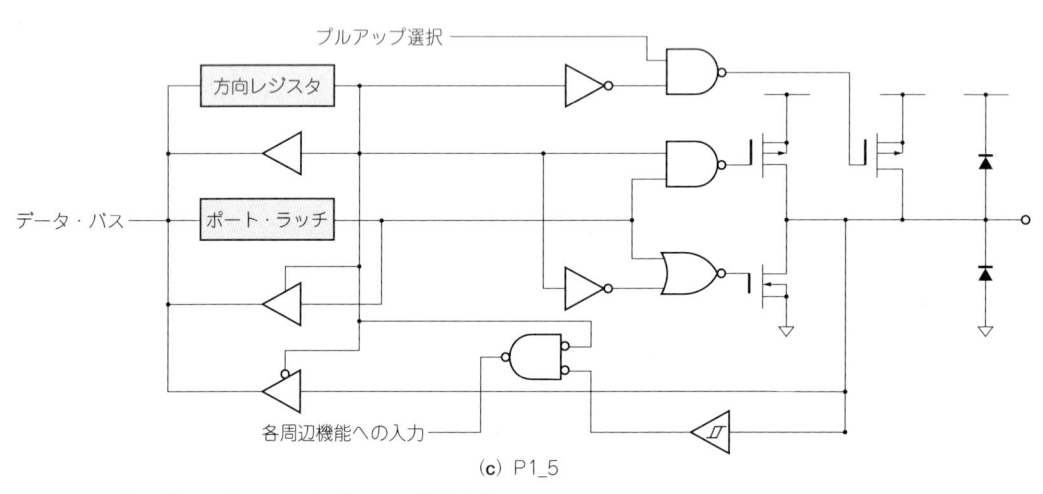

(a) P1_0～P1_3(A：各周辺機能からの出力)

(b) P1_4(A：各周辺機能からの出力)

(c) P1_5

図6-13 プログラマブル入出力ポートの構成(1)

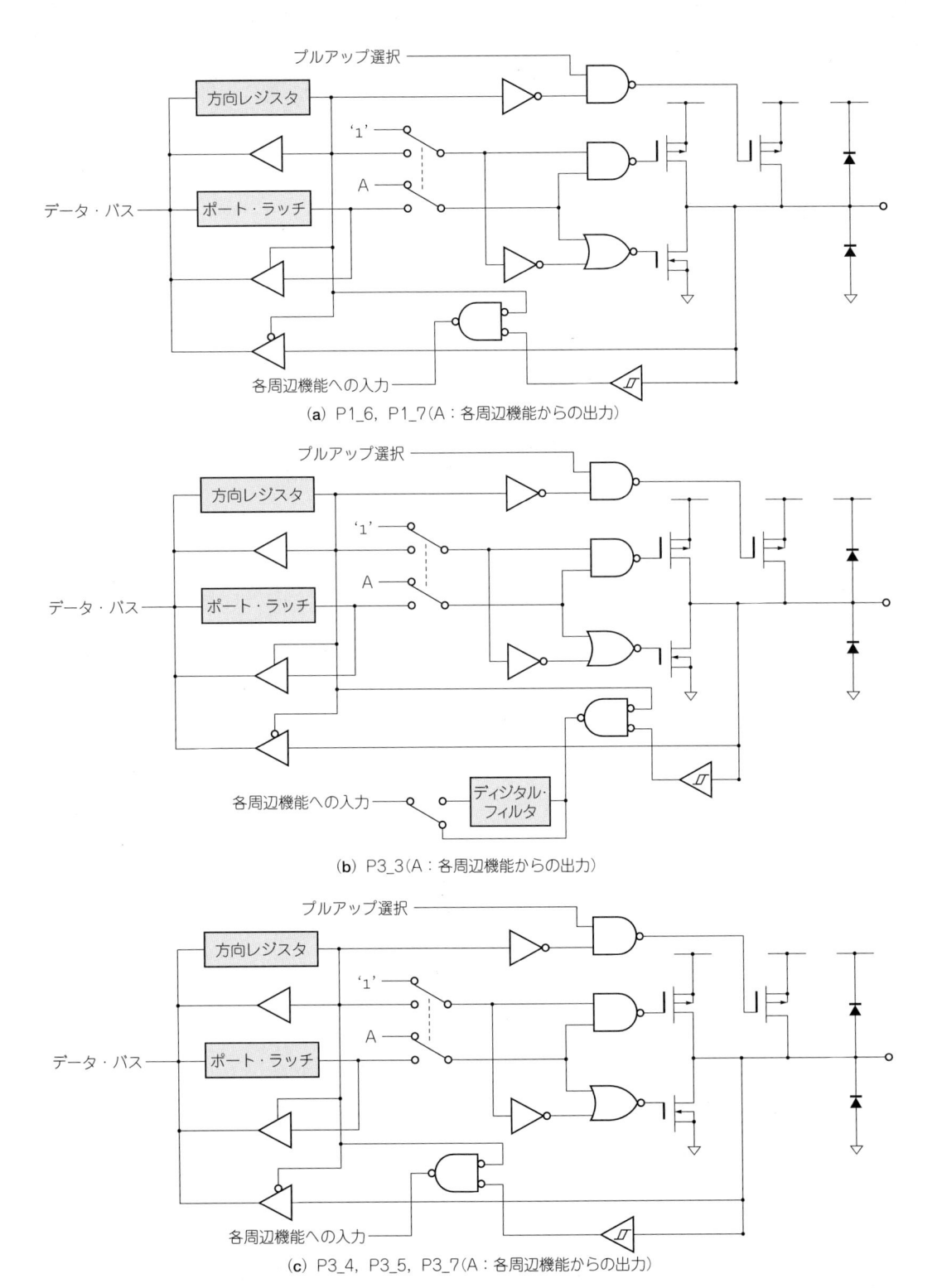

(a) P1_6, P1_7（A：各周辺機能からの出力）

(b) P3_3（A：各周辺機能からの出力）

(c) P3_4, P3_5, P3_7（A：各周辺機能からの出力）

図6-14　プログラマブル入出力ポートの構成（2）

● 設定方法と使いかた

　ポートPiレジスタは，設定されているポートの方向によりアクセス時の動作が異なります．ポートの方向が入力の場合は，ポートPiレジスタを読み出せば対応したポート端子の入力レベルが読み込めます．ポートPiレジスタに値を書き込んだ場合は，そのデータはポート・ラッチにラッチされ，端子からは出力されません．

　ポートの方向が出力になっている場合は，ポートPiレジスタに書き込んだデータがポート・ラッチにラッチされ，そのデータがポート端子から出力されます．ポートPiレジスタを読み込んだ場合は，端子のレベルを入力せずに，今現在出力しているデータ，つまりポート・ラッチにラッチされているデータを読み込みます．

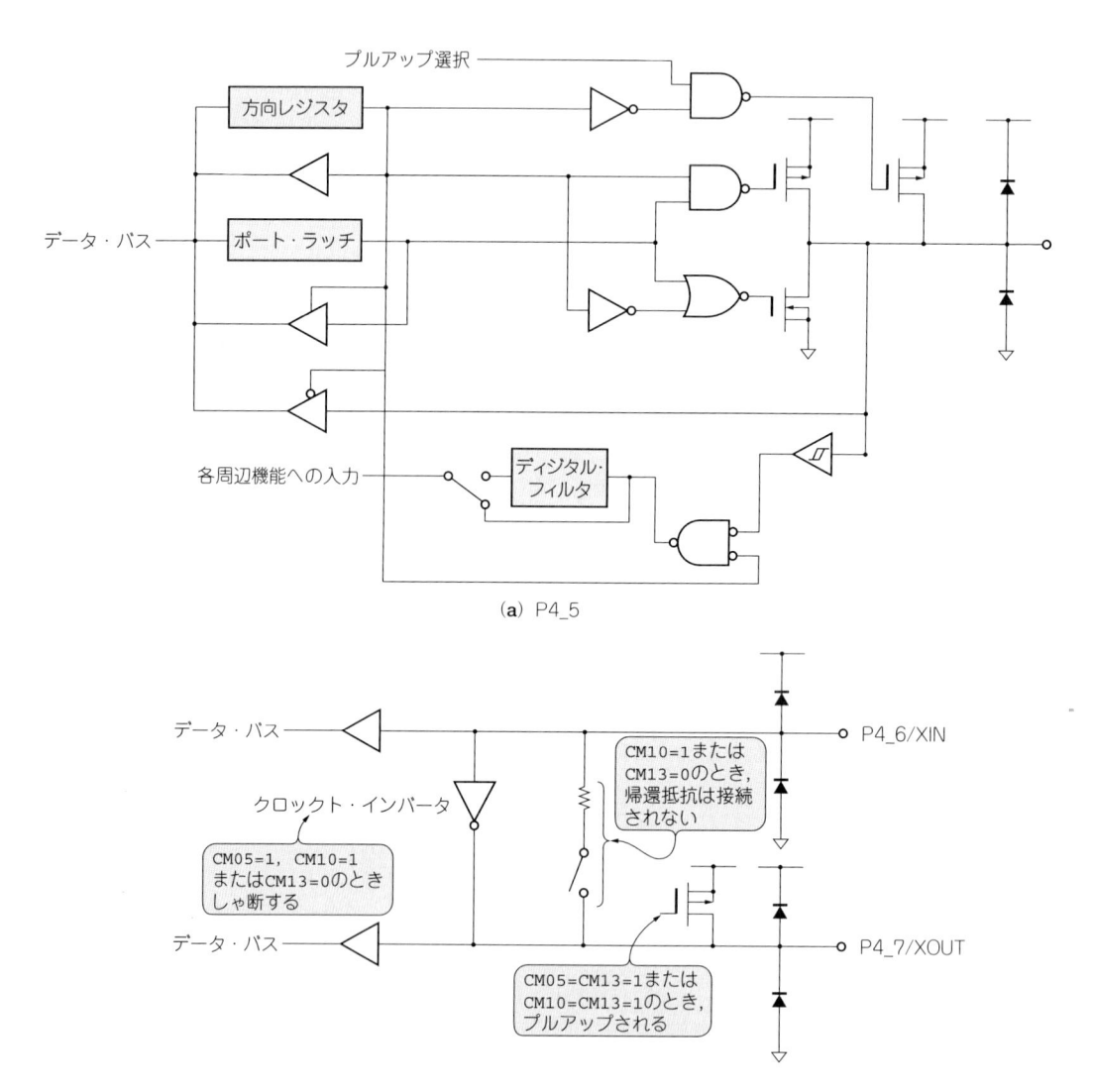

(a) P4_5

(b) P4_6/XIN, P4_7/XOUT

図6-15　プログラマブル入出力ポートの構成(3)

なお，ポート・ラッチの内容はリセット後不定値となっているため，ポートの方向を入力から出力に切り替えた時点で，不定データが出力されてしまいます．したがって出力ポートとして使用する場合は，初期出力値をポートPiレジスタに設定した後，ポートの方向を出力に切り替えます．

図6-11にポートP1～P4方向レジスタを，図6-12にポートP1～P4レジスタを示します．また，図6-13～図6-15にプログラマブル入出力ポートの構成を示します．

● 周辺機能の入出力端子として使用する場合

端子はマルチファンクションとなっているので，プログラマブル入出力ポートは周辺機能の入出力としても機能します．

周辺機能の入力端子として使用する場合は，ポートPi方向レジスタで必ずポートの方向を入力に設定します．周辺機能の出力端子として使用する場合は，ポートの方向とは無関係に出力端子となるので，ポートPi方向レジスタ値は'0'でも'1'でもかまいません．

● 未使用端子の処理

未使用端子処理については，入出力ポートであれば入力方向に設定して端子ごとに抵抗を接続し，プルアップまたはプルダウン抵抗などの実装面積やコストを削減したい場合は，出力方向に設定して端子を開放します．

ただし，ポートを出力方向に設定して未使用端子の処理をする場合は，リセット解除後のポートは入力方向となっているため，プログラムによってポートの方向を出力に切り替えるまでの間，端子の電圧レベルが不安定になり，電源電圧が増加する場合があるので注意してください．

入出力ポート以外の端子も含めた未使用端子の処理例を，表6-5に示します．

■ プルアップ制御レジスタ

R8C/Tinyは，各入出力ポートにプルアップ抵抗を内蔵しています．内蔵プルアップ抵抗を各ポートに接続するか否かの制御はプルアップ制御レジスタで行います．ビットごとに'0'で抵抗なし，'1'で抵抗ありになりますが，内蔵プルアップ抵抗が有効となるのは，指定したポートが入力ポートになっている場合だけです．

表6-5 未使用端子の処理方法

端子名	処理内容
ポートP1, P3_3～P3_5, P3_7, P4_5	・入力モードに設定し，端子ごとに抵抗を介してV_{SS}に接続（プルダウン） ・端子ごとに抵抗を介してV_{CC}に接続（プルアップ） ・出力モードに設定し，端子を開放 [注1] [注2]
ポートP4_6, P4_7	抵抗を介してV_{CC}に接続（プルアップ）[注2]
AV_{CC}/V_{REF}	V_{CC}に接続
AV_{SS}	V_{SS}に接続
RESET [注3]	V_{CC}に接続（プルアップ）[注2]

注1：出力モードに設定し開放する場合，プログラムによってポートを出力モードに切り替えるまでは，ポートは入力になっている．そのため，端子の電圧レベルが不安定になり，ポートが入力モードになっている期間，電源電圧が増加する場合がある
　　　また，ノイズやノイズによって引き起こされる暴走などによって，方向レジスタの内容が変化する場合を考慮し，プログラムで定期的に方向レジスタの内容を再設定したほうがプログラムの信頼性が高くなる
注2：未使用端子の処理は，マイコンの端子からできるだけ短い配線(2cm以内)で処理する
注3：パワーONリセット機能使用時

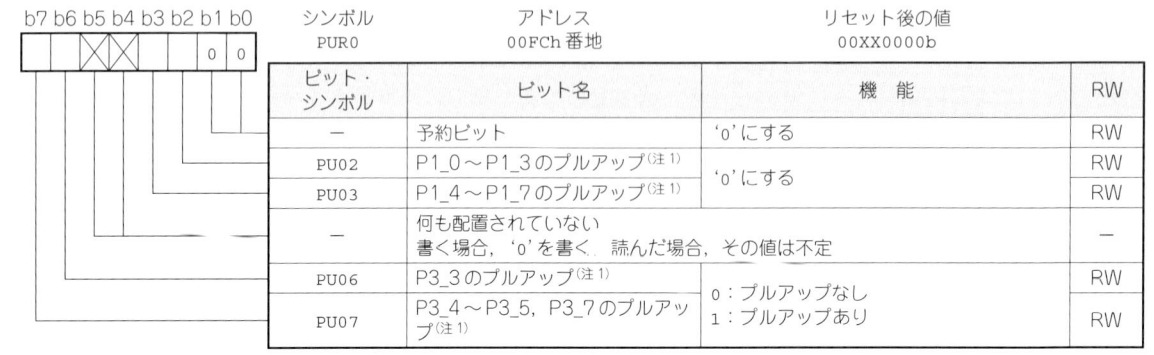

b7 b6 b5 b4 b3 b2 b1 b0	シンボル	アドレス	リセット後の値
☐☐☒☒☐☐0 0	PUR0	00FCh 番地	00XX0000b

ビット・シンボル	ビット名	機能	RW
—	予約ビット	'0'にする	RW
PU02	P1_0～P1_3のプルアップ(注1)	'0'にする	RW
PU03	P1_4～P1_7のプルアップ(注1)		RW
—	何も配置されていない 書く場合，'0'を書く．読んだ場合，その値は不定		—
PU06	P3_3のプルアップ(注1)	0：プルアップなし 1：プルアップあり	RW
PU07	P3_4～P3_5，P3_7のプルアップ(注1)		RW

注1：このビットが'1'（プルアップあり）かつ方向ビットが'0'（入力モード）の端子がプルアップされる

図6-16 プルアップ制御レジスタ0（PUR0レジスタ）

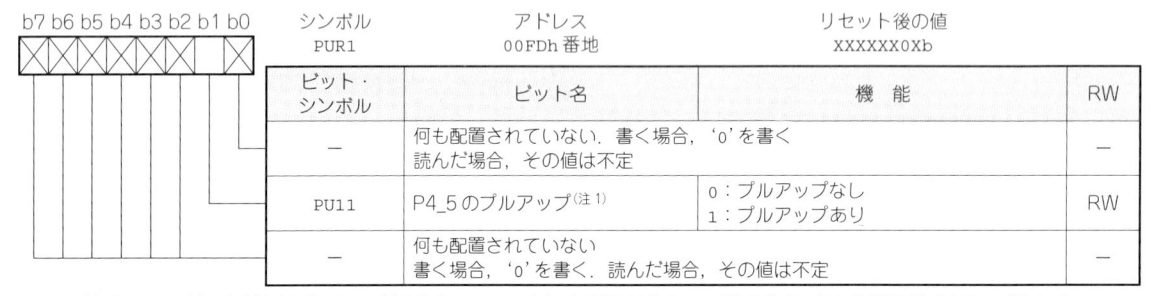

b7 b6 b5 b4 b3 b2 b1 b0	シンボル	アドレス	リセット後の値
☒☒☒☒☒☒0☒	PUR1	00FDh 番地	XXXXXX0Xb

ビット・シンボル	ビット名	機能	RW
—	何も配置されていない．書く場合，'0'を書く． 読んだ場合，その値は不定		—
PU11	P4_5のプルアップ(注1)	0：プルアップなし 1：プルアップあり	RW
—	何も配置されていない 書く場合，'0'を書く．読んだ場合，その値は不定		—

注1：PU11ビットが'1'（プルアップあり）かつPD4_5ビットが'0'（入力モード）のとき，P4_5端子がプルアップされる

図6-17 プルアップ制御レジスタ1（PUR1レジスタ）

b7 b6 b5 b4 b3 b2 b1 b0	シンボル	アドレス	リセット後の値
0 0 0 0 ☐ ☐ ☐ ☐	DRR	00FEh 番地	00h

ビット・シンボル	ビット名	機能	RW
DRR0	P1_0の駆動能力	P1のNチャネル出力トランジスタの駆動能力設定を行う 0：Low 1：High	RW
DRR1	P1_1の駆動能力		RW
DRR2	P1_2の駆動能力		RW
DRR3	P1_3の駆動能力		RW
—	予約ビット	'0'にする	RW

図6-18 ポートP1駆動能力制御レジスタ（DPRレジスタ）

なお，接続される抵抗値は5V動作時で50kΩ（平均），3V動作時で160kΩ（平均）となります．ただし，内蔵プルアップ抵抗は電源電圧によってかなり変動し，5V動作時で30k～167kΩ，3V動作時で66k～500kΩとなります．**図6-16**にプルアップ制御レジスタ0，**図6-17**にプルアップ制御レジスタ1のビット構成をそれぞれ示します．

■ ポートの駆動能力制御

R8C/Tinyは，LEDなどの多くの電流を必要とするようなデバイスを，ドライバICなどを外付けせずにポートに接続するために，大電流を駆動できるポートをもっています．大電流を駆動できるポートはポー

b7 b6 b5 b4 b3 b2 b1 b0				
☒☒☒☒☒ 0 0 0	シンボル PM0	アドレス 0004h番地	リセット後の値 00h	

ビット・ シンボル	ビット名	機　能	RW
―	予約ビット	'0'にする	RW
PM03	ソフトウェア・リセット・ビット	このビットを'1'にするとマイクロコンピュータはリセットされる．読んだ場合，その値は'0'	RW
―	何も配置されていない 書く場合，'0'を書く．読んだ場合，その値は'0'		―

注1：PM0レジスタは，PRCRレジスタのPRC1ビットを'1'（書き込み許可）にした後で書き換える

図6-19　プロセッサ・モード・レジスタ0（PM0レジスタ）

b7 b6 b5 b4 b3 b2 b1 b0				
0 ☒☒☒☒ 0 ☒	シンボル PM1	アドレス 0005h番地	リセット後の値 00h	

ビット・ シンボル	ビット名	機　能	RW
―	何も配置されていない． 書く場合，'0'を書く．読んだ場合，その値は不定		―
―	予約ビット	'0'にする	RW
PM12	WDT割り込み／リセット 切り替えビット	0：ウォッチ・ドッグ・タイマ割り込み 1：ウォッチ・ドッグ・タイマリセット（注2）	RW
―	何も配置されていない． 書く場合，'0'を書く．読んだ場合，その値は不定		―
―	予約ビット	'0'にする	RW

注1：このレジスタは，PRCRレジスタのPRC1ビットを'1'（書き込み許可）にした後で書き換える
注2：PM12ビットはプログラムで'1'を書くと'1'になる（'0'を書いても変化しない）
　　　CSPRレジスタのCSPROビットが'1'（カウント・ソース保護モード有効）のとき，PM12ビットは自動的に'1'になる

図6-20　プロセッサ・モード・レジスタ1（PM1レジスタ）

トP1のP1_0～P1_3の4端子で，各端子のNチャネル出力トランジスタ側だけが制御できます（つまり"L"出力時の電流量だけ）．

　駆動能力の制御は，ポートP1駆動能力制御レジスタで行い，レジスタの各ビットが'0'の場合は通常の電流値（5mA）で駆動され，'1'で通常の約3倍の電流（15mA）を駆動できます．**図6-18**にポートP1駆動能力制御レジスタを示します．

[第7章] R8C/14～R8C/17のタイマX, タイマZ, タイマCの詳細

新海 栄治

　R8C/Tinyは，タイマX，タイマZ，タイマCの三つのタイマを内蔵しています．タイマXとタイマZは8ビット・プリスケーラ付きの8ビット・タイマで，カウンタの初期値を記憶しておくリロード・レジスタをもちます．タイマCは16ビット・タイマで，インプット・キャプチャおよびアウトプット・コンペア機能をもちます．

　各タイマにはそれぞれ入出力端子があり，入力波形の時間計測やパルス出力用の端子として使用します．また，各タイマは複数の動作モードを備えています．**表7-1**に各タイマの機能比較を示します．

表7-1　各タイマの機能比較

項　　目		タイマX	タイマZ	タイマC
構成		8ビット・プリスケーラ付き 8ビット・タイマ （リロード・レジスタ付き）	8ビット・プリスケーラ付き 8ビット・タイマ （リロード・レジスタ付き）	16ビット・タイマ （インプット・キャプチャ， アウトプット・コンペア付き）
カウント		ダウン・カウント	ダウン・カウント	アップ・カウント
カウント・ソース		・f1 ・f2 ・f8 ・fRING	・f1 ・f2 ・f8 ・タイマXアンダーフロー	・f1 ・f8 ・f32 ・fRING-fast
機能	タイマ・モード	○	○	−
	パルス出力モード	○	−	−
	イベント・カウンタ・モード	○	−	−
	パルス幅測定モード	○	−	−
	パルス周期測定モード	○	−	−
	プログラマブル波形発生モード	−	○	−
	プログラマブル・ワンショット発生モード	−	○	−
	プログラマブル・ウェイト・ワンショット発生モード	−	○	−
	インプット・キャプチャ・モード	−	−	○
	アウトプット・コンペア・モード	−	−	○
入力端子		CNTR00/CNTR01	$\overline{\text{INT0}}$	TCIN
出力端子		CNTR00 CNTR0	TZOUT	CMP0_0～CMP0_2 CMP1_0～CMP1_2
関連する割り込み		タイマX割り込み $\overline{\text{INT1}}$割り込み	タイマZ割り込み $\overline{\text{INT0}}$割り込み	タイマC割り込み $\overline{\text{INT3}}$割り込み コンペア0割り込み コンペア1割り込み
タイマ停止		○	○	○

○：あり　−：なし

7-1　タイマX

　タイマXは，8ビット・プリスケーラ付きの8ビット・タイマで，波形入力機能に特徴のあるタイマです．プリスケーラとタイマは，**図7-1**のブロック図に示すように，それぞれリロード・レジスタとカウンタ・レジスタで構成されます．プリスケーラにより分周されたカウント・ソースがタイマに入力され，タイマ・カウンタをダウン・カウントしていきます．プリスケーラ・カウンタはアンダーフローするごとに，リロード・レジスタから初期値が再設定されます．タイマ・カウンタがアンダーフローすると，リロード・レジスタから初期値が再設定されると同時に，タイマX割り込み要求が発生します．なお，タイマXはリセット解除後は停止しているので，スタートさせるには"タイマXカウント開始フラグ・ビット（TXSビット）"によりカウントを開始させる必要があります．

　図7-1のプリスケーラのリロード・レジスタとカウンタ・レジスタ〔プリスケーラXレジスタ（PREXレジスタ）〕，およびタイマのリロード・レジスタとカウンタ・レジスタ〔タイマXレジスタ（TXレジスタ）〕は，それぞれSFR領域の同じ番地に配置されています．

　したがって，それらにアクセスしたときの動作は，PREXレジスタおよびTXレジスタを読み出した場合は，タイマの停止中/動作中にかかわらず，それぞれのカウンタ・レジスタの値が読み出されます．書き込んだ場合は，タイマが停止中であればリロード・レジスタとカウンタ・レジスタともに値が書き込まれ，タイマが動作中であればリロード・レジスタだけに書き込まれ，カウンタがアンダーフローした時点でリロード・レジスタの値がカウンタに再設定されます．

　タイマXには次の五つのモードがあります．

▶タイマ・モード：内部のカウント・ソースをカウントするモード（汎用タイマ）
▶パルス出力モード：内部のカウント・ソースをカウントし，タイマがアンダーフローするごとに極性を反転したパルスを連続して出力するモード
▶イベント・カウンタ・モード：外部から入力されるパルスをカウントするモード
▶パルス幅測定モード：外部から入力されたパルスの幅（"H"/"L"幅指定可）を測定するモード

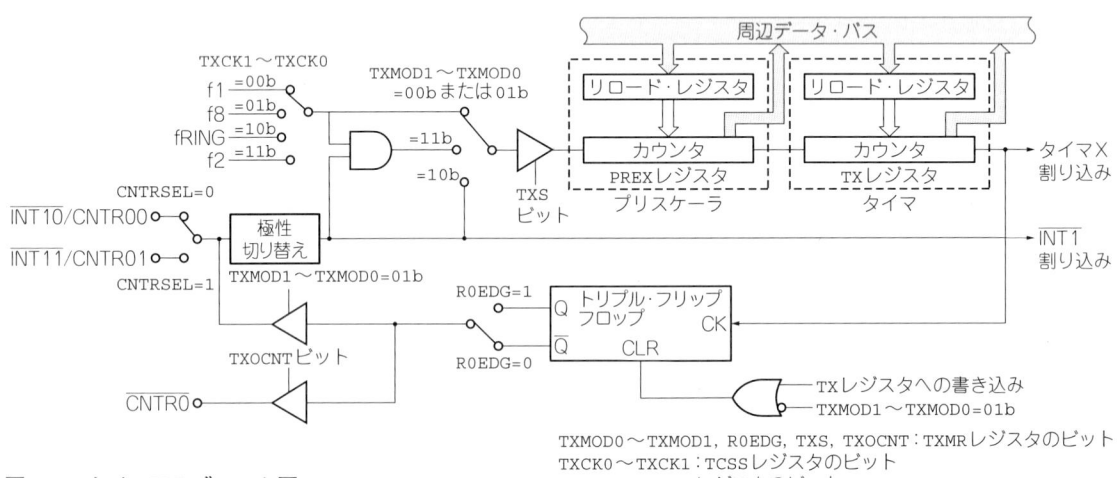

図7-1　タイマXのブロック図

▶パルス周期測定モード：外部から入力されたパルスの周期を測定するモード

図7-2～図7-5にタイマX関連のレジスタを示します．

タイマXモード・レジスタは，タイマXの動作モードなどを設定するレジスタで，選択したモードによりレジスタの各ビットの機能が異なります．タイマXのカウント開始フラグもこのレジスタに配置されています．プリスケーラXレジスタとタイマXレジスタは，それぞれプリスケーラとタイマのカウンタ・レジスタです．タイマ・カウント・ソース設定レジスタは，プリスケーラに入力するカウント・ソースを選択するためのレジスタです（タイマZのカウント・ソース選択ビットも含まれる）．

b7 b6 b5 b4 b3 b2 b1 b0　シンボル　　　　アドレス　　　　　リセット後の値
　　　　　　　　　　　　　TXMR　　　　　008Bh 番地　　　　　00h

ビット・シンボル	ビット名	機能	RW
TXMOD0	動作モード選択ビット0, 1	b1 b0 0 0：タイマ・モード，またはパルス周期測定モード 0 1：パルス出力モード	RW
TXMOD1		1 0：イベント・カウンタ・モード 1 1：パルス幅測定モード	RW
R0EDG	INT1/CNTR0 信号極性切り替えビット(注1)	動作モードによって機能が異なる	RW
TXS	タイマXカウント開始フラグ	0：カウント停止 1：カウント開始	RW
TXOCNT	P3_7/CNTR0 選択ビット	動作モードによって機能が異なる	RW
TXMOD2	動作モード選択ビット2	0：パルス周期測定モード以外 1：パルス周期測定モード	RW
TXEDG	有効エッジ判定フラグ	動作モードによって機能が異なる	RW
TXUND	タイマXアンダーフロー・フラグ	動作モードによって機能が異なる	RW

注1：R0EDGビットを変更すると，INT1ICレジスタのIRビットが'1'（割り込み要求あり）になることがある

図7-2　タイマXモード・レジスタ（TXMRレジスタ）

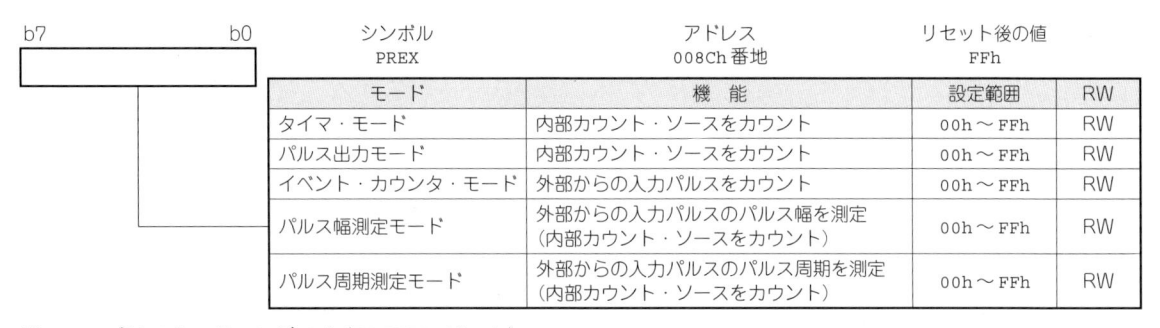

b7　　　　　　　　b0　シンボル　　　　アドレス　　　　　リセット後の値
　　　　　　　　　　　PREX　　　　　　008Ch 番地　　　　FFh

モード	機能	設定範囲	RW
タイマ・モード	内部カウント・ソースをカウント	00h～FFh	RW
パルス出力モード	内部カウント・ソースをカウント	00h～FFh	RW
イベント・カウンタ・モード	外部からの入力パルスをカウント	00h～FFh	RW
パルス幅測定モード	外部からの入力パルスのパルス幅を測定 （内部カウント・ソースをカウント）	00h～FFh	RW
パルス周期測定モード	外部からの入力パルスのパルス周期を測定 （内部カウント・ソースをカウント）	00h～FFh	RW

図7-3　プリスケーラXレジスタ（PREXレジスタ）

b7　　　　　　　　b0　シンボル　　　　アドレス　　　　　リセット後の値
　　　　　　　　　　　TX　　　　　　　008Dh 番地　　　　FFh

機能	設定範囲	RW
プリスケーラXのアンダーフローをカウント	00h～FFh	RW

図7-4　タイマXレジスタ（TXレジスタ）

b7	b6	b5	b4	b3	b2	b1	b0
0	0			0		0	0

シンボル：TCSS　アドレス：008Eh番地　リセット後の値：00h

ビット・シンボル	ビット名	機能	RW
TXCK0	タイマXカウント・ソース選択ビット(注1)	b1 b0 0 0：f1 0 1：f8 1 0：fRING 1 1：f2	RW
TXCK1			RW
—	予約ビット	'0'にする	RW
TZCK0	タイマZカウント・ソース選択ビット(注1)	b5 b4 0 0：f1 0 1：f8 1 0：タイマXアンダーフローを選択 1 1：f2	RW
TZCK1			RW
—	予約ビット	'0'にする	RW

注1：カウント動作中にカウント・ソースを切り替えない．カウント・ソースを切り替えるときは，タイマのカウントを停止する

図7-5　タイマ・カウント・ソース設定レジスタ(TCSSレジスタ)

b7	b6	b5	b4	b3	b2	b1	b0
0	0	0	0	0	0	0	0

シンボル：TXMR　アドレス：008Bh番地　リセット後の値：00h

ビット・シンボル	ビット名	機能，または設定値	RW
TXMOD0	動作モード選択ビット0，1	b1 b0 0 0：タイマ・モード，またはパルス周期測定モード	RW
TXMOD1			RW
R0EDG	INT1/CNTR0信号極性切り替えビット(注1，注2)	0：立ち上がりエッジ 1：立ち下がりエッジ	RW
TXS	タイマXカウント開始フラグ	0：カウント停止 1：カウント開始	RW
TXOCNT	P3_7/CNTR0選択ビット	'0'にする	RW
TXMOD2	動作モード選択ビット2	'0'にする	RW
TXEDG	有効エッジ判定フラグ	'0'にする	RW
TXUND	タイマXアンダーフロー・フラグ	'0'にする	RW

注1：R0EDGビットを変更すると，INT1ICレジスタのIRビットが'1'(割り込み要求あり)になることがある
注2：タイマ・モードではINT1割り込みの極性を選択するビットになる

図7-6　タイマ・モード時のタイマXモード・レジスタ

なお，各レジスタの設定はどの順番で設定してもかまいませんが，タイマXモード・レジスタとカウント・ソース設定レジスタは，必ずタイマが停止している状態で設定します．カウント値の設定など，タイマ関連レジスタ設定がすべて終わったら，タイマXカウント開始フラグ・ビット(TXSビット)でタイマをスタートさせます．

■ タイマ・モードとその使いかた

内部のカウント・ソースをカウントするモードです．タイマ・モードでは，クロック・ソースとしてf1，f2，f8，fRINGのいずれかを選択できます．またカウント動作はダウン・カウント固定です．**表7-2**にタイマ・モードの仕様，**図7-6**にタイマ・モードで使用する場合のタイマXモード・レジスタの各ビットの機

表7-2 タイマ・モードの仕様

項　目	仕　様
カウント・ソース	f1, f2, f8, fRING
カウント動作	・ダウン・カウント ・アンダーフロー時リロード・レジスタの内容をリロードしてカウントを継続
分周比	$1/(n+1)(m+1)$　　n：PREXレジスタの設定値，m：TXレジスタの設定値
カウント開始条件	TXMRレジスタのTXSビットへ'1'（カウント開始）を書き込み
カウント停止条件	TXMRレジスタのTXSビットへ'0'（カウント停止）を書き込み
割り込み要求発生タイミング	タイマXのアンダーフロー時→タイマX割り込み
$\overline{INT1}$/CNTR0信号端子機能	プログラマブル入出力ポート，または$\overline{INT1}$割り込み入力
$\overline{CNTR0}$端子機能	プログラマブル入出力ポート
タイマの読み出し	TXレジスタ，PREXレジスタを読み出すと，それぞれカウント値が読み出される
タイマの書き込み	・カウント停止中またはカウント開始後1回目のカウント・ソースが入力されるまでに，TXレジスタ，PREXレジスタに書き込むと，それぞれリロード・レジスタとカウンタの両方に書き込まれる ・カウント中（ただし1回目のカウント・ソースが入力後に），TXレジスタ，PREXレジスタに書き込むと，それぞれリロード・レジスタに書き込まれる（次のリロード時にカウンタへ転送される）

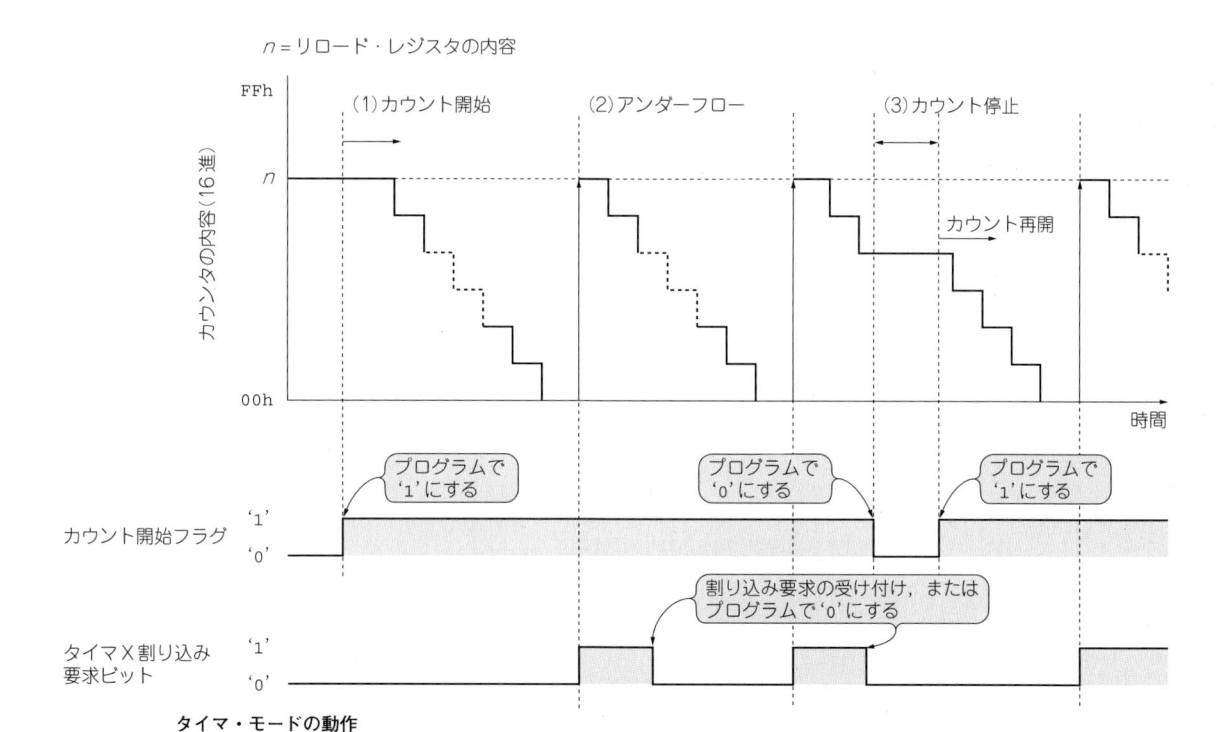

タイマ・モードの動作
(1) カウント開始フラグを'1'にすると，カウンタはカウント・ソースをダウン・カウントする
(2) アンダーフローすると，リロード・レジスタの内容をリロードしてカウントを続ける．同時に，タイマX割り込み要求ビットが'1'になる
(3) カウント開始フラグを'0'にすると，カウンタはカウント値を保持して停止する

図7-7 タイマ・モードの動作タイミング

能，図7-7にタイマ・モードの動作タイミングをそれぞれ示します．

それぞれのカウンタに設定するカウント値の算出方法を以下に示します．

【タイマXカウント値算出方法】

タイマXレジスタの設定値をn，プリスケーラXレジスタの設定値をm，システム・クロックの周波数をf[Hz]，割り込み要求発生間隔をt_i[s]，タイマXカウント・ソース選択ビット（TXCK0, TXCK1）で選択した分周比をr_f(f1/f8/fRING/f2)とすると，

b7 b6 b5 b4 b3 b2 b1 b0
0 0 0 ⎡ ⎡ ⎡ 0 1

	シンボル	アドレス	リセット後の値
	TXMR	008Bh 番地	00h

ビット・シンボル	ビット名	機能，または設定値	RW
TXMOD0	動作モード選択ビット0，1	b1 b0 0 1：パルス出力モード	RW
TXMOD1			RW
R0EDG	INT1/CNTR0信号極性切り替えビット（注1）	0："H"からCNTR0信号出力開始 1："L"からCNTR0信号出力開始	RW
TXS	タイマXカウント開始フラグ	0：カウント停止 1：カウント開始	RW
TXOCNT	P3_7/CNTR0選択ビット	0：ポートP3_7 1：CNTR0出力	RW
TXMOD2	動作モード選択ビット2	'0'にする	RW
TXEDG	有効エッジ判定フラグ	'0'にする	RW
TXUND	タイマXアンダーフロー・フラグ	'0'にする	RW

注1：R0EDGビットを変更すると，INT1ICレジスタのIRビットが'1'（割り込み要求あり）になることがある

図7-8 パルス出力モード時のタイマXモード・レジスタ

表7-3 パルス出力モードの仕様

項目	仕様
カウント・ソース	f1，f2，f8，fRING
カウント動作	・ダウン・カウント ・アンダーフロー時リロード・レジスタの内容をリロードしてカウントを継続
分周比	$1/(n+1)(m+1)$　n：PREXレジスタの設定値，m：TXレジスタの設定値
カウント開始条件	TXMRレジスタのTXSビットへ'1'（カウント開始）を書き込み
カウント停止条件	TXMRレジスタのTXSビットへ'0'（カウント停止）を書き込み
割り込み要求発生タイミング	タイマXのアンダーフロー時→タイマX割り込み
INT1/CNTR0信号端子機能	パルス出力
CNTR0端子機能	プログラマブル入出力ポート，またはCNTR0の反転出力
タイマの読み出し	TXレジスタ，PREXレジスタを読み出すと，それぞれカウント値が読み出される
タイマの書き込み	・カウント停止中またはカウント開始後1回目のカウント・ソースが入力されるまでに，TXレジスタ，PREXレジスタに書き込むと，それぞれリロード・レジスタとカウンタの両方に書き込まれる ・カウント中（ただし1回目のカウント・ソースが入力後に），TXレジスタ，PREXレジスタに書き込むと，それぞれリロード・レジスタに書き込まれる（次のリロード時にカウンタへ転送される）
選択機能	・INT1/CNTR0信号極性切り替え機能 　R0EDGビットでパルス出力開始時のレベルを選択できる ・反転パルス出力機能 　CNTR0信号出力の極性を反転したパルスをCNTR0端子から出力できる（TXOCNTビットで選択）

$$n + 1 = \frac{f \times t_i}{r_f \times (m+1)}$$

【例】外部発振周波数(XIN-XOUT1)が20MHzで，2ms間隔で割り込みを発生させる場合

カウント・ソースとしてf2(システム・クロックの2分周)を選択し，プリスケーラで100分周($m=99$)した場合を考える．

$$n + 1 = \frac{20 \times 10^6 \times 2 \times 10^{-3}}{2 \times 100}$$

$$= 200$$

$$\therefore n = 199$$

■ パルス出力モードとその使いかた

内部のカウント・ソースをカウントし，タイマがアンダーフローするごとに極性を反転したパルスをCNTR0信号端子(CNTR00，またはCNTR01端子)から連続して出力するモードです．

パルス出力モードは，クロック・ソースとしてf1，f2，f8，fRINGのいずれかを選択でき，カウント動作はダウン・カウント固定です．また，選択機能として，出力パルスの初期レベルを設定できる"$\overline{\text{INT1}}$/CNTR0信号極性切り替え機能"，CNTR0信号端子から出力しているパルスを反転した波形を$\overline{\text{CNTR0}}$端子から出力することができる"反転パルス出力機能"があります．

表7-3にパルス出力モードの仕様，図7-8にパルス出力モードで使用する場合のタイマXモード・レジスタの各ビットの機能，図7-9にパルス出力モードの動作タイミングをそれぞれ示します．

■ イベント・カウンタ・モードとその使いかた

$\overline{\text{INT10}}$/CNTR00端子または$\overline{\text{INT11}}$/CNTR01端子から入力される外部信号をカウントするモードです．したがって，イベント・カウンタ・モードのクロック・ソースは，$\overline{\text{INT10}}$/CNTR00端子または$\overline{\text{INT11}}$/

表7-4　イベント・カウンタ・モードの仕様

項　目	仕　様
カウント・ソース	CNTR0端子に入力された外部信号(ソフトウェアにて有効エッジを選択可能)
カウント動作	・ダウン・カウント ・アンダーフロー時リロード・レジスタの内容をリロードしてカウントを継続
分周比	$1/(n+1)(m+1)$　n：PREXレジスタの設定値，m：TXレジスタの設定値
カウント開始条件	TXMRレジスタのTXSビットへ'1'(カウント開始)を書き込み
カウント停止条件	TXMRレジスタのTXSビットへ'0'(カウント停止)を書き込み
割り込み要求発生タイミング	タイマXのアンダーフロー時→タイマX割り込み
$\overline{\text{INT1}}$/CNTR0信号端子機能	カウント・ソース入力($\overline{\text{INT1}}$割り込み入力)
$\overline{\text{CNTR0}}$端子機能	プログラマブル入出力ポート
タイマの読み出し	TXレジスタ，PREXレジスタを読み出すと，それぞれカウント値が読み出される
タイマの書き込み	・カウント停止中に，TXレジスタ，PREXレジスタに書き込むと，それぞれリロード・レジスタとカウンタの両方に書き込まれる ・カウント中に，TXレジスタ，PREXレジスタに書き込むと，それぞれリロード・レジスタに書き込まれる(次のリロード時にカウンタへ転送される)
選択機能	・$\overline{\text{INT1}}$/CNTR0信号極性切り替え機能 　R0EDGビットでカウント・ソースの有効エッジを選択できる ・カウント・ソース入力端子選択機能 　UCONレジスタのCNTRSELビットでCNTR00またはCNTR01端子を選択できる

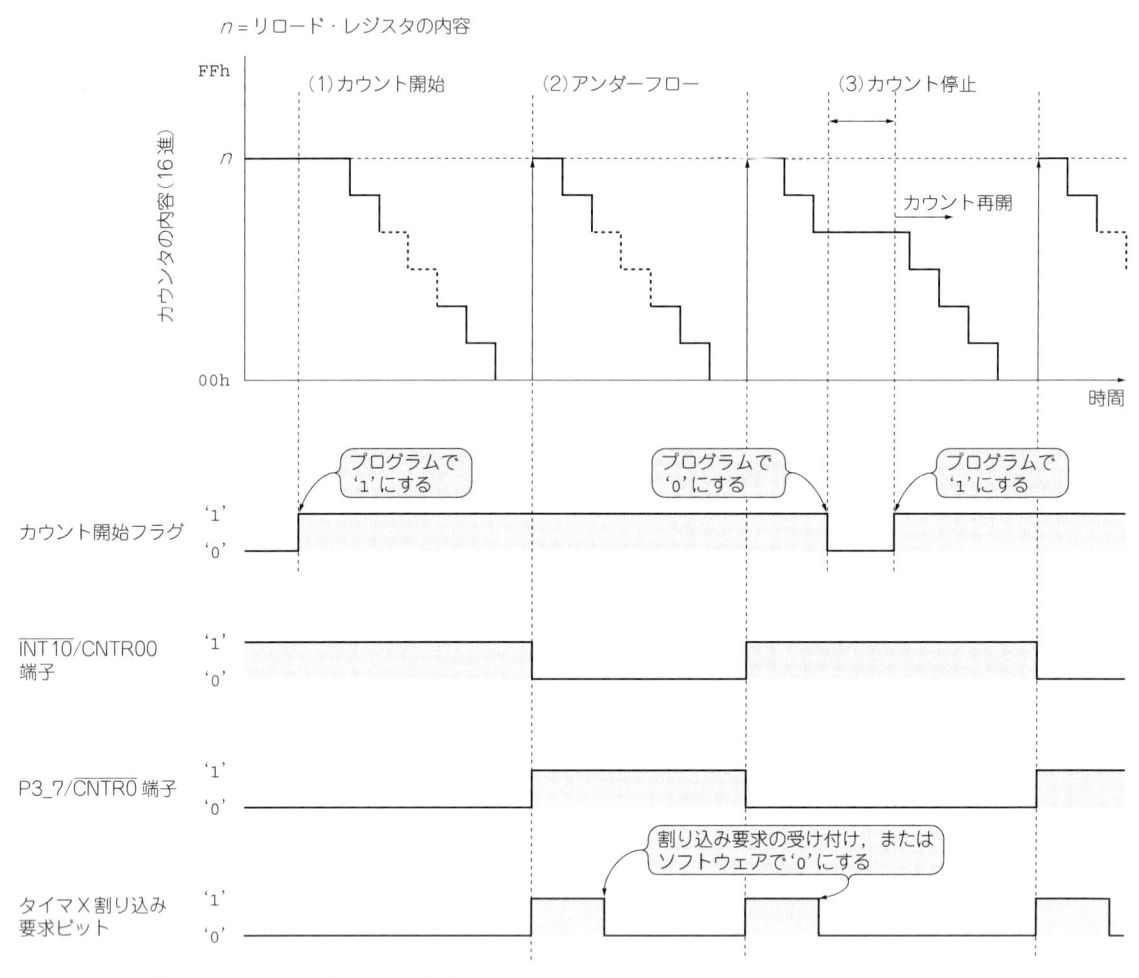

n = リロード・レジスタの内容

パルス出力モードの選択機能

設定項目		設定内容
INT1/CNTR0 信号極性切り替え	○	"H"から出力開始
		"L"から出力開始
P3_7/CNTR0 端子機能		プログラマブル入出力ポート
	○	パルス出力(CNTR0 出力の反転出力)

パルス出力モードの動作

(1) カウント開始フラグを'1'にすると，カウンタはカウント・ソースをダウン・カウントする．P1_7/INT10/CNTR00 端子から"H"を出力，P3_7/CNTR0 端子から"L"(CNTR0 の反転信号)を出力する
(2) アンダーフローすると，リロード・レジスタの内容をリロードしてカウントを続ける．同時に，タイマX割り込み要求ビットが'1'になる．また，INT10/CNTR00 端子とP3_7/CNTR0 端子の出力が反転する
(3) カウント開始フラグを'0'にすると，カウンタはカウント値を保持して停止する

図7-9 パルス出力モードの動作タイミングと設定例

CNTR01端子から入力される外部信号となります．カウント動作はダウン・カウント固定です．$\overline{\text{INT1}}$0/CNTR00端子または$\overline{\text{INT1}}$1/CNTR01端子のどちらに入力された外部信号をカウントするかは，UART送受信制御レジスタ2の"CNTR0信号端子選択ビット（CNTRSELビット）"により選択します．また，入力される外部信号の立ち下がりエッジをカウントするか，立ち上がりエッジをカウントするかを"$\overline{\text{INT1}}$/CNTR0信号極性切り替えビット（R0EDGビット）"で選択できます．

表7-4にイベント・カウンタ・モードの仕様，図7-10にイベント・カウンタ・モードで使用する場合のタイマXモード・レジスタの各ビットの機能，図7-11にUART送受信制御レジスタ2のビット構成，図7-12にイベント・カウンタ・モードの動作タイミングをそれぞれ示します．

b7 b6 b5 b4 b3 b2 b1 b0	シンボル	アドレス	リセット後の値	
0 0 0 0 _ _ 1 0	TXMR	008Bh 番地	00h	

ビット・シンボル	ビット名	機能，または設定値	RW
TXMOD0	動作モード選択ビット0, 1	b1 b0 0 1：イベント・カウンタ・モード	RW
TXMOD1			RW
R0EDG	$\overline{\text{INT1}}$/CNTR0 信号極性切り替えビット（注1）	0：立ち上がりエッジ 1：立ち下がりエッジ	RW
TXS	タイマXカウント開始フラグ	0：カウント停止 1：カウント開始	RW
TXOCNT	P3_7/$\overline{\text{CNTR0}}$ 選択ビット	'0'にする	RW
TXMOD2	動作モード選択ビット2	'0'にする	RW
TXEDG	有効エッジ判定フラグ	'0'にする	RW
TXUND	タイマXアンダーフロー・フラグ	'0'にする	RW

注1：R0EDGビットを変更すると，INT1ICレジスタのIRビットが'1'（割り込み要求あり）になることがある

図7-10 イベント・カウンタ・モード時のタイマXモード・レジスタ

b7 b6 b5 b4 b3 b2 b1 b0	シンボル	アドレス	リセット後の値	
0 0 0 0 0	UCON	00B0h 番地	00h	

ビット・シンボル	ビット名	機能	RW
U0IRS	UART0送信割り込み要因選択ビット	0：送信バッファ空(TI=1) 1：送信完了(TXEMP=1)	RW
—	予約ビット	'0'にする	RW
U0RRM	UART0連続受信モード許可ビット	0：連続受信モード禁止 1：連続受信モード許可	RW
—	予約ビット	'0'にする	RW
CNTRSEL	CNTR0信号端子選択ビット（注1）	0：P1_5/RXD0 　　P1_7/CNTR00/$\overline{\text{INT1}}$0 1：P1_5/RXD0/CNTR01/$\overline{\text{INT1}}$1 　　P1_7	RW

注1：CNTRSELビットはCNTR0($\overline{\text{INT1}}$)信号の入力端子を選択する．CNTR0信号を出力する場合は，CNTRSELビットの設定にかかわらず，CNTR00端子から出力される

図7-11 UART0送受信制御レジスタ2（UCONレジスタ）

7-1 タイマX | 149

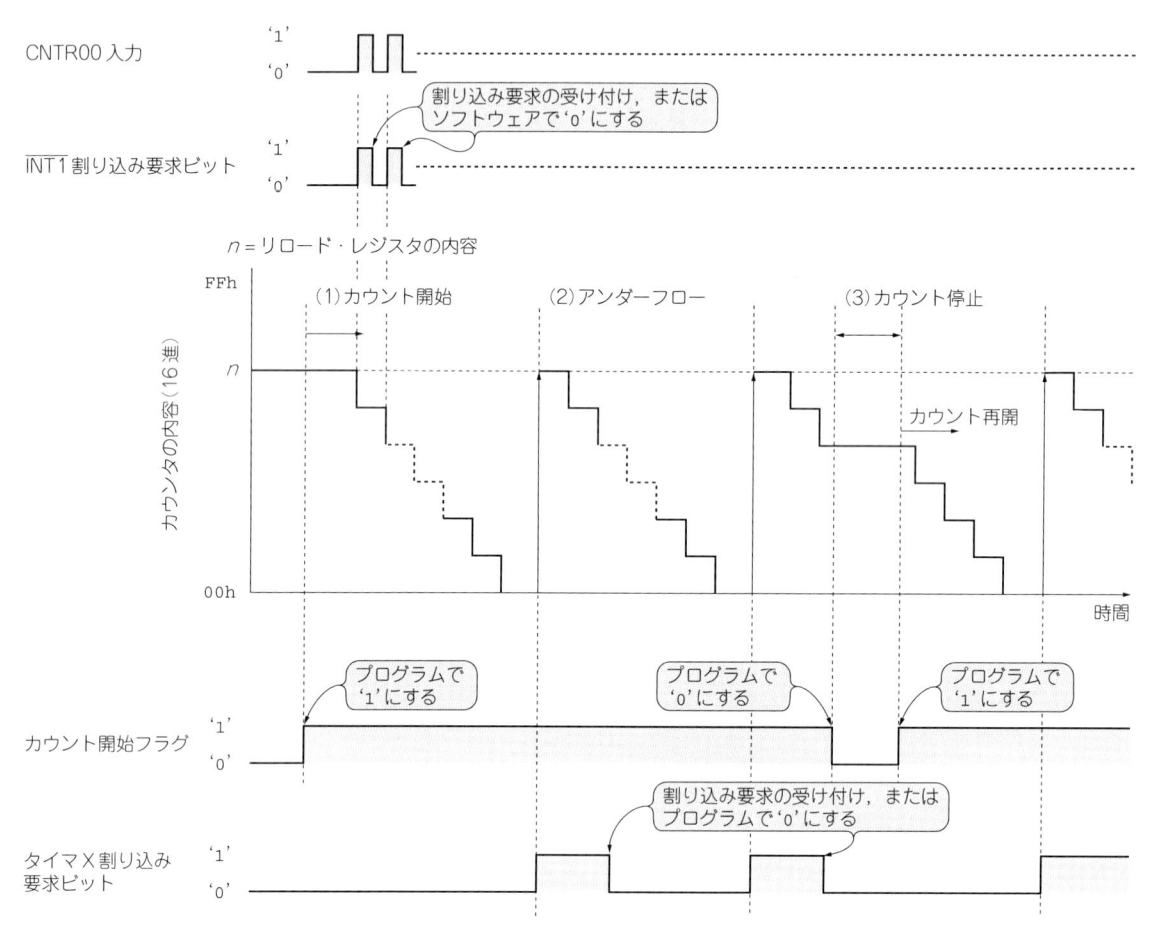

イベント・カウンタ・モードの選択機能

設定項目		設定内容
INT1/CNTR0 信号極性切り替え	○	立ち上がりカウント（立ち上がり割り込み）
		立ち下がりカウント（立ち下がり割り込み）
CNTR0 信号端子選択ビット	○	CNTR00/INT10
		CNTR01/INT11

イベント・カウンタ・モードの動作

(1) カウント開始フラグを'1'にすると，カウンタはCNTR00端子に入力された外部信号の立ち上がりエッジをダウン・カウントする．また，外部信号の入力のつど，INT1割り込みが発生する
(2) アンダーフローすると，リロード・レジスタの内容をリロードしてカウントを続ける．同時に，タイマX割り込み要求ビットが'1'になる
(3) カウント開始フラグを'0'にすると，カウンタはカウント値を保持して停止する

図7-12 イベント・カウンタ・モードの動作タイミング

■ パルス幅測定モードとその使いかた

$\overline{INT10}$/CNTR00端子または$\overline{INT11}$/CNTR01端子から入力される外部信号のパルス幅（"H"または"L"幅）を測定するモードです。クロック・ソースとしてf1, f2, f8, fRINGのいずれかを選択でき，カウント動作はダウン・カウント固定です。$\overline{INT10}$/CNTR00端子または$\overline{INT11}$/CNTR01端子のどちらに入力されたパルス幅を測定するかは，UART送受信制御レジスタ2のCNTR0信号端子選択ビット（CNTRSELビット）により選択できます（図7-11）．

また，入力される外部信号の"H"幅を測定するか，"L"幅を測定するかは，"$\overline{INT1}$/CNTR0信号極性切り替えビット（R0EDGビット）"で選択できます．"H"幅測定とした場合は，CNTR00端子またはCNTR01端子に入力されている信号が"H"レベル期間中のみカウントし，"L"幅測定とした場合は，CNTR00端子またはCNTR01端子に入力されている信号が"L"レベル期間中のみカウントします．

入力された外部信号のパルス幅測定は，仮に"L"幅測定の場合であれば，入力信号の立ち下がりから立ち上がりまでの間にクロック・ソースとして選択したクロックで何回カウントしたかで求められます．クロック・ソースの1周期はあらかじめわかっているので，クロック・ソース1周期の時間をT，前回のカウント値をn_P，今回のカウント値をnとすると，

$T \times (n_P{}^* - n^*)$

  ＊：カウント値は16ビット長で考え，上位8ビットがTXレジスタ値，下位8ビットがPREXレジスタ値

で入力された信号の幅を測定します．

以上から，ハードウェアだけではパルス幅を測定することはできません．パルス幅の測定が終了する（つまり"H"幅測定であれば立ち下がりエッジ入力時，"L"幅測定であれば立ち上がりエッジ入力時）ごとに$\overline{INT1}$割り込み要求が発生するので，その割り込みルーチン内でTXレジスタおよびPREXレジスタを読み出し，上記の計算を行うことでパルス幅を算出します．

なお，パルス測定モードでは，パルス幅測定が終了した場合の$\overline{INT1}$割り込み要求とは別に，タイマX割り込み要求も発生します．連続して入力されるパルスの幅を測定している場合であれば，タイマXはダウン・カウントを続けた後，アンダーフローして割り込み要求が発生します．この場合，カウント値がオーバーフローしてリロード・レジスタから値がリロードされているので，正しいカウント値を得られなくなります．したがって，タイマXの割り込み要求が発生している場合は，前回読み出したカウント値をn_P，リロード・レジスタに設定した初期値をm，今回読み出したカウント値をnとすると，

$(n_P{}^* + m^*) - n^*$

  ＊：カウント値は，上位8ビットがTXレジスタ値，下位8ビットがPREXレジスタ値

で正しいカウント値が得られます．

なお，パルス幅測定終了割り込み（$\overline{INT1}$割り込み）内で，カウント値の読み出し後に毎回プリスケーラXとタイマXの値をリロード・レジスタに設定した値に初期化しておけば，リロード・レジスタの設定値をm，今回のカウント値をnとすると，

$m^* - n^{**}$

  ＊：カウント値は上位8ビットがプリスケーラのリロード・レジスタ値，下位8ビットがタイマのリロード・レジスタ値

  ＊＊：カウント値は上位8ビットがTXレジスタ値，下位8ビットがPREXレジスタ値

でカウント値を得ることもできます．

　この場合に，タイマX割り込み要求が発生したときは，入力パルス幅が長いためにタイマXのカウントがアンダーフローして発生した割り込み要求と判断することができます．
　表7-5にパルス幅測定モードの仕様，**図7-13**にパルス幅測定モードで使用する場合のタイマXモード・レジスタの各ビットの機能，**図7-14**にパルス幅測定モードの動作タイミングをそれぞれ示します．

表7-5　パルス幅測定モードの仕様

項　　目	仕　　様
カウント・ソース	f1, f2, f8, fRING
カウント動作	・ダウン・カウント ・測定パルスの"H"の期間，または"L"の期間のみカウントを継続 ・アンダーフロー時リロード・レジスタの内容をリロードしてカウントを継続
カウント開始条件	TXMR レジスタの TXS ビットへ'1'(カウント開始)を書き込み
カウント停止条件	TXMR レジスタの TXS ビットへ'0'(カウント停止)を書き込み
割り込み要求発生タイミング	・タイマXのアンダーフロー時→タイマX割り込み ・CNTR0入力の立ち上がり，または立ち下がり(測定期間終了)→$\overline{INT1}$割り込み
$\overline{INT1}$/CNTR0 信号端子機能	測定パルス入力($\overline{INT1}$割り込み入力)
CNTR0 端子機能	プログラマブル入出力ポート
タイマの読み出し	TX レジスタ，PREX レジスタを読み出すと，それぞれカウント値が読み出される
タイマの書き込み	・カウント停止中に，TXレジスタ，PREXレジスタに書き込むと，それぞれリロード・レジスタとカウンタの両方に書き込まれる ・カウント中に，TXレジスタ，PREXレジスタに書き込むと，それぞれリロード・レジスタに書き込まれる(次のリロード時にカウンタへ転送される)
選択機能	・$\overline{INT1}$/CNTR0 信号極性切り替え機能 　R0EDGビットで入力パルスの測定幅として"H"期間，または"L"期間を選択できる ・測定パルス入力端子選択機能 　UCONレジスタのCNTRSELビットでCNTR00またはCNTR01端子を選択できる

```
b7 b6 b5 b4 b3 b2 b1 b0
 0  0  0  0        1  1
```

シンボル	アドレス	リセット後の値
TXMR	008Bh 番地	00h

ビット・シンボル	ビット名	機能，または設定値	RW
TXMOD0	動作モード選択ビット 0, 1	b1 b0 1 1：パルス幅測定モード	RW
TXMOD1			RW
R0EDG	$\overline{INT1}$/CNTR0 信号極性切り替えビット(注1)	CNTR0 0："L"レベル幅測定 1："H"レベル幅測定 $\overline{INT1}$ 0：立ち上がりエッジ 1：立ち下がりエッジ	RW
TXS	タイマXカウント開始フラグ	0：カウント停止 1：カウント開始	RW
TXOCNT	P3_7/$\overline{CNTR0}$選択ビット	'0'にする	RW
TXMOD2	動作モード選択ビット 2	'0'にする	RW
TXEDG	有効エッジ判定フラグ	'0'にする	RW
TXUND	タイマXアンダーフロー・フラグ	'0'にする	RW

注1：R0EDGビットを変更すると，INT1ICレジスタのIRビットが'1'(割り込み要求あり)になることがある

図7-13　パルス幅測定モード時のタイマXモード・レジスタ

n =（上位）タイマXリロード・レジスタの内容，（下位）プリスケーラXリロード・レジスタの内容

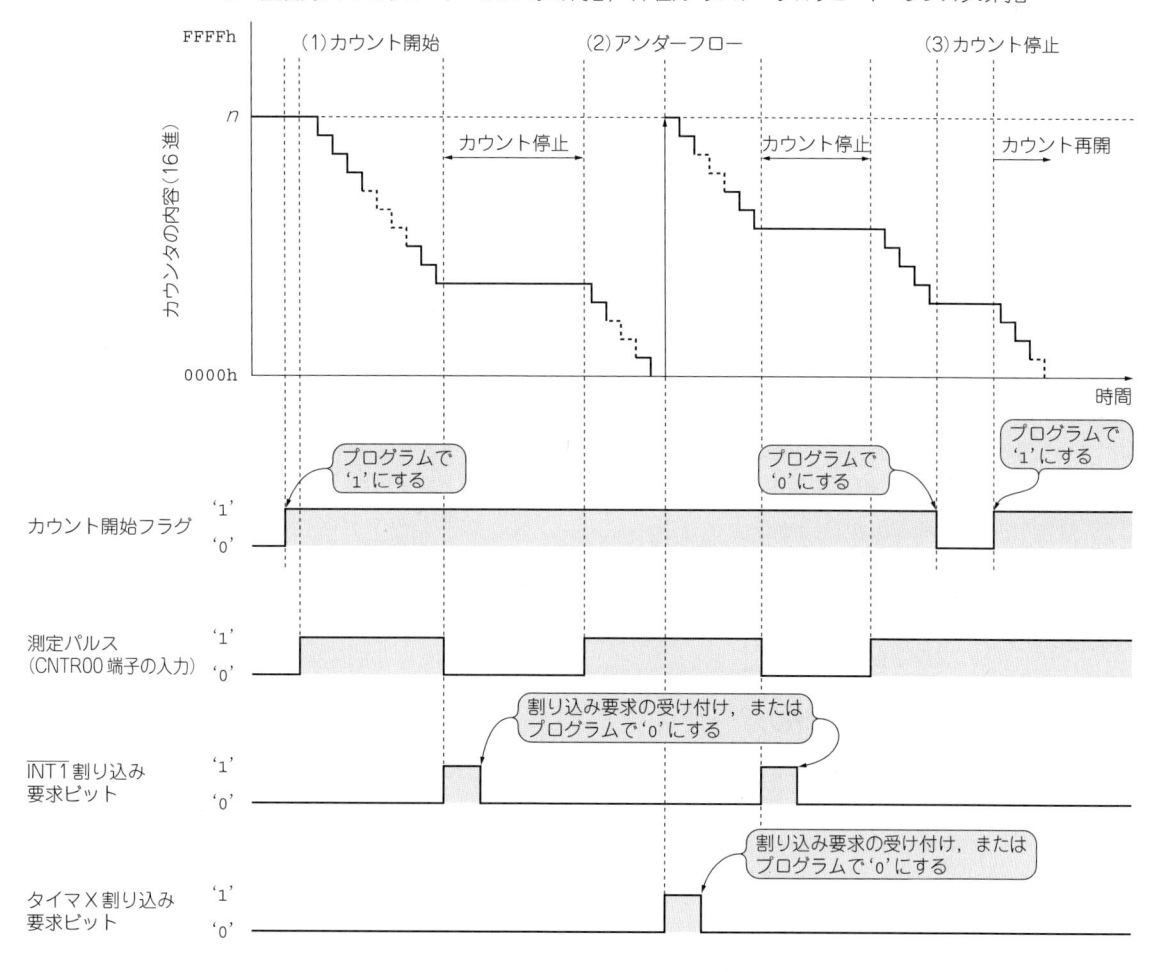

（図: パルス幅測定モードの動作タイミング）

上図は，下表で○印を付けた内容を選択した場合の動作

パルス幅測定モードの選択機能

設定項目		設定内容
INT1/CNTR0 信号極性切り替え	○	"H"レベル幅測定（立ち下がりエッジで割り込み）
		"L"レベル幅測定（立ち上がりエッジで割り込み）
CNTR0 信号端子選択ビット	○	CNTR00/INT10
		CNTR01/INT11

パルス幅測定モードの動作

(1) カウント開始フラグを '1' にすると，CNTR00 端子から入力した外部信号が "H" の間，カウンタはカウント・ソースをダウン・カウントする．外部信号が "L" になった（パルス幅測定終了）とき，INT1 割り込み要求が発生する．このとき，カウンタの値は保持され，外部信号が再び測定レベルになると続きをカウントする
(2) アンダーフローすると，リロード・レジスタの内容をリロードしてカウントを続ける．同時に，タイマX割り込み要求ビットが '1' になる
(3) カウント開始フラグを '0' にすると，カウンタはカウント値を保持して停止する

図7-14 パルス幅測定モードの動作タイミング

■ パルス周期測定モードとその使いかた

$\overline{\text{INT10}}$/CNTR00端子または$\overline{\text{INT11}}$/CNTR01端子から入力される外部信号のパルス周期を測定するモードです．クロック・ソースとしてf1, f2, f8, fRINGのいずれかを選択でき，カウント動作はダウン・カウント固定です．

パルス周期測定モードはパルス幅測定モードと異なり，カウント開始後のタイマXはつねにダウン・カウントされます．$\overline{\text{INT10}}$/CNTR00端子または$\overline{\text{INT11}}$/CNTR01端子のどちらに入力されたパルス周期を測定するかは，UART送受信制御レジスタ2の"CNTR0信号端子選択ビット(CNTRSELビット)"により選択できます(図7-11参照)．また，測定する周期は，"$\overline{\text{INT1}}$/CNTR0信号極性切り替えビット(R0EDGビット)"により，入力される外部信号の"立ち上がり－立ち上がり間の周期"あるいは"立ち下がり－立ち下がり間の周期"を選択できます．

パルス周期測定モードでは，図7-16に示すように，カウント開始後の有効エッジ("立ち上がり－立ち上がり周期"を測定する場合は立ち上がりエッジ，"立ち下がり－立ち下がり周期"を測定する場合は立ち下がりエッジ)が入力されると，その時点のカウント値を"読み出し用バッファ"に保持し，$\overline{\text{INT1}}$割り込み要求を発生します．読み出し用バッファは，TXレジスタで読み出すことができます．

$\overline{\text{INT1}}$割り込み要求発生後は，タイマのリロード・レジスタ値がカウンタにリロードされ(このときタイマX割り込み要求が発生する)，ダウン・カウント動作をそのまま続けます．2回目以降の有効エッジが入力された場合も，これと同じ動作を行います．

表7-6　パルス周期測定モードの仕様

項　　目	仕　　様
カウント・ソース	f1, f2, f8, fRING
カウント動作	・ダウン・カウント ・測定パルスの有効エッジ入力後，1回目のプリスケーラXのアンダーフロー時に読み出し用バッファの内容を保持し，2回目のプリスケーラXのアンダーフロー時にタイマXはリロード・レジスタの内容をリロードしてカウントを継続
カウント開始条件	TXMRレジスタのTXSビットへ'1'(カウント開始)を書き込み
カウント停止条件	TXMRレジスタのTXSビットへ'0'(カウント停止)を書き込み
割り込み要求発生タイミング	・タイマXのアンダーフロー時，またはリロード時→タイマX割り込み ・CNTR0入力の立ち上がり，または立ち下がり(測定期間終了)→$\overline{\text{INT1}}$割り込み
$\overline{\text{INT1}}$/CNTR0信号端子機能	測定パルス入力(注1)($\overline{\text{INT1}}$割り込み入力)
CNTR0信号端子機能	プログラマブル入出力ポート
タイマの読み出し	TXレジスタを読み出すと，読み出し用バッファの内容が読み出される 読み出し用バッファは，TXレジスタの読み出しにより値の保持を解除する
タイマの書き込み	・カウント停止中，またはカウント開始後1回目のカウント・ソースが入力されるまでに，TXレジスタ，PREXレジスタに書き込むと，それぞれリロード・レジスタとカウンタの両方に書き込まれる ・カウント中(ただし1回目のカウント・ソースが入力後に)，TXレジスタ，PREXレジスタに書き込むと，それぞれリロード・レジスタに書き込まれる(次のリロード時にカウンタへ転送される)
選択機能	・$\overline{\text{INT1}}$/CNTR0極性切り替え機能 　R0EDGビットで入力パルスの測定期間を選択できる ・測定パルス入力端子選択機能 　UCONレジスタのCNTRSELビットでCNTR00またはCNTR01端子を選択できる

注1：プリスケーラXの周期の2倍より長い周期のパルスを入力する．また，"H"幅，"L"幅それぞれが，プリスケーラXの周期より長いパルスを入力する．これより周期の短いパルスが入力された場合，その入力は無視されることがある

なお1回目の有効エッジによる割り込み要求は，計測を開始するポイントのエッジであるため，読み出し用バッファに保持されているカウント値は無意味なものとなります．つまり，2回目以降の有効エッジが入力された時点の読み出し用バッファの値が，入力パルス1周期区間のカウント値となるので，割り込みルーチン内で2回目以降の要求であることを確認してパルス周期を算出します．

　1周期区間の算出は，プリスケーラのアンダーフロー周期時間をT，タイマのリロード・レジスタ設定値をm，読み出し用バッファの値(TXレジスタの値)をbとすると，

$$T \times (m - b)$$

で求めることができます．

　また，パルス周期測定モードでの"タイマX割り込み要求"は，タイマXのリロード時(周期測定終了時)とタイマXがアンダーフローしたときの二つの要因で発生します．どちらの要因で発生した割り込み要求であるかは，タイマXモード・レジスタの"有効エッジ判定フラグ・ビット(TXEDGビット)"，あるいは"タイマXアンダーフロー・フラグ・ビット(TXUNDビット)"を割り込みルーチン内で読むことで判断してください．

　なお，測定可能な最小パルス周期はプリスケーラXの周期の2倍より長く，かつ"H"幅，"L"幅ともにプリスケーラXの周期よりも長い周期となるので注意してください．

　表7-6にパルス周期測定モードの仕様，図7-15にパルス周期測定モードで使用する場合のタイマXモード・レジスタの各ビットの機能，図7-16にパルス周期測定モードの動作タイミングをそれぞれ示します．

b7 b6 b5 b4 b3 b2 b1 b0	シンボル	アドレス	リセット後の値	
□ 1 0 □ □ □ 0 0	TXMR	008Bh番地	00h	

ビット・シンボル	ビット名	機能，または設定値	RW
TXMOD0	動作モード選択ビット0，1	b1 b0 0 1：タイマ・モードまたはパルス周期測定モード	RW
TXMOD1			RW
R0EDG	INT1/CNTR0 信号極性切り替えビット(注1)	CNTR0 0：測定パルスの立ち上がり-立ち上がり間測定 1：測定パルスの立ち下がり-立ち下がり間測定 INT1 0：立ち上がりエッジ 1：立ち下がりエッジ	RW
TXS	タイマXカウント開始フラグ	0：カウント停止 1：カウント開始	RW
TXOCNT	P3_7/CNTR0 選択ビット	'0'にする	RW
TXMOD2	動作モード選択ビット2	'1'にする	RW
TXEDG(注2)	有効エッジ判定フラグ	0：有効エッジなし 1：有効エッジあり	RW
TXUND(注2)	タイマXアンダーフロー・フラグ	0：アンダーフローなし 1：アンダーフローあり	RW

注1：R0EDGビットを変更すると，INT1ICレジスタのIRビットが'1'(割り込み要求あり)になることがある
注2：プログラムで'0'を書くと，'0'になる('1'を書いても変化しない)

図7-15　パルス周期測定モード時のタイマXモード・レジスタ

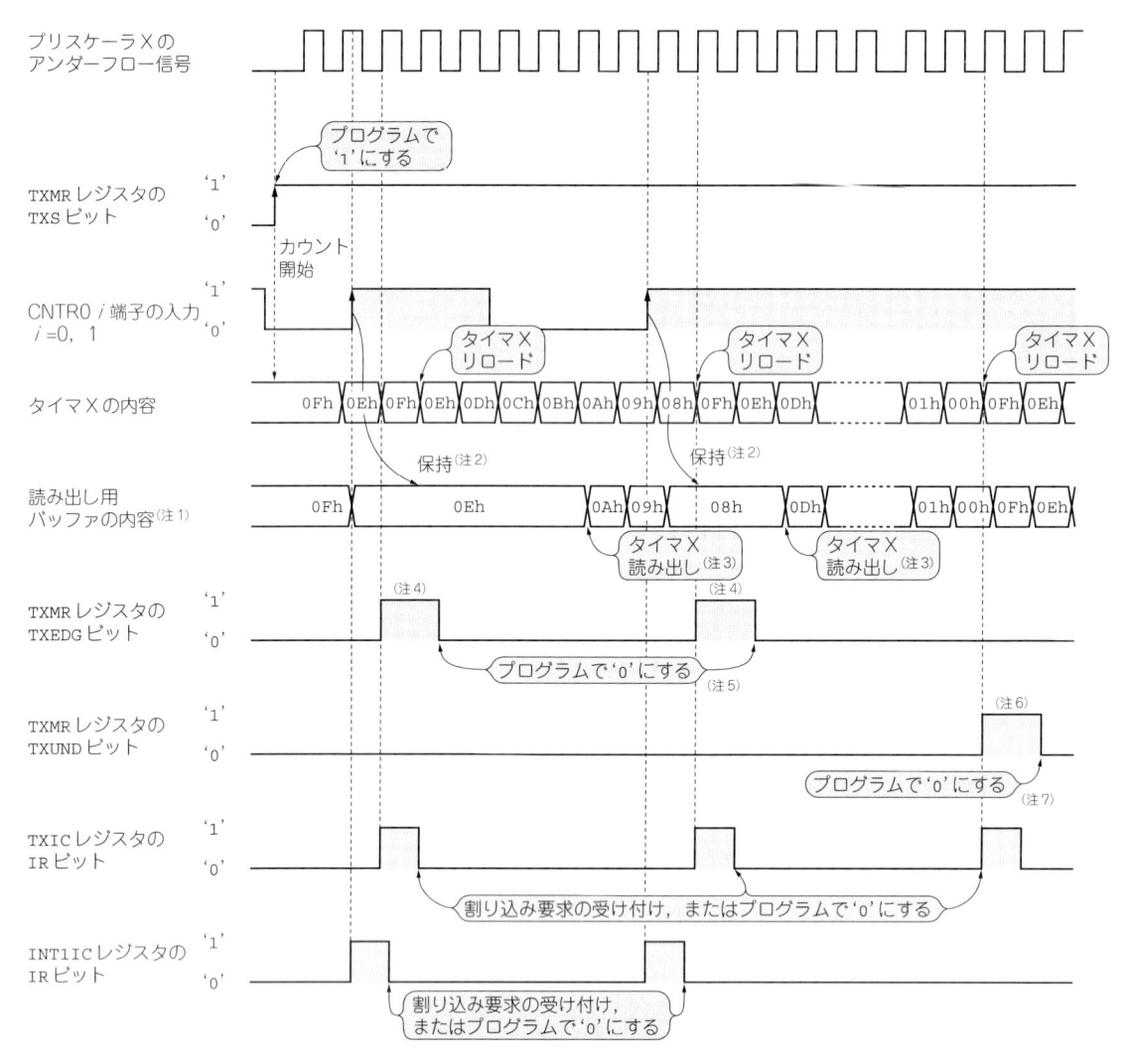

注1：パルス周期測定モードでTXレジスタを読み出すと，読み出し用バッファの内容が読める
注2：CNTR0の有効エッジ入力タイミングがプリスケーラXのアンダーフロー信号の"H"区間の場合にはそのときのカウント値，"L"区間の場合には次のカウント値が読み出し用バッファの内容になる
注3：TXレジスタの読み出しは，TXEDGビットが'1'（有効エッジあり）にセットされてから，次の有効エッジが入力されるまでの期間で行う．読み出し用のバッファの内容はTXレジスタを読み出すまで保持される．したがって，有効エッジが入力されるまでに読み出さない場合，前の周期の測定結果を保持する
注4：測定パルスの有効エッジ入力後，2回目のプリスケーラXのアンダーフロー・タイミングで，TXMRレジスタのTXEDGビットが'1'（有効エッジあり）になる
注5：プログラムで'0'にするときは，MOV命令を用いてTXMRレジスタのTXEDGビットに'0'を書く．その際，TXUNDビットには'1'を書く
注6：タイマXのアンダーフロー・タイミングが，有効エッジ入力によるタイマXのリロードと重なった場合，TXUNDビットとTXEDGビットがともに'1'になる．そのときは，読み出し用バッファの内容で，TXUNDビットの有効性を判断する
注7：プログラムで'0'にするときは，MOV命令を用いてTXMRレジスタのTXUNDビットに'0'を書く．その際，TXEDGビットには'1'を書く

図7-16　パルス周期測定モードの動作タイミング
TXレジスタの初期値を0Fhとし測定パルスの立ち上がりから立ち上がりまでを測定した場合（R0EDG=0）

7-2 タイマZ

　タイマZは，8ビット・プリスケーラ付きの8ビット・タイマで，波形出力を得意とするタイマです．プリスケーラとタイマは，図7-17に示すように，それぞれリロード・レジスタとカウンタ・レジスタで構成され，リロード・レジスタとして，タイマZプライマリとタイマZセカンダリの二つをもちます．プリスケーラ・カウンタはアンダーフローするごとに，リロード・レジスタから初期値が再設定されますが，タイマ・カウンタがアンダーフローした場合は，タイマZプライマリとタイマZセカンダリの二つのリロード・レジスタのどちらの値が設定されるかについては，タイマZの動作モードにより異なります．

　また，タイマZ割り込み要求の発生するタイミングも動作モードにより異なります．なお，タイマZはリセット解除後停止しているので，スタートさせるには"タイマZカウント開始フラグ・ビット（TZSビット）"をセットする必要があります．図7-17のプリスケーラのリロード・レジスタとカウンタ・レジスタ〔プリスケーラZレジスタ（PREZレジスタ）〕，およびタイマのタイマZプライマリ・レジスタ（TZPRレジスタ）とカウンタ・レジスタは，それぞれSFR領域の同じ番地《プリスケーラのリロード・レジスタとカウンタ・レジスタ〔プリスケーラZレジスタ（PREZレジスタ）〕は0085h番地，タイマのタイマZプライマリ・レジスタ（TZPRレジスタ）とカウンタ・レジスタは0087h番地》に配置されています．

　PREZレジスタおよびTZPRレジスタを読み出した場合は，タイマの停止中/動作中にかかわらず，それぞれのカウンタ・レジスタの値が読み出されます．書き込んだ場合は，タイマが停止中であればリロード・レジスタとカウンタ・レジスタともに値が書き込まれますが，タイマが動作中のときは"タイマZ書き込み制御ビット（TZWCビット）"によりリロード・レジスタのみに書き込まれるのか，リロード・レジスタとカウンタ・レジスタともに書き込まれるのか動作が異なります．

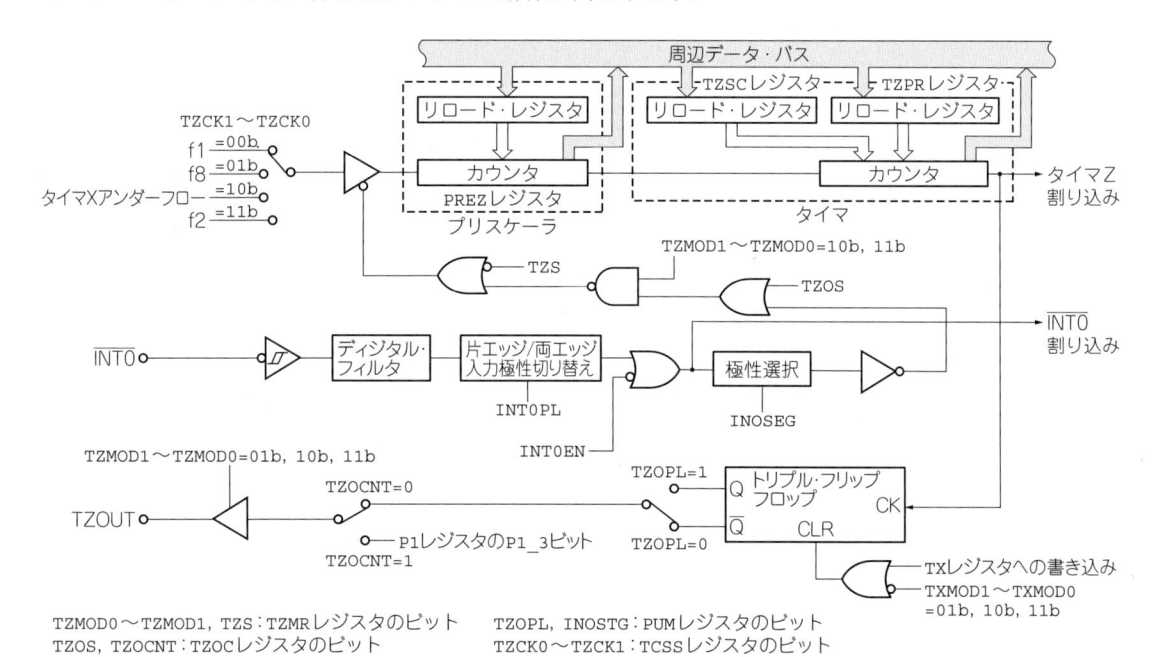

図7-17　タイマZのブロック図

なお，タイマZセカンダリ・レジスタ(TZSCレジスタ)は書き込み専用レジスタで，タイマZプライマリ・レジスタ(TZPRレジスタ)とは別の番地(0086h番地)に配置されています．

タイマZは，次の四つのモードをもちます．

▶タイマ・モード：内部のカウント・ソースまたはタイマXのアンダーフロー信号をカウントするモード
▶プログラマブル波形発生モード：任意の"H"および"L"パルス幅の波形を連続して出力するモード
▶プログラマブル・ワンショット発生モード：任意の幅の"H"または"L"パルスを1回だけ出力(ワンショット・パルス)するモード
▶プログラマブル・ウェイト・ワンショット発生モード：指定した時間経過した後にワンショット・パルスを出力するモード

図7-18～図7-24にタイマZ関連のレジスタを示します．

タイマZモード・レジスタは，タイマZの動作モードなどを設定するレジスタです(選択した動作モー

ビット・シンボル	ビット名	機能	RW
—	予約ビット	'0'にする	RW
TZMOD0	タイマZ動作モード・ビット	b5 b4 0 0：タイマ・モード 0 1：プログラマブル波形発生モード 1 0：プログラマブル・ワンショット発生モード 1 1：プログラマブル・ウェイト・ワンショット発生モード	RW
TZMOD1			RW
TZWC	タイマZ書き込み制御ビット	動作モードによって機能が異なる	RW
TZS	タイマZカウント開始フラグ	0：カウント停止 1：カウント開始	RW

シンボル：TZMR　アドレス：008Bh番地　リセット後の値：00h

図7-18 タイマZモード・レジスタ(TZMRレジスタ)

モード	機能	設定範囲	RW
タイマ・モード	内部カウント・ソース，またはタイマXアンダーフローをカウント	00h～FFh	RW
プログラマブル波形発生モード	内部カウント・ソース，またはタイマXアンダーフローをカウント	00h～FFh	RW
プログラマブル・ワンショット発生モード	内部カウント・ソース，またはタイマXアンダーフローをカウント	00h～FFh	RW
プログラマブル・ウェイト・ワンショット発生モード	内部カウント・ソース，またはタイマXアンダーフローをカウント	00h～FFh	RW

シンボル：PREZ　アドレス：0085h番地　リセット後の値：FFh

図7-19 プリスケーラZレジスタ(PREZレジスタ)

	シンボル TZSC	アドレス 0086h 番地	リセット後の値 FFh	
b7　　　　　　　b0				

モード	機能	設定範囲	RW
タイマ・モード	無効	—	—
プログラマブル波形 発生モード	プリスケーラ Z のアンダーフローを カウント(注1)	00h ～ FFh	WO(注2)
プログラマブル・ ワンショット発生モード	無効	—	—
プログラマブル・ウェイト・ ワンショット発生モード	プリスケーラ Z のアンダーフローを カウント（ワンショット幅をカウント）	00h ～ FFh	WO

注1：TZPR レジスタと TZSC レジスタの値が交互にカウンタにリロードされ，カウントされる
注2：カウント値は，セカンダリ期間カウント中でも TZPR レジスタで読める

図7-20　タイマZセカンダリ・レジスタ（TZSCレジスタ）

	シンボル TZPR	アドレス 0087h 番地	リセット後の値 FFh	
b7　　　　　　　b0				

モード	機能	設定範囲	RW
タイマ・モード	プリスケーラ Z のアンダーフローをカウント	00h ～ FFh	RW
プログラマブル波形 発生モード	プリスケーラ Z のアンダーフローを カウント(注1)	00h ～ FFh	RW
プログラマブル・ ワンショット発生モード	プリスケーラ Z のアンダーフローをカウント （ワンショット幅をカウント）	00h ～ FFh	RW
プログラマブル・ウェイト・ ワンショット発生モード	プリスケーラ Z のアンダーフローをカウント （ウェイト期間をカウント）	00h ～ FFh	RW

注1：TZPR レジスタと TZSC レジスタの値が交互にカウンタにリロードされ，カウントされる

図7-21　タイマZプライマリ・レジスタ（TZPRレジスタ）

	シンボル TZOC	アドレス 008Ah 番地	リセット後の値 00h
b7 b6 b5 b4 b3 b2 b1 b0			

ビット・ シンボル	ビット名	機能	RW
TZOS	タイマZワンショット開始ビット (注1)	0：ワンショット停止 1：ワンショット開始	RW
—	予約ビット	'0'にする	RW
TZOCNT	タイマZプログラマブル 波形発生出力切り替えビット(注2)	0：プログラマブル波形出力 1：P1_3 ビットの値を出力	RW
—	何も配置されていない 書く場合は'0'を書く．読んだ場合，その値は'0'		

TZOS ビットが'1'（カウント中）のときにこのレジスタを変更する命令を実行する場合，命令の実行中にカウントが終了すると，TZOS ビットは自動的に'0'（ワンショット停止）になる．このことが問題になる場合は，TZOS ビットが'0'（ワンショット停止）のときに，このレジスタを変更する命令を実行する

注1：ワンショット波形出力終了後，'0'になる．ワンショット波形出力中に TZMR レジスタの TZS ビットを'0'（カウント停止）にすることで波形出力を停止した場合，TZOS ビットを'0'にする
注2：プログラマブル波形発生モード時のみ有効

図7-22　タイマZ出力制御レジスタ（TZOCレジスタ）

によりビットの機能が異なる)．タイマZのカウント開始フラグもこのレジスタに配置されています．プリスケーラZレジスタはプリスケーラのカウンタ，タイマZセカンダリ・レジスタとタイマZプライマリ・レジスタは，それぞれタイマのリロード・レジスタです．タイマZ出力制御レジスタとタイマZ波形出力制御レジスタ(選択した動作モードによりビットの機能が異なる)は波形出力時の設定を行います．タイマ・カウント・ソース設定レジスタは，プリスケーラに入力するカウント・ソースを選択するためのレジスタです．

なお，各レジスタの設定順についてはどの順番で設定してもかまいませんが，タイマZモード・レジスタ，タイマZ波形出力制御レジスタ，カウント・ソース設定レジスタは，必ずタイマが停止している状態で設定してください．カウント値の設定などタイマ関連レジスタの設定がすべて終わったら，“タイマZカウント開始フラグ・ビット(TZSビット)”でタイマをスタートさせてください．

b7	b6	b5	b4	b3	b2	b1	b0
			0	0	0	0	0

シンボル PUM　アドレス 0084h番地　リセット後の値 00h

ビット・シンボル	ビット名	機　能	RW
—	予約ビット	‘0’にする	RW
TZOPL	タイマZアウトプット・レベル・ラッチ	動作モードによって機能が異なる	RW
INOSTG	$\overline{\text{INT0}}$端子ワンショット・トリガ制御ビット(注1)	0：$\overline{\text{INT0}}$端子ワンショット・トリガ無効 1：$\overline{\text{INT0}}$端子ワンショット・トリガ有効	RW
INOSEG	$\overline{\text{INT0}}$端子ワンショット・トリガ極性選択ビット(注2)	0：立ち下がりエッジ・トリガ 1：立ち上がりエッジ・トリガ	RW

注1：INOSTGビットは，INTENレジスタのINT0ENビットとPUMレジスタのINOSEGビットを設定後に‘1’にする
注2：INOSEGビットは，INTENレジスタのINT0PLビットが‘0’(片エッジ)のときのみ有効

図7-23　タイマZ波形出力制御レジスタ(PUMレジスタ)

b7	b6	b5	b4	b3	b2	b1	b0
0	0			0	0		

シンボル TCSS　アドレス 008Eh番地　リセット後の値 00h

ビット・シンボル	ビット名	機　能	RW
TXCK0	タイマXカウント・ソース選択ビット(注1)	b1 b0 0 0：f1 0 1：f8 1 0：fRING 1 1：f2	RW
TXCK1			RW
—	予約ビット	‘0’にする	RW
TZCK0	タイマZカウント・ソース選択ビット(注1)	b5 b4 0 0：f1 0 1：f8 1 0：タイマXアンダーフローを選択 1 1：f2	RW
TZCK1			RW
—	予約ビット	‘0’にする	RW

注1：カウント動作中にカウント・ソースを切り替えない．カウント・ソースを切り替えるときは，タイマのカウントを停止する

図7-24　タイマ・カウント・ソース設定レジスタ(TCSSレジスタ)

■ タイマ・モード

内部で生成されたカウント・ソースまたはタイマXのアンダーフローをカウントするモードです．タイマ・モード時は，タイマZセカンダリ・レジスタは使用されません．タイマ・モードでは，クロック・ソースとしてf1, f2, f8, タイマXのアンダーフローのいずれかを選択でき，カウント動作はダウン・カウント固定です．また，タイマ・カウント中〔タイマZカウント開始フラグ・ビット＝'1'（カウント開始）〕のカウント・レジスタへの書き込み動作が選択できるようになっています．タイマZモード・レジスタのタイマZ書き込み制御ビット＝'0'であれば，リロード・レジスタ（TZPRレジスタ）へ書き込みを行ったとき，リロード・レジスタ，カウンタ・レジスタともに書き込まれ，タイマZ書き込み制御ビット＝'1'であれば，

表7-7 タイマ・モードの仕様

項　目	仕　様
カウント・ソース	f1, f2, f8, タイマXのアンダーフロー
カウント動作	・ダウン・カウント ・アンダーフロー時リロード・レジスタの内容をリロードしてカウントを継続 　（タイマZのアンダーフロー時はタイマZプライマリ・リロード・レジスタの内容をリロード）
分周比	$1/(n+1)(m+1)$　　n：PREZ レジスタの設定値，m：TZPR レジスタの設定値
カウント開始条件	TZMR レジスタのTZS ビットへ'1'（カウント開始）を書き込み
カウント停止条件	TZMR レジスタのTZS ビットへ'0'（カウント停止）を書き込み
割り込み要求発生タイミング	タイマZのアンダーフロー時→タイマZ割り込み
TZOUT 端子機能	プログラマブル入出力ポート
$\overline{\text{INT0}}$ 端子機能	プログラマブル入出力ポート，または$\overline{\text{INT0}}$ 割り込み入力
タイマの読み出し	TZPR レジスタ，PREZ レジスタを読み出すと，それぞれカウント値が読み出される
タイマの書き込み（注1）	カウント停止中に，TZPR レジスタ，PREZ レジスタに書き込むと，それぞれリロード・レジスタとカウンタの両方に書き込まれる．カウント中に，TZPR レジスタ，PREZ レジスタに書き込むと，それぞれリロード・レジスタとカウンタの両方に書き込まれるか，またはリロード・レジスタのみに書き込まれるかプログラムで選択可能

注1：次の2項の条件が重なった状態でTZPR レジスタまたはPREZ レジスタに書き込みを行うと，TZIC レジスタのIR ビットが'1'（割り込み要求あり）になる
　　・TZMR レジスタのTZWC ビットが'0'（リロード・レジスタとカウンタへの同時書き込み）
　　・TZMR レジスタのTZS ビットが'1'（カウント開始）
　　この状態でTZPR レジスタ，PREZ レジスタに書く場合は，書く前に割り込みを禁止する

b7 b6 b5 b4 b3 b2 b1 b0	シンボル	アドレス	リセット後の値
0 0 0 0 0 0	TZMR	0080h 番地	00h

ビット・シンボル	ビット名	機能，または設定値	RW
−	予約ビット	'0'にする	RW
TZMOD0	タイマZ動作モード・ビット	b5 b4	RW
TZMOD1		0 0：タイマ・モード	RW
TZWC	タイマZ書き込み制御ビット（注1）	0：リロード・レジスタとカウンタへの書き込み 1：リロード・レジスタのみ書き込み	RW
TZS	タイマZカウント開始フラグ	0：カウント停止 1：カウント開始	RW

注1：TZS ビットが'1'（カウント開始）のとき，TZWC ビットの設定値が有効になる．TZWC ビットが'0'のときリロード・レジスタとカウンタへの書き込み，'1'のときリロード・レジスタのみ書き込みになる．
TZS ビットが'0'（カウント停止）のとき，TZWC ビットの設定値にかかわらず，リロード・レジスタとカウンタへの書き込みになる

図7-25 タイマ・モード時のタイマZモード・レジスタ

b7 b6 b5 b4 b3 b2 b1 b0	シンボル PUM	アドレス 0084h番地	リセット後の値 00h	
0 0 0 0 0 0 0 0	ビット・シンボル	ビット名	機能,または設定値	RW
	—	予約ビット	'0'にする	RW
	TZOPL	タイマZアウトプット・レベル・ラッチ	'0'にする	RW
	INOSTG	INT0端子ワンショット・トリガ制御ビット	'0'にする	RW
	INOSEG	INT0端子ワンショット・トリガ極性選択ビット	'0'にする	RW

図7-26 タイマ・モード時のタイマZ波形出力制御レジスタ

リロード・レジスタだけに書き込まれます.

 なお,タイマZはタイマXのアンダーフローの回数をカウントすることができるので,タイマXとタイマZをつなげて16ビット長タイマとして使うこともできます.また,タイマXをパルス周期測定モードで使用している場合,タイマXのオーバーフロー回数をタイマZでカウントすることで,TXレジスタがFFhを超えるパルス周期の測定なども可能となります.

 表7-7にタイマ・モードの仕様,図7-25にタイマ・モードで使用する場合のタイマZモード・レジスタ,図7-26にタイマZ波形出力制御レジスタの各ビット機能を示します.なお,タイマのカウント値の算出はタイマXと同様に求めます.

■ プログラマブル波形発生モード

 プログラマブル波形発生モードは,PWM(Pulse Width Modulation)波形を出力するモードで,モータ制御などに使われます.

 プログラマブル波形発生モードでは,クロック・ソースとしてf1,f2,f8,タイマXのアンダーフローのいずれかを選択でき,カウント動作はダウン・カウント固定です.動作は,カウンタ・レジスタがアンダーフローするごとに,TZPRレジスタとTZSCレジスタの値を交互にリロードし,TZOUT端子から出力している信号をそのつど反転します.したがって,TZPRレジスタとTZSCレジスタに設定する値が,出力波形の"H"出力時間および"L"出力時間の設定値となります.

 なお,本書では,TZPRレジスタ値をカウントしている期間をプライマリ期間,TZSCレジスタ値をカウントしている期間をセカンダリ期間と呼びます.TZOUT端子の初期出力レベル,プライマリ期間およびセカンダリ期間の波形出力レベルを"H"にするか"L"にするかは,"タイマZアウトプット・レベル・ラッチ・ビット(TZOPLビット)"で選択できます.なお,カウント開始時は,TZPRレジスタに設定した値から先にカウントを行い,割り込み要求はセカンダリ期間のタイマZアンダーフロー時に発生します.

 また"タイマZプログラマブル波形発生出力切り替えビット(TZOCNTビット)"により,P1_3/TZOUT端子をPWM波形の出力用端子とするか,ポートP1_3端子とするかを選択できます.

 表7-8にプログラマブル波形発生モードの仕様,図7-27にプログラマブル波形発生モード時のタイマZモード・レジスタ,図7-28にタイマZ波形出力制御レジスタの各ビット機能,図7-29にプログラマブル波形発生モード時のタイマZの動作例をそれぞれ示します.

表7-8 プログラマブル波形発生モードの仕様

項　目	仕　様
カウント・ソース	f1, f2, f8, タイマXのアンダーフロー
カウント動作	・ダウン・カウント ・アンダーフロー時プライマリ・リロード・レジスタとセカンダリ・リロード・レジスタの内容を交互にリロードしてカウントを継続
出力波形の幅, 周期	プライマリ期間：$(n+1)(m+1)/f_i$ セカンダリ期間：$(n+1)(p+1)/f_i$ 周期　　　　　：$(n+1)\{(m+1)+(p+1)\}/f_i$ 　f_i：カウント・ソースの周波数 　n：PREZ レジスタの設定値, m：TZPR レジスタの設定値, p：TZSC レジスタの設定値
カウント開始条件	TZMR レジスタの TZS ビットへ '1' (カウント開始) を書き込み
カウント停止条件	TZMR レジスタの TZS ビットへ '0' (カウント停止) を書き込み
割り込み要求発生タイミング	セカンダリ期間のタイマZのアンダーフローからカウント・ソースの1/2サイクル後 (TZOUT 出力の変化と同時) → タイマZ割り込み
TZOUT 端子機能	パルス出力
$\overline{INT0}$ 端子機能	プログラマブル入出力ポート, または $\overline{INT0}$ 割り込み入力
タイマの読み出し	TZPR レジスタ, PREZ レジスタを読み出すと, それぞれカウント値が読み出される[注1]
タイマの書き込み	TZSC レジスタ, PREZ レジスタ, TZPR レジスタに書き込むと, それぞれリロード・レジスタのみに書き込まれる[注2]
選択機能	・アウトプット・レベル・ラッチ選択機能 　プライマリ期間, セカンダリ期間の出力レベルを TZOPL ビットで選択できる ・プログラマブル波形発生出力切り替え機能 　TZOC レジスタの TZOCNT ビットを '0' に設定すると, タイマZのアンダーフローに同期して TZOUT の出力を反転する. '1' に設定すると, P1_3 ビットの値を TZOUT から出力する[注3]

注1：セカンダリ期間をカウント中でも, TZPR レジスタを読み出す
注2：TZPR レジスタへの書き込み動作より, TZPR レジスタ, TZSC レジスタに書いた値が有効になる. 波形の出力は, TZPR レジスタへの書き込み後, 次のプライマリ期間から設定値が反映される
注3：TZOCNT ビットは次のタイミングで有効になる
　　　・カウント開始時
　　　・タイマZ割り込み要求発生時
　　したがって, TZOCNT ビットを変更後, 次のプライマリ期間の出力から反映される

b7 b6 b5 b4 b3 b2 b1 b0	シンボル	アドレス	リセット後の値
1 0 1 0 0 0 0 0	TZMR	0080h 番地	00h

ビット・シンボル	ビット名	機　能	RW
—	予約ビット	'0' にする	RW
TZMOD0	タイマZ動作モード・ビット	b5 b4 0 1：プログラマブル波形発生モード	RW
TZMOD1			RW
TZWC	タイマZ書き込み制御ビット	'1' にする[注1]	RW
TZS	タイマZカウント開始フラグ	0：カウント停止 1：カウント開始	RW

注1：TZS ビットが '1' (カウント開始) のとき, リロード・レジスタのみ書き込みになる
　　 TZS ビットが '0' (カウント停止) のとき, リロード・レジスタとカウンタへの書き込みになる

図7-27 プログラマブル波形発生モード時のタイマZモード・レジスタ

b7 b6 b5 b4 b3 b2 b1 b0
0 0   0 0 0 0 0

シンボル PUM　　アドレス 0084h番地　　リセット後の値 00h

ビット・シンボル	ビット名	機能，または設定値	RW
—	予約ビット	'0'にする	RW
TZOPL	タイマZアウトプット・レベル・ラッチ	0：プライマリ期間"H"出力 　　セカンダリ期間"L"出力 　　タイマ停止時"L"出力 1：プライマリ期間"L"出力 　　セカンダリ期間"H"出力 　　タイマ停止時"H"出力	RW
INOSTG	INT0端子ワンショット・トリガ制御ビット	'0'にする	RW
INOSEG	INT0端子ワンショット・トリガ極性選択ビット	'0'にする	RW

図7-28　プログラマブル波形発生モード時のタイマZ波形出力制御レジスタ

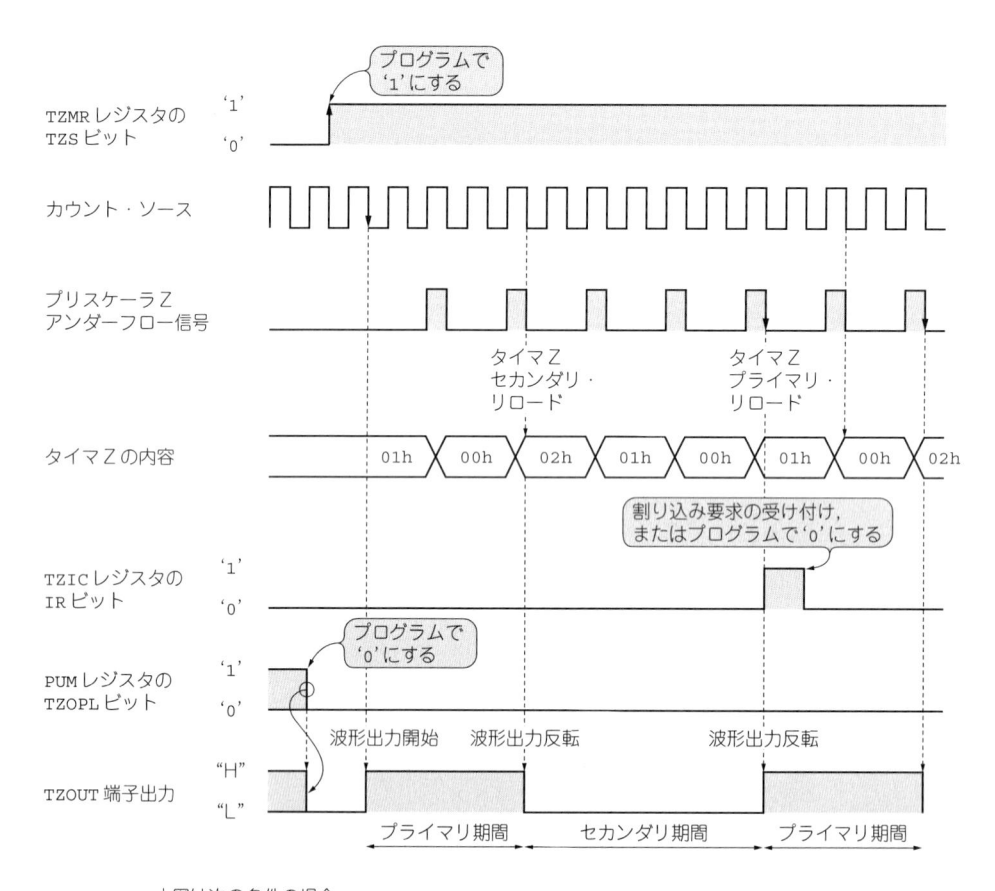

図7-29　プログラマブル波形発生モード時のタイマZの動作例

上図は次の条件の場合
`PREZ=01h，TZPR=01h，TZSC=02h，TZOCレジスタのTZOCNTビット=0`

■ プログラマブル・ワンショット発生モード

　プログラム（ワンショット開始フラグ＝'1'）または外部トリガ（$\overline{\text{INT0}}$端子へのエッジ入力）により1回だけタイマを動作させ，任意の幅（TZPRレジスタに設定した値）の"H"または"L"パルスをTZOUT端子から出力するモードです。クロック・ソースはf1, f2, f8, タイマXのアンダーフローのいずれかを選択でき，カウント動作はダウン・カウント固定です。

　$\overline{\text{INT0}}$端子からのトリガ入力を有効にするか無効にするか，およびトリガ入力を有効とした場合のトリガ極性については，"$\overline{\text{INT0}}$端子ワンショット・トリガ制御ビット（INOSTGビット）"および"$\overline{\text{INT0}}$端子ワンショット・トリガ極性選択ビット（INOSEGビット）"で選択ができます。TZOUT端子の初期出力レベルおよびタイマ動作中のパルス出力レベルは，"タイマZアウトプット・レベル・ラッチ・ビット（TZOPLビット）"で選択できます。なお，プログラマブル・ワンショット発生モードでは，タイマZセカンダリ・レジスタは使用されません。

表7-9　プログラマブル・ワンショット発生モードの仕様

項　目	仕　様
カウント・ソース	f1, f2, f8, タイマXのアンダーフロー
カウント動作	・TZPRレジスタの設定値をダウン・カウント ・アンダーフロー時リロード・レジスタの内容をリロードしてカウントを終了し，TZOSビットが'0'（ワンショット停止）になる ・TZSビット，およびTZOSビットを'0'にしてからカウントを停止した場合，TZPRレジスタの内容をリロードして停止
ワンショット・パルス出力時間	$(n+1)(m+1)/f_i$ f_i：カウント・ソースの周波数，n：PREZレジスタの設定値，m：TZPRレジスタの設定値
カウント開始条件	・TZOCレジスタのTZOSビットへ'1'（ワンショット開始）を書き込み [注1] ・$\overline{\text{INT0}}$端子への有効トリガ入力 [注2]
カウント停止条件	・カウントの値が'00h'になりリロードした後 ・TZMRレジスタのTZSビットへ'0'（カウント停止）を書き込み ・TZOCレジスタのTZOSビットへ'0'（ワンショット停止）を書き込み
割り込み要求発生タイミング	アンダーフローからカウント・ソースの1/2サイクル後（TZOUT端子からの波形出力の終了と同時）→タイマZ割り込み
TZOUT端子機能	パルス出力
$\overline{\text{INT0}}$端子機能	・PUMレジスタのINOSTGビットが'0'（$\overline{\text{INT0}}$ワンショット・トリガ無効）の場合 　プログラマブル入出力ポートまたは$\overline{\text{INT0}}$割り込み入力 ・PUMレジスタのINOSTGビットが'1'（$\overline{\text{INT0}}$ワンショット・トリガ有効）の場合 　外部トリガ（$\overline{\text{INT0}}$割り込み入力）
タイマの読み出し	TZPRレジスタ，PREZレジスタを読み出すと，それぞれカウント値が読み出される
タイマの書き込み	TZPRレジスタ，PREZレジスタに書き込むと，それぞれリロード・レジスタのみに書き込まれる [注3]
選択機能	・アウトプット・レベル・ラッチ選択機能 　ワンショット・パルス波形の出力レベルをTZOPLビットで選択できる ・$\overline{\text{INT0}}$端子ワンショット・トリガ制御機能，極性選択機能 　$\overline{\text{INT0}}$端子からのトリガ入力の有効または無効をINOSTGビットで選択できる 　有効トリガ極性をINOSEGビットで選択できる

注1：TZMRレジスタのTZSビットを'1'（カウント開始）にする
注2：TZSビットを'1'（カウント開始），INTENレジスタのINT0ENビットを'1'（$\overline{\text{INT0}}$入力許可），PUMレジスタのINOSTGビットを'1'（$\overline{\text{INT0}}$ワンショット・トリガ有効）にする
　　　カウント中に入力されたトリガは受け付けられないが，$\overline{\text{INT0}}$割り込み要求は発生する
注3：TZPRレジスタへ書き込んだ次のワンショット・パルスから反映される

また，割り込み要求はタイマZのアンダーフロー(パルス出力終了時)で発生します．

表7-9にプログラマブル・ワンショット発生モードの仕様，**図7-30**にプログラマブル・ワンショット発生モード時のタイマZモード・レジスタ，**図7-31**にタイマZ波形出力制御レジスタの各ビット機能，**図7-32**にプログラマブル・ワンショット発生モード時のタイマZの動作例をそれぞれ示します．

b7 b6 b5 b4 b3 b2 b1 b0	シンボル TZMR	アドレス 0080h番地	リセット後の値 00h	
	ビット・シンボル	ビット名	機能，または設定値	RW
	—	予約ビット	'0'にする	RW
	TZMOD0	タイマZ動作モード・ビット	b5 b4 1 0：プログラマブル・ワンショット発生モード	RW
	TZMOD1			RW
	TZWC	タイマZ書き込み制御ビット	'1'にする(注1)	RW
	TZS	タイマZカウント開始フラグ	0：カウント停止 1：カウント開始	RW

注1：TZSビットが'1'(カウント開始)のとき，リロード・レジスタのみ書き込みになる
　　　TZSビットが'0'(カウント停止)のとき，リロード・レジスタとカウンタへの書き込みになる

図7-30 プログラマブル・ワンショット発生モード時のタイマZモード・レジスタ

b7 b6 b5 b4 b3 b2 b1 b0	シンボル PUM	アドレス 0084h番地	リセット後の値 00h	
	ビット・シンボル	ビット名	機能，または設定値	RW
	—	予約ビット	'0'にする	RW
	TZOPL	タイマZアウトプット・レベル・ラッチ	0：ワンショット・パルス"H"出力 　　タイマ停止時"L"出力 1：ワンショット・パルス"L"出力 　　タイマ停止時"H"出力	RW
	INOSTG	INT0端子ワンショット・トリガ制御ビット(注1)	0：INT0端子ワンショット・トリガ無効 1：INT0端子ワンショット・トリガ有効	RW
	INOSEG	INT0端子ワンショット・トリガ極性選択ビット(注2)	0：立ち下がりエッジ・トリガ 1：立ち上がりエッジ・トリガ	RW

注1：INOSTGビットは，INTENレジスタのINT0ENビットとPUMレジスタのINOSEGビットを設定後に'1'にする
　　　INOSTGビットを'1'(INT0端子ワンショット・トリガ有効)にするときは，INT0FレジスタのINT0F0～INT0F1ビットを設定する
　　　INOSTGビットは，TZMRレジスタのTZSビットを'0'(カウント停止)にした後，'0'(INT0端子ワンショット・トリガ無効)にする
注2：INOSEGビットは，INTENレジスタのINT0PLビットが'0'(片エッジ)のときのみ有効

図7-31 プログラマブル・ワンショット発生モード時のタイマZ波形出力制御レジスタ

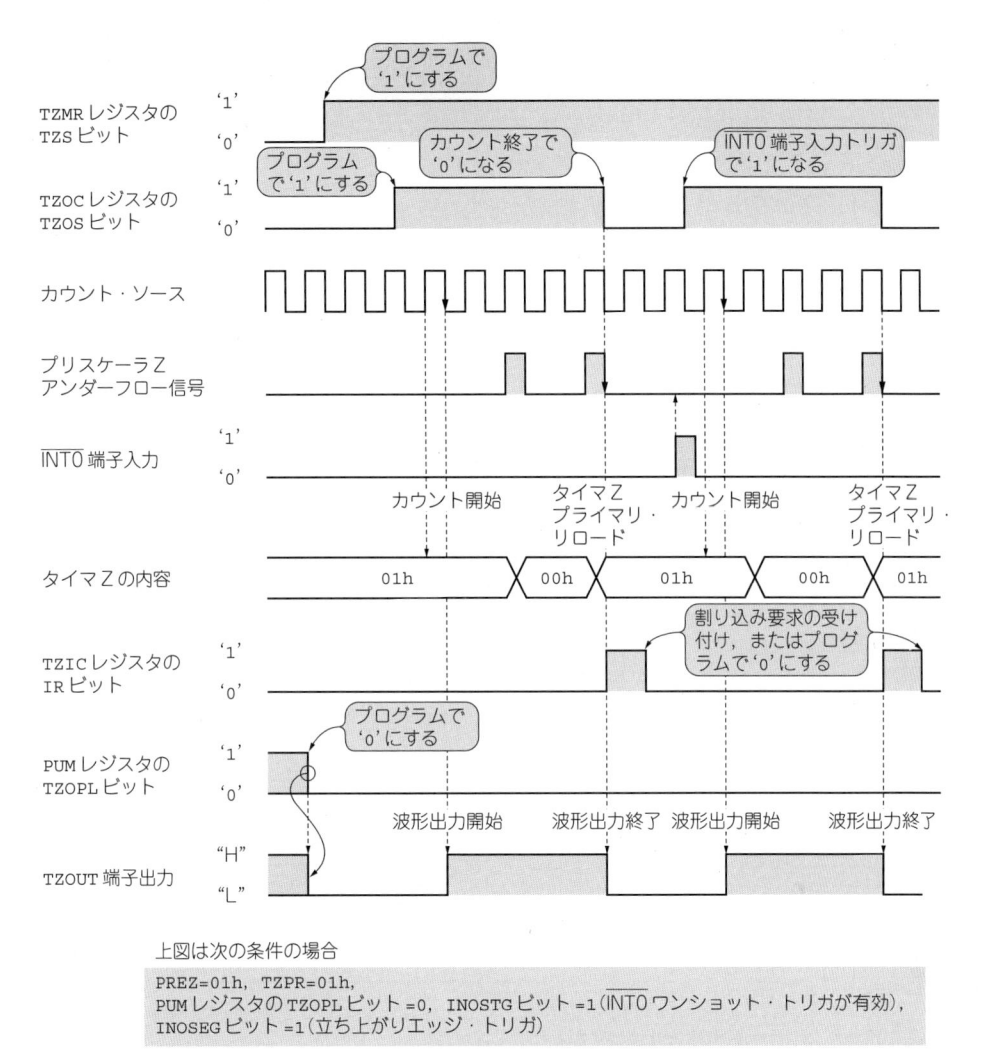

図7-32 プログラマブル・ワンショット発生モード時のタイマZの動作例

■ プログラマブル・ウェイト・ワンショット発生モード

　プログラム(ワンショット開始フラグ='1')または外部トリガ($\overline{\text{INT0}}$端子へのエッジ入力)により一定時間遅延させた後，1回だけタイマを動作させ，任意の幅(TZPRレジスタに設定した値)の"H"または"L"パルスをTZOUT端子から出力するモードです．トリガ発生後の遅延時間をTZPRレジスタの値で制御し，パルス出力時間(タイマ動作時間)をTZSCレジスタの値で制御します．クロック・ソースはf1，f2，f8，タイマXのアンダーフローのいずれかを選択でき，カウント動作はダウン・カウント固定です．$\overline{\text{INT0}}$端子からのトリガ入力を有効にするか無効にするか，およびトリガ入力を有効とした場合のトリガの極性については，"$\overline{\text{INT0}}$端子ワンショット・トリガ制御ビット(INOSTGビット)"および"$\overline{\text{INT0}}$端子ワンショット・トリガ極性選択ビット(INOSEGビット)"で選択ができます．また，TZOUT端子の初期出力レベルおよびタイ

マ動作中のパルス出力レベルは，"タイマZアウトプット・レベル・ラッチ"で選択できます．

動作としては，トリガ発生後，まずTZPRレジスタで設定した時間ぶんカウントされます．その後タイマZがアンダーフローすると同時に，TZSCレジスタ値がリロードされカウント動作を続けます．この際（セカンダリ期間中），TZOUT端子からは"タイマZアウトプット・レベル・ラッチ・ビット"で選択したレベルが出力されます．その後再びタイマZがアンダーフローするとタイマが停止し，割り込み要求が発生

b7 b6 b5 b4 b3 b2 b1 b0
1 1 1 0 0 0 0

シンボル: TZMR アドレス: 0080h番地 リセット後の値: 00h

ビット・シンボル	ビット名	機能	RW
—	予約ビット	'0'にする	RW
TZMOD0	タイマZ動作モード・ビット	b5 b4 1 1：プログラマブル・ウェイト・ワンショット発生モード	RW
TZMOD1			RW
TZWC	タイマZ書き込み制御ビット	'1'にする（注1）	RW
TZS	タイマZカウント開始フラグ	0：カウント停止 1：カウント開始	RW

注1：TZSビットが'1'（カウント開始）のとき，リロード・レジスタのみ書き込みになる
　　　TZSビットが'0'（カウント停止）のとき，リロード・レジスタとカウンタへの書き込みになる

図7-33　プログラマブル・ウェイト・ワンショット発生モード時のタイマZモード・レジスタ

b7 b6 b5 b4 b3 b2 b1 b0
0 0 0 0 0

シンボル: PUM アドレス: 0084h番地 リセット後の値: 00h

ビット・シンボル	ビット名	機能	RW
—	予約ビット	'0'にする	RW
TZOPL	タイマZアウトプット・レベル・ラッチ	0：ワンショット・パルス"H"出力 　　タイマ停止時"L"出力 1：ワンショット・パルス"L"出力 　　タイマ停止時"H"出力	RW
INOSTG	INT0端子ワンショット・トリガ制御ビット（注1）	0：INT0端子ワンショット・トリガ無効 1：INT0端子ワンショット・トリガ有効	RW
INOSEG	INT0端子ワンショット・トリガ極性選択ビット（注2）	0：立ち下がりエッジ・トリガ 1：立ち上がりエッジ・トリガ	RW

注1：INOSTGビットは，INTENレジスタのINT0ENビットとPUMレジスタのINOSEGビットを設定後に'1'にする
　　　INOSTGビットを'1'（INT0端子ワンショット・トリガ有効）にするときは，INT0FレジスタのINT0F0～INT0F1ビットを設定する
　　　INOSTGビットは，TZMRレジスタのTZSビットを'0'（カウント停止）にした後，'0'（INT0端子ワンショット・トリガ無効）にする
注2：INOSEGビットは，INTENレジスタのINT0PLビットが'0'（片エッジ）のときのみ有効

図7-34　プログラマブル・ウェイト・ワンショット発生モード時のタイマZ波形出力制御レジスタ

します．割り込み要求は，セカンダリ期間のタイマZのアンダーフロー（パルス出力終了時）でのみ発生します．

表7-10にプログラマブル・ワンショット発生モードの仕様，図7-33にプログラマブル・ワンショット発生モード時のタイマZモード・レジスタ，図7-34にタイマZ波形出力制御レジスタの各ビット機能，図7-35にプログラマブル・ワンショット発生モード時のタイマZの動作例をそれぞれ示します．

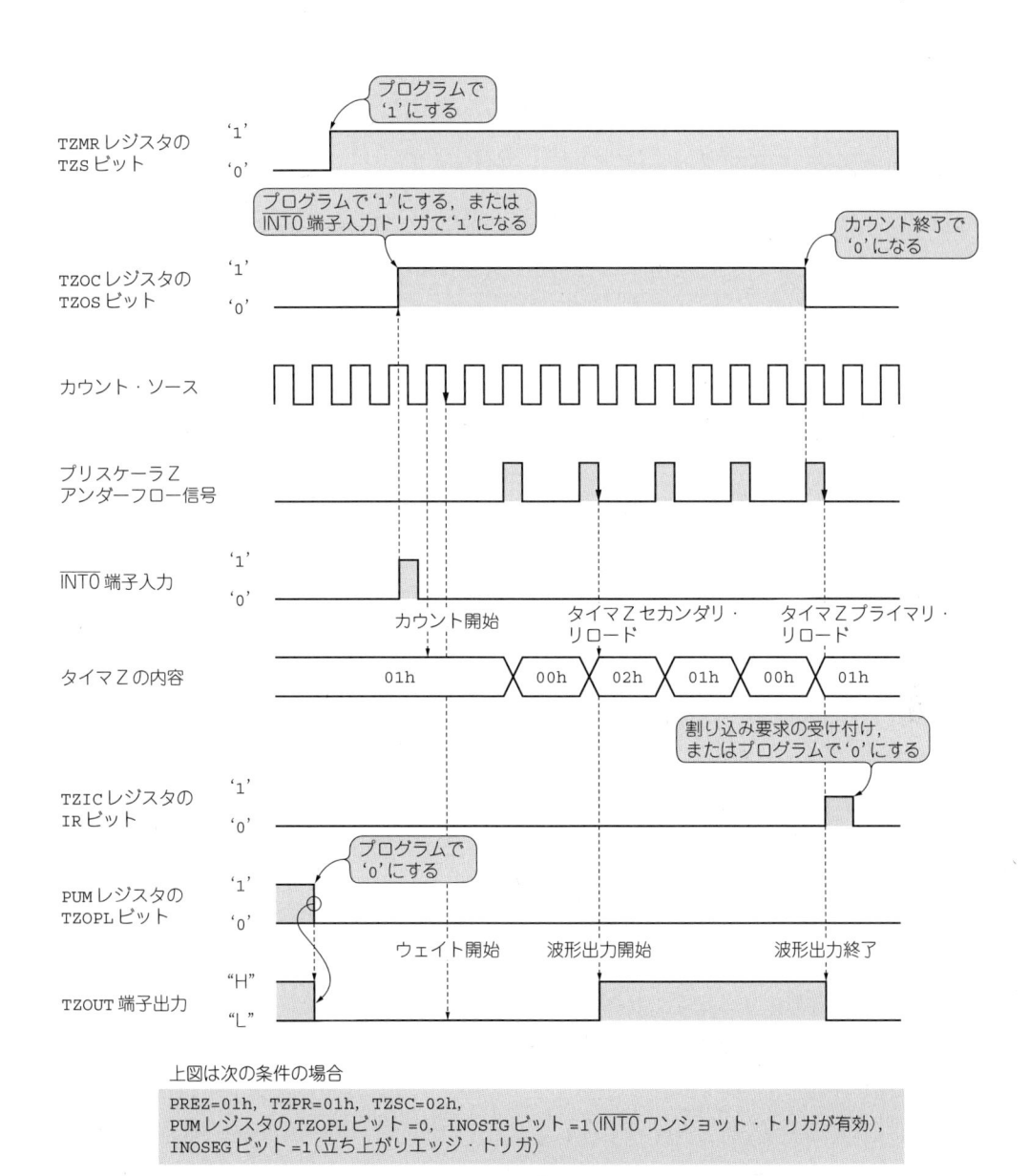

図7-35 プログラマブル・ウェイト・ワンショット発生モード時のタイマZの動作例

上図は次の条件の場合
```
PREZ=01h, TZPR=01h, TZSC=02h,
PUMレジスタのTZOPLビット=0, INOSTGビット=1（INTOワンショット・トリガが有効），
INOSEGビット=1（立ち上がりエッジ・トリガ）
```

表7-10 プログラマブル・ウェイト・ワンショット発生モードの仕様

項　目	仕　様
カウント・ソース	f1, f2, f8, タイマ X のアンダーフロー
カウント動作	・タイマ Z プライマリの設定値をダウン・カウント ・タイマ Z プライマリのカウントがアンダーフロー時，タイマ Z セカンダリの内容をリロードしてカウントを継続 ・タイマ Z セカンダリのカウントがアンダーフロー時，タイマ Z プライマリの内容をリロードしてカウントを終了し，TZOS ビットが '0' (ワンショット停止) になる ・カウント終了時，リロード・レジスタの内容をリロードし停止
ウェイト時間	$(n+1)(m+1)/f_i$ 　f_i：カウント・ソースの周波数，n：PREZ レジスタの設定値，m：TZPR レジスタの設定値
ワンショット・パルス出力時間	$(n+1)(p+1)/f_i$ 　f_i：カウント・ソースの周波数，n：PREZ レジスタの設定値，p：TZSC レジスタの設定値
カウント開始条件	・TZOC レジスタの TZOS ビットへ '1' (ワンショット開始) を書き込み (注1) ・INT0 端子への有効トリガ入力 (注2)
カウント停止条件	・タイマ Z セカンダリ・カウント時のカウントの値が '00h' になりリロードした後 ・TZMR レジスタの TZS ビットへ '0' (カウント停止) を書き込み ・TZOC レジスタの TZOS ビットへ '0' (ワンショット停止) を書き込み
割り込み要求発生タイミング	セカンダリ期間のタイマ Z のアンダーフローからカウント・ソースの 1/2 サイクル後 (TZOUT 端子からの波形出力の終了と同時) → タイマ Z 割り込み
TZOUT 端子機能	パルス出力
INT0 端子機能	・PUM レジスタの INOSTG ビットが '0' ($\overline{\text{INT0}}$ ワンショット・トリガ無効) の場合 　プログラマブル入出力ポートまたは $\overline{\text{INT0}}$ 割り込み入力 ・PUM レジスタの INOSTG ビットが '1' ($\overline{\text{INT0}}$ ワンショット・トリガ有効) の場合 　外部トリガ ($\overline{\text{INT0}}$ 割り込み入力)
タイマの読み出し	TZPR レジスタ，PREZ レジスタを読み出すと，それぞれカウント値が読み出される
タイマの書き込み	TZPR レジスタ，PREZ レジスタ，TZSC レジスタに書き込むと，それぞれリロード・レジスタのみに書き込まれる (注3)
選択機能	・アウトプット・レベル・ラッチ選択機能 　ワンショット・パルス波形の出力レベルを TZOPL ビットで選択できる ・$\overline{\text{INT0}}$ 端子ワンショット・トリガ制御機能，極性選択機能 　$\overline{\text{INT0}}$ 端子からのトリガ入力の有効または無効を INOSTG ビットで選択できる 　有効トリガ極性を INOSEG ビットで選択できる

注1：TZMR レジスタの TZS ビットを '1' (カウント開始) にする
注2：TZS ビットを '1' (カウント開始)，INTEN レジスタの INT0EN ビットを '1' ($\overline{\text{INT0}}$ 入力許可)，PUM レジスタの INOSTG ビットを '1' ($\overline{\text{INT0}}$ ワンショット・トリガ有効) にする
　　　カウント中に入力されたトリガは受け付けられないが，$\overline{\text{INT0}}$ 割り込み要求は発生する
注3：TZPR レジスタへ書き込んだ次のワンショット・パルスから反映される

7-3 タイマC

　タイマCは，16ビットのフリーラン・カウンタだけで，プリスケーラおよびリロード・レジスタはありません．またカウンタは読み出し専用レジスタです．
　タイマCは，以下の二つのモードをもちます．

▶ インプット・キャプチャ・モード：外部信号を入力した時点のタイマのカウント値をキャプチャ・レジスタにラッチするモード
▶ アウトプット・コンペア・モード：コンペア・レジスタに設定した値とタイマのカウント値が一致した時点で出力波形を変化させるモード

図7-36にタイマCのブロック図，図7-37にCMP波形（アウトプット・コンペア・モード時の出力波形）生成部ブロック図，図7-38にCMP波形出力部ブロック図をそれぞれ示します．

図7-39～図7-44にタイマC関連のレジスタを示します．

タイマCレジスタは，16ビットのフリーラン・カウンタで読み出し専用レジスタです．キャプチャ，コンペア0レジスタは，インプット・キャプチャ・モード時のキャプチャ・レジスタおよびアウトプット・コンペア・モード時のコンペア・レジスタとして機能します．キャプチャ・レジスタとして機能する場合は，読み込み専用レジスタになります．コンペア1レジスタは，アウトプット・コンペア・モード時のコンペア・レジスタです．タイマC制御レジスタ0およびタイマC制御レジスタ1は，タイマCの動作モードなどを設定するレジスタで，タイマCのカウント開始ビットやカウント・ソースの選択ビット，キャプチャ信号の極性選択やCMP波形出力レベルの選択ビットなどが含まれます．タイマC出力制御レジスタは，CMP波形の出力禁止/許可，および出力する端子の選択を行うレジスタです．

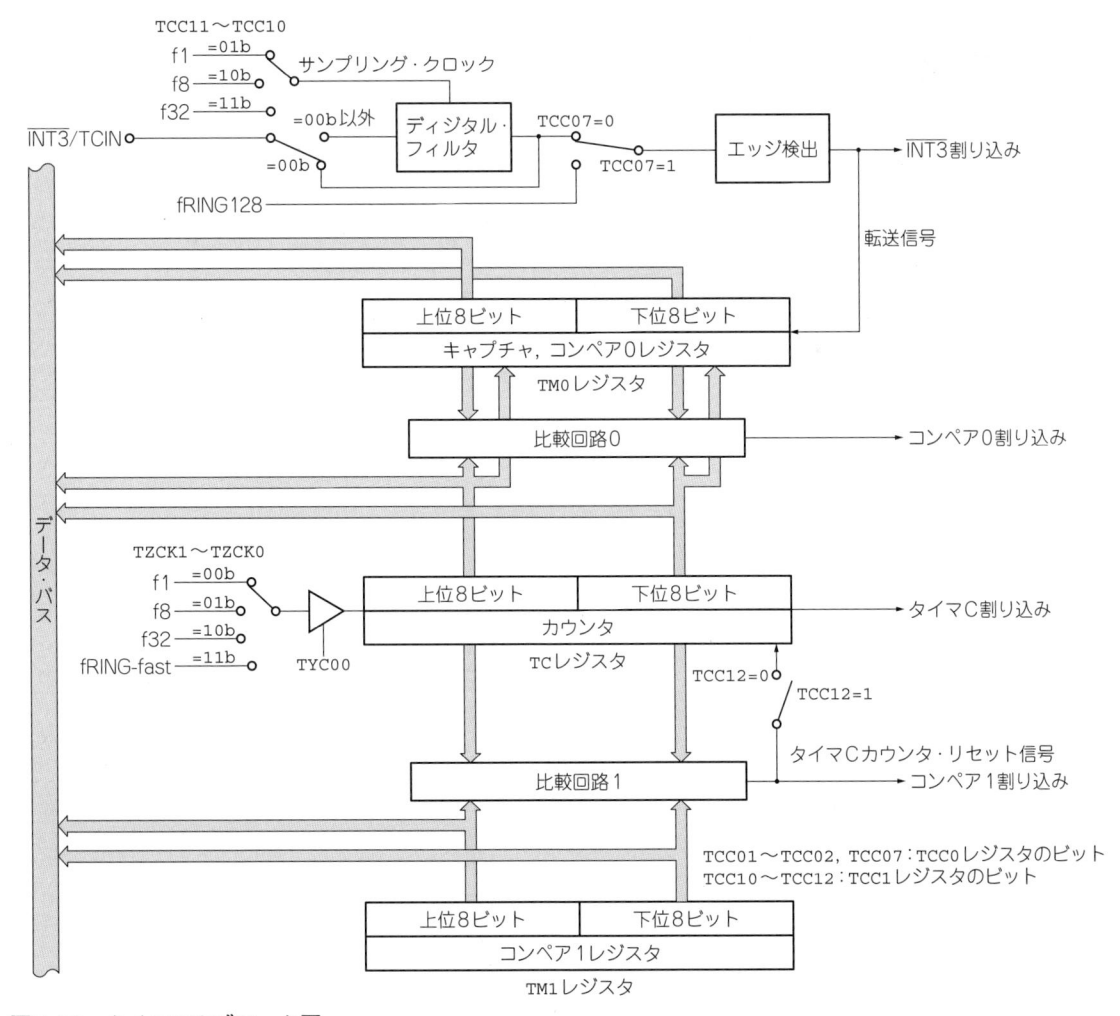

図7-36 タイマCのブロック図

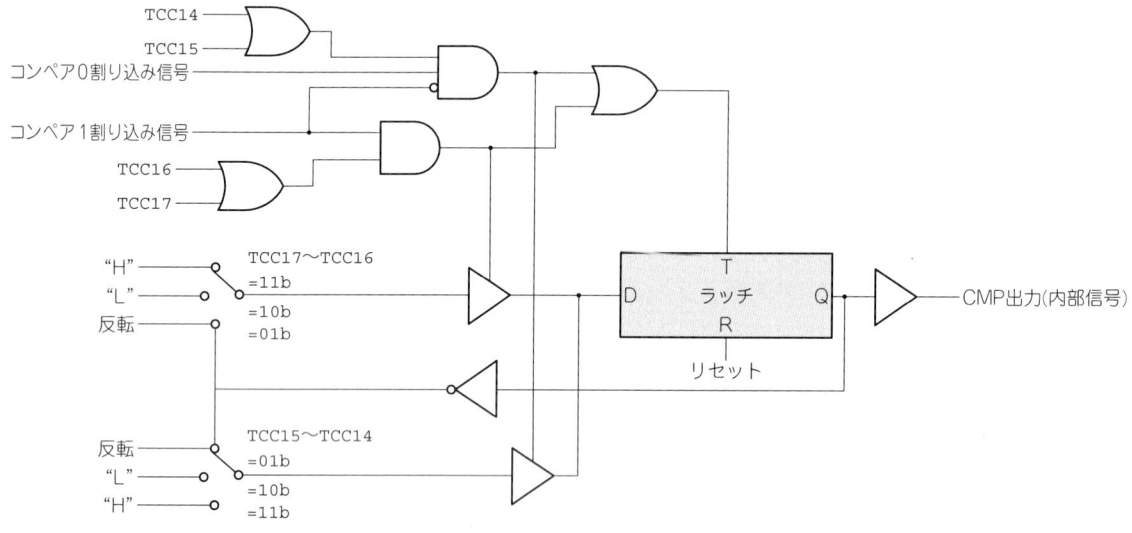

図7-37　CMP波形生成部のブロック図

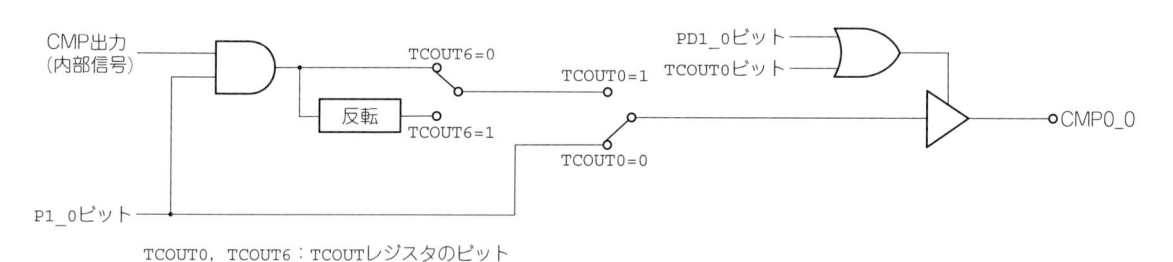

図7-38　CMP波形出力部のブロック図
この図はCMP0_0の波形出力部．CMP0_1〜CMP0_2およびCMP1_0〜CMP1_2の波形出力部も同じ構成

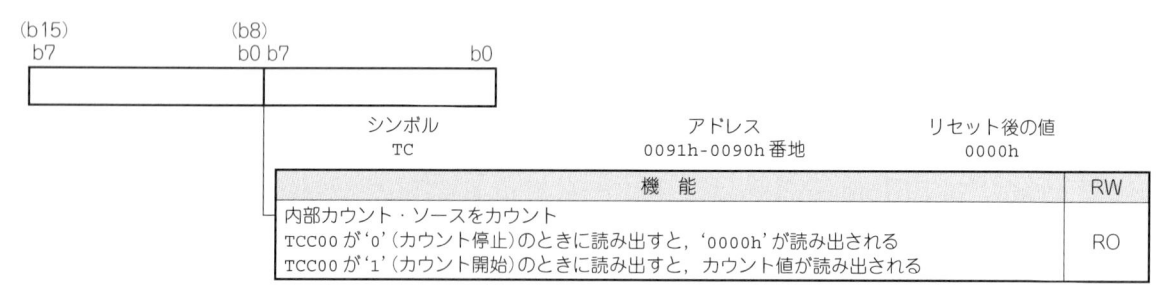

シンボル	アドレス	リセット後の値
TC	0091h-0090h番地	0000h

機能	RW
内部カウント・ソースをカウント TCC00が'0'（カウント停止）のときに読み出すと，'0000h'が読み出される TCC00が'1'（カウント開始）のときに読み出すと，カウント値が読み出される	RO

図7-39　タイマCレジスタ（TCレジスタ）

(b15) (b8)
b7   b0 b7   b0

シンボル: TM0
アドレス: 009Dh-009Ch 番地
リセット後の値: 0000h(注2)

モード	機能	RW
インプット・キャプチャ・モード	測定パルスの有効エッジ入力時，TCレジスタの値を格納	RO

モード	機能	設定範囲	RW
アウトプット・コンペア・モード(注1)	タイマCとの比較値を格納	0000h～FFFFh	RW

注1：TM0 レジスタに値を設定する場合は，TCC1 レジスタの TCC13 ビットを '1'（コンペア0出力選択）にする．TCC13 ビットが '0'（キャプチャ選択）のときは値を書けない
注2：TCC1 レジスタの TCC13 ビットを '1' にすると，FFFFh になる

図7-40 キャプチャ，コンペア0レジスタ（TM0レジスタ）

(b15) (b8)
b7   b0 b7   b0

シンボル: TM1
アドレス: 009Fh-009Eh 番地
リセット後の値: FFFFh

モード	機能	設定範囲	RW
アウトプット・コンペア・モード	タイマCとの比較値を格納	0000h～FFFFh	RW

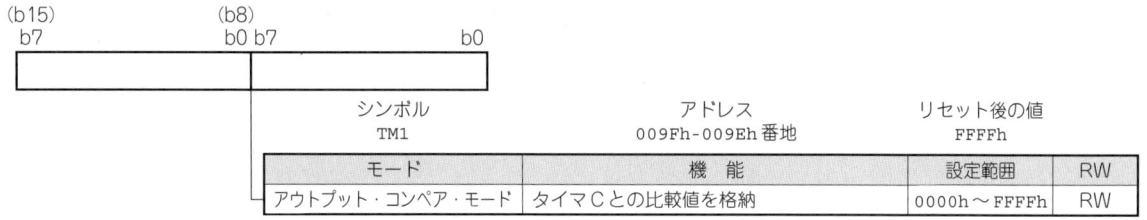

図7-41 コンペア1レジスタ（TM1レジスタ）

b7 b6 b5 b4 b3 b2 b1 b0

シンボル: TCC0
アドレス: 009Ah 番地
リセット後の値: 00h

ビット・シンボル	ビット名	機能	RW
TCC00	タイマCカウント開始ビット	0：カウント停止 1：カウント開始	RW
TCC01	タイマCカウント・ソース選択ビット(注1)	b2 b1 0 0：f1 0 1：f8 1 0：f32 1 1：fRING-fast	RW
TCC02			RW
TCC03	INT3割り込み，キャプチャ極性選択ビット(注1, 注2)	b4 b3 0 0：立ち上がりエッジ 0 1：立ち下がりエッジ 1 0：両エッジ 1 1：設定しない	RW
TCC04			RW
—	予約ビット	'0'にする	RW
TCC06	INT3割り込み要求発生タイミング選択ビット(注2, 注3)	0：タイマCのカウント・ソースに同期して発生する 1：INT3入力タイミングで発生する(注4)	RW
TCC07	INT3割り込み，キャプチャ入力切り替えビット(注1, 注2)	0：INT3 1：fRING128	RW

注1：このビットの変更は，TCC00 ビットが '0'（カウント停止）のとき行う
注2：TCC03，TCC04，TCC06，TCC07 ビットを変更すると，INT3IC レジスタの IR ビットが '1'（割り込み要求あり）になることがある
注3：TCC13 ビットが '1'（アウトプット・コンペア・モード）のとき，TCC06 ビットの設定値にかかわらず，INT3入力タイミングで割り込み要求が発生する
注4：INT3フィルタ使用時は，ディジタル・フィルタ用クロックに同期して発生する

図7-42 タイマC制御レジスタ0（TCC0レジスタ）

	シンボル TCC1	アドレス 009Bh 番地	リセット後の値 00h	
ビット・シンボル	ビット名	機能		RW
TCC10	INT3フィルタ選択ビット(注1)	b1 b0 0 0：フィルタなし 0 1：フィルタあり，f1でサンプリング 1 0：フィルタあり，f8でサンプリング 1 1：フィルタあり，f32でサンプリング		RW
TCC11				RW
TCC12	タイマCカウンタ・リロード選択ビット(注2)	0：リロードなし 1：コンペア1一致時にTCレジスタを'0000h'にする		RW
TCC13	コンペア0/キャプチャ選択ビット(注3)	0：キャプチャ選択 　（インプット・キャプチャ・モード）(注2) 1：コンペア0出力選択 　（アウトプット・コンペア・モード）		RW
TCC14	コンペア0出力モード選択ビット(注2)	b5 b4 0 0：コンペア0で一致してもCMP出力は変化しない 0 1：コンペア0の一致信号でCMP出力を反転 1 0：コンペア0の一致信号でCMP出力を"L"に設定 1 1：コンペア0の一致信号でCMP出力を"H"に設定		RW
TCC15				
TCC16	コンペア1出力モード選択ビット(注2)	b7 b6 0 0：コンペア1で一致してもCMP出力は変化しない 0 1：コンペア1の一致信号でCMP出力を反転 1 0：コンペア1の一致信号でCMP出力を"L"に設定 1 1：コンペア1の一致信号でCMP出力を"H"に設定		RW
TCC17				

注1：INT3端子から同じ値を3回連続してサンプリングした時点で入力が確定する
注2：TCC13ビットが'0'（インプット・キャプチャ・モード）のとき，TCC12，TCC14～TCC17は'0'にする
注3：TCC13ビットは，TCC0レジスタのTCC00ビットが'0'（カウント停止）のとき変更する

図7-43　タイマC制御レジスタ1（TCC1レジスタ）

■ インプット・キャプチャ・モードとその使いかた

　インプット・キャプチャ・モードは，TCIN端子へのエッジ入力，またはfRING128のクロックをトリガとして，タイマ・カウンタ（TCレジスタ）の値をキャプチャ・レジスタ（TM0レジスタ）にラッチするモードです．トリガ信号をTCIN端子へのエッジ入力とした場合は，"INT3割り込み，キャプチャ極性選択機能ビット"により有効なエッジを選択できます．タイマCのクロック・ソースとしては，f1，f8，f32，fRING-fastのいずれかを選択することができ，カウント動作はアップ・カウント固定です．またTCIN端子にはディジタル・フィルタがあり，端子に入力されるノイズなどにより発生する誤動作を防止できます．ディジタル・フィルタは，TCIN端子から同じ値を3回連続してサンプリングした時点で入力信号を確定します．サンプリング・クロックは"INT3フィルタ選択ビット"で選択します．
　インプット・キャプチャ・モードの割り込み要求は，TCIN端子にトリガ信号が入力され，カウンタの内容をラッチしたときに発生する"INT3割り込み"と，カウンタがオーバーフローしたときに発生する

ビット・シンボル	ビット名	機能	RW
TCOUT0	CMP出力許可ビット0	0：CMP0_0からのCMP出力を禁止する 1：CMP0_0からのCMP出力を許可する	RW
TCOUT1	CMP出力許可ビット1	0：CMP0_1からのCMP出力を禁止する 1：CMP0_1からのCMP出力を許可する	RW
TCOUT2	CMP出力許可ビット2	0：CMP0_2からのCMP出力を禁止する 1：CMP0_2からのCMP出力を許可する	RW
TCOUT3	CMP出力許可ビット3	0：CMP1_0からのCMP出力を禁止する 1：CMP1_0からのCMP出力を許可する	RW
TCOUT4	CMP出力許可ビット4	0：CMP1_1からのCMP出力を禁止する 1：CMP1_1からのCMP出力を許可する	RW
TCOUT5	CMP出力許可ビット5	0：CMP1_2からのCMP出力を禁止する 1：CMP1_2からのCMP出力を許可する	RW
TCOUT6	CMP出力反転ビット0	0：CMP0_0〜CMP0_2からのCMP出力を反転しない 1：CMP0_0〜CMP0_2からのCMP出力を反転する	RW
TCOUT7	CMP出力反転ビット1	0：CMP1_0〜CMP1_2からのCMP出力を反転しない 1：CMP1_0〜CMP1_2からのCMP出力を反転する	RW

シンボル：TCOUT　アドレス：00FFh番地　リセット後の値：00h

CMP出力に使用しないビットは'0'にする

図7-44　タイマC出力制御レジスタ（TCOUTレジスタ）

表7-11　インプット・キャプチャ・モードの仕様

項目	仕様
カウント・ソース	f1, f8, f32, fRING-fast
カウント動作	・アップ・カウント ・測定パルスの有効エッジ入力で，TCレジスタの値をTM0レジスタに転送 ・カウント停止時，TCレジスタの値は'0000h'になる
カウント開始条件	TCC0レジスタのTCC00ビットへ'1'（カウント開始）を書き込み
カウント停止条件	TCC0レジスタのTCC00ビットへ'0'（カウント停止）を書き込み
割り込み要求発生タイミング	・測定パルスの有効エッジ入力時→$\overline{INT3}$割り込み[注1] ・タイマCのオーバーフロー時→タイマC割り込み
$\overline{INT3}$/TCIN端子機能	プログラマブル入出力ポート，または測定パルス入力（$\overline{INT3}$割り込み入力）
P1_0〜P1_2, P3_3〜P3_5端子機能	プログラマブル入出力ポート
カウンタ値初期化タイミング	TCC0レジスタのTCC00ビットへ'0'（カウント停止）を書き込んだとき
タイマの読み出し[注2]	・TCレジスタを読み出すと，カウント値が読み出される ・TM0レジスタを読み出すと，測定パルス有効エッジ入力時のカウント値が読み出される
タイマの書き込み	TC，TM0レジスタへの書き込みはできない
選択機能	・$\overline{INT3}$/TCIN極性選択機能 　測定パルスの有効エッジをTCC03ビット〜TCC04ビットで選択できる ・ディジタル・フィルタ機能 　ディジタル・フィルタ・サンプリング周波数をTCC10ビット〜TCC11ビットで選択できる ・トリガ機能 　TCIN入力，またはfRING128をTCC0レジスタのTCC07ビットで選択できる

注1：$\overline{INT3}$割り込みはディジタル・フィルタによる遅延とカウント・ソースの1サイクル（最大）分の遅延が発生する
注2：TCレジスタ，TM0レジスタは，16ビット単位で読み出す

"タイマC割り込み"の二つがあります．

表7-11にインプット・キャプチャ・モードの仕様，**図7-45**にインプット・キャプチャ・モードの動作例をそれぞれ示します．

■ アウトプット・コンペア・モードとその使いかた

アウトプット・コンペア・モードは，モータ制御などに応用できるモードです．タイマ・カウンタ（TCレジスタ）の値とコンペア0レジスタ（TM0レジスタ）に設定した値を比較して一致したとき，およびタイマ・カウンタ（TCレジスタ）の値とコンペア1レジスタ（TM1レジスタ）に設定した値を比較して一致したときに，CMP0_0～CMP0_2端子およびCMP1_0～CMP1_2端子の出力レベルを変化させることができます．

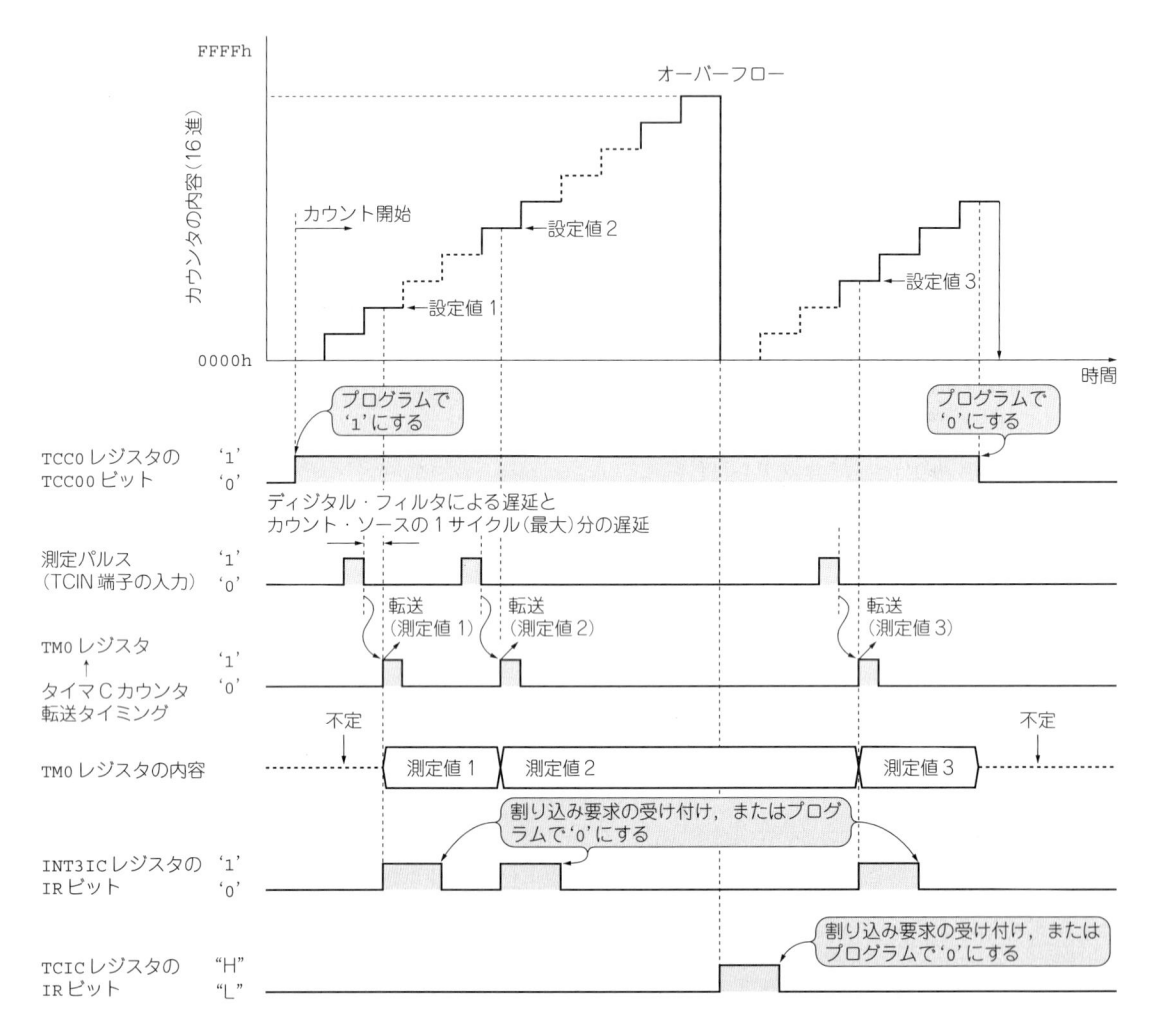

図7-45 インプット・キャプチャ・モードの動作例

比較回路0の一致でCMP0_0～CMP0_2端子の出力レベルを変化させ，比較回路1の一致でCMP1_0～CMP1_2端子の出力レベルを変化させます．タイマCのクロック・ソースとしては，f1, f8, f32, fRING-fastのいずれかを選択でき，カウント動作はアップ・カウント固定です．タイマCカウンタはリロード・レジスタをもたないフリーラン・カウンタですが，タイマC制御レジスタ1の"タイマCカウンタ・リロード選択ビット"により，比較回路1との一致時にタイマCカウンタを"0000h"に初期化することもできます．

CMP0_0～CMP0_2端子の出力レベルとCMP1_0～CMP1_2端子の出力レベルは，タイマC制御レジスタ1の"コンペア0出力モード選択ビット"および"コンペア1出力モード選択ビット"でそれぞれ設定します．

また，タイマC出力制御レジスタの"CMP出力反転ビット0"，"CMP出力反転ビット1"により，"コンペア0出力モード選択ビット"および"コンペア1出力モード選択ビット"で設定したCMP出力レベルを反転して，CMP0_0～CMP0_2端子およびCMP1_0～CMP1_2端子から出力することもできます．なお，リセット解除後のCMP0_0～CMP0_2端子，およびCMP1_0～CMP1_2端子の初期出力は"L"レベルです．

アウトプット・コンペア・モードでの割り込み要求は，比較回路0または比較回路1が一致したときに発生する"コンペア割り込み0"と"コンペア割り込み1"，およびタイマCのオーバフローにより発生する"タイマC割り込み"の三つがあります．

表7-12 アウトプット・コンペア・モードの仕様

項　目	仕　様
カウント・ソース	f1, f8, f32, fRING-fast
カウント動作	・アップ・カウント ・カウント停止時，TCレジスタの値は'0000h'になる
カウント開始条件	TCC0レジスタのTCC00ビットへ'1'（カウント開始）を書き込み
カウント停止条件	TCC0レジスタのTCC00ビットへ'0'（カウント停止）を書き込み
波形出力開始条件	TCOUTレジスタのTCOUT0～TCOUT5ビットへ'1'（CMP出力を許可する）を書き込み[注2]
波形出力停止条件	TCOUTレジスタのTCOUT0～TCOUT5ビットへ'0'（CMP出力を禁止する）を書き込み
割り込み要求発生タイミング	・比較回路0の一致時→コンペア0割り込み ・比較回路1の一致時→コンペア1割り込み ・タイマCのオーバフロー時→タイマC割り込み
$\overline{\text{INT3}}$/TCIN端子機能	プログラマブル入出力ポート，または$\overline{\text{INT3}}$割り込み入力
P1_0～P1_2, P3_3～P3_5端子機能	プログラマブル入出力ポート，またはCMP出力[注1]
カウンタ値初期化タイミング	TCC0レジスタのTCC00ビットへ'0'（カウント停止）を書き込んだとき
タイマの読み出し[注2]	・TCレジスタを読み出すと，カウント値が読み出される ・TM0, TM1レジスタを読み出すと，コンペア・レジスタの値が読み出される
タイマの書き込み[注2]	・TCレジスタへの書き込みはできない ・TM0, TM1レジスタへ書くと，次のタイミングでコンペア・レジスタに値が格納される 　TCC00ビットが'0'（カウント停止）の場合，TM0, TM1レジスタへ書くのと同時 　TCC00ビットが'1'（カウント中）かつTCC1レジスタのTCC12ビットが'0'（リロードなし）の場合，カウンタ・オーバフロー時 　TCC00ビットが'1'かつTCC12ビットが'1'（コンペア1一致時にTCレジスタを'0000h'にする）の場合，コンペア1とカウンタが一致時
選択機能	・タイマCカウンタ・リロード選択機能 　比較回路1の一致時にTCレジスタのカウンタ値を'0000h'にするかどうかをTCC1レジスタのTCC12ビットで選択できる ・比較回路0の一致時の出力レベルをTCC1レジスタのTCC14～TCC15ビットで，比較回路1の一致時の出力レベルをTCC1レジスタのTCC16～TCC17ビットで選択できる ・出力を反転するかどうかを，TCOUTレジスタのTCOUT6～TCOUT7ビットで選択できる

注1：該当するポートの出力データが'1'（"H"）のとき，CMP出力端子として機能する
注2：TC, TM0, TM1レジスタは，16ビット単位でアクセスする

図7-46 アウトプット・コンペア・モードの動作例

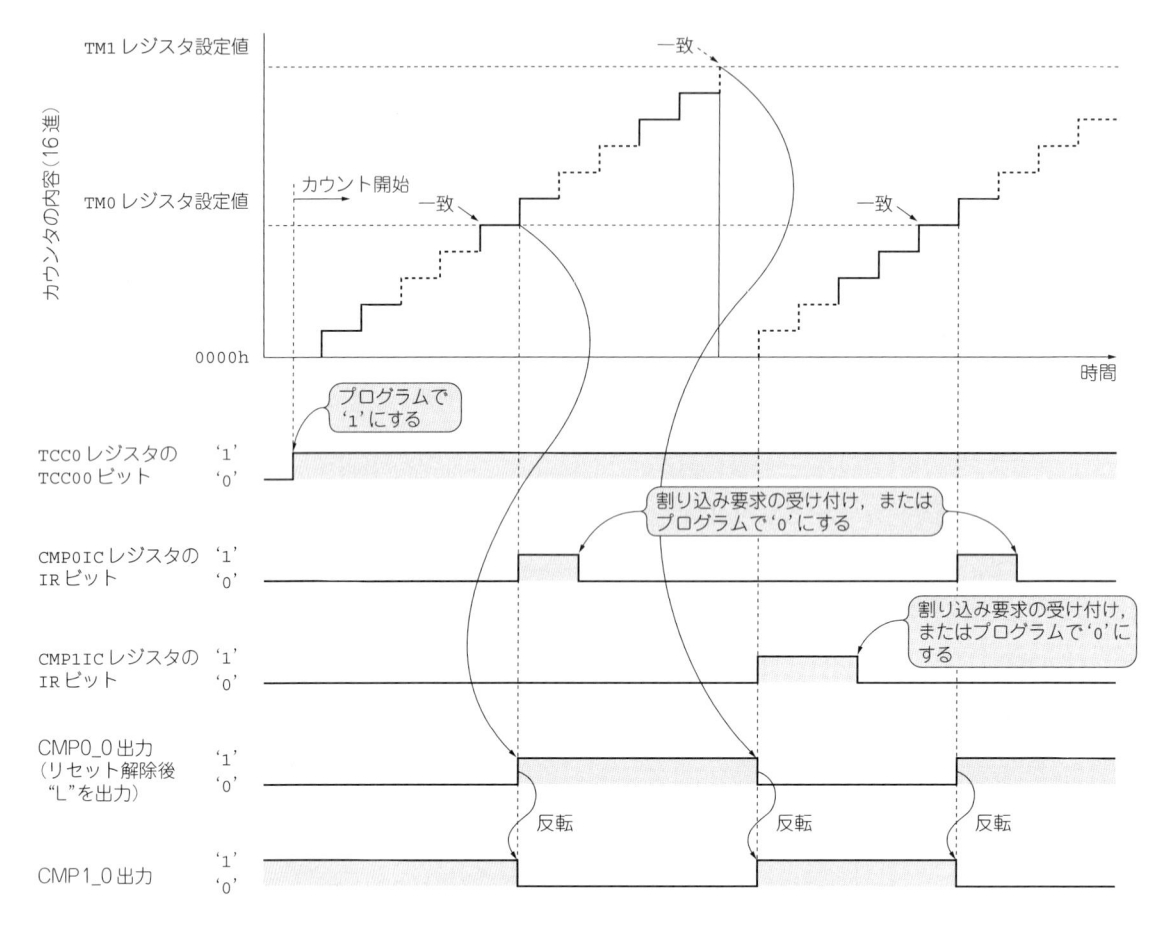

上図は次の条件の場合
TCC1レジスタのTCC12ビット=1（コンペア1一致時にTCレジスタを'0000h'にする）
TCC1レジスタのTCC13ビット=1（コンペア0出力選択）
TCC1レジスタのTCC15～TCC14ビット=11b（コンペア0一致時CMP出力"H"にする）
TCC1レジスタのTCC17～TCC16ビット=10b（コンペア1一致時CMP出力"L"にする）
TCOUTレジスタのTCOUT6ビット=0（反転しない）
TCOUTレジスタのTCOUT7ビット=1（反転する）
TCOUTレジスタのTCOUT0ビット=1（CMP0_0出力許可）
TCOUTレジスタのTCOUT3ビット=1（CMP1_0出力許可）
P1レジスタのP1_0ビット=1（"H"）
P3レジスタのP3_3ビット=1（"H"）

なおCMP0_0～CMP0_2端子，およびCMP1_0～CMP1_2端子をCMP出力端子として機能させるには，図7-38に示すように，該当するポート（CMP0_0端子であればP1_0）の出力データを必ず'1'にしてください．

表7-12にアウトプット・コンペア・モードの仕様，図7-46にアウトプット・コンペア・モードの動作例をそれぞれ示します．

[第8章]
R8C/14～R8C/17のシリアル・インターフェース，A-Dコンバータの詳細

新海 栄治

8-1 シリアル・インターフェース

　シリアル・インターフェースは，UART0(UART：Universal Asynchronous Receiver Transmitter)の1チャネルで構成されており，送信部，受信部のバッファはともに1段だけです．転送速度は内蔵しているボー・レート・ジェネレータにより，任意のビット・レートを選択できます．また，クロック同期型で使用するか非同期型で使用するかをプログラムで選択できます．

　受信器としてクロック同期型でデータ受信を行う場合，通常外部クロックを受信クロックとしますが，図8-1に示すように送信クロックを受信クロックとして供給しているので，送信バッファにダミー・データを設定して送信クロックを発生させて受信制御回路を動作させます．クロック非同期型で使用する場合は，送信クロックと受信クロックは別々に生成されます．

　割り込み要求は送信/受信でともに発生します．受信割り込み要求は，データの受信が完了したとき(受信レジスタから受信バッファに転送されたとき)，送信割り込み要求は，UART0送信レジスタから全ビットの送信が終了したときと送信バッファから送信レジスタにデータが転送されたとき(次のデータが送信できる状態になったとき)のいずれかを選択できます．

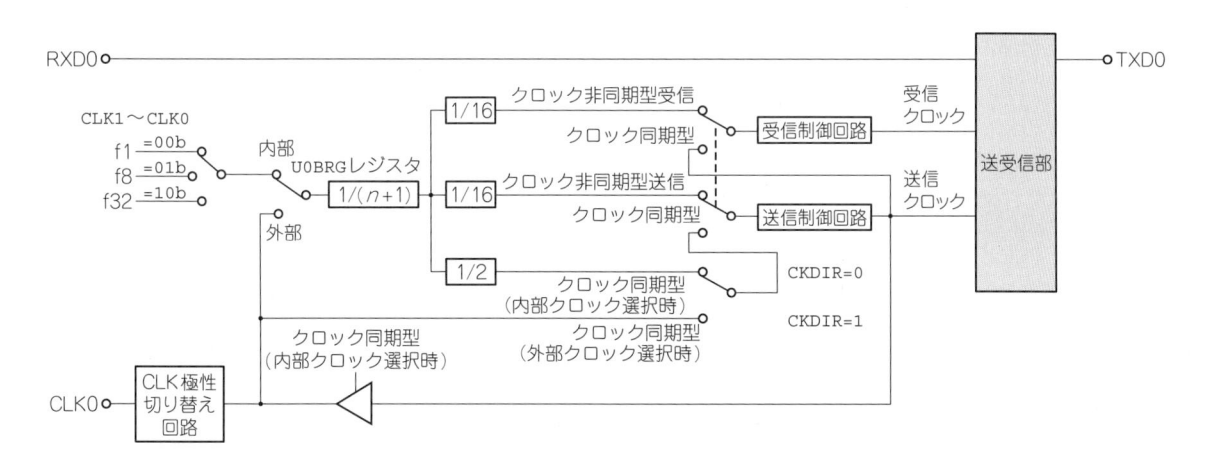

図8-1　UART0のブロック図

なお，送受信するデータについては，"LSBファースト，MSBファースト選択機能"により，データのLSB側から送受信するか，MSB側から送受信するかを選択することができます．

図8-1にUART0のブロック図，図8-2に送受信部のブロック図，図8-3～図8-9にUART0関連レジスタを示します．

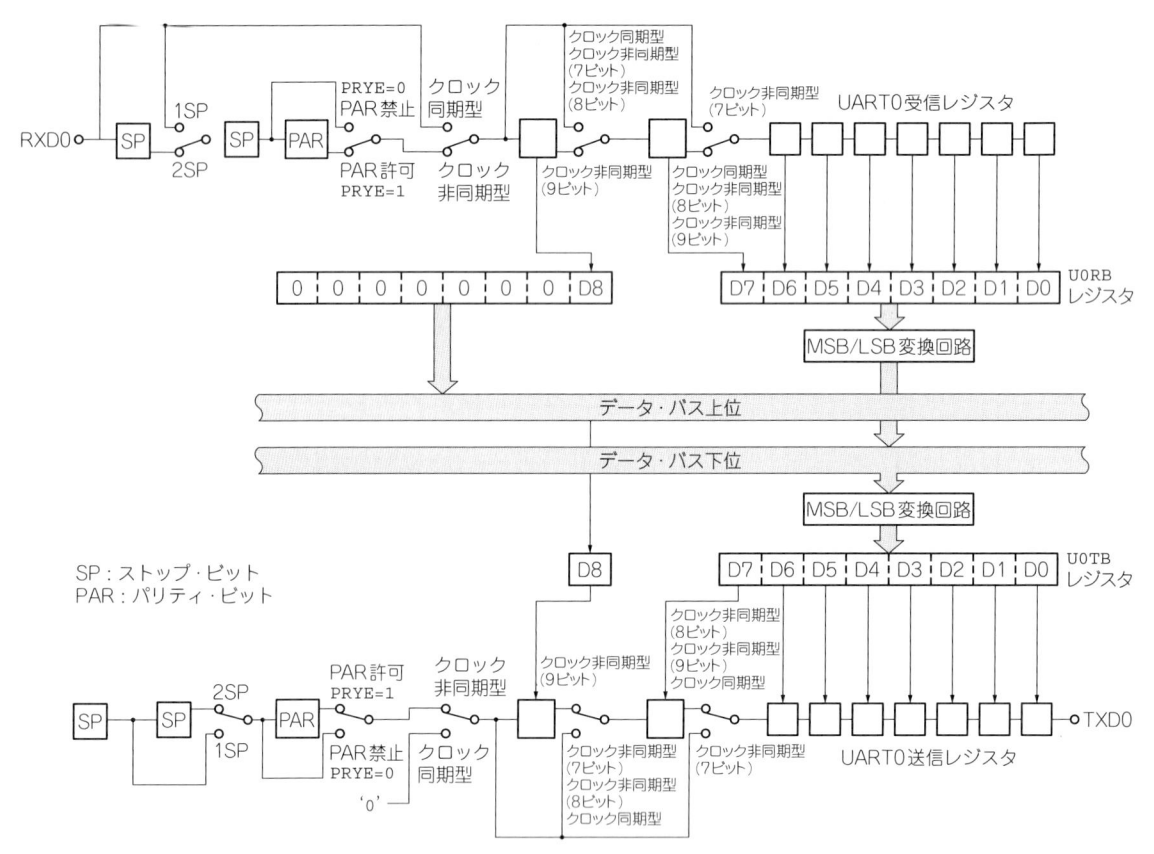

図8-2 送受信部のブロック図

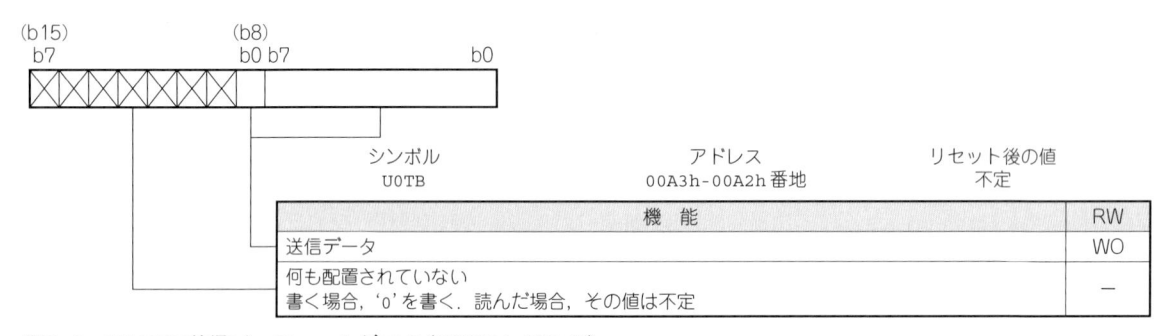

図8-3 UART0送信バッファ・レジスタ（U0TBレジスタ）
転送データ長が9ビットの場合，上位バイト→下位バイトの順で書く．MOV命令を使用して書く

UART0送信バッファ・レジスタは，送信データを設定する送信バッファです．UART0受信バッファ・レジスタは16ビットの読み出し専用レジスタで，下位9ビットは受信したデータが格納される受信バッファ，上位1バイト中のb7～b4にはデータ受信時のエラー・フラグが割り付けられています．UART0受信バッファ・レジスタを読み込む場合は，必ず16ビット単位で読み込みます．

UART0ビット・レート・レジスタは送受信の転送速度を設定するビット・レート・ジェネレータです．

UART0送受信モード・レジスタは，送受信データのデータ長やパリティ・ビットのあり/なし，ストップ・ビット数などを選択するレジスタです．

UART0送受信制御レジスタ0～UART0送受信制御レジスタ2は，送受信の許可/禁止ビットや"送信バッファ空フラグ"，"受信完了フラグ"などのステータス・ビットが含まれます．

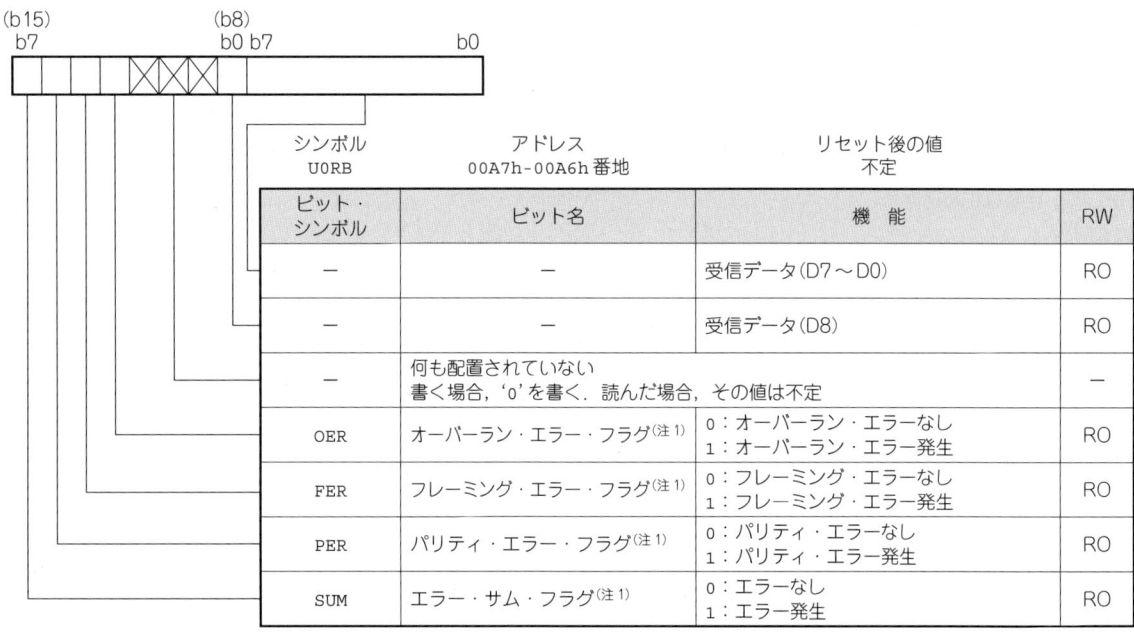

シンボル	アドレス	リセット後の値
U0RB	00A7h-00A6h番地	不定

ビット・シンボル	ビット名	機能	RW
—	—	受信データ(D7～D0)	RO
—	—	受信データ(D8)	RO
—	何も配置されていない 書く場合，'0'を書く．読んだ場合，その値は不定	—
OER	オーバーラン・エラー・フラグ(注1)	0：オーバーラン・エラーなし 1：オーバーラン・エラー発生	RO
FER	フレーミング・エラー・フラグ(注1)	0：フレーミング・エラーなし 1：フレーミング・エラー発生	RO
PER	パリティ・エラー・フラグ(注1)	0：パリティ・エラーなし 1：パリティ・エラー発生	RO
SUM	エラー・サム・フラグ(注1)	0：エラーなし 1：エラー発生	RO

注1：SUM, PER, FER, OERビットは，U0MRレジスタのSMD2～SMD0ビットを'000b'（シリアル・インターフェースは無効）にしたとき，またはU0C1レジスタのREビットを'0'（受信禁止）にしたとき，'0'（エラーなし）になる（SUMビットはPER, FER, OERビットがすべて'0'（エラーなし）になると'0'（エラーなし）になる

図8-4 UART0受信バッファ・レジスタ（U0RBレジスタ）
U0RBレジスタは必ず16ビット単位で読み出す

シンボル	アドレス	リセット後の値
U0BRG	00A1h番地	不定

機能	設定範囲	RW
設定値をnとすると，U0BRGはカウント・ソースをn+1分周する	00h～FFh	WO

図8-5 UART0ビット・レート・レジスタ（U0BRGレジスタ）
送受信停止中に書く．MOV命令を使用して書く

b7	b6	b5	b4	b3	b2	b1	b0	シンボル	アドレス	リセット後の値
0								U0MR	00A0h 番地	00h

ビット・シンボル	ビット名	機能	RW
SMD0	シリアルI/Oモード選択ビット	b2 b1 b0 0 0 0：シリアル・インターフェースは無効 0 0 1：クロック同期型シリアルI/Oモード 1 0 0：UARTモード転送データ長7ビット 1 0 1：UARTモード転送データ長8ビット 1 1 0：UARTモード転送データ長9ビット 上記以外：設定しない	RW
SMD1			RW
SMD2			RW
CKDIR	内／外部クロック選択ビット	0：内部クロック 1：外部クロック(注1)	RW
STPS	ストップ・ビット長選択ビット	0：1ストップ・ビット 1：2ストップ・ビット	RW
PRY	パリティ奇／偶選択ビット	PRYE=1のとき有効 0：奇数パリティ 1：偶数パリティ	RW
PRYE	パリティ許可ビット	0：パリティ禁止 1：パリティ許可	RW
—	予約ビット	'0'にする	RW

注1：PD1レジスタのP1_6ビットを'0'（入力）にする

図8-6　UART0送受信モード・レジスタ（U0MRレジスタ）

b7	b6	b5	b4	b3	b2	b1	b0	シンボル	アドレス	リセット後の値
			✕			0		U0C0	00A4h 番地	08h

ビット・シンボル	ビット名	機能	RW
CLK0	BRGカウント・ソース選択ビット	b1 b0 0 0：f1を選択 0 1：f8選択 1 0：f32を選択 1 1：設定しない	RW
CLK1			RW
—	予約ビット	'0'にする	RW
TXEPT	送信レジスタ空フラグ	0：送信レジスタにデータあり（送信中） 1：送信レジスタにデータなし（送信完了）	RO
—	何も配置されていない 書く場合，'0'を書く．読んだ場合，その値は'0'		—
NCH	データ出力選択ビット	0：TXD0端子はCMOS出力 1：TXD0端子はNチャネル・オープン・ドレイン出力	RW
CKPOL	CLK極性選択ビット	0：転送クロックの立ち下がりで送信データ出力，立ち上がりで受信データ入力 1：転送クロックの立ち上がりで送信データ出力，立ち下がりで受信データ入力	RW
UFORM	転送フォーマット選択ビット	0：LSBファースト 1：MSBファースト	RW

図8-7　UART0送受信制御レジスタ0（U0C0レジスタ）

b7 b6 b5 b4 b3 b2 b1 b0	シンボル U0C1	アドレス 00A5h番地	リセット後の値 02h	
	ビット・シンボル	ビット名	機能	RW
	TE	送信許可ビット	0：送信禁止 1：送信許可	RW
	TI	送信バッファ空フラグ	0：U0TBにデータあり 1：U0TBにデータなし	RO
	RE	受信許可ビット	0：受信禁止 1：受信許可	RW
	RI	受信完了フラグ(注1)	0：U0RBにデータなし 1：U0RBにデータあり	RO
	−	何も配置されていない 書く場合，'0'を書く．読んだ場合，その値は'0'		−

注1：RIビットはU0RBレジスタの上位バイトを読み出したとき'0'になる

図8-8　UART0送受信制御レジスタ1（U0C1レジスタ）

b7 b6 b5 b4 b3 b2 b1 b0 0 0 0 0 0	シンボル UCON	アドレス 00B0h番地	リセット後の値 00h	
	ビット・シンボル	ビット名	機能	RW
	U0IRS	UART0送信割り込み要因 選択ビット	0：送信バッファ空(TI=1) 1：送信完了(TXEMP=1)	RW
	−	予約ビット	'0'にする	RW
	U0RRM	UART0連続受信モード 許可ビット	0：連続受信モード禁止 1：連続受信モード許可	RW
	−	予約ビット	'0'にする	RW
	CNTRSEL	CNTR0信号端子選択ビット(注1)	0：P1_5/RXD0 　　P1_7/CNTR00/INT10 1：P1_5/RXD0/CNTR01/INT11 　　P1_7	RW

注1：CNTRSELビットはCNTR0(INT1)信号の入力端子を選択する．CNTR0信号を出力する場合は，CNTRSELビットの設定にかかわらず，CNTR00端子から出力される

図8-9　UART0送受信制御レジスタ2（UCONレジスタ）

■ クロック同期型シリアルI/O

　クロック同期型シリアルI/Oモードは，受信側と送信側が転送クロックで同期をとり，データの送受信を行うモードです．転送データのデータ長は8ビット固定です．

　クロック同期型シリアルI/Oでは，送信器を動作させることによりシフト・クロックを発生します．したがって，データを受信する場合は送信バッファにダミー・データを設定し，送信を許可することでデータが受信可能な状態になります．このとき，TXD0端子からはダミー・データが外部に出力されます．

　転送クロックとして内部クロックを選択しているときは，送信許可ビットを'1'（送信許可状態）にしてダミー・データを送信バッファ・レジスタに設定するとシフト・クロックが発生します．外部クロックを選択しているときは，送信許可ビットを'1'にしてダミー・データを送信バッファ・レジスタに設定し，その後外部クロックがCLK0端子に入力されるとシフト・クロックが発生します．

エラーの検出は，オーバーラン・エラーだけで，受信バッファを読み出す前に次のデータ受信を開始し，受信バッファが上書きされた時点で発生します．なお，オーバーラン・エラーが発生した場合は，受信バッファの内容は不定となり，割り込み要求も変化しないので，タイマで定期的にエラー・フラグをポーリングする必要があります．

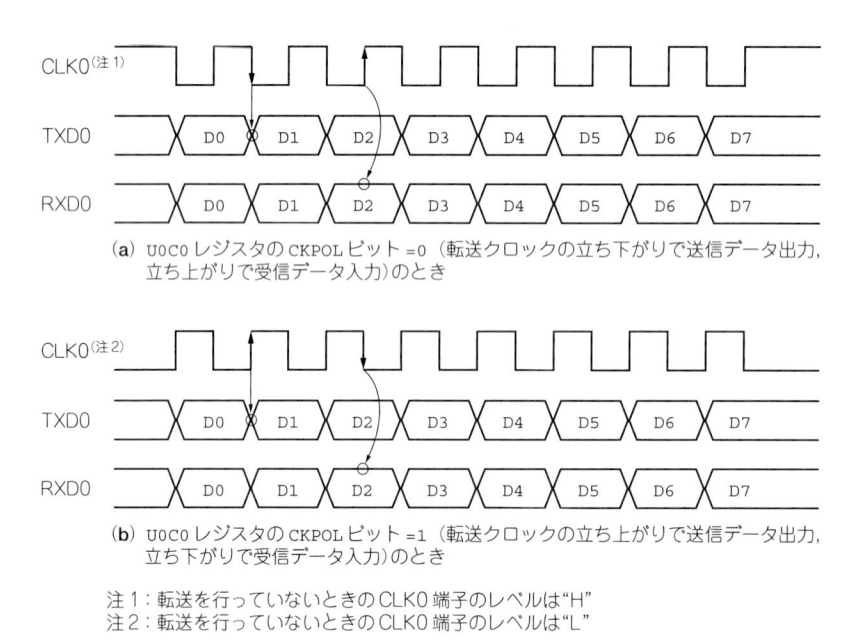

(a) U0C0レジスタのCKPOLビット=0（転送クロックの立ち下がりで送信データ出力，立ち上がりで受信データ入力）のとき

(b) U0C0レジスタのCKPOLビット=1（転送クロックの立ち上がりで送信データ出力，立ち下がりで受信データ入力）のとき

注1：転送を行っていないときのCLK0端子のレベルは"H"
注2：転送を行っていないときのCLK0端子のレベルは"L"

図8-10　CLK（クロック）極性選択機能

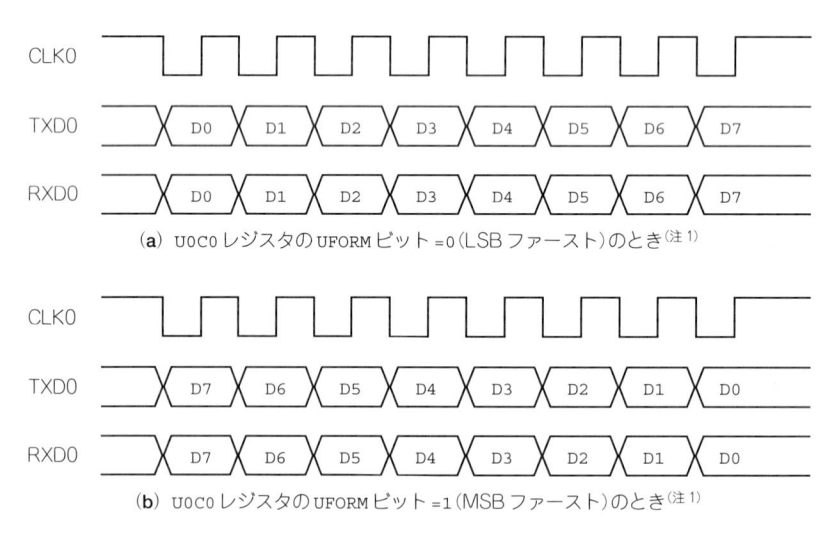

(a) U0C0レジスタのUFORMビット=0（LSBファースト）のとき(注1)

(b) U0C0レジスタのUFORMビット=1（MSBファースト）のとき(注1)

注1：U0C0レジスタのCKPOLビット=0（転送クロックの立ち下がりで送信データ出力，立ち上がりで受信データ入力）の場合

図8-11　LSBファースト，MSBファースト選択機能

表8-1　クロック同期型シリアルI/Oモードの仕様

項　目	仕　様
転送データ・フォーマット	・転送データ長：8ビット
転送クロック	・U0MRレジスタのCKDIRビットが'0'（内部クロック）：$fi/2(n+1)$ 　fi=f1, f8, f32　n=U0BRGレジスタの設定値：00h～FFh ・CKDIRビットが'1'（外部クロック）：CLK0端子からの入力
送信開始条件	・送信開始には，以下の条件が必要[注1] 　U0C1レジスタのTEビットが'1'（送信許可） 　U0C1レジスタのTIビットが'0'（U0TBレジスタにデータあり）
受信開始条件	・受信開始には，以下の条件が必要[注1] 　U0C1レジスタのREビットが'1'（受信許可） 　U0C1レジスタのTEビットが'1'（送信許可） 　U0C1レジスタのTIビットが'0'（U0TBレジスタにデータあり）
割り込み要求発生タイミング	・送信する場合，次の条件のいずれかを選択できる 　U0IRSビットが'0'（送信バッファ空）：U0TBレジスタからUART0送信レジスタへデータ転送時（送信開始時） 　U0IRSビットが'1'（送信完了）：UART0送信レジスタからデータ送信完了時 ・受信する場合 　UART0受信レジスタから，U0RBレジスタへデータ転送時（受信完了時）
エラー検出	・オーバーラン・エラー[注2] 　U0RBレジスタを読む前に次のデータ受信を開始し，次のデータの7ビット目を受信すると発生
選択機能	・CLK極性選択 　転送データの出力と入力タイミングが，転送クロックの立ち上がりか立ち下がりかを選択 ・LSBファースト，MSBファースト選択 　ビット0から送受信するか，またはビット7から送受信するかを選択 ・連続受信モード選択 　U0RBレジスタを読み出す動作により，同時に受信許可状態になる

注1：外部クロックを選択している場合，U0C0レジスタのCKPOLビットが'0'（転送クロックの立ち下がりで送信データ出力，立ち上がりで受信データ入力）のときは外部クロックが"H"の状態で，CKPOLビットが'1'（転送クロックの立ち上がりで送信データ出力，立ち下がりで受信データ入力）のときは外部クロックが"L"の状態で条件を満たす
注2：オーバーラン・エラーが発生した場合，U0RBレジスタは不定になる．またS0RICレジスタのIRビットは変化しない

表8-2　クロック同期型シリアルI/Oモード時の使用レジスタと設定値

レジスタ	ビット	機　能
U0TB	0～7	送信データを設定する
U0RB	0～7	受信データを読む
	OER	オーバーラン・エラー・フラグ
U0BRG	0～7	ビット・レートを設定する
U0MR	SMD2～SMD0	'001b'にする
	CKDIR	内部クロック，外部クロックを選択する
U0C0	CLK1, CLK0	U0BRGレジスタのカウント・ソースを選択する
	TXEPT	送信レジスタ空フラグ
	NCH	TXD0端子の出力形式を選択する
	CKPOL	転送クロックの極性を選択する
	UFORM	LSBファースト，またはMSBファーストを選択する
U0C1	TE	送受信を許可する場合，'1'にする
	TI	送信バッファ空フラグ
	RE	受信を許可する場合，'1'にする
	RI	受信完了フラグ
UCON	U0IRS	UART0送信割り込み要因を選択する
	U0RRM	連続受信モードを使用する場合，'1'にする
	CNTRSEL	P1_5/RXD0/CNTR01/$\overline{INT11}$を選択する場合は'1'にする

注1：この表に記載していないビットは，クロック同期型シリアルI/Oモード時に書く場合，'0'を書く

表8-3 クロック同期型シリアルI/Oモード時の入出力端子の機能

端子名	機　　能	選択方法
TXD0(P1_4)	シリアル・データ出力	(受信だけを行うときはダミー・データ出力)
RXD0(P1_5)	シリアル・データ入力	PD1レジスタのPD1_5ビット = 0 (送信だけを行うときはP1_5を入力ポートとして使用可)
CLK0(P1_6)	転送クロック出力	U0MRレジスタのCKDIRビット = 0
	転送クロック入力	U0MRレジスタのCKDIRビット = 1 PD1レジスタのPD1_6ビット = 0

　また，連続してデータを受信する場合に"連続受信モード"を選択すると，データを受信する前に毎回ダミー・データを送信バッファに再設定する必要がなくなります．連続受信モードでは，受信バッファ・レジスタを読み出すことにより，自動的に送信バッファ・レジスタにダミー・データが書き込まれます．したがって，受信データを受信バッファから読み出せば，次のデータが受信可能になります．ただし，受信開始前に1回だけダミー・データを送信バッファに書き込み，受信開始時にダミー・リード(受信バッファ・レジスタの読み出し)する必要があります．

　その他の選択機能として，データの送受信を転送クロックの立ち上がりで行うか立ち下がりで行うかを選択できる"CLK極性選択"，データのLSBから送受信するか，MSBから送受信するかを選択できる"LSBファースト，MSBファースト選択"があります．それぞれを図8-10，図8-11に示します．

　表8-1にクロック同期型シリアルI/Oモードの仕様，表8-2にクロック同期型シリアルI/Oモード時の使用レジスタと設定値，表8-3にクロック同期型シリアルI/Oモード時の入出力端子の機能を示します．

● 送信器としてデータ送信するときの動作

　"送信バッファ空フラグ"は送信バッファ(U0TBレジスタ)にデータが存在しない場合に'1'となります．つまり，送信バッファ(U0TBレジスタ)に送信データが設定されていない状態です．送信許可ビットを許可し送信バッファにデータを設定すると，データが送信レジスタに転送されて転送クロックが発生し送信を開始します．送信中に送信バッファに次に送信したいデータを設定(この際バッファには次の送信データが保持されている状態となり，"送信バッファ空フラグ"は'0'になる)しておけば，現在送信しているデータの送信が終了すると，送信バッファに格納されているデータが続けて送信されます．"送信レジスタ空フラグ"は，送信中が'0'，送信完了で'1'(送信レジスタのデータをすべて出力した状態)になるので送信が完了したかどうかを判定できます．

　送信割り込み要求の発生タイミングは，"UART0送信割り込み要因選択ビット"で選択できます．送信バッファに設定したデータが送信レジスタに転送されたとき(送信を開始したとき)に発生するか，あるい

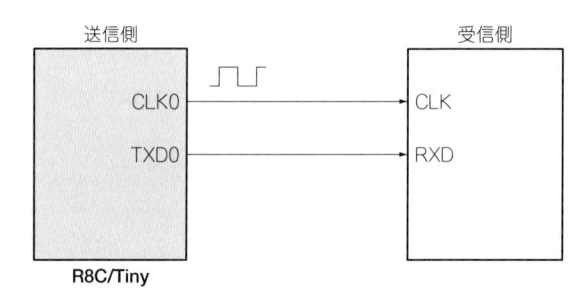

図8-12 クロック同期型シリアルI/O送信時の結線例

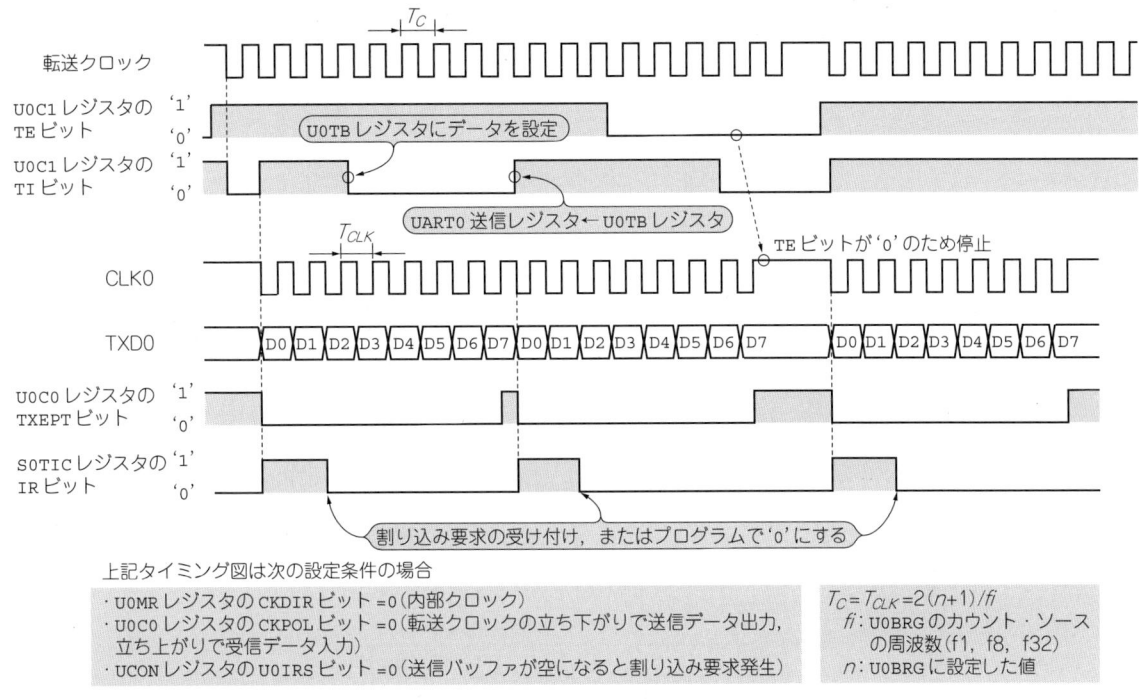

図8-13 クロック同期型シリアルI/Oモード時の送信タイミング例

は送信が完了したとき(送信レジスタのデータがすべて出力されたとき)に発生します．

なお，送信途中で"送信許可ビット"を'0'(禁止)にした場合は，現在送信中のデータはそのまま送信を続け，送信が終了した時点で止まります．

図8-12にクロック同期型シリアルI/O送信時の結線例，図8-13にクロック同期型シリアルI/Oモード時の送信タイミングをそれぞれ示します．

● 受信器としてデータ受信するときの動作

送信バッファ(U0TBレジスタ)に受信クロックを生成するための"ダミー・データ"を設定し，送信許可ビット='1'，受信許可ビット='1'で送受信ともに許可します("連続受信モード時"は送信，受信ともに許可した後，受信バッファをダミー・リードする)．その後，外部クロックが入力されると，それに同期して受信動作を開始します．

続けてデータを受信する場合は，データ受信中(次のデータを受信する前)にダミー・データを送信バッファに設定しておきます("連続受信モード"で動作させている場合は，データの受信中に送信バッファにダミー・データを再設定しておく必要はない)．

データの受信が完了すると，受信レジスタから受信バッファ(U0RBレジスタ)にデータが転送され，"受信完了フラグ"がセットされると同時に受信完了割り込み要求が発生します．"受信完了フラグ"は受信バッファを読み出すことで自動的にクリアされます．

なお，受信バッファの読み出しは必ず16ビット単位で行ってください．これは，受信完了フラグの'0'クリアは，U0RBレジスタの上位バイトを読み込んだときに行われるためです．

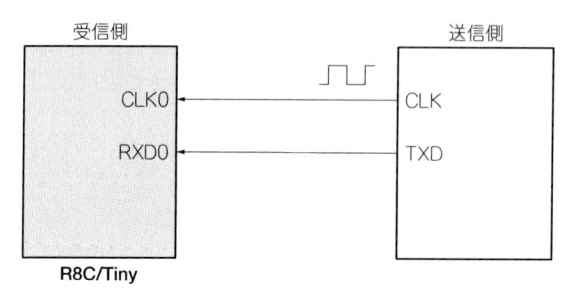

図8-14 クロック同期型シリアルI/O受信時の結線例

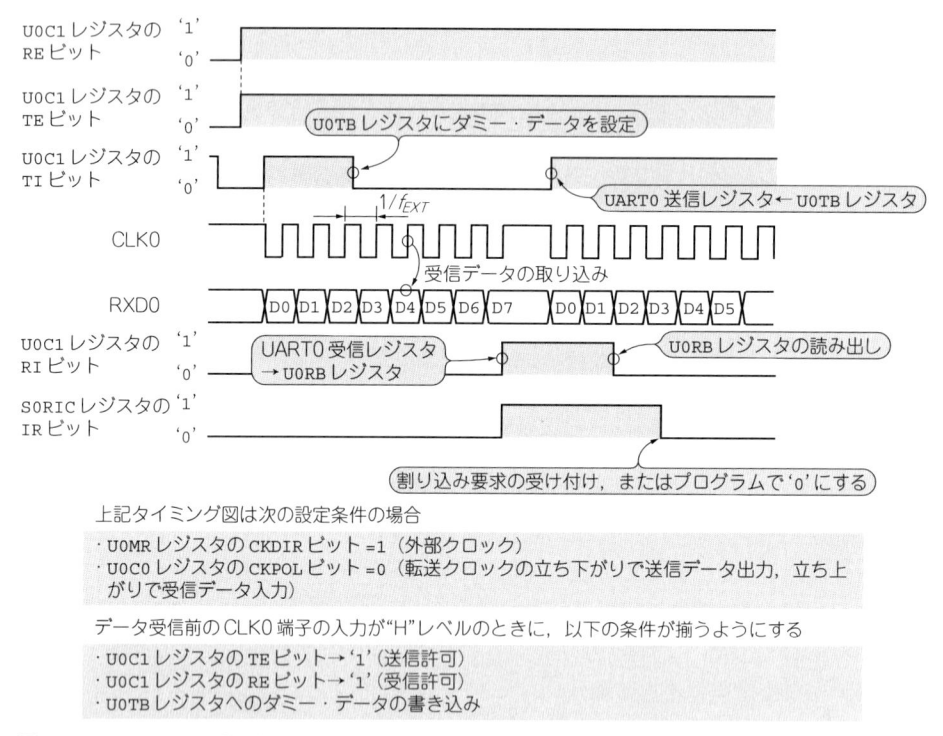

図8-15 クロック同期型シリアルI/Oモード時の受信タイミング例

図8-14にクロック同期型シリアルI/O受信時の結線例，図8-15にクロック同期型シリアルI/Oモード時の受信タイミングをそれぞれ示します．

● エラー発生時の対処方法

受信バッファ読み出し時は，必ずエラー・フラグと受信データを同時に読み出してエラーの判断を行います．エラーが発生していた場合はエラー・フラグ，およびUART0受信バッファ・レジスタを初期化した後，再度受信を行ってください．UART0受信バッファ・レジスタを初期化する手順を以下に示します．なお，エラー・フラグは以下の(1)または(2)の処理でクリアされます．

(1) 受信許可ビットを'0'(受信禁止)にする
(2) シリアルI/Oモード選択ビットを'000b'(シリアル・インターフェースは無効)にする

(3) シリアルI/Oモード選択ビットを再設定する
(4) 送信バッファにダミー・データを設定する
(5) 受信許可ビットを再度'1'(受信許可)にする
※ 連続受信モードを選択している場合は(4)は行わず，(5)の後に受信バッファをダミー・リードしてください．

■ クロック非同期型シリアルI/O

クロック非同期型シリアルI/Oモードは，転送クロックで同期を取らない方式で，送信側，受信側おのおのの転送クロックでデータを送受信するモードです．したがって，送信側と受信側で転送ビット・レートと転送データのデータ・フォーマットを合わせておく必要があります．また，受信側は転送クロックに同期して動作しないので，データ受信のトリガとなる"スタート・ビット"やデータの最後を認識させるための"ストップ・ビット"などが付加されてデータが送信されます．

転送データとしては7ビット，8ビット，9ビットのいずれかを選択できます．ストップ・ビットについては，1ビットまたは2ビットを選択できます．パリティ・ビットは偶数，奇数，パリティなしから選択できます．

表8-4 クロック非同期型シリアルI/Oモードの仕様

項　目	仕　様
転送データ・フォーマット	・キャラクタ・ビット(転送データ)：7ビット，8ビット，9ビット選択可 ・スタート・ビット：1ビット ・パリティ・ビット：奇数，偶数，なし選択可 ・ストップ・ビット：1ビット，2ビット選択可
転送クロック	・U0MRレジスタのCKDIRビットが'0'(内部クロック)：$f_j/16(n+1)$ 　f_j=f1, f8, f32　n=U0BRGレジスタの設定値　00h～FFh ・CKDIRビットが'1'(外部クロック)：$f_{EXT}/16(n+1)$ 　f_{EXT}はCLK0端子からの入力　n=U0BRGレジスタの設定値　00h～FFh
送信開始条件	・送信開始には，以下の条件が必要 　U0C1レジスタのTEビットが'1'(送信許可) 　U0C1レジスタのTIビットが'0'(U0TBレジスタにデータあり)
受信開始条件	・受信開始には，以下の条件が必要 　U0C1レジスタのREビットが'1'(受信許可) 　スタート・ビットの検出
割り込み要求発生タイミング	・送信する場合，次の条件のいずれかを選択できる 　U0IRSビットが'0'(送信バッファ空)：U0TBレジスタからUART0送信レジスタへデータ転送時(送信開始時) 　U0IRSビットが'1'(送信完了)：UART0送信レジスタからデータ送信完了時 ・受信する場合 　UART0受信レジスタから，U0RBレジスタへデータ転送時(受信完了時)
エラー検出	・オーバーラン・エラー[注1]……U0RBレジスタを読む前に次のデータ受信を開始し，次のデータの最終ストップ・ビットの一つ前のビットを受信すると発生 ・フレーミング・エラー………設定した個数のストップ・ビットが検出されなかったときに発生 ・パリティ・エラー……………パリティ許可時にパリティ・ビットとキャラクタ・ビット中の'1'の個数が設定した個数でなかったときに発生 ・エラー・サム・フラグ………オーバーラン・エラー，フレーミング・エラー，パリティ・エラーのうちいずれかが発生した場合，'1'になる

注1：オーバーラン・エラーが発生した場合，U0RBレジスタは不定になる．またS0RICレジスタのIRビットは変化しない

エラーの検出は，オーバーラン・エラー，フレーミング・エラー，パリティ・エラーの3種類です．エラー・サム・フラグは，オーバーラン・エラー，フレーミング・エラー，パリティ・エラーのいずれか一つでも発生すると'1'になります．オーバーラン・エラーは，受信バッファを読み出す前に次のデータ受信を開始し，受信バッファが上書きされた時点で発生します．フレーミング・エラーは送信側で設定したストップ・ビットの数と受信したストップ・ビットの数が一致しない場合に発生します．パリティ・エラーは，送信側で設定した'1'の個数(偶数/奇数)と受信側で設定した'1'の個数(偶数/奇数)が一致していない場合に発生します．

　なお，オーバーラン・エラーが発生した場合は，受信バッファの内容は不定となり，割り込み要求も変化しないので，タイマで定期的にエラー・フラグをポーリングします．

表8-5 クロック非同期型シリアルI/Oモード時の使用レジスタと設定値

レジスタ	ビット	機　　能
U0TB	0～8	送信データを設定する(注1)
U0RB	0～8	受信データを読む(注1)
	OER, FER, PER, SUM	エラー・フラグ
U0BRG	―	ビット・レートを設定する
U0MR	SMD2～SMD0	転送データが7ビットの場合，'100b'を設定する 転送データが8ビットの場合，'101b'を設定する 転送データが9ビットの場合，'110b'を設定する
	CKDIR	内部クロック，外部クロックを選択する
	STPS	ストップ・ビットを選択する
	PRY, PRYE	パリティの有無，偶数奇数を選択する
U0C0	CLK1～CLK0	U0BRGレジスタのカウント・ソースを選択する
	TXEPT	送信レジスタ空フラグ
	NCH	TXD0端子の出力形式を選択する
	CKPOL	'0'にする
	UFORM	転送データ長8ビット時，LSBファースト，MSBファーストを選択できる 転送データ長7ビットまたは9ビット時は'0'にする
U0C1	TE	送信を許可する場合，'1'にする
	TI	送信バッファ空フラグ
	RE	受信を許可する場合，'1'にする
	RI	受信完了フラグ
UCON	U0IRS	UART0送信割り込み要因を選択する
	U0RRM	'0'にする
	CNTRSEL	P1_5/RXD0/CNTR01/INT11 を選択する場合は，'1'にする

注1：使用するビットは次のとおり．転送データ長7ビット：ビット0～6，転送データ長8ビット：ビット0～7，転送データ長9ビット：ビット0～8

表8-6 クロック非同期型シリアルI/Oモード時の入出力端子の機能

端子名	機　　能	選択方法
TXD0(P1_4)	シリアル・データ出力	(受信だけを行うときはポートとして使用不可)
RXD0(P1_5)	シリアル・データ入力	PD1レジスタのPD1_5ビット = 0 (送信だけを行うときはP1_5を入力ポートとして使用可)
CLK0(P1_6)	プログラマブル入出力ポート	U0MRレジスタのCKDIRビット = 0
	転送クロック入力	U0MRレジスタのCKDIRビット = 1 PD1レジスタのPD1_6ビット = 0

選択機能の"CLK極性選択"については，クロック非同期型シリアルI/Oモードでは選択できず，"転送クロックの立ち下がりで送信データ出力，立ち上がりで受信データ入力"に固定です．また"LSBファースト，MSBファースト選択"は使用できますが，送受信データのキャラクタ・ビットが"8ビット"のときだけです．

なお，UART0からデータ送信を行う場合，TXD0端子をCMOS出力とするかNchオープン・ドレイン出力とするかを選択できます．CMOS出力の場合は，動作モード選択後，転送を開始するまでは，TXD0端子からは"H"が出力されます．Nchオープン・ドレイン出力を選択した場合は，動作モード選択後，転送を開始するまで，および"H"出力時は，TXD0端子はハイ・インピーダンス状態になります(Nchオープン・ドレイン出力の場合はTXD0端子に必ずプルアップ抵抗を接続する)．したがって，半二重通信を行うような場合に，バスの衝突を防ぐことができます．

表8-4にクロック非同期型シリアルI/Oモードの仕様，**表8-5**にクロック非同期型シリアルI/Oモード時の使用レジスタと設定値，**表8-6**にクロック非同期型シリアルI/Oモード時の入出力端子の機能を示します．

● ビット・レートの算出方法

クロック非同期型シリアルI/Oモードでは，選択した内部クロックまたは外部クロックをUART0ビット・レート・レジスタ(U0BRGレジスタ)で分周した周波数の16分周がビット・レートになります．

図8-16にU0BRGレジスタに設定する値の算出式と**表8-7**にビット・レート設定例を示します．

● 内部クロック選択時

$$\text{U0BRGレジスタへの設定値} = \frac{f_j}{\text{ビット・レート} \times 16} - 1$$

f_j：U0BRGレジスタのカウント・ソースの周波数(f1, f8, f32)

● 外部クロック選択時

$$\text{U0BRGレジスタへの設定値} = \frac{f_{EXT}}{\text{ビット・レート} \times 16} - 1$$

f_{EXT}：U0BRGレジスタのカウント・ソースの周波数(外部クロック)

図8-16 U0BRGレジスタの設定値算出式(UARTモード)

表8-7 UARTモード時のビットレート設定例(内部クロック選択時)

ビット・レート [bps]	BRGのカウント・ソース	システム・クロック=20MHz			システム・クロック=8MHz		
		BRGの設定値	実時間[bps]	誤差[%]	BRGの設定値	実時間[bps]	誤差[%]
1200	f8	129(81h)	1201.92	0.16	51(33h)	1201.92	0.16
2400	f8	64(40h)	2403.85	0.16	25(19h)	2403.85	0.16
4800	f8	32(20h)	4734.85	-1.36	12(0Ch)	4807.69	0.16
9600	f1	129(81h)	9615.38	0.16	51(33h)	9615.38	0.16
14400	f1	86(56h)	14367.82	-0.22	34(22h)	14285.71	-0.79
19200	f1	64(40h)	19230.77	0.16	25(19h)	19230.77	0.16
28800	f1	42(2Ah)	29069.77	0.94	16(10h)	29411.76	2.12
31250	f1	39(27h)	31250.00	0.00	15(0Fh)	31250.00	0.00
38400	f1	32(20h)	37878.79	-1.36	12(0Ch)	38461.54	0.16
51200	f1	23(17h)	52083.33	1.73	9(09h)	50000.00	-2.34

● 送信器としてデータ送信するときの動作

"送信バッファ空フラグ"は，送信バッファ(U0TBレジスタ)にデータが存在しない場合に'1'となります．つまり，送信バッファ(U0TBレジスタ)に送信データが設定されていない状態です．送信許可ビットを許可し，送信バッファにデータを設定すると，データが送信レジスタに転送されて送信を開始します．

スタート・ビットに続きキャラクタ・ビット(LSB)→･･･→キャラクタ・ビット(MSB)→パリティ・ビット(パリティを許可している場合)→ストップ・ビットの順で送信され，ストップ・ビットを送信し終えた時点でデータ送信が完了します．送信中に送信バッファに，次に送信したいデータを設定(この際，バッファには次の送信データが保持されている状態となり，"送信バッファ空フラグ"は'0'になる)しておけば，現在送信しているデータの送信が終了すると，送信バッファに格納されているデータが続けて送信されます．"送信レジスタ空フラグ"は，送信中は'0'で，ストップ・ビットを送信した時点で'1'になります(2ストップ・ビットの場合，1ストップ・ビット目の送信で'1'になる)．

送信割り込み要求の発生タイミングは，"UART0送信割り込み要因選択ビット"で選択できます．送信バッファに設定したデータが送信レジスタに転送されたとき(送信を開始したとき)に発生するか，あるいは送信が完了したとき(ストップ・ビットを送信したとき)に発生します．

送信途中で"送信許可ビット"を'0'(禁止)にした場合は，現在送信中のデータはそのまま送信を続け，送信が終了した時点で止まります．

なお，転送データ・ビット長を9ビットとする場合，UART0送信バッファ・レジスタ(U0TBレジスタ)に送信データを書くときは，上位バイト→下位バイトの順で，8ビット単位で書いてください．

【記述例】
```
MOV.B      #xxH, 00A3H    ；U0TBレジスタ上位バイトへの書き込み
MOV.B      #xxH, 00A2H    ；U0TBレジスタ下位バイトへの書き込み
```

図8-17にクロック同期型シリアルI/O送信時の結線例，図8-18にクロック同期型シリアルI/Oモード時の送信タイミングをそれぞれ示します．

● 受信器としてデータ受信するときの動作

クロック非同期型シリアルI/Oモードでは，送信バッファ(U0TBレジスタ)にダミー・データを設定する必要はありません．受信許可ビット='1'(許可)でスタート・ビットの立ち下がりを検出すると転送クロックが発生し，そこからUART0ビット・レート・レジスタから出力されているクロックの8サイクル後(転送クロックの立ち上がり)にもう一度RXD端子をサンプリングして，"L"であるかを確認します．ここで

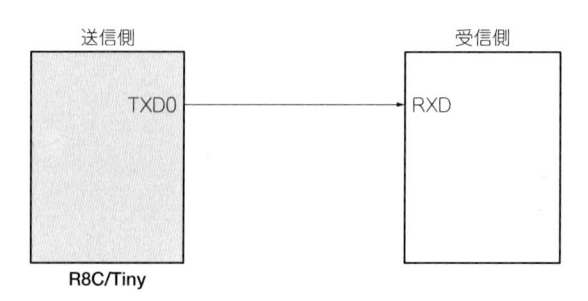

図8-17 クロック非同期型シリアルI/O送信時の結線例

"L"であればスタート・ビットの入力と認識し，設定したビット・レートの転送クロック(UART0ビット・レート・レジスタ出力の16分周)でデータを受信していきます．

"L"でなかった場合はスタート・ビットとは認識されず，データの受信は行われません．ストップ・ビ

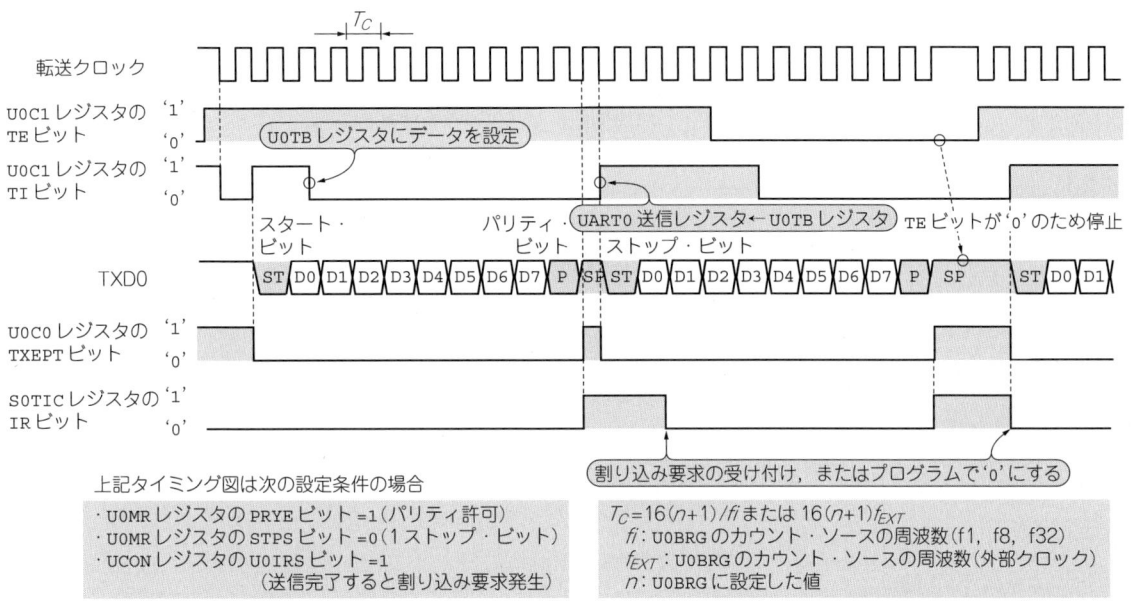

上記タイミング図は次の設定条件の場合
- U0MRレジスタのPRYEビット=1(パリティ許可)
- U0MRレジスタのSTPSビット=0(1ストップ・ビット)
- UCONレジスタのU0IRSビット=1
  (送信完了すると割り込み要求発生)

$T_C = 16(n+1)/f_i$ または $16(n+1)f_{EXT}$
f_i：U0BRGのカウント・ソースの周波数(f1, f8, f32)
f_{EXT}：U0BRGのカウント・ソースの周波数(外部クロック)
n：U0BRGに設定した値

(a) 転送データ長8ビット時の送信タイミング例 (パリティ許可，1ストップ・ビット)

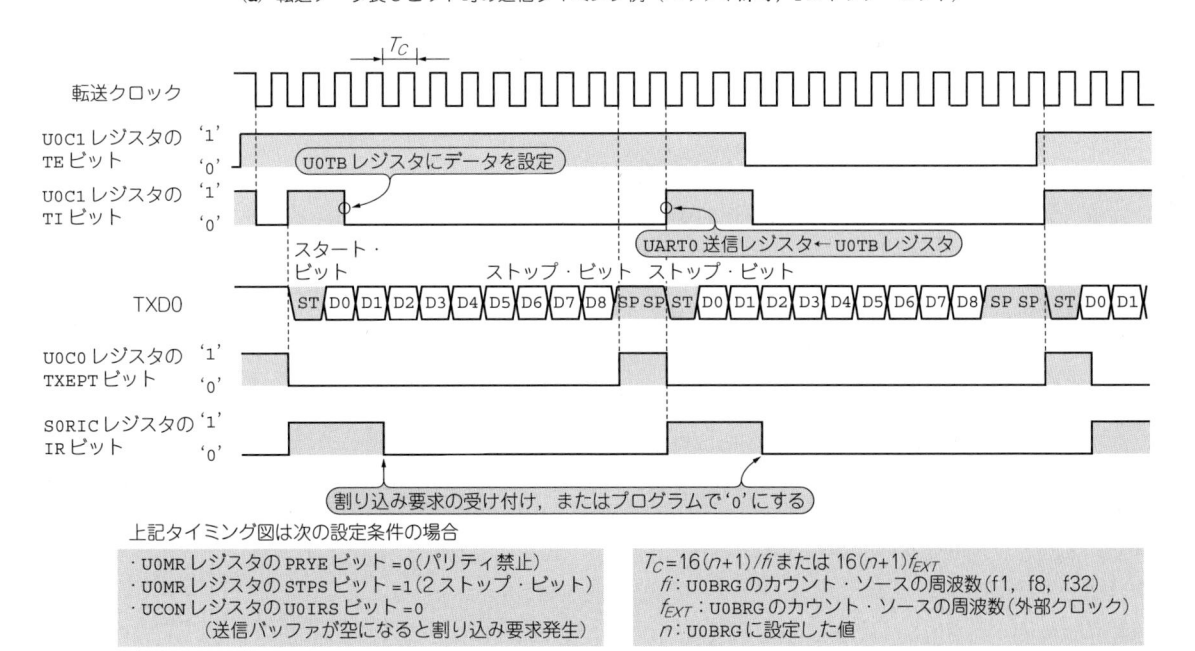

上記タイミング図は次の設定条件の場合
- U0MRレジスタのPRYEビット=0(パリティ禁止)
- U0MRレジスタのSTPSビット=1(2ストップ・ビット)
- UCONレジスタのU0IRSビット=0
  (送信バッファが空になると割り込み要求発生)

$T_C = 16(n+1)/f_i$ または $16(n+1)f_{EXT}$
f_i：U0BRGのカウント・ソースの周波数(f1, f8, f32)
f_{EXT}：U0BRGのカウント・ソースの周波数(外部クロック)
n：U0BRGに設定した値

(b) 転送データ長9ビット時の送信タイミング例 (パリティ禁止，2ストップ・ビット)

図8-18 クロック非同期型シリアルI/Oモード時の送信タイミング例

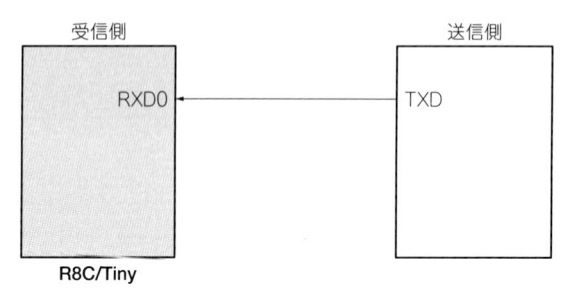

図8-19 クロック非同期型シリアルI/O受信時の結線例

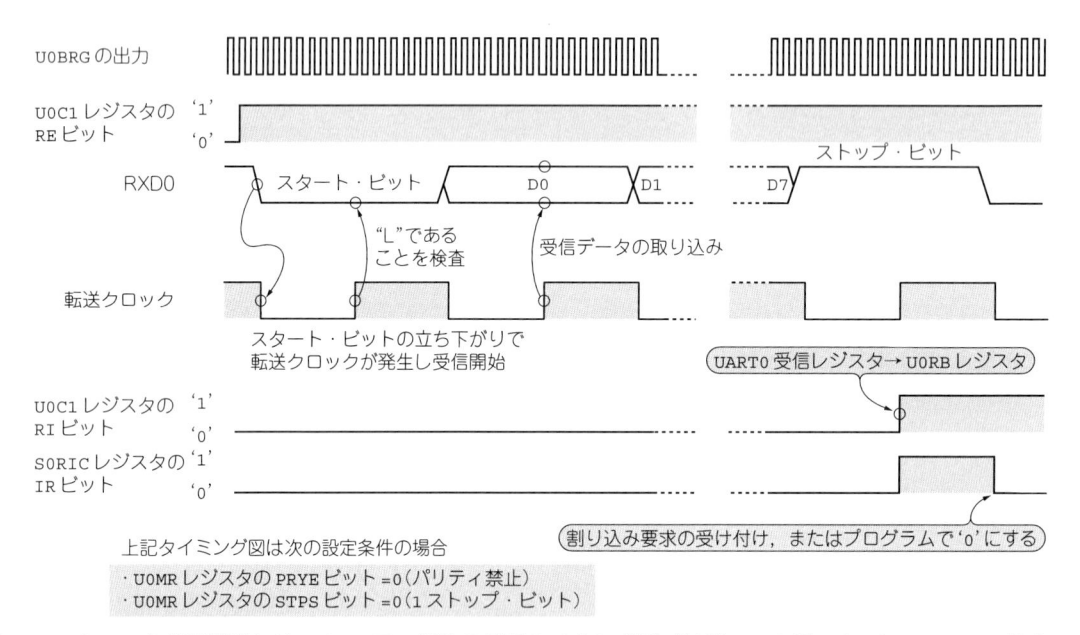

図8-20 クロック非同期型シリアルI/Oモード時の受信タイミング例（転送データ長8ビット，パリティ禁止，1ストップ・ビット）

ットの受信が完了すると，受信レジスタから受信バッファ（U0RBレジスタ）にデータが転送され，"受信完了フラグ"がセットされると同時に受信完了割り込み要求が発生します．"受信完了フラグ"は，受信バッファを読み出すことで自動的にクリアされます．

なお，受信バッファの読み出しは必ず16ビット単位で行います．これは，受信完了フラグの'0'クリアが，U0RBレジスタの上位バイトを読み込んだときに行われるためです．

図8-19にクロック同期型シリアルI/O受信時の結線例，**図8-20**にクロック同期型シリアルI/Oモード時の受信タイミングをそれぞれ示します．

● エラー発生時の対処方法

受信バッファ読み出しのときは，必ずエラー・フラグと受信データを同時に読み出してエラーの判断を行ってください．エラーが発生していた場合は，エラー・フラグ，およびUART0受信バッファ・レジスタを初期化した後，再送要求を行い再度データを受信してください．

UART0受信バッファ・レジスタを初期化する手順を以下に示します．なお，エラー・フラグは以下の(1)または(2)の処理でクリアされます．

 (1) 受信許可ビットを '0'（受信禁止）にする
 (2) シリアルI/Oモード選択ビットを "000h"（シリアル・インターフェースは無効）にする
 (3) シリアルI/Oモード選択ビットを再設定する
 (4) 受信許可ビットを再度 '1'（受信許可）にする

8-2　A-Dコンバータ

10ビットの逐次比較変換方式のサンプル&ホールド機能付きA-Dコンバータです．A-D変換した結果は，ADレジスタに格納されます．

■ 仕様の概略とモードの種類

分解能は10ビットまたは8ビットを選択でき，8ビット分解能を選択した場合は，10ビットA-Dの上位8ビットを変換結果としてA-Dレジスタに格納します．アナログ入力はAN8〜AN11の4端子で，P1_0〜P1_3と端子を共用しています．これらの入力を使用する場合，対応するポートの方向ビットを必ず '0'（入力モード）にします．

表8-8　A-Dコンバータの性能

項　目	性　能
A-D変換方式	逐次比較変換方式（容量結合増幅器）
アナログ入力電圧 (注1)	$0V \sim V_{REF}$
動作クロック ϕAD (注2)	$AV_{CC} = 5V$ のとき　　f1, f2, f4 $AV_{CC} = 3V$ のとき　　f2, f4
分解能	8ビットまたは10ビットを選択可能
絶対精度	$AV_{CC} = V_{REF} = 5V$ のとき 　・分解能8ビットの場合　　±2LSB 　・分解能10ビットの場合　±3LSB $AV_{CC} = V_{REF} = 3.3V$ のとき 　・分解能8ビットの場合　　±2LSB 　・分解能10ビットの場合　±5LSB
動作モード	単発モード，繰り返しモード (注3)
アナログ入力端子	4本（AN8〜AN11）
A-D変換開始条件	・ソフトウェア・トリガ 　ADCON0レジスタのADSTビットを '1'（A-D変換開始）にする ・キャプチャ 　ADSTビットが '1' の状態でタイマZ割り込み要求が発生する
1端子あたりの変換速度	・サンプル&ホールドなし 　分解能8ビットの場合49 ϕAD サイクル，分解能10ビットの場合59 ϕAD サイクル ・サンプル&ホールドあり 　分解能8ビットの場合28 ϕAD サイクル，分解能10ビットの場合33 ϕAD サイクル

注1：サンプル&ホールド機能の有無に依存しない
注2： ϕAD の周波数を10MHz以下にする．また，V_{CC} が4.2V未満の場合もf1を分周し，ϕAD がf1の2分周以下になるようにする
  サンプル&ホールド機能なしのとき ϕAD の周波数は250kHz以上にする
  サンプル&ホールド機能ありのとき ϕAD の周波数は1MHz以上にする
注3：繰り返しモードは8ビット・モード時のみ使用可能

また，A-Dコンバータを使用しない場合，A-D制御レジスタ1のV_{REF}接続ビットを'0'（V_{REF}未接続）にするとV_{REF}端子からラダー抵抗に電流が流れなくなり，消費電力を少なくできます．V_{REF}接続ビットはリセット解除後'0'で，ラダー抵抗に電流が流れていない状態なので，A-Dコンバータを使用する場合は，必ずV_{REF}接続ビットを'1'（V_{REF}接続）にして，1μs以上経過した後A-D変換を開始します（図8-29）．

表8-8にA-Dコンバータの性能，図8-21にA-Dコンバータのブロック図を示します．

● A-D変換開始トリガ

A-D変換の開始トリガはソフトウェア・トリガとキャプチャがあります．ソフトウェア・トリガはA-D制御レジスタ0のA-D変換開始フラグを'1'にすることで変換開始となります．キャプチャは，変換開始フラグが'1'の状態で，タイマZ割り込み要求が発生すると変換を開始する機能です．

キャプチャは，タイマZ割り込み要求の'0'→'1'の変化で変換を開始するので，タイマZ割り込みを許可していない場合は，ソフトウェアでタイマZ割り込み要求を必ず'0'クリアします．

● 動作モード

A-Dコンバータは，単発モードと繰り返しモードの二つのモードをもちます．

単発モードは，指定された1本の端子の入力電圧を1回だけA-D変換するモードです．A-D変換終了後に割り込み要求を発生します．

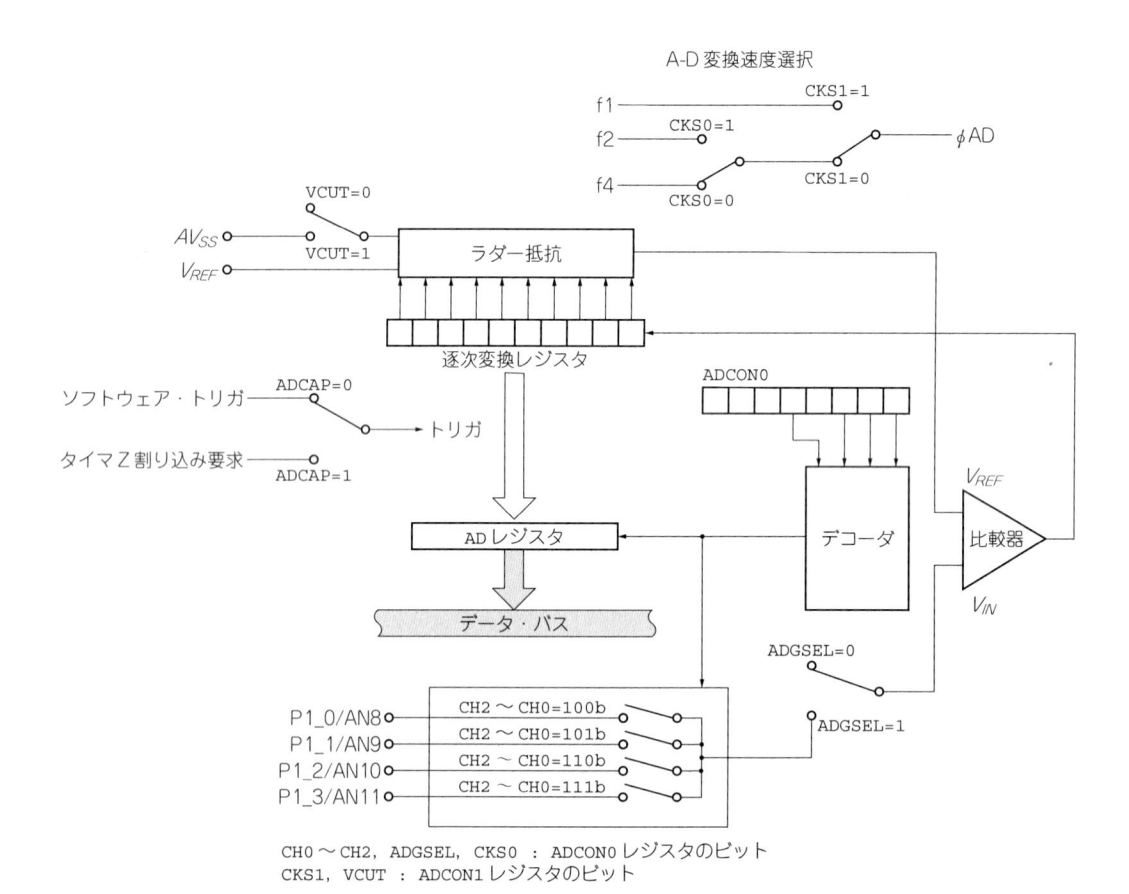

図8-21　A-Dコンバータのブロック図

繰り返しモードは，指定された1本の端子の入力電圧を繰り返しA-D変換するモードです．割り込み要求は発生しません（8ビット・モードだけで使用できる）．

● サンプル＆ホールド機能

A-D変換開始時に入力電圧をサンプリングして保持し，その保持した電圧に対してA-D変換を行う機能です（サンプル＆ホールド機能を使用しない場合は，ビットごとにアナログ入力端子をサンプリングするため変換速度が遅くなる）．

A-D変換開始時に動作クロックの4サイクルぶんの期間でサンプリングし，1ビット目を変換します．2ビット目以降は保持した電圧に対して変換していきます．サンプル＆ホールド機能を使用すると変換速度を短縮できるだけでなく，アナログ入力電圧の変動が激しい場合にも有効です．なお，サンプル＆ホールド機能を選択する場合は，A-D変換の動作クロックを1MHz以上にします．

サンプル＆ホールド無効時とサンプル＆ホールド有効時のA-D変換のタイミングを図8-22に示します．

● A-D変換時間

表8-9にA-Dコンバータの動作クロックごとの変換時間を示します．

▶ サンプル＆ホールド機能有効時

10ビット分解能では33φADサイクル，8ビット分解能では28φADサイクルです．

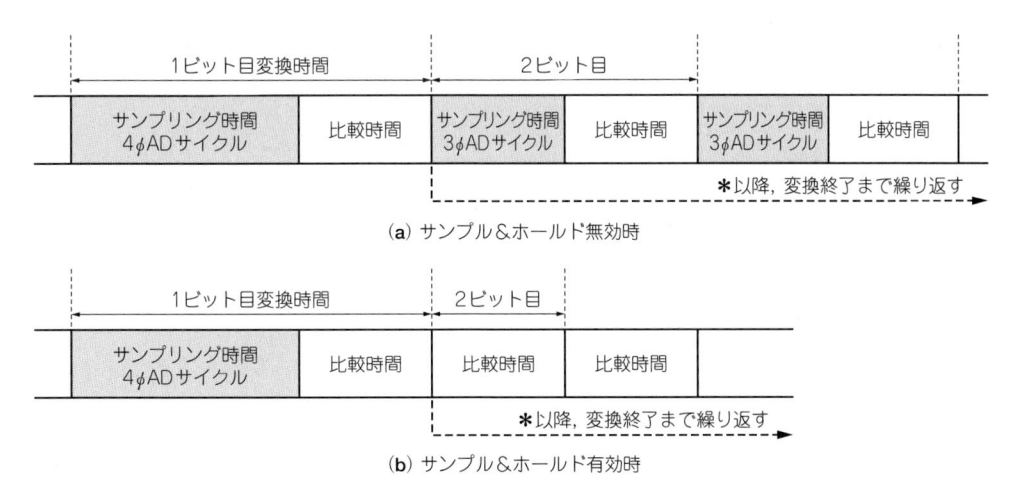

図8-22 A-D変換のタイミング図

表8-9 動作クロックごとの変換時間

φADは"周波数選択ビット0，1（CKS0，CKS1）"により選択したA-D変換用のクロック（システム・クロックの1分周/2分周/4分周から選択する）

周波数選択ビット1	0		1
周波数選択ビット0	0	1	無効
A-Dコンバータの動作クロック	$\phi AD = f4$	$\phi AD = f2$	$\phi AD = f1$
最短変換時間（8ビット分解能）	11.2μs	5.6μs	2.8μs
最短変換時間（10ビット分解能）	13.2μs	6.6μs	3.3μs

注1：アナログ入力端子1本あたりの変換サイクルと変換時間
注2：$f_{(XIN)}$=10MHz時の変換時間

▶ サンプル&ホールド機能無効時

10ビット分解能では59φADサイクル，8ビット分解能では49φADサイクルです．

● A-D変換の方法(10ビット・モード)

A-Dコンバータは逐次比較レジスタの内容に従って，内部で生成される比較電圧(V_{REF})とアナログ入力端子から入力されるアナログ入力電圧(V_{IN})を比較し，その結果を逐次比較レジスタに反映することによってV_{IN}をディジタル値に変換します(逐次比較変換方式)．トリガが発生すると，A-Dコンバータは以下の処理を行います．

(1) 逐次比較レジスタのビット9の確定

V_{REF}とV_{IN}を比較します．このときの逐次比較レジスタの内容は，'10 0000 0000b'(初期値)です．
比較結果によって逐次比較レジスタのビット9は以下のように変化します．

   $V_{REF} < V_{IN}$ ならば，ビット9は'1'
   $V_{REF} > V_{IN}$ ならば，ビット9は'0'

(2) 逐次比較レジスタのビット8の確定

逐次比較レジスタのビット8を'1'にした後，V_{REF}とV_{IN}を比較します．

表8-10 逐次比較レジスタの内容とV_{REF}の関係

逐次比較レジスタの内容：n	V_{REF}[V]
0	0
1～1023	$\dfrac{V_{REF}}{1024} \times n - \dfrac{V_{REF}}{2048}$

表8-11 A-D変換中の逐次比較レジスタとV_{REF}の変化(10ビット・モード時)

	逐次比較レジスタの変化	V_{REF}の変化
A-D変換器停止状態	b9=1, b8〜b0=0	$\dfrac{V_{REF}}{2}$ [V]
1回目比較	1 0 0 0 0 0 0 0 0 0	$\dfrac{V_{REF}}{2} - \dfrac{V_{REF}}{2048}$ [V]
↓ 2回目比較	n_9 1 0 0 0 0 0 0 0 0 ←1回目の比較結果	$\dfrac{V_{REF}}{2} \pm \dfrac{V_{REF}}{4} - \dfrac{V_{REF}}{2048}$ [V] $\begin{cases} n_9=1 の場合 +\dfrac{V_{REF}}{4} \\ n_9=0 の場合 -\dfrac{V_{REF}}{4} \end{cases}$
↓ 3回目比較	n_9 n_8 1 0 0 0 0 0 0 0 ←2回目の比較結果	$\dfrac{V_{REF}}{2} \pm \dfrac{V_{REF}}{4} \pm \dfrac{V_{REF}}{8} - \dfrac{V_{REF}}{2048}$ [V] $\begin{cases} n_8=1 の場合 +\dfrac{V_{REF}}{8} \\ n_8=0 の場合 -\dfrac{V_{REF}}{8} \end{cases}$
⋮ 10回目比較	n_9 n_8 n_7 n_6 n_5 n_4 n_3 n_2 n_1 0	$\dfrac{V_{REF}}{2} \pm \dfrac{V_{REF}}{4} \pm \dfrac{V_{REF}}{8} \pm \cdots \pm \dfrac{V_{REF}}{1024} - \dfrac{V_{REF}}{2048}$ [V]
↓ 変換終了	n_9 n_8 n_7 n_6 n_5 n_4 n_3 n_2 n_1 n_0 このデータがA-Dレジスタのビット0～ビット9に入る	

比較結果によって逐次比較レジスタのビット8は以下のように変化します．

$V_{REF} < V_{IN}$ならば，ビット8は'1'

$V_{REF} > V_{IN}$ならば，ビット8は'0'

(3) 逐次比較レジスタのビット7～0の確定

上記(2)の動作をビット7～0に対して行います．

ビット0が確定すると，逐次比較レジスタの内容(変換結果)はA-Dレジスタに転送されます．

V_{REF}は，最新の逐次比較レジスタの内容に従って生成されます．表8-10に逐次比較レジスタの内容とV_{REF}の関係，表8-11にA-D変換中の逐次比較レジスタとV_{REF}の変化，図8-23に理論的A-D変換特性を示します．

● A-D変換の方法(8ビット・モード)

8ビット・モード時，10ビット逐次比較レジスタの上位8ビットがA-D変換結果となります．このため，一般の8ビットA-Dコンバータと比較すると，比較電圧が$3V_{REF}/2048$異なり(表8-12の下線)，図8-24に示す出力コードの変化点の差が生じます．

表8-13にA-D変換中の逐次比較レジスタとV_{REF}の変化，図8-25に理論的A-D変換特性を示します．

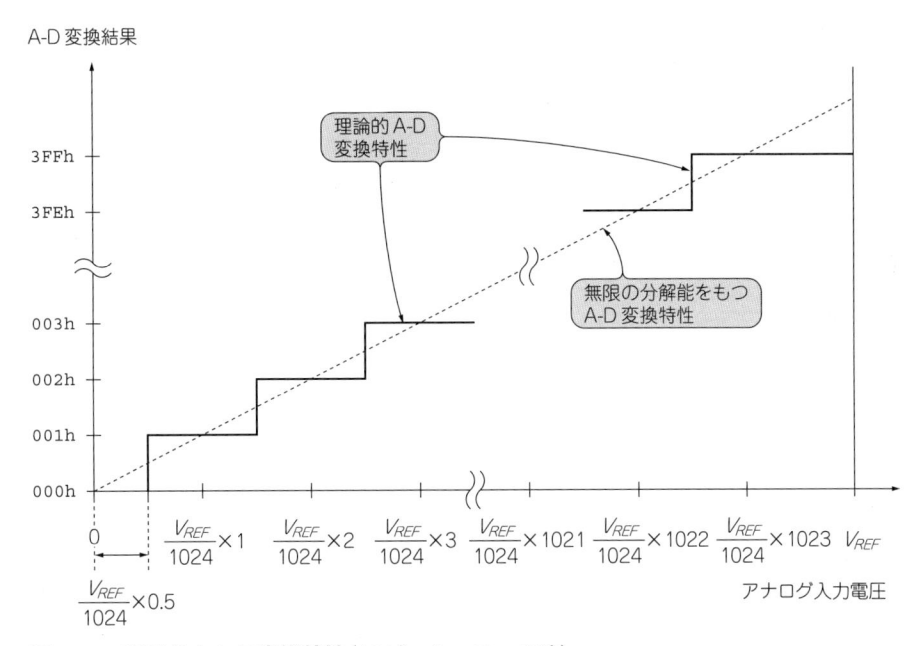

図8-23 理論的なA-D変換特性(10ビット・モード時)

表8-12 8ビット・モードおよび一般の8ビットA-Dコンバータの比較

比較電圧 V_{REF}		8ビット・モード	一般の8ビットA-Dコンバータ
	$n = 0$	0	0
	$n = 1 \sim 255$	$\dfrac{V_{REF}}{2^8} \times n - \dfrac{V_{REF}}{2^{10}} \times 0.5$	$\dfrac{V_{REF}}{2^8} \times n - \dfrac{V_{REF}}{2^8} \times 0.5$

8-2 A-Dコンバータ

図8-24 8ビット・モードおよび8ビットA-Dコンバータの理想変換特性

(a) 一般の8ビットA-Dコンバータの理想変換特性(V_{REF} = 5.12Vの場合)

(b) 8ビット・モード時の理想変換特性(V_{REF} = 5.12Vの場合)

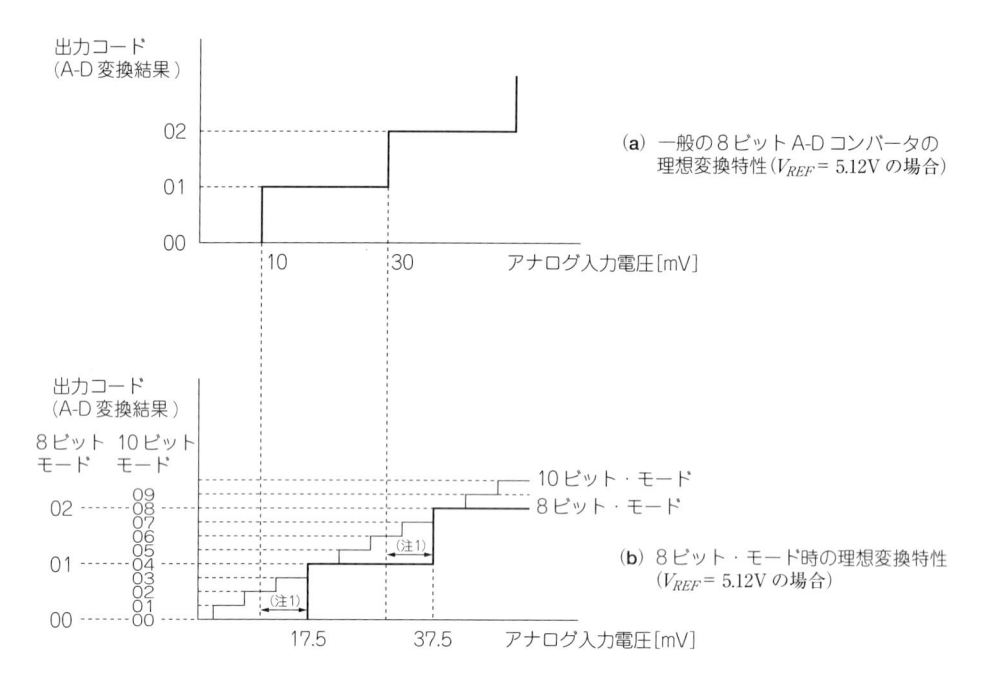

注1：アナログ入力電圧に対する出力コードの変化点の差

表8-13 A-D変換中の逐次比較レジスタとV_{REF}の変化（8ビット・モード時）

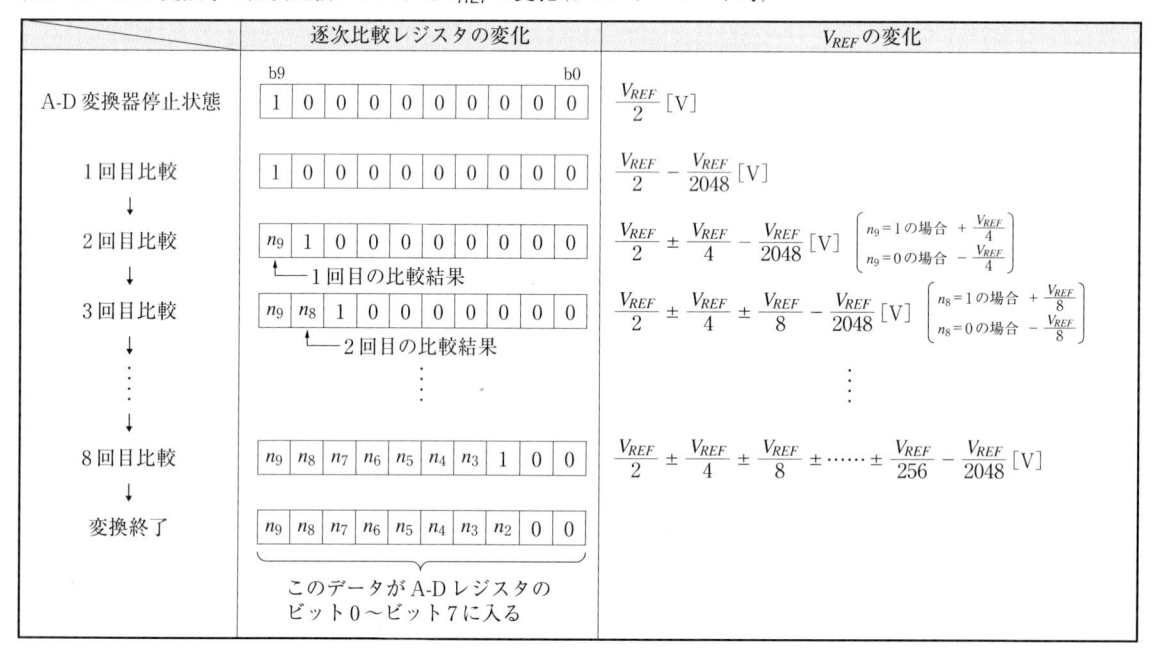

	逐次比較レジスタの変化	V_{REF}の変化
A-D変換器停止状態	1 0 0 0 0 0 0 0 0 0	$\dfrac{V_{REF}}{2}$ [V]
↓ 1回目比較	1 0 0 0 0 0 0 0 0 0	$\dfrac{V_{REF}}{2} - \dfrac{V_{REF}}{2048}$ [V]
↓ 2回目比較	n_9 1 0 0 0 0 0 0 0 0 ← 1回目の比較結果	$\dfrac{V_{REF}}{2} \pm \dfrac{V_{REF}}{4} - \dfrac{V_{REF}}{2048}$ [V] $\begin{cases} n_9 = 1 の場合 + \dfrac{V_{REF}}{4} \\ n_9 = 0 の場合 - \dfrac{V_{REF}}{4} \end{cases}$
↓ 3回目比較	n_9 n_8 1 0 0 0 0 0 0 0 ← 2回目の比較結果	$\dfrac{V_{REF}}{2} \pm \dfrac{V_{REF}}{4} \pm \dfrac{V_{REF}}{8} - \dfrac{V_{REF}}{2048}$ [V] $\begin{cases} n_8 = 1 の場合 + \dfrac{V_{REF}}{8} \\ n_8 = 0 の場合 - \dfrac{V_{REF}}{8} \end{cases}$
↓ 8回目比較	n_9 n_8 n_7 n_6 n_5 n_4 n_3 1 0 0	$\dfrac{V_{REF}}{2} \pm \dfrac{V_{REF}}{4} \pm \dfrac{V_{REF}}{8} \pm \cdots \pm \dfrac{V_{REF}}{256} - \dfrac{V_{REF}}{2048}$ [V]
↓ 変換終了	n_9 n_8 n_7 n_6 n_5 n_4 n_3 n_2 0 0	

このデータがA-Dレジスタのビット0〜ビット7に入る

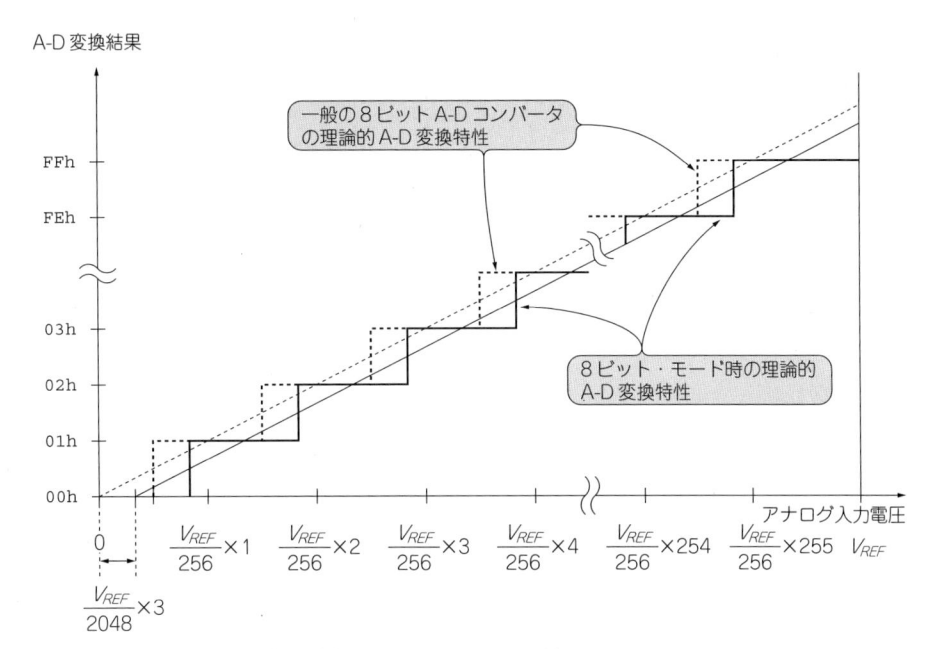

図8-25 理論的なA-D変換特性（8ビット・モード時）

● 絶対精度と微分非直線性誤差

A-D変換の精度について以下に説明します．

▶ 絶対精度

理論的A-D変換特性における出力コードと，実際のA-D変換結果の差が絶対精度です．絶対精度測定時は，理論的A-D変換特性において同じ出力コードを期待できるアナログ入力電圧の幅（1LSB幅）の中点の電圧をアナログ入力電圧として使用します．

例えば，分解能10ビット，基準電圧（V_{REF}）=5.12Vの場合，1LSB幅は5mVで，アナログ入力電圧には0mV，5mV，10mV，15mV，20mV…を使用します．

絶対精度＝±3LSBとは，アナログ入力電圧が25mVの場合，理論的A-D変換特性では出力コード"005h"を期待できますが，実際のA-D変換結果は"002h〜008h"になることを意味します．**図8-26**に絶対精度（分解能10ビット時）を示します．

なお，絶対精度にはゼロ誤差，フルスケール誤差を含みます．$V_{REF} \sim AV_{CC}$間のアナログ入力電圧に対する出力コードは，すべて"3FFh"となります．

▶ 微分非直線性誤差

微分非直線性誤差は，理論的A-D変換特性における1LSB幅（同じ出力コードを期待できるアナログ入力電圧の幅）と，実測定される1LSB幅（同じコードを出力するアナログ入力電圧の幅）の差を示すものです．分解能10ビット，基準電圧（V_{REF}）=5.12Vの場合，微分非直線性誤差＝±1LSBならば，理論的A-D変換特性における1LSB幅は5mVですが，実測定される1LSB幅は0〜10mVになることを意味します．

図8-27に微分非直線性誤差（分解能10ビット時）を示します．

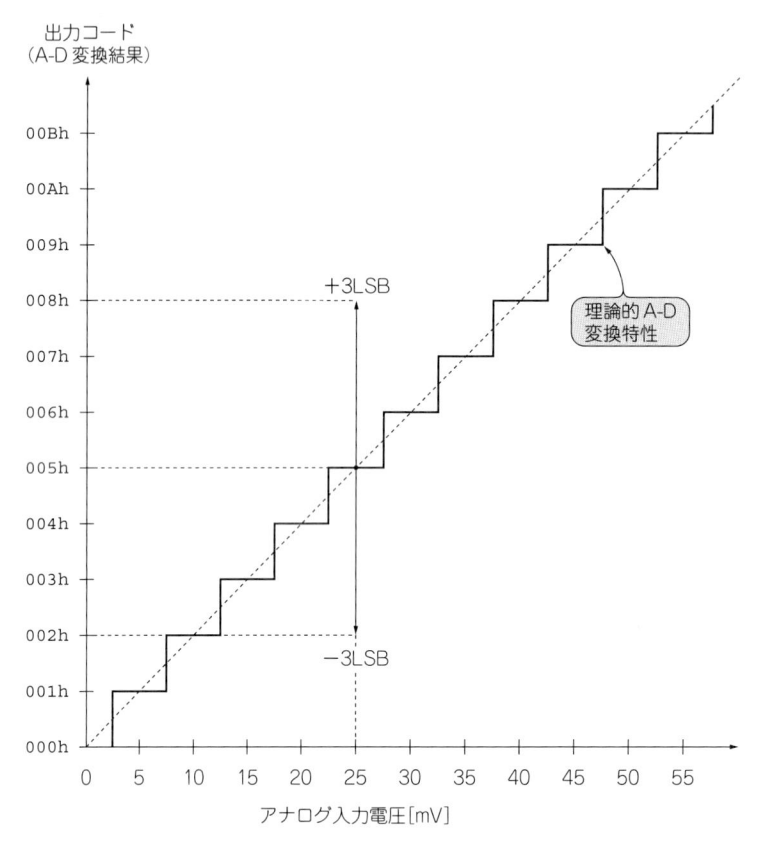

図8-26 絶対精度(分解能10ビット時)

■ A-Dコンバータの設定方法とその使いかた

A-Dコンバータ関連のレジスタを図8-28～図8-31に示します．
以下に，単発モード時と繰り返しモード時の動作タイミングとレジスタ設定手順を示します．

●単発モード

▶ A-D変換開始条件：ソフトウェア・トリガ
(1) A-D変換開始フラグを'1'にすると，A-Dコンバータは動作を開始する
(2) A-D変換終了後，逐次変換レジスタの内容(変換結果)はA-Dレジスタに転送される．同時にA-D変換割り込み要求ビットが'1'になる．また，A-D変換開始フラグが'0'になり，A-Dコンバータは動作を停止する

動作タイミングを，図8-32に，レジスタ設定値と手順を図8-33に示します．

▶ A-D変換開始条件：キャプチャ(タイマZ割り込み要求)
(1) A-D変換開始フラグが'1'のときタイマZ割り込み要求が発生すると，A-Dコンバータは動作を開始する
(2) A-D変換終了後，逐次変換レジスタの内容(変換結果)はA-Dレジスタに転送する．同時にA-D変換割り込み要求ビットが'1'になる．また，A-Dコンバータは動作を停止する

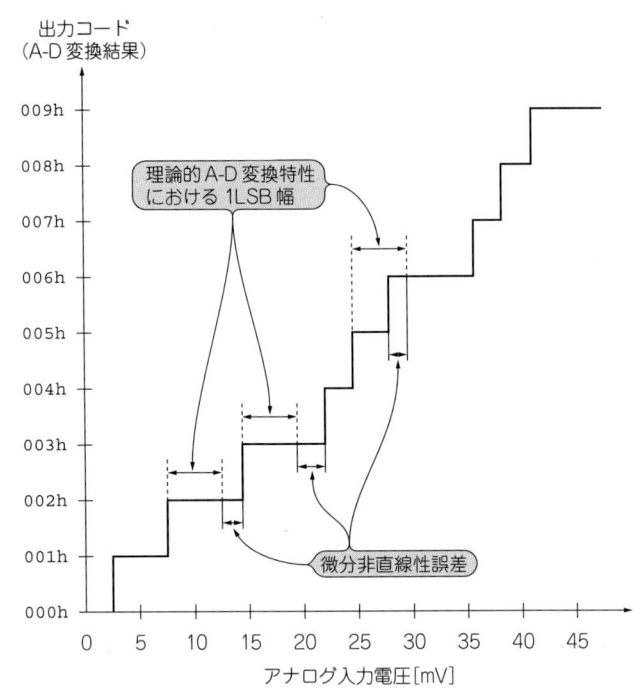

図8-27 微分非直線性誤差（分解能10ビット時）

	b7 b6 b5 b4 b3 b2 b1 b0
	☐☐☐☐☐1☐☐1☐☐

シンボル　ADCON0　　　アドレス　00D6h番地　　　リセット後の値　00000XXXb

ビット・シンボル	ビット名	機能	RW
CH0	アナログ入力端子選択ビット(注1)	b2 b1 b0 1 0 0：AN8 1 0 1：AN9 1 1 0：AN10 1 1 1：AN11 上記以外：設定しない	RW
CH1			RW
CH2			RW
MD	A-D動作モード選択ビット(注2)	0：単発モード 1：繰り返しモード	RW
ADGSEL0	A-D入力グループ選択ビット	0：予約ビット 1：ポートP1グループ選択(AN8〜AN11)	RW
ADCAP	A-D変換自動開始ビット	0：ソフトウェア・トリガ(ADSTビット)で開始 1：キャプチャ(タイマZ割り込み要求)で開始	RW
ADST	A-D変換開始フラグ	0：A-D変換停止 1：A-D変換開始	RW
CKS0	周波数選択ビット0(注3)	0：f4を選択 1：f2を選択	RW

注1：CH0〜CH2ビットはADGSEL0ビットが'1'のとき有効になる．ADGSEL0ビットを'1'にした後，CH0〜CH2ビットに書く
注2：A-D動作モードを変更した場合は，あらためてアナログ入力端子を選択する
注3：ADCON1レジスタのCKS1ビットが'0'のとき有効

図8-28　A-D制御レジスタ0（ADCON0レジスタ）
A-D変換中にADCON0レジスタの内容を書き換えた場合，変換結果は不定となる

b7	b6	b5	b4	b3	b2	b1	b0
0	0				0	0	0

シンボル	アドレス	リセット後の値
ADCON1	00D7h番地	00h

ビット・シンボル	ビット名	機能	RW
—	予約ビット	'0'にする	RW
BITS	8/10ビット・モード選択ビット (注1)	0：8ビット・モード 1：10ビット・モード	RW
CKS1	周波数選択ビット1 (注2)	0：ADCON0レジスタCKS0ビット有効 1：f1を選択	RW
VCUT	V_{REF} 接続ビット (注3)	0：V_{REF} 未接続 1：V_{REF} 接続	RW
—	予約ビット	'0'にする	RW

注1：繰り返しモード時は，BITSビットを'0'(8ビット・モード)にする
注2：φADの周波数を10MHz以下にする
注3：VCUTビットを'0'(未接続)から'1'(接続)にしたときは，1μs以上経過した後にA-D変換を開始する

図8-29 A-D制御レジスタ1(ADCON1レジスタ)
A-D変換中にADCON1レジスタの内容を書き換えた場合，変換結果は不定となる

b7	b6	b5	b4	b3	b2	b1	b0
×	×	×	×	×	0	0	0

シンボル	アドレス	リセット後の値
ADCON2	00D4h番地	00h

ビット・シンボル	ビット名	機能	RW
SMP	A-D変換方式選択ビット	0：サンプル＆ホールドなし 1：サンプル＆ホールドあり	RW
—	予約ビット	'0'にする	RW
—	何も配置されていない 書く場合，'0'を書く．読んだ場合，その値は'0'		—

図8-30 A-D制御レジスタ2(ADCON2レジスタ)
A-D変換中にADCON2レジスタの内容を書き換えた場合，変換結果は不定となる

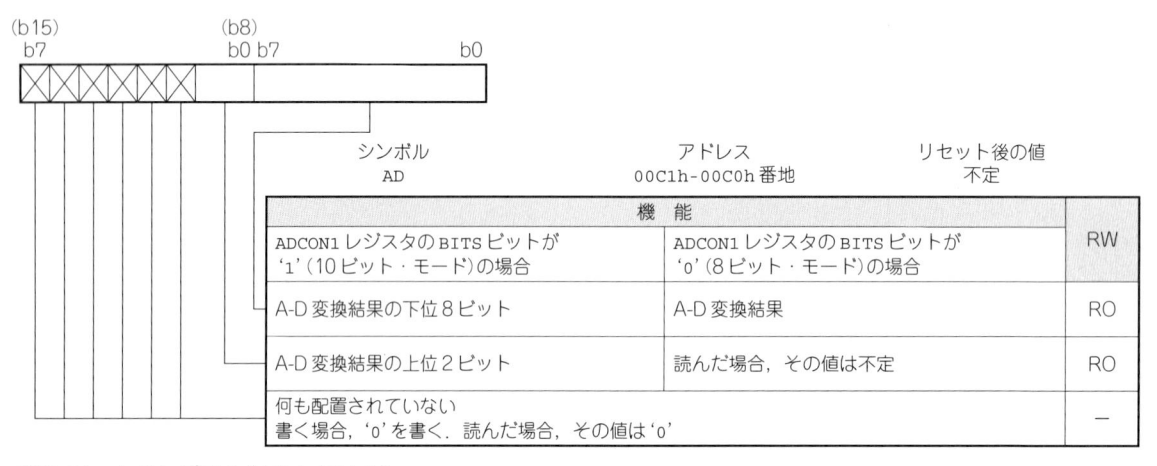

```
(b15)         (b8)
b7            b0 b7            b0
[××××××××][            ]
```

シンボル	アドレス	リセット後の値
AD	00C1h-00C0h番地	不定

機能		RW
ADCON1レジスタのBITSビットが'1'(10ビット・モード)の場合	ADCON1レジスタのBITSビットが'0'(8ビット・モード)の場合	RW
A-D変換結果の下位8ビット	A-D変換結果	RO
A-D変換結果の上位2ビット	読んだ場合，その値は不定	RO
何も配置されていない 書く場合，'0'を書く．読んだ場合，その値は'0'		—

図8-31 A-Dレジスタ(ADレジスタ)

(3) タイマZ割り込み要求が発生すると，A-Dコンバータは再度変換を行う．なお，A-D変換中にタイマZ割り込み要求が発生した場合は，その時点で行っているA-D変換を中止し，初めから再度変換を行う動作タイミングを図8-34に，レジスタ設定値と手順を図8-35に示します．

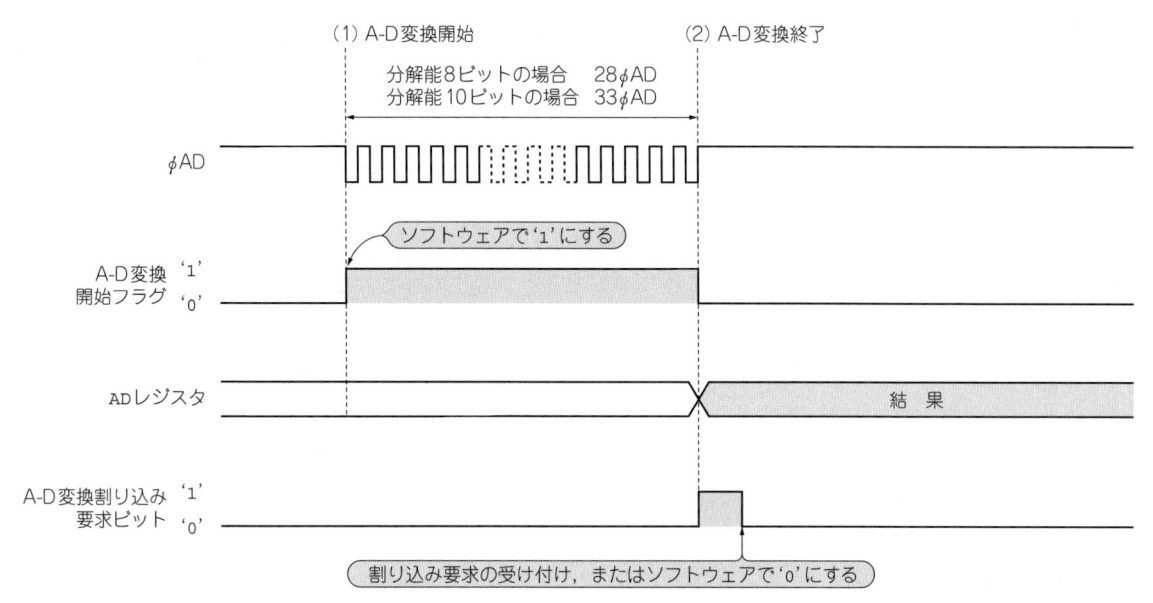

図8-32 単発モードの動作タイミング（A-D変換開始条件：ソフトウェア・トリガ）

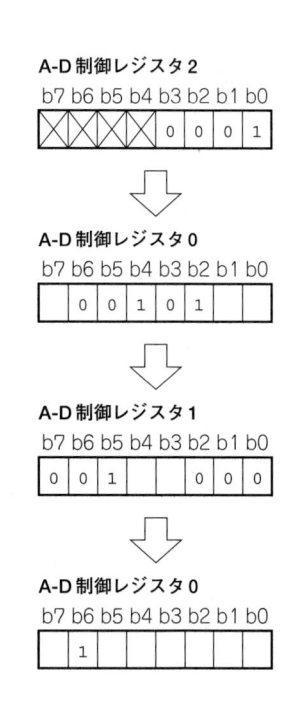

図8-33 単発モード時のレジスタ設定手順（A-D変換開始条件：ソフトウェア・トリガ）

図8-34 単発モードの動作タイミング（A-D変換開始条件：キャプチャ）

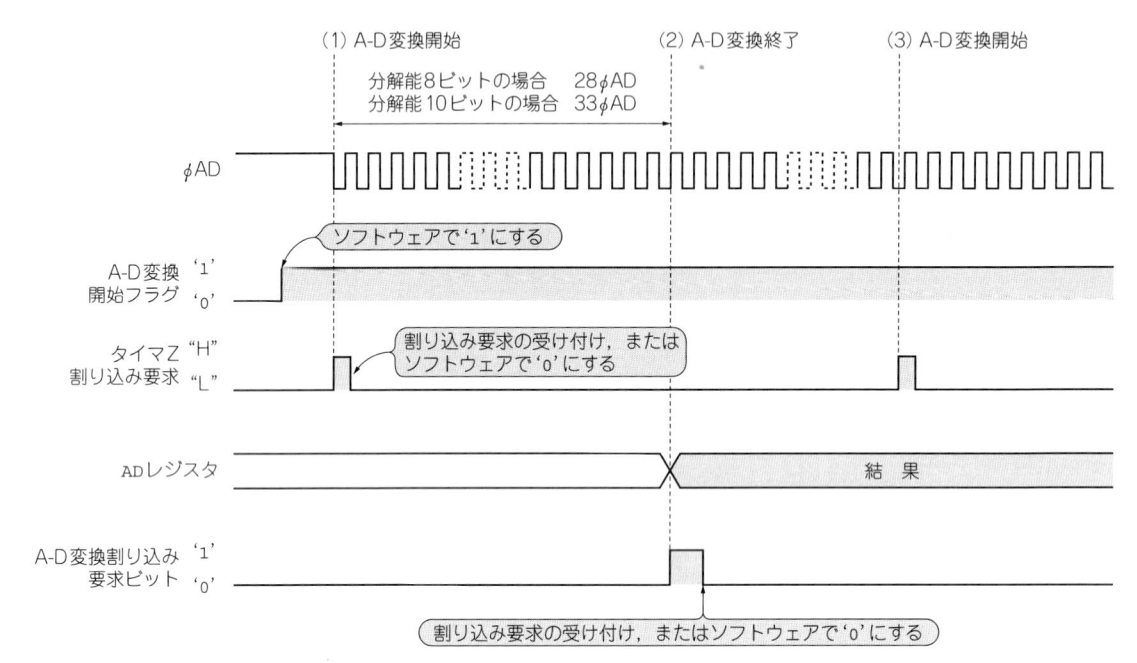

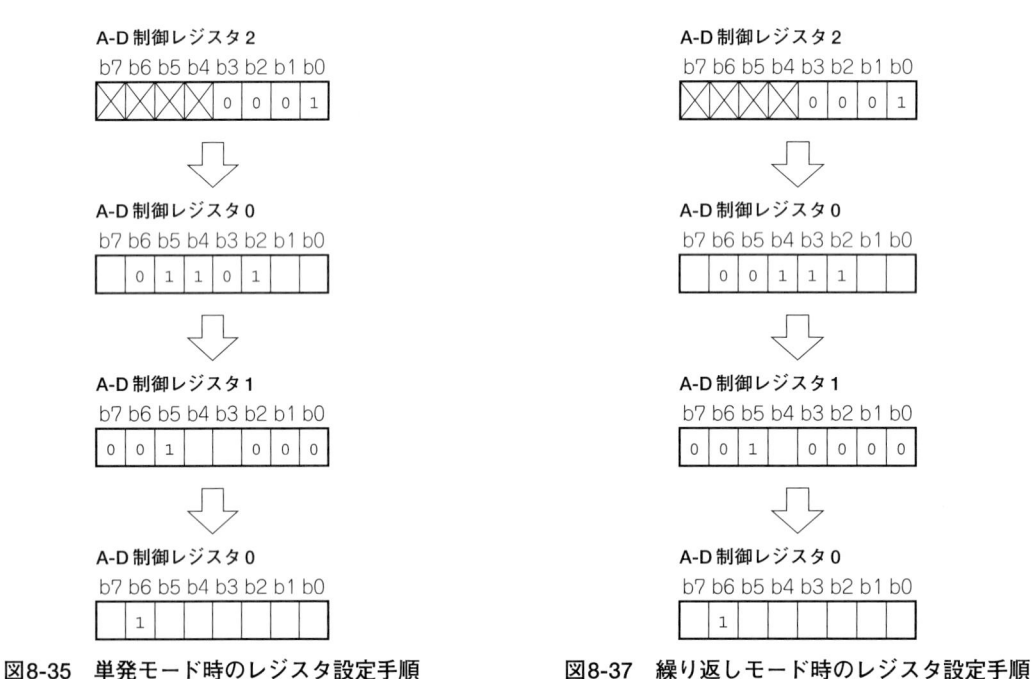

注1：φADの周波数が1MHz未満の場合，サンプル＆ホールド機能は選択できない
　　　1端子あたりの変換速度は，分解能8ビットの場合49φADサイクル，10ビットの場合59φADサイクルになる

図8-35 単発モード時のレジスタ設定手順
（A-D変換開始条件：キャプチャ）

図8-37 繰り返しモード時のレジスタ設定手順

図9-1にウォッチ・ドッグ・タイマのブロック図を示します．ウォッチ・ドッグ・タイマはリセット解除後停止しています．カウントをスタートするには，ウォッチ・ドッグ・タイマ・スタート・レジスタ(WDTSレジスタ)に任意の値を書き込むことでカウントを開始します(オプション機能選択レジスタによ

b7 b6 b5 b4 b3 b2 b1 b0
1 1 1　　1

シンボル　　　　アドレス　　　　　　　出荷時の値
OFS　　　　　0FFFFh 番地　　　　　　FFh

ビット・シンボル	ビット名	機能	RW
WDTON	ウォッチ・ドッグ・タイマ起動選択ビット	0：リセット後，ウォッチ・ドッグ・タイマは自動的に起動 1：リセット後，ウォッチ・ドッグ・タイマは停止状態	RW
—	予約ビット	'1'にする	RW
ROMCR	ROMコード・プロテクト解除ビット	0：ROMコード・プロテクト解除 1：ROMCP1 有効	RW
ROMCP1	ROMコード・プロテクト・ビット	0：ROMコード・プロテクト有効 1：ROMコード・プロテクト解除	RW
—	予約ビット	'1'にする	RW
CSPROINI	リセット後カウント・ソース保護モード選択ビット	0：リセット後，カウント・ソース保護モード有効 1：リセット後，カウント・ソース保護モード無効	RW

図9-2　オプション機能選択レジスタ(OFSレジスタ)
OFSレジスタはプログラムで変更できない．フラッシュ・ライタで書く

b7 b6 b5 b4 b3 b2 b1 b0
0　0

シンボル　　　　アドレス　　　　　　　リセット後の値
WDC　　　　　000Fh 番地　　　　　　00011111b

ビット・シンボル	ビット名	機能	RW
—	ウォッチ・ドッグ・タイマの上位ビット(注1)		RO
—	予約ビット	'0'にする	RW
—	予約ビット	'0'にする	RW
WDC7	プリスケーラ選択ビット	0：16分周 1：128分周	RW

注1：カウント・ソース保護モードが有効のとき，b4～b2は111bになり，b1，b0だけが変化する

図9-3　ウォッチ・ドッグ・タイマ制御レジスタ(WDCレジスタ)

b7　　　　　　　　b0

シンボル　　　　アドレス　　　　　　　リセット後の値
WDTR　　　　000Dh 番地　　　　　　不定

機能	RW
00hを書いて，続いてFFhを書くと，ウォッチ・ドッグ・タイマは初期化される(注1) ウォッチ・ドッグ・タイマの初期値はカウント・ソース保護モード無効時に7FFFh，カウント・ソース保護モード有効時に0FFFhが設定される(注2)	WO

注1：00hの書き込みとFFhの書き込みの間に，割り込みを発生させてはならない
注2：CSPRレジスタのCSPROビットを'1'(カウント・ソース保護モード有効)にすると，ウォッチ・ドッグ・タイマに0FFFhが設定される

図9-4　ウォッチ・ドッグ・タイマ・リセット・レジスタ(WDTRレジスタ)

[第9章] R8C/14～R8C/17のWDT，外部割り込みの詳細とフラッシュ・メモリの書き換え方法

新海 栄治

9-1 ウォッチ・ドッグ・タイマ(WDT)

ウォッチ・ドッグ・タイマ(WDT)は，プログラムの暴走検知用タイマです．ウォッチ・ドッグ・タイマを使用することでシステムの信頼性が向上します．プログラムが暴走した場合，ウォッチ・ドッグ・タイマのアンダーフローで割り込みが発生するので，割り込みルーチン内でソフトウェア・リセットを行うか，あるいはウォッチ・ドッグ・タイマのアンダーフローにより自動的に"ウォッチ・ドッグ・タイマ・リセット"を行います(リセット解除後は，ウォッチ・ドッグ・タイマ割り込みとなる)．

ウォッチ・ドッグ・タイマ割り込みはノンマスカブル割り込みで，割り込み優先度はリセットに次いで2番目の優先度です．したがって，"Iフラグ"により割り込みを禁止している場合であっても，周辺機能による割り込みを実行している場合であっても，ウォッチ・ドッグ・タイマ割り込みが優先的に実行されます．

なお，ウォッチ・ドッグ・タイマ・アンダーフロー後の動作を割り込みにするか，リセットにするかは，プロセッサ・モード・レジスタ1(PM1レジスタ)のWDT割り込み/リセット切り替えビット(PM12ビット)で選択できます(第6章の図6-20参照)．ウォッチ・ドッグ・タイマリセットの詳細は，第5章5-3節の「リセットの種類」を参照してください．

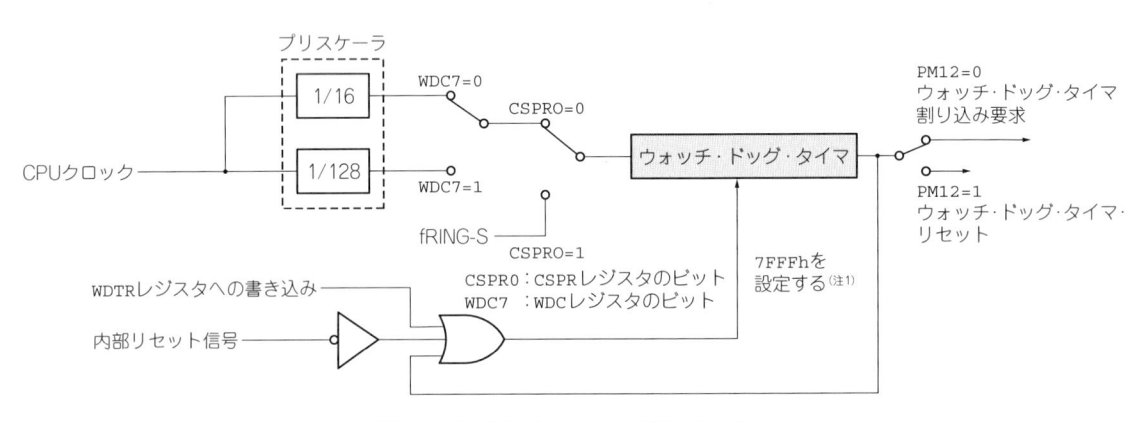

注1：CSPROビットが'1'(カウント・ソース保護モード有効)のとき，0FFFhが設定される

図9-1 ウォッチ・ドッグ・タイマのブロック図

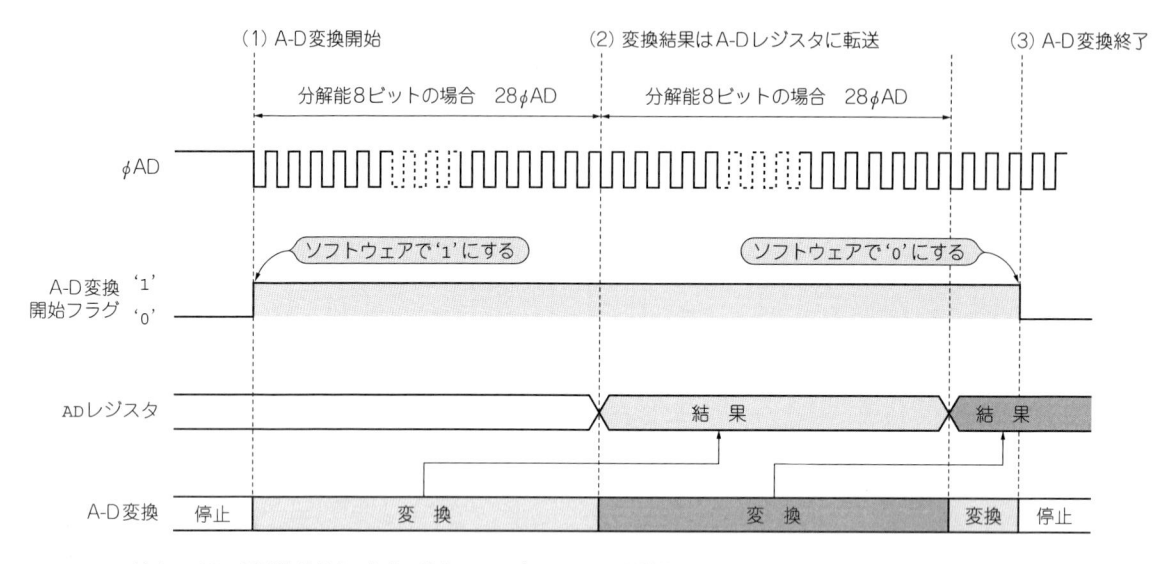

注1：φADの周波数が1MHz未満の場合，サンプル&ホールド機能は選択できない
1端子あたりの変換速度は，分解能8ビットの場合49φADサイクル，10ビットの場合59φADサイクルになる

図8-36 繰り返しモードの動作タイミング

●繰り返しモード
▶ A-D変換開始条件：ソフトウェア・トリガ
(1) A-D変換開始フラグを'1'にすると，A-Dコンバータは動作を開始する
(2) 1回目のA-D変換終了後，逐次変換レジスタの内容(変換結果)がA-Dレジスタに転送される．ただし，A-D変換割り込み要求ビットは'1'にならない
(3) ソフトウェアでA-D変換開始フラグを'0'にするまでA-Dコンバータは動作を続ける．変換結果は変換終了ごとにA-Dレジスタに上書きされるので，一定周期でA-Dレジスタの内容を読み出すようにする
動作タイミングを図8-36に，レジスタ設定値と手順を図8-37に示します．

●A-Dコンバータ使用時の注意事項
▶ ADCON0の各ビット(ビット6を除く)，ADCON1レジスタの各ビット，ADCON2レジスタのSMPビットに対する書き込みは，A-D変換停止時(トリガ発生前)に行います．特に，VCUTビットを'0'(V_{REF}未接続)から'1'(V_{REF}接続)にしたときは，$1\mu s$ 以上経過した後にA-D変換を開始させます．
▶ A-D動作モードを変更した場合は，アナログ入力端子を再選択します．
▶ 単発モードで使用する場合，ADICレジスタのIRビットまたはADCON0レジスタのADSTビットで，A-D変換が完了したことを確認してから，ADレジスタを読み出します．
▶ 繰り返しモードで使用する場合，CPUクロックはメイン・クロックを分周せずに使用します．
▶ AV_{CC}/V_{REF}端子とAV_{SS}端子間に$0.1\mu F$のコンデンサを接続します．

り，リセット解除後ウォッチ・ドッグ・タイマを自動的にスタートすることもできる．次項「オプション機能選択レジスタについて」を参照）．

ウォッチ・ドッグ・タイマの15ビット・カウンタには任意の値を設定することはできません．ウォッ

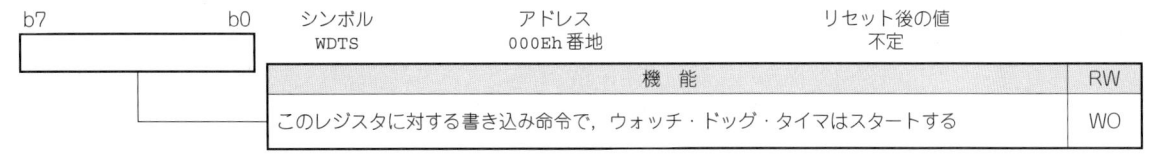

b7		b0	シンボル WDTS	アドレス 000Eh番地		リセット後の値 不定	
				機　能			RW
			このレジスタに対する書き込み命令で，ウォッチ・ドッグ・タイマはスタートする				WO

図9-5　ウォッチ・ドッグ・タイマ・スタート・レジスタ（WDTSレジスタ）

b7 b6 b5 b4 b3 b2 b1 b0	シンボル CSPR	アドレス 001Ch番地	リセット後の値[注1] 00h	
0 0 0 0 0 0 0				
	ビット・シンボル	ビット名	機　能	RW
	－	予約ビット	'0'にする	RW
	CSPRO	カウント・ソース保護モード選択ビット[注2]	0：カウント・ソース保護モード無効 1：カウント・ソース保護モード有効	RW

注1：OFSレジスタのCSPROINIビットに'0'を書いたとき，リセット後の値は10000000bになる
注2：CSPROビットを'1'にするためには，'0'を書いた後，続いて'1'を書く．プログラムでは'0'にできない

図9-6　カウント・ソース保護モード・レジスタ（CSPRレジスタ）

表9-1　カウント・ソース保護モード無効時のウォッチ・ドッグ・タイマの仕様

項　目	仕　様
カウント・ソース	CPUクロック
カウント動作	ダウン・カウント
周期	周期は以下の式で求めることができる． $$\frac{プリスケーラの分周比(n) \times ウォッチ・ドッグ・タイマのカウント値(32768)^{[注1]}}{CPUクロック}$$ n：16または128（WDCレジスタのWDC7ビットで選択） 例：CPUクロックが16MHzで，プリスケーラが16分周する場合，周期は約32.8ms
カウント開始条件	リセット後のウォッチ・ドッグ・タイマの動作を，OFSレジスタ（0FFFFh番地）のWDTONビット[注2]で選択 ・WDTONビットが'1'（リセット後，ウォッチ・ドッグ・タイマは停止状態）のとき 　リセット後，ウォッチ・ドッグ・タイマとプリスケーラは停止しており，WDTSレジスタに書くことにより，カウントを開始 ・WDTONビットが'0'（リセット後，ウォッチ・ドッグ・タイマは自動的に起動）のとき 　リセット後，自動的にウォッチ・ドッグ・タイマとプリスケーラがカウントを開始
ウォッチ・ドッグ・タイマ初期化条件	・リセット ・WDTRレジスタに00h，続いてFFhを書く ・アンダーフロー
カウント停止条件	ストップ・モード，ウェイト・モード（解除後，保持されていた値からカウントを継続）
アンダーフロー時の動作	・PM1レジスタのPM12ビットが'0'のとき 　ウォッチ・ドッグ・タイマ割り込み ・PM1レジスタのPM12ビットが'1'のとき 　ウォッチ・ドッグ・タイマ・リセット

注1：ウォッチ・ドッグ・タイマはWDTRレジスタに00h，続いてFFhを書くと初期化される．プリスケーラはリセット後，初期化される．したがって，ウォッチ・ドッグ・タイマの周期には，プリスケーラによる誤差が生じる
注2：WDTONビットはプログラムでは変更できない．WDTONビットを設定する場合は，フラッシュ・ライタで0FFFFh番地のb0に'0'を書き込む

チ・ドッグ・タイマ・リセット・レジスタ(WDTRレジスタ)に，00h→FFhの順で書き込みを行うことで7FFFh(カウント・ソース保護モード時は0FFFh)に値が初期化されます．そのほかにも，マイコンがリセットされたときとウォッチ・ドッグ・タイマがアンダーフローしたときには，カウンタが自動的に初期化されます．

　なお，R8C/Tinyのウォッチ・ドッグ・タイマには，ウォッチ・ドッグ・タイマに入力されるカウント・ソースを保護するモードがあります．リセット解除後(保護モードを無効にしている状態)は，CPUクロックをクロック・ソースとして動作しますが，保護モードを有効にすると，低速オンチップ・オシレータ・クロックをクロック・ソースとして動きます．これにより，メイン・クロックをCPUクロックとしてマイコンが動作している場合，暴走によりCPUクロックが停止してもウォッチ・ドッグ・タイマは停止せず，低速オンチップ・オシレータ・クロックでカウント動作を続けることができます．

　また，カウント・ソース保護モード有効時は，ウォッチ・ドッグ・タイマ・アンダーフロー後の動作が，自動的にウォッチ・ドッグ・タイマ・リセットに切り替わります．したがって，カウント・ソース保護モードを有効にすることで，プログラムの信頼性をさらに高めることができます．保護モードを有効にする

表9-2　カウント・ソース保護モード有効時のウォッチ・ドッグ・タイマの仕様

項　　目	仕　　様
カウント・ソース	低速オンチップ・オシレータ・クロック
カウント動作	ダウン・カウント
周期	周期は以下の式で求めることができる． $$\frac{ウォッチ・ドッグ・タイマのカウント値(4096)}{低速オンチップ・オシレータ・クロック}$$ 例：低速オンチップ・オシレータ・クロックが125kHzの場合，周期は約32.8ms
カウント開始条件	リセット後のウォッチ・ドッグ・タイマの動作を，OFSレジスタ(0FFFFh番地)のWDTONビット[注1]で選択 ・WDTONビットが'1'(リセット後，ウォッチ・ドッグ・タイマは停止状態)のとき 　リセット後，ウォッチ・ドッグ・タイマとプリスケーラは停止しており，WDTSレジスタに書くことにより，カウントを開始 ・WDTONビットが'0'(リセット後，ウォッチ・ドッグ・タイマは自動的に起動)のとき 　リセット後，自動的にウォッチ・ドッグ・タイマとプリスケーラがカウントを開始
ウォッチ・ドッグ・タイマ初期化条件	・リセット ・WDTRレジスタに00h，続いてFFhを書く ・アンダーフロー
カウント停止条件	なし(カウント開始後はウェイト・モードでも停止しない．ストップ・モードにならない)
アンダーフロー時の動作	ウォッチ・ドッグ・タイマ・リセット
レジスタ，ビット	・CSPRレジスタのCSPROビットを'1'(カウント・ソース保護モード有効)にすると[注2]，次が自動的に設定される 　・ウォッチ・ドッグ・タイマに'0FFFh'を設定 　・CM1レジスタのCM14ビットを'0'(低速オンチップ・オシレータ発振) 　・PM1レジスタのPM12ビットを'1'(ウォッチ・ドッグ・タイマのアンダーフロー時，ウォッチ・ドッグ・タイマ・リセット) ・カウント・ソース保護モードでは，次の状態になる 　・CM1レジスタのCM10ビットへの書き込み禁止('1'を書いても変化せず，ストップ・モードに移行しない) 　・CM1レジスタのCM14ビットへの書き込み禁止('1'を書いても変化せず，低速オンチップ・オシレータは停止しない)

注1：WDTONビットはプログラムでは変更できない．WDTONビットを設定する場合は，フラッシュ・ライタで0FFFFh番地のb0に'0'を書き込む
注2：OFSレジスタのCSPROINIビットに'0'を書いても，CSPROビットは'1'になる．CSPROINIビットはプログラムでは変更できない．CSPROINIビットを設定する場合は，フラッシュ・ライタで0FFFFh番地のb7に'0'を書き込む

には，カウント・ソース保護モード・レジスタ(CSPRレジスタ)のカウント・ソース保護モード選択ビット(CSPROビット)を'1'(保護モード有効)にします(オプション機能選択レジスタにより，リセット解除後カウント・ソース保護モードで動作させることもできる．

図9-2～**図9-6**にウォッチ・ドッグ・タイマの関連レジスタ，**表9-1**にカウント・ソース保護モード無効時のウォッチ・ドッグ・タイマの仕様，**表9-2**にカウント・ソース保護モード有効時のウォッチ・ドッグ・タイマの仕様をそれぞれ示します．

■ オプション機能選択レジスタ(OFSレジスタ)について

リセット解除後ウォッチ・ドッグ・タイマは停止していますが，ウォッチ・ドッグ・タイマ起動選択ビット(WDTONビット)を'0'にすると，リセット解除後自動的にウォッチ・ドッグ・タイマを起動することができます．また，リセット後カウント・ソース保護モード選択ビット(CSPROINIビット)を'0'にすると，リセット解除後カウント・ソース保護モードでウォッチ・ドッグ・タイマが動作します．

ただし，オプション機能選択レジスタ(OFSレジスタ．**図9-15**)は0FFFFh番地，つまり内部ROMのリセット・ベクタ内に配置されているので，プログラムによりウォッチ・ドッグ・タイマ起動選択ビット(WDTONビット)を変更することはできません．したがって，レジスタ値の変更については，以下の二つのうちのどちらかで行います．

(1) アセンブラの指示命令(.OFSREG命令)を使用し，スタートアップ・プログラム内で設定する．この場合，"-R8C"オプションと組み合わせて使用する．
.OFSREGの記述形式は以下のとおり

```
.OFSREG    設定する値
```

設定例を**リスト9-1**に示します．

(2) フラッシュ・ライタで0FFFFh番地に直接値を書き込む
使用しているフラッシュ・ライタの操作方法に従い設定する

■ ウォッチ・ドッグ・タイマによる暴走の検出方法

暴走の検出からプログラムの再スタートまでの手順を以下に示します．

(1) 暴走検知の考えかた
ウォッチ・ドッグ・タイマがアンダーフローすることで，ウォッチ・ドッグ・タイマ割り込み(ノンマスカブル)が発生します．この割り込みが発生した場合，マイコンが暴走していると考えます．ウォッチ・ド

リスト9-1 .PROTECT命令を使ったウォッチ・ドッグ・タイマ起動選択ビットの設定例

```
        ; fixed vector section
        ;---------------------------------------------------------------
                .org    0FFFCh
        RESET:
                .lword      start
                .OFSREG     0FEh    ; オプション機能選択レジスタの
                                    ; "ウォッチ・ドッグ・タイマ起動選択ビット"に'0'を設定
```

ッグ・タイマがアンダーフローする前に，一定周期でウォッチ・ドッグ・タイマを初期化すれば割り込みは発生しません．一般的にプログラムが暴走した場合，予期せぬアドレスに分岐したり，一定箇所で無限ループに陥る場合が多く，毎回ウォッチ・ドッグ・タイマを初期化していた部分を実行しなくなる可能性が非常に高くなります．つまり，ウォッチ・ドッグ・タイマは初期化されず，割り込みが発生して暴走を検知することになるわけです．

(2) ウォッチ・ドッグ・タイマの初期化

(1)で説明したとおり，プログラム中でウォッチ・ドッグ・タイマがアンダーフローする前に，毎回カウント値を初期化する必要があります．通常は，一定周期で呼び出される関数内で初期化したり，main関数内で周期的に初期化したりします．この際，初期化周期は必ずウォッチ・ドッグ・タイマがアンダーフローする時間よりも短くなければなりません．なお，ウォッチ・ドッグ・タイマは，ウォッチ・ドッグ・タイマ・リセット・レジスタ(WDTRレジスタ)に任意の値を書き込むことで初期化できます．

(3) プログラムの再スタート

R8C/Tinyの場合，ウォッチ・ドッグ・タイマがアンダーフローすることで，割り込みを発生させるか，

リスト9-2 ウォッチ・ドッグ・タイマ使用時のスタートアップ・プログラムの記述例

```
;==============================================================================
; Start up
;==============================================================================
        .SECTION PROGRAM, CODE      ;Declares section name and section type
        .ORG     ROM_TOP            ;Declares start address
RESET:
        LDC      #RAM_END+1, ISP    ;Sets initial value in stack pointer
        :
        :
;==============================================================================
; Watchdog timer (watchdog timer interrupt)
;==============================================================================
; Setting watchdog timer control register
        MOV.B   #10000000B, wdc
;                |++-------------;Reserved bit (Must always be "0")
;                +---------------;Prescaler select bit(1:Divided by 128)
;                                (WDT cycle Approx. 209.7msec Xin=@20MHz)
; Setting watchdog timer reset register & watchdog timer start register
        MOV.B   #00h, wdtr     ;watchdog timer initialize
        MOV.B   #0FFh, wdtr    ;watchdog timer value is always initialized to "7FFFh"
        MOV.B   #1, wdts       ;start watchdog timer count
;
        JSR.A   _main          ;Jump to main function
        :
;------------------------------------------------------------------------------
; WDT interrupt occur (Detect a runaway program)
;------------------------------------------------------------------------------
INT_WDT:
; Cancel protect register
        MOV.B   #00000010B, prcr  ; Clear the protect
;                        +----------; Enables writing to processor mode registers 0
;                                   ; and 1
RS_LOOP:
        BSET    3, pm0            ; Software reset
        JMP     RS_LOOP
```

ウォッチ・ドッグ・タイマ・リセットを行うかを選択できます．アンダーフローでウォッチ・ドッグ・タイマ・リセットを行う場合は，マイコンの暴走を検知した時点でリセットされるので，プログラムは自動的に再スタートします．ウォッチ・ドッグ・タイマ割り込みの発生としている場合は，割り込みルーチン内でプロセッサ・モード・レジスタ0（PM0レジスタ）のソフトウェア・リセット・ビット（PM03ビット）を'1'にし，ソフトウェア・リセットを行ってください．

　また，ウォッチ・ドッグ・タイマ割り込みの割り込みベクタ（割り込み発生後の飛び先アドレス）をリセット・ベクタに設定しているアドレス，つまりスタートアップ・プログラムの先頭アドレスにしないでください．ウォッチ・ドッグ・タイマ割り込み発生後，直接スタートアップ・プログラムから再スタートさせると，CPU内部レジスタの初期化やSFRの初期化が行われないだけでなく，FLGレジスタ内の"IPL"が7になったままクリアされないので，ほかの割り込みをいっさい受け付けなくなってしまいます．したがって，必ずウォッチ・ドッグ・タイマ割り込みのルーチンに分岐させるようにしてください．

　リスト9-2に，ウォッチ・ドッグ・タイマ使用時のスタートアップ・プログラムの記述例を示します．

9-2 外部割り込み

　指定された端子に入力されるエッジにより発生する割り込みです．R8C/Tinyは，$\overline{\text{INT}}$割り込みとキー入力割り込みがあります．

■ $\overline{\text{INT}}$割り込み

　$\overline{\text{INT}}$割り込みには，$\overline{\text{INT0}}$割り込み，$\overline{\text{INT1}}$割り込み，$\overline{\text{INT3}}$割り込みの三つがあります．

● $\overline{\text{INT0}}$割り込み

　$\overline{\text{INT0}}$割り込みは，$\overline{\text{INT0}}$端子の入力による割り込みです．$\overline{\text{INT0}}$割り込みを使用するときは，外部入力許可レジスタ（INTENレジスタ）の$\overline{\text{INT0}}$入力許可ビット（INT0ENビット）を'1'（許可）にします．また，割り込み要求を片エッジで発生させるか，両エッジで発生させるか，外部入力許可レジスタ（INTENレジスタ）の$\overline{\text{INT0}}$入力極性選択ビット（INT0PLビット）で選択できます．

　片エッジを選択した場合は，$\overline{\text{INT0}}$割り込み制御レジスタ（INT0ICレジスタ）の極性切り替えビット（POLビット）で立ち上がり/立ち下がりを選択します．また，$\overline{\text{INT0}}$端子はディジタル・フィルタをもっており，端子に入力されるノイズを除去することも可能です．

```
b7 b6 b5 b4 b3 b2 b1 b0      シンボル        アドレス          リセット後の値
 0  0  0  0  0  0            INTEN          0096h番地              00h
```

ビット・シンボル	ビット名	機能	RW
INT0EN	$\overline{\text{INT0}}$入力許可ビット[注1]	0：禁止 1：許可	RW
INT0PL	$\overline{\text{INT0}}$入力極性選択ビット[注2, 注3]	0：片エッジ 1：両エッジ	RW
—	予約ビット	'0'にする	RW

注1：INT0ENビットは，PUMレジスタのINOSTGビットが'0'（ワンショット・トリガ無効）の状態で設定する
注2：INT0PLビットを'1'（両エッジ）にする場合，INT0ICレジスタのPOLビットを'0'（立ち下がりエッジを選択）にする
注3：INT0PLビットを変更すると，INT0ICレジスタのIRビットが'1'（割り込み要求あり）になることがある

図9-7　外部入力許可レジスタ（INTENレジスタ）

b7 b6 b5 b4 b3 b2 b1 b0	シンボル INT0F	アドレス 001Eh番地	リセット後の値 XXXXX000b

ビット・シンボル	ビット名	機能	RW
INT0F0	INT0入力フィルタ選択ビット	b1 b0 0 0：フィルタなし 0 1：フィルタあり，f1でサンプリング	RW
INT0F1		1 0：フィルタあり，f8でサンプリング 1 1：フィルタあり，f32でサンプリング	RW
—	予約ビット	'0'にする	RW
—	何も配置されていない 書く場合，'0'を書く．読んだ場合，その値は'0'		—

図9-8 INT0入力フィルタ選択レジスタ（INT0Fレジスタ）

　なお，INT0端子はタイマZの"プログラマブル・ワンショット発生モード"，および"プログラマブル・ウェイト・ワンショット発生モード"時の外部トリガ入力端子としても使われます．詳細は第7章の7-2節「タイマZ」を参照してください．
　図9-7，図9-8に外部入力許可レジスタとINT0入力フィルタ選択レジスタを示します．

● INT0入力フィルタについて

　サンプリング・クロックはf1，f8，f32から選択でき，INT0入力フィルタ選択レジスタ（INT0Fレジスタ）のINT0入力フィルタ選択ビット（INT0F0，INT0F1ビット）で選択します．サンプリング・クロックごとにINT0端子のレベルをサンプリングし，レベルが3度一致した時点で，INT0割り込み制御レジスタ（INT0ICレジスタ）の割り込み要求ビット（IRビット）が'1'（割り込み要求あり）になります．
　図9-9にINT0入力フィルタの構成，図9-10にINT0入力フィルタの動作例を示します．

● INT1割り込み

　INT1割り込みは，INT10端子またはINT11端子の入力による割り込みです．UART送受信制御レジスタ2（UCONレジスタ）のCNTR0信号端子選択ビット（CNTRSELビット）が'0'のときはINT10端子がINT1入力端子になり，'1'のときはINT11端子がINT1入力端子になります．リセット解除後はINT10端子がINT1入力です．

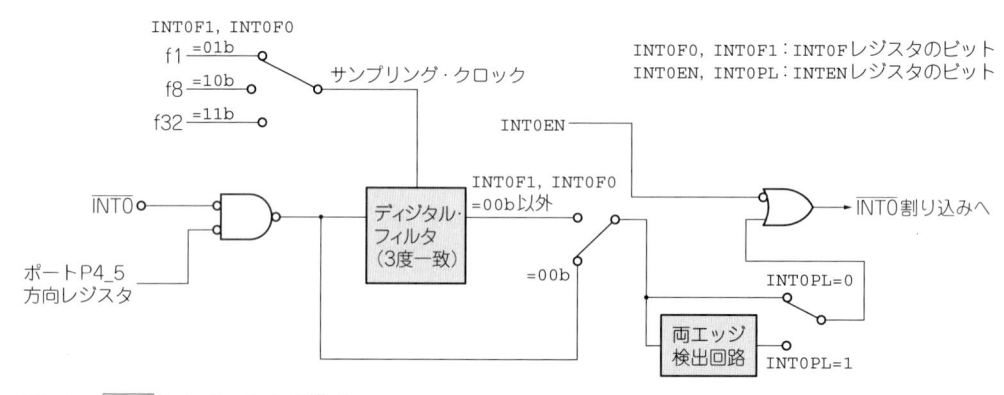

図9-9 INT0入力フィルタの構成

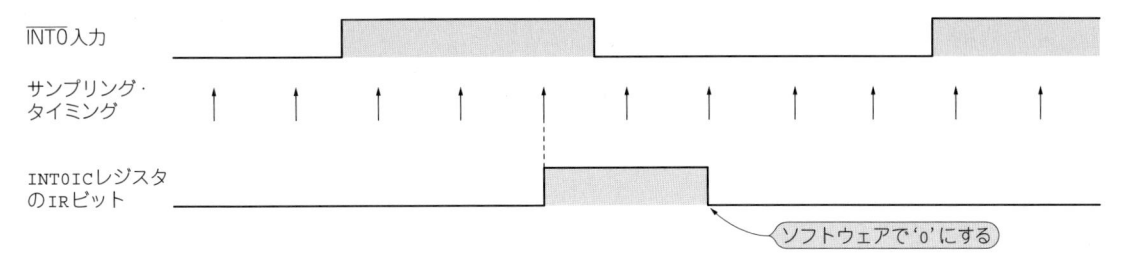

図9-10　INT0フィルタの動作例
INT0FレジスタのINT0F1，INT0F0ビットが，01b，10b，11bのいずれか（ディジタル・フィルタあり）の場合

また，INT10端子およびINT11端子は，タイマXの各モードで使用されるCNTR00端子，およびCNTR01端子としても使われるので，INT1端子の入力エッジの極性選択は，タイマXモード・レジスタ（TXMRレジスタ）のINT1/CNTR0信号極性切り替えビット（R0EDGビット）で行います．第7章の図7-1～図7-7を参照してください．

● INT3割り込み

INT3割り込みは，INT3端子の入力による割り込みです．ただし，INT3端子はタイマCのインプット・キャプチャ・モード時のTCIN端子（タイマ値をラッチする信号の入力端子）としても使われるので，INT3端子として使用する場合は，必ずタイマC制御レジスタ0（TCC0レジスタ）のINT3割り込み，キャプチャ入力ビット（TCC07ビット）を'0'（INT3）にします．

また，割り込み要求の発生タイミングもタイマC制御レジスタ0（TCC0レジスタ）のINT3割り込み要求発生タイミング選択ビット（TCC06ビット）により異なります．INT3割り込み要求発生タイミング選択ビット（TCC06ビット）が'0'のとき，INT3割り込み要求はタイマCのカウント・ソースに同期して発生してしまいます．

したがって，INT3端子のエッジ入力で割り込み要求を発生させる場合は，INT3割り込み要求発生タイミング選択ビット（TCC06ビット）を必ず'1'にします．また，INT3端子の入力エッジ極性選択も，タイマC制御レジスタ0（TCC0レジスタ）のINT3割り込み，キャプチャ極性選択ビット（TCC04～TCC03）で選択します．

INT3端子は，INT0端子と同様，ディジタル・フィルタをもちます．サンプリング・クロックはf1，f8，f32から選択でき，タイマC制御レジスタ1（TCC1レジスタ）のINT3フィルタ選択ビット（TCC11～TCC10ビット）で選択します．サンプリング・クロックごとにINT3端子のレベルをサンプリングし，レベルが3度一致した時点で（3度目のサンプリング・クロックに同期して），INT3割り込み制御レジスタの割り込み要求ビットが'1'（割り込み要求あり）になります．

なお，ポートP3_3を（P3レジスタのP3_3ビット）プログラムで読み込んだ場合は，INT3フィルタ選択ビット（TCC11～TCC10ビット）には関係なく，P3_3端子のレベル（ディジタル・フィルタの前）値が読み込めます．

タイマC制御レジスタ0，タイマC制御レジスタ1については，第7章の図7-42，図7-43を参照してください．

● INT割り込み使用時の注意事項

INT0～INT3端子に入力する信号は，CPUの動作クロックに関係なく250ns以上の"L"または"H"レベル幅が必要です．

■ キー入力割り込み

キー入力割り込みは, $\overline{KI0}$～$\overline{KI3}$端子のうちいずれか一つでもエッジの入力があれば発生する割り込みです. ウェイト・モードやストップ・モードから通常動作モードに復帰する"キー・オン・ウェイク・アップ機能"としても使用できます.

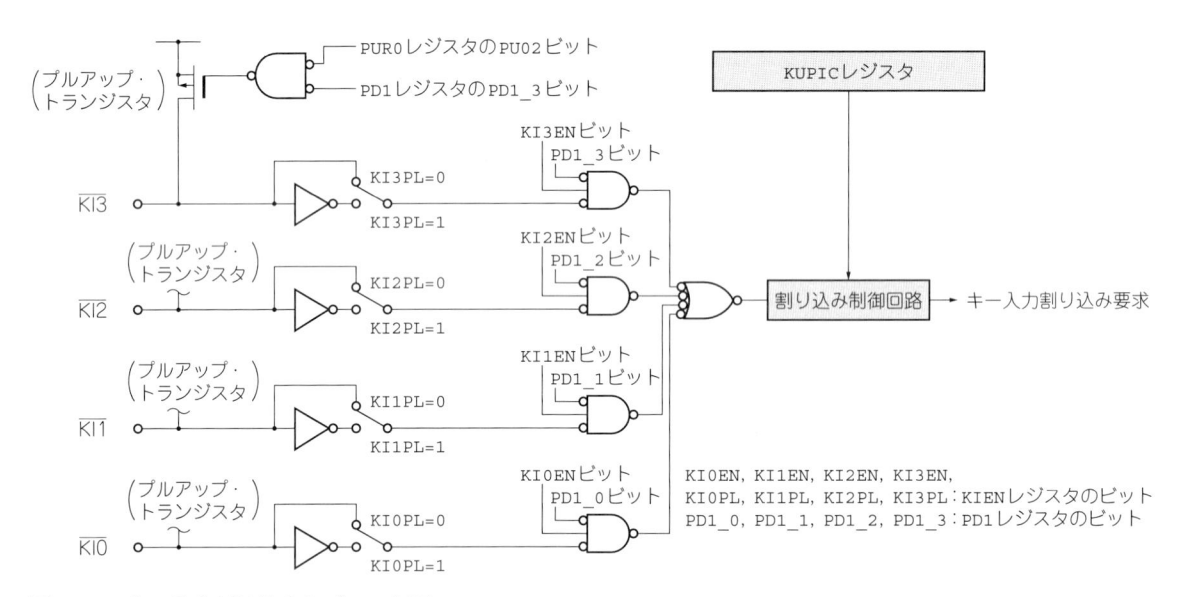

図9-11 キー入力割り込みのブロック図

ビット・シンボル	ビット名	機能	RW
KI0EN	KI0 入力許可ビット	0：禁止 1：許可	RW
KI0PL	KI0 入力極性選択ビット	0：立ち下がりエッジ 1：立ち上がりエッジ	RW
KI1EN	KI1 入力許可ビット	0：禁止 1：許可	RW
KI1PL	KI1 入力極性選択ビット	0：立ち下がりエッジ 1：立ち上がりエッジ	RW
KI2EN	KI2 入力許可ビット	0：禁止 1：許可	RW
KI2PL	KI2 入力極性選択ビット	0：立ち下がりエッジ 1：立ち上がりエッジ	RW
KI3EN	KI3 入力許可ビット	0：禁止 1：許可	RW
KI3PL	KI3 入力極性選択ビット	0：立ち下がりエッジ 1：立ち上がりエッジ	RW

シンボル：KIEN　アドレス：0098h番地　リセット後の値：00h

図9-12 キー入力許可レジスタ（KIENレジスタ）
KIENレジスタを変更するとKUPICレジスタののIRビットが '1'（割り込み要求あり）になることがある

キー入力割り込みは，キー入力許可レジスタ(KIENレジスタ)の$\overline{\text{KI}i}$入力許可ビット〔KIiENビット(i=0〜3)〕を'1'(許可)にし，対応するポート(P1_0～P1_3)の方向を入力にすることで許可されます．また，キー入力許可レジスタ(KIENレジスタ)の$\overline{\text{KI}i}$入力極性選択ビット(KIiPLビット)で入力エッジの極性を選択できます．

なお，$\overline{\text{KI}i}$入力極性選択ビットを'0'(立ち下がりエッジ)にしている$\overline{\text{KI}i}$端子に対して"L"を入力していると，"L"を入力している端子以外の$\overline{\text{KI0}}$～$\overline{\text{KI3}}$端子に立ち下がりエッジが入力されても，割り込み要求が発生しません．同様に，$\overline{\text{KI}i}$入力極性選択ビットを'1'(立ち上がりエッジ)にしている$\overline{\text{KI}i}$端子に対して"H"を入力していると，"H"を入力している端子以外の$\overline{\text{KI0}}$～$\overline{\text{KI3}}$端子に立ち上がりエッジが入力されても，割り込み要求が発生しないので注意が必要です．

図9-11にキー入力割り込みのブロック図，図9-12にキー入力許可レジスタを示します．

● キー入力割り込み使用時の注意事項

$\overline{\text{KI0}}$～$\overline{\text{KI3}}$端子に入力する信号は，CPUの動作クロックに関係なく250ns以上の"L"または"H"レベル幅が必要です．

9-3 フラッシュ・メモリの書き換え方法

表9-3にフラッシュ・メモリの性能概要を示します．フラッシュ・メモリは，ユーザROM領域とブートROM領域(予約領域)に分けられます．ユーザROM領域は，ユーザがプログラムやデータを書き込める通常のROM領域で，いくつかのブロックに分割されています．

表9-3 フラッシュ・メモリの性能概要

項　　目		性　　能
フラッシュ・メモリの動作モード		3モード(CPU書き換え，標準シリアル入出力，パラレル入出力モード)
消去ブロック分割		図9-13を参照
プログラム方式		バイト単位
イレーズ方式		ブロック消去
プログラム，イレーズ制御方式		ソフトウェア・コマンドによるプログラム，イレーズ制御
書き換え制御方式		FMR0レジスタのFMR02ビットによるブロック0，ブロック1に対する書き換え制御
		FMR1レジスタのFMR15，FMR16ビットによるブロック0，ブロック1に対する個別の書き換え制御
コマンド数		5コマンド
プログラム，イレーズ回数[注1]	ブロック0,1(プログラム領域)	R8C/14，R8C/グループ：100回，R8C/15，R8C/17グループ：1,000回
	ブロックA,B(データ領域)[注2]	10,000回
IDコード・チェック機能		標準シリアル入出力モード対応
ROMコード・プロテクト		パラレル入出力モード対応

注1："プログラム，イレーズ回数"はブロックごとのイレーズ回数．プログラム，イレーズ回数がn回(n=100，10,000回)の場合，ブロックごとにそれぞれn回ずつイレーズすることができる．例えば，1KブロックのブロックAについて，1バイト書き込みを1024に分けて行った場合，そのブロックをイレーズするとプログラム，イレーズ回数1回と数える．100回以上の書き換えを実施する場合は，実質的な書き換え回数を減少させるために，空き領域がなくなるまでプログラムを実施してからイレーズを行うようにすることと，特定ブロックのみの書き換えは避け，各ブロックへのプログラム，イレーズ回数が平均化するように書き換えを実施する．また，何回イレーズを実施したかを情報として残して，制限回数を設けることを推奨する

注2：R8C/15，R8C/17グループだけが内蔵する

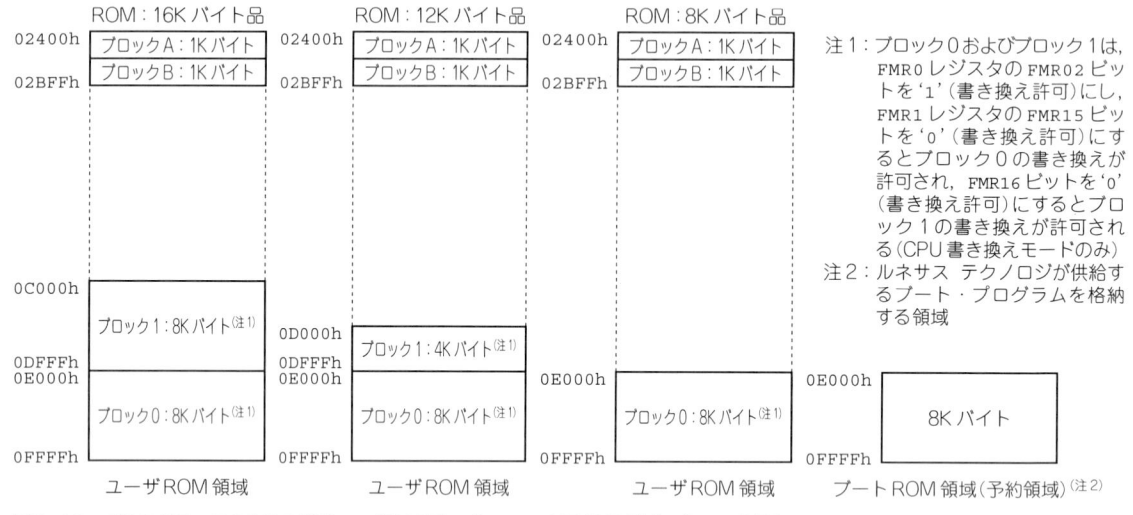

図9-13 R8C/15，R8C/17グループのフラッシュ・メモリの消去ブロック図

0C000h番地～0FFFFh番地(ROM：16Kバイト品)は，8Kバイトのブロック0と8Kバイトのブロック1に分割されており，主にマイコンの動作プログラムを書き込む領域です．この領域は，CPU書き換えモード，標準シリアル入出力モード，およびパラレル入出力モードで書き換えることができます．

また，R8C/15，R8C/17グループのユーザROM領域には，マイコンの動作プログラムを格納する領域とは別に，1Kバイトのブロック A と 1Kバイトのブロック B が 02400h番地～02BFFh番地に配置されています．この領域は"データ・フラッシュ"領域と呼ばれ，イレーズ回数10,000回を保証しています．主にデータを格納する領域として使い，CPU書き換えモードで書き換えることができます．

ブートROM領域は，ユーザが作成したアプリケーション・プログラムをユーザROM領域に書き込むための制御プログラム(ブート・プログラムと呼ばれる)が格納されている領域で，R8C/Tinyでは"標準シリアル入出力モード"での書き換え制御プログラムがあらかじめ格納されています．

なお，R8C/TinyのブートROM領域は，ユーザROM領域と重なったアドレスに配置されていますが，メモリ自体は別に存在します．

図9-13にR8C/15，R8C/17グループのフラッシュ・メモリの消去ブロックを示します．

■ 書き換えモードの種類

R8C/Tinyのフラッシュ・メモリには，CPU書き換えモード，標準シリアル入出力モード，パラレル入出力モードの三つの書き換えモードがあります．CPU書き換えモードと標準シリアル入出力モードは，オンボード(マイコンを基板に実装した状態)でフラッシュ・メモリに書き込みができます．表9-4にフラッシュ・メモリの書き換えモードの比較表を示します．

● CPU書き換えモード

ユーザ・プログラムで制御レジスタを設定することにより，書き込み/読み出しを制御します．EW0モードとEW1モードがあります．

● 標準シリアル入出力モード

マイコンの一部の端子を使用したシリアル・インターフェースにより，書き込み/読み出しを制御しま

表9-4 フラッシュ・メモリ書き換えモードの比較

フラッシュ・メモリ書き換えモード	CPU書き換えモード	標準シリアル入出力モード	パラレル入出力モード
機能概要	CPUがソフトウェア・コマンドを実行することにより，ユーザROM領域を書き換える EW0モード：フラッシュ・メモリ以外の領域で書き換え可能 EW1モード：フラッシュ・メモリ上で書き換え可能	専用シリアル・ライタを使用してユーザROM領域を書き換える	専用パラレル・ライタを使用してユーザROM領域を書き換える
書き換えできる領域	ユーザROM領域	ユーザROM領域	ユーザROM領域
動作モード	シングル・チップ・モード	ブート・モード	パラレル入出力モード
ROMライタ	—	シリアル・ライタ	パラレル・ライタ

す．対応するシリアル・ライタを使用して書き込み/読み出しが可能です．ブートROM領域にあらかじめ格納されているブート・プログラムにより書き換えの制御を行います．

● パラレル入出力モード

汎用ライタやR8C/Tiny対応フラッシュ・ライタで書き込み/読み出しを行うモードです．マイコンの一部の端子が制御用信号になります．ブート・プログラムは使いません．

■ フラッシュ・メモリの書き換え禁止機能

R8C/Tinyは，フラッシュ・メモリを簡単に読んだり書き換えたりできないように，標準シリアル入出力モードで読み出し/書き込みする場合は"IDコード・チェック機能"，パラレル入出力モードで読み出し/書き込みする場合は"ROMコード・プロテクト機能"が用意されています．

● IDコード・チェック機能

標準シリアル入出力モードで使用できます．フラッシュ・メモリがブランクでない場合，読み出し/書き込みをする前に，シリアル・ライタから送られてくる"IDコード"とフラッシュ・メモリに書かれている"7バイトのIDコード"が一致するかどうかを判定します．もしコードが一致しなければ，ライタから送られてくるコマンドは受け付けません．フラッシュ・メモリに書かれている7バイトのIDコードは各々8ビットのデータで，コード格納領域は1バイト目から，0FFDFh，0FFE3h，0FFEBh，0FFEFh，0FFF3h，0FFF7h，0FFFBh番地です．

なお，IDコードの格納領域は，特殊割り込みやソフトウェア割り込みのベクタ・テーブル(固定ベクタ)の最上位1バイトと重なっていますが，BRK命令割り込みベクタを除き，割り込み発生時のベクタ・テーブルの最上位1バイトは無視されるので問題はありません．したがって，IDコード・チェック機能を有効にするには，これらの番地にあらかじめIDコードを設定したプログラムをフラッシュ・メモリに書き込む必要があります．図9-14にIDコードの格納番地を示します．

具体的な書き込み方法としては，以下の(1)～(3)のようになります．

(1) ロード・モジュール・コンバータ(lmc30)の"-ID"オプションで設定する

"-ID"オプションを使用するときは，必ず"-R8C"オプションと同時に指定します．-IDオプションを使用していない場合は，IDコードの格納アドレスに記述した値がIDコードになります．

アドレス		
00FFDFh ～ 00FFDCh	ID1	未定義命令ベクタ
00FFE3h ～ 00FFE0h	ID2	オーバーフロー・ベクタ
		BRK命令ベクタ
00FFEBh ～ 00FFE8h	ID3	アドレス一致ベクタ
00FFEFh ～ 00FFECh	ID4	シングル・ステップ・ベクタ
00FFF3h ～ 00FFF0h	ID5	発振停止検出，ウォッチ・ドッグ・タイマ，電圧監視2ベクタ
00FFF7h ～ 00FFF4h	ID6	アドレス・ブレーク
00FFFBh ～ 00FFF8h	ID7	（予約）
00FFFFh ～ 00FFFCh	(注1)	リセット・ベクタ

4バイト

注1：00FFFFh番地にはOFSレジスタが配置されている．OFSレジスタについては，本章の「オプション機能選択レジスタ（OFSレジスタ）について」を参照

図9-14　IDコードの格納番地

【例1】 -IDオプションで直接IDコード（12 34 56 70 00 00 00）を指定
lmc30 -R8C -ID#1234567

  0FFDFh 番地…12h　　　　　0FFF3h 番地…00h
  0FFE3h 番地…34h　　　　　0FFF7h 番地…00h
  0FFEBh 番地…56h　　　　　0FFFBh 番地…00h
  0FFEFh 番地…70h

【例2】 -IDオプションの指定だけを行った場合は，IDコードはすべてFFhになる
lmc30 -R8C -ID

  0FFDFh 番地…FFh　　　　　0FFF3h 番地…FFh
  0FFE3h 番地…FFh　　　　　0FFF7h 番地…FFh
  0FFEBh 番地…FFh　　　　　0FFFBh 番地…FFh
  0FFEFh 番地…FFh

(2) アセンブラ（as30）の指示命令".ID"を使用して，スタートアップ・プログラム内で設定する
　".ID"で直接IDコードを指定した記述例を**リスト9-3**に示します．

(3) アセンブラ（as30）の指示命令".LWORD"，".BYTE"などを使って，IDコード格納領域に直接書き込むアドレス制御命令（.LWORD）と論理和を使用した記述例を**リスト9-4**に示します．
　アドレス制御命令（.BYTE）を使用した記述例を**リスト9-5**に示します．

　なお，シリアル・プログラマ（E7，E8，USB Flash Writer FoUSB，M16C Flash Starterなど）のGUIのID入力画面は，すでにフラッシュに書かれているIDと照合するための入力画面であり，フラッシュ・メモリにIDを設定するための画面ではありません．フラッシュ・メモリにプログラムを書いた場合，IDは必ず設

リスト9-3　文字列指定による記述例
".ID"を使用していない場合はアセンブラでIDコードの格納アドレスに記述した値がIDコードになる

```
; fixed vector section
;-----------------------------------------------------------
        .org 0FFFCh
RESET:
        .lword start
        .id "#1234567"              ; IDコード 12 34 56 70 00 00 00を設定
```

```
0FFDFh番地・・・・12h  ┐
0FFE3h番地・・・・34h  │
0FFEBh番地・・・・56h  │
0FFEFh番地・・・・70h  ├ 格納アドレスとIDコードの関係
0FFF3h番地・・・・00h  │
0FFF7h番地・・・・00h  │
0FFFBh番地・・・・00h  ┘
```

リスト9-4　アドレス制御命令(.LWORD)と論理和を使用した記述例
IDコード：55 55 55 55 55 55 55hを設定する

```
;----- vector table -----
        .section inter, romdata
        .org 0FFDCH
        .lword int_und  | (55000000h)    ; UND
        .lword int_into | (55000000h)    ; INTO
        .lword dummy                     ; BREAK
        .lword addr_int | (55000000h)    ; ADDRESS MATCH
        .lword int_step | (55000000h)    ; SET SINGLE STEP
        .lword int_wdt  | (55000000h)    ; WDT
        .lword int_dbc  | (55000000h)    ; DBC
        .lword reserve  | (55000000h)    ; RES
        .lword reset
;----- program end -----
```

```
0FFDFh番地・・・・55h  ┐
0FFE3h番地・・・・55h  │
0FFEBh番地・・・・55h  │
0FFEFh番地・・・・55h  ├ 格納アドレスとIDコードの関係
0FFF3h番地・・・・55h  │
0FFF7h番地・・・・55h  │
0FFFBh番地・・・・55h  ┘
```

定されるので注意してください．

● ROMコード・プロテクト機能

　パラレル入出力モード使用時に，フラッシュ・メモリの内容の読み出し，および書き込みを禁止する機能です．内容の読み出し，および書き込みの禁止/許可は，オプション機能選択レジスタ（OFSレジスタ）に従って制御します（図9-15）．
　フラッシュ・メモリの内容の読み出し，および書き込みを禁止したい（ROMコード・プロテクトを有効）ときは，ROMコード・プロテクト解除ビット（ROMCRビット）を'1'にして，ROMコード・プロテクト・ビット（ROMCP1ビット）を'0'に設定します．またフラッシュ・メモリの内容の読み出し，および書き込

リスト9-5　アドレス制御命令(.BYTE)を使用した記述例
IDコード：55 55 55 55 55 55 55hを設定する

```
;----- vector table -----
        .section inter, romdata
        .org 0FFDCH
        .addr int_und       ; UND  3バイトデータ(アドレス値)の設定
        .byte 55h           ; 0FFDFh番地に1バイトデータ(55h)を設定
        .addr int_into      ; INTO
        .byte 55h           ; 0FFE3h番地に1バイトデータ(55h)を設定
        .lword dummy        ; BREAK
        .addr addr_int      ; ADDRESS MATCH
        .byte 55h           ; 0FFEBh番地に1バイトデータ(55h)を設定
        .addr int_step      ; SET SINGLE STEP
        .byte 55h           ; 0FFEFh番地に1バイトデータ(55h)を設定
        .addr int_wtc       ; WTC
        .byte 55h           ; 0FFF3h番地に1バイトデータ(55h)を設定
        .addr int_dbc       ; DBC
        .byte 55h           ; 0FFF7h番地に1バイトデータ(55h)を設定
        .addr reserve       ; RES
        .byte 55h           ; 0FFFBh番地に1バイトデータ(55h)を設定
        .lword reset        ; RESET
```

```
0FFDFh番地・・・・55h ┐
0FFE3h番地・・・・55h │
0FFEBh番地・・・・55h │
0FFEFh番地・・・・55h ├ 格納アドレスとIDコードの関係
0FFF3h番地・・・・55h │
0FFF7h番地・・・・55h │
0FFFBh番地・・・・55h ┘
```

b7 b6 b5 b4 b3 b2 b1 b0
1 1 1 _ _ _ 1 _

シンボル： OFS　　アドレス：0FFFFh番地　　出荷時の値：FFh

ビット・シンボル	ビット名	機能	RW
WDTON	ウォッチ・ドッグ・タイマ起動選択ビット	0：リセット後、ウォッチ・ドッグ・タイマは自動的に起動 1：リセット後、ウォッチ・ドッグ・タイマは停止状態	RW
—	予約ビット	'1'にする	RW
ROMCR	ROMコード・プロテクト解除ビット	0：ROMコード・プロテクト解除 1：ROMCP1 有効	RW
ROMCP1	ROMコード・プロテクト・ビット	0：ROMコード・プロテクト有効 1：ROMコード・プロテクト解除	RW
—	予約ビット	'1'にする	RW
CSPROINI	リセット後カウント・ソース保護モード選択ビット	0：リセット後，カウント・ソース保護モード有効 1：リセット後，カウント・ソース保護モード無効	RW

図9-15　オプション機能選択レジスタ(OFSレジスタ)

みを許可したい(ROMコード・プロテクトの解除)ときは，ROMコード・プロテクト解除ビット(ROMCRビット)を'0'にするか，またはROMコード・プロテクト・ビット(ROMCP1ビット)を'1'にします．

ただし，オプション機能選択レジスタはプログラムでは変更できません．変更方法については，本章の「オプション機能選択レジスタ(OFSレジスタ)について」を参照してください．

なお，一度ROMコード・プロテクトを有効にすると，それ以降パラレル入出力モードではフラッシュ・メモリの参照/変更ができないため，ROMコード・プロテクト解除ビット(ROMCRビット)，およびROMコード・プロテクト・ビット(ROMCP1ビット)の内容は変更できなくなります．

したがって，パラレル入出力モードでフラッシュ・メモリの読み出し，および書き込みを行いたい場合は，CPU書き換えモードまたは標準シリアル入出力モードでROMコード・プロテクト解除ビット(ROMCRビット)を'0'(ROMコード・プロテクト解除)，またはROMコード・プロテクト・ビット(ROMCP1ビット)を'1'(ROMコード・プロテクト解除)にしてください．

■ CPU書き換えモード

CPU書き換えモードでは，ソフトウェア・コマンドを実行することにより，ユーザROM領域を書き換えることができます．したがって，ROMライタなどを使用せずにマイコンを基板に実装した状態で，ユーザROM領域を書き換えることができます．なお，プログラムとブロック・イレーズのコマンドは，ユーザROM領域に対してだけ実行してください．

R8C/Tinyでは，CPU書き換えモードで消去動作中に割り込み要求が発生した場合，消去動作を一時中断して割り込み処理を行う"イレーズ・サスペンド機能"をもちます．イレーズ・サスペンド中は，プログラムでユーザROM領域を読み出すことが可能です．

CPU書き換えモードには，イレーズ・ライト0モード(EW0モード)とイレーズ・ライト1モード(EW1モード)の二つがあります．イレーズ・ライト1モード(EW1モード)は，フラッシュROM領域内でフラッシュ・メモリの書き換えプログラムを実行できるので，データ・フラッシュへの書き込み/消去を行う場合に使います．

表9-5にEW0モードとEW1モードの違いを，図9-16にEW1モード時のブロックA消去のイメージを示します．

● EW0モード

フラッシュ・メモリ制御レジスタ0(FMR0レジスタ)のCPU書き換えモード選択ビット(FMR01ビット)を'1'(CPU書き換えモード有効)にするとCPU書き換えモードになり，ソフトウェア・コマンドの受け付けが可能となります．このとき，フラッシュ・メモリ制御レジスタ1(FMR1レジスタ)のEW1モード選択ビット(FMR11ビット)が'0'であれば，EW0モードになります．

プログラム，イレーズ動作の制御はソフトウェア・コマンドで行います．プログラム，イレーズの終了時の状態などはフラッシュ・メモリ制御レジスタ0(FMR0レジスタ)，またはステータス・レジスタで確認できます．

自動消去中にイレーズ・サスペンドに移行する場合は，フラッシュ・メモリ制御レジスタ4(FMR4レジスタ)のイレーズ・サスペンド機能許可ビット(FMR40 ビット)を'1'(イレーズ・サスペンド許可)にし，イレーズ・サスペンド・リクエスト・ビット(FMR41ビット)を'1'(イレーズ・サスペンド・リクエスト)にします．その後8ms待ち，イレーズ・ステータス・ビット(FMR46ビット)が'1'(リード許可)になったことを確認後，ユーザROM領域にアクセスします．

表9-5 EW0モードとEW1モードの違い

項　目	EW0モード	EW1モード
動作モード	シングル・チップ・モード	シングル・チップ・モード
書き換え制御プログラムを配置できる領域	ユーザROM領域	ユーザROM領域
書き換え制御プログラムを実行できる領域	フラッシュ・メモリ以外(RAMなど)へ転送してから実行する必要あり	ユーザROM領域上で実行可能
書き換えられる領域	ユーザROM領域	ユーザROM領域 ただし，書き換え制御プログラムがあるブロックを除く(注1)
ソフトウェア・コマンドの制限	なし	・プログラム，ブロック・イレーズ・コマンド書き換え制御プログラムがあるブロックに対して実行禁止 ・リード・ステータス・レジスタ・コマンド実行禁止
プログラム，イレーズ後のモード	リード・ステータス・レジスタ・モード	リード・アレイ・モード
自動書き込み，自動消去時のCPUの状態	動作	ホールド状態(入出力ポートはコマンド実行前の状態を保持)
フラッシュ・メモリのステータス検知	・プログラムでFMR0レジスタのFMR00, FMR06, FMR07ビットを読む ・リード・ステータス・レジスタ・コマンドを実行し，ステータス・レジスタのSR7, SR5, SR4を読む	プログラムでFMR0レジスタのFMR00, FMR06, FMR07ビットを読む
イレーズ・サスペンドへの移行条件	プログラムでFMR4レジスタのFMR40とFMR41ビットを'1'にする	FMR4レジスタのFMR40ビットが'1'，かつ許可されたマスカブル割り込みの割り込み要求が発生
CPUクロック	5MHz以下	左記制限なし(使用するクロック周波数)

注1：ブロック0，ブロック1は，FMR0レジスタのFMR02ビットを'1'(書き換え許可)にし，FMR1レジスタのFMR15ビットを'0'(書き換え許可)にするとブロック0の書き換えが許可され，FMR16ビットを'0'(書き換え許可)にするとブロック1の書き換えが許可される

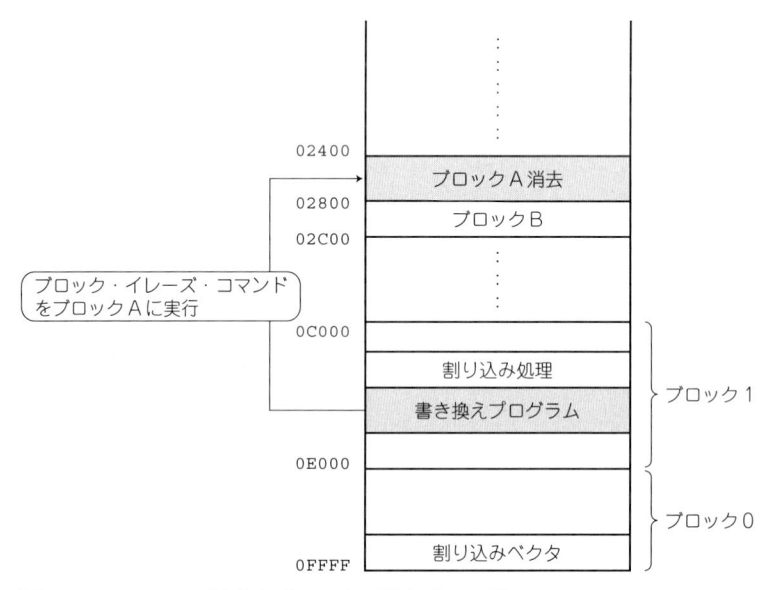

図9-16　EW1モード時のブロックA消去イメージ

ユーザROM領域へのアクセス終了後，イレーズ・サスペンド・リクエスト・ビット(FMR41ビット)を'0'(イレーズ・リスタート)にすると，自動消去を再開します．

● EW1モード

フラッシュ・メモリ制御レジスタ0(FMR0レジスタ)のCPU書き換えモード選択ビット(FMR01ビット)を'1'(CPU書き換えモード有効)にした後，フラッシュ・メモリ制御レジスタ1(FMR1レジスタ)のEW1モード選択ビット(FMR11ビット)を'1'にするとEW1モードになります．

プログラム，イレーズの終了時の状態などは，フラッシュ・メモリ制御レジスタ0(FMR0 レジスタ)で確認できます．なお，EW1モードではリード・ステータス・レジスタのソフトウェア・コマンドを実行しないでください．

EW1モードでは，自動消去中はCPUはホールド状態になっています．したがって，イレーズ・サスペンド機能を有効にする場合は，フラッシュ・メモリ制御レジスタ4(FMR4レジスタ)のイレーズ・サスペンド機能許可ビット(FMR40ビット)を'1'(イレーズ・サスペンド許可)にしてから，ブロック・イレーズ・コマンドを実行してください．また，イレーズ・サスペンドに移行するための割り込み要因は，あらかじめ割り込み許可状態にしておく必要があります．なお，ブロック・イレーズ・コマンド実行後，自動消去中に発生した割り込み要求は，受け付けられるまで最大8msかかります．

割り込み要求が発生すると，イレーズ・サスペンド・リクエスト・ビット(FMR41ビット)は自動的に'1'(イレーズ・サスペンド・リクエスト)になり，自動消去が中断されます．割り込み処理終了後，自動消去が完了していないとき〔フラッシュ・メモリ制御レジスタ0の"RY/$\overline{BY}$ステータス・フラグ"が'0'(ビジー)〕は，イレーズ・サスペンド・リクエスト・ビット(FMR41ビット)を'0'(イレーズ・リスタート)にし

	シンボル FMR0	アドレス 01B7h 番地	リセット後の値 00000001b	
ビット・シンボル	ビット名		機能	RW
FMR00	RY/$\overline{BY}$ ステータス・フラグ		0：ビジー(書き込み，消去実行中) 1：レディ	RO
FMR01	CPU書き換えモード選択ビット (注1)		0：CPU書き換えモード無効 1：CPU書き換えモード有効	RW
FMR02	ブロック0，ブロック1書き換え許可ビット(注2)		0：書き換え禁止 1：書き換え許可	RW
FMSTP	フラッシュ・メモリ停止ビット (注3，注5)		0：フラッシュ・メモリ動作 1：フラッシュ・メモリ停止 　(低消費電力状態，フラッシュ・メモリ初期化)	RW
―	予約ビット		'0'にする	RW
FMR06	プログラム・ステータス・フラグ (注4)		0：正常終了 1：エラー終了	RO
FMR07	イレーズ・ステータス・フラグ (注4)		0：正常終了 1：エラー終了	RO

注1：'1'にするときは，'0'を書いた後，続けて'1'を書く．'0'を書いた後，'1'を書くまでに割り込みが入らないようにする．このビットはリード・アレイ・モードにしてから'0'にする
注2：'1'にするときは，FMR01ビットが'1'の状態で，このビットに'0'を書いた後，続けて'1'を書く．'0'を書いた後，'1'を書くまでに割り込みが入らないようにする
注3：このビットは，フラッシュ・メモリ以外の領域のプログラムで書く
注4：クリア・ステータス・コマンドを実行すると'0'になる
注5：FMR01ビットが'1'(CPU書き換えモード)のとき有効．FMR01ビットが'0'のとき，FMSTPビットに'1'を書くとFMSTPビットは'1'になるが，フラッシュ・メモリは低消費電力状態にならず，初期化もされない

図9-17　フラッシュ・メモリ制御レジスタ0(FMR0レジスタ)

て自動消去を再開させてください．

● フラッシュ・メモリ関連のレジスタとビットの詳細

図9-17～図9-19にフラッシュ・メモリ関連のレジスタを示します．

▶ FMR0レジスタ/FMR00ビット

フラッシュ・メモリの動作状況を示すビットです．プログラム，イレーズ動作中は'0'，それ以外(プログラム，イレーズの終了)のときには'1'になります．

b7 b6 b5 b4 b3 b2 b1 b0	シンボル	アドレス	リセット後の値
1 0 0 0	FMR1	01B5h番地	1000000Xb

ピット・シンボル	ビット名	機能	RW
—	予約ビット	読んだ場合，不定	RO
FMR11	EW1モード選択ビット(注1, 注2)	0：EW0モード 1：EW1モード	RW
—	予約ビット	'0'にする	RW
FMR15	ブロック0書き換え禁止ビット(注2, 注3)	0：書き換え許可 1：書き換え禁止	RW
FMR16	ブロック1書き換え禁止ビット(注2, 注3)	0：書き換え許可 1：書き換え禁止	RW
—	予約ビット	'1'にする	RW

注1：'1'にするときは，FMR01ビットが'1'(CPU書き換えモード有効)の状態で，このビットに'0'を書いた後，続けて'1'を書く．'0'を書いた後，'1'を書くまでに割り込みが入らないようにする
注2：FMR01ビットを'0'を(CPU書き換えモード無効)にすると，'0'になる
注3：FMR01ビットが'1'(CPU書き換えモード有効)のとき，FMR15およびFMR16ビットに書ける．'0'にするときは，このビットに'1'を書いた後，続けて'0'を書く．'1'にするときは，このビットに'1'を書く

図9-18 フラッシュ・メモリ制御レジスタ1(FMR1レジスタ)

b7 b6 b5 b4 b3 b2 b1 b0	シンボル	アドレス	リセット後の値
0 0 0 0 0	FMR4	01B3h番地	01000000b

ピット・シンボル	ビット名	機能	RW
FMR40	イレーズ・サスペンド機能許可ビット(注1)	0：禁止 1：許可	RW
FMR41	イレーズ・サスペンド・リクエスト・ビット(注2)	0：イレーズ・リスタート 1：イレーズ・サスペンド・リクエスト	RW
—	予約ビット	'0'にする	RO
FMR46	リード・ステータス・フラグ	0：リード禁止 1：リード許可	RO
—	予約ビット	'0'にする	RW

注1：'1'にするときは，このビットに'0'を書いた後，続けて'1'を書く．'0'を書いた後，'1'を書くまでに割り込みが入らないようにする
注2：このビットはFMR40ビットが'1'(許可)のときのみ有効になり，イレーズ・コマンド発行からイレーズ終了までの期間のみ，書き込みが可能となる(上記期間以外は'1'になる)．
EW0モードではこのビットはプログラムによって'0'，'1'書き込みが可能となる．
EW1モードではFMR40ビットが'1'のとき，消去中にマスカブル割り込みが発生すると自動的に'1'になる．プログラムによって'1'を書き込むことはできない('0'書き込みは可能)

図9-19 フラッシュ・メモリ制御レジスタ4(FMR4レジスタ)

▶ FMR0レジスタ/FMR01ビット

　FMR01ビットを'1'（CPU書き換えモード）にすると，コマンドの受け付けが可能になります．

▶ FMR0レジスタ/FMR02ビット

　FMR02ビットが'0'（書き換え禁止）のとき，ブロック0，ブロック1ともにプログラム・コマンド，ブロック・イレーズ・コマンドを受け付けません．

　FMR02ビットが'1'（書き換え許可）のとき，ブロック0とブロック1はそれぞれFMR15，FMR16ビットで書き換えが制御されます．

▶ FMR0レジスタ/FMSTPビット

　フラッシュ・メモリの制御回路を初期化し，かつフラッシュ・メモリの消費電流を低減するためのビットです．FMSTPビットを'1'にすると，フラッシュ・メモリをアクセスできなくなるので，FMSTPビットはフラッシュ・メモリ以外の領域のプログラムで書きます．

　以下に示すような場合に，FMSTPビットを'1'にします．

① EW0モードで消去，書き込み中にフラッシュ・メモリのアクセスに異常をきたした〔FMR00ビットが'1'（レディ）に戻らなくなった〕場合

② オンチップ・オシレータ・モード（メイン・クロック停止）でさらに低消費電力にする場合（図9-22）

　なお，CPU書き換えモードが無効時にストップ・モードまたはウェイト・モードに移行する場合は，自動的にフラッシュ・メモリの電源が切れ，復帰時に接続するので，FMR0レジスタを設定する必要はありません．

▶ FMR0レジスタ/FMR06ビット

　自動書き込みの状況を示す読み出し専用ビットです．プログラム・エラーが発生すると'1'，それ以外のときは'0'となります．詳細は本章の「フルステータス・チェック」を参照してください．

▶ FMR0レジスタ/FMR07ビット

　自動消去の状況を示す読み出し専用ビットです．イレーズ・エラーが発生すると'1'，それ以外のときは'0'となります．詳細は本章の「フルステータス・チェック」を参照してください．

▶ FMR1レジスタ/FMR11ビット

　EW0モード/EW1モードの選択ビットです．FMR11ビットを'1'（EW1モード）にすると，EW1モードになります．

▶ FMR1レジスタ/FMR15ビット

　ブロック0単独の書き換え禁止ビットです．FMR02ビットが'1'（書き換え許可）で，FMR15ビットが'0'（書き換え許可）のときに，ブロック0はプログラム・コマンド，ブロック・イレーズ・コマンドを受け付けます．

▶ FMR1レジスタ/FMR16ビット

　ブロック1単独の書き換え禁止ビットです．FMR02ビットが'1'（書き換え許可）で，FMR16ビットが'0'（書き換え許可）のときに，ブロック1はプログラム・コマンド，ブロック・イレーズ・コマンドを受け付けます．

▶ FMR4レジスタ/FMR40ビット

　FMR40ビットを'1'（許可）にすると，イレーズ・サスペンド機能が許可されます．

▶ FMR4レジスタ/FMR41ビット

　EW0モードでは，プログラムでFMR41ビットを'1'にするとイレーズ・サスペンド・モードに移行しま

す．EW1モードでは，許可されたマスカブル割り込みの割り込み要求が発生するとFMR41ビットは自動的に'1'（イレーズ・サスペンド・リクエスト）になり，イレーズ・サスペンド・モードに移行します．

自動消去動作を再開するときは，FMR41ビットを'0'（イレーズ・リスタート）にしてください．

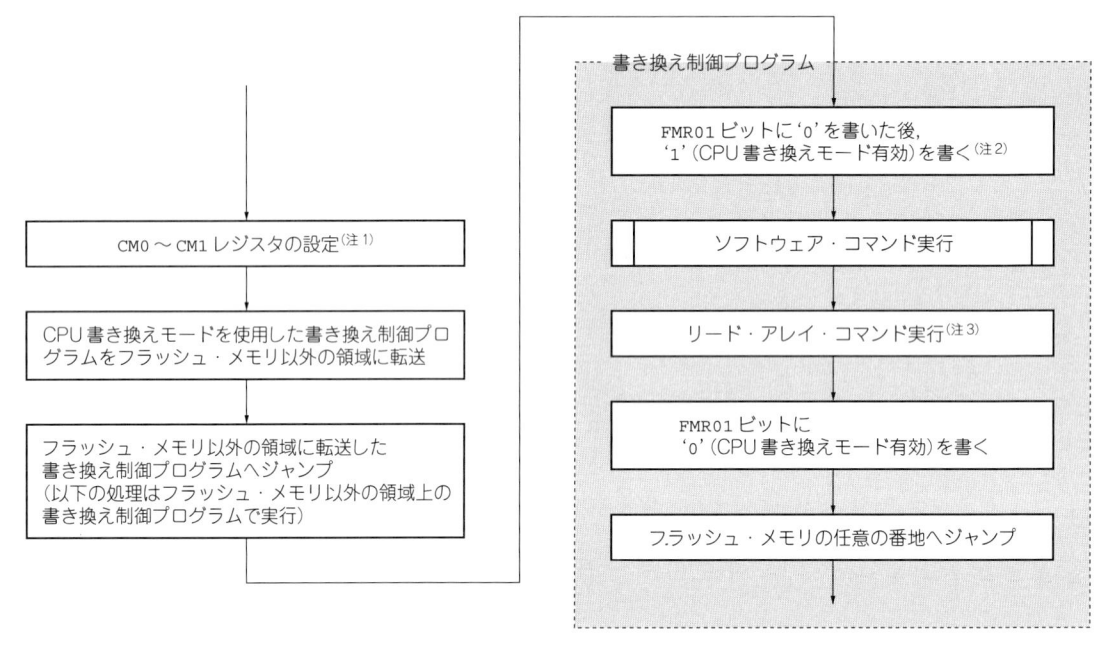

```
                                            ┌─ 書き換え制御プログラム ──────┐
                                            │                                │
                                            │   FMR01ビットに'0'を書いた後，  │
                                            │   '1'（CPU書き換えモード有効）を書く(注2) │
                                            │              ↓                 │
   ┌──────────────────────┐                 │   ソフトウェア・コマンド実行   │
   │  CM0～CM1レジスタの設定(注1)  │         │              ↓                 │
   └──────────────────────┘                 │   リード・アレイ・コマンド実行(注3) │
             ↓                              │              ↓                 │
   ┌──────────────────────┐                 │   FMR01ビットに                │
   │ CPU書き換えモードを使用した書き換え制御プロ │   '0'（CPU書き換えモード有効）を書く │
   │ グラムをフラッシュ・メモリ以外の領域に転送 │              ↓                 │
   └──────────────────────┘                 │   フラッシュ・メモリの任意の番地へジャンプ │
             ↓                              │                                │
   ┌──────────────────────┐                 └────────────────────────────────┘
   │ フラッシュ・メモリ以外の領域に転送した │
   │ 書き換え制御プログラムへジャンプ    │
   │ (以下の処理はフラッシュ・メモリ以外の領域上の │
   │  書き換え制御プログラムで実行)     │
   └──────────────────────┘
```

注1：CM0レジスタのCM06ビット，CM1レジスタのCM16～CM17ビットでCPUクロックを5MHz以下にする
注2：FMR01ビットを'1'にする場合，FMR01ビットに'0'を書いた後，続けて'1'を書く．'0'を書いた後，'1'を書くまでに
　　　割り込みが入らないようにする．FMR01ビットへの書き込みはフラッシュ・メモリ以外の領域で行う
注3：リード・アレイ・コマンドを実行した後，CPU書き換えモードを無効にする

図9-20　EW0モードの設定と解除方法

```
                    ROM上でのプログラム
                          ↓
   ┌──────────────────────────────┐
   │ FMR01ビットに'0'を書いた後，     │
   │ '1'（CPU書き換えモード有効）を書く(注1) │
   │ FMR11ビットに'0'を書いた後，     │
   │ '1'（EW1モード）を書く           │
   └──────────────────────────────┘
                          ↓
   ┌──────────────────────────────┐
   │     ソフトウェア・コマンド実行      │
   └──────────────────────────────┘
                          ↓
   ┌──────────────────────────────┐
   │ FMR01ビットに                  │
   │ '0'（CPU書き換えモード無効）を書く │
   └──────────────────────────────┘
```

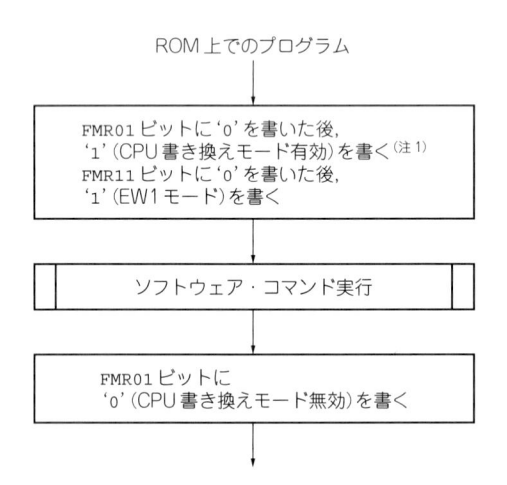

注1：FMR01ビットを'1'にする場合，FMR01ビットに'0'を
　　　書いた後，続けて'1'を書く．'0'を書いた後，'1'を書
　　　くまでに割り込みが入らないようにする

図9-21　EW1モードの設定と解除方法

```
                          │
                          ▼
              ┌──────────────────────────┐
              │ オンチップ・オシレータ・モード(メイン・クロ │
              │ ック停止)プログラムをフラッシュ・メモリ以外  │
              │ の領域に転送                │
              └──────────────────────────┘
                          │
                          ▼
              ┌──────────────────────────┐
              │ フラッシュ・メモリ以外の領域に転送した   │
              │ オンチップ・オシレータ・モード(メイン・クロ │
              │ ック停止)プログラムへジャンプ         │
              │ (以下の処理はフラッシュ・メモリ以外の領域上 │
              │ のプログラムで実行)              │
              └──────────────────────────┘
```

オンチップ・オシレータ・モード (メイン・クロック停止) プログラム

1. FMR01 ビットに '0' を書き込んだ後, '1' (CPU 書き換えモード有効) を書き込む
2. FMSTP ビットに '1' (フラッシュ・メモリ停止, 低消費電力状態) を書き込む (注1)
3. CPU クロックのクロック源切り替え XIN 停止
4. オンチップ・オシレータ・モード (メイン・クロック停止) での処理
5. メイン・クロック発振→発振安定待ち→ CPU クロックのクロック源切り替え (注2)
6. FMSTP ビットに '0' (フラッシュ・メモリ動作) を書く (注4)
7. FMR01 ビットに '0' (CPU 書き換えモード無効) を書く
8. フラッシュ・メモリ回路安定待ち (15μs) (注3)
9. フラッシュ・メモリの任意の番地へジャンプ

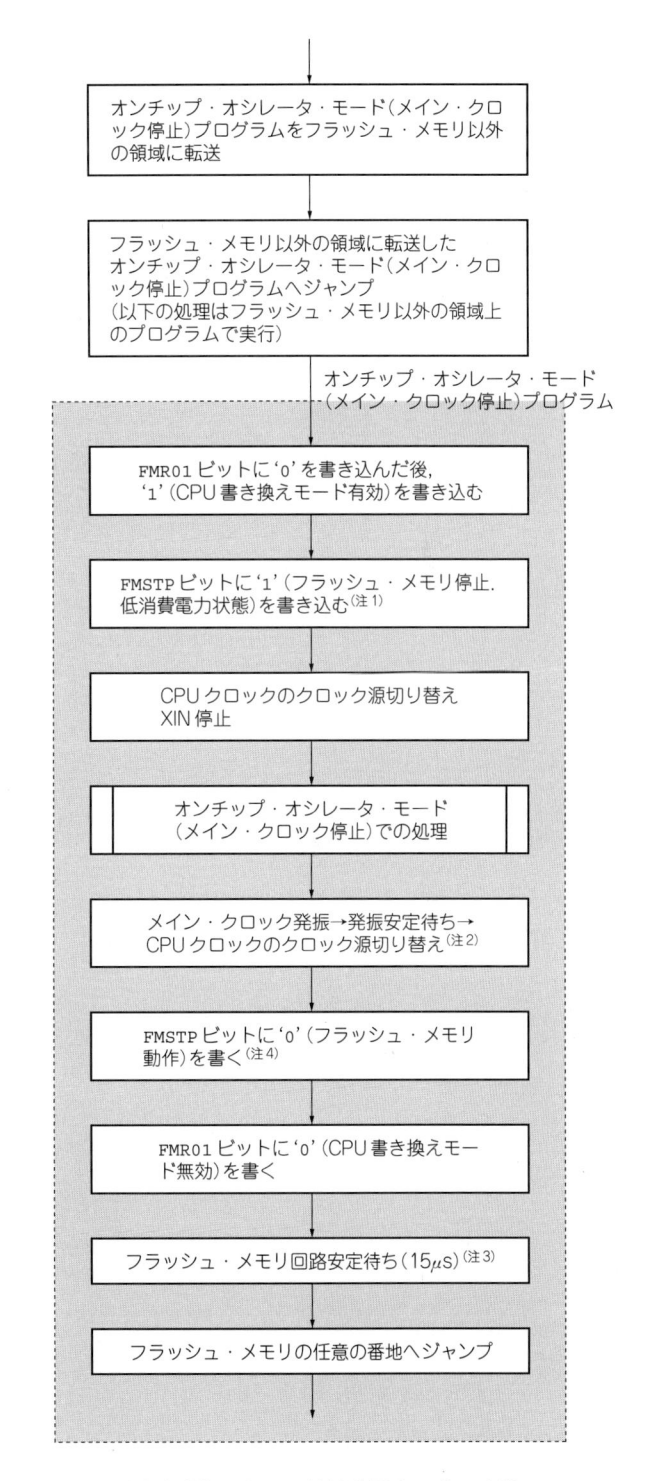

注1:FMR01 ビットを '1' (CPU 書き込み有効モード) にした後で FMSTP ビットを '1' にする
注2:CPU クロック源を切り替える場合, 切り替え先のクロックが安定している必要がある
注3:プログラムで 15μs の待ち時間を設ける. この待ち時間内は, フラッシュ・メモリにアクセスしない
注4:FMSTP ビットを '1' (フラッシュ・メモリ停止) にした後, '0' (フラッシュ・メモリ動作) にするまでに 10μs の時間を確保する

図9-22 オンチップ・オシレータ・モード (メイン・クロック停止状態) でさらに低消費電力にする方法

▶ FMR4レジスタ/FMR46ビット

自動消去実行中は，FMR46ビットが'0'（リード禁止）になります．イレーズ・サスペンド・モード中は'1'（リード許可）になります．'0'の間は，フラッシュ・メモリへのアクセスは禁止です．

● EW0モードとEW1モードの設定と解除手順

図9-20にEW0モードへの移行手順，図9-21にEW1モードへの移行手順，図9-22にオンチップ・オシレータ・モード（メイン・クロック停止状態）でさらに低消費電力にする方法を示します．

● ソフトウェア・コマンドについて

フラッシュ・メモリの読み出し，書き込みを制御するソフトウェア・コマンドを表9-6に示します．

以下に各コマンドについて説明します．なおデータの読み出し，書き込みは8ビット単位で行ってください．

(1) リード・アレイ

フラッシュ・メモリを読むコマンドです．第1バス・サイクルで"FFh"を書くと，リード・アレイ・モードになります．次のバス・サイクル以降で読む番地を入力すると，指定した番地の内容が8ビット単位で読めます．

リード・アレイ・モードは，他のコマンドが書かれるまで保持されるので，複数の番地の内容を続けて読めます．

(2) リード・ステータス・レジスタ

ステータス・レジスタを読むコマンドです．第1バス・サイクルで"70h"を書くと，第2バス・サイクルでステータス・レジスタが読めます．第2バス・サイクルでは，ユーザROM領域内の任意の番地を読んでください．

なお，EW1モードではこのコマンドは実行しないでください．EW1モードでステータス・レジスタを読む場合は，FMR0レジスタのFMR00ビット，FMR06ビット，FMR07ビットで参照します．

(3) クリア・ステータス・レジスタ

ステータス・レジスタを'0'にするコマンドです．第1バス・サイクルで"50h"を書くと，FMR0レジスタのFMR06～FMR07ビットとステータス・レジスタのSR4～SR5が'0'になります．

表9-6 ソフトウェア・コマンド一覧
ソフトウェア・コマンドを実行する命令の実行がバス・サイクル．1命令目が第1バス・サイクル，2命令目が第2バス・サイクル

ソフトウェア・コマンド	第1バス・サイクル			第2バス・サイクル		
	モード	アドレス	データ (D7～D0)	モード	アドレス	データ (D7～D0)
リード・アレイ	ライト	×	FFh			
リード・ステータス・レジスタ	ライト	×	70h	リード	×	SRD
クリア・ステータス・レジスタ	ライト	×	50h			
プログラム	ライト	WA	40h	ライト	WA	WD
ブロック・イレーズ	ライト	×	20h	ライト	BA	D0h

SRD：ステータス・レジスタ・データ（D7～D0）
WA：書き込み番地（第1バス・サイクルのアドレスは第2バス・サイクルのアドレスと同一番地にする）
WD：書き込みデータ（8ビット）
BA：ブロックの任意の番地
×：ユーザROM領域内の任意の番地

(4) プログラム

1バイト単位でフラッシュ・メモリにデータを書くコマンドです．

第1バス・サイクルで"40h"を書き，第2バス・サイクルで書き込み番地にデータを書くと自動書き込み（データのプログラムとベリファイ）を開始します．第1バス・サイクルにおけるアドレス値は，第2バス・サイクルで指定する書き込み番地と同一番地にします．

自動書き込みが終了したかどうかは，FMR0レジスタのFMR00ビットで確認できます．FMR00ビットは，自動書き込み期間中は'0'，終了後は'1'になります．また自動書き込み終了後は，FMR0レジスタのFMR06ビットで自動書き込みの結果を知ることができます．

なお，すでにプログラムされている番地に対して，プログラム・コマンドで追加書き込みはしないでください．またEW1モードでは，書き換え制御プログラムが配置されている番地に対して，このコマンドを実行しないでください．

FMR0レジスタのFMR02ビットが'0'（書き換え禁止）のとき，およびFMR02ビットが'1'（書き換え許可）でFMR1レジスタのFMR15ビットが1"（書き換え禁止）のときはブロック0に対するプログラム・コマンドが，FMR16ビットが1"（書き換え禁止）のときはブロック1に対するプログラム・コマンドが受け付けられないので注意してください．

EW0モードでは，自動書き込み開始とともにリード・ステータス・レジスタ・モードになるので，リード・ステータス・レジスタ・コマンドを書かなくても，ステータス・レジスタを読むことができます．ステータス・レジスタのビット7(SR7)は自動書き込み開始とともに'0'となり，終了とともに'1'に戻ります．

自動書き込み終了後は，ステータス・レジスタ〔ステータス・レジスタのビット4(SR4)〕を読むことで，自動書き込みの結果を知ることができます．

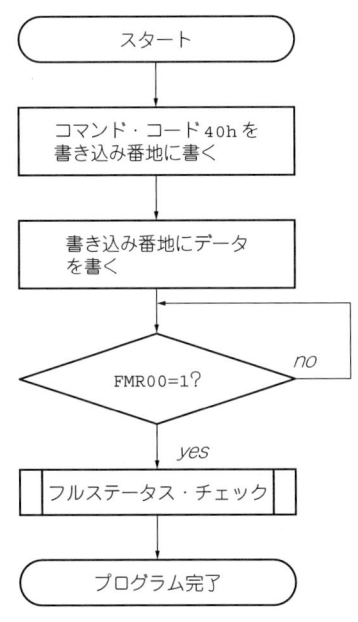

図9-23 プログラムのフローチャート

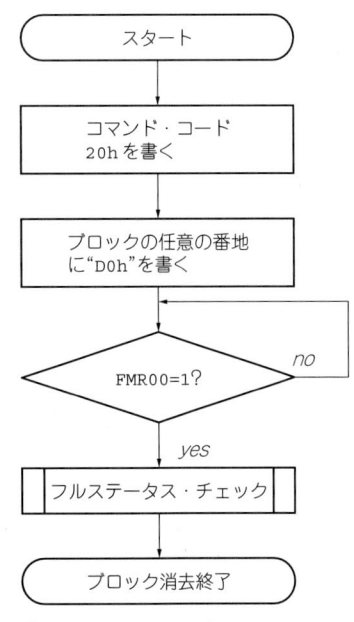

図9-24 ブロック・イレーズのフローチャート
（イレーズ・サスペンド機能未使用時）

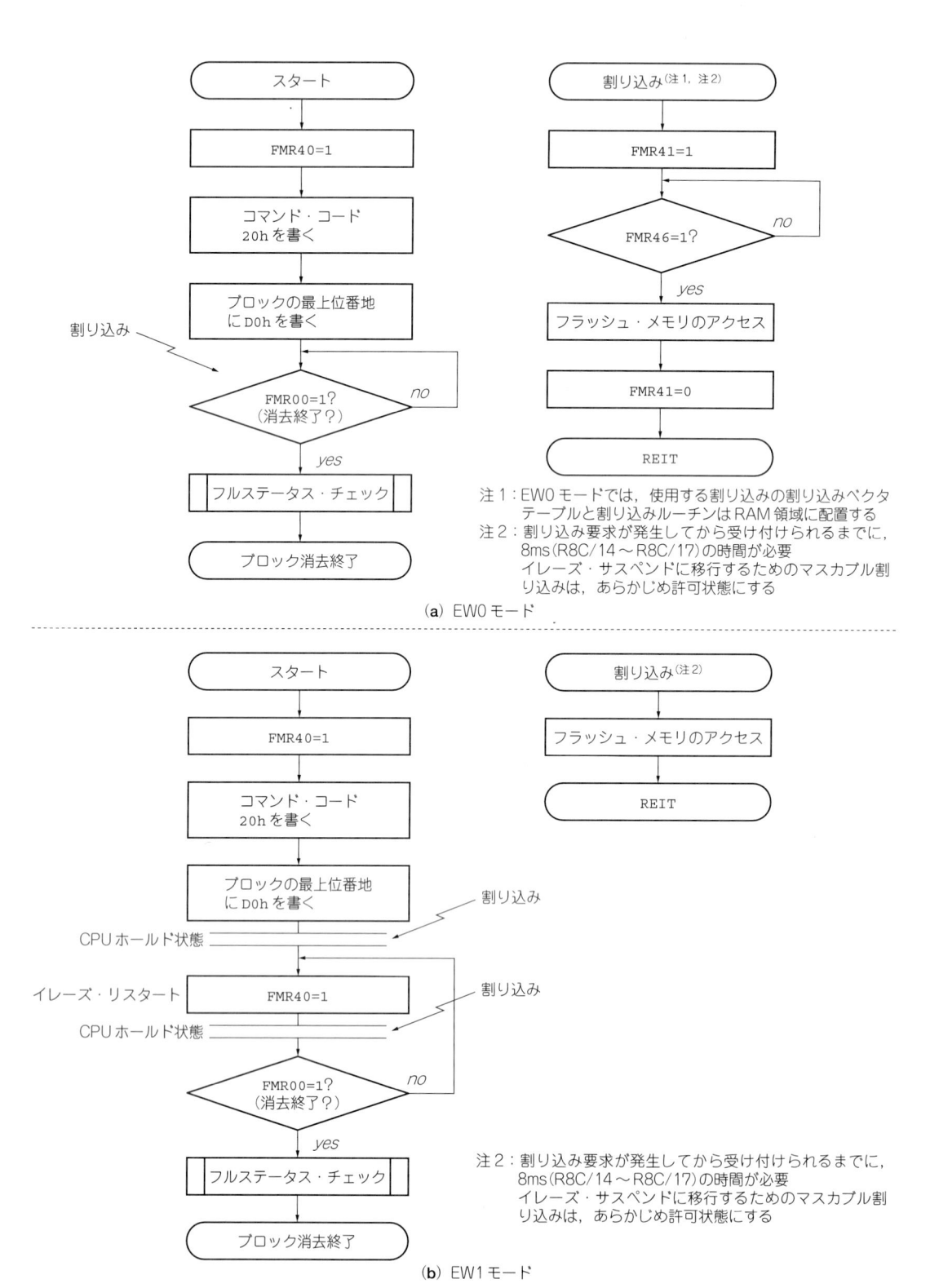

図9-25 ブロック・イレーズのフローチャート(イレーズ・サスペンド機能使用時)

(a) EW0モード

注1:EW0モードでは,使用する割り込みの割り込みベクタテーブルと割り込みルーチンはRAM領域に配置する
注2:割り込み要求が発生してから受け付けられるまでに,8ms(R8C/14～R8C/17)の時間が必要
イレーズ・サスペンドに移行するためのマスカブル割り込みは,あらかじめ許可状態にする

(b) EW1モード

注2:割り込み要求が発生してから受け付けられるまでに,8ms(R8C/14～R8C/17)の時間が必要
イレーズ・サスペンドに移行するためのマスカブル割り込みは,あらかじめ許可状態にする

なお，プログラム・コマンド書き込みによるリード・ステータス・レジスタ・モードは，次にリード・アレイ・コマンドを書くまで継続されます（リード・ステータス・レジスタ・モード中もプログラム，ブロック・イレーズ，ステータス・レジスタのクリアなどは行える）．

図9-23にプログラムのフローチャートを示します．

(5) ブロック・イレーズ

第1バス・サイクルで"20h"，第2バス・サイクルで"D0h"をブロックの任意の番地に書くと，指定されたブロックに対して自動消去（イレーズとイレーズ・ベリファイ）を開始します．

自動消去が終了したかどうかは，FMR0レジスタのFMR00ビットで確認できます．FMR00ビットは，自動消去期間中は'0'，終了後は'1'になります．また自動消去終了後は，FMR0レジスタのFMR07ビットで，自動消去の結果を知ることができます．

なお，EW1モードでは，書き換え制御プログラムが配置されているブロックに対して，このコマンドを実行しないでください．

FMR0レジスタのFMR02ビットが'0'（書き換え禁止）のとき，およびFMR02ビットが'1'（書き換え許可）でFMR1レジスタのFMR15ビットが'1'（書き換え禁止）のときはブロック0に対するブロック・イレーズ・コマンドが，FMR16ビットが'1'（書き換え禁止）のときはブロック1に対するブロック・イレーズ・コマンドが受け付けられないので注意してください．

EW0モードでは，自動消去開始とともにリード・ステータス・レジスタ・モードとなり，ステータス・レジスタを読むことができます．ステータス・レジスタのビット7（SR7）は自動消去の開始とともに'0'となり，終了とともに'1'に戻ります．

自動消去終了後は，ステータス・レジスタ〔ステータス・レジスタのビット5（SR5）〕を読むことで，自動消去の結果を知ることができます．

なお，ブロック・イレーズ・コマンド書き込みによるリード・ステータス・レジスタ・モードは，次にリード・アレイ・コマンドを書くまで継続されます（リード・ステータス・レジスタ・モード中もプログラム，ブロック・イレーズ，ステータス・レジスタのクリアなどは行える）．

図9-24にイレーズ・サスペンド機能未使用時のブロック・イレーズのフローチャートを，図9-25にイレーズ・サスペンド機能使用時のブロック・イレーズのフローチャートを示します．

● ステータス・レジスタについて

ステータス・レジスタは，フラッシュ・メモリの動作状態やプログラムおよびブロック・イレーズ後の正常，エラー終了などの状態を示すレジスタです．ステータス・レジスタの状態は，FMR0レジスタのFMR00，FMR06，FMR07ビットでも読むことができます．

なお，EW0モードでは，直接FMR0レジスタを読む以外にも，次の場合でステータス・レジスタを読み出せます．

① リード・ステータス・レジスタ・コマンドを書いた後，ユーザROM領域内の任意の番地を読んだとき
② プログラム・コマンド，またはブロック・イレーズ・コマンド実行後，リード・アレイ・コマンドを実行するまでの期間にユーザROM領域内の任意の番地を読んだとき

表9-7にステータス・レジスタのビット配置とステータスの内容を示します．

● フルステータス・チェック

エラーが発生すると，FMR0レジスタのFMR06～FMR07ビットが'1'になり，各エラーの発生を示します．プログラム，およびブロック・イレーズ後，これらのステータスをチェック（フルステータス・チェッ

表9-7 ステータス・レジスタのビット配置とステータスの内容

ステータス・レジスタのビット	FMR0レジスタのビット	ステータス名	内容 '0'	内容 '1'	リセット後の値
SR0(D0)	—	リザーブ	—	—	—
SR1(D1)	—	リザーブ	—	—	—
SR2(D2)	—	リザーブ	—	—	—
SR3(D3)	—	リザーブ	—	—	—
SR4(D4)	FMR06	プログラム・ステータス	正常終了	エラー終了	0
SR5(D5)	FMR07	イレーズ・ステータス	正常終了	エラー終了	0
SR6(D6)	—	リザーブ	—	—	—
SR7(D7)	FMR00	シーケンサ・ステータス	ビジー	レディ	0

D0〜D7：リード・ステータス・コマンドを実行したときに読み出されるデータ・バスを示す
FMR07ビット(SR5)〜FMR06ビット(SR4)は，クリア・ステータス・コマンドを実行すると'0'になる
FMR07ビット(SR5)またはFMR06ビット(SR4)が'1'の場合，プログラム，ブロック・イレーズ・コマンドは受け付けられない

表9-8 エラーとFMR0レジスタの状態

FMR0レジスタ(ステータス・レジスタ)の状態		エラー	エラー発生条件
FMR07(SR5)	FMR06(SR4)		
1	1	コマンド・シーケンス・エラー	・コマンドを正しく書かなかったとき ・ブロック・イレーズ・コマンドの第2バス・サイクルのデータに書いてもよい値(D0hまたはFFh)以外のデータを書いたとき(注1) ・FMR0レジスタのFMR02ビット，FMR1レジスタのFMR15ビットまたはFMR16ビットを用いて書き換え禁止にした状態で，プログラム・コマンドまたはブロック・イレーズ・コマンドを実行したとき ・消去コマンド入力時に，フラッシュ・メモリが配置されていないアドレスを入力して，消去しようとしたとき ・消去コマンド入力時に，書き換えを禁止しているブロックの消去を実行しようとしたとき ・書き込みコマンド入力時に，フラッシュ・メモリが配置されていないアドレスを入力して，書き込みを実行しようとしたとき ・書き込みコマンド入力時に，書き換えを禁止しているブロックの書き込みを実行しようとしたとき
1	0	イレーズ・エラー	・ブロック・イレーズ・コマンドを実行し，正しく自動消去されなかったとき
0	1	プログラム・エラー	・プログラム・コマンドを実行し，正しく自動書き込みされなかったとき

注1：これらのコマンドの第2バス・サイクルでFFhを書くと，リード・アレイ・モードになり，同時に第1バス・サイクルで書いたコマンド・コードは無効になる

ク)することにより，実行結果がどうなったのかを確認できます．

　表9-8にエラーとFMR0レジスタの状態を，図9-26にフルステータス・チェックのフローチャートとエラー発生時の対処方法を示します．

● CPU書き換えモード時の注意事項
▶ 使用禁止命令
　UND命令，INTO命令，BRK命令は，フラッシュ・メモリ内部のデータを参照するため，EW0モードでは使用できません．

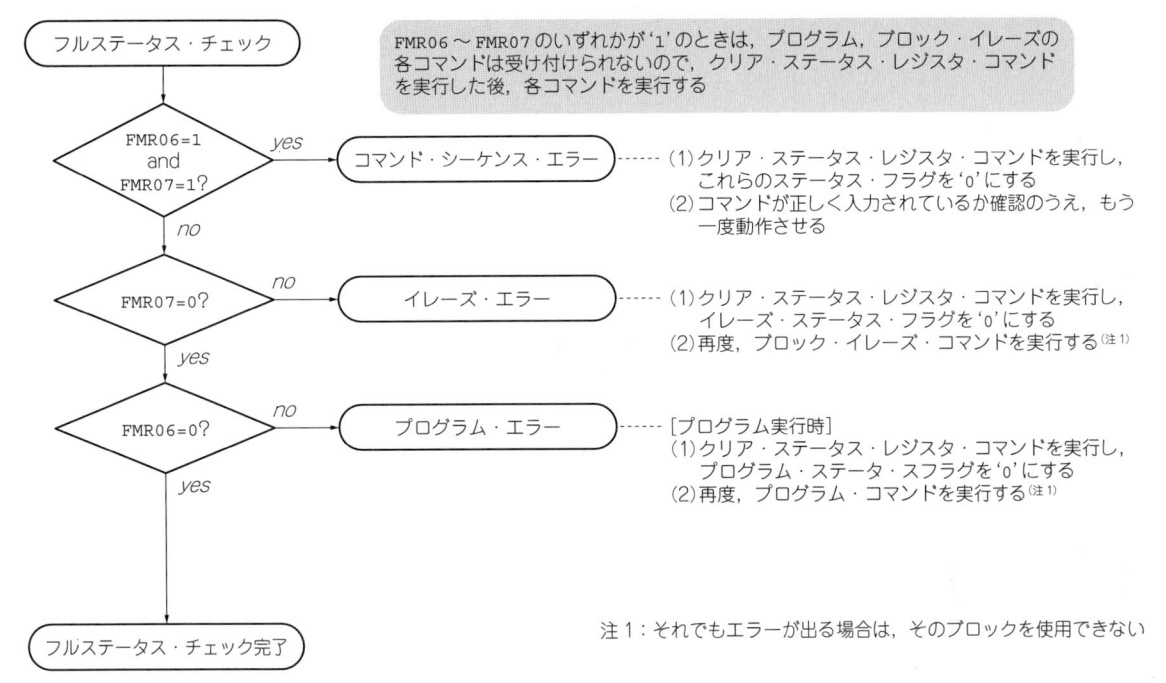

図9-26 フルステータス・チェックのフローチャートとエラーの対処方法

フルステータス・チェック

FMR06=1 and FMR07=1? — yes → コマンド・シーケンス・エラー
  …… (1) クリア・ステータス・レジスタ・コマンドを実行し，これらのステータス・フラグを'0'にする
      (2) コマンドが正しく入力されているか確認のうえ，もう一度動作させる

↓ no

FMR06～FMR07のいずれかが'1'のときは，プログラム，ブロック・イレーズの各コマンドは受け付けられないので，クリア・ステータス・レジスタ・コマンドを実行した後，各コマンドを実行する

FMR07=0? — no → イレーズ・エラー
  …… (1) クリア・ステータス・レジスタ・コマンドを実行し，イレーズ・ステータス・フラグを'0'にする
      (2) 再度，ブロック・イレーズ・コマンドを実行する(注1)

↓ yes

FMR06=0? — no → プログラム・エラー
  …… [プログラム実行時]
      (1) クリア・ステータス・レジスタ・コマンドを実行し，プログラム・ステータス・フラグを'0'にする
      (2) 再度，プログラム・コマンドを実行する(注1)

↓ yes

フルステータス・チェック完了

注1：それでもエラーが出る場合は，そのブロックを使用できない

▶ **割り込みの受け付け**

EW0モード時の割り込み受け付け時の動作を**表9-9**，EW1モード時の割り込み受け付け時の動作を**表9-10**にそれぞれ示します．

▶ **ウェイト・モード，ストップ・モードへの移行**

イレーズ・サスペンド中に，ストップ・モード，およびウェイト・モードには移行しないでください．

▶ **イレーズ・サスペンド中のフラッシュ・メモリ停止ビット(FMSTPビット)操作**

EW1モードでのイレーズ・サスペンド中に，フラッシュ・メモリ制御レジスタ0の(FMR0レジスタ)のフラッシュ・メモリ停止ビット(FMSTPビット)を'1'（フラッシュ・メモリ停止）にすると，CPUが停止

表9-9　EW0モード時の割り込み

モード	状　態	マスカブル割り込み要求受け付け時	ウォッチ・ドッグ・タイマ，発振停止検出，電圧監視2割り込み要求受け付け時
EW0	自動消去中	ベクタをRAMに配置することで使用できる	割り込み要求を受け付けるとすぐに自動消去，または自動書き込みは強制停止し，フラッシュ・メモリをリセットする．一定時間後にフラッシュ・メモリが再起動した後，割り込み処理を開始する．自動消去中のブロックまたは自動書き込み中のアドレスは強制停止されるために，正常値が読み出せなくなる場合があるので，フラッシュ・メモリが再起動した後，再度自動消去を実行し，正常終了することを確認する．ウォッチ・ドッグ・タイマはコマンド動作中も停止しないため，割り込み要求が発生する可能性がある．したがって，定期的にウォッチ・ドッグ・タイマを初期化する
	自動書き込み		

アドレス一致割り込みのベクタはROM上に配置されているので，コマンド実行中は使用しない
ブロック0には固定ベクタが配置されているので，ブロック0を自動消去中はノンマスカブル割り込みを使用しない

して復帰できなくなるため，FMR0レジスタのフラッシュ・メモリ停止ビット（FMSTPビット）は'1'にしないでください．

■ 標準シリアル入出力モード

標準シリアル入出力モードは，ツール専用のクロック非同期型シリアルI/Oを使って，シリアル・ライタと接続するモードです．R8C/Tinyに対応したシリアル・ライタを使用して，マイコンを基板に実装した状態で，ユーザROM領域を書き換えることができます．

市販のライタの一例を以下に示します（2005年4月1日現在）．

- USB対応多機能フラッシュマイコンプログラマ S550-MFW1U（サニー技研）
- USB対応超小型フラッシュマイコンプログラマ S550-SFW1U（サニー技研）
- フラッシュ・メモリプログラマ EFP-I，EFP-S2（彗星電子システム）
- USBフラッシュ・ライタ Fo-USB（M3A-0665）（ルネサス テクノロジ）

表9-10 EW1モード時の割り込み

モード	状 態	マスカブル割り込み要求受け付け時	ウォッチ・ドッグ・タイマ，発振停止検出，電圧監視2割り込み要求受け付け時
EW1	自動消去中（イレーズ・サスペンド機能有効）	8ms(max)後に自動消去を中断し，割り込み処理を実行する．割り込み処理終了後にFMR4レジスタのFMR41ビットを'0'（イレーズ・リスタート）にすることにより，自動消去を再開することができる	割り込み要求を受け付けるとすぐに自動消去，または自動書き込みは強制停止し，フラッシュ・メモリをリセットする．一定時間後にフラッシュ・メモリが再起動し，割り込み処理を開始する．自動消去中のブロックまたは自動書き込み中のアドレスは強制停止されるために，正常値が読み出せなくなる場合があるので，フラッシュ・メモリが再起動した後，再度自動消去を実行し，正常終了することを確認する．ウォッチ・ドッグ・タイマはコマンド動作中も停止しないため，割り込み要求が発生する可能性がある．したがって，イレーズ・サスペンド機能を使用して，定期的にウォッチ・ドッグ・タイマを初期化する
	自動消去中（イレーズ・サスペンド機能無効）	自動消去が優先され，割り込み要求が待たされる．自動消去が終了した後，割り込み処理を実行する	
	自動書き込み	自動書き込みが優先され，割り込み要求が待たされる．自動書き込みが終了した後，割り込み処理を実行する	

アドレス一致割り込みのベクタはROM上に配置されているので，コマンド実行中は使用しない
ブロック0には固定ベクタが配置されているので，ブロック0を自動消去中はノンマスカブル割り込みを使用しない

表9-11 標準シリアル入出力モード時の端子機能

端子名	名 称	入出力	機 能
V_{CC}, V_{SS}	電源入力		V_{CC}端子にはプログラム，イレーズの保証電圧を，V_{SS}には0Vを入力する
RESET	リセット入	入力	リセット入力端子．RESET端子が"L"の間，XIN端子には20サイクル以上のクロックを入力する
P4_6/XIN	P4_6入力/クロック入力	入力	外付けの発振子を接続する場合，XIN端子とXOUT端子の間にはセラミック共振子，または水晶発振子を接続する
P4_7/XOUT	P4_7入力/クロック出力	入出力	入力ポートとして使用する場合，"H"を入力，"L"を入力，または開放する
AV_{CC}, AV_{SS}	アナログ電源入力	入力	AV_{CC}はV_{CC}に，AV_{SS}はV_{SS}に接続する
V_{REF}	基準電圧入力	入力	A-Dコンバータの基準電圧入力端子
P1_0〜P1_7	入力ポート P1	入力	"H"を入力，"L"を入力，または開放する
P3_3〜P3_5, P3_7	入力ポート P3	入力	"H"を入力，"L"を入力，または開放する
P4_5	入力ポート P4	入力	"H"を入力，"L"を入力，または開放する
MODE	MODE	入出力	シリアル・データの入出力端子．フラッシュ・ライタに接続する

表9-11に標準シリアル入出力モード時の端子機能を，図9-27に標準シリアル入出力モード時の端子結線図を示します．

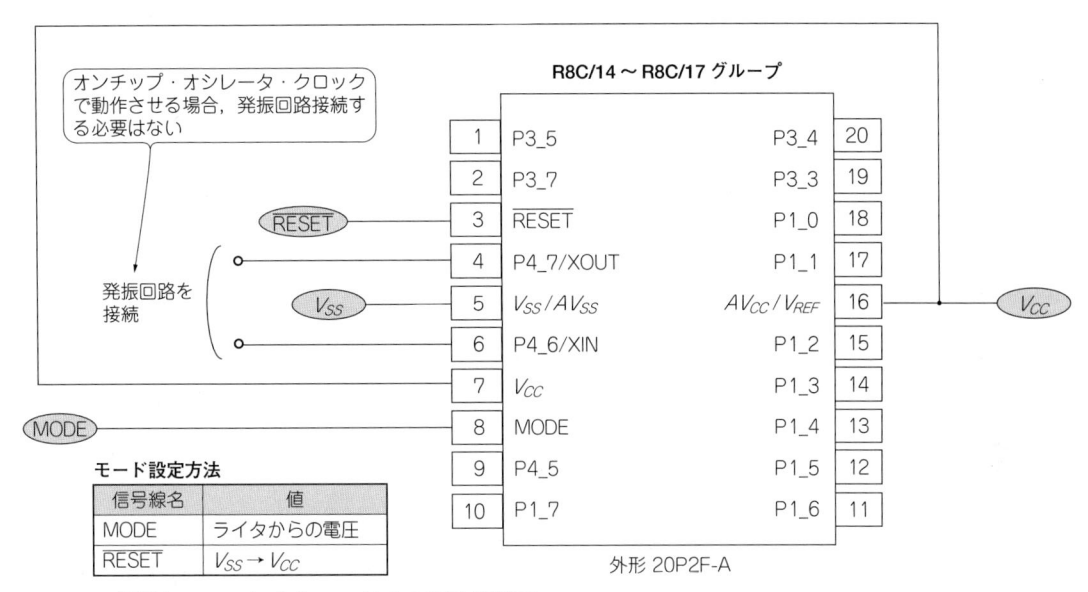

図9-27 標準シリアル入出力モード時の端子結線図

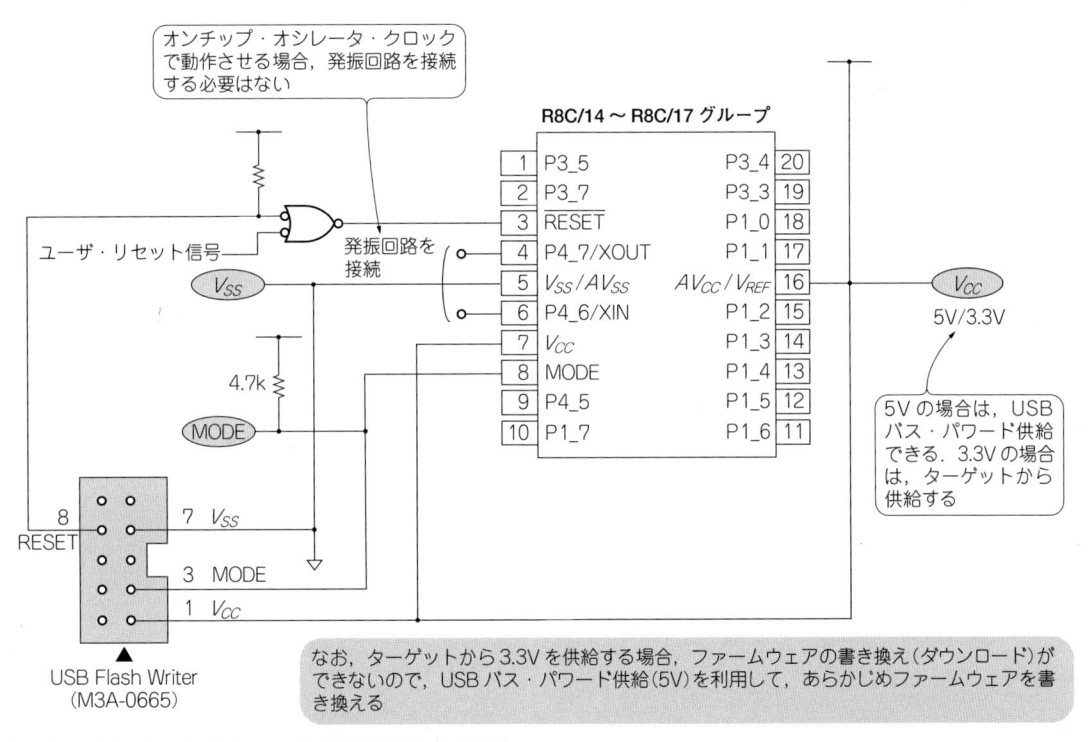

モード設定方法

信号線名	値
MODE	ライタからの電圧
RESET	$V_{SS} \rightarrow V_{CC}$

なお，ターゲットから3.3Vを供給する場合，ファームウェアの書き換え（ダウンロード）ができないので，USBバス・パワード供給(5V)を利用して，あらかじめファームウェアを書き換える

図9-28 USB Flash Writerとの接続例（M3A-0665）

9-3 フラッシュ・メモリの書き換え方法

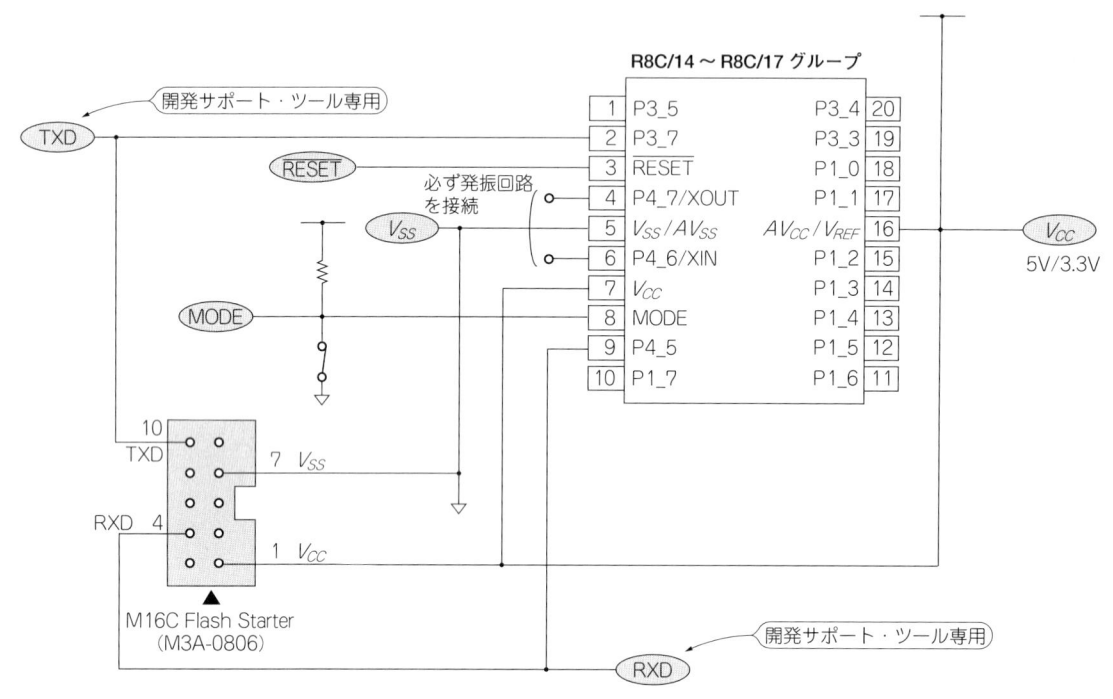

図9-29 M16C Flash Starterとの接続例（M3A-0806）

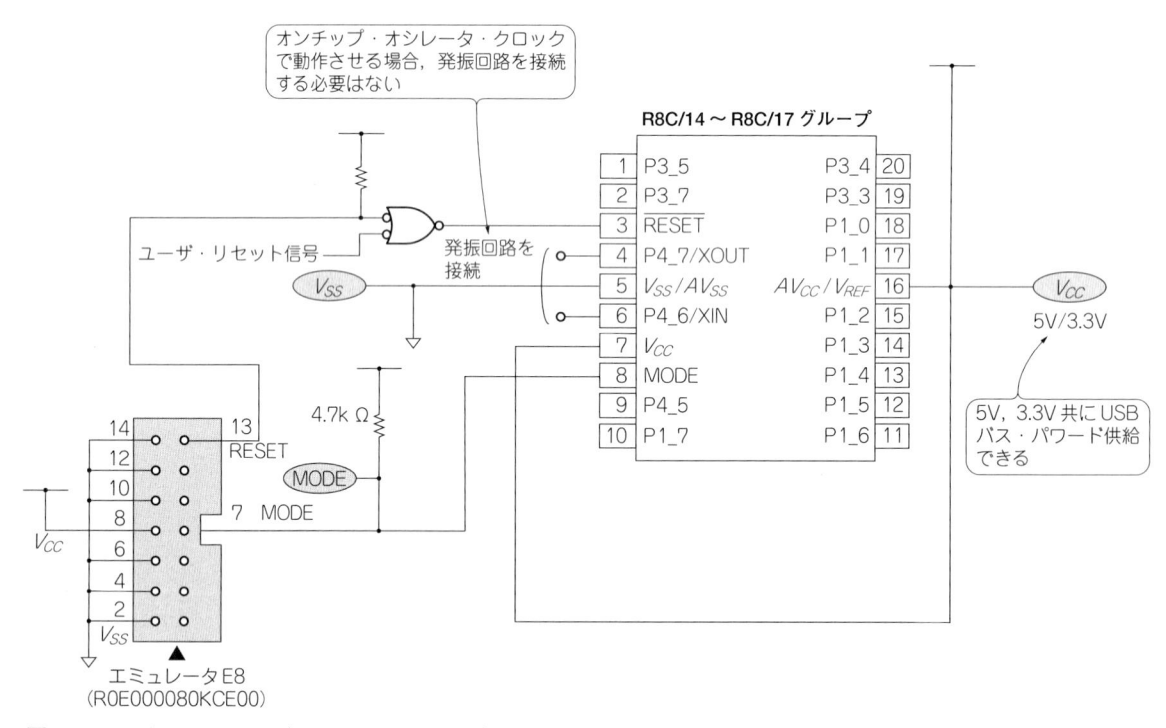

図9-30 エミュレータE8（R0E000080KCE00）**との接続例**

なお，表9-11に示した端子処理を行い，シリアル・ライタを使ってフラッシュ・メモリを書き換えた後，シングル・チップ・モードでフラッシュ・メモリ上のプログラムを動作させる場合は，必ずMODE端子に"H"を入力して，ハードウェア・リセットしてください．

● シリアル・ライタとオンチップ・デバッギング・エミュレータとの接続例

図9-28～図9-30にシリアル・ライタとオンチップ・デバッギング・エミュレータとの接続例を示します．

■ パラレル入出力モード

パラレル入出力モードは，内蔵フラッシュ・メモリに対する操作(リード，プログラム，イレーズなど)に必要なソフトウェア・コマンド，アドレス，データをパラレルに入出力するモードです．マイコンをパラレル・ライタに装着して書き込むので，マイコンを基板に実装した状態ではユーザROM領域は書き換えできません．

市販のライタの一例を以下に示します(2005年4月1日現在)．

- 多機能フラッシュマイコンプログラマ S550-MFW1U(サニー技研製)
- フラッシュ・メモリプログラマ EFP-I，EFP-S2(彗星電子システム製)

[第9章] Appendix

データ・フラッシュ領域を疑似的EEPROMとして使用する方法

　データ格納用の領域としてデータ・フラッシュ(フラッシュ・メモリのブロックA, B)と外付けEEPROMを比較した場合，データ・フラッシュは，外付けの部品が不要(I^2Cバス接続などが不要)，外付けメモリでないため通信データをモニタされることがない，といったメリットがある一方，以下の考慮すべき点があります．

(1) バイト単位のイレーズができない
(2) EW1モードでブロックA, Bをブロック・イレーズしている間CPUはホールド状態になるため，ウォッチ・ドッグ・タイマ使用時にタイマのリフレッシュができなくなる
(3) 書き換え保証回数が少ない

　ここでは，上記(1)，(2)の解決方法について解説します．

● バイト単位のイレーズ動作と同様な動作を実現する方法

　フラッシュROMの場合，バイト単位の書き込みはできますが，消去はブロック単位でしかできません．かといって，消去したい数バイトのデータをそのつどブロック・イレーズしては，すぐにイレーズ保証回

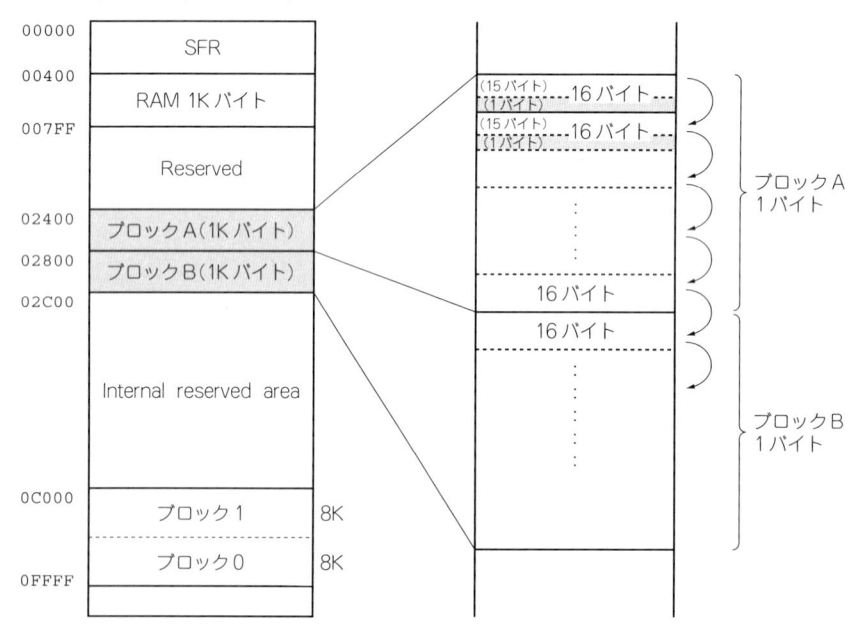

【R8C/15, R8C/17グループのメモリマップ】

図9-A　疑似EEPROMとしての使いかた
バックアップする15バイトと変更したいデータ1バイトを合わせて空きエリアへ書き込む

数に到達してしまいます．

そこで，次のような手順で書き込み/消去を行うことで，バイト単位のイレーズ動作と同様の動作を実現します．

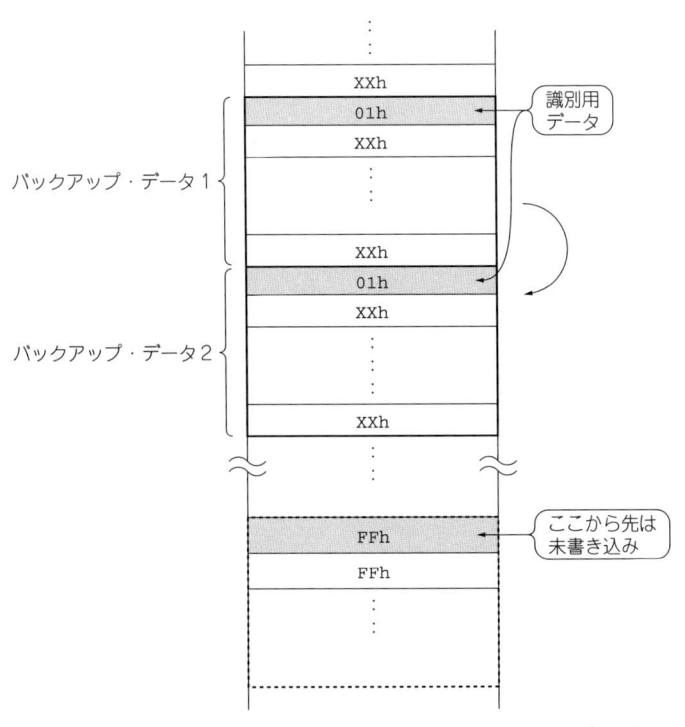

```
         :
        XXh
        01h   ← 識別用データ
        XXh
バックアップ・データ1
         :
        XXh
        01h
        XXh
バックアップ・データ2
         :
        XXh
         :
        FFh   ← ここから先は未書き込み
        FFh
         :
```

図9-B　識別用データで空いているエリアを判断してから書き込みを行う

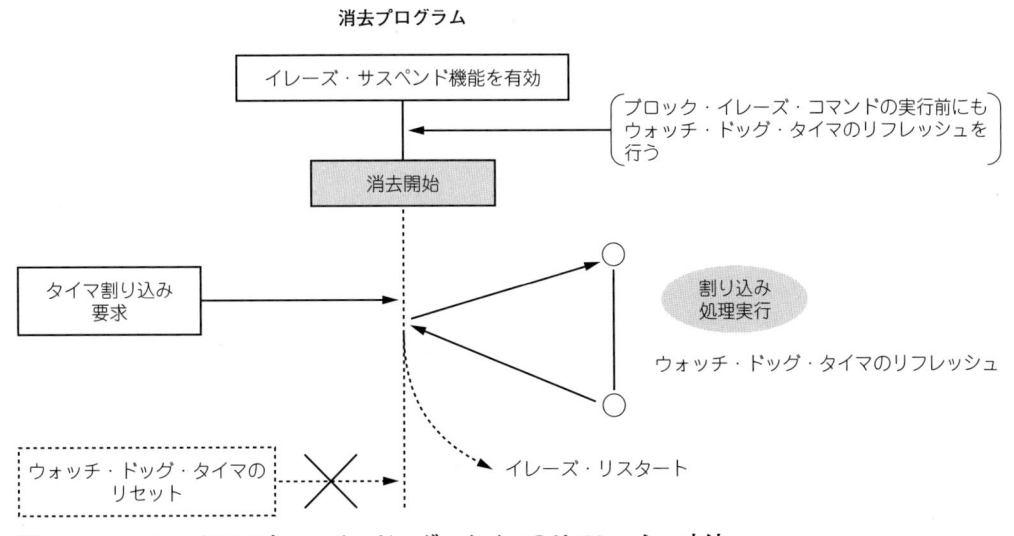

```
          消去プログラム
      ┌──────────────┐
      │イレーズ・サスペンド機能を有効│  ← ブロック・イレーズ・コマンドの実行前にも
      └──────────────┘     ウォッチ・ドッグ・タイマのリフレッシュを行う
            │
      ┌──────┐
      │消去開始│
      └──────┘
            │
 ┌────────┐          ○  割り込み処理実行
 │タイマ割り込み│────→
 │   要求    │          ○  ウォッチ・ドッグ・タイマのリフレッシュ
 └────────┘
            ┊          イレーズ・リスタート
 ┌────────┐
 │ウォッチ・ドッグ・│ ✕
 │タイマのリセット │
 └────────┘
```

図9-C　EW1モードでのウォッチ・ドッグ・タイマのリフレッシュ方法

① 書き込みたいデータ（バックアップ・データ）を，ブロックAエリア内の空き領域に書き込む（仮にバックアップするデータを16バイトとした場合，16バイト中の変更したいデータについては変更し，変更していない残りのデータと合わせて16バイト分書き込む）
② データを書き込む（バックアップ）ごとに①の動作を繰り返す
③ ブロックA全体が書き込みデータで埋まったら，今度はブロックBへ同じように書き込み，ブロックAは次の書き込みに備えてイレーズしておく

図9-Aにこの書き込み動作のイメージ図を示します．

なお，データを書き込む際，16バイト分の空き領域があるかどうかの判断方法としては，単純に16バイト分読み出しを行ってすべてFFhであるかを判定すればよいのですが，書き込みたいデータの容量が多かった場合は判定に時間がかかります．

そこで，書き込むデータの先頭にFFh以外の"識別用データ"を1バイト書き込んでおきます．そしてブロックに書き込みを行う際に識別データをチェックし，FFhであった場合はその部分から空き領域であると判断します（図9-B）．

1ブロックが1Kバイトのデータ・フラッシュに対してこの方法で書き込み/消去を行うと，16バイト単位でアドレスを変えて書き込みを行った場合は，1ブロックで64回の書き込みが可能になります．したがって，データ・フラッシュのイレーズ保証回数を10,000回とすると，結果として640,000回の書き込みができることになります．

● イレーズ中ウォッチ・ドッグ・タイマのオーバーフローを防ぐ方法

マイコンの動作クロックを20MHzとした場合，ウォッチ・ドッグ・タイマの周期は約26msと約210msが選択できます．データ・フラッシュのブロック・イレーズ時間は標準で200msのため，ウォッチ・ドッグ・タイマの周期を約26msとした場合は，イレーズ中にウォッチ・ドッグ・タイマがオーバーフローすることになります．

これについては，EW1モード時の"イレーズ・サスペンド機能"を使用することで，ウォッチ・ドッグ・タイマのリフレッシュが可能となります．イレーズ・サスペンド機能は，割り込み要求によりイレーズ処理を一時中断して，割り込み要求を受け付ける機能です．

したがって，ウォッチ・ドッグ・タイマがオーバーフローする時間よりも短い周期でタイマ割り込みを発生させ，割り込みルーチン内でウォッチ・ドッグ・タイマをリフレッシュすれば，イレーズ動作中のウォッチ・ドッグ・タイマのオーバーフローを回避できます．図9-Cに動作例を示します．

[第10章] R8C/14～R8C/17のチップ・セレクト付きクロック同期型シリアルI/O(SSU)の詳細

新海 栄治

10-1 チップ・セレクト付きクロック同期型シリアルI/Oとは

　R8C/14，R8C/15グループに搭載されているチップ・セレクト付きクロック同期型シリアルI/O（以下，SSU：Synchronous Serial communication Unit）は，シングル・マスタおよびマルチマスタ形式のバス・システムで通信を行う場合に有効な機能です．

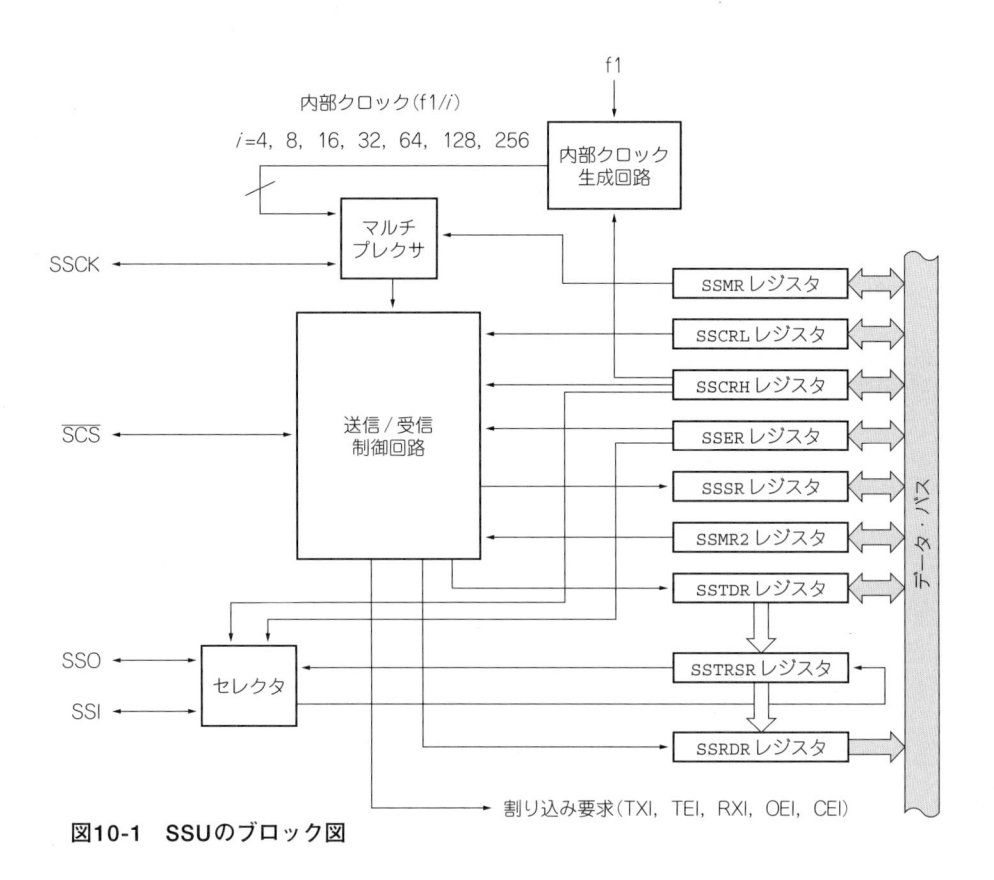

図10-1　SSUのブロック図

動作モードとして，通常の"クロック同期型通信モード"と，クロック・ライン，データ入力ライン，データ出力ライン，チップ・セレクト・ラインの4本をバスとして使用する"4線式バス通信モード"が選択できます．

表10-1にSSUの仕様を，図10-1にSSUのブロック図を示します．また，図10-2～図10-9にSSU関連のレジスタを示します．

● 転送クロック

転送クロックは7種類の内部クロック（$\phi/256$, $\phi/128$, $\phi/64$, $\phi/32$, $\phi/16$, $\phi/8$, $\phi/4$）と，外部クロックから選択できます．

SSUを使用する場合は，まずSSMR2レジスタのSCKSビットを'1'にして，SSCK端子をシリアル・クロック端子として選択します．

表10-1 チップ・セレクト付きクロック同期型シリアルI/O（SSU）の仕様

項　　目	仕　　様
転送データ・フォーマット	・転送データ長　8ビット 送信部および受信部がバッファ構造のため，シリアル・データの連続送信，連続受信が可能（注2）
動作モード	・クロック同期式通信モード ・4線式バス通信モード（双方向通信モード含む）
マスタ／スレーブ・デバイス	選択可能
入出力端子	SSCK（入出力）：クロック入出力端子 SSI（入出力）：データ入出力端子 SSO（入出力）：データ入出力端子 $\overline{SCS}$（入出力）：チップ・セレクト入出力端子
転送クロック	・SSCRHレジスタのMSSビットが'0'（スレーブ・デバイスとして動作）のとき外部クロック（SSCK端子から入力） ・SSCRHレジスタのMSSビットが'1'（マスタ・デバイスとして動作）のとき内部クロック（$\phi/256$, $\phi/128$, $\phi/64$, $\phi/32$, $\phi/16$, $\phi/8$, $\phi/4$から選択できる．SSCK端子から出力） ・クロック極性と位相を選択できる
受信エラーの検出	・オーバーラン・エラーを検出 受信時にオーバーラン・エラーが発生し，異常終了したことを示す．SSSRレジスタのRDRFビットが'1'（SSRDRレジスタにデータあり）の状態で，次のシリアル・データ受信を完了したとき，ORERビットが'1'になる
マルチマスタ・エラーの検出	・コンフリクト・エラーを検出 SSMR2レジスタのSSUMSビットが'1'（4線式バス通信モード），SSCRHレジスタのMSSビットが'1'（マスタ・デバイスとして動作）の状態でシリアル通信を開始しようとしたとき，$\overline{SCS}$端子入力が"L"であればSSSRレジスタのCEビットが'1'になる SSMR2レジスタのSSUMSビットが'1'（4線式バス通信モード），SSCRHレジスタのMSSビットが'0'（スレーブ・デバイスとして動作）で転送途中に$\overline{SCS}$端子入力が"L"から"H"に変化したとき，SSSRレジスタのCEビットが'1'になる
割り込み要求	5種類（送信終了，送信データ・エンプティ，受信データ・フル，オーバーラン・エラー，コンフリクト・エラー）（注1）
選択機能	・データ転送方向 　MSBファーストまたはLSBファーストを選択 ・SSCKクロック極性 　クロック停止時のレベルを"L"，または"H"を選択 ・SSCKクロック位相 　データ変化およびデータ取り込みのエッジを選択

注1：割り込みベクタ・テーブルはSSUの一つ
注2：スレーブ・デバイスに設定したときは，連続送信をしない

b7 b6 b5 b4 b3 b2 b1 b0	シンボル SSCRH	アドレス 00B8h 番地	リセット後の値 00h	
ビット・シンボル	ビット名	機能	RW

ビット・シンボル	ビット名	機能	RW
CKS0	転送クロック・レート選択ビット(注1)	b2 b1 b0 0 0 0：f1/256 0 0 1：f1/128	RW
CKS1		0 1 0：f1/64 0 1 1：f1/32 1 0 0：f1/16	RW
CKS2		1 0 1：f1/8 1 1 0：f1/4 1 1 1：設定しない	RW
—	何も配置されていない． 書く場合，'0'を書く．読んだ場合，その値は '0'		—
MSS	マスタ/スレーブ・デバイス選択ビット(注2)	0：スレーブ・デバイスとして動作 1：マスタ・デバイスとして動作	RW
RSSTP	レシーブ・シングル・ストップ・ビット(注3)	0：1バイトのデータ受信後も受信動作を継続 1：1バイトのデータ受信後，受信動作が終了	RW
—	何も配置されていない 書く場合，'0'を書く．読んだ場合，その値は '0'		—

注1：内部クロック選択時に，設定されたクロックが使用される
注2：MSSビットが '1'（マスタ・デバイスとして動作）のとき，SSCK端子は転送クロック出力端子になる
　　　SSSRレジスタのCEビットが '1'（コンフリクト・エラー発生）になると，MSSビットは '0'（スレーブ・デバイスとして動作）になる
注3：MSSビットが '0'（スレーブ・デバイスとして動作）のとき，RSSTPビットは無効

図10-2　SSコントロール・レジスタH（SSCRHレジスタ）

b7 b6 b5 b4 b3 b2 b1 b0	シンボル SSCRL	アドレス 00B9h 番地	リセット後の値 01111101b	

ビット・シンボル	ビット名	機能	RW
—	何も配置されていない．書く場合，'0'を書く．読んだ場合，その値は '1'		—
SRES	SSUAコントロール部リセット・ビット	このビットに '1' を書くと，SSUAコントロール部，およびSSTRSRレジスタが初期化される SSU内部レジスタ(注1)の値は保持される	RW
—	何も配置されていない．書く場合，'0'を書く．読んだ場合，その値は '1'		—
SOLP	SOLライト・プロテクト・ビット(注2)	'0'を書くとSOLビットによって出力レベルが変更できる '1'を書いても無効．読んだ場合，その値は '1'	RW
SOL	シリアル・データ出力値設定ビット	読んだ場合 0：シリアル・データ出力が "L" 1：シリアル・データ出力が "H" 書いた場合(注2, 注3) 0：シリアル・データ出力後のデータ出力を "L" にする 1：シリアル・データ出力後のデータ出力を "H" にする	RW
—	何も配置されていない．書く場合，'0'を書く．読んだ場合，その値は '1'		—
—	何も配置されていない．書く場合，'0'を書く．読んだ場合，その値は '0'		—

注1：SSCRH，SSCRL，SSMR，SSER，SSSR，SSMR2，SSTDR，SSRDR の各レジスタ
注2：送信前または送信後にSOLビットに書くと，シリアル・データ出力後のデータ出力を変更できる．SOLビットに書くときはSOLP
　　　ビット=0 にして，MOV命令でSOLPビットとSOLビットに書く
注3：データ転送中はSOLビットに書かない

図10-3　SSコントロール・レジスタL（SSCRLレジスタ）

ビット・シンボル	ビット名	機能	RW
BC0	ビット・カウンタ2～0	b2 b1 b0 0 0 0：残り8ビット 0 0 1：残り1ビット	R
BC1		0 1 0：残り2ビット 0 1 1：残り3ビット 1 0 0：残り4ビット 1 0 1：残り5ビット	R
BC2		1 1 0：残り6ビット 1 1 1：残り7ビット	R
―	予約ビット	'1'にする 読んだ場合，その値は'1'	RW
―	何も配置されていない	書く場合，'0'を書く．読んだ場合，その値は'1'	―
CPHS	SSCKクロック位相選択ビット (注1)	0：奇数エッジでデータ変化 　　（偶数エッジでデータ取り込み） 1：偶数エッジでデータ変化 　　（奇数エッジでデータ取り込み）	RW
CPOS	SSCKクロック極性選択ビット (注1)	0：クロック停止時，"H" 1：クロック停止時，"L"	RW
MLS	MSBファースト/LSBファースト選択ビット	0：MSBファーストでデータ転送 1：LSBファーストでデータ転送	RW

注1：CPHS，CPOSビットの設定については**図10-10**を参照

図10-4　SSモード・レジスタ(SSMRレジスタ)

ビット・シンボル	ビット名	機能	RW
CEIE	コンフリクト・エラー・インタラプト・イネーブル・ビット	0：コンフリクト・エラー割り込み要求禁止 1：コンフリクト・エラー割り込み要求許可	RW
―	何も配置されていない	書く場合，'0'を書く．読んだ場合，その値は'0'	―
RE	レシーブ・イネーブル・ビット	0：受信禁止 1：受信許可	RW
TE	トランスミット・イネーブル・ビット	0：送信禁止 1：送信許可	RW
RIE	レシーブ・インタラプト・イネーブル・ビット	0：受信データ・フルおよびオーバーラン・エラー割り込み要求禁止 1：受信データ・フルおよびオーバーラン・エラー割り込み要求許可	RW
TEIE	トランスミット・エンド・インタラプト・イネーブル・ビット	0：送信終了割り込み要求禁止 1：送信終了割り込み要求許可	RW
TIE	トランスミット・インタラプト・イネーブル・ビット	0：送信データ・エンプティ割り込み要求禁止 1：送信データ・エンプティ割り込み要求許可	RW

図10-5　SSイネーブル・レジスタ(SSERレジスタ)

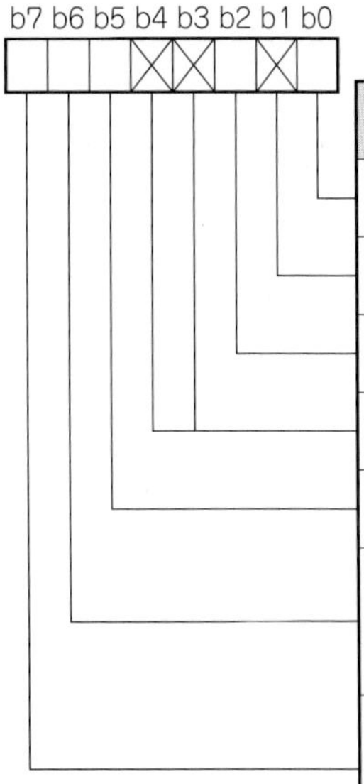

| b7 b6 b5 b4 b3 b2 b1 b0 | シンボル
SSSR | アドレス
00BCh 番地 | リセット後の値
00000000b |

ビット・シンボル	ビット名	機能	RW
CE	コンフリクト・エラー・フラグ(注1)	0：コンフリクト・エラーなし 1：コンフリクト・エラー発生(注2)	RW
—	何も配置されていない 書く場合，'0'を書く．読んだ場合，その値は'0'		—
ORER	オーバーラン・エラー・フラグ (注1)	0：オーバーラン・エラーなし 1：オーバーラン・エラー発生(注3)	RW
—	何も配置されていない 書く場合，'0'を書く．読んだ場合，その値は'0'		—
RDRF	レシーブ・データ・レジスタ・フル(注1，注4)	0：SSRDRレジスタにデータなし 1：SSRDRレジスタにデータあり	RW
TEND	トランスミット・エンド(注1，注5)	0：送信データの最後尾ビットの送信時，TDREビットが'0' 1：送信データの最後尾ビットの送信時，TDREビットが'1'	RW
TDRE	トランスミット・データ・エンプティ(注1，注5，注6)	0：SSTDRレジスタからSSTRSRレジスタにデータ転送されていない 1：SSTDRレジスタからSSTRSRレジスタにデータ転送された	RW

注1：CE，ORER，RDRF，TEND，TDRE ビットへの'1'の書き込みは無効．これらのビットを'0'にするには'1'を読んだ後，'0'を書く
注2：SSMR2 レジスタの SSUMS ビットが'1'（4線式バス通信モード），SSCRH レジスタの MSS ビットが'1'（マスタ・デバイスとして動作）の状態でシリアル通信を開始しようとしたとき，SCS 端子入力が"L"であれば CE ビットが'1'になる．
　　　SSMR2 レジスタの SSUMS ビットが'1'（4線式バス通信モード），SSCRH レジスタの MSS ビットが'0'（スレーブ・デバイスとして動作）で転送途中に SCS 端子入力が"L"から"H"に変化したとき，CE ビットが'1'になる
注3：受信時にオーバーラン・エラーが発生し，異常終了したことを示す．
　　　RDRF ビットが'1'（SSRDR レジスタにデータあり）の状態で，次のシリアル・データ受信を完了したとき，ORER ビットが'1'になる．ORER ビットが'1'（オーバーラン・エラー発生）になった後，'1'の状態で受信はできない．また，MSS ビットが'1'（マスタ・デバイスとして動作）の状態では，送信もできない
注4：RDRF ビットは SSRDR レジスタからデータを読み出したとき，'0'になる
注5：TEND，TDRE ビットは SSTDR レジスタにデータを書いたとき，'0'になる
注6：TDRE ビットは SSER レジスタの TE ビットを'1'（送信許可）にしたとき，'1'になる

図10-6　SSステータス・レジスタ（SSSRレジスタ）

b7 b6 b5 b4 b3 b2 b1 b0	シンボル SSMR2	アドレス 00BDh 番地	リセット後の値 00h

ビット・ シンボル	ビット名	機能	RW
SSUMS	SSUモード選択ビット(注1)	0：クロック同期式通信モード 1：4線式バス通信モード	RW
CSOS	SCS端子オープン・ドレイン出力選択ビット	0：CMOS出力 1：NMOSオープン・ドレイン出力	RW
SOOS	シリアル・データ・オープン・ドレイン出力選択ビット(注1)	0：CMOS出力 1：NMOSオープン・ドレイン出力	RW
SCKOS	SSCK端子オープン・ドレイン出力選択ビット	0：CMOS出力 1：NMOSオープン・ドレイン出力	RW
CSS0	SCS端子選択ビット(注2)	b5 b4 0 0：ポートとして機能 0 1：SCS入力端子として機能	RW
CSS1		1 0：SCS出力端子として機能(注3) 1 1：SCS出力端子として機能(注3)	RW
SCKS	SSCK端子選択ビット	0：ポートとして機能 1：シリアル・クロック端子として機能	RW
BIDE	双方向モード・イネーブル・ビット(注1, 注4)	0：標準モード（データ入力とデータ出力を2端子使用して通信） 1：双方向モード（データ入力とデータ出力を1端子使用して通信）	RW

注1：データ入出力端子の組み合わせは，**図10-11**を参照
注2：SSUMSビットが'0'（クロック同期型通信モード）のとき，CSS0, CSS1ビットの内容にかかわらず，SCS端子はポートとして機能する
注3：転送開始前は，SCS入力端子として機能する
注4：SSUMSビットが'0'（クロック同期型通信モード）のとき，BIDEビットは無効

図10-7　SSモード・レジスタ2（SSMR2レジスタ）

b7 b6 b5 b4 b3 b2 b1 b0	シンボル SSTDR	アドレス 00BEh 番地	リセット後の値 FFh

機能	RW
送信データを保管 SSTRSRレジスタの空きが検出されると，保管されている送信データがSSTRSRレジスタへ転送されて，送信が開始する SSTRSRレジスタからデータを送信中に，SSTDRレジスタに次の送信データを書いておくと，連続して送信できる(注1) SSMRレジスタのMLSビットが'1'（LSBファーストでデータを転送）の場合，SSTDRレジスタに書いた後に読むとMSBとLSBが反転したデータが読まれる	RW

注1：スレーブ・デバイスに設定したときは，連続送信をしない

図10-8　SSトランスミット・データ・レジスタ（SSTDRレジスタ）

b7 b6 b5 b4 b3 b2 b1 b0	シンボル SSRDR	アドレス 00BFh 番地	リセット後の値 FFh

機能	RW
受信データを保管(注1) SSTRSRレジスタが1バイトのデータを受信すると，SSRDRレジスタへ受信データが転送されて受信動作が終了する．このとき，次の受信が可能になる このように，SSTRSRレジスタとSSRDRレジスタの二つのレジスタによって連続受信が可能である	RO

注1：SSSRレジスタのORERビットが'1'（オーバーラン・エラー発生）になったとき，SSRDRレジスタはオーバーラン・エラー発生前の受信データを保持する．オーバーラン・エラー発生時の受信データは破棄される

図10-9　SSレシーブ・データ・レジスタ（SSRDRレジスタ）

SSCRHレジスタのMSSビットが'1'(マスタ・デバイスとして動作)のときは内部クロックが選択され，SSCK端子が出力になります．転送が開始すると，SSCRHレジスタのCKS0～CKS2で選択された転送レートのクロックが，SSCK端子から出力されます．

SSCRHレジスタのMSSビットが'0'(スレーブ・デバイスとして動作)のときは外部クロックが選択され，SSCK端子は入力になります．

● 転送クロックの極性，位相とデータの関係

SSMR2レジスタのSSUMSビットとSSMRレジスタのCPHS，CPOSビットの組み合わせで，転送クロックの極性，位相および転送データの関係が変わります．**図10-10**に転送クロックの極性，位相および転送データの関係を示します．

(a) SSUMS=0(クロック同期式通信モード)，CPHS=0(奇数エッジでデータ変化)，CPOS=0(クロック停止時，"H")のとき

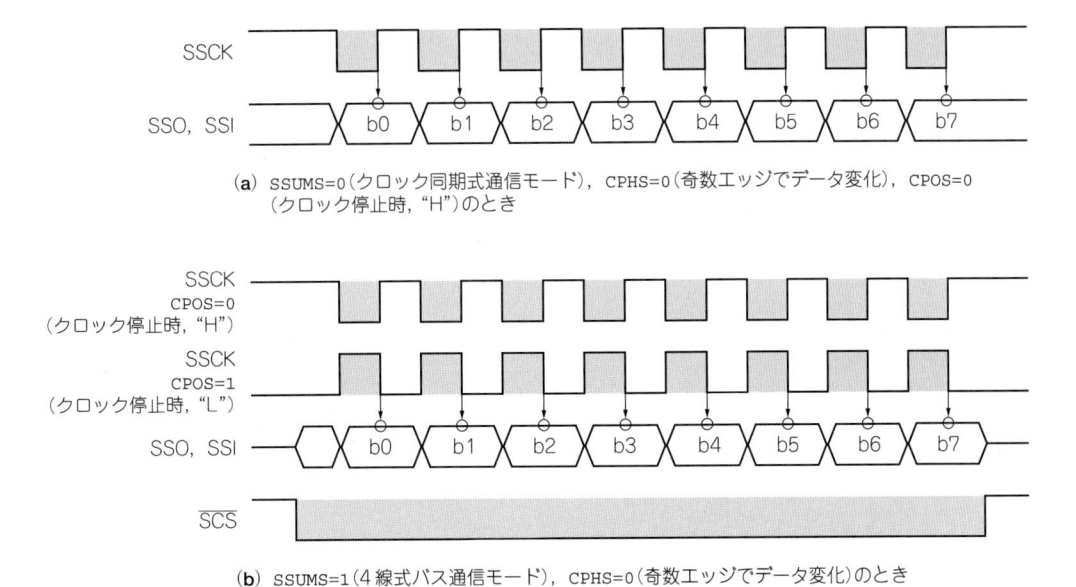

(b) SSUMS=1(4線式バス通信モード)，CPHS=0(奇数エッジでデータ変化)のとき

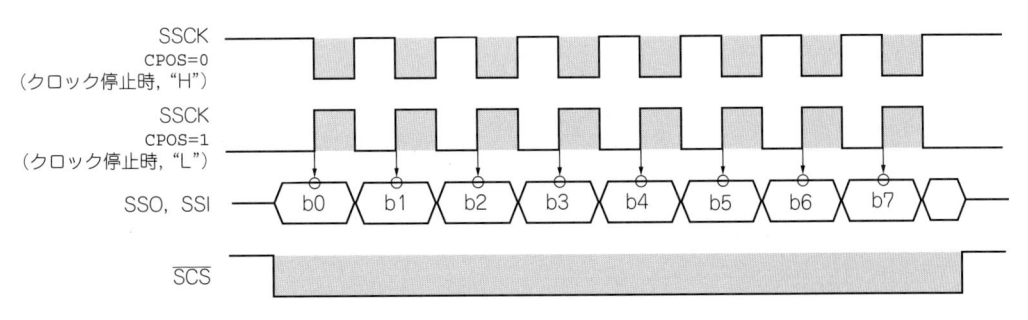

CPHS，CPOS：SSMRレジスタのビット
SSUMS：SSMR2レジスタのビット

(c) SSUMS=1(4線式バス通信モード)，CPHS=1(奇数エッジでデータ取り込み)のとき

図10-10 転送クロックの極性，位相および転送データの関係

また，SSMRレジスタのMLSビットの設定により，MSBファーストで転送するかLSBファーストで転送するかを選択できます．MLSビットが'1'のときはLSBから始まり，最後にMSBの順で転送されます．MLSビットが'0'のときはMSBから始まり，最後にLSBの順で転送されます．

● SSシフトレジスタ(SSTRSR)

SSTRSRレジスタは，シリアル・データを送受信するシフトレジスタです．

SSTDRレジスタからSSTRSRレジスタに送信データが転送されるとき，SSMRレジスタのMLSビットが'0'(MSBファースト)の場合は，SSTDRレジスタのビット0がSSTRSRレジスタのビット0に転送されます．MLSビットが'1'(LSBファースト)の場合は，SSTDRレジスタのビット7がSSTRSRレジスタのビット0に転送されます．

● データの入出力端子とSSシフトレジスタの関係

SSCRHレジスタのMSSビットとSSMR2レジスタのSSUMSビットとの組み合わせにより，データ入出力

(a) SSUMS=0(クロック同期式通信モード)のとき

(b) SSUMS=1(4線式バス通信モード)，
BIDE=0(標準モード)，
MSS=1(マスタ・デバイスとして動作)のとき

(c) SSUMS=1(4線式バス通信モード)，
BIDE=0(標準モード)，
MSS=0(スレーブ・デバイスとして動作)のとき

(d) SSUMS=1(4線式バス通信モード)，
BIDE=1(双方向モード)のとき

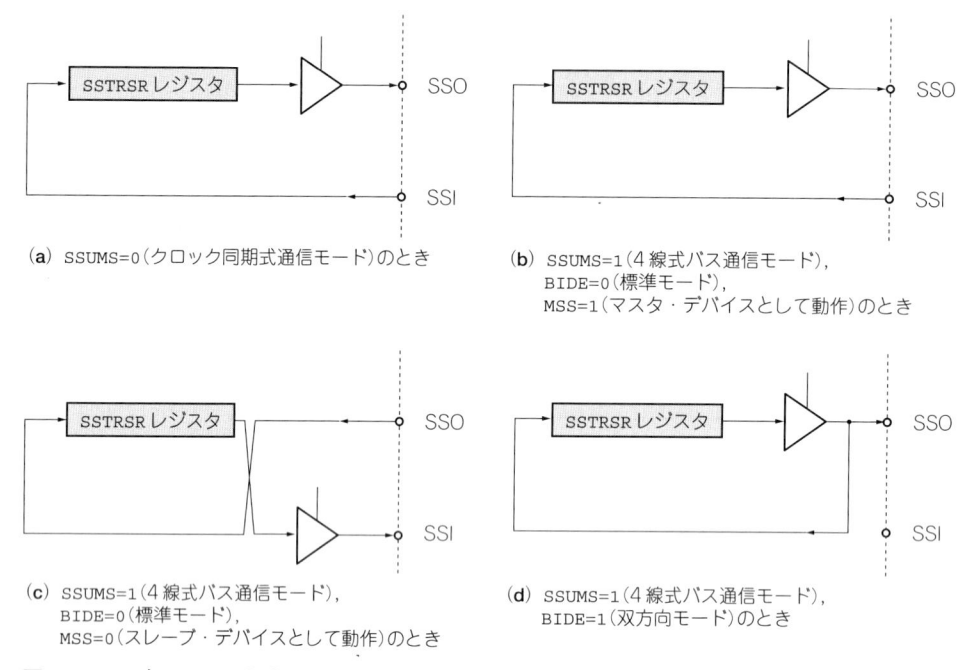

図10-11 データ入出力端子とSSTRSRレジスタの接続関係

表10-2 SSUの割り込み要求

割り込み要求	略称	発生条件
送信データ・エンプティ	TXI	TIE=1 かつ TDRE=1
送信終了	TEI	TEIE=1 かつ TEND=1
受信データ・フル	RXI	RIE=1 かつ RDRF=1
オーバーラン・エラー	OEI	RIE=1 かつ ORER=1
コンフリクト・エラー	CEI	CEIE=1 かつ CE=1

CEIE, RIE, TEIE, TIE：SSERレジスタのビット
ORER, RDRF, TEND, TDRE：SSSRレジスタのビット

端子とSSTRSRレジスタ(SSシフトレジスタ)の接続関係が変わります．また，SSMR2レジスタのBIDEビットによっても接続関係が変わります．図10-11にデータ入出力端子とSSTRSRレジスタの接続関係を示します．

● 割り込み要求

　SSUの割り込み要求には，送信データ・エンプティ，送信終了，受信データ・フル，オーバーラン・エラー，コンフリクト・エラーがあります．これらの割り込み要求はSSU割り込みベクタ・テーブルに割り付けられているため，フラグによる要因の判別が必要です．**表10-2**にSSUの割り込み要求を示します．

　表10-2の発生条件が満たされたとき，SSU割り込み要求が発生します．SSU割り込みルーチンで，それぞれの割り込み要因を'0'にしてください．

　ただし，TDREビットおよびTENDビットはSSTDRレジスタに送信データを書くことで，RDRFビットはSSRDRレジスタを読むことで自動的に'0'になります．

　特にTDREビットは，SSTDRレジスタに送信データを書いたとき，同時に再度TDREビットが'1'(SSTDRレジスタからSSTRSRレジスタにデータ転送された)になり，さらにTDREビットを'0'(SSTDRレジスタからSSTRSRレジスタにデータ転送されていない)にすると，余分に1バイト送信する場合があります．

● 各通信モードと端子機能

　SSUは各通信モードで，SSCRHレジスタのMSSビットと，SSERレジスタのRE，TEビットの設定により，入出力端子の機能が変わります．**表10-3**に通信モードと入出力端子の関係を示します．

表10-3 通信モードと入出力端子の関係

通信モード	ビットの設定					端子の状態		
	SSUMS	BIDE	MSS	TE	RE	SSI	SSO	SSCK
クロック同期型通信モード	0	無効	0	0	1	入力	—(注1)	入力
				1	0	—(注1)	出力	入力
				1	1	入力	出力	入力
			1	0	1	入力	—(注1)	出力
				1	0	—(注1)	出力	出力
				1	1	入力	出力	出力
4線式バス通信モード	1	0	0	0	1	—(注1)	入力	入力
				1	0	出力	—(注1)	入力
				1	1	出力	入力	入力
			1	0	1	—(注1)	入力	出力
				1	0	出力	—(注1)	出力
				1	1	入力	出力	出力
4線式バス(双方向)通信モード(注2)	1	1	0	0	1	—(注1)	入力	入力
				1	0	—(注1)	出力	入力
			1	0	1	—(注1)	入力	出力
				1	0	—(注1)	出力	出力

注1：プログラマブル入出力ポートとして使用できる
注2：4線式バス(双方向)通信モード時は，TEおよびREビットを共に'1'にしない
SSUMS, BIDE：SMR2レジスタのビット
MSS：SSCRHレジスタのビット
TE, RE：SSERレジスタのビット

10-2　クロック同期型通信モードの動作

● クロック同期型通信モードの初期化

図10-12にクロック同期型通信モードの初期化を示します．データの送信/受信前に，SSERレジスタのTEビットを'0'（送信禁止），REビットを'0'（受信禁止）にして初期化します．

なお，通信モードの変更，通信フォーマットの変更などの場合には，TEビットを'0'，REビットを'0'にしてから変更します．REビットを'0'にしても，RDRF，ORERの各フラグ，およびSSRDRレジスタの内容は保持されます．

● データ送信

図10-13にデータ送信時の動作例を示します．データ送信時は以下のように動作します．

SSUはマスタ・デバイスに設定したとき，同期クロックとデータを出力します．スレーブ・デバイスに設定したとき，入力クロックに同期してデータを出力します．

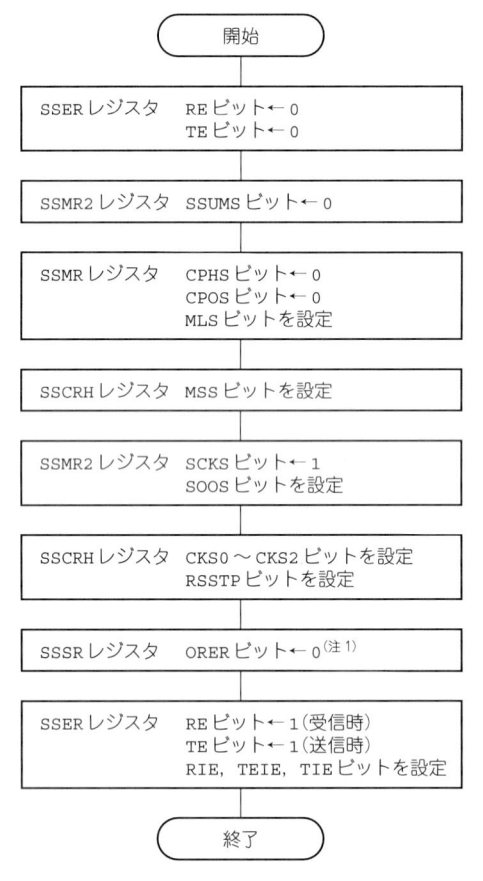

```
                        開始

    SSERレジスタ    REビット ← 0
                    TEビット ← 0

    SSMR2レジスタ   SSUMSビット ← 0

    SSMRレジスタ    CPHSビット ← 0
                    CPOSビット ← 0
                    MLSビットを設定

    SSCRHレジスタ   MSSビットを設定

    SSMR2レジスタ   SCKSビット ← 1
                    SOOSビットを設定

    SSCRHレジスタ   CKS0 ～ CKS2 ビットを設定
                    RSSTPビットを設定

    SSSRレジスタ    ORERビット ← 0 (注1)

    SSERレジスタ    REビット ← 1（受信時）
                    TEビット ← 1（送信時）
                    RIE, TEIE, TIEビットを設定

                        終了
```

注1：ORERビットを'0'にするには，'1'を読んだ後，'0'を書く

図10-12　クロック同期型通信モードの初期化

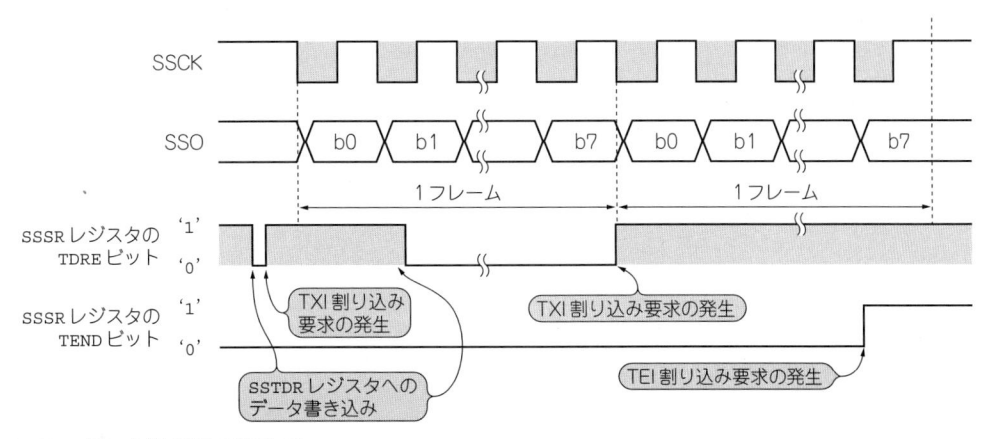

図10-13 データ送信時の動作例
SSUMS=0（クロック同期型通信モード），CPHS=0（奇数エッジでデータ変化），CPOS=0（クロック停止時，"H"）のとき

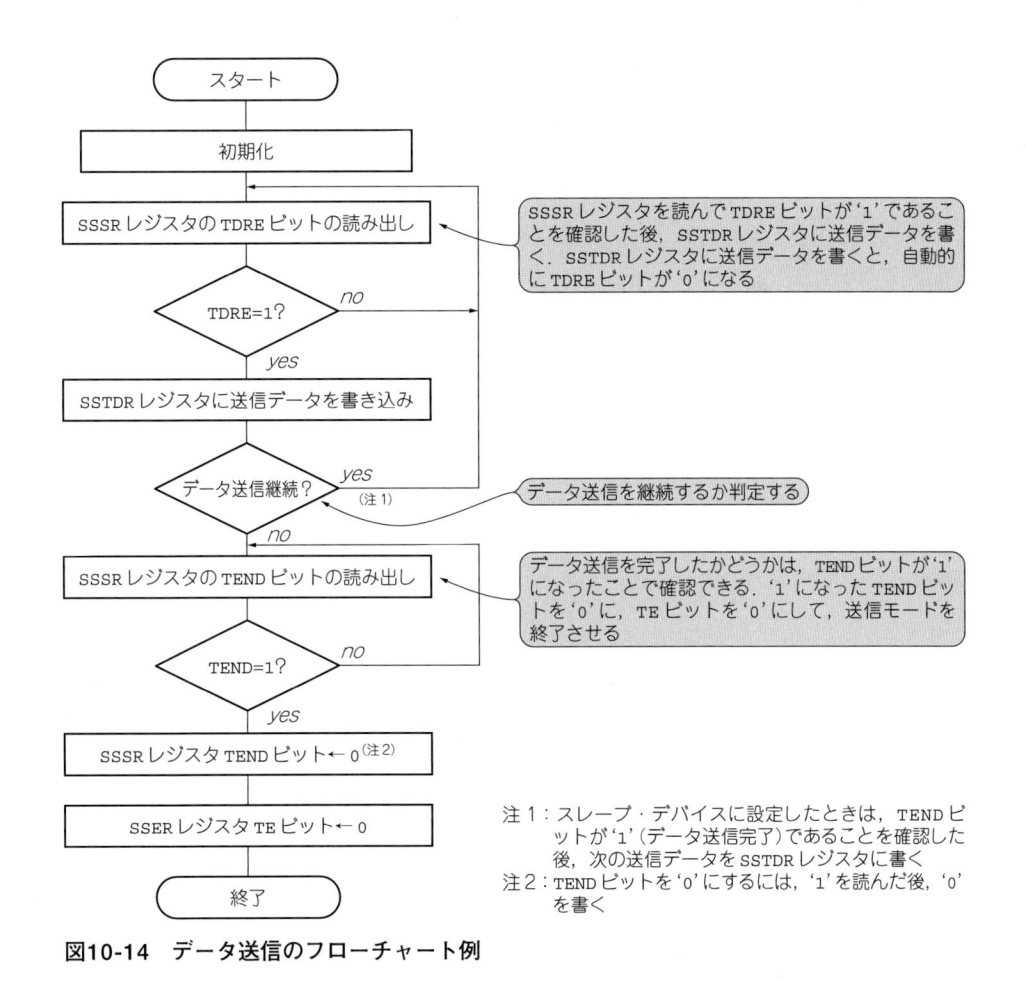

注1：スレーブ・デバイスに設定したときは，TENDビットが '1'（データ送信完了）であることを確認した後，次の送信データをSSTDRレジスタに書く
注2：TENDビットを '0' にするには，'1' を読んだ後，'0' を書く

図10-14 データ送信のフローチャート例

TEビットを'1'(送信許可)にした後，SSTDRレジスタに送信データを書くと，自動的にTDREビットが'0'(SSTDRレジスタからSSTRSRレジスタにデータ転送されていない)になり，SSTDRレジスタからSSTRSRレジスタにデータが転送されます．その後，TDREビットが'1'(SSTDRレジスタからSSTRSRレジスタにデータ転送された)になり，送信を開始します．このとき，SSERレジスタのTIEビットが'1'の場合，TXI割り込み要求を発生します．

　TDREビットが'0'の状態で1フレームの転送が終わると，SSTDRレジスタからSSTRSRレジスタにデータが転送され，次のフレームの送信を開始します．TDREビットが'1'の状態で8ビット目が送出されると，SSSRレジスタのTENDビットが'1'(送信データの最後尾ビットの送信時，TDREビットが'1')になり，その状態を保持します．このときSSERレジスタのTEIEビットが'1'(送信終了割り込み要求許可)の場合，TEI割り込み要求を発生します．送信終了後，SSCK端子は"H"に固定されます．

　なお，SSSRレジスタのORERビットが'1'(オーバーラン・エラー発生)の状態では送信できません．送信の前にORERビットが'0'であることを確認します．

　スレーブ・デバイスに設定したときは，TENDビットが'1'(データ送信完了)であることを確認した後，次の送信データをSSTDRレジスタに書きます．マスタ・デバイスに設定したときは，連続送信が可能です．

　図10-14にデータ送信のフローチャート例を示します．

● データ受信

　図10-15にデータ受信時の動作例を示します．データ受信時は以下のように動作します．

　SSUはマスタ・デバイスに設定したとき，同期クロックを出力し，データを入力します．スレーブ・デバイスに設定したとき，入力クロックに同期してデータを入力します．

　マスタ・デバイスに設定したときは，最初にSSRDRレジスタをダミー・リードすることで受信クロックを出力し，受信を開始します．

　8ビットのデータを受信後，SSSRレジスタのRDRFビットが'1'(SSRDRレジスタにデータあり)になり，SSRDRレジスタに受信データが格納されます．このとき，SSERレジスタのRIEビットが'1'(RXIおよびOEI割り込み要求許可)の場合，RXI割り込み要求を発生します．SSRDRレジスタを読むと，自動的にRDRF

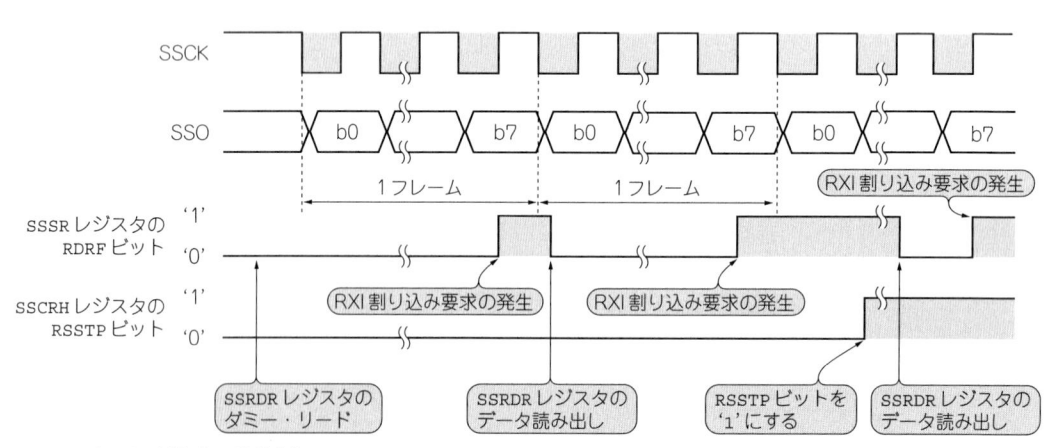

図10-15 データ受信時の動作例
SSUMS=0(クロック同期型通信モード)，CPHS=0(偶数エッジでデータ取り込み)，CPOS=0(クロック停止時，"H")のとき

```
                    ┌─────────┐
                    │ スタート │
                    └────┬────┘
                         │
                  ┌──────┴──────┐          SSUの各レジスタを設定した後，SSRDRレジスタ
                  │   初期化    │◀─────    をダミー・リードすると，受信動作が開始する
                  └──────┬──────┘
                         │
          ┌──────────────┴──────────────┐
          │  SSRDRレジスタのダミー・リード │
          └──────────────┬──────────────┘
                         │
                         ▼
                  ◇ 最後の受信？ ◇ ─── yes ──┐    最後の1バイトの受信になるかを判定する．最後の
                         │                    │    受信になる場合は，受信完了後に停止するように設
                         │ no                 │    定する
                         ▼                    │
          ┌──────────────────────────────┐    │
    ┌────▶│ SSSRレジスタのORERビットの読み出し │    │
    │     └──────────────┬───────────────┘    │
    │                    │                    │
    │                    ▼                    │
    │             ◇ ORER=1？ ◇ ─── yes ──┐    │    受信エラーが発生したときは，ORERビットを
    │                    │                │   │    読み出した後，エラー処理を実施する．その後，
    │                    │ no             │   │    ORERビットを'0'にする．
    │                    ▼                │   │    ORERビットが'1'の状態では，送信/受信を再開で
    │     ┌──────────────────────────────┐│   │    きない
    │     │ SSSRレジスタのRDRFビットの読み出し ││   │
    │     └──────────────┬───────────────┘│   │
    │                    │                │   │
    │              no    ▼                │   │
    └──────────── ◇ RDRF=1？ ◇            │   │    RDRFビットが'1'であることを確認する．RDRFビ
                         │                │   │    ットが'1'であれば，SSRDRレジスタの受信データ
                         │ yes            │   │    を読み出す．SSRDRレジスタを読むと，自動的に
                         ▼                │   │    RDRFビットが'0'になる
          ┌──────────────────────────────┐│   │
          │ SSRDRレジスタの受信データの読み出し ││   │
          └──────────────┬───────────────┘│   │
                         └────────────────┘   │
                                               │
          ┌──────────────────────────────┐◀───┘
          │   SSCRHレジスタ  RSSTPビット←1 │
          └──────────────┬───────────────┘
                         ▼
          ┌──────────────────────────────┐          最後の1バイトを受信する前にSSCRHレジスタの
          │ SSSRレジスタのORERビットの読み出し │◀─────    RSSTPビットを'1'にして，受信完了後停止させる
          └──────────────┬───────────────┘
                         │
                         ▼
                  ◇ ORER=1？ ◇ ─── yes ──┐         受信エラーが発生したときは，ORERビットを
                         │                │         読み出した後，エラー処理を実施する．その後，
                         │ no             │         ORERビットを'0'にする．
                         ▼                │         ORERビットが'1'の状態では，送信/受信を再開で
          ┌──────────────────────────────┐│         きない
          │ SSSRレジスタのRDRFビットの読み出し ││
          └──────────────┬───────────────┘│
                         │                │
                   no    ▼                │
              ─── ◇ RDRF=1？ ◇            │         RDRFビットが'1'であることを確認する．受信動作
                         │                │         を終了するときは，RSSTPビットを'0'，REビット
                         │ yes            │         を'0'にしてから，最後の受信データを読み出す．
                         ▼                │         なお，REビットを'0'にしないでSSRDRレジスタ
          ┌──────────────────────────────┐│         を読むと，受信動作が再び開始する
          │   SSCRHレジスタ  RSSTPビット←0 │
          └──────────────┬───────────────┘│  オーバーラン・
                         ▼                │  エラー処理
          ┌──────────────────────────────┐│
          │   SSERレジスタ  REビット←0    │
          └──────────────┬───────────────┘
                         ▼
          ┌──────────────────────────────┐
          │ SSRDRレジスタの受信データの読み出し │
          └──────────────┬───────────────┘
                         ▼
                    ┌─────────┐
                    │  終了   │
                    └─────────┘
```

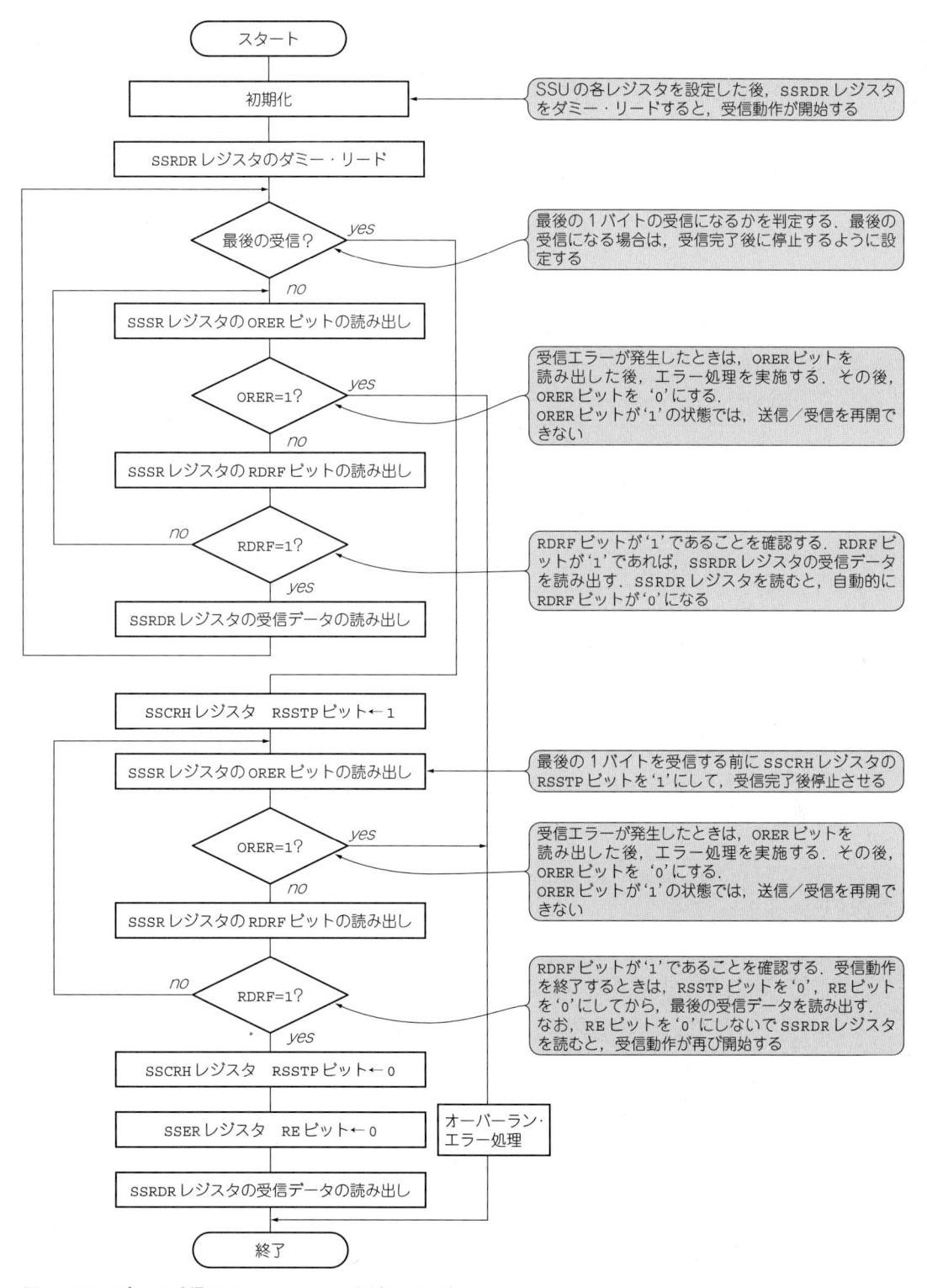

図10-16　データ受信のフローチャート例(MSS=1)

ビットは'0'（SSRDRレジスタにデータなし）になります．

マスタ・デバイスに設定し受信を終了する場合には，SSCRHレジスタのRSSTPビットを'1'（1バイトのデータ受信後，受信動作が終了）にした後，受信したデータを読みます．これにより，8ビットぶんクロックを出力し停止します．その後，SSERレジスタのREビットを'0'（受信禁止）に，RSSTPビットを'0'（1バイトのデータ受信後も受信動作を継続）にし，最後に受信したデータを読みます．REビットが'1'（受信許可）の状態でSSRDRレジスタを読むと，受信クロックを再度出力してしまいます．

RDRFビットが'1'の状態で8クロック目が立ち上がると，SSSRレジスタのORERビットが'1'（オーバー

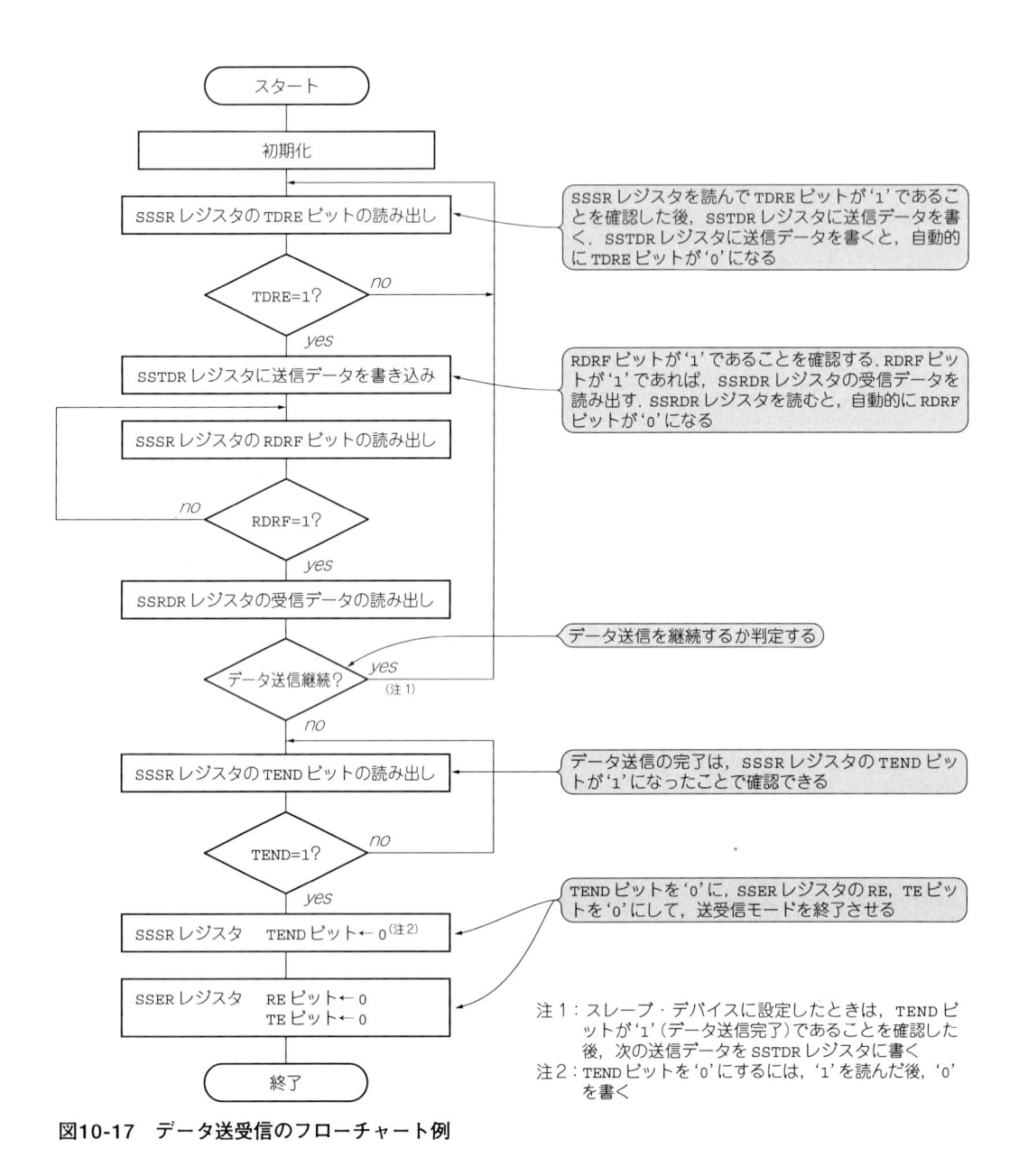

図10-17 データ送受信のフローチャート例

ラン・エラー発生)になり，オーバーラン・エラー(OEI)が発生し停止します．なお，ORERビットが'1'の状態では受信できません．受信再開の前に，ORERビットが'0'であることを確認します．

図10-16にデータ受信のフローチャート例(MSS=1)を示します．

● データ送受信

データ送受信は前述のデータ送信とデータ受信の複合的な動作になります．

SSTDRレジスタに送信データを書くと，送受信が開始されます．また，TDREビットが'1'(SSTDRレジスタからSSTRSRレジスタにデータ転送された)の状態で8クロック目が立ち上がった場合，またはORERビットが'1'(オーバーラン・エラー発生)になった場合，送受信動作は停止します．

なお，送信モード(TE=1)あるいは受信モード(RE=1)から，送受信モード(TE=RE=1)に切り替える場合は，一度TEビットを'0'，REビットを'0'にしてから変更します．また，TENDビットが'0'(送信データの最後尾ビットの送信時，TDREビットが'0')，RDRFビットが'0'(SSRDRレジスタにデータなし)，ORERビットが'0'(オーバーラン・エラーなし)であることを確認した後，TEおよびREビットを'1'にします．

スレーブ・デバイスに設定したときは，TENDビットが'1'(データ送信完了)であることを確認した後，次の送信データをSSTDRレジスタに書きます．マスタ・デバイスに設定したときは，連続送信が可能です．

図10-17にデータ送受信のフローチャート例を示します．

10-3　4線式バス通信モードの動作

4線式バス通信モードは，クロック・ライン，データ入力ライン，データ出力ライン，チップ・セレクト・ラインの4本のバスを使用して通信するモードです．このモードにはデータ入力ラインとデータ出力ラインを1端子で行う双方向モードも含みます．

データ入力ラインとデータ出力ラインは，SSCRHレジスタのMSSビットおよびSSMR2レジスタのBIDEビットの設定により変わります．詳細は前項「データ入出力端子とSSシフトレジスタの関係」を参照してください．また，このモードではクロックの極性，位相とデータの関係をSSMRレジスタのCPOSビットおよびCPHSビットにより設定できます．詳細は前項「転送クロックの極性，位相とデータの関係」を参照してください．

チップ・セレクト・ラインは，マスタ・デバイスの場合は出力制御，スレーブ・デバイスの場合は入力制御します．マスタ・デバイスの場合はSSMR2レジスタのCSS1ビットを'1'にして$\overline{SCS}$端子を出力制御するか，あるいは汎用ポートを出力制御することができます．スレーブ・デバイスの場合はSSMR2レジスタのCSS1，CSS0ビットを"01b"にして$\overline{SCS}$端子を入力として機能させます．

4線式バス通信モードでは，標準的にSSMRレジスタのMLSビットを'0'にして，MSBファーストで通信を行います．

● 4線式バス通信モードの初期化

図10-18に4線式バス通信モードの初期化を示します．データの送信/受信前に，SSERレジスタのTEビットを'0'(送信禁止)，REビットを'0'(受信禁止)にして初期化します．

なお，通信モードの変更，通信フォーマットの変更などの場合には，TEビットを'0'，REビットを'0'にしてから変更します．REビットを'0'にしても，RDRF，ORERの各フラグ，およびSSRDRレジスタの

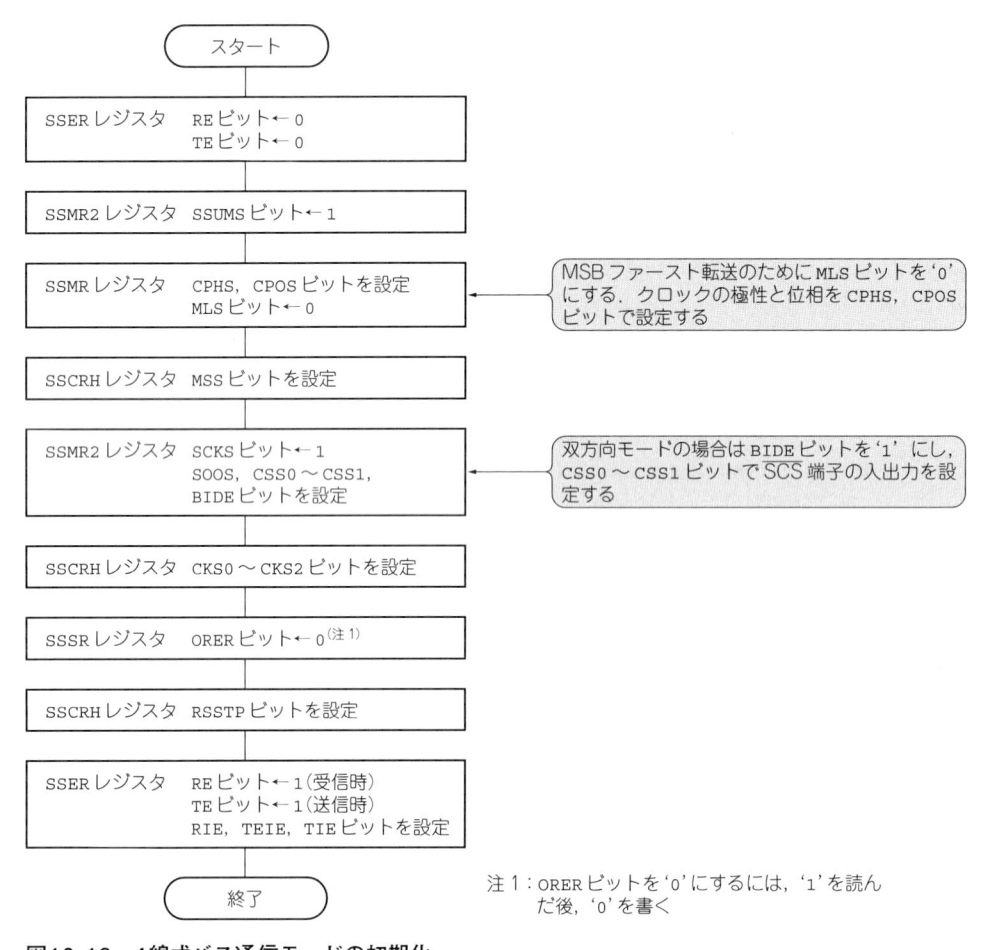

```
                    ┌─────────┐
                    │ スタート │
                    └────┬────┘
                         │
        ┌────────────────┴──────────────┐
        │ SSERレジスタ    REビット←0    │
        │                 TEビット←0    │
        └────────────────┬──────────────┘
                         │
        ┌────────────────┴──────────────┐
        │ SSMR2レジスタ  SSUMSビット←1 │
        └────────────────┬──────────────┘
                         │
        ┌────────────────┴──────────────┐              ┌──────────────────────────────┐
        │ SSMRレジスタ  CPHS, CPOSビットを設定│◄────│ MSBファースト転送のためにMLSビットを'0'│
        │               MLSビット←0    │              │ にする．クロックの極性と位相をCPHS, CPOS│
        └────────────────┬──────────────┘              │ ビットで設定する              │
                         │                             └──────────────────────────────┘
        ┌────────────────┴──────────────┐
        │ SSCRHレジスタ  MSSビットを設定│
        └────────────────┬──────────────┘
                         │
        ┌────────────────┴──────────────┐              ┌──────────────────────────────┐
        │ SSMR2レジスタ  SCKSビット←1  │◄────────────│ 双方向モードの場合はBIDEビットを'1'にし，│
        │               SOOS, CSS0～CSS1,│              │ CSS0～CSS1ビットでSCS端子の入出力を設│
        │               BIDEビットを設定│              │ 定する                        │
        └────────────────┬──────────────┘              └──────────────────────────────┘
                         │
        ┌────────────────┴──────────────┐
        │ SSCRHレジスタ  CKS0～CKS2ビットを設定│
        └────────────────┬──────────────┘
                         │
        ┌────────────────┴──────────────┐
        │ SSSRレジスタ   ORERビット←0(注1)│
        └────────────────┬──────────────┘
                         │
        ┌────────────────┴──────────────┐
        │ SSCRHレジスタ  RSSTPビットを設定│
        └────────────────┬──────────────┘
                         │
        ┌────────────────┴──────────────┐
        │ SSERレジスタ   REビット←1(受信時)│
        │               TEビット←1(送信時)│
        │               RIE, TEIE, TIEビットを設定│
        └────────────────┬──────────────┘
                         │
                    ┌────┴────┐
                    │   終了  │
                    └─────────┘
```

注1：ORERビットを'0'にするには，'1'を読んだ後，'0'を書く

図10-18　4線式バス通信モードの初期化

内容は保持されます．

● データの送信

図10-19にデータ送信時の動作例を示します．データ送信時は以下のように動作します．

SSUはマスタ・デバイスに設定したとき，同期クロックとデータを出力します．スレーブ・デバイスに設定したとき，$\overline{\text{SCS}}$端子が"L"入力状態で入力クロックに同期してデータを出力します．

TEビットを'1'(送信許可)にした後，SSTDRレジスタに送信データを書くと，自動的にTDREビットが'0'(SSTDRレジスタからSSTRSRレジスタにデータ転送されていない)になり，SSTDRレジスタからSSTRSRレジスタにデータが転送されます．その後，TDREビットが'1'(SSTDRレジスタからSSTRSRレジスタにデータ転送された)になり，送信を開始します．このとき，SSERレジスタのTIEビットが'1'の場合，TXI割り込み要求を発生します．

TDREビットが'0'の状態で1フレームの転送が終わると，SSTDRレジスタからSSTRSRレジスタにデータが転送され，次フレームの送信を開始します．TDREが'1'の状態で8ビット目が送出されると，SSSRレジスタのTENDビットが'1'(送信データの最後尾ビットの送信時，TDREビットが'1')になり，その状態

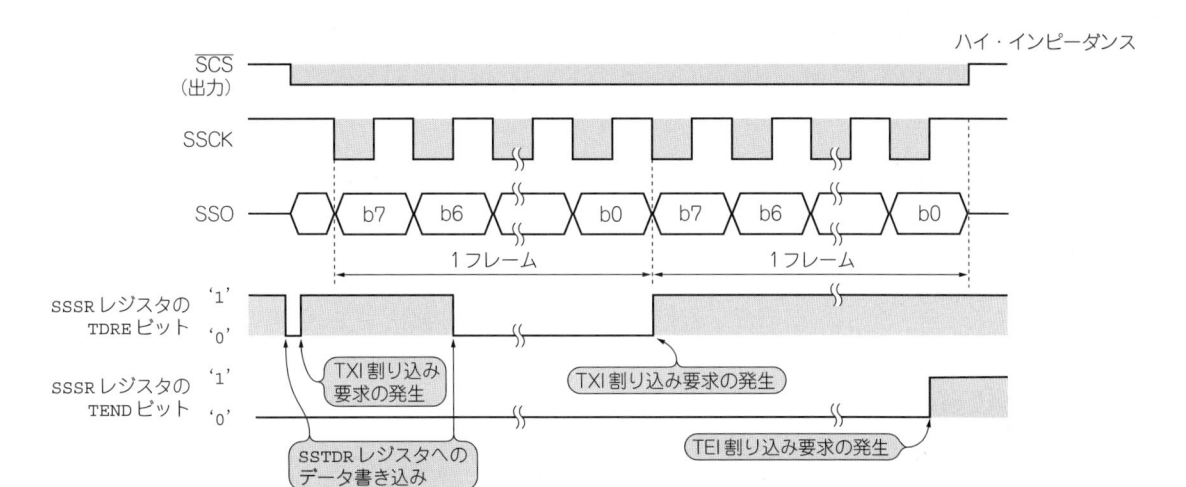

図10-19 データ送信時の動作例（CPHS, CPOS：SSMRレジスタのビット）

(a) CPHS=0（奇数エッジでデータ変化），CPOS=0（クロック停止時，"H"）のとき

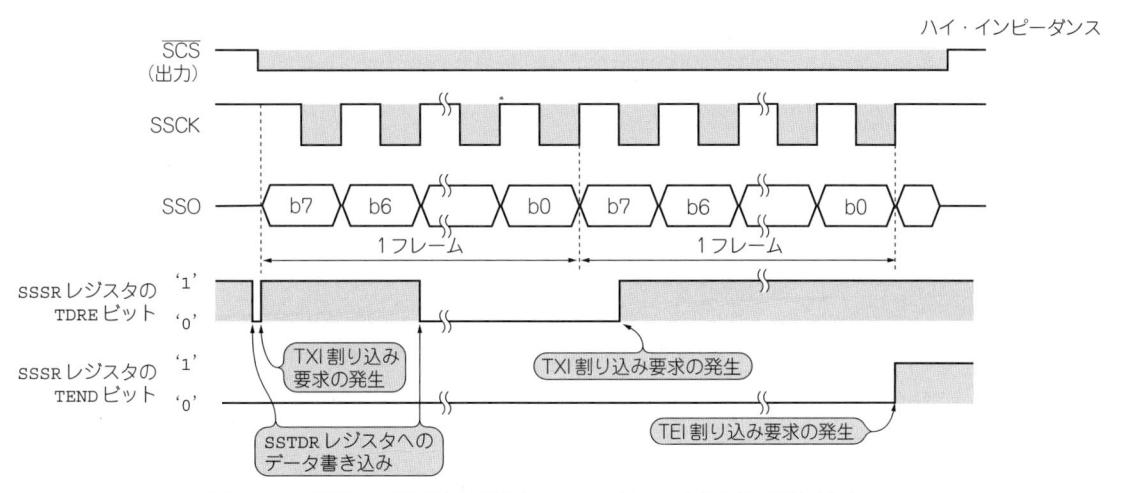

(b) CPHS=1（偶数エッジでデータ変化），CPOS=0（クロック停止時，"H"）のとき

を保持します．このときSSERレジスタのTEIEビットが'1'（送信終了割り込み要求許可）の場合，TEI割り込み要求を発生します．送信終了後，SSCK端子は"H"に固定され，$\overline{SCS}$端子は"H"になります．$\overline{SCS}$端子が"L"のまま連続的に送信する場合，8ビット目が送出される前に次の送信データをSSTDRレジスタに書きます．

なお，SSSRレジスタのORERビットが'1'（オーバーラン・エラー発生）の状態では送信できません．送信の前には，ORERビットが'0'であることを確認します．

スレーブ・デバイスに設定したときは，TENDビットが'1'（データ送信完了）であることを確認した後，次の送信データをSSTDRレジスタに書きます．マスタ・デバイスに設定したときは，連続送信が可能です．

クロック同期型通信モードとの違いは，マスタ・デバイス時に$\overline{SCS}$端子がハイ・インピーダンス状態では，SSO端子がハイ・インピーダンス状態となり，スレーブ・デバイス時に$\overline{SCS}$端子が"H"入力状態では，SSI端子がハイ・インピーダンス状態となることです．

フローチャート例はクロック同期型通信モードと同じです(**図10-14**)．

● データの受信

図10-20にデータ受信時の動作例を示します．データ受信時は以下のように動作します．

SSUはマスタ・デバイスに設定したとき，同期クロックを出力し，データを入力します．スレーブ・デバイスに設定したとき，$\overline{SCS}$端子が"L"入力状態で入力クロックに同期してデータを入力します．

マスタ・デバイスに設定したときは，最初にSSRDRレジスタをダミー・リードすることで受信クロックを出力し，受信を開始します．

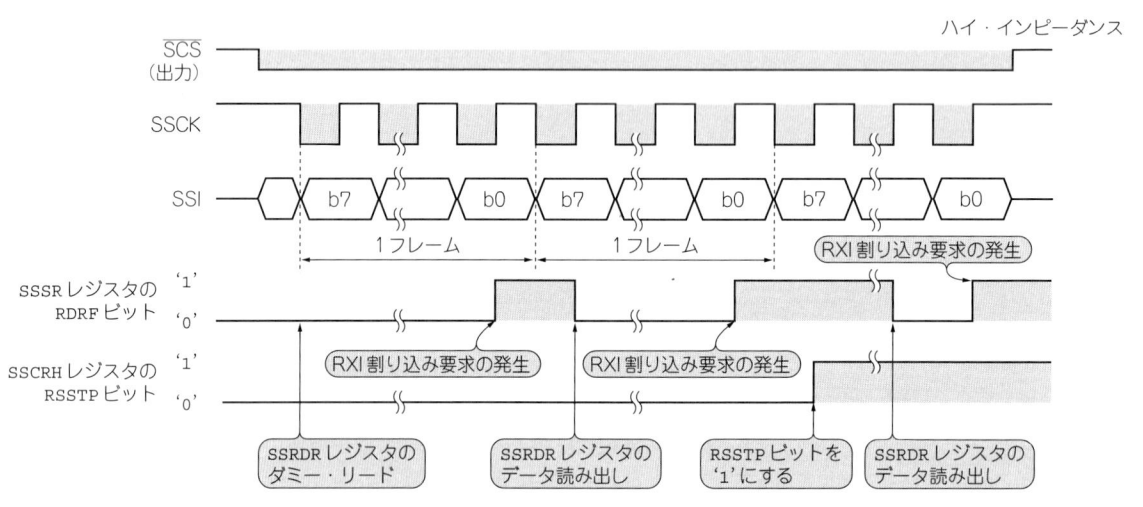

(**a**) CPHS=0(偶数エッジでデータ取り込み)，CPOS=0(クロック停止時，"H")のとき

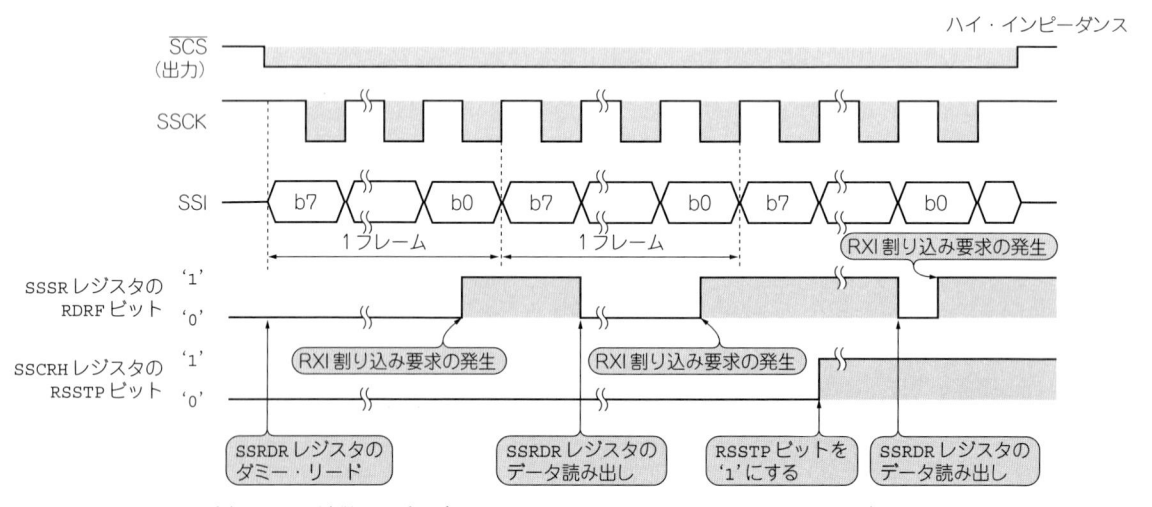

(**b**) CPHS=1(奇数エッジでデータ取り込み)，CPOS=0(クロック停止時，"H")のとき

図10-20 データ受信時の動作例(CPHS, CPOS：SSMRレジスタのビット)

8ビットのデータ受信後，SSSRレジスタのRDRFビットが'1'（SSRDRレジスタにデータあり）になり，SSRDRレジスタに受信データが格納されます．このとき，SSERレジスタのRIEビットが'1'（RXIおよびOEI割り込み要求許可）の場合，RXI割り込み要求を発生します．SSRDRレジスタを読むと，自動的にRDRFビットは'0'（SSRDRレジスタにデータなし）になります．

マスタ・デバイスに設定し受信を終了する場合には，SSCRHレジスタのRSSTPビットを'1'（1バイトのデータ受信後，受信動作が終了）にした後，受信したデータを読みます．これにより，8ビットぶんクロックを出力し停止します．その後，SSERレジスタのREビットを'0'（受信禁止）に，RSSTPビットを'0'（1バイトのデータ受信後も受信動作を継続）にし，最後に受信したデータを読みます．REビットが'1'（受信許可）状態でSSRDRレジスタを読むと，受信クロックを再度出力してしまいます．

RDRFビットが'1'の状態で8クロック目が立ち上がると，SSSRレジスタのORERビットが'1'（オーバーラン・エラー発生）になり，オーバーラン・エラー（OEI）が発生し，停止します．なお，ORERビットが'1'の状態では受信できません．受信再開の前には，ORERビットが'0'であることを確認します．

RDRFビット，ORERビットが'1'になるタイミングは，SSMRレジスタのCPHSビットの設定により異なります．CPHSビットを'1'（奇数エッジでデータ取り込み）にした場合，フレームの途中でビットが'1'になるので，受信終了時には注意します．

フローチャート例はクロック同期型通信モードと同じです（図10-16）．

● $\overline{\text{SCS}}$端子制御とアービトレーション

SSMR2レジスタのSSUMSビットを'1'（4線式バス通信モード），CSS1ビットを'1'（$\overline{\text{SCS}}$出力端子として機能）にした場合には，SSCRHレジスタのMSSビットを'1'（マスタ・デバイスとして動作）にしてからシ

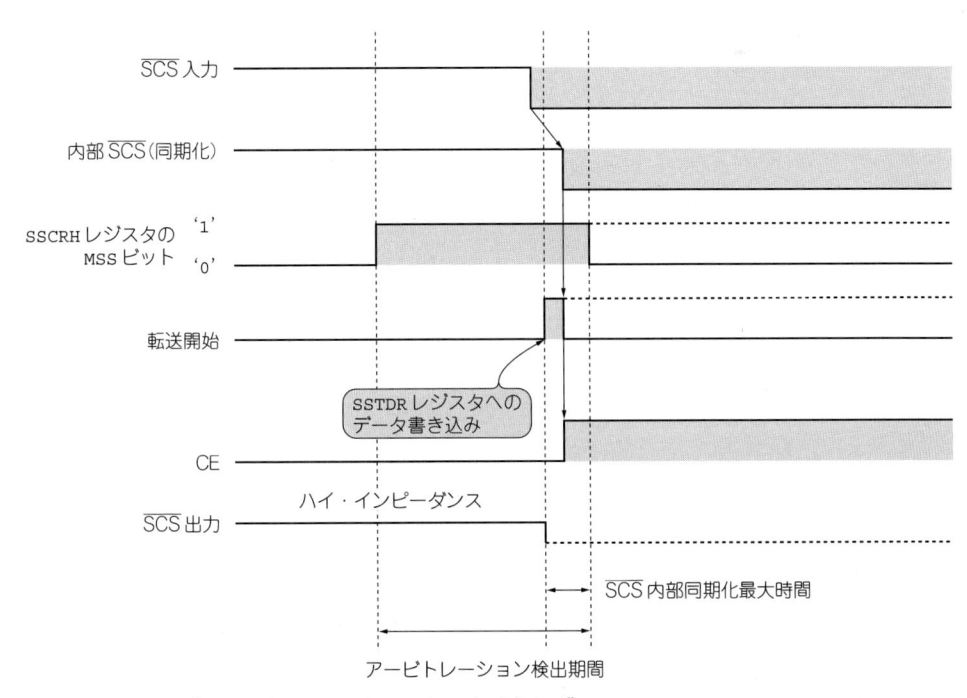

図10-21 アービトレーション・チェック・タイミング

リアル転送を開始する前に，$\overline{\text{SCS}}$端子のアービトレーションをチェックします．この期間に同期化した内部$\overline{\text{SCS}}$信号が"L"になったことを検出すると，SSSRレジスタのCEビットが'1'（コンフリクト・エラー発生）になり，自動的にMSSビットが'0'（スレーブ・デバイスとして動作）になります．**図10-21**にアービトレーション・チェック・タイミングを示します．

なお，CEビットが'1'の状態では，以後の送信動作ができません．したがって，送信をスタートする前に，CEビットを'0'（コンフリクト・エラーなし）にします．

[第11章]
R8C/14～R8C/17の I²Cバス・インターフェース(IIC)の詳細

新海 栄治

11-1 I²Cバス・インターフェース(IIC)とは

R8C/16，R8C/17グループに搭載されているI²C(Inter IC bus Controller)バス・インターフェース(以下，IIC)は，フィリップス社が提唱したI²Cバスのデータ転送フォーマットに基づいてシルアル通信を行う

表11-1 I²Cバス・インターフェース(IIC)の仕様

項　目	仕　様
通信フォーマット	・I²Cバス・フォーマット マスタ/スレーブ・デバイスの選択可能 連続送信，連続受信が可能(シフトレジスタ，送信データ・レジスタ，受信データ・レジスタがそれぞれ独立しているため) マスタ・モードでは開始条件，停止条件の自動生成 送信時，アクノリッジ・ビットを自動ロード ビット同期，ウェイト機能内蔵(マスタ・モードではビットごとにSCLの状態をモニタして自動的に同期を取る．転送準備ができていない場合，SCLを"L"にして待機させる) SCL，SDA端子の直接駆動(NMOSオープン・ドレイン出力)が可能 ・クロック同期式シリアル・フォーマット 連続送信，連続受信が可能(シフトレジスタ，送信データ・レジスタ，受信データ・レジスタがそれぞれ独立しているため)
入出力端子	SCL(入出力)：シリアル・クロック入出力端子 SDA(入出力)：シリアル・データ入出力端子
転送クロック	・ICCR1レジスタのMSTビットが'0'のとき 外部クロック(SCL端子から入力) ・ICCR1レジスタのMSTビットが'1'のとき ICCR1レジスタのCKS0～CKS3ビットで，選択する内部クロック(SCL端子から出力)
受信エラーの検出	・オーバーラン・エラーを検出(クロック同期式シリアル・フォーマット) 受信時にオーバーラン・エラーが発生したことを示す．ICSRレジスタのRDRFビットが'1'(ICDRRレジスタにデータあり)の状態で，次のデータの最終ビットを受信したとき，ALビットが'1'になる
割り込み要因	・I²Cバス・フォーマット ……………… 6種類[注1] 送信データ・エンプティ(スレーブ・アドレス一致時を含む)，送信終了，受信データ・フル(スレーブ・アドレス一致時を含む)，アービトレーション・ロスト，NACK検出，停止条件検出 ・クロック同期式シリアル・フォーマット ……… 4種類[注1] 送信データ・エンプティ，送信終了，受信データ・フル，オーバーラン・エラー
選択機能	・I²Cバス・フォーマット 受信時，アクノリッジの出力レベルを選択可能 ・クロック同期式シリアル・フォーマット データ転送方向にMSBファーストまたはLSBファーストを選択可能

注1：割り込みベクタ・テーブルはIICの一つ

表11-2 IICの転送レートの設定例

ICCR1 レジスタ				転送クロック	転送レート				
CKS3	CKS2	CKS1	CKS0		f1=5MHz	f1=8MHz	f1=10MHz	f1=16MHz	1=20MHz
0	0	0	0	f1/28	179kHz	286kHz	357kHz	571kHz	714kHz
0	0	0	1	f1/40	125kHz	200kHz	250kHz	400kHz	500kHz
0	0	1	0	f1/48	104kHz	167kHz	208kHz	333kHz	417kHz
0	0	1	1	f1/64	78.1kHz	125kHz	156kHz	250kHz	313kHz
0	1	0	0	f1/80	62.5kHz	100kHz	125kHz	200kHz	250kHz
0	1	0	1	f1/100	50.0kHz	80.0kHz	100kHz	160kHz	200kHz
0	1	1	0	f1/112	44.6kHz	71.4kHz	89.3kHz	143kHz	179kHz
0	1	1	1	f1/128	39.1kHz	62.5kHz	78.1kHz	125kHz	156kHz
1	0	0	0	f1/56	89.3kHz	143kHz	179kHz	286kHz	357kHz
1	0	0	1	f1/80	62.5kHz	100kHz	125kHz	200kHz	250kHz
1	0	1	0	f1/96	52.1kHz	83.3kHz	104kHz	167kHz	208kHz
1	0	1	1	f1/128	39.1kHz	62.5kHz	78.1kHz	125kHz	156kHz
1	1	0	0	f1/160	31.3kHz	50.0kHz	62.5kHz	100kHz	125kHz
1	1	0	1	f1/200	25.0kHz	40.0kHz	50.0kHz	80.0kHz	100kHz
1	1	1	0	f1/224	22.3kHz	35.7kHz	44.6kHz	71.4kHz	89.3kHz
1	1	1	1	f1/256	19.5kHz	31.3kHz	9.1kHz	62.5kHz	78.1kHz

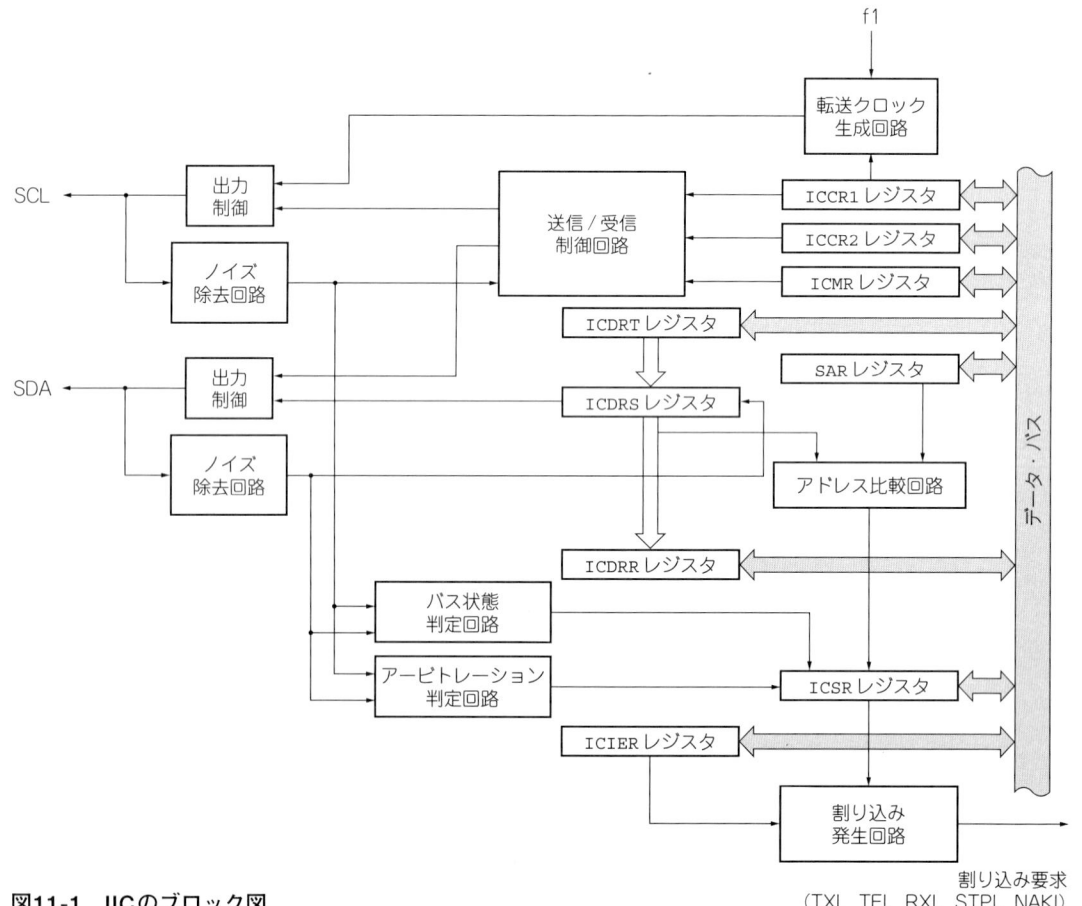

図11-1 IICのブロック図

表11-3 IICの割り込み要求

割り込み要求		発生条件	フォーマット	
			I²Cバス	クロック同期式シリアル
送信データ・エンプティ	TXI	TIE=1 かつ TDRE=1	有効	有効
送信終了	TEI	TEIE=1 かつ TEND=1	有効	有効
受信データ・フル	RXI	RIE=1 かつ RDRF=1	有効	有効
停止条件検出	STPI	STIE=1 かつ STOP=1	有効	無効
NACK検出	NAKI	NAKIE=1 かつ AL=1（または NAKIE=1 かつ NACKF=1）	有効	無効
アービトレーション・ロスト／オーバーラン・エラー			有効	有効

STIE, NAKIE, RIE, TEIE, TIE：ICIERレジスタのビット
AL, STOP, NACKF, RDRF, TEND, TDRE：ICSRレジスタのビット

回路です．LCDドライバや外付けEEPROMとの通信などに使用でき，マルチマスタ形式のバス規格です．

表11-1にIICの仕様，**図11-1**にIICのブロック図，**図11-2**にSCL，SDA端子の外部回路接続例を示します．また，**図11-3**〜**図11-11**にIIC関連のレジスタを示します．

● 転送クロック

ICCR1レジスタのMSTビットが'0'のとき，転送クロックはSCL端子から入力される外部クロックです．ICCR1レジスタのMSTビットが'1'のとき，転送クロックはICCR1レジスタのCKS0〜CKS3ビットで選択された内部クロックになり，SCL端子から出力されます．**表11-2**に転送レートの設定例を示します．

● 割り込み要求

IICの割り込み要求は，I²Cバス・フォーマット時に6種類，クロック同期型シリアル・フォーマット時に4種類あります．**表11-3**にIICの割り込み要求を示します．これらの割り込み要求はIIC割り込みベクタ・

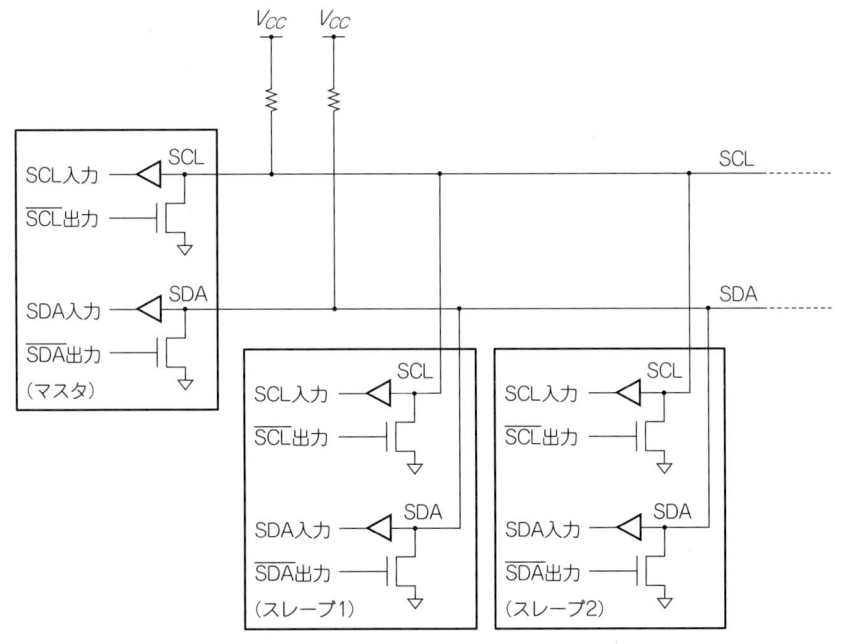

図11-2　SCLとSDA端子の外部回路接続例

```
b7 b6 b5 b4 b3 b2 b1 b0
```

シンボル ICCR1　　アドレス 00B8h番地　　リセット後の値 00h

ビット・シンボル	ビット名	機能	RW
CKS0	転送クロック選択ビット3～0(注1)	b3 b2 b1 b0 0 0 0 0 : f1/28 0 0 0 1 : f1/40 0 0 1 0 : f1/48	RW
CKS1		0 0 1 1 : f1/64 0 1 0 0 : f1/80 0 1 0 1 : f1/100 0 1 1 0 : f1/112 0 1 1 1 : f1/128	RW
CKS2		1 0 0 0 : f1/56 1 0 0 1 : f1/80 1 0 1 0 : f1/96 1 0 1 1 : f1/128	RW
CKS3		1 1 0 0 : f1/160 1 1 0 1 : f1/200 1 1 1 0 : f1/224 1 1 1 1 : f1/256	RW
TRS	送信／受信選択ビット(注2,注3)	b5 b4 0 0：スレーブ受信モード(注4) 0 1：スレーブ送信モード	RW
MST	マスタ／スレーブ選択ビット(注5)	1 0：マスタ受信モード 1 1：マスタ送信モード	RW
RCVD	受信ディセーブル・ビット	TRS=0の状態でICDRRレジスタを読んだ後， 0：次の受信動作を継続 1：次の受信動作を禁止	RW
ICE	IICバス・インターフェース・イネーブル・ビット	0：本モジュールは機能停止状態 　(SCL，SDA端子はポート機能) 1：本モジュールは転送動作可能状態 　(SCL，SDA端子はバス駆動状態)	RW

注1：マスタ・モードでは必要な転送レートに合わせて設定．転送レートについては表11-2を参照．スレーブ・モードでは，送信モード時のデータ・セットアップ時間の確保に使用される．この時間はCKS3=0のとき10Tcyc，CKS3=1のとき20Tcycとなる(1Tcyc=1/f1秒)
注2：TRSビットは転送フレーム間で書き換える
注3：スレーブ受信モードで開始条件後の7ビットがSARレジスタに設定したスレーブ・アドレスと一致し，8ビット目が'1'の場合，TRSビットが'1'になる
注4：I²Cバス・フォーマットのマスタ・モードでバス競合負けすると，MSTおよびTRSビットが'0'になり，スレーブ受信モードになる
注5：クロック同期型シリアル・フォーマットのマスタ受信モードでオーバーラン・エラーが発生した場合，MSTビットが'0'になり，スレーブ受信モードになる

図11-3 IICバス・コントロール・レジスタ1(ICCR1レジスタ)

テーブルに割り付けられているため，各ビットによる要因の判別が必要です．

　表11-3の発生条件が満たされたとき，IIC割り込み要求が発生します．IIC割り込みルーチンで，それぞれの割り込み発生条件を'0'にします．ただし，TDREビットおよびTENDビットはICDRTレジスタに送信データを書くことで，RDRFビットはICDRRレジスタを読むことで，自動的に'0'になります．

　特にTDREビットは，ICDRTレジスタに送信データを書いたときに'0'になり，ICDRTレジスタからICDRSレジスタにデータ転送されたときに'1'になり，さらにTDREビットを'0'にすると，余分に1バイト送信する場合があります．

b7	b6	b5	b4	b3	b2	b1	b0
					✕		

シンボル ICCR2　　アドレス 00B9h番地　　リセット後の値 01111101b

ビット・シンボル	ビット名	機能	RW
—	何も配置されていない．書く場合，'0'を書く．読んだ場合，その値は'1'		—
IICRST	IICコントロール部リセット・ビット	I²Cバス・インターフェースの動作中に，通信不具合などによりハングアップしたとき，'1'を書くと，ポートの設定，レジスタの初期化をせずに，I²Cバス・インターフェースのコントロール部をリセットする	RW
—	何も配置されていない 書く場合，'0'を書く．読んだ場合，その値は'1'		—
SCLO	SCL モニタ・フラグ	0：SCL 端子は"L" 1：SCL 端子は"H"	RO
SDAOP	SDAOライト・プロテクト・ビット	SDAOビットを書き換えるとき，同時に'0'を書く（注1） 読んだ場合，その値は'1'	RW
SDAO	SDA 出力値制御ビット	読んだ場合 0：SDA 端子出力が"L" 1：SDA 端子出力が"H" 書いた場合（注1，注2） 0：SDA 端子出力が"L"に変更する 1：SDA 端子出力をハイ・インピーダンスに変更する（外部プルアップ抵抗によって，"H"出力）	RW
SCP	開始/停止条件発行禁止ビット	BBSYビットに書くとき，同時に'0'を書く（注3） 読んだ場合，その値は'1' '1'を書き込んでも無効になる	RW
BBSY	バス・ビジー・ビット（注4）	読んだ場合 0：バスが開放状態（SCL 信号が"H"の状態でSDA 信号が"L"から"H"に変化） 1：バスが占有状態（SCL 信号が"H"の状態でSDA 信号が"H"から"L"に変化） 書いた場合（注3） 0：停止条件を発行 1：開始条件を発行	RW

注1：SDAOビットを書き換える場合は，同時にSDAOPビットに'0'をMOV命令を使用して書く
注2：転送動作中に書かない
注3：マスタ・モード時に有効．BBSYビットに書く場合は，同時にSCPビットに'0'をMOV命令を使用して書く．開始条件の再発行時も，同様に実施する
注4：クロック同期型シリアル・フォーマット時は無効

図11-4　IICバス・コントロール・レジスタ2（ICCR2レジスタ）

b7 b6 b5 b4 b3 b2 b1 b0
☐ ☐ ☐ 0 ☒ ☐ ☐ ☐

シンボル: ICMR
アドレス: 00BAh 番地
リセット後の値: 00011000b

ビット・シンボル	ビット名	機能	RW
BC0	ピット・カウンタ2～0	I²Cバス・フォーマット(読み出し時は残りの転送ビット数，書き込み時は次に転送するデータのビット数)(注1, 注2) b2 b1 b0 0 0 0：9ビット(注3) 0 0 1：2ビット 0 1 0：3ビット 0 1 1：4ビット	RW
BC1		1 0 0：5ビット 1 0 1：6ビット 1 1 0：7ビット 1 1 1：8ビット クロック同期式シリアル・フォーマット(読み出し時は残りの転送ビット数，書き込み時はつねに000bを書く) b2 b1 b0 0 0 0：8ビット 0 0 1：1ビット 0 1 0：2ビット	RW
BC2		0 1 1：3ビット 1 0 0：4ビット 1 0 1：5ビット 1 1 0：6ビット 1 1 1：7ビット	RW
BCWP	BCライト・プロテクト・ビット	BC0～BC2ビットを書き換えるとき，同時に'0'を書く(注2, 注4) 読んだ場合，その値は'1'	RW
―	何も配置されていない	書く場合，'0'を書く．読んだ場合，その値は'1'	―
―	予約ビット	'0'にする	RW
WAIT	ウェイト挿入ビット(注6)	0：ウェイトなし(データとアクノリッジを連続して転送) 1：ウェイトあり(データの最終ビットのクロックが立ち下がった後，2転送クロック分"L"を延長)	RW
MLS	MSBファースト/LSBファースト選択ビット	0：MSBファーストでデータ転送(注6) 1：LSBファーストでデータ転送	RW

注1：転送フレーム間で書き換える．000b以外の値を書くときは，SCL信号が"L"のときに書く
注2：BC0～BC2ビットに書く場合は，同時にBCWPビットに'0'をMOV命令を使用して書く
注3：アクノリッジを含むデータ転送終了後，自動的に000bになる
注4：クロック同期型シリアル・フォーマット時は書き換えない
注5：I²Cバス・フォーマットのマスタ・モード時に，設定値が有効です．I²Cバス・フォーマットのスレーブ・モード時およびクロック同期型シリアル・フォーマット時は無効
注6：I²Cバス・フォーマット時は，'0'にする

図11-5 IICバス・モード・レジスタ1(ICMRレジスタ)

b7	b6	b5	b4	b3	b2	b1	b0	シンボル ICIER	アドレス 00BBh番地		リセット後の値 00h	

ビット・シンボル	ビット名	機能	RW
ACKBT	送信アクノリッジ選択ビット	0：受信モード時，アクノリッジのタイミングで'0'を送出 1：受信モード時，アクノリッジのタイミングで'1'を送出	RW
ACKBR	受信アクノリッジ・ビット	0：送信モード時，受信デバイスから受け取ったアクノリッジ・ビットが'0' 1：送信モード時，受信デバイスから受け取ったアクノリッジ・ビットが'1'	RO
ACKE	アクノリッジ・ビット判定選択ビット	0：受信アクノリッジの内容を無視して連続的に転送 1：受信アクノリッジが'1'の場合，転送中止	RW
STIE	停止条件検出インタラプト・イネーブル・ビット	0：停止条件検出割り込み要求禁止 1：停止条件検出割り込み要求許可	RW
NAKIE	NACK受信インタラプト・イネーブル・ビット	0：NACK受信割り込み要求およびアービトレーション・ロスト/オーバーラン・エラー割り込み要求禁止 1：NACK受信割り込み要求およびアービトレーション・ロスト/オーバーラン・エラー割り込み要求許可[注1]	RW
RIE	レシーブ・インタラプト・イネーブル・ビット	0：受信データ・フルおよびオーバーラン・エラー割り込み要求禁止 1：受信データ・フルおよびオーバーラン・エラー割り込み要求許可[注1]	RW
TEIE	トランスミット・エンド・インタラプト・イネーブル・ビット	0：送信終了割り込み要求禁止 1：送信終了割り込み要求許可	RW
TIE	トランスミット・インタラプト・イネーブル・ビット	0：送信データ・エンプティ割り込み要求禁止 1：送信データ・エンプティ割り込み要求許可	RW

注1：オーバーラン・エラー割り込み要求はクロック同期型フォーマット時

図11-6　IICバス・インタラプト・イネーブル・レジスタ1（ICIERレジスタ）

b7	b6	b5	b4	b3	b2	b1	b0

シンボル	アドレス	リセット後の値
ICSR	00BCh 番地	00h

ビット・シンボル	ビット名	機能	RW
ADZ	ゼネラル・コール・アドレス認識フラグ(注1, 注2)	ゼネラル・コール・アドレスを検出したとき，'1'になる	RW
AAS	スレーブ・アドレス認識フラグ(注1)	スレーブ受信モードで開始条件直後の第1フレームがSARレジスタのSVA0～SVA6と一致した場合，'1'になる(スレーブ・アドレス検出，ゼネラル・コール・アドレス検出)	RW
AL	アービトレーション・ロスト・フラグ／オーバーラン・エラー・フラグ(注1)	I²Cバス・フォーマットの場合，マスタ・モード時にバス競合負けしたことを示す．次のときに'1'になる(注3) ・マスタ送信モード時，SCL信号の立ち上がりで内部SDA信号とSDA端子のレベルが不一致のとき ・マスタ送信／受信モード時，開始条件検出時にSDA端子が"H"のとき クロック同期フォーマットの場合，オーバーラン・エラーが発生したことを示す．次のときに'1'になる ・RDRFビットが'1'の状態で，次のデータの最終ビットを受信したとき	RW
STOP	停止条件検出フラグ(注1)	フレームの転送の完了後に停止条件を検出したとき，'1'になる	RW
NACKF	ノー・アクノリッジ検出フラグ(注1, 注4)	送信時，受信デバイスからアクノリッジがなかったとき，'1'になる	RW
RDRF	レシーブ・データ・レジスタ・フル(注1, 注5)	ICDRSレジスタからICDRRレジスタに受信データが転送されたとき，'1'になる	RW
TEND	トランスミット・エンド(注1, 注6)	I²Cバス・フォーマットの場合，TDREビットが'1'の状態でSCL信号の9クロック目が立ち上がったとき，'1'になる クロック同期フォーマットの場合，送信フレームの最終ビットを送出したとき，'1'になる	RW
TDRE	トランスミット・データ・エンプティ(注1, 注6)	次のときに'1'になる ・ICDRTレジスタからICDRSレジスタにデータ転送されて，ICDRTレジスタが空になったとき ・ICCR1レジスタのTRSビットを'1'(送信モード)にしたとき ・開始条件(再送含む)を発行したとき ・スレーブ受信モードからスレーブ送信モードに変わったとき	RW

注1：各ビットは'1'を読んだ後，'0'を書くと'0'になる
注2：I²Cバス・フォーマットのスレーブ受信モードのとき有効
注3：複数のマスタがほぼ同時にバスを占有しようとしたときに，IICはSDAをモニタし，自分が出したデータと異なった場合，ALフラグを'1'にして，バスがほかのマスタによって占有されたことを示す
注4：NACKFビットはICIERレジスタのACKEビットが'1'(受信アクノリッジが'1'の場合，転送中止)のとき有効
注5：RDRFビットはICDRRレジスタからデータを読み出したとき，'0'になる
注6：TEND，TDREビットはICDRTレジスタにデータを書いたとき，'0'になる

図11-7　IICバス・ステータス・レジスタ(ICSRレジスタ)

b7 b6 b5 b4 b3 b2 b1 b0	シンボル SAR	アドレス 00BDh 番地	リセット後の値 00h	
ビット・シンボル	ビット名		機能	RW
FS	フォーマット選択ビット		0：I²C バス・フォーマット 1：クロック同期式シリアル・フォーマット	RW
SVA0 SVA1 SVA2 SVA3 SVA4 SVA5 SVA6	スレーブ・アドレス 6～0		I²C バスに接続するほかのスレーブ・デバイスと異なるアドレスを設定する I²C バス・フォーマットのスレーブ・モード時，開始条件後に送られてくる第 1 フレームの上位 7 ビットと，SVA0 ～ SVA6 が一致したとき，スレーブ・デバイスとして動作する	RW

図11-8　スレーブ・アドレス・レジスタ（SARレジスタ）

b7 b6 b5 b4 b3 b2 b1 b0	シンボル ICDRT	アドレス 00BEh 番地	リセット後の値 FFh	
		機　能		RW
	送信データを保管 ICDRS レジスタの空きが検出されると，保管されている送信データが ICDRS レジスタへ転送されて，送信が開始する ICDRS レジスタからデータを送信中に，ICDRT レジスタに次の送信データを書いておくと，連続して送信できる ICMR レジスタの MLS ビットが '1'（LSB ファーストでデータ転送）の場合，ICDRT レジスタに書いた後，読み出すと，MSB と，LSB が反転したデータが読み出される			RW

図11-9　IICバス送信データ・レジスタ（ICDRTレジスタ）

b7 b6 b5 b4 b3 b2 b1 b0	シンボル ICDRR	アドレス 00BFh 番地	リセット後の値 FFh	
		機　能		RW
	受信データを保管 ICDRS レジスタが 1 バイトのデータを受信すると，ICDRR レジスタへ受信データが転送されて，次の受信が可能になる			RO

図11-10　IICバス受信データ・レジスタ（ICDRRレジスタ）

b7 b6 b5 b4 b3 b2 b1 b0	シンボル ICDRS			
		機　能		RW
	データを送受信するシフトレジスタ 送信時は ICRDT レジスタから送信データが ICDRS レジスタに転送され，データが SDA 端子から送出される 受信時は 1 バイトのデータの受信が終了すると，データが ICDRS レジスタから ICDRR レジスタへ転送される			―

図11-11　IICバス・シフトレジスタ（ICDRSレジスタ）

11-2　I²Cバス・フォーマット

　SARレジスタのFSビットを'0'にすると，I²Cバス・フォーマットで通信します．**図11-12**にI²Cバス・フォーマットとバス・タイミングを示します．開始条件に続く第1フレームは，つねに8ビット構成になります．

● マスタ送信動作

　マスタ送信モードでは，マスタ・デバイスが送信クロックと送信データを出力し，スレーブ・デバイスがアクノリッジを返します．**図11-13**，**図11-14**にマスタ送信モードの動作タイミングを示します．以下にマスタ送信モードの送信手順と動作を示します．

(1) ICCR1レジスタのICEビットを'1'（転送動作可能状態）にします．その後，ICMRレジスタのWAIT，MLSビット，ICCR1レジスタのCKS0～CKS3ビットなどを設定します（初期設定）．

(2) ICCR2レジスタのBBSYビットを読んで，バスが開放状態であることを確認後，ICCR1レジスタのTRS，MSTビットをマスタ送信モードに設定します．その後，BBSY=1とSCP=0をMOV命令で書きます（開始条件発行）．これにより開始条件を生成します．

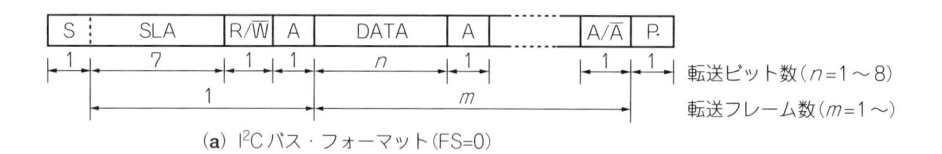

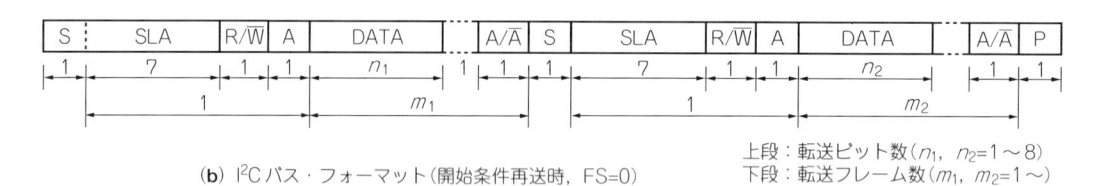

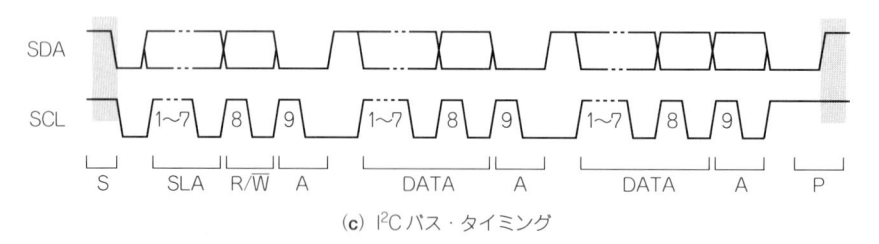

```
| S | SLA | R/W̄ | A | DATA | A |   | A/Ā | P. |
  1   7     1    1    n     1        1    1    転送ビット数(n=1～8)
      1                m                        転送フレーム数(m=1～)
```

(a) I²Cバス・フォーマット (FS=0)

```
| S | SLA | R/W̄ | A | DATA | A/Ā | S | SLA | R/W̄ | A | DATA | A/Ā | P |
  1   7     1    1   n₁     1     1   7     1    1   n₂     1     1
       1             m₁              1              m₂
```

(b) I²Cバス・フォーマット（開始条件再送時，FS=0）

上段：転送ビット数(n_1, n_2=1～8)
下段：転送フレーム数(m_1, m_2=1～)

(c) I²Cバス・タイミング

- S　　：開始条件．マスタ・デバイスはSCLが"H"の状態で，SDAを"H"から"L"に変化する
- SLA　：スレーブ・アドレス
- R/W　：送受信の方向を示す．'1'のときスレーブ・デバイスからマスタ・デバイスへ，'0'のときマスタ・デバイスからスレーブ・デバイスへデータを送信する
- A　　：アクノリッジ．受信デバイスがSDAを"L"にする
- DATA：送受信データ
- P　　：停止条件．マスタ・デバイスはSCLが"H"の状態で，SDAを"L"から"H"に変化させる

図11-12　I²Cバス・フォーマットとバス・タイミング

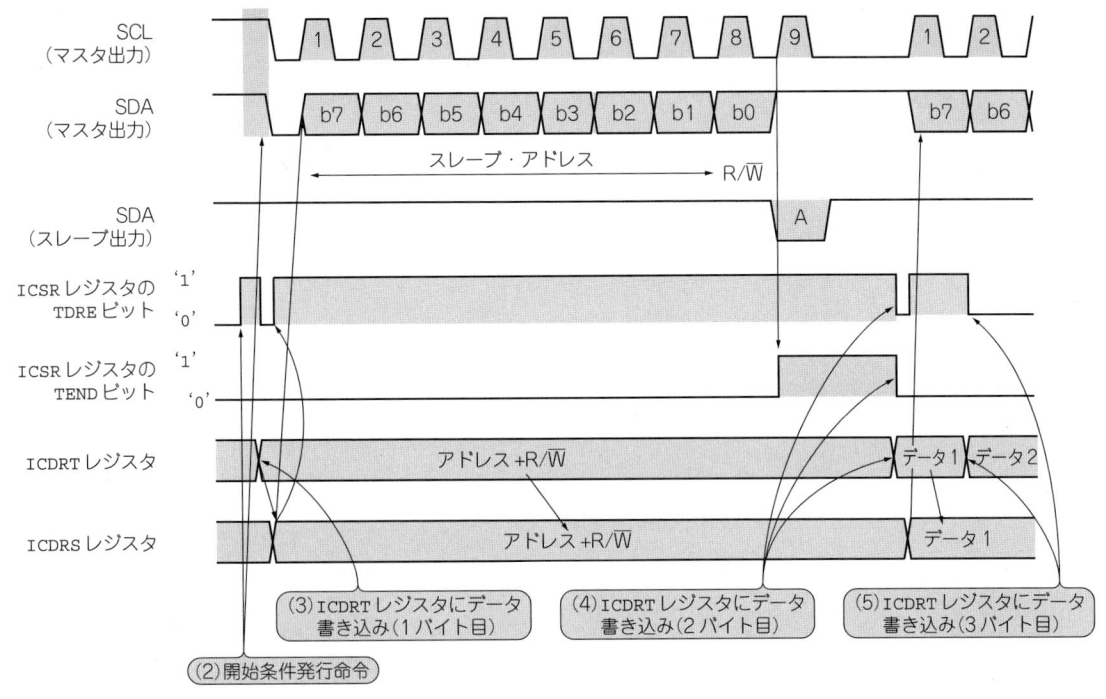

図11-13 マスタ送信モードの動作タイミング(1)

(2) 開始条件発行命令
(3) ICDRTレジスタにデータ書き込み(1バイト目)
(4) ICDRTレジスタにデータ書き込み(2バイト目)
(5) ICDRTレジスタにデータ書き込み(3バイト目)

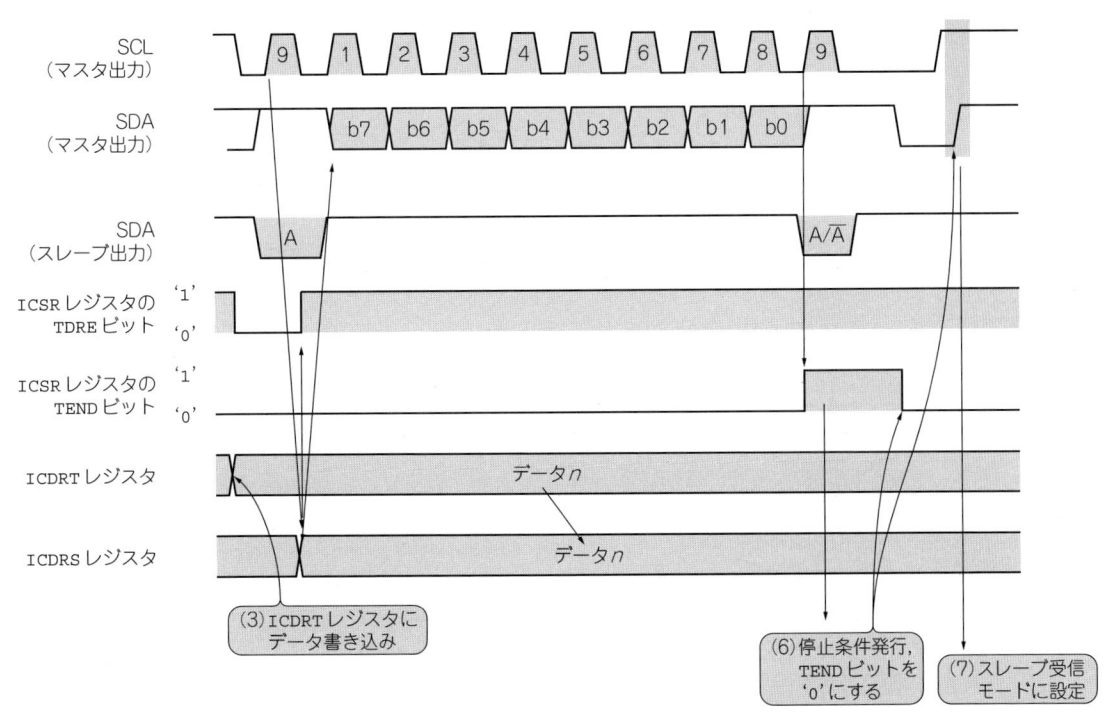

図11-14 マスタ送信モードの動作タイミング(2)

(3) ICDRTレジスタにデータ書き込み
(6) 停止条件発行,TENDビットを'0'にする
(7) スレーブ受信モードに設定

11-2 I²Cバス・フォーマット

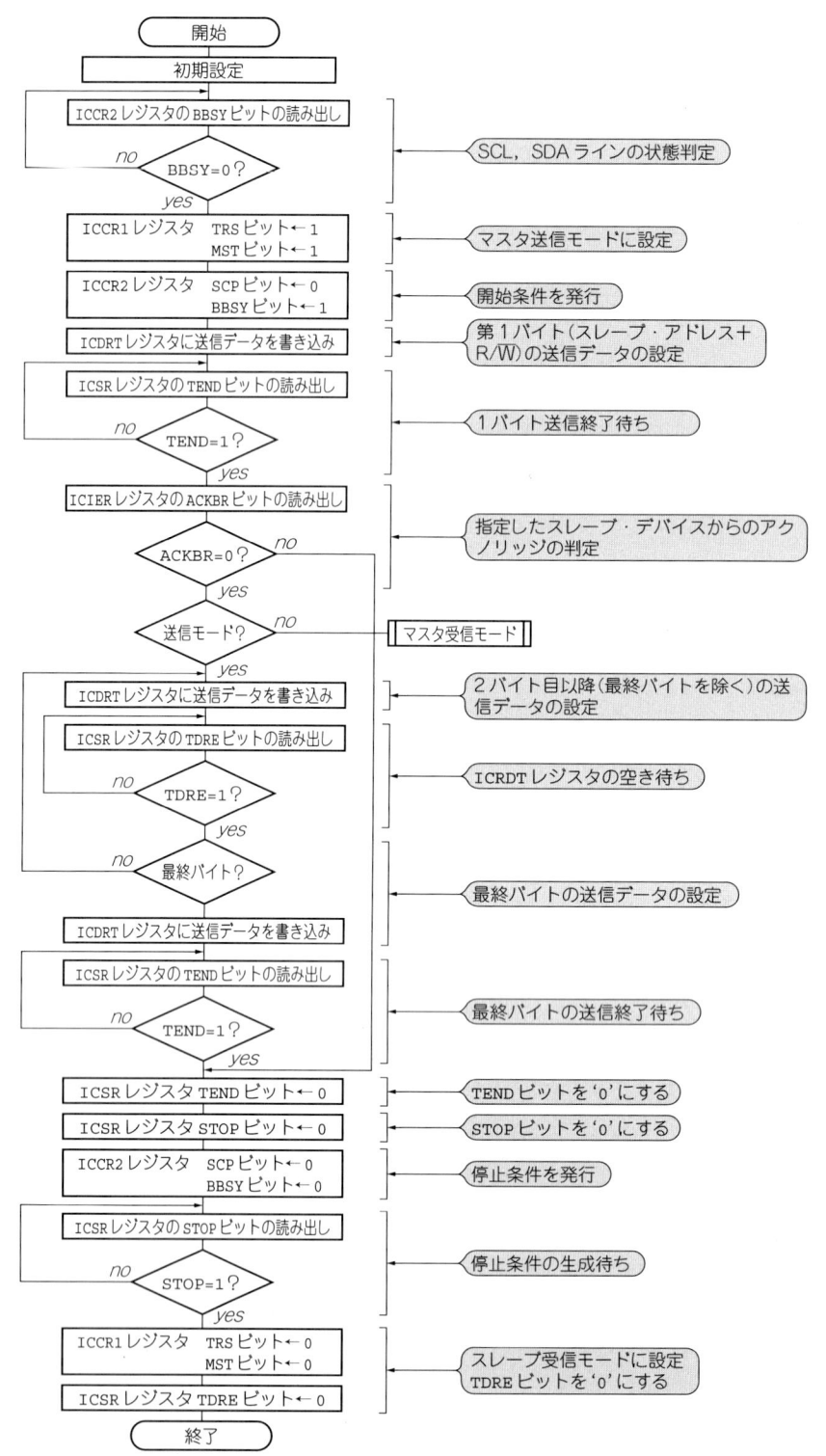

図11-15 マスタ送信モードのレジスタ設定例

(3) ICSRレジスタのTDREビットが'1'であることを確認した後，ICDRTレジスタに送信データ（1バイト目はスレーブ・アドレスとR/$\overline{\text{W}}$を示すデータ）を書きます．このときTDREビットは自動的に'0'になり，ICDRTレジスタからICDRSレジスタにデータが転送されて，再びTDREビットが'1'になります．

(4) TDREビットが'1'の状態で1バイト送信が完了し，送信クロックの9クロック目の立ち上がりでICSRレジスタのTENDビットが'1'になります．ICIERレジスタのACKBRビットを読んで，スレーブ・デバイスが選択されたことを確認した後，2バイト目のデータをICDRTレジスタに書きます．

ACKBRビットが'1'のときはスレーブ・デバイスが認識されていないため，停止条件を発行します．停止条件の発行は，BBSY=0とSCP=0をMOV命令で書くことで行われます．なおデータの準備ができるまで，または停止条件を発行するまではSCLが"L"に固定されます．

(5) 2バイト目以降の送信データは，TDREビットが'1'になるたびに，ICDRTレジスタにデータを書きます．

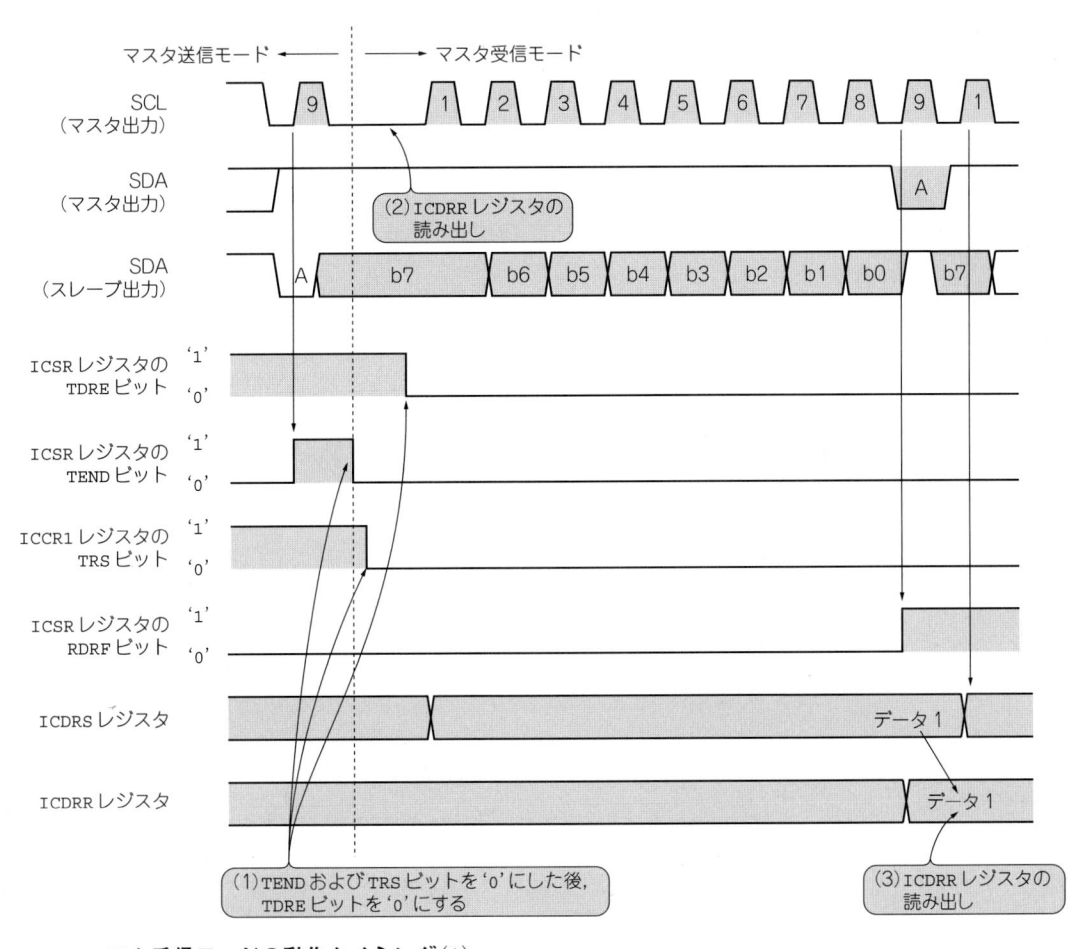

図11-16 マスタ受信モードの動作タイミング(1)

(6) 送信するバイト数をICDRTレジスタに書いたとき，その後はTDREビットが'1'の状態でTENDビットが'1'になるまで待ちます．または，ICIERレジスタのACKEビットが'1'（受信アクノリッジが'1'の場合，転送中止）の状態で，受信デバイスからのNACK（ICSRレジスタのNACKF=1）を待ちます．その後，停止条件を発行してTENDビット，あるいはNACKFビットを'0'にします．

(7) ICSRレジスタのSTOPビットが'1'になったとき，スレーブ受信モードに戻します．

マスタ送信モードのレジスタ設定例を**図11-15**に示します．

● マスタ受信動作

受信してアクノリッジを返します．**図11-16**，**図11-17**にマスタ受信モードの動作タイミングを示します．以下にマスタ受信モードの受信手順と動作を示します．

(1) ICSRレジスタのTENDビットを'0'にした後，ICCR1レジスタのTRSビットを'0'にして，マスタ送信モードからマスタ受信モードに切り替えます．その後，ICSRレジスタのTDREビットを'0'にします．

(2) ICDRRレジスタをダミー・リードすると受信を開始し，内部クロックに同期して受信クロックを出力し，データを受信します．マスタ・デバイスは受信クロックの9クロック目に，ICIERレジスタのACKBTビットで設定したレベルを，SDAに出力します．

(3) 1フレームのデータ受信が終了し，受信クロックの9クロック目の立ち上がりで，ICSRレジスタのRDRFビットが'1'になります．このとき，ICDRRレジスタを読むと，受信したデータを読み出すことができ，同時にRDRFビットは'0'になります．

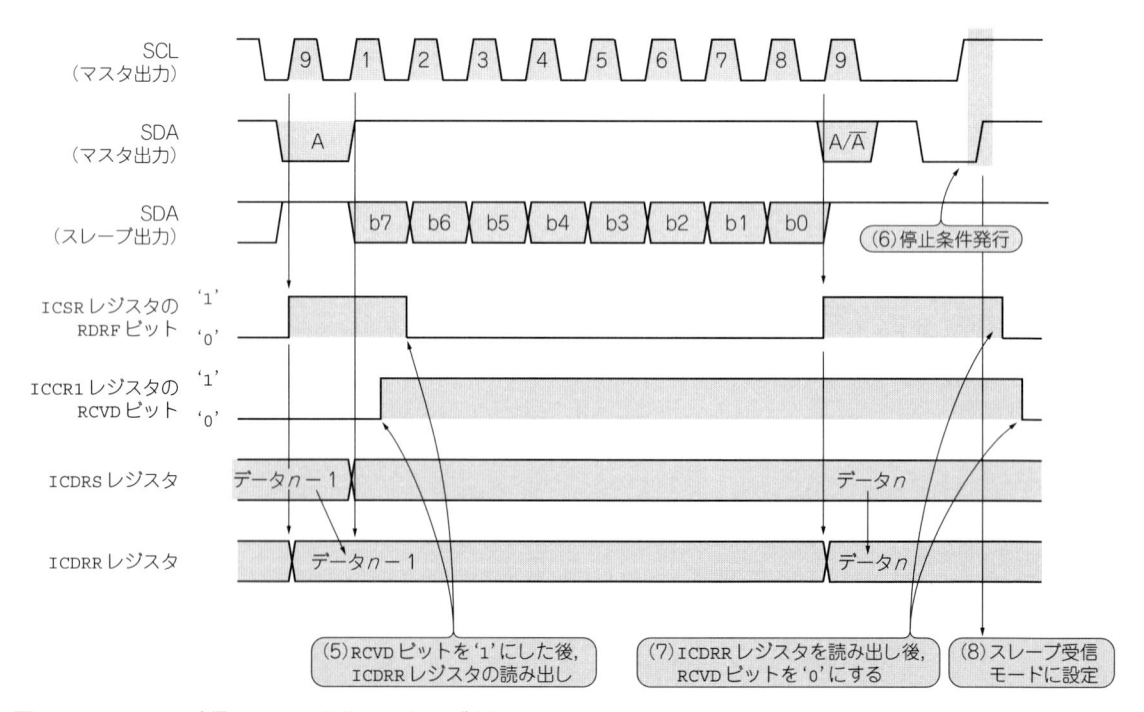

図11-17 マスタ受信モードの動作タイミング(2)

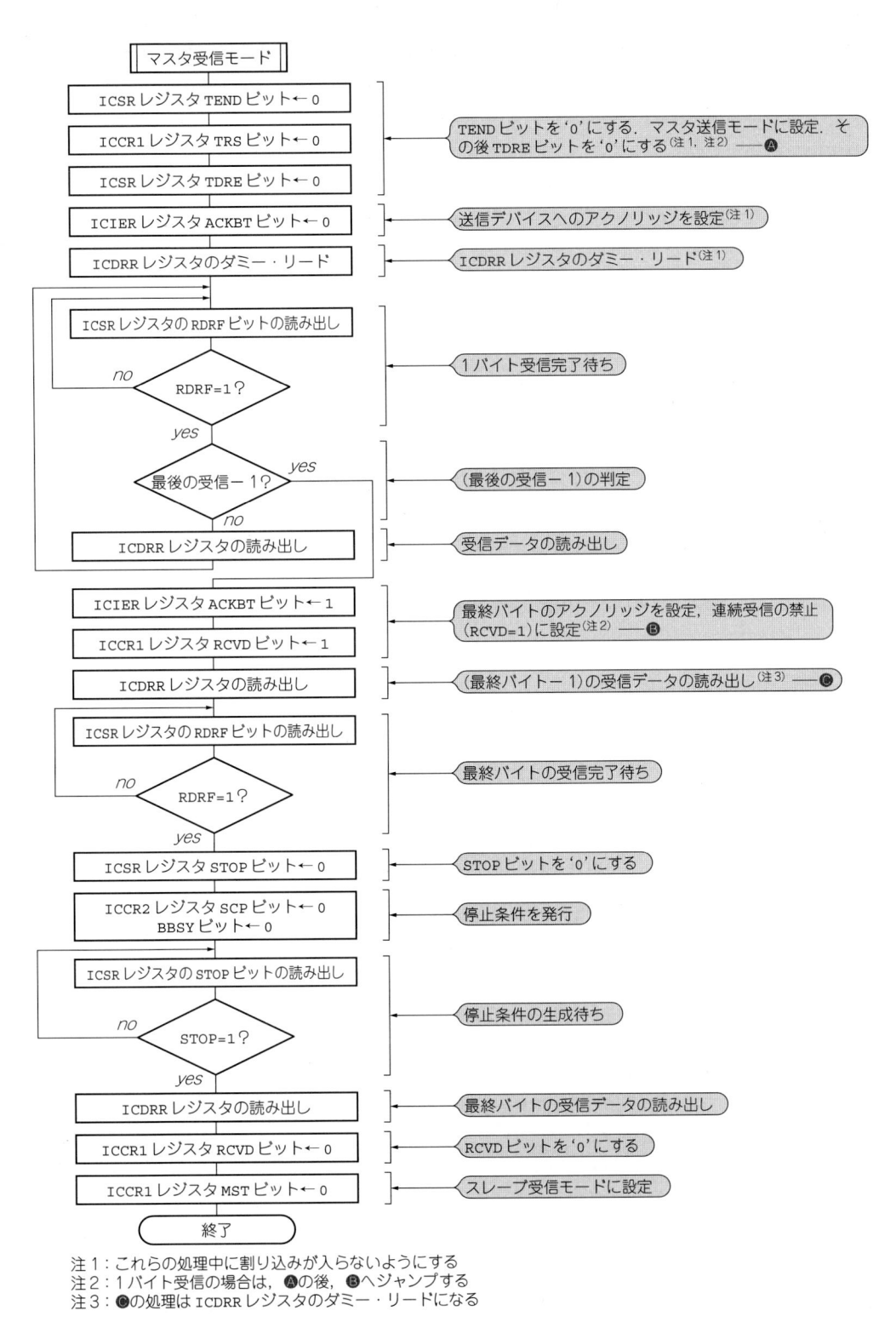

```
                  ┌──────────────────┐
                  │  マスタ受信モード  │
                  └──────────────────┘
                           │
          ┌────────────────────────────────┐
          │ ICSRレジスタ TEND ビット ← 0    │ ┐
          ├────────────────────────────────┤ │  TENDビットを'0'にする．マスタ送信モードに設定．そ
          │ ICCR1レジスタ TRS ビット ← 0    │ ├─ の後TDREビットを'0'にする(注1, 注2) ── Ⓐ
          ├────────────────────────────────┤ │
          │ ICSRレジスタ TDRE ビット ← 0    │ ┘
          ├────────────────────────────────┤
          │ ICIERレジスタ ACKBT ビット ← 0  │ ── 送信デバイスへのアクノリッジを設定(注1)
          ├────────────────────────────────┤
          │ ICDRRレジスタのダミー・リード    │ ── ICDRRレジスタのダミー・リード(注1)
          └────────────────────────────────┘
```

図11-18 マスタ受信モードのレジスタ設定例

注1：これらの処理中に割り込みが入らないようにする
注2：1バイト受信の場合は，Ⓐの後，Ⓑへジャンプする
注3：Ⓒの処理は ICDRR レジスタのダミー・リードになる

(フローチャート続き)

- ICSRレジスタのRDRFビットの読み出し → RDRF=1? (no→ループ, yes→次へ) : 1バイト受信完了待ち
- 最後の受信−1? (yes→Ⓑへ, no→次へ) : (最後の受信−1)の判定
- ICDRRレジスタの読み出し : 受信データの読み出し
- ICIERレジスタ ACKBT ビット ← 1
- ICCR1レジスタ RCVD ビット ← 1 : 最終バイトのアクノリッジを設定，連続受信の禁止 (RCVD=1)に設定(注2) ── Ⓑ
- ICDRRレジスタの読み出し : (最終バイト−1)の受信データの読み出し(注3) ── Ⓒ
- ICSRレジスタのRDRFビットの読み出し → RDRF=1? (no→ループ, yes→次へ) : 最終バイトの受信完了待ち
- ICSRレジスタ STOP ビット ← 0 : STOPビットを'0'にする
- ICCR2レジスタ SCP ビット ← 0, BBSY ビット ← 0 : 停止条件を発行
- ICSRレジスタの STOP ビットの読み出し → STOP=1? (no→ループ, yes→次へ) : 停止条件の生成待ち
- ICDRRレジスタの読み出し : 最終バイトの受信データの読み出し
- ICCR1レジスタ RCVD ビット ← 0 : RCVDビットを'0'にする
- ICCR1レジスタ MST ビット ← 0 : スレーブ受信モードに設定
- 終了

(4) RDRFビットが'1'になるたびにICDRRレジスタを読むことで，連続的に受信できます．なお，別処理でRDRFビットが'1'になった状態で，ICDRRレジスタの読み出しが遅れて8クロック目が立ち下がった場合，ICDRRレジスタを読むまでSCLが"L"に固定されます．

(5) 次の受信が最終フレームの場合，ICDRRレジスタを読む前にICCR1レジスタのRCVDビットを'1'(次の受信動作を禁止)にします．これにより次の受信後，停止条件発行可能状態になります．

(6) 受信クロックの9クロック目の立ち上がりでRDRFビットが'1'になったとき，停止条件を発行します．

(7) ICSRレジスタのSTOPビットが'1'になったとき，ICDRRレジスタを読みます．その後，RCVDビットを'0'(次の受信動作を継続)にします．

(8) スレーブ受信モードに戻します．

マスタ受信モードのレジスタ設定例を**図11-18**に示します．

● スレーブ送信動作

スレーブ送信モードでは，スレーブ・デバイスが送信データを出力し，マスタ・デバイスが受信クロックを出力してアクノリッジを返します．**図11-19**，**図11-20**にスレーブ送信モードの動作タイミングを示し

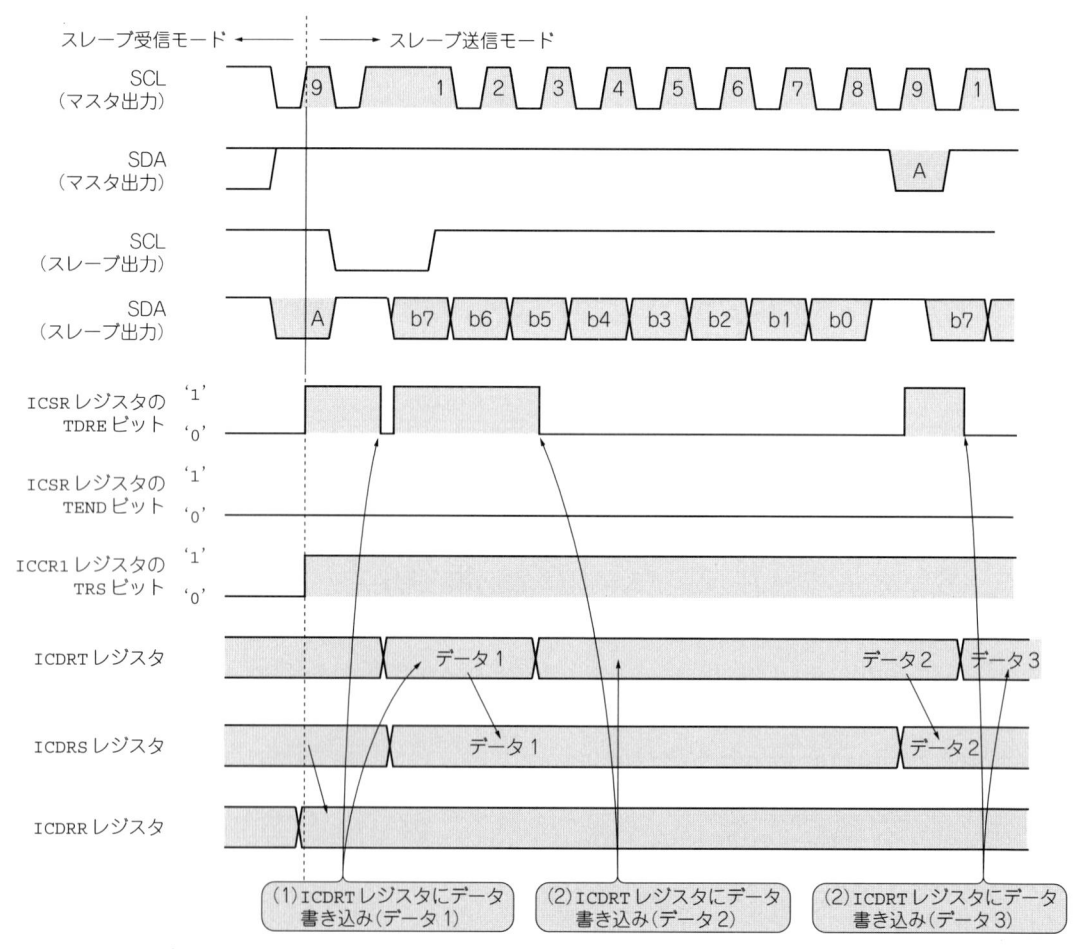

図11-19 スレーブ送信モードの動作タイミング(1)

ます．以下にスレーブ送信モードの送信手順と動作を示します．
(1) ICCR1レジスタのICEビットを'1'(転送動作可能状態)にします．その後，ICMRレジスタのWAIT，MLSビット，ICCR1レジスタのCKS0〜CKS3ビットなどを設定します(初期設定)．次にICCR1レジスタのTRS，MSTビットを'0'にして，スレーブ受信モードでスレーブ・アドレスが一致するまで待ちます．
(2) 開始条件を検出した後の第1フレームでスレーブ・アドレスが一致したとき，9クロック目の立ち上がりで，スレーブ・デバイスはICIERレジスタのACKBTビットで設定したレベルをSDAに出力します．このとき，8ビット目のデータ($R/\overline{W}$)が'1'のとき，TRSビットおよびICSRレジスタのTDREビットが'1'になり，自動的にスレーブ送信モードに切り替わります．
TDREビットが'1'になるたびにICDRTレジスタに送信データを書くと，連続送信が可能です．
(3) 最終送信データをICDRTレジスタに書いた後にTDREビットが'1'になったとき，TDREビットが'1'の状態でICSRレジスタのTENDビットが'1'になるまで待ちます．TENDビットが'1'になったら，TENDビットを'0'にします．

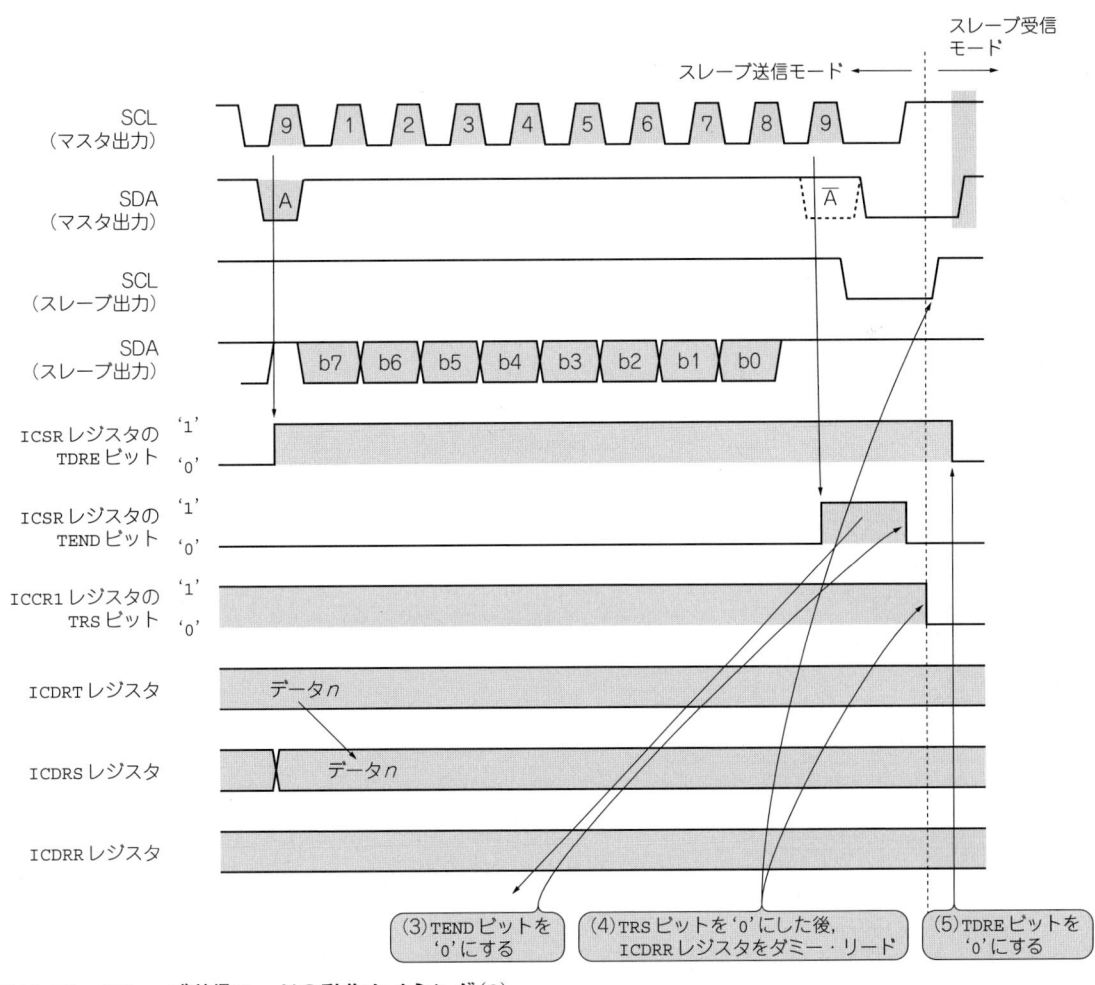

図11-20　スレーブ送信モードの動作タイミング(2)

(4) 終了処理のためTRSビットを'0'にし，ICDRRレジスタをダミー・リードします．これによりSCLが開放されます．
(5) TDREビットを'0'にします．
　スレーブ送信モードのレジスタ設定例を**図11-21**に示します．

● スレーブ受信動作

　スレーブ受信モードでは，マスタ・デバイスが送信クロックと送信データを出力し，スレーブ・デバイスがアクノリッジを返します．**図11-22**，**図11-23**にスレーブ受信モードの動作タイミングを示します．以下にスレーブ受信モードの受信手順と動作を示します．

(1) ICCR1レジスタのICEビットを'1'（転送動作可能状態）にします．その後，ICMRレジスタのWAIT，MLSビット，ICCR1レジスタのCKS0～CKS3ビットなどを設定します（初期設定）．次にICCR1レジスタのTRS，MSTビットを'0'にして，スレーブ受信モードでスレーブ・アドレスが一致するまで待ちます．

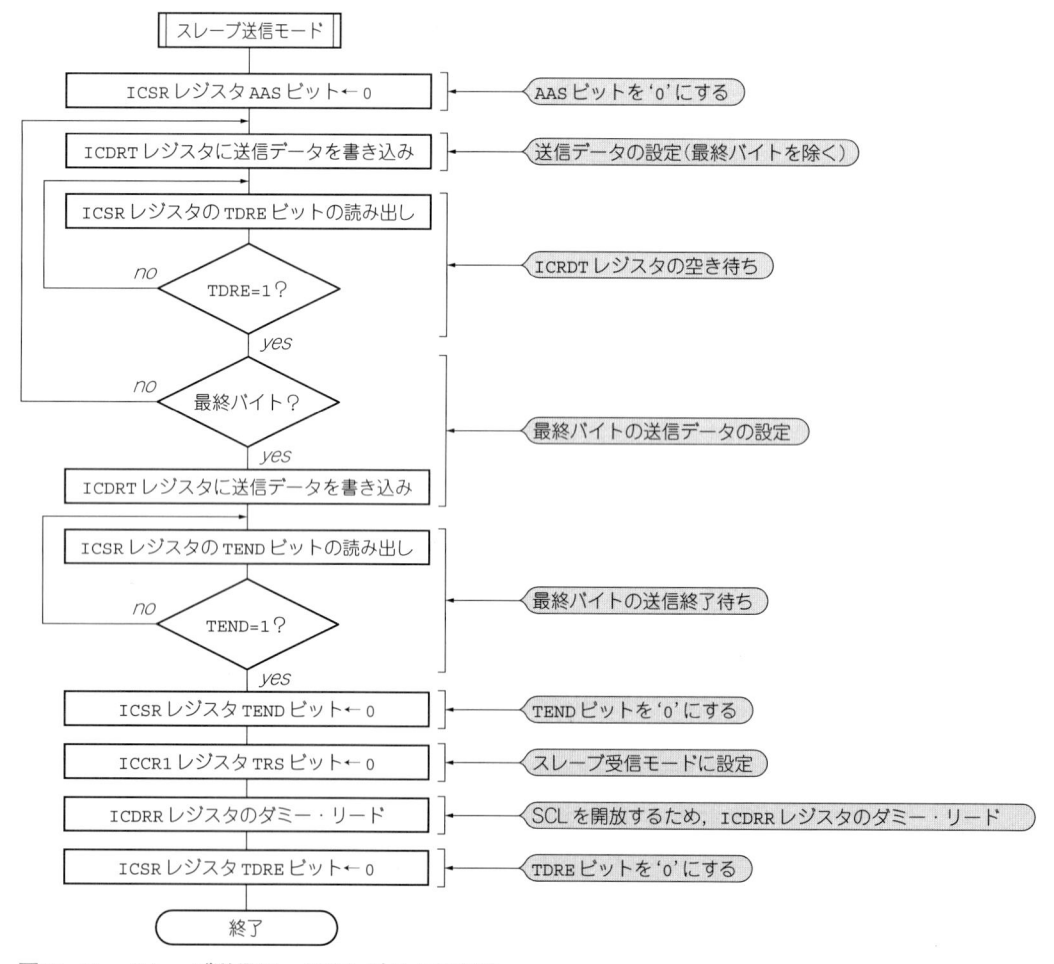

図11-21 スレーブ送信モードのレジスタ設定例

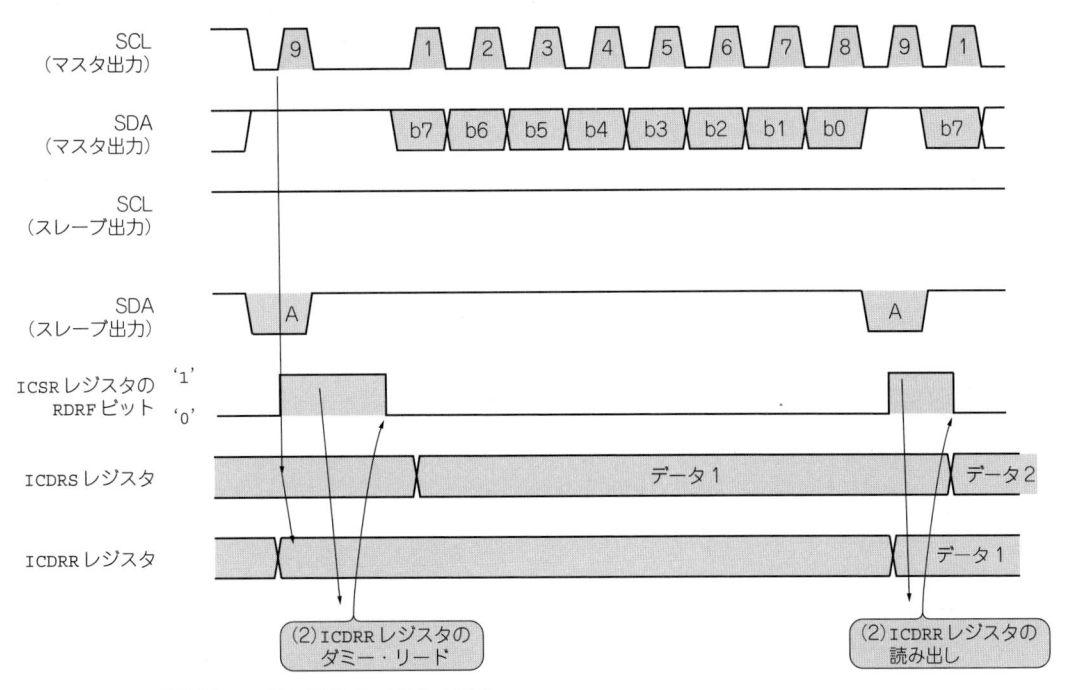

図11-22　スレーブ受信モードの動作タイミング(1)

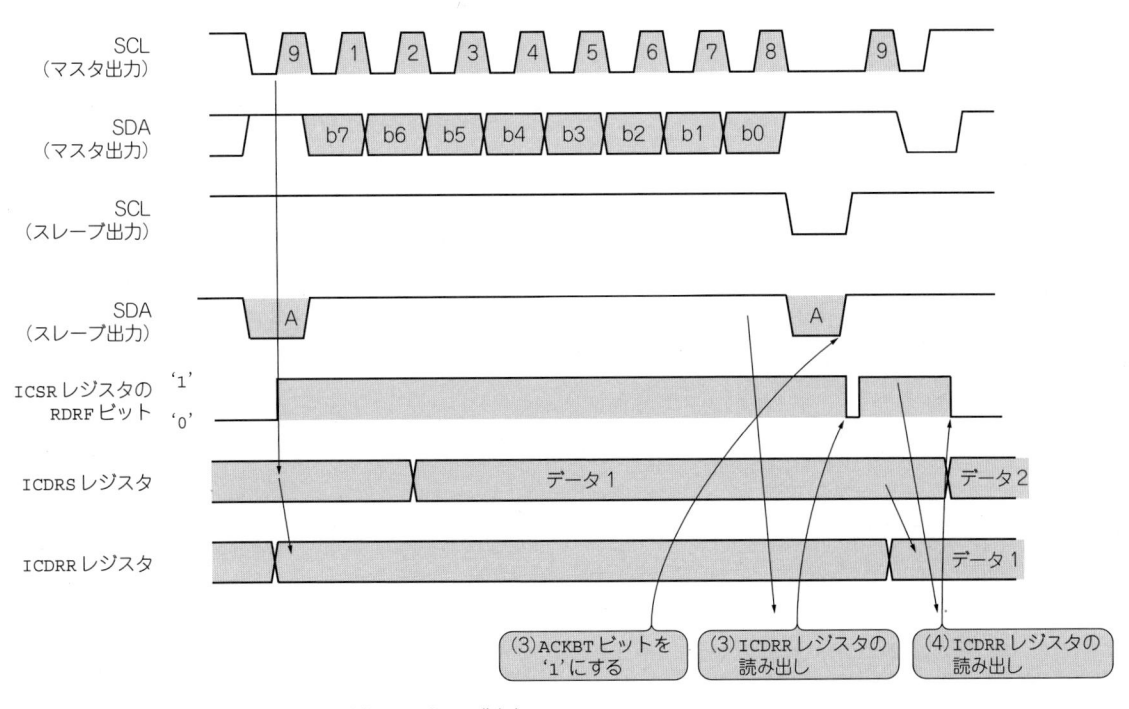

図11-23　スレーブ受信モードの動作タイミング(2)

(2) 開始条件を検出した後の第1フレームでスレーブ・アドレスが一致したとき，9クロック目の立ち上がりでスレーブ・デバイスはICIERレジスタのACKBTビットで設定したレベルをSDAに出力します．同時にICSRレジスタのRDRFビットが'1'になるので，ICDRRレジスタをダミー・リード(読み出したデータはスレーブ・アドレス＋R/Wを示すので不要)します．
(3) RDRFビットが'1'になるたびに，ICDRRレジスタを読みます．RDRFビットが'1'の状態で8クロック目が立ち下がると，ICDRRレジスタを読むまでSCLが"L"に固定されます．ICDRRレジスタを読む前に行ったマスタ・デバイスに返すアクノリッジの設定変更は，次の転送フレームに反映されます．
(4) 最終バイトの読み出しも，同様にICDRRレジスタを読むことで行います．

スレーブ受信モードのレジスタ設定例を図11-24に示します．

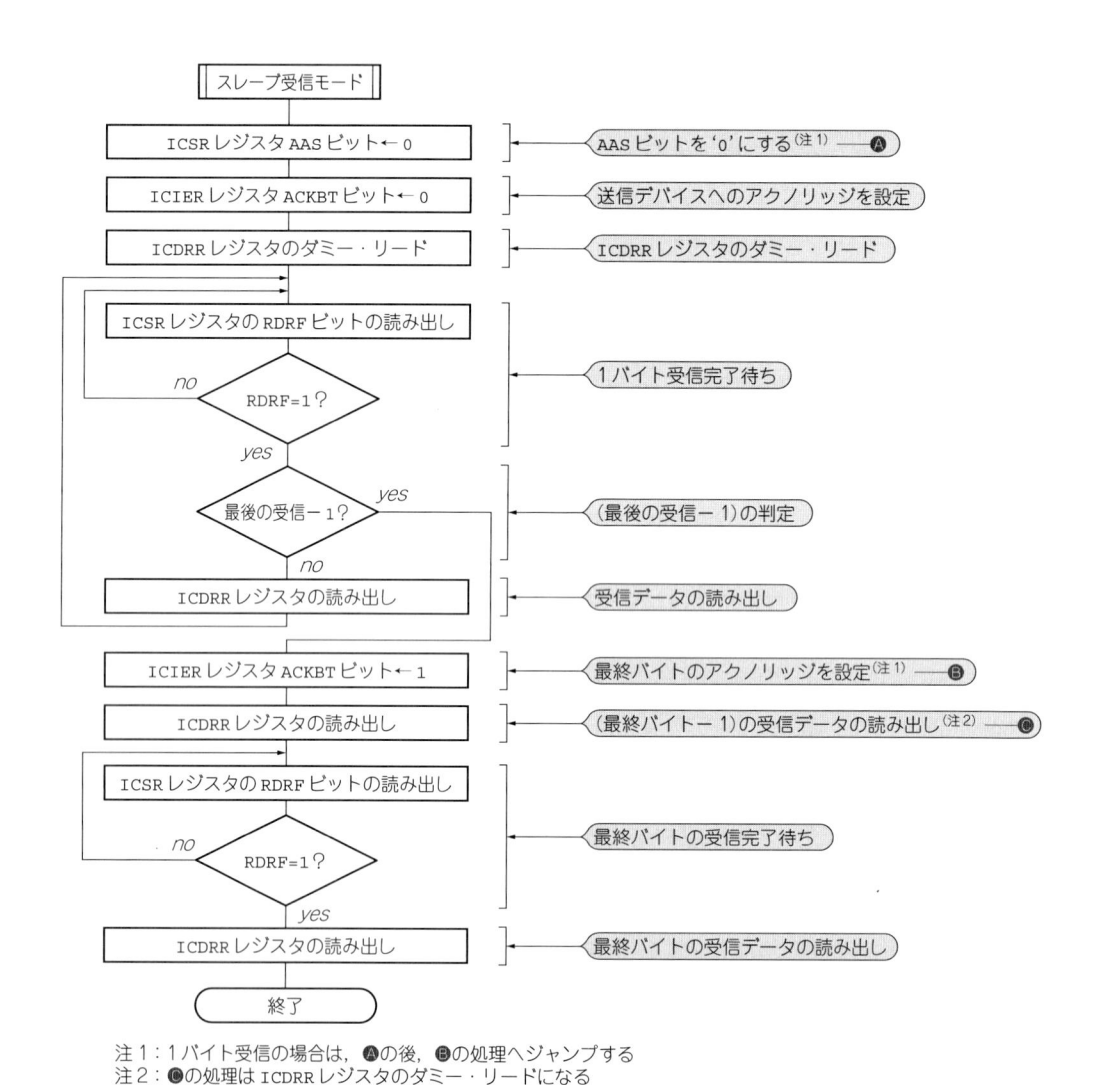

注1：1バイト受信の場合は，Ⓐの後，Ⓑの処理へジャンプする
注2：Ⓒの処理はICDRRレジスタのダミー・リードになる

図11-24 スレーブ受信モードのレジスタ設定例

11-3 クロック同期型シリアル・フォーマット

　SARレジスタのFSビットを'1'にすると，クロック同期型シリアル・フォーマットで通信します．図11-25にクロック同期型シリアル・フォーマットの転送フォーマットを示します．

　ICCR1レジスタのMSTビットが'1'のときSCLから転送クロック出力となり，MSTビットが'0'のとき外部クロック入力となります．

　転送データはSCLクロックの立ち下がりから立ち下がりまで出力され，SCLクロックの立ち上がりエッジのデータの確定が保証されます．データの転送順はICMRレジスタのMLSビットにより，MSBファーストかLSBファーストかを選択可能です．また，ICCR2レジスタのSDAOビットにより，転送待機中にSDAの出力レベルを変更することができます．

● 送信動作

　送信モードでは転送クロックの立ち下がりに同期して，送信データをSDAから出力します．転送クロックはICCR1レジスタのMSTビットが'1'のとき出力，MSTビットが'0'のとき入力となります．図11-26に送信モードの動作タイミングを示します．

図11-25 クロック同期式シリアル・フォーマットの転送フォーマット

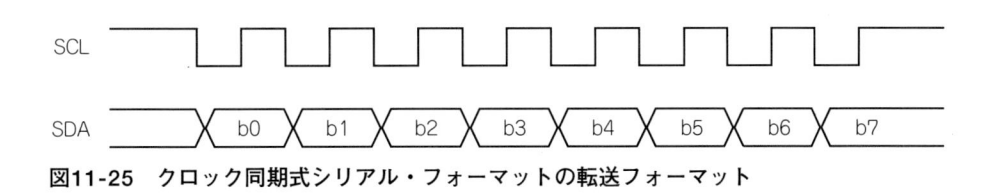

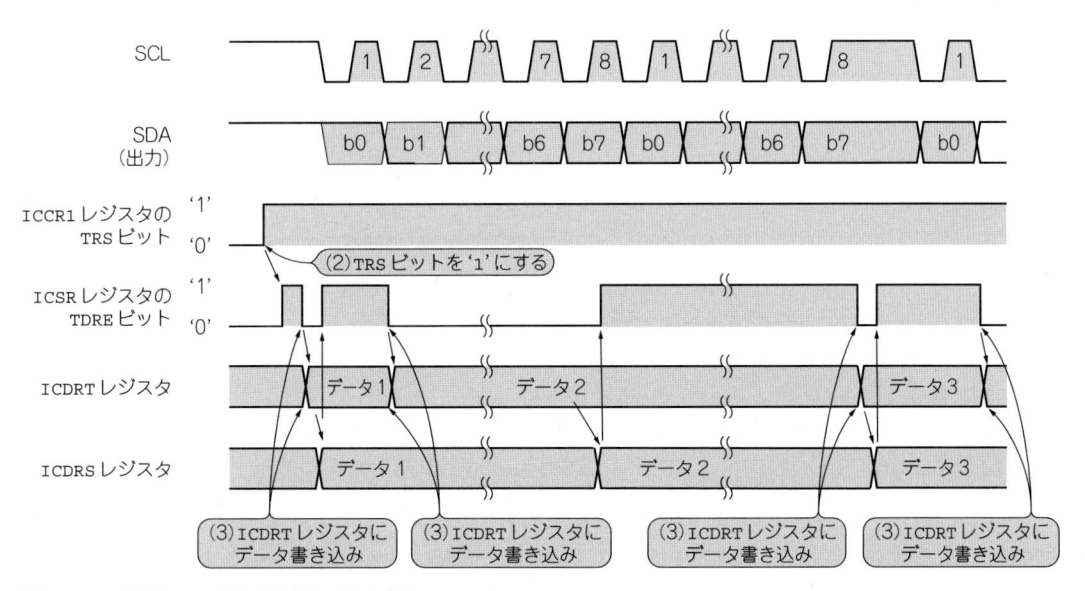

図11-26 送信モードの動作タイミング

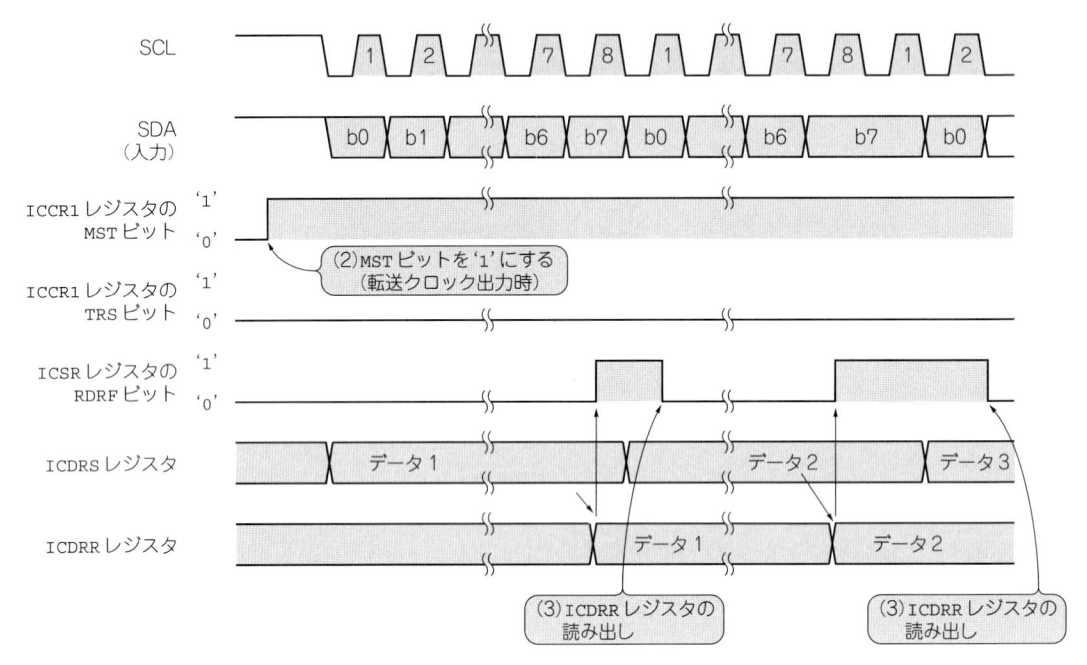

図11-27 受信モードの動作タイミング

　以下に送信モードの手順と動作を示します．
(1) ICCR1レジスタのICEビットを'1'(転送動作可能状態)にします．その後，ICCR1レジスタのCKS0～CKS3ビット，MSTビットなどを設定します(初期設定)．
(2) ICCR1レジスタのTRSビットを'1'にして送信モードにします．これにより，ICSRレジスタのTDREビットが'1'になります．
(3) TDREビットが'1'であることを確認した後，ICDRTレジスタに送信データを書きます．これによりICDRTレジスタからICDRSレジスタにデータが転送され，自動的にTDREビットが'1'になります．TDREビットが'1'になるたびにICDRTレジスタにデータを書くと，連続送信が可能です．なお，送信モードから受信モードに切り替える場合，TDREビットが'1'の状態でTRSビットを'0'にします．

● 受信動作

　受信モードでは転送クロックの立ち上がりで，データをラッチします．転送クロックはICCR1レジスタのMSTビットが'1'のとき出力，MSTビットが'0'のとき入力となります．**図11-27**に受信モードの動作タイミングを示します．以下に受信モードの手順と動作を示します．
(1) ICCR1レジスタのICEビットを'1'(転送動作可能状態)にします．その後，ICCR1レジスタのCKS0～CKS3ビット，MSTビットなどを設定します(初期設定)．
(2) 転送クロックを出力時，MSTビットを'1'にします．これにより受信クロックの出力を開始します．
(3) 受信が完了すると，ICDRSレジスタからICDRRレジスタにデータが転送され，ICSRレジスタのRDRFビットが'1'になります．MSTビットが'1'のときは次バイト・データが受信可能状態のため，連続してクロックを出力します．RDRFビットが'1'になるたびにICDRRレジスタを読むことで，連続的に受信可能です．RDRFビットが'1'の状態で8クロック目が立ち上がるとオーバーランを検出し，ICSRレジスタの

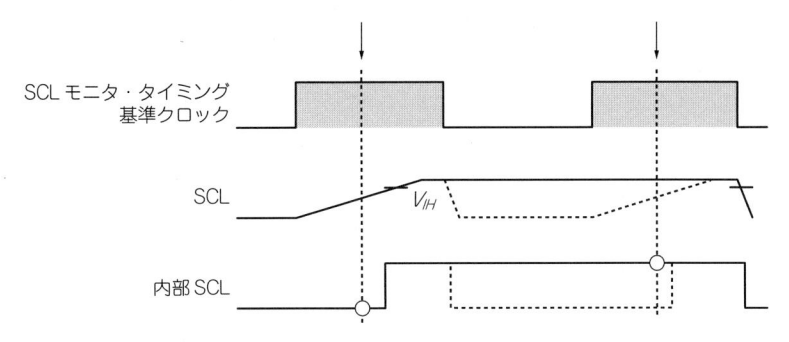

図11-28 ビット同期回路のタイミング

表11-4 SCLを"L"出力からハイ・インピーダンスにした後SCLをモニタするまでの時間

ICCR1 レジスタ		SCLをモニタする時間
CKS3	CKS2	
0	0	7.5Tcyc
0	1	19.5Tcyc
1	0	17.5Tcyc
1	1	41.5Tcyc

1Tcyc＝1/f1秒

ALビットが'1'になります．このときICDRRレジスタには，前の受信データが保持されています．
(4) MSTビットが'1'のとき，受信を停止するためには，ICCR1レジスタのRCVDビットを'1'（次の受信動作を禁止）にしてからICDRRレジスタを読みます．これにより，次バイトデータの受信完了後，SCLが"H"に固定されます．

11-4　ノイズ除去回路とビット同期回路

● ノイズ除去回路

　SCL端子およびSDA端子の状態は，ノイズ除去回路を経由して内部に取り込まれます．
　ノイズ除去回路は2段直列に接続されたラッチ回路と一致検出回路で構成されます．SCL端子入力信号（またはSDA端子入力信号）がf1でサンプリングされ，二つのラッチ出力が一致したとき初めて後段へそのレベルを伝えます．一致しない場合は前の値を保持します．

● ビット同期回路

　IICをマスタ・モードに設定時，
　　・スレーブ・デバイスによりSCLが"L"に保持された場合
　　・SCLラインの負荷（負荷容量，プルアップ抵抗）によりSCLの立ち上がりがゆるやかになった場合
の二つの状態で"H"期間が短くなる可能性があるため，SCLをモニタしてビットごとに同期をとりながら通信します．
　図11-28にビット同期回路のタイミングを，表11-4にSCLを"L"出力からハイ・インピーダンスにした後，SCLをモニタするまでの時間を示します．

[第12章] R8C/10～R8C/13グループの概略

新海 栄治

12-1　R8C/10，R8C/12グループとR8C/15，R8C/17グループの相違点

　R8C/10，R8C/12グループは，R8C/Tinyシリーズの中でもっともベーシックな仕様となっています．R8C/10，R8C/12グループのピン接続図を**図12-1**に示します．最大動作周波数は16MHzで，高速オンチッ

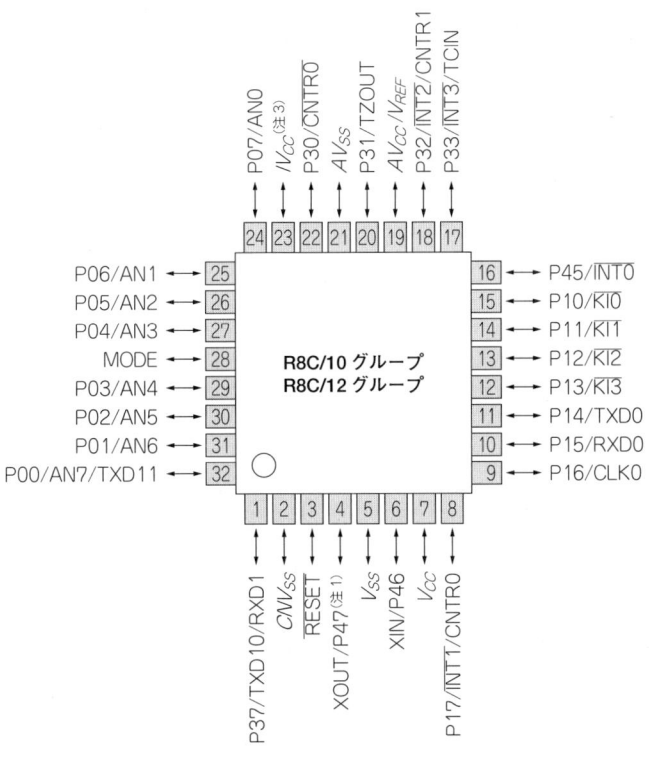

注1：P47は入力専用ポート
注2：オンチップ・デバッガを使用する場合はP00/AN7/TXD11
　　　端子およびP37/TXD10/RXD1端子は使用しない
注3：IV_{CC}をV_{CC}に接続しない

図12-1　R8C/10，R8C/12グループのピン接続図

表12-1 R8C/10，R8C/12グループとR8C/15，R8C/17グループの相違点

項　　目		R8C/10	R8C/12	R8C/15	R8C/17
内蔵メモリ	ROM（バイト）	8K/12K/16K	8K/12K/16K + 4K	8K/12K/16K + 2K	
	フラッシュ・メモリ（ブロック0，ブロック1）プログラム，イレーズ保証回数（回）	100	1,000	1,000	
	データ・フラッシュ（バイト）	なし	2K×2	1K×2	
CPU	最小命令実行時間(ns)	62.5 (@16MHz)		50 (@20MHz)	
プロテクト対象レジスタ		CM0, CM1, OCD, PM0, PM1, PD0		CM0, CM1, OCD, PM0, PM1, HRA0, HRA1, HRA2, VCA2, VW1C, VW2C	
クロック	オンチップ・オシレータ	低速（125kHz）のみ		低速（125kHz），高速（8MHz）	
電圧検出	パワーONリセット機能	なし		あり	
	低電圧検出回路	なし		2回路（Typ：2.85V，Typ：3.3V）	
A-Dコンバータ（分解能×チャネル）		10ビット×8		10ビット×4	
タイマ	8ビット（8ビット・プリスケーラ付き）	タイマX×1，タイマY×1，タイマZ×1		タイマX×1，タイマZ×1	
	アウトプット・コンペア	なし		2（16ビット・タイマと兼用）	
	タイマXカウント・ソース	f1, f8, f32, f2		f1, f8, fRING, f2	
	タイマX（TXレジスタ）書き込みタイミング	TXレジスタ，PREXレジスタに書き込むと，タイマのカウント中，停止中にかかわらず，リロード・レジスタ，カウンタ両方に書き込まれる		TXレジスタ，PREXレジスタに書き込むと，タイマのカウント中はリロード・レジスタだけに書き込まれ，タイマ停止中はリロード・レジスタ，カウンタ両方に書き込まれる	
	タイマZカウント・ソース	f1, f8, タイマYのアンダーフロー, f2		f1, f8, タイマXのアンダーフロー, f2	
	タイマCカウント・ソース	f1, f8, f32		f1, f8, f32, fRING-fast	
ウオッチ・ドッグ・タイマ	リセットスタート選択	不可	可	可	
	カウント・ソース保護モード	なし		あり	
シリアル・インターフェース	クロック非同期専用	UART1×1		なし	
I²Cバス・インタフェース		なし	—		1
シンクロナス・シリアル・コミュニケーション・ユニット(SSU)		なし		1	—
I/Oポート	CMOS入出力	22本（LED駆動用ポートを含む）		13本（LED駆動用ポートを含む）	
	大電流駆動ポート	LED駆動用ポート×8		LED駆動用ポート×4	
	内蔵プルアップ抵抗	P0×8, P1×8, P3×5, P4×1		P1×8, P3×4, P4×1	
割り込み要因（外部）		5（$\overline{INT0}$, $\overline{INT1}$, $\overline{INT2}$, $\overline{INT3}$, キー入力）		4（$\overline{INT0}$, $\overline{INT1}$, $\overline{INT3}$, キー入力）	
パッケージ		32ピンLQFP		20ピンSSOP	
動作周波数/電源電圧		16MHz/3.0～5.5V, 10MHz/2.7～5.5V		20MHz/3.0～5.5V, 10MHz/2.7～5.5V	

(a) 機能

ベクタ番地	R8C/10, R8C/12の割り込み要因	R8C/15, R8C/17の割り込み要因
0FFF0h番地～0FFF3h番地	ウオッチ・ドッグ・タイマ，発振停止検出	ウオッチ・ドッグ・タイマ，発振停止検出，電圧監視2

(c) 固定ベクタ・テーブル

ソフトウェア割り込み番号	R8C/10, R8C/12の割り込み要因	R8C/15の割り込み要因	R8C/17の割り込み要因
15	予約	SSU	IIC
16	予約	コンペア1	←
19	UART1送信	予約	←
20	UART1受信	予約	←
21	$\overline{INT2}$	予約	←
23	タイマY	予約	←
28	予約	コンペア0	←

(d) 可変ベクタ・テーブルの相違点

アドレス	R8C/10	R8C/12	R8C/15	R8C/17
8	−	−	−	−
B	−	−	−	−
19	−	−	−	−
1A	−	−	−	−
1C	−	−	カウント・ソース保護モード・レジスタ(CSPR)	←
1F	−	−	−	−
20	−	−	高速オンチップ・オシレータ制御レジスタ0(HRA0)	←
21	−	−	高速オンチップ・オシレータ制御レジスタ1(HRA1)	←
22	−	−	高速オンチップ・オシレータ制御レジスタ2(HRA2)	←
31	−	−	電圧検出レジスタ1(VCA1)	←
32	−	−	電圧検出レジスタ2(VCA2)	←
36	−	−	電圧監視1回路制御レジスタ(VW1C)	←
37	−	−	電圧監視2回路制御レジスタ(VW2C)	←
4F	−	−	SSU割り込み制御レジスタ(SSUAIC)	IIC割り込み制御レジスタ(IIC2AIC)
50	−	−	コンペア1割り込み制御レジスタ(CMP1IC)	←
53	UART1送信割り込み制御レジスタ(S1TIC)	←	−	−
54	UART1受信割り込み制御レジスタ(S1RIC)	←	−	−
55	INT2割り込み制御レジスタ(INT2IC)	←	−	−
57	タイマY割り込み制御レジスタ(TYIC)	←	−	−
5C	−	−	コンペア0割り込み制御レジスタ(CMP0IC)	←
80	タイマY, Zモード・レジスタ(TYZMR)	←	タイマZモード・レジスタ(TZMR)	←
81	プリスケーラY(PREY)	←	−	−
82	タイマYセカンダリ(TYSC)	←	−	−
83	タイマYプライマリ(TYPR)	←	−	−
84	タイマY, Z波形出力制御レジスタ(PUM)	←	タイマZ波形出力制御レジスタ(PUM)	←
8A	タイマY, Z出力制御レジスタ(TYZOC)	←	タイマZ出力制御レジスタ(TZOC)	←
9C	キャプチャ・レジスタ(TM0)	←	キャプチャ, コンペア0レジスタ(TM0)	←
9D				
9E	−	−	コンペア1レジスタ(TM1)	←
9F	−	−		
A8	UART1送受信モード・レジスタ(U1MR)	←	−	−
A9	UART1転送速度レジスタ(1BRG)	←	−	−
AA	UART1送信バッファ・レジスタ(U1TB)	←	−	−
AB				
AC	UART1送受信制御レジスタ0(U1C0)	←	−	−
AD	UART1送受信制御レジスタ1(U1C1)	←	−	−
AE	UART1受信バッファ・レジスタ0(U1RB)	←	−	−
AF				
B8	−	−	SSコントロール・レジスタH(SSCRH)	IICコントロール・レジスタH(ICCR1)
B9	−	−	SSコントロール・レジスタL(SSCRL)	IICコントロール・レジスタL(ICCR2)
BA	−	−	SSモード・レジスタ(SSMR)	IICバスモード・レジスタ(ICMR)
B	−	−	SSイネーブル・レジスタ(SSER)	IICバス・インタラプト・イネーブル・レジスタ(ICIER)
BC	−	−	SSステータス・レジスタ(SSSR)	IICバス・ステータス・レジスタ(ICSR)
BD	−	−	SSモード・レジスタ2(SSMR2)	スレーブ・アドレス・レジスタ(SAR)
BE	−	−	SSトランスミット・データ・レジスタ(SSTDR)	IICバス送信データ・レジスタ(ICDRT)
BF	−	−	SSレシーブ・データ・レジスタ(SSRDR)	IICバス受信データ・レジスタ(ICDRR)
E0	ポートP0レジスタ(P0)	←	−	−
E2	ポートP0方向レジスタ(PD1)	←	−	−
FF	−	−	タイマC出力制御レジスタ(TCOUT)	←
FFFF	−	オプション機能選択レジスタ(OFS)	←	←

(b) SFR

プ・オシレータ，パワーONリセット，低電圧検出回路，タイマのアウトプット・コンペア機能は内蔵されていません．また，R8C/10とR8C/12の違いは，データ・フラッシュの有無だけです．

表12-1に機能，SFR，固定ベクタ・テーブル，可変ベクタ・テーブルの相違点を示します．

12-2 R8C/11，R8C/13グループとR8C/15，R8C/17グループの相違点

R8C/11，R8C/13グループは，R8C/10，R8C/12グループの機能拡張版です．R8C/11，R8C/13グループのピン接続図を図12-2に示します．最大動作周波数が20MHzで，高速オンチップ・オシレータ，パワーONリセット，低電圧検出回路，タイマのアウトプット・コンペア機能が追加されています．また，R8C/11とR8C/13の違いは，データ・フラッシュの有無のみです．

表12-2に機能，SFR，固定ベクタ・テーブル，可変ベクタ・テーブルの相違点を示します．

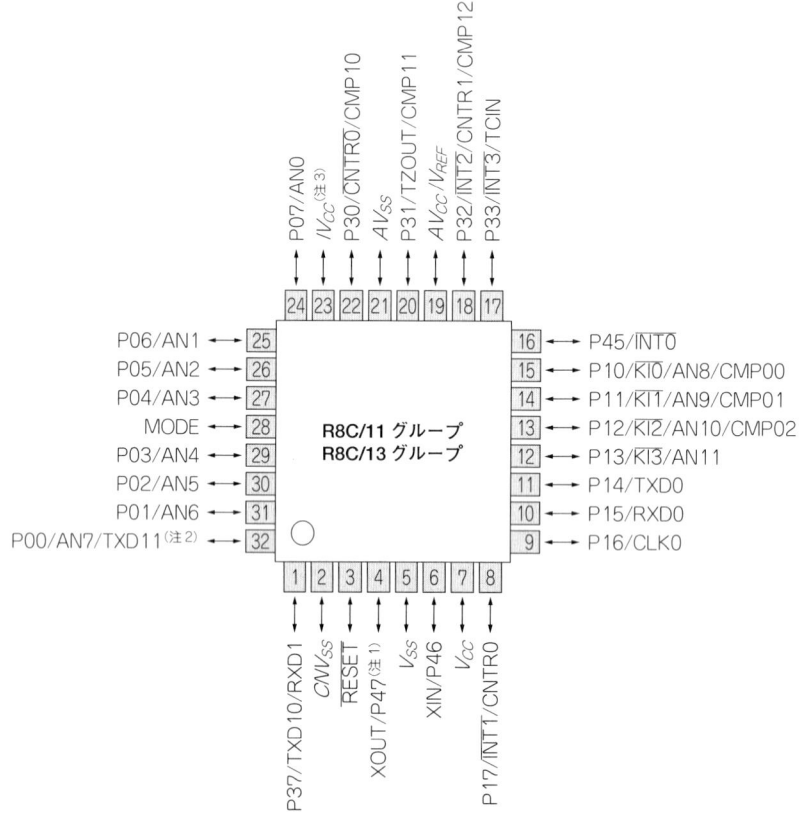

注1：P47は入力専用ポート
注2：オンチップ・デバッガを使用する場合はP00/AN7/TXD11
　　　端子およびP37/TXD10/RXD1端子は使用しない
注3：IV_{CC}をV_{CC}に接続しない

図12-2　R8C/11，R8C/13グループのピン接続図

表12-2 R8C/11, R8C/13グループとR8C/15, R8C/17グループの相違点

項目		R8C/11	R8C/13	R8C/15	R8C/17
内蔵メモリ	ROM(バイト)	8K/12K/16K	8K/12K/16K + 4K	8K/12K/16K + 2K	
	フラッシュ・メモリ(ブロック0, ブロック1) プログラム, イレーズ保証回数(回)	100	1,000	1,000	
	データ・フラッシュ(バイト)	なし	2K×2	1K×2	
電圧検出	低電圧検出回路	1回路 (Typ:3.8V)		2回路 (Typ:2.85V, Typ:3.3V)	
プロテクト対象レジスタ		CM0, CM1, OCD, PM0, PM1, PD0HR0, HR1, VCR2, D4INT		CM0, CM1, OCD, PM0, PM1, HRA0, HRA1, HRA2, VCA2, VW1C, VW2C	
A-Dコンバータ(分解能×チャネル)		10ビット×12		10ビット×4	
タイマ	8ビット(8ビット・プリスケーラ付き)	タイマX×1, タイマY×1, タイマZ×1		タイマX×1, タイマZ×1	
	タイマXカウント・ソース	f1, f8, f32, f2		f1, f8, fRING, f2	
	タイマX(TXレジスタ)書き込みタイミング	TXレジスタ, PREXレジスタに書き込むと, タイマのカウント中, 停止中にかかわらず, リロード・レジスタ, カウンタ両方に書き込まれる		TXレジスタ, PREXレジスタに書き込むと, タイマのカウント中はリロード・レジスタだけに書き込まれ, タイマ停止中はリロード・レジスタ, カウンタ両方に書き込まれる	
	タイマZカウント・ソース	f1, f8, タイマYのアンダーフロー, f2		f1, f8, タイマXのアンダーフロー, f2	
	タイマCカウント・ソース	f1, f8, f32	f1, f8, f32, fRING-fast	f1, f8, f32, fRING-fast	
ウオッチ・ドッグ・タイマ	リセット・スタート選択	不可	可	可	
	カウント・ソース保護モード	なし		あり	
シリアル・インタフェース	クロック非同期専用	UART1×1		なし	
I²Cバス・インターフェース		なし		—	1
シンクロナス・シリアル・コミュニケーション・ユニット(SSU)		なし		1	—
I/Oポート	CMOS入出力	22本 (LED駆動用ポートを含む)		13本 (LED駆動用ポートを含む)	
	大電流駆動ポート	LED駆動用ポート×8		LED駆動用ポート×4	
	内蔵プルアップ抵抗	P0×8, P1×8, P3×5, P4×1		P1×8, P3×4, P4×1	
割り込み要因(外部)		5 ($\overline{INT0}$, $\overline{INT1}$, $\overline{INT2}$, $\overline{INT3}$, キー入力)		4 ($\overline{INT0}$, $\overline{INT1}$, $\overline{INT3}$, キー入力)	
パッケージ		32ピンLQFP		20ピンSSOP	

(a) 機能

ベクタ番地	R8C/11, R8C/13の割り込み要因	R8C/15, R8C/17の割り込み要因
0FFF0h 番地～0FFF3h 番地	ウオッチ・ドッグ・タイマ, 発振停止検出, 電圧検出	ウオッチ・ドッグ・タイマ, 発振停止検出, 電圧監視2

(c) 固定ベクタ・テーブル

ソフトウェア割り込み番号	R8C/11, R8C/13の割り込み要因	R8C/15の割り込み要因	R8C/17の割り込み要因
15	予約	SSU	IIC
19	UART1 送信	予約	←
20	UART1 受信	予約	←
21	$\overline{INT2}$	予約	←
23	タイマ Y	予約	←

(d) 可変ベクタ・テーブル

表12-2 R8C/11, R8C/13グループとR8C/15, R8C/17グループの相違点（つづき）

アドレス	R8C/11	R8C/13	R8C/15	R8C/17
8	高速オンチップ・オシレータ制御レジスタ0(HRA0)	←	−	−
B	高速オンチップ・オシレータ制御レジスタ1(HRA1)	←	−	−
19	電圧検出レジスタ1(VCA1)	←	−	−
1A	電圧検出レジスタ2(VCA2)	←	−	−
1C	−	−	カウント・ソース保護モード・レジスタ(CSPR)	←
1F	電圧検出割り込みレジスタ(D4INT)	←	−	−
20	−	−	高速オンチップ・オシレータ制御レジスタ0(HRA0)	←
21	−	−	高速オンチップ・オシレータ制御レジスタ1(HRA1)	←
22	−	−	高速オンチップ・オシレータ制御レジスタ2(HRA2)	←
31	−	−	電圧検出レジスタ1(VCA1)	←
32	−	−	電圧検出レジスタ2(VCA2)	←
36	−	−	電圧監視1回路制御レジスタ(VW1C)	←
37	−	−	電圧監視2回路制御レジスタ(VW2C)	←
4F	−	−	SSU割り込み制御レジスタ(SSUAIC)	IIC割り込み制御レジスタ(IIC2AIC)
53	UART1送信割り込み制御レジスタ(S1TIC)	←	−	−
54	UART1受信割り込み制御レジスタ(S1RIC)	←	−	−
55	INT2割り込み制御レジスタ(INT2IC)	←	−	−
57	タイマY割り込み制御レジスタ(TYIC)	←	−	−
80	タイマY, Zモード・レジスタ(TYZMR)	←	タイマZモード・レジスタ(TZMR)	←
81	プリスケーラY(PREY)	←	−	−
82	タイマYセカンダリ(TYSC)	←	−	−
83	タイマYプライマリ(TYPR)	←	−	−
84	タイマY, Z波形出力制御レジスタ(PUM)	←	タイマZ波形出力制御レジスタ(PUM)	←
8A	タイマY, Z出力制御レジスタ(TYZOC)	←	タイマZ出力制御レジスタ(TZOC)	←
A8	UART1送受信モード・レジスタ(U1MR)	←	−	−
A9	UART1転送速度レジスタ(1BRG)	←	−	−
AA	UART1送信バッファ・レジスタ(U1TB)	←	−	−
AB				
AC	UART1送受信制御レジスタ0(U1C0)	←	−	−
AD	UART1送受信制御レジスタ1(U1C1)	←	−	−
AE	UART1受信バッファ・レジスタ0(U1RB)	←	−	−
AF				
B8	−	−	SSコントロール・レジスタH(SSCRH)	IICコントロール・レジスタH(ICCR1)
B9	−	−	SSコントロール・レジスタL(SSCRL)	IICコントロール・レジスタL(ICCR2)
BA	−	−	SSモード・レジスタ(SSMR)	IICバス・モード・レジスタ(ICMR)
B	−	−	SSイネーブル・レジスタ(SSER)	IICバス・インタラプト・イネーブル・レジスタ(ICIER)
BC	−	−	SSステータス・レジスタ(SSSR)	IICバス・ステータス・レジスタ(ICSR)
BD	−	−	SSモード・レジスタ2(SSMR2)	スレーブ・アドレス・レジスタ(SAR)
BE	−	−	SSトランスミット・データ・レジスタ(SSTDR)	IICバス送信データ・レジスタ(ICDRT)
BF	−	−	SSレシーブ・データ・レジスタ(SSRDR)	IICバス受信データ・レジスタ(ICDRR)
E0	ポートP0レジスタ(P0)	←	−	−
E2	ポートP0方向レジスタ(PD1)	←	−	−
FFFF	−	オプション機能選択レジスタ(OFS)	←	←

(b) SFR

[第13章]

R8C/Tinyの開発環境

吉岡 桂子

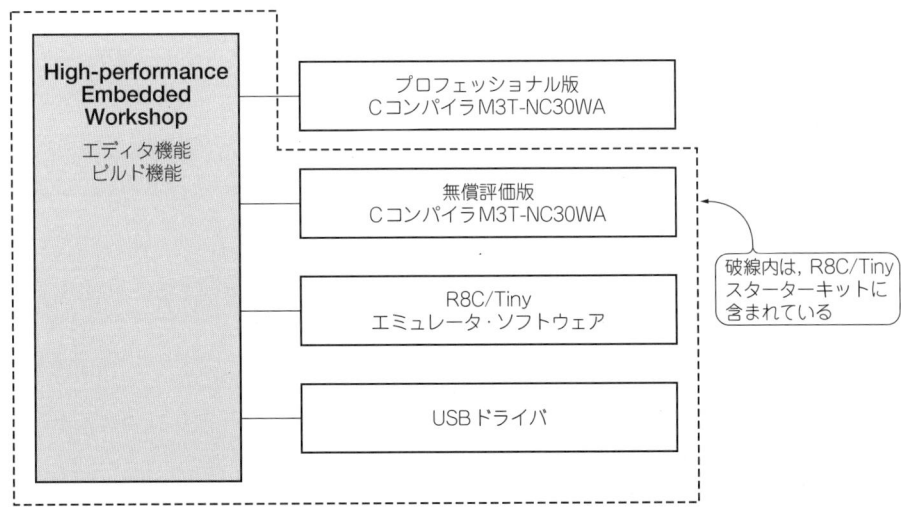

13-1 High-performance Embedded Workshopについて

　ルネサス テクノロジでは，統合開発環境として"High-performance Embedded Workshop"を提供していま
す．High-performance Embedded Workshopには以下に示す特徴があります．
(1) コーディングからデバッグまで一貫した操作で開発できる
　ビルド実行後に，そのままオブジェクト・モジュールをターゲット・マイコンにダウンロードするとい
うような操作を，ツール間の違いを意識せずシームレスに実行できます．また，シミュレータとエミュレ
ータ・デバッガを同じ手順で操作できます．
(2) 日本語/英語に対応
(3) Windows 98SE，Windows ME，Windows 2000，Windows XPに対応
(4) プロジェクト管理機能により，複数のマイコン品種に及ぶ複数のプログラムを，一つのHigh-perfor
mance Embedded Workshopで管理・開発できる
　パラメータを少し変えたバージョンをいくつも作成して評価を行うような場合，それらを一つのHigh-

図13-1 High-performance Embedded Workshopの構成図

performance Embedded Workshopで管理できます．ビルド条件も各々のプロジェクトごとに管理できるので，ビルドの際に操作を切り替える必要がありません．

(5) マウスなどのポインティング・デバイスを使って，ドラッグ＆ドロップなどの操作が行える
(6) Tcl/Tkを使ってユーザがよく使う操作をユーザ・コマンドに登録することができる

マイコンの初期設定用バッチ・ファイルを流すなどの操作に便利です．

(7) CASEツール（ZIPCなど）と連動できる

High-performance Embedded Workshopでは，設計仕様書（上流工程）から実機デバッグ（テスト工程）までを一貫して操作できるCASEツールとの連動をサポートしています．

(8) ネットワークを介して複数の開発者が同一のプロジェクトで作業できる

ユーザは，共有したプロジェクトを同時に操作してお互いの変更を見ることができます．High-performance Embedded Workshopはバージョン管理とも連動しているので，あるユーザによってプロジェクトが変更された場合，ほかのすべてのユーザがプロジェクトをリロードし，変更を無効にすることなく各ユーザがワークスペースやプロジェクトを更新することができます．

(9) ナビゲーション機能により，ソース・プログラムの該当箇所の検索が容易にできる

エラー・メッセージにマウスを置いてダブル・クリックするだけで，High-performance Embedded Workshopがソース・プログラムの該当箇所を表示するため，容易にエラー箇所を検索できます．

図13-1にHigh-performance Embedded Workshopの構成を示します．統合開発環境High-performance Embedded Workshopの下にCコンパイラ，エミュレータ用デバッガなどの各コンポーネントが接続され，一連の操作ができるようになっています．

なお，E8エミュレータおよびR8C/Tinyスターターキットには，破線で囲んだ部分のソフトウェアが含まれています．

13-2 High-performance Embedded Workshopの操作例

● プロジェクトの作成

図13-2にプロジェクトの作成画面の一部を示します．対象マイコンを選択した後，スタートアップ・ファイルというフレームワークを作成します．ライブラリの選択やスタック・サイズの確保などをダイアロ

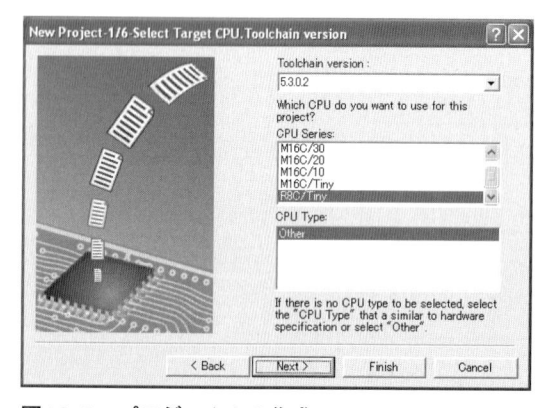

図13-2　プロジェクトの作成

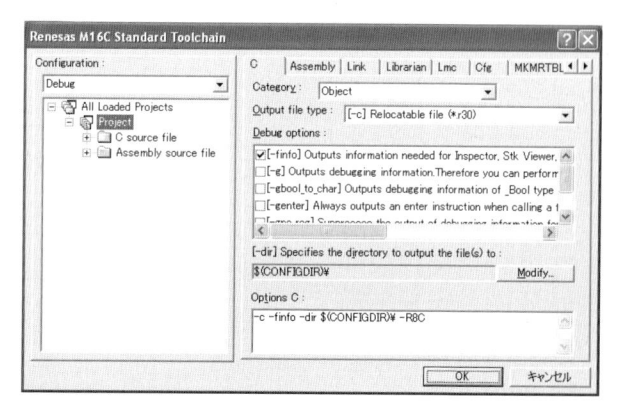

図13-3　オプション設定画面

グ・ボックスに従って順番に設定していきます．プロジェクト作成時に指定したこれらの内容は，High performance Embedded Workshopでビルドする際のリンク条件とも連動しています．

● ビルド時のオプション設定

図13-3にオプション設定画面を示します．デバッグ情報の付加，リンク条件などを設定します．

● ビルド操作

ビルドはボタン操作一つで実行します．変更のあったプログラムだけを選択してビルドできるため，コンパイル時間を短縮できます．

ビルドの結果は，アウトプット・ウィンドウにログとして表示されます(**図13-4**)．

● デバッガの設定

High-performance Embedded Workshopのデバッガではなく，外部デバッガを登録することもできます．High-performance Embedded Workshopからは登録済みのデバッガを呼び出し，自動的に起動します．

図13-5に外部デバッガの登録例を示します．

● エディタの設定

オプション機能の一つとして，「外部エディタの登録」があります．外部エディタを登録しておけば，使い慣れたエディタをHigh-performance Embedded Workshopから呼び出すことができます．登録例を図13-6に示します．

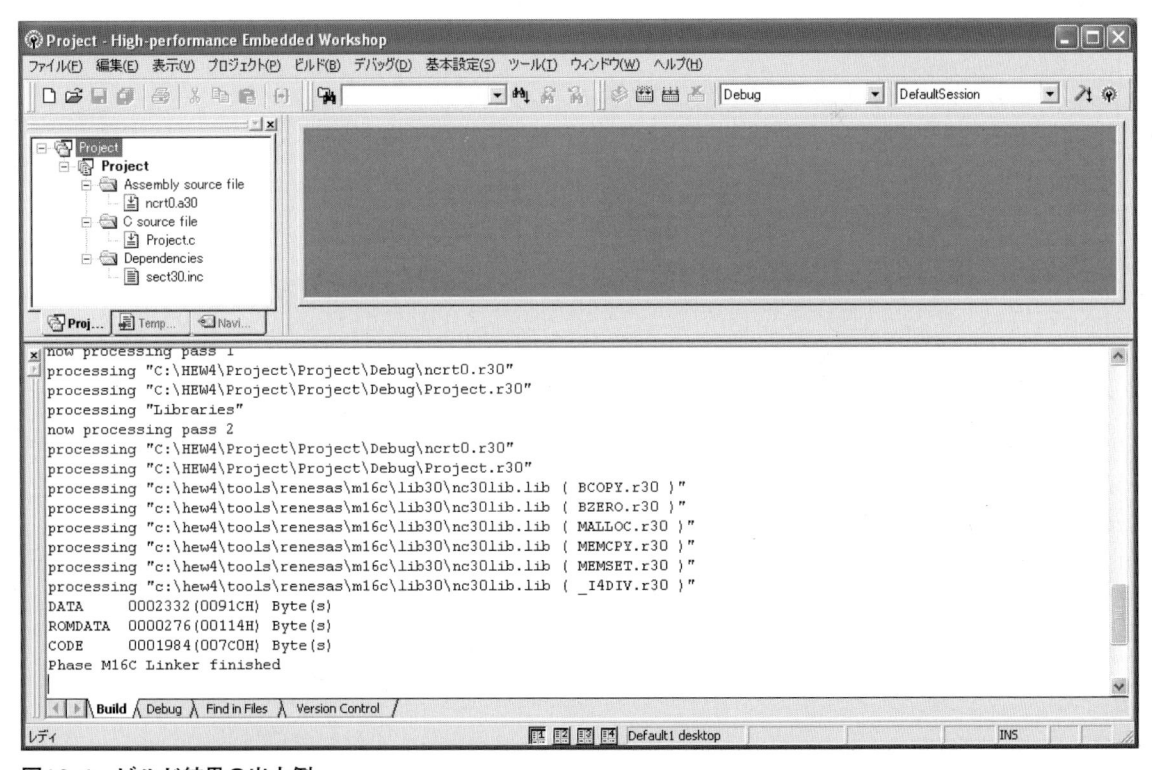

図13-4　ビルド結果の出力例

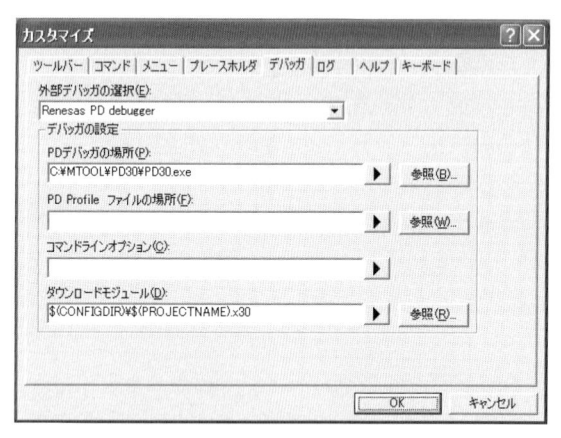

図13-5　外部デバッガの設定例

図13-6　外部エディタの登録例

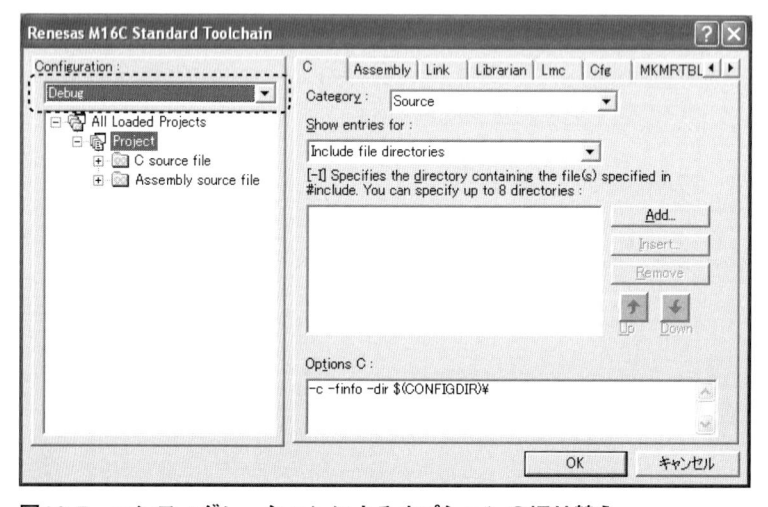

図13-7　コンフィグレーションによるオプションの切り替え

● コンフィグレーションの設定

　コンフィグレーションには，それぞれ異なったオプション・パターンを設定し，保存することができます．ビルド時にコンフィグレーションを切り替えることで，簡単にオプション・パターンを変更することができます．図13-7は，"Debug"のコンフィグレーションにおけるオプション指定の操作例です．

13-3　オンチップ・デバッギング・エミュレータE8について

　R8C/Tiny用エミュレータとして，E8エミュレータ（ルネサス　テクノロジ）があります．E8エミュレータはいわゆるインサーキット・エミュレータではなく，ユーザ基板上のマイコンを使ってエミュレートを行うオンチップ・デバッギング・エミュレータです．

　図13-8にE8エミュレータの構成を示します．

● オンチップ・デバッギング・エミュレータとは

　マイコンをターゲット・ボード上に実装した状態で，マイコンに内蔵された「デバッグ機能」を使いエミュレーションを行う方式のエミュレータです．そのため，エミュレータはデバッグ対象のプログラムをボード上のマイコンにダウンロードし，マイコンを直接動作させながらマイコンの内部状態をホスト・パソコンに表示します．

　エミュレータはマイコンとホスト・パソコン間の通信が主な機能になるので，インサーキット・エミュレータに比べて構成が簡単であり，安価なものになりますが，マイコンの動作周波数や電源電圧がマイコンの仕様を満足していない場合，エミュレータが起動しないことがあります．

● E8エミュレータの特徴

（1）USBインターフェース

　ホスト・パソコンとのインターフェースはUSBです．USB 1.1またはUSB 2.0（フル・スピード）に対応

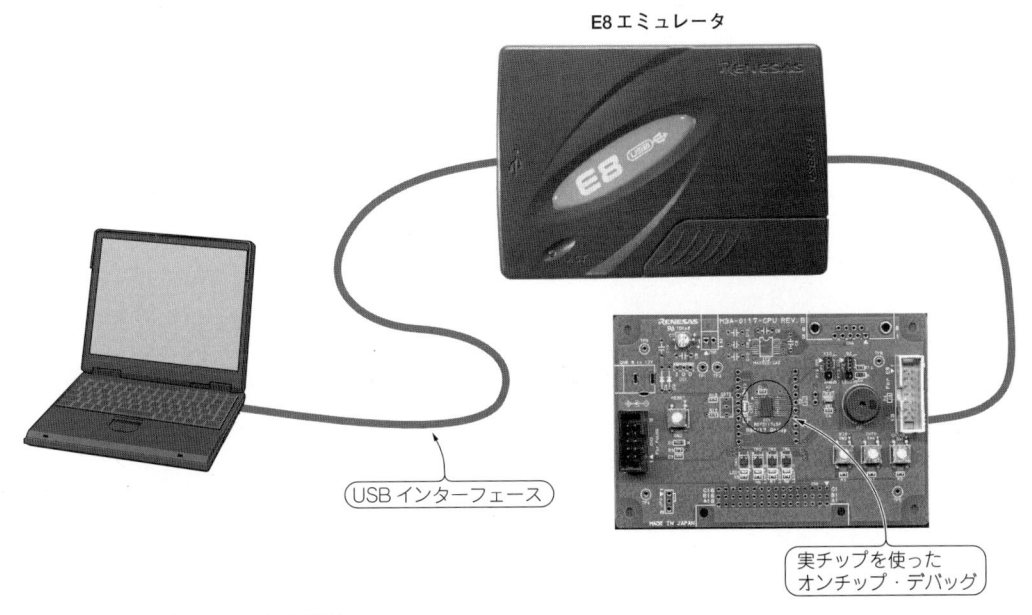

図13-8　E8エミュレータの構成

しています．またUSBの供給電源でエミュレータが動作するので，外部電源が不要となりフィールドでのデバッグなど，機動性に優れています．

(2) マイコンとの通信線は1本のみ

R8C/14～R8C/17グループは20ピンのマイコンです．このため，エミュレータとの通信用に端子を占有してしまうのはデバッグ上の大きなデメリットになります．E8エミュレータでは，R8C/14～R8C/17グループのマイコンとの通信線はMODE端子1本だけとし，この端子を使って双方向通信を行います．したがって，実際にプログラムで使用するポートなどの端子は，デバッグ時にすべてターゲット・ボードで使用できます．

(3) 電源供給

E8エミュレータはターゲット・ボードに電源を供給する機能をもっています．5.0Vまたは3.3Vの選択ができ，最大300mAの出力が可能です．これはスターターキットのような小規模のボードを使ったマイコンの学習，評価などを行う際，電源をわざわざ用意しなくても簡単に評価環境が準備できることを目的としています．

また，E8エミュレータは電源出力前に必ずターゲット・ボード側の電源が供給されているかどうかを判定し，電源が供給されていればエミュレータからの電源を出力しないようにしています．

なお，E8エミュレータが使用する電源とターゲット・ボードへの電源供給の合計は，一般的なホストPCのUSBバス・パワーに合わせて最大500mAです．

(4) 価格など

インターネット販売などのルートでは，1万円台前半で販売されています(2005年7月1日現在)．また，E8エミュレータはR8C/TinyシリーズだけでなくM16C/Tinyシリーズ，H8/Tinyシリーズにも順次対応していきます．マイコン品種の追加は，すべてインターネットから無償でバージョンアップ・プログラムをダウンロードできます．

● E8エミュレータの仕様

表13-1に示します(ターゲット・マイコンがR8C/14～R8C/17の場合)．

(1) トレース機能

R8C/14～R8C/17グループでは，マイコン内部に最大四つの「分岐アドレス情報」を保持しています．E8エミュレータは，ユーザ・プログラムがブレークした後，最新の4分岐アドレス情報をホスト・パソコンに転送，表示します．

(2) ブレーク機能

E8エミュレータには3種類のブレーク機能があります．マイコン内蔵のオンチップ・デバッガ機能を使ったハードウェア・ブレーク機能，ユーザ・プログラムをBRK命令に置き換えることによるPCブレーク機能，強制ブレーク機能です．

R8C/14～R8C/17グループでは，ハードウェア・ブレーク機能として命令フェッチ・アドレス，データ条件，バス・サイクルが検出できます．ブレーク設定条件には次の(a)，(b)の組み合わせがあります．

(a) 命令フェッチ条件だけ使用する場合は最大4本指定できる

(b) アドレス，データ，リード/ライトをAND条件で組み合わせたイベントを1本指定できる．このとき命令フェッチ条件で指定できるブレークは2本となり，合計3本を指定できる

PCブレーク機能は，エミュレータがユーザ・プログラムのブレーク指定箇所をBRK命令に書き換える方法で，最大255か所まで指定できます．メモリの書き換え動作をするため，対象アドレスがフラッシュ・

表13-1 E8エミュレータの仕様

項番	項目	機能
1	ユーザ・プログラム実行機能	・デバイスが保証する範囲の動作周波数によるプログラム実行 ・リセット・エミュレーション ・ステップ実行 　シングルステップ機能（1ステップ：1命令） 　ソース・レベルステップ機能（1ステップ：ソース1行） 　ステップ・オーバ機能〔関数（サブルーチン）内はブレークしないステップ実行〕 　ステップ・アウト機能〔関数内（サブルーチン）にPCが存在する場合に、関数（サブルーチン）の呼び出し元に復帰するまで実行するステップ実行〕
2	リセット機能	・ブレーク中、High-performance Embedded Workshopからデバイスへのリセット実行可能
3	トレース取得内容	・デバイス内蔵の分岐トレース機能でブレーク直前の4分岐ポイントを記憶
4	ブレーク条件	・ハードウェア・ブレーク：4本（アドレス条件一致4本、またはアドレス条件一致2本＋アドレス・データ＋R/W条件一致1本） ・PCブレーク：255か所 ・強制ブレーク機能あり
5	メモリ・アクセス機能	・フラッシュ・メモリへのダウンロード ・RAMへのダウンロード ・1行アセンブル ・逆アセンブル ・メモリ・リード／メモリ・ライト ・ユーザ・プログラム実行中に、変数内容の表示更新が可能 ・フィル／ムーブ／コピー ・サーチ
6	汎用／制御レジスタアクセス機能	マイコンの汎用／制御レジスタのリード／ライト
7	SFRアクセス機能	SFRのリード／ライト
8	ソース・レベル・デバッグ機能	ソース・レベル・デバッグ機能（以下は代表的な操作例） ・ソース・プログラム・ウィンドウ上でのブレーク・ポイント設定 ・ソース・プログラムを行単位でステップ実行 ・ソース・プログラムの変数上にカーソルを置くことで、変数の値を表示（ツールチップ・ウォッチ） ・ソース・プログラム・ウィンドウ内の変数をクリックするだけで、ウォッチ登録（インスタント・ウォッチ）が可能 ・トレース行をダブル・クリックすることで、対応したソース・プログラム画面を表示
9	コマンド・ライン機能	コマンド入力機能をサポート コマンド入力順に羅列したファイルを作成し、バッチ処理の実行が可能
10	ヘルプ機能	各機能の操作方法や、コマンドライン・ウィンドウから入力できるコマンドのシンタクスをヘルプ画面で表示（日本語、英語に対応）

メモリであれば，フラッシュ・メモリ書き換え時間が必要となります．

　強制ブレーク機能は，ユーザ・プログラム実行中にプログラムの停止ボタンの操作により強制的にプログラムをブレークします．

13-4　E8エミュレータの操作例

　ここでは，E8エミュレータを使ったデバッグ手法について解説します．なおここでは，ルネサス テクノロジが提供するアプリケーション・ノートの「音階プログラム」を例に説明します．

● E8エミュレータの起動

　High-performance Embedded Workshopはプロジェクト単位でワークスペースを管理しています．

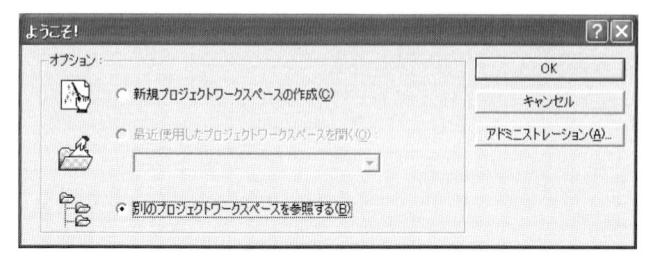

図13-9 「ようこそ」ダイアログ・ボックス

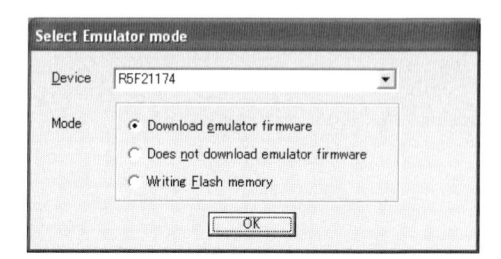

図13-10 「Select Emulator mode」ダイアログ・ボックス

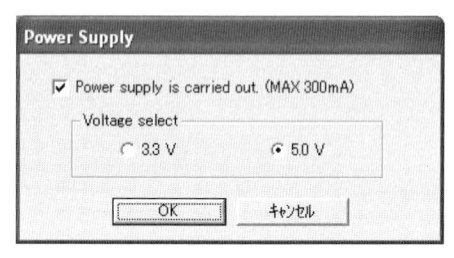

図13-11 「Power supply」ダイアログ・ボックス

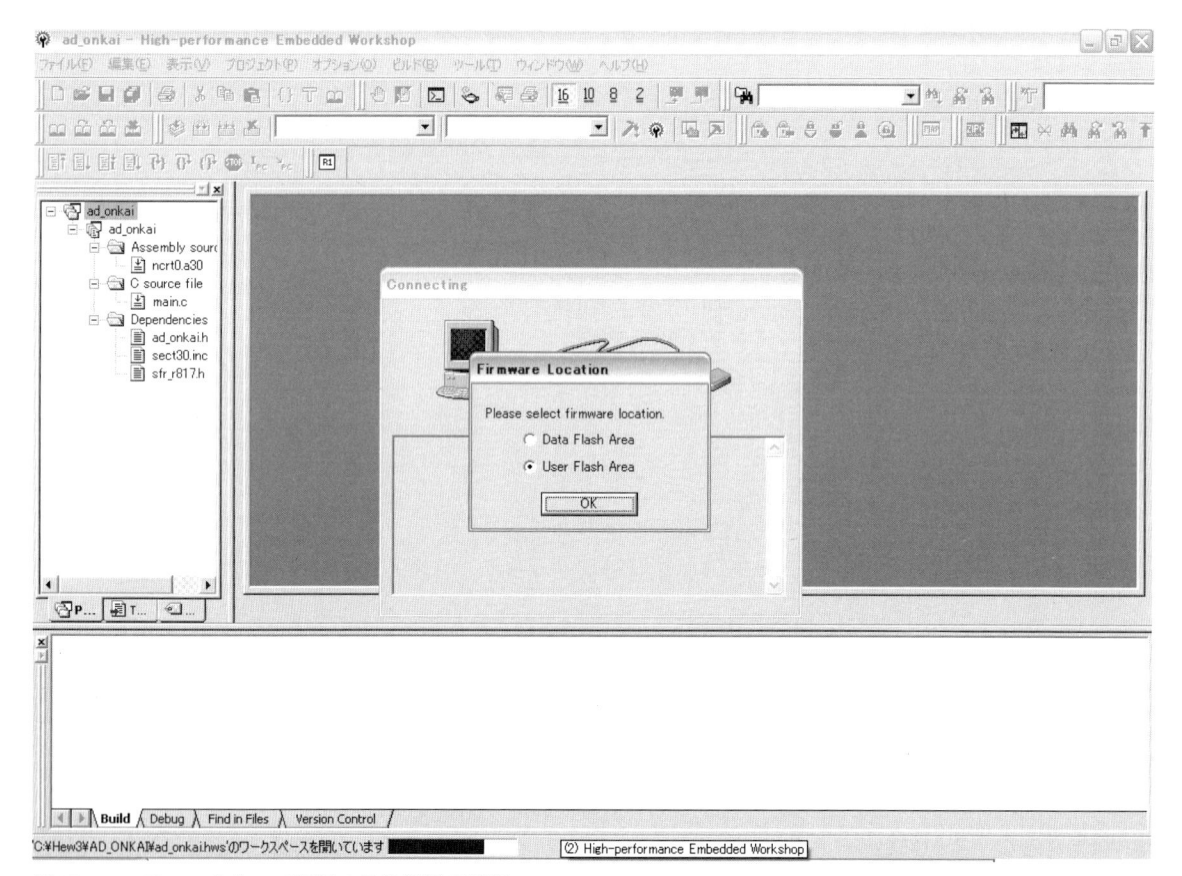

図13-12 ファームウェア配置メモリ領域の選択

High-performance Embedded Workshopを起動すると図13-9に示す「ようこそ」というダイアログボックスを表示するので，「別のプロジェクトワークスペースを参照する」を選択し，「音階プログラム (ad_onkai.hws)」を選択します．

　High-performance Embedded Workshopを初めて使用する場合，新規ワークスペースを作成するより既存のワークスペースを利用して，まずHigh-performance Embedded Workshopを操作してみることを勧めます．既存のワークスペースにプログラムを追加したり，コンパイル条件を変更していくことで，効率よく簡単にデバッグ環境を構築できます．

　次に，図13-10に示す「Select Emulator mode」というダイアログ・ボックスを表示するので，プルダウン・メニューからデバッグ対象のマイコンを選択します．マイコンの品種によってメモリ・マップや周辺機能が異なるので，正確な品種を選択してください．

　また，エミュレータを使ってプログラムのデバッグをする場合，Modeの選択では一番上の「Download emulator firmware」を選択します．

　E8エミュレータでは，マイコンとエミュレータが通信しながらプログラムの実行制御を行うので，マイコン内部にエミュレータ専用のファームウェアが必要です．なお，プログラムのデバッグが終了した段階で，ユーザ・プログラムだけをフラッシュ・メモリにダウンロードする場合は，一番下の「Write Flash memory」を選択します．ただし，この場合はプログラムをダウンロードした後，エミュレータを使ったデバッグはできません．

　次に，図13-11に示すように「Power Supply」というダイアログ・ボックスを表示します．ここで，E8エミュレータからターゲット・ボード側に電源を供給するかどうかを設定します．

　E8エミュレータはホストPCのUSBポートに対して，E8エミュレータとターゲット・ボードへの出力の合計で，最大500mAの電流を要求します．そのため，ホストPCでほかのUSB機器を使用する場合，電流の合計を考慮する必要があります．また，ノートPCをバッテリ電源だけで使用する場合，ホストPCによっては供給電流を小さく抑えるタイプのものもあるので，ホストPCの［コントロールパネル］→［システム］→［ハードウェア］→［デバイスマネージャ］→［USBコントローラ］→［USBルートハブ］→［プロパティ］→［電力］のシートで使用可能な電流の合計を算出し，ホストPCのUSBバス仕様を確認します．

　なお，E8エミュレータはターゲット・ボードに電源が供給されているかどうかを起動時に監視しているので，ターゲット・ボードに電源が供給されているにもかかわらず，「Power Supply」ダイアログ・ボックスで電源を供給すると指定した場合は，警告メッセージを表示しE8エミュレータから電源を供給しません．さらにターゲット・ボード側で300mA以上の電流を流そうとした場合でも，E8エミュレータの電流制限回路によりリミッタが働き，過電流を防止しています．

　最後に，図13-12に示すようにファームウェアを配置するメモリ領域を選択し，マイコンにE8エミュレータのファームウェアを転送します．転送後，ファームウェアが起動したら準備完了です．

　E8エミュレータが起動すると，図13-13に示すように画面の一番下に「レディ」が表示されます．

　なお，エミュレータでは，ユーザ・プログラムのブレーク中はマイコンの動作クロックを8MHzのオンチップ・オシレータに切り替えてホストPCと通信を行います．そのためターゲット・ボードのクロック周波数によらず，つねに一定の速度でホストPCと通信できるので，ターゲット周波数が低いときでもデバッグ操作時の応答性能は安定しています．

● プログラムのビルド

　E8エミュレータが起動したら，サンプル・プログラムをビルドします．ビルドには，変更のあったソース・ファイルだけをビルドする「ビルド」コマンドと，変更の有無にかかわらずすべてのソース・ファイルをビルドする「すべてをビルド」コマンドがあります．「ビルド」コマンドを使うと，変更のあったソース・ファイルだけビルドするため，ビルド時間を短縮できます．

　ビルドが正常に完了すると，Outputウィンドウに「Build Finished　0 Errors, 0 Warnings」というメッセージを表示します．

　ビルド・エラーが発生すると，Outputウィンドウにエラー・メッセージを表示します．エラー・メッセージにカーソルを置いた状態でマウスをダブル・クリックすると，ソース・プログラムのエラー検出箇所でカーソルが点滅するので，容易にエラー箇所を見つけることができます．

● プログラムのダウンロード

　ビルドが正常に終了すると，ダウンロード・モジュールが生成されます．サンプル・プログラムである音階プログラムでは，ad_onkai.x30という，デバッグ情報付きのダウンロード・モジュールがプロジェクト・フォルダに追加されます(**図13-14**)．

　デバッグ情報とは，ソース・プログラムの行番号とオブジェクト・コードとの関連付けをしたり，変数名と実アドレスを関連付けるといった情報のことです．

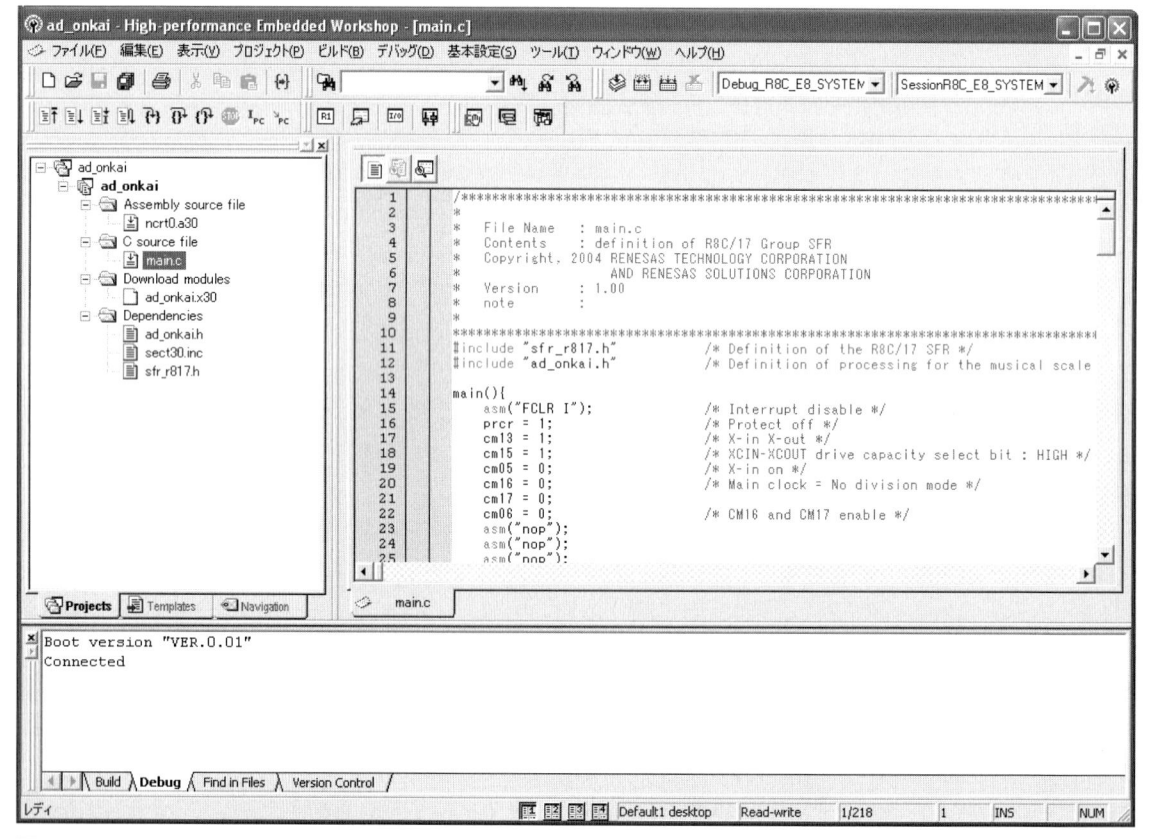

図13-13　E8エミュレータ起動画面

次に，ad_onkai.x30 にカーソルを置き，右クリックします．「ダウンロード」を選択すると，ターゲット・ボード上のマイコンにプログラムをダウンロードします(**図13-15**)．

図13-16に示すように，Outputウィンドウに「Flash memory write end」が表示されたら，プログラムのダウンロードは完了です．

● PCブレーク・ポイントの設定

ソース・プログラムの左に2列の「カラム」があります．PCブレークを指定したいソース・プログラム行に対して，右側のカラムにカーソルを置いてダブル・クリックします．E8エミュレータはPCブレークを設定し，ソース・プログラムの該当箇所に赤い丸を表示します(**図13-17**)．

PCブレークは命令の存在する箇所にしか設定できません．Cでプログラミングした場合は，コンパイラの最適化により，ソース・プログラム行に相当するアセンブリ言語命令が存在しない場合もあります．したがって，エディタ・ウィンドウの左側にソース・プログラムに対応するアドレスが表示されていることを確認するか，あるいは逆アセンブリ表示を行い，ソース行にアセンブリ言語命令が出力されているかを確認のうえ，PCブレークを設定します．

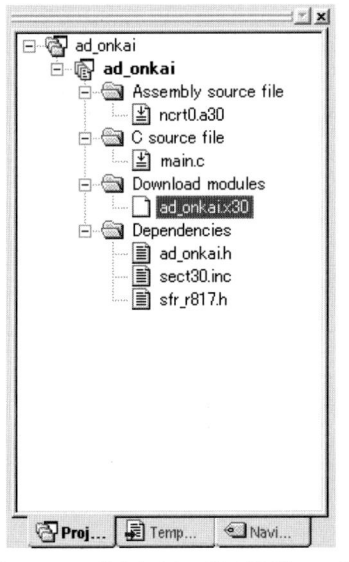

図13-14 ダウンロード・モジュール

図13-15 プログラムのダウンロード

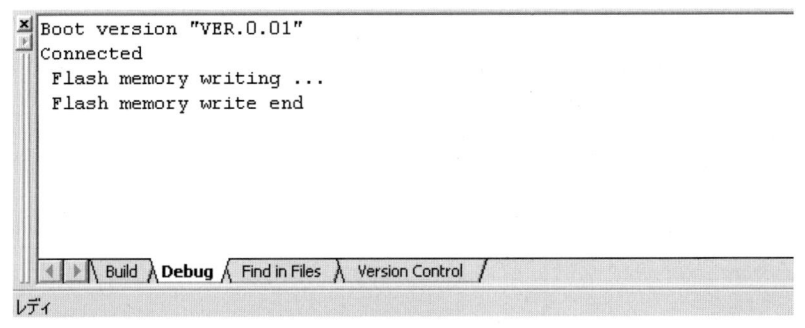

図13-16 フラッシュ・メモリへの書き込み

PCブレークはユーザ・プログラムの命令をBRK命令に置き換え，CPUがBRK命令を実行することでプログラムをブレークします．そのため，PCブレークの設定の際は内蔵フラッシュ・メモリの書き換えを行います．

● レジスタ内容の変更

　マイコン内蔵の汎用レジスタはレジスタ・ウィンドウで参照・変更ができます．

　また，SFRの各レジスタは，**図13-18**に示すようにI/Oレジスタ・ウィンドウで参照・変更ができます．

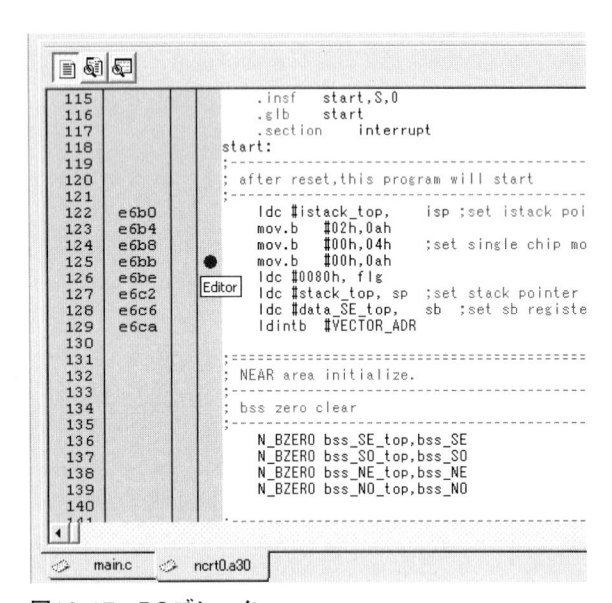

図13-17　PCブレーク

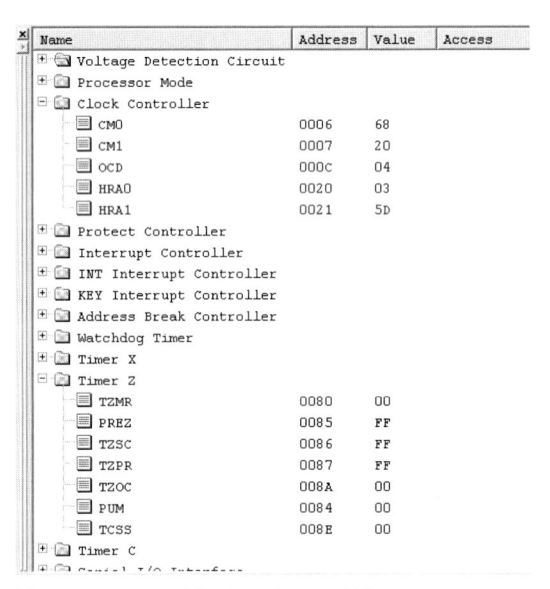

図13-18　I/Oレジスタ・ウィンドウ

図13-19　リセット後実行

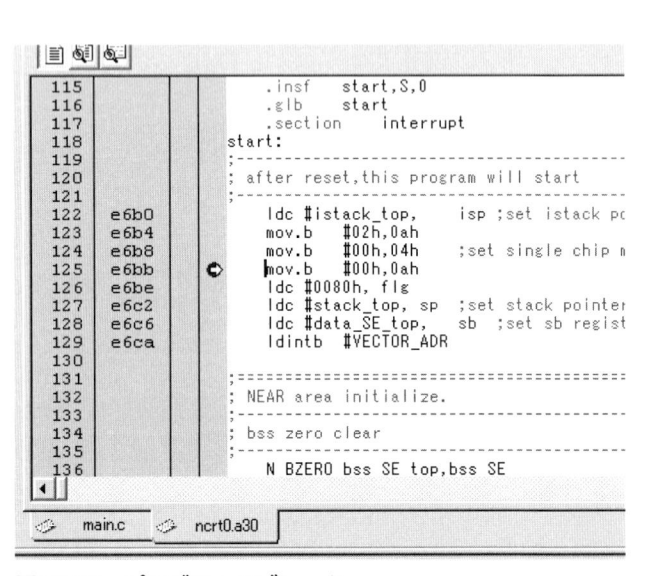

図13-20　プログラムのブレーク

I/Oレジスタ・ウィンドウには，デバッグ対象マイコンに対応した周辺機能のSFRがあらかじめ登録されています．レジスタ・シンボルを参照しながらレジスタ操作ができる便利なウィンドウです．

● プログラムの実行

プログラムをダウンロードした直後は必ずマイコンをリセットしてください．R8C/Tinyシリーズでは，E8エミュレータのようなオンチップ・デバッギング・エミュレータでデバッグする場合，ターゲット・ボード上のリセット信号入力は使用できないので，必ずE8エミュレータのリセット・コマンドを使ってリセットしてください．

図13-19に示すように，E8エミュレータの「リセット後実行」コマンドを使うと，E8エミュレータはマイコンを初期化した後，直ちにプログラムを実行し，ブレークポイントでブレークします(図13-20)．

● メモリの参照

マイコン内蔵のフラッシュ・メモリ，およびRAMの内容はメモリ・ウィンドウで参照・変更ができます．ユーザ・プログラム実行中にメモリ・ウィンドウの操作もできますが，その場合はいったんユーザ・プログラムがブレークし，エミュレータのファームウェアに制御が移ります．エミュレータのファームウェアがマイコン内蔵のフラッシュ・メモリやRAMの内容をアクセスし，エミュレータにアクセス結果を送受信してから，ユーザ・プログラムを再実行します．このため，ユーザ・プログラムの実行にはリアルタイム性がなくなるので，デバッグの際に注意が必要です．

● 変数の参照

ユーザ・プログラムで使用している変数は，ウォッチ・ウィンドウに変数を登録することで参照できます．また，ソース・プログラムの変数上にカーソルを置き，右クリックで「インスタントウオッチ」を選択するだけで，簡単に追加登録することもできます(図13-21，図13-22)．

● プログラムのステップ実行

E8エミュレータでは次のようなステップ実行機能があります．これらの機能を使うことでプログラムの経過を効率よく追うことができます．

(1) シングル・ステップ機能

マイコンの1命令単位でプログラムを実行します．

(2) ソース・レベル・ステップ機能

アセンブラ，Cソース・プログラムの行単位でプログラムを実行します．

図13-21 インスタント・ウォッチの設定　　図13-22 ウオッチ・ウィンドウ

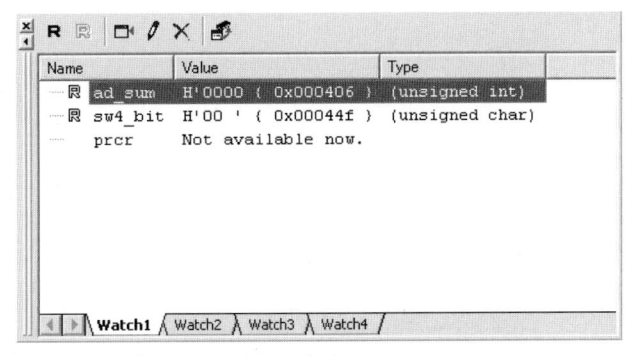

(3) ステップ・オーバ機能

呼び出す関数またはサブルーチン内のすべてのコードを実行し，呼び出し元の次の行(命令)でブレークします(関数およびサブルーチン内ではブレークしない)．すでにデバッグが完了している関数やサブルーチン内のステップ実行を回避するような場合に使います．

(4) ステップ・アウト機能

PCが関数またはサブルーチン内にある場合に，関数またはサブルーチン内の残りのコードをすべて実行し，呼び出し元に戻ったところ(呼び出し元の次の行)でブレークします．関数，またはサブルーチン内の確認したい命令の実行が終了した場合や，誤って関数またはサブルーチンにステップ・インしたような場合に使います．

● ハードウェア・ブレーク条件の設定

R8C/14～R8C/17グループでは，マイコンが内蔵しているオンチップ・デバッガ機能を利用して，以下のようなブレーク条件を指定できます．

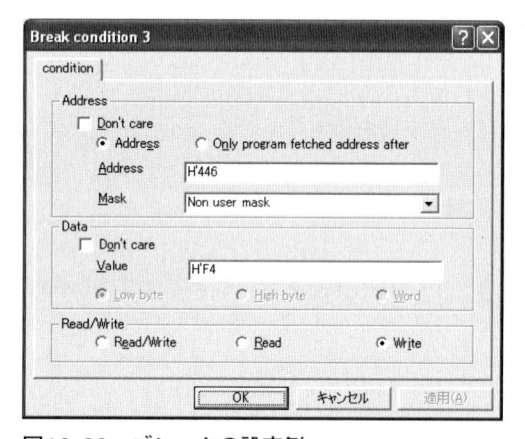

図13-23 ブレークの設定例

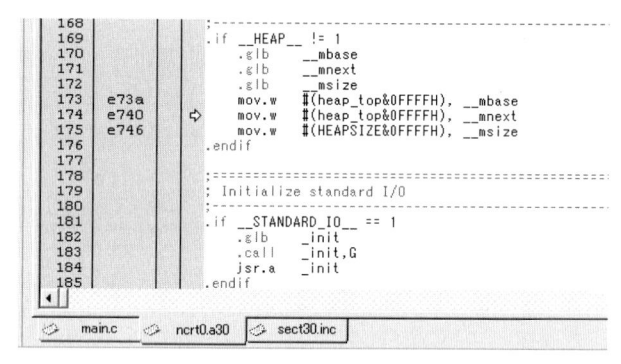

図13-24 ハードウェア・ブレークでブレークした場合のソース表示

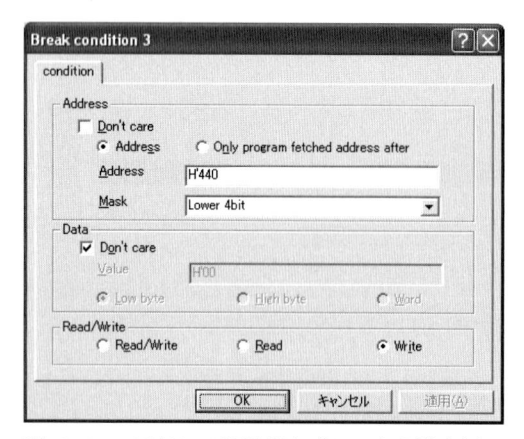

図13-25 アドレス範囲指定ブレークの設定例

(1) アドレス一致ブレーク

最大4本のアドレス一致ブレーク条件を指定できます．ブレークしたい命令の実行直前でユーザ・プログラムが停止します．

(2) データ・アクセス条件によるブレーク

アドレス，データ，アクセス・サイズ（バイト/ワード），アクセス種別（リード/ライト）の組み合わせ（AND条件）で，ブレーク条件の指定ができます．変数やSFRが特定の値になったことを検出してユーザ・プログラムをブレークできるため，エラー・フラグの監視にも応用できます．

図13-23はアドレスとデータを組み合わせたブレークの設定例です．0446h番地にF4hをライトしたときにブレークするという設定です．

実際にブレークが発生するのはE73AhのMOV命令実行直後なので，PCはE740hで停止します．そのときのソース・プログラムウィンドウ表示を図13-24に示します．

また，アドレスは下位4ビット，8ビット，12ビットをマスクすることもできるので，所定の範囲に指定した動作があったらブレークするといった使いかたもできます．

図13-25は0440h～044Fhの16バイトの範囲にライト操作があったらブレークする，という設定です．

▶ アドレス範囲指定ブレークを利用したデバッグ方法の例

E8エミュレータでは，スタック領域をユーザ・プログラムと共有しているため，ユーザ・プログラムの暴走などにより，スタック・ポインタが壊れるとエミュレーションを継続できません．アドレス範囲指定によるブレーク機能を利用すれば，スタック領域のオーバーフローを確認することもできます．

なお，データ・アクセス条件によるブレークを有効にした場合は，アドレス一致ブレークは最大2本になります．

● PCブレークとハードウェア・ブレークの違い

前述のように，PCブレークはフラッシュ・メモリ上のユーザ・プログラムをBRK命令に置き換えることでブレーク動作を実現しています．したがって，ブレークポイントに設定したアドレスの命令を実行するためには，BRK命令を元の命令に書き戻して実行した後，再びBRK命令に書き換えるため，合計2回のフラッシュ・メモリの書き換えが発生します．このため，ステップ実行などでPCブレークポイントを通過するときに，フラッシュ・メモリの書き換えにより応答が遅くなります．

一方，ハードウェア・ブレークはユーザ・プログラムの命令を書き換えることがないため，ステップ実行などの応答性には影響を与えません．ただし，マイコン内部にブレーク用の回路をもつ必要があるので，ブレークの本数（搭載回路）には制約があります．R8C/14～R8C/17グループでは，4本が最大です．

表13-2 ブレーク機能の相違点

	PCブレーク	ハードウェア・ブレーク
ブレーク方式	命令置き換え	アドレス，データ条件一致回路
ブレーク本数	255本	アドレス一致4本，またはアドレス一致2本＋アドレスとデータ，R/WのAND条件1本
応答性	命令書き換えを伴うため，操作時にフラッシュ・メモリ書き換え時間が必要となり応答が遅い（2秒程度）	フラッシュ・メモリの書き換えは行わないため応答が速い
ブレーク条件	命令実行直前でブレークする	(1) 命令実行直前でブレークする (2) アドレス，データ，R/WのAND条件でブレークする場合は，条件一致後にブレークする

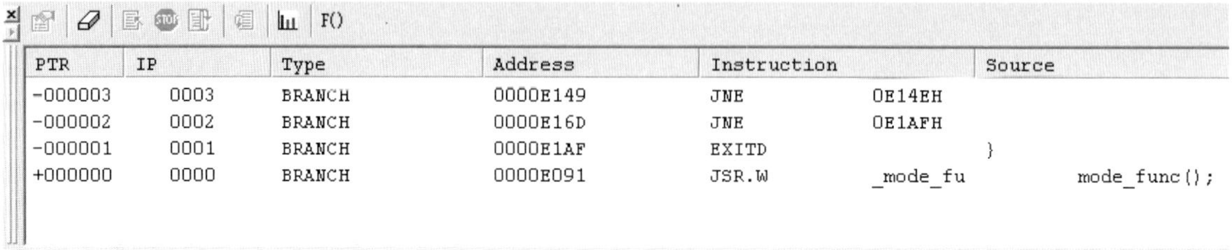

PTR	IP	Type	Address	Instruction		Source	
-000003	0003	BRANCH	0000E149	JNE	0E14EH		
-000002	0002	BRANCH	0000E16D	JNE	0E1AFH		
-000001	0001	BRANCH	0000E1AF	EXITD		}	
+000000	0000	BRANCH	0000E091	JSR.W	_mode_fu		mode_func();

図13-26　分岐トレースの表示例

　各々のブレーク機能の相違点を**表13-2**に示します．

● **トレース内容の参照**

　ユーザ・プログラムがブレークした場合，最新の命令分岐4か所のアドレス情報がマイコン内に保持されています．ブレークの際，E8エミュレータがそのアドレス情報を取得し画面に表示します．

　トレース・ウィンドウの行にカーソルを置きダブル・クリックすると，ソース・プログラムの該当行でカーソルが点滅するので，プログラムがどこを通ってきたかを容易に追うことができます．

　わずか4本の分岐トレースですが，例えばエラー処理に至るまでどのような関数を通過してきたか，分岐箇所を追うことで判断できます．

　図13-26に分岐トレースの表示例を示します．

　なお，E8エミュレータではバス（データ）・トレース機能はありません．バス・トレース情報を詳細にデバッグする場合は，フルスペック・エミュレータを使用する必要があります．

13-5　モニタ・デバッガとの違い

　E8エミュレータはモニタ・デバッガに似ているところもありますが，マイコン内蔵のデバッグ機能を利用することで，次の点においてモニタ・デバッガに比べて使い勝手が優れています．

（1）ユーザ・プログラムを加工する必要がない

　基本的にユーザ・プログラムはエミュレータ用のファームウェアの存在を意識する必要はなく，シリアル・ポートや割り込みなどの資源はすべてユーザ・プログラムで使用できます（一部のマイコンではエミュレータ用の予約領域がある）．プログラムの作成やリンク，オブジェクト・コードの生成の際にも，モニタ用プログラムをリンクさせるといった作業はなく，作成しているプログラムのアドレス割り付けを変更することなくエミュレータでデバッグできます．

　これに対し多くのモニタ・プログラムは，コマンド制御用のシリアル通信ポートを占有する，モニタ・デバッガ用のフック・ルーチンを追加するという操作が必要なため，デバッグ中のプログラムが最終的なデバッグ・プログラムと一致しないことがあります．

　特にR8C/14〜R8C/17グループは，20ピンの小さなマイコンなので，シリアル・ポートを占有してしまうと，デバッグへの影響が大きいと考えられます．そこでE8エミュレータでは，MODE端子1本で双方向通信することにより，ユーザ・リソースへの影響をなくしています．

（2）多機能ブレーク

　マイコン内蔵のブレーク機能（ハードウェア・ブレーク）は，エミュレータ専用のリソースなので，ユー

ザ・プログラムの一部として動作しているモニタ・デバッガでは使用できません．

(3) トレース機能

マイコン内蔵のトレース機能は，エミュレータ専用のリソースなので，ユーザ・プログラムの一部として動作しているモニタ・デバッガでは使用できません．

13-6　インサーキット・エミュレータとの違い

ここでは，従来のインサーキット・エミュレータとの違いについて解説します．

(1) 価格の違い

E8エミュレータは，デバッグ用のリソースをターゲット基板上のマイコンそのものに内蔵しています．

一方，従来のインサーキット・エミュレータでは，エミュレータ上に専用のデバッグ・チップを実装し，トレース用メモリやブレーク制御回路をもっています．このため，E8エミュレータに比べて高機能であるぶん，構成部品が多く，価格は高くなります．

(2) 接続方式の違い

E8エミュレータでは，E8エミュレータ共通の14ピンの専用コネクタでターゲット・ボード上のマイコンと接続します．実際にマイコンと接続しているのは，**図13-27**で示すように2本の信号線だけです．

これに対し，インサーキット・エミュレータでは，マイコンのパッケージに対応したソケットを介してターゲット・ボードと接続します．

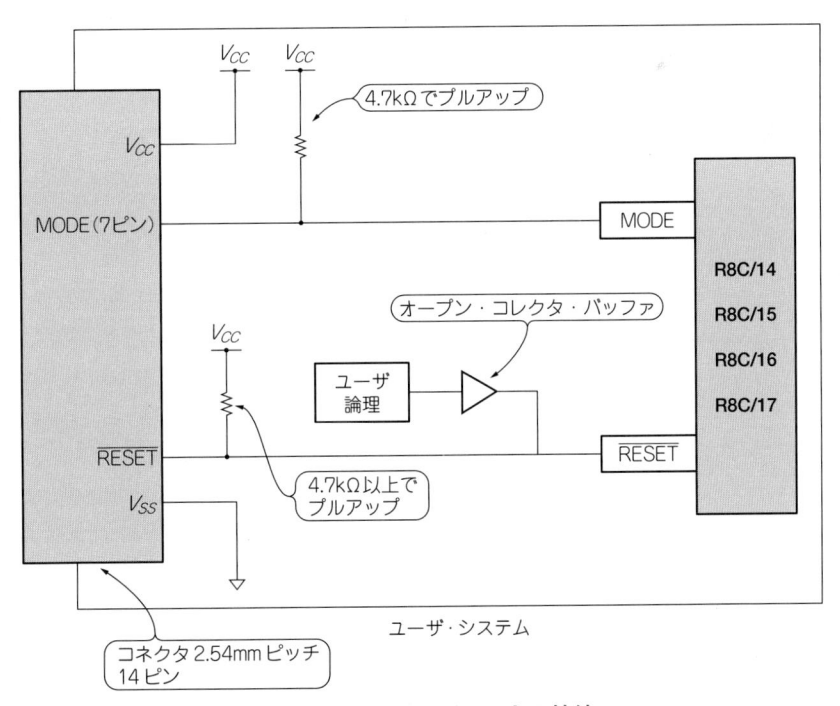

図13-27　E8エミュレータとR8C/Tinyマイコンとの接続

表13-3　E8エミュレータとインサーキット・エミュレータの主な仕様の違い(R8C/14〜R8C/17用)

	E8エミュレータ	インサーキット・エミュレータ
リセット機能	E8エミュレータ接続中はターゲット・ボード上のリセット信号をディセーブルにしておく必要がある	エミュレータ内部でリセット信号のマスク制御ができるため，ターゲット・ボード上のリセット信号状態には制約はない
トレース取得内容	最新の4分岐アドレスを取得する	アドレス，データ，バス状態などを数万サイクル単位で取得する．トレース取得条件の設定も可能
ブレーク条件(PCブレーク)	ターゲット基板上のマイコン内蔵フラッシュ・メモリの内容を直接書き換えるため，フラッシュ・メモリの書き換え時間を必要とし，応答性が悪くなる	一般的に，マイコン内蔵メモリはすべてエミュレータのRAM上でエミュレートされるため，PCブレーク設定による応答性の問題はない
ブレーク条件(ハードウェア・ブレーク)	ターゲット基板上のマイコン内蔵のブレーク機能を使うため，設定できるブレーク本数に制約がある．R8C/14〜R8C/17グループでは4回路	エミュレータ専用チップおよびエミュレータ上にブレーク制御回路を設けるため，複雑なブレーク制御回路を設けることができる．ブレーク条件として，アドレス，データ，アクセス・ステータス，および回数指定，ブレーク成立順序指定といった高機能ブレークがある
ユーザ・プログラム実行中のメモリ参照・変更	ユーザ・プログラムをいったんブレークして対象メモリにアクセスし，ホストPCにメモリ・アクセス情報を通信した後，ユーザ・プログラムを再実行する．このため，ユーザ・プログラムが数10ms程度停止するので，プログラムのリアルタイム性がなくなる	マイコンのプログラム実行を数サイクルだけ停止して対象メモリをアクセスするので，リアルタイム性を保持できる
ユーザ・プログラム実行中のRAMモニタ	「ユーザ・プログラム実行中のメモリ参照・変更」と同様に，ユーザ・プログラムを停止するため，リアルタイム性がない	マイコンのプログラム実行にはまったく影響を与えずに，RAMのモニタリングができる
カバレッジ機能	なし	C0カバレッジ機能あり
実行時間測定	ホストPCの内蔵タイマを使って計測しているため，測定単位がmsとなる	エミュレータ内蔵の専用タイマで測定するため，測定精度は数バス・サイクル以内

(3) 機能の違い

E8エミュレータとインサーキット・エミュレータの主な仕様の違いを**表13-3**に示します．

[第14章]

R8C/Tinyの命令一覧

笹原 裕司

● 命令機能の見かた

　ここでは，R8C/TinyシリーズのCPUコアのもつ構文，オペレーション，機能，選択可能なsrc/dest，フラグ変化，記述例，関連命令について命令ごとに説明します．

❶ → MOV
　　転送
　　MOVe

❷ →【構文】
　　　MOV.size (:format) src,dest
　　ⓐ　ⓑ　ⓒ　ⓓ
　　　　　　　　　　　G , Q , Z , S　（指定可能）← ⓕ
　　　　　　　　　　　B , W
　　　　　　　　　　　　　　　ⓔ

❸ →【オペレーション】
　　　dest ← src

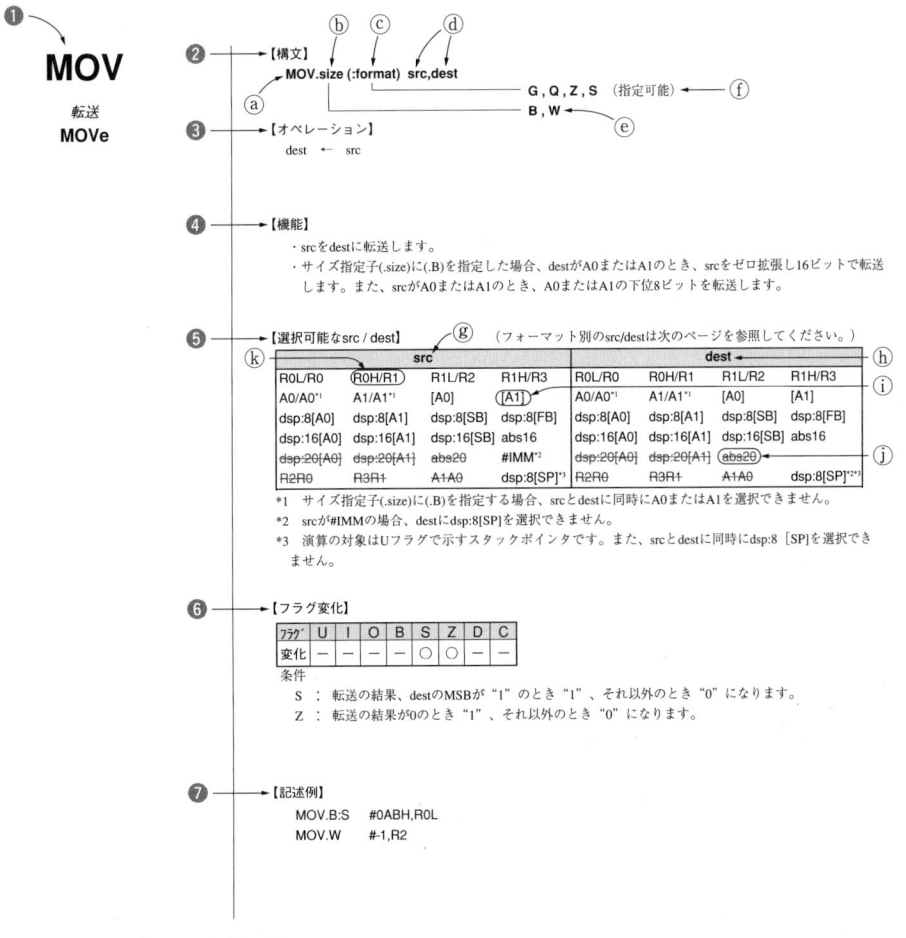

❹ →【機能】
　　　・srcをdestに転送します．
　　　・サイズ指定子(.size)に(.B)を指定した場合、destがA0またはA1のとき、srcをゼロ拡張し16ビットで転送します。また、srcがA0またはA1のとき、A0またはA1の下位8ビットを転送します。

❺ →【選択可能なsrc / dest】　ⓖ（フォーマット別のsrc/destは次のページを参照してください。）

src				dest			
R0L/R0	R0H/R1	R1L/R2	R1H/R3	R0L/R0	R0H/R1	R1L/R2	R1H/R3
A0/A0*¹	A1/A1*¹	[A0]	[A1]	A0/A0*¹	A1/A1*¹	[A0]	[A1]
dsp:8[A0]	dsp:8[A1]	dsp:8[SB]	dsp:8[FB]	dsp:8[A0]	dsp:8[A1]	dsp:8[SB]	dsp:8[FB]
dsp:16[A0]	dsp:16[A1]	dsp:16[SB]	abs16	dsp:16[A0]	dsp:16[A1]	dsp:16[SB]	abs16
dsp:20[A0]	dsp:20[A1]	abs20	#IMM*²	dsp:20[A0]	dsp:20[A1]	abs20	abs20
R2R0	R3R1	A1A0	dsp:8[SP]*³	R2R0	R3R1	A1A0	dsp:8[SP]*²*³

ⓚ　　　　　　　　　　　　　　　　　　　　　　　　　　　　　　　ⓗ
　　　　　　　　　　　　　　　　　　　　　　　　　　　　　　　　ⓘ
　　　　　　　　　　　　　　　　　　　　　　　　　　　　　　　　ⓙ

*1　サイズ指定子(.size)に(.B)を指定する場合、srcとdestに同時にA0またはA1を選択できません。
*2　srcが#IMMの場合、destにdsp:8[SP]を選択できません。
*3　演算の対象はUフラグで示すスタックポインタです。また、srcとdestに同時にdsp:8 [SP]を選択できません。

❻ →【フラグ変化】

フラグ	U	I	O	B	S	Z	D	C
変化	−	−	−	−	○	○	−	−

条件
　S : 転送の結果、destのMSBが"1"のとき"1"、それ以外のとき"0"になります。
　Z : 転送の結果が0のとき"1"、それ以外のとき"0"になります。

❼ →【記述例】
　　　MOV.B:S　#0ABH,R0L
　　　MOV.W　#-1,R2

図A-1　命令の説明図①

命令機能の見かたについて**図A-1**に実例をあげて説明します．

❶ ニーモニック

本ページで説明するニーモニックを示しています．

❷ 構文

命令の構文を記号で示しています．(:format)を省略した場合，アセンブラが最適な指定子を選択します．

ⓐ ニーモニック　MOV

ニーモニックを記述します．

ⓑ サイズ指定子　.size

取り扱うデータ・サイズを記述します．指定できるサイズを以下に示します．

　　　.B　　バイト（8ビット）
　　　.W　　ワード（16ビット）
　　　.L　　ロング・ワード（32ビット）

サイズ指定子をもたない命令もあります．

ⓒ 命令フォーマット指定子　(: format)

命令のフォーマットを記述します．(:format)を省略した場合，アセンブラが最適な指定子を選択します．(:format)を記述した場合，その内容が優先されます．

指定できる命令フォーマットを以下に示します．

　　　:G　　ジェネリック形式
　　　:Q　　クイック形式
　　　:S　　ショート形式
　　　:Z　　ゼロ形式

命令フォーマット指定子をもたない命令もあります．

ⓓ オペランド　src, dest

オペランドを記述します．

ⓔ ⓑで指定できるデータ・サイズを示しています．

ⓕ ⓒで指定できる命令フォーマットを示しています．

❸ オペレーション

命令のオペレーションを記号で説明しています．

❹ 機能

命令の機能，注意事項を説明しています．

❺ 選択可能なsrc / dest（label）

命令がオペランドをもつとき，オペランドとして選択できる形式を示しています．

ⓖ src（source）として選択できる項目

ⓗ dest（destination）として選択できる項目

ⓘ 選択できるアドレッシング

ⓙ 選択できないアドレッシング

ⓚ スラッシュの左側（R0H）は取り扱うデータ・サイズがバイト（8ビット）の場合のアドレッシング．スラッシュの右側（R1）は取り扱うデータ・サイズがワード（16ビット）の場合のアドレッシング

❻ フラグ変化

命令実行後のフラグの変化を示します．表中に示す記号の意味は次のとおりです．
"－"変化しない
"○"条件に従って変化する

❼ 記述例

命令の記述例を示しています．

● JMP，JPMI，JSR，JSRI各命令の構文について

JMP，JPMI，JSR，JSRI各命令の構文について図A-2に実例をあげて説明します．

❶ 構文

命令の構文を記号で示しています．

ⓐ ニーモニック　JMP

ニーモニックを記述します．

ⓑ 分岐距離指定子　.length

分岐する距離を記述します．JMP，JSR 命令については(.length)を省略した場合，アセンブラが最適な指定子を選択します．(.length)を記述した場合，その内容が優先されます．

指定できる分岐距離を以下に示します．

.S　3ビットPC前方相対(+2 〜 +9)
.B　8ビットPC 相対
.W　16ビットPC相対
.A　20ビット絶対

ⓒ オペランド　label

オペランドを記述します．

ⓓ ⓑで指定できる分岐距離を示しています．

JMP

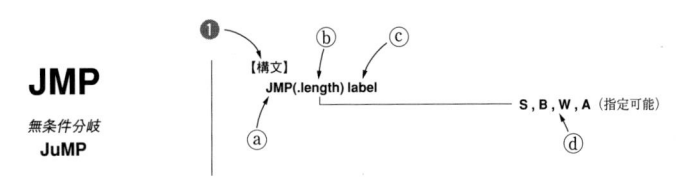

無条件分岐
JuMP

❶【構文】
JMP(.length) label
ⓐ ⓑ ⓒ
S，B，W，A（指定可能）
ⓓ

図A-2　命令の説明図②

本章の表記について：本章pp.316〜397の命令解説は，「R8C/Tinyシリーズ ソフトウエアマニュアル（ルネサス テクノロジ）」を元に加筆・修正したものです．そのため，語句などの表記体裁などがp.315までとは異なっていますので，ご了承ください．

ABS
絶対値
ABSolute

【構文】
ABS.size　dest
――――――――――― B , W

【オペレーション】
dest ← | dest |

【機能】
・destの絶対値をとり、destに格納します。

【選択可能なdest】

dest			
R0L/R0	R0H/R1	R1L/R2	R1H/R3
~~A0~~/A0	~~A1~~/A1	[A0]	[A1]
dsp:8[A0]	dsp:8[A1]	dsp:8[SB]	dsp:8[FB]
dsp:16[A0]	dsp:16[A1]	dsp:16[SB]	abs16
~~dsp:20[A0]~~	~~dsp:20[A1]~~		~~abs20~~
~~R2R0~~	~~R3R1~~	~~A1A0~~	

【フラグ変化】

フラグ	U	I	O	B	S	Z	D	C
変化	—	—	○	—	○	○	—	○

条件
O ： 演算前のdestが−128(.B)または−32768(.W)のとき"1"、それ以外のとき"0"になります。
S ： 演算の結果、MSBが"1"になると"1"、それ以外のとき"0"になります。
Z ： 演算の結果が0のとき"1"、それ以外のとき"0"になります。
C ： 不定になります。

【記述例】
RAM_Aを00400H番地と定義し、ABS命令を実行した場合

シンボルの定義
　RAM_A　　.EQU　00400H

命令の記述
　MOV.W　　#-1, RAM_A
　ABS.W　　RAM_A

【実行例】

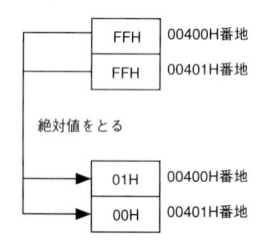

```
┌─ FFH   00400H番地
└─ FFH   00401H番地

  絶対値をとる

┌─ 01H   00400H番地
└─ 00H   00401H番地
```

ADC
キャリー付き加算
ADdition with Carry

【構文】
ADC.size　src,dest
――――――――――― B , W

【オペレーション】
dest ← src + dest + C

【機能】
・destとsrcとCフラグを加算し、destに格納します。
・サイズ指定子(.size)に(.B)を指定した場合、destがA0またはA1のとき、srcをゼロ拡張し16ビットで演算します。また、srcがA0またはA1のとき、A0またはA1の下位8ビットを演算の対象とします。

【選択可能なsrc / dest】

src				dest			
R0L/R0	R0H/R1	R1L/R2	R1H/R3	R0L/R0	R0H/R1	R1L/R2	R1H/R3
A0/A0*1	A1/A1*1	[A0]	[A1]	A0/A0*1	A1/A1*1	[A0]	[A1]
dsp:8[A0]	dsp:8[A1]	dsp:8[SB]	dsp:8[FB]	dsp:8[A0]	dsp:8[A1]	dsp:8[SB]	dsp:8[FB]
dsp:16[A0]	dsp:16[A1]	dsp:16[SB]	abs16	dsp:16[A0]	dsp:16[A1]	dsp:16[SB]	abs16
~~dsp:20[A0]~~	~~dsp:20[A1]~~	~~abs20~~	#IMM	~~dsp:20[A0]~~	~~dsp:20[A1]~~	~~abs20~~	abs16
~~R2R0~~	~~R3R1~~	~~A1A0~~		~~R2R0~~	~~R3R1~~	~~A1A0~~	

*1 サイズ指定子(.size)に(.B)を指定する場合、srcとdestに同時にA0またはA1を選択できません。

【フラグ変化】

フラグ	U	I	O	B	S	Z	D	C
変化	−	−	○	−	○	○	−	○

条件

O : 符号付き演算の結果、+32767(.W)または−32768(.W)、+127(.B)または−128(.B)を超えると"1"、それ以外のとき"0"になります。

S : 演算の結果、MSBが"1"になると"1"、それ以外のとき"0"になります。

Z : 演算の結果が0のとき"1"、それ以外のとき"0"になります。

C : 符号なし演算の結果、+65535(.W)、+255(.B)を超えると"1"、それ以外のとき"0"になります。

【記述例1】

RAM_Aを00400H番地と定義し、RAM_AとA0のADC命令を実行した場合

シンボルの定義
RAM_A   .EQU 00400H

命令の記述
FSET   C
MOV.W   #2, RAM_A
MOV.W   #3, A0
ADC.W   RAM_A, A0

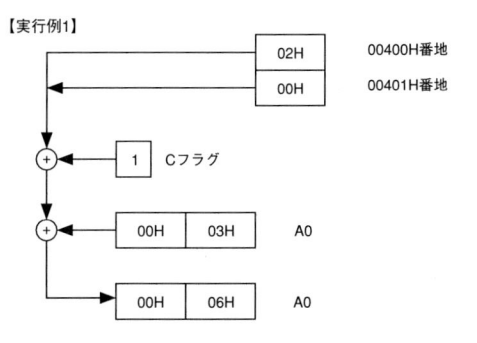

【実行例1】

```
                                    02H       00400H番地
                                    00H       00401H番地

    (+)  ←  1    Cフラグ

    (+)  ←  00H  03H    A0

         →  00H  06H    A0
```

【記述例2】

RAM_Aを00400H番地、RAM_Bを00402H番地と定義し、RAM_AとRAM_BのADC命令を実行した場合

シンボルの定義
RAM_A   .EQU 00400H
RAM_B   .EQU 00402H

命令の記述
FSET   C
MOV.W   #2, RAM_A
MOV.W   #3, RAM_B
ADC.W   RAM_A, RAM_B

【実行例2】

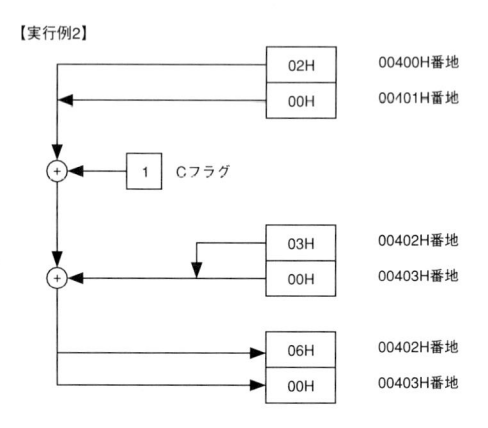

```
02H    00400H番地
00H    00101H番地

    ┌── 1  Cフラグ
    ↓
    (+)

03H    00402H番地
00H    00403H番地

06H    00402H番地
00H    00403H番地
```

ADCF

キャリーフラグの加算
ADdition Carry Flag

【構文】
　ADCF.size　　dest
　　　　　　　　　　　　　B , W

【オペレーション】
　dest ← dest + C

【機能】
　・destとCフラグを加算し、destに格納します。

【選択可能なdest】

dest			
R0L/R0	R0H/R1	R1L/R2	R1H/R3
A0/A0	A1/A1	[A0]	[A1]
dsp:8[A0]	dsp:8[A1]	dsp:8[SB]	dsp:8[FB]
dsp:16[A0]	dsp:16[A1]	dsp:16[SB]	abs16
dsp:20[A0]	dsp:20[A1]	abs20	
R2R0	R3R1	A1A0	

【フラグ変化】

フラグ	U	I	O	B	S	Z	D	C
変化	—	—	○	—	○	○	—	○

条件
　O ： 符号付き演算の結果、+32767(.W)または-32768(.W)、+127(.B)または-128(.B)を超えると"1"、
　　　それ以外のとき"0"になります。
　S ： 演算の結果、MSBが"1"になると"1"、それ以外のとき"0"になります。
　Z ： 演算の結果が0のとき"1"、それ以外のとき"0"になります。
　C ： 符号なし演算の結果、+65535(.W)、+255(.B)を超えると"1"、それ以外のとき"0"になります。

【記述例】
　RAM_Aを00400H番地と定義し、ADCF命令を実行した場合

　　シンボルの定義
　　　　RAM_A　　.EQU　00400H

　　命令の記述
　　　　FSET　　　C
　　　　MOV.W　　#2, RAM_A
　　　　ADCF.W　　RAM_A

【実行例】

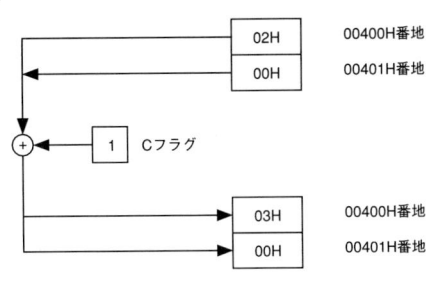

```
02H    00400H番地
00H    00401H番地
       ↓
     (+)← [1] Cフラグ
       ↓
03H    00400H番地
00H    00401H番地
```

ADD

キャリーなし加算
ADDition

【構文】

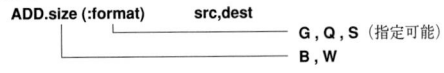

ADD.size (:format)　src,dest ── G , Q , S（指定可能）
　　　　　　　　　　　　　　　 ── B , W

【オペレーション】

dest ← dest + src

【機能】

・destとsrcを加算し、destに格納します。
・サイズ指定子(.size)に(.B)を指定した場合、destがA0またはA1のとき、srcをゼロ拡張し16ビットで演算します。また、srcがA0またはA1のとき、A0またはA1の下位8ビットを演算の対象とします。
・サイズ指定子(.size)に(.B)を指定した場合、destがスタックポインタのとき、srcを符号拡張し16ビットで演算します。

【選択可能なsrc / dest】　　　　　　　（フォーマット別のsrc/destは次のページを参照してください。）

src				dest			
R0L/R0	R0H/R1	R1L/R2	R1H/R3	R0L/R0	R0H/R1	R1L/R2	R1H/R3
A0/A0*1	A1/A1*1	[A0]	[A1]	A0/A0*1	A1/A1*1	[A0]	[A1]
dsp:8[A0]	dsp:8[A1]	dsp:8[SB]	dsp:8[FB]	dsp:8[A0]	dsp:8[A1]	dsp:8[SB]	dsp:8[FB]
dsp:16[A0]	dsp:16[A1]	dsp:16[SB]	abs16	dsp:16[A0]	dsp:16[A1]	dsp:16[SB]	abs16
~~dsp:20[A0]~~	~~dsp:20[A1]~~	~~abs20~~	#IMM	~~dsp:20[A0]~~	~~dsp:20[A1]~~	~~abs20~~	SP/SP*2
~~R2R0~~	~~R3R1~~	~~A1A0~~		~~R2R0~~	~~R3R1~~	~~A1A0~~	

*1　サイズ指定子(.size)に(.B)を指定する場合、srcとdestに同時にA0またはA1を選択できません。
*2　演算の対象はUフラグで示すスタックポインタです。srcには#IMMだけ選択できます。

【フラグ変化】

フラグ	U	I	O	B	S	Z	D	C
変化	―	―	○	―	○	○	―	○

条件
O : 符号付き演算の結果、+32767(.W)または−32768(.W)、+127(.B)または−128(.B)を超えると"1"、それ以外のとき"0"になります。
S : 演算の結果、MSBが"1"になるとき"1"、それ以外のとき"0"になります。
Z : 演算の結果が0のとき"1"、それ以外のとき"0"になります。
C : 符号なし演算の結果、+65535(.W)、+255(.B)を超えると"1"、それ以外のとき"0"になります。

【記述例1】

RAM_Aを00400H番地と定義し、RAM_AとA0のADD命令を実行した場合

シンボルの定義
　　RAM_A　　.EQU　00400H

命令の記述
　　MOV.W　　#2, RAM_A
　　MOV.W　　#3, A0
　　ADD.W　　RAM_A, A0

【実行例1】

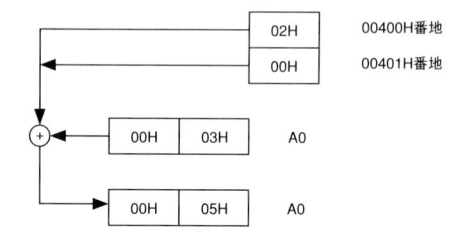

```
                    02H        00400H番地
                    00H        00401H番地

     (+) ← 00H  03H    A0

         → 00H  05H    A0
```

【記述例2】

RAM_Aを00400H番地、RAM_Bを00402H番地と定義し、RAM_AとRAM_BのADD命令を実行した場合

シンボルの定義
 RAM_A .EQU 00400H
 RAM_B .EQU 00402H

命令の記述
 MOV.W #2, RAM_A
 MOV.W #3, RAM_B
 ADD.W RAM_A, RAM_B

【実行例2】

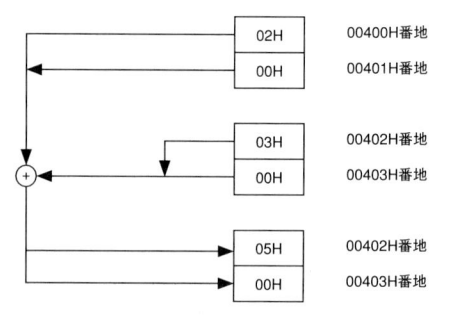

```
                    02H        00400H番地
                    00H        00401H番地

                    03H        00402H番地
                    00H        00403H番地

     (+)
                    05H        00402H番地
                    00H        00403H番地
```

【フォーマット別src / dest】

G フォーマット

src				dest			
R0L/R0	R0H/R1	R1L/R2	R1H/R3	R0L/R0	R0H/R1	R1L/R2	R1H/R3
A0/A0[*1]	A1/A1[*1]	[A0]	[A1]	A0/A0[*1]	A1/A1[*1]	[A0]	[A1]
dsp:8[A0]	dsp:8[A1]	dsp:8[SB]	dsp:8[FB]	dsp:8[A0]	dsp:8[A1]	dsp:8[SB]	dsp:8[FB]
dsp:16[A0]	dsp:16[A1]	dsp:16[SB]	abs16	dsp:16[A0]	dsp:16[A1]	dsp:16[SB]	abs16
~~dsp:20[A0]~~	~~dsp:20[A1]~~	~~abs20~~	#IMM	~~dsp:20[A0]~~	~~dsp:20[A1]~~	~~abs20~~	SP/SP[*2]
~~R2R0~~	~~R3R1~~	~~A1A0~~		~~R2R0~~	~~R3R1~~	~~A1A0~~	

*1 サイズ指定子(.size)に(.B)を指定する場合、srcとdestに同時にA0またはA1を選択できません。
*2 演算の対象はUフラグで示すスタックポインタです。srcには#IMMだけ選択できます。

Q フォーマット

src				dest			
~~R0L/R0~~	~~R0H/R1~~	~~R1L/R2~~	~~R1H/R3~~	R0L/R0	R0H/R1	R1L/R2	R1H/R3
~~A0/A0~~	~~A1/A1~~	~~[A0]~~	~~[A1]~~	A0/A0	A1/A1	[A0]	[A1]
~~dsp:8[A0]~~	~~dsp:8[A1]~~	~~dsp:8[SB]~~	~~dsp:8[FB]~~	dsp:8[A0]	dsp:8[A1]	dsp:8[SB]	dsp:8[FB]
~~dsp:16[A0]~~	~~dsp:16[A1]~~	~~dsp:16[SB]~~	abs16	dsp:16[A0]	dsp:16[A1]	dsp:16[SB]	abs16
~~dsp:20[A0]~~	~~dsp:20[A1]~~	~~abs20~~	#IMM[*3]	~~dsp:20[A0]~~	~~dsp:20[A1]~~	~~abs20~~	SP/SP[*2]
~~R2R0~~	~~R3R1~~	~~A1A0~~		~~R2R0~~	~~R3R1~~	~~A1A0~~	

*2 演算の対象はUフラグで示すスタックポインタです。srcには#IMMだけ選択できます。
*3 取りうる範囲は−8≦#IMM≦+7です。

S フォーマット[*4]

src				dest			
~~R0L~~	~~R0H~~	~~dsp:8[SB]~~	~~dsp:8[FB]~~	R0L	R0H	dsp:8[SB]	dsp:8[FB]
~~abs16~~	#IMM			abs16	A0	A1	
R0L[*5]	R0H[*5]	dsp:8[SB]	dsp:8[FB]	R0L[*5]	R0H[*5]	~~dsp:8[SB]~~	~~dsp:8[FB]~~
abs16	~~#IMM~~			~~abs16~~	A0	A1	

*4 サイズ指定子(.size)には(.B)だけ指定できます。
*5 srcとdestに同じレジスタを選択できません。

ADJNZ

加算&条件分岐
ADdition then Jump on Not Zero

【構文】
ADJNZ.size src,dest,label B , W

【オペレーション】
dest ← dest + src
if dest≠0 then jump label

【機能】
・destとsrcを加算し、destに格納します。
・加算した結果、0以外のときlabelへ分岐します。0のとき次の命令を実行します。
・本命令のオペコードは、SBJNZと同じです。

【選択可能なsrc / dest / label】

src	dest			label
#IMM[*1]	R0L/R0 R1H/R3 [A0] dsp:8[A1] dsp:16[A0] abs16	R0H/R1 A0/A0 [A1] dsp:8[SB] dsp:16[A1]	R1L/R2 A1/A1 dsp:8[A0] dsp:8[FB] dsp:16[SB]	PC[*2]−126≦label≦PC[*2]+129

*1 取りうる範囲は−8≦#IMM≦+7です。
*2 PCは命令の先頭番地を示します。

【フラグ変化】

フラグ	U	I	O	B	S	Z	D	C
変化	−	−	−	−	−	−	−	−

【記述例】
RAM_Aを00400H番地と定義し、ADJNZ命令を実行した場合

シンボルの定義
RAM_A   .EQU 00400H
LABEL_A

命令の記述
MOV.W   #2, RAM_A
ADJNZ.W #1, RAM_A, LABEL_A

【実行例】

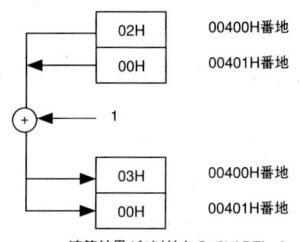

```
        ┌──┐
    ┌──│02H│  00400H番地
    │  ├──┤
    │  │00H│  00401H番地
    │  └──┘
    │
   (+)←── 1
    │
    │  ┌──┐
    └─→│03H│  00400H番地
       ├──┤
       │00H│  00401H番地
       └──┘
```

演算結果が0以外なのでLABEL_A
へジャンプする

AND

論理積
AND

【構文】

AND.size (:format) src,dest
- G , S（指定可能）
- B , W

【オペレーション】

dest ← src ∧ dest

【機能】
- destとsrcの論理積をとり、destに格納します。
- サイズ指定子(.size)に(.B)を指定した場合、destがA0またはA1のとき、srcをゼロ拡張し16ビットで演算します。また、srcがA0またはA1のとき、A0またはA1の下位8ビットを演算の対象とします。

【選択可能なsrc / dest】　　　　　　　（フォーマット別のsrc/destは次のページを参照してください。）

src				dest			
R0L/R0	R0H/R1	R1L/R2	R1H/R3	R0L/R0	R0H/R1	R1L/R2	R1H/R3
A0/A0[*1]	A1/A1[*1]	[A0]	[A1]	A0/A0[*1]	A1/A1[*1]	[A0]	[A1]
dsp:8[A0]	dsp:8[A1]	dsp:8[SB]	dsp:8[FB]	dsp:8[A0]	dsp:8[A1]	dsp:8[SB]	dsp:8[FB]
dsp:16[A0]	dsp:16[A1]	dsp:16[SB]	abs16	dsp:16[A0]	dsp:16[A1]	dsp:16[SB]	abs16
~~dsp:20[A0]~~	~~dsp:20[A1]~~	~~abs20~~	#IMM	~~dsp:20[A0]~~	~~dsp:20[A1]~~	~~abs20~~	~~SP/SP~~
R2R0	R3R1	~~A1A0~~		R2R0	R3R1	~~A1A0~~	

[*1] サイズ指定子(.size)に(.B)を指定する場合、srcとdestに同時にA0またはA1を選択できません。

【フラグ変化】

フラグ	U	I	O	B	S	Z	D	C
変化	—	—	—	—	○	○	—	—

条件
- S ： 演算の結果、MSBが"1"になると"1"、それ以外のとき"0"になります。
- Z ： 演算の結果が0のとき"1"、それ以外のとき"0"になります。

【記述例1】

RAM_Aを00400H番地と定義し、RAM_AとA0のAND命令を実行した場合

シンボルの定義
　　RAM_A　　.EQU　00400H

命令の記述
　　MOV.W　　#2, RAM_A
　　MOV.W　　#3, A0
　　AND.W　　RAM_A, A0

【実行例1】

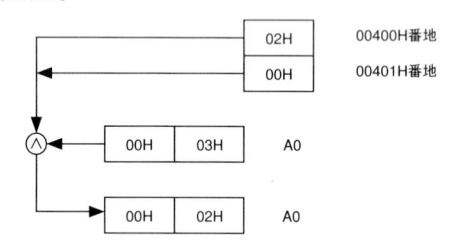

```
                    02H    00400H番地
                    00H    00401H番地
       ∧    00H 03H    A0
            00H 02H    A0
```

【記述例2】

RAM_Aを00400H番地、RAM_Bを00402H番地と定義し、RAM_AとRAM_BのAND命令を実行した場合

シンボルの定義
　　RAM_A　　.EQU　00400H
　　RAM_B　　.EQU　00402H

命令の記述
　　MOV.W　　#2, RAM_A
　　MOV.W　　#3, RAM_B
　　AND.W　　RAM_A, RAM_B

【実行例2】

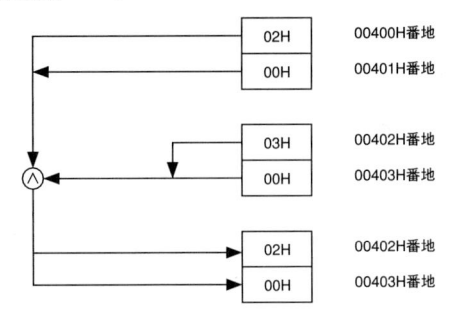

```
              ┌──────┐
              │ 02H  │  00400H番地
       ┌──────│ 00H  │  00401H番地
       │      └──────┘
       │      ┌──────┐
       │      │ 03H  │  00402H番地
       │ ┌────│ 00H  │  00403H番地
       ∧─┘    └──────┘
       │      ┌──────┐
       └─────→│ 02H  │  00402H番地
              │ 00H  │  00403H番地
              └──────┘
```

【フォーマット別src / dest】

G フォーマット

src				dest			
R0L/R0	R0H/R1	R1L/R2	R1H/R3	R0L/R0	R0H/R1	R1L/R2	R1H/R3
A0/A0*1	A1/A1*1	[A0]	[A1]	A0/A0*1	A1/A1*1	[A0]	[A1]
dsp:8[A0]	dsp:8[A1]	dsp:8[SB]	dsp:8[FB]	dsp:8[A0]	dsp:8[A1]	dsp:8[SB]	dsp:8[FB]
dsp:16[A0]	dsp:16[A1]	dsp:16[SB]	abs16	dsp:16[A0]	dsp:16[A1]	dsp:16[SB]	abs16
~~dsp:20[A0]~~	~~dsp:20[A1]~~	~~abs20~~	#IMM	~~dsp:20[A0]~~	~~dsp:20[A1]~~	~~abs20~~	~~SP/SP~~
~~R2R0~~	~~R3R1~~	~~A1A0~~		~~R2R0~~	~~R3R1~~	~~A1A0~~	

*1 サイズ指定子(.size)に(.B)を指定する場合、srcとdestに同時にA0またはA1を選択できません。

S フォーマット*2

src				dest			
~~R0L~~	R0H	dsp:8[SB]	dsp:8[FB]	R0L	R0H	dsp:8[SB]	dsp:8[FB]
~~abs16~~	#IMM			abs16	~~A0~~	~~A1~~	
R0L*3	R0H*3	dsp:8[SB]	dsp:8[FB]	R0L*3	R0H*3	~~dsp:8[SB]~~	~~dsp:8[FB]~~
abs16	~~#IMM~~			abs16	~~A0~~	~~A1~~	

*2 サイズ指定子(.size)には(.B)だけ指定できます。

*3 srcとdestに同じレジスタを選択できません。

BAND

ビット論理積
Bit AND carry flag

【構文】
　　BAND src

【オペレーション】
　　C ← src ∧ C

【機能】
　・CフラグとsrcのCフラグに格納します。

【選択可能なsrc】

src			
bit,R0	bit,R1	bit,R2	bit,R3
bit,A0	bit,A1	[A0]	[A1]
base:8[A0]	base:8[A1]	bit,base:8[SB]	bit,base:8[FB]
base:16[A0]	base:16[A1]	bit,base:16[SB]	bit,base:16
~~C~~	~~bit,base:11[SB]~~		

【フラグ変化】

フラグ*	U	I	O	B	S	Z	D	C
変化	—	—	—	—	—	—	—	○

条件
　　C : 演算の結果が "1" のとき "1"、それ以外のとき "0" になります。

【記述例】
　　FLAG_Aを00400H番地のRAM_Aの0ビット目と定義し、BAND命令を実行した場合

　　シンボルの定義
　　　　RAM_A　　　.EQU　　　00400H
　　　　FLAG_A　　 .BTEQU　　0, RAM_A

　　命令の記述
　　　　FSET　　　　C
　　　　MOV.W　　　#0, RAM_A
　　　　BAND　　　　FLAG_A

【実行例】

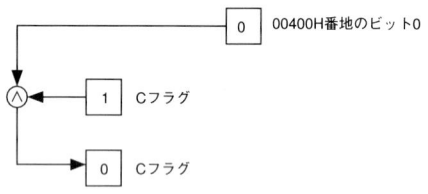

```
         ┌──────────┐  0   00400H番地のビット0
         │
    ∧ ←──┤  1   Cフラグ
    │
    └──→ 0   Cフラグ
```

BCLR

ビットクリア
Bit CLeaR

【構文】
　　BCLR (:format)　　dest
　　　　　　　　　　　　　　　G , S （指定可能）

【オペレーション】
　　dest ← 0

【機能】
　・destに"0"を格納します。

【選択可能なdest】

dest			
bit,R0	bit,R1	bit,R2	bit,R3
bit,A0	bit,A1	[A0]	[A1]
base:8[A0]	base:8[A1]	bit,base:8[SB]	bit,base:8[FB]
base:16[A0]	base:16[A1]	bit,base:16[SB]	bit,base:16
	bit,base:11[SB]*¹		

*1　Sフォーマット時だけ選択できるdestです。

【フラグ変化】

フラグ	U	I	O	B	S	Z	D	C
変化	−	−	−	−	−	−	−	−

【記述例】
　　FLAG_Aを00400H番地のRAM_Aの0ビット目と定義し、BCLR命令を実行した場合

　　シンボルの定義
　　　　RAM_A　　　.EQU　　　00400H
　　　　FLAG_A　　 .BTEQU　　0, RAM_A

　　命令の記述
　　　　BCLR　　　　FLAG_A

【実行例】

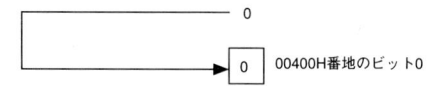

```
         ┌──── 0
         │
         └──→ 0   00400H番地のビット0
```

BM*Cnd*

条件ビット転送
Bit Move Condition

【構文】
 BM*Cnd* dest

【オペレーション】
 if true then dest ← 1
 else   dest ← 0

【機能】
・*Cnd*で示す条件の真偽値をdestに転送します。真の場合"1"、偽の場合"0"が転送されます。
・*Cnd*には次の種類があります。

Cnd	条件		式	Cnd	条件		式
GEU/C	C=1	等しいまたは大きい／Cフラグが"1"	≧	LTU/NC	C=0	小さい／Cフラグが"0"	<
EQ/Z	Z=1	等しい／Zフラグが"1"	=	NE/NZ	Z=0	等しくない／Zフラグが"0"	≠
GTU	C∧$\overline{Z}$=1	大きい	>	LEU	C∧$\overline{Z}$=0	等しいまたは小さい	≦
PZ	S=0	正またはゼロ	0≦	N	S=1	負	0>
GE	S∀O=0	等しい、または符号付きで大きい	≧	LE	(S∀O)∨Z=1	等しい、または符号付きで小さい	≦
GT	(S∀O)∨Z=0	符号付きで大きい	>	LT	S∀O=1	符号付きで小さい	<
O	O=1	Oフラグが"1"		NO	O=0	Oフラグが"0"	

【選択可能なdest】

dest			
bit,R0	bit,R1	bit,R2	bit,R3
bit,A0	bit,A1	[A0]	[A1]
base:8[A0]	base:8[A1]	bit,base:8[SB]	bit,base:8[FB]
base:16[A0]	base:16[A1]	bit,base:16[SB]	bit,base:16
C	~~bit,base:11[SB]~~		

【フラグ変化】

フラグ	U	I	O	B	S	Z	D	C
変化	—	—	—	—	—	—	—	*1

 *1 destにCフラグを指定したとき、変化します。

【記述例】
 FLAG_Aを00400H番地のRAM_Aの0ビット目と定義し、BMN命令を実行した場合

 シンボルの定義
  RAM_A .EQU 00400H
  FLAG_A .BTEQU 0, RAM_A

 命令の記述
  FSET S
  BMN FLAG_A

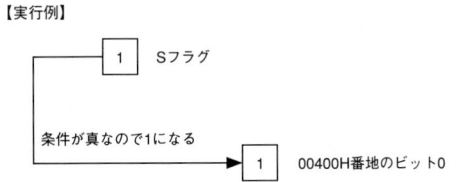

【実行例】

   1 Sフラグ

 条件が真なので1になる
        1 00400H番地のビット0

BNAND

反転ビット論理積
Bit Not AND carry flag

【構文】
 BNAND src

【オペレーション】
 C ← $\overline{src}$ ∧ C

【機能】
・Cフラグとsrcの反転の論理積をとり、Cフラグに格納します。

【選択可能なsrc】

src			
bit,R0	bit,R1	bit,R2	bit,R3
bit,A0	bit,A1	[A0]	[A1]
base:8[A0]	base:8[A1]	bit,base:8[SB]	bit,base:8[FB]
base:16[A0]	base:16[A1]	bit,base:16[SB]	bit,base:16
~~G~~	~~bit,base:11[SB]~~		

【フラグ変化】

フラグ	U	I	O	B	S	Z	D	C
変化	—	—	—	—	—	—	—	○

条件
　C ： 演算の結果が"1"のとき"1"、それ以外のとき"0"になります。

【記述例】
　FLAG_Aを00400H番地のRAM_Aの0ビット目と定義し、BNAND命令を実行した場合

```
シンボルの定義
    RAM_A    .EQU     00400H
    FLAG_A   .BTEQU   0, RAM_A

命令の記述
    FSET     C
    MOV.W    #0, RAM_A
    BNAND    FLAG_A
```

【実行例】

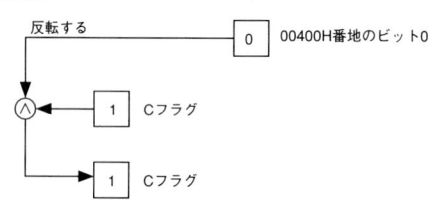

BNOR
反転ビット論理和
Bit Not OR carry flag

【構文】
　BNOR src

【オペレーション】
　C ← $\overline{src}$ ∨ C

【機能】
・Cフラグとsrcの反転の論理和をとり、Cフラグに格納します。

【選択可能なsrc】

src			
bit,R0	bit,R1	bit,R2	bit,R3
bit,A0	bit,A1	[A0]	[A1]
base:8[A0]	base:8[A1]	bit,base:8[SB]	bit,base:8[FB]
base:16[A0]	base:16[A1]	bit,base:16[SB]	bit,base:16
~~G~~	~~bit,base:11[SB]~~		

【フラグ変化】

フラグ	U	I	O	B	S	Z	D	C
変化	—	—	—	—	—	—	—	○

条件
　C ： 演算の結果が"1"のとき"1"、それ以外のとき"0"になります。

【記述例】
　　FLAG_Aを00400H番地のRAM_Aの0ビット目と定義し、BNOR命令を実行した場合

　　シンボルの定義
　　　RAM_A   .EQU   00400H
　　　FLAG_A   .BTEQU   0, RAM_A

　　命令の記述
　　　FSET   C
　　　MOV.W   #0, RAM_A
　　　BNOR   FLAG_A

【実行例】

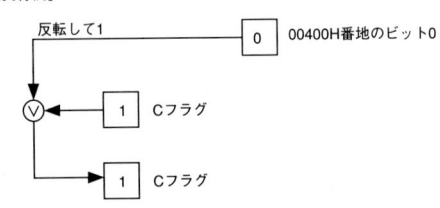

```
反転して1                 ┌─┐
                         │0│  00400H番地のビット0
                         └─┘
    ┌──◁──┐
   (V)    │1│  Cフラグ
    │     └─┘
    └──▷──┐
          │1│  Cフラグ
          └─┘
```

BNOT

ビット反転
Bit NOT

【構文】
　BNOT(:format)　　dest
　　　　　　　　　　└──────── G , S　(指定可能)

【オペレーション】
　　dest ← ‾dest‾

【機能】
　・destを反転し、destに格納します。

【選択可能なdest】

dest			
bit,R0	bit,R1	bit,R2	bit,R3
bit,A0	bit,A1	[A0]	[A1]
base:8[A0]	base:8[A1]	bit,base:8[SB]	bit,base:8[FB]
base:16[A0]	base:16[A1]	bit,base:16[SB]	bit,base:16
	bit,base:11[SB]*1		

*1　Sフォーマット時だけ選択できるdestです。

【フラグ変化】

フラグ	U	I	O	B	S	Z	D	C
変化	─	─	─	─	─	─	─	─

【記述例】
　　FLAG_Aを00400H番地のRAM_Aの0ビット目と定義し、BNOT命令を実行した場合

　　シンボルの定義
　　　RAM_A   .EQU   00400H
　　　FLAG_A   .BTEQU   0, RAM_A

　　命令の記述
　　　MOV.W   #0, RAM_A
　　　BNOT   FLAG_A

【実行例】

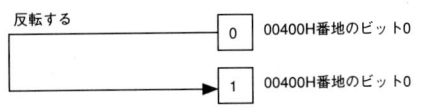

```
反転する             ┌─┐
                    │0│  00400H番地のビット0
                    └─┘
    │
    └──────────▷──┐
                   │1│  00400H番地のビット0
                   └─┘
```

BNTST

反転ビットテスト
Bit Not TeST

【構文】
　　BNTST　　src

【オペレーション】
　　Z ← $\overline{\text{src}}$
　　C ← $\overline{\text{src}}$

【機能】
・srcの反転をZフラグとCフラグに転送します。

【選択可能なsrc】

src			
bit,R0	bit,R1	bit,R2	bit,R3
bit,A0	bit,A1	[A0]	[A1]
base:8[A0]	base:8[A1]	bit,base:8[SB]	bit,base:8[FB]
base:16[A0]	base:16[A1]	bit,base:16[SB]	bit,base:16
~~C~~	~~bit,base:11[SB]~~		

【フラグ変化】

フラグ	U	I	O	B	S	Z	D	C
変化	—	—	—	—	—	○	—	○

条件
　　Z : srcが"0"のとき"1"、それ以外のとき"0"になります。
　　C : srcが"0"のとき"1"、それ以外のとき"0"になります。

【記述例】
　　FLAG_Aを00400H番地のRAM_Aの0ビット目と定義し、BNTST命令を実行した場合

　　　シンボルの定義
　　　　　RAM_A　　.EQU　　　00400H
　　　　　FLAG_A　　.BTEQU　　0, RAM_A

　　　命令の記述
　　　　　MOV.W　　#0, RAM_A
　　　　　BNTST　　FLAG_A

【実行例】

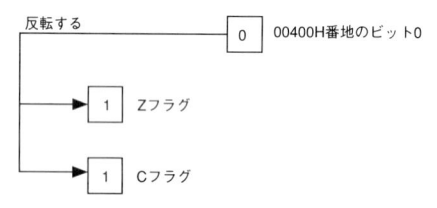

```
反転する ──────────────┬──→ [0]  00400H番地のビット0
                      │
                      ├──→ [1]  Zフラグ
                      │
                      └──→ [1]  Cフラグ
```

BNXOR

反転ビット排他的論理和
Bit Not eXclusive OR carry flag

【構文】
　　BNXOR　　src

【オペレーション】
　　C ← $\overline{\text{src}}$ ∀ C

【機能】
・Cフラグとsrcの反転の排他的論理和をとり、Cフラグに格納します。

【選択可能なsrc】

src			
bit,R0	bit,R1	bit,R2	bit,R3
bit,A0	bit,A1	[A0]	[A1]
base:8[A0]	base:8[A1]	bit,base:8[SB]	bit,base:8[FB]
base:16[A0]	base:16[A1]	bit,base:16[SB]	bit,base:16
	~~bit,base:11[SB]~~		

【フラグ変化】

フラグ	U	I	O	B	S	Z	D	C
変化	—	—	—	—	—	—	—	○

条件
　　C : 演算の結果が"1"のとき"1"、それ以外のとき"0"になります。

【記述例】
　　FLAG_Aを00400H番地のRAM_Aの0ビット目と定義し、BNXOR命令を実行した場合

　　シンボルの定義
　　　　RAM_A　　　.EQU　　　00400H
　　　　FLAG_A　　.BTEQU　　0, RAM_A

　　命令の記述
　　　　FSET　　　　C
　　　　MOV.W　　　#0, RAM_A
　　　　BNXOR　　　FLAG_A

【実行例】

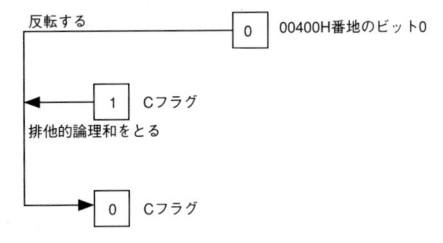

　　反転する　　　　　　　　　　　　　　0　　00400H番地のビット0

　　　　　　　　　　1　　Cフラグ
　　排他的論理和をとる

　　　　　　　　　　0　　Cフラグ

BOR

ビット論理和
Bit OR carry flag

【構文】
　　BOR　　src

【オペレーション】
　　C ← src ∨ C

【機能】
　　・Cフラグとsrcの論理和をとり、Cフラグに格納します。

【選択可能なsrc】

src			
bit,R0	bit,R1	bit,R2	bit,R3
bit,A0	bit,A1	[A0]	[A1]
base:8[A0]	base:8[A1]	bit,base:8[SB]	bit,base:8[FB]
base:16[A0]	base:16[A1]	bit,base:16[SB]	bit,base:16
	~~bit,base:11[SB]~~		

【フラグ変化】

フラグ	U	I	O	B	S	Z	D	C
変化	—	—	—	—	—	—	—	○

条件
　　C : 演算の結果が"1"のとき"1"、それ以外のとき"0"になります。

【記述例】
　FLAG_Aを00400H番地のRAM_Aの0ビット目と定義し、BOR命令を実行した場合

　シンボルの定義
　　RAM_A　　.EQU　　00400H
　　FLAG_A　.BTEQU　　0, RAM_A
　命令の記述
　　FSET　　　C
　　MOV.W　　#0, RAM_A
　　BOR　　　FLAG_A

【実行例】

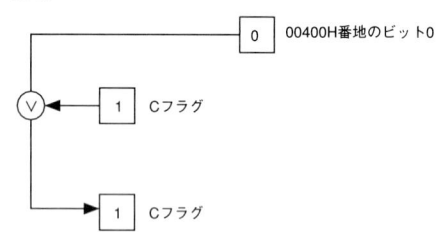

```
                           ┌──┐
                           │ 0│  00400H番地のビット0
                           └──┘
                             │
                           ┌─┐   ┌──┐
                           │∨│←─│ 1│ Cフラグ
                           └─┘   └──┘
                             │
                             ↓
                           ┌──┐
                           │ 1│ Cフラグ
                           └──┘
```

BRK

デバッグ割り込み
BReaK

【構文】
　BRK

【オペレーション】
　SP　←　SP － 2
　M(SP) ← (PC ＋ 1)H, FLG
　SP　←　SP － 2
　M(SP) ← (PC ＋ 1)ML
　PC　←　M(FFFE4$_{16}$)

【機能】
・BRK割り込みが発生します。
・BRK割り込みはノンマスカブル割り込みです。

【フラグ変化】*1

フラグ	U	I	O	B	S	Z	D	C
変化	○	○	－	－	－	－	○	－

条件
　U ： "0"になります。
　I ： "0"になります。
　D ： "0"になります。

*1 BRK命令実行前のフラグはスタック領域に退避され、割り込み後は左のとおりになります。

【記述例】
　BRK

BSET

ビットセット
Bit SET

【構文】
　BSET (:format)　dest　　　　　　　　G , S（指定可能）

【オペレーション】
　dest ← 1

【機能】
・destに"1"を格納します。

【選択可能なdest】

dest			
bit,R0	bit,R1	bit,R2	bit,R3
bit,A0	bit,A1	[A0]	[A1]
base:8[A0]	base:8[A1]	bit,base:8[SB]	bit,base:8[FB]
base:16[A0]	base:16[A1]	bit,base:16[SB]	bit,base:16
⊖	bit,base:11[SB]*1		

*1　Sフォーマット時だけ選択できるdestです。

【フラグ変化】

フラグ	U	I	O	B	S	Z	D	C
変化	—	—	—	—	—	—	—	—

【記述例】
FLAG_Aを00400H番地のRAM_Aの0ビット目と定義し、BSET命令を実行した場合

シンボルの定義
　　RAM_A　　.EQU　　　00400H
　　FLAG_A　　.BTEQU　　0, RAM_A

命令の記述
　　BSET　　　FLAG_A

【実行例】

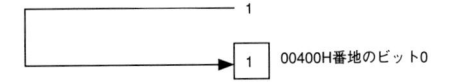

```
       ┌──── 1
       ↓
      │ 1 │  00400H番地のビット0
```

BTST

ビットテスト
Bit TeST

【構文】
　BTST　(:format)　src
　　────────────── G , S（指定可能）

【オペレーション】
　Z ← $\overline{src}$
　C ← src

【機能】
・srcの反転をZフラグにsrcをCフラグに転送します。

【選択可能なsrc】

src			
bit,R0	bit,R1	bit,R2	bit,R3
bit,A0	bit,A1	[A0]	[A1]
base:8[A0]	base:8[A1]	bit,base:8[SB]	bit,base:8[FB]
base:16[A0]	base:16[A1]	bit,base:16[SB]	bit,base:16
⊖	bit,base:11[SB]*1		

*1　Sフォーマット時だけ選択できるsrcです。

【フラグ変化】

フラグ	U	I	O	B	S	Z	D	C
変化	—	—	—	—	—	○	—	○

条件
　Z ： srcが"0"のとき"1"、それ以外のとき"0"になります。
　C ： srcが"1"のとき"1"、それ以外のとき"0"になります。

【記述例】
　FLAG_Aを00400H番地のRAM_Aの0ビット目と定義し、BTST命令を実行した場合

　シンボルの定義
　　　RAM_A　　.EQU　　　00400H
　　　FLAG_A　.BTEQU　　0, RAM_A

　命令の記述
　　　MOV.W　　#0, RAM_A
　　　BTST　　　FLAG_A

【実行例】

```
                          ┌───┐
         ────────────────▶│ 0 │ 00400H番地のビット0
                          └───┘
                          ┌───┐
反転して1になる          │ 1 │ Zフラグ
         ────────────────▶└───┘
                          ┌───┐
         ────────────────▶│ 0 │ Cフラグ
                          └───┘
```

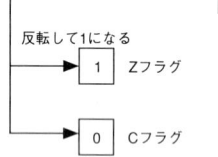

BTSTC

ビットテスト&クリア
Bit TeST & Clear

【構文】
　　BTSTC　　　dest

【オペレーション】
　　Z　　←　　$\overline{\text{dest}}$
　　C　　←　　dest
　　dest　←　　0

【機能】
　・destの反転をZフラグにdestをCフラグに転送します。その後、destに"0"を格納します。

【選択可能なdest】

dest			
bit,R0	bit,R1	bit,R2	bit,R3
bit,A0	bit,A1	[A0]	[A1]
base:8[A0]	base:8[A1]	bit,base:8[SB]	bit,base:8[FB]
base:16[A0]	base:16[A1]	bit,base:16[SB]	bit,base:16
~~C~~	~~bit,base:11[SB]~~		

【フラグ変化】

フラグ	U	I	O	B	S	Z	D	C
変化	−	−	−	−	−	○	−	○

条件
　　Z　：　destが"0"のとき"1"、それ以外のとき"0"になります。
　　C　：　destが"1"のとき"1"、それ以外のとき"0"になります。

【記述例】
　FLAG_Aを00400H番地のRAM_Aの0ビット目と定義し、BTSTC命令を実行した場合

　シンボルの定義
　　　RAM_A　　.EQU　　　00400H
　　　FLAG_A　.BTEQU　　0, RAM_A

　命令の記述
　　　MOV.W　　#1, RAM_A
　　　BTSTC　　FLAG_A

【実行例】

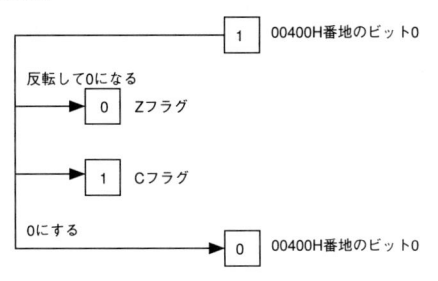

```
                                            ┌───┐
                              ────────────→ │ 1 │  00400H番地のビット0
                                            └───┘
         反転して0になる
                       ┌───┐
                    →  │ 0 │   Zフラグ
                       └───┘
                       ┌───┐
                    →  │ 1 │   Cフラグ
                       └───┘
         0にする
                                            ┌───┐
                              ────────────→ │ 0 │  00400H番地のビット0
                                            └───┘
```

BTSTS

ビットテスト＆セット
Bit TeST & Set

【構文】
  BTSTS dest

【オペレーション】
  Z ← $\overline{\text{dest}}$
  C ← dest
  dest ← 1

【機能】
・destの反転をZフラグにdestをCフラグに転送します。その後、destに"1"を格納します。

【選択可能なdest】

dest			
bit,R0	bit,R1	bit,R2	bit,R3
bit,A0	bit,A1	[A0]	[A1]
base:8[A0]	base:8[A1]	bit,base:8[SB]	bit,base:8[FB]
base:16[A0]	base:16[A1]	bit,base:16[SB]	bit,base:16
~~C~~	~~bit,base:11[SB]~~		

【フラグ変化】

フラグ	U	I	O	B	S	Z	D	C
変化	—	—	—	—	—	○	—	○

条件
  Z : destが"0"のとき"1"、それ以外のとき"0"になります。
  C : destが"1"のとき"1"、それ以外のとき"0"になります。

【記述例】
  FLAG_Aを00400H番地のRAM_Aの0ビット目と定義し、BTSTS命令を実行した場合

  シンボルの定義
    RAM_A .EQU 00400H
    FLAG_A .BTEQU 0, RAM_A

  命令の記述
    MOV.W #0, RAM_A
    BTSTS FLAG_A

【実行例】

```
                                    ┌─── 0  00400H番地のビット0
     反転して1になる
         └──→ 1  Zフラグ

                  0  Cフラグ
     1にする
         └─────────────── 1  00400H番地のビット0
```

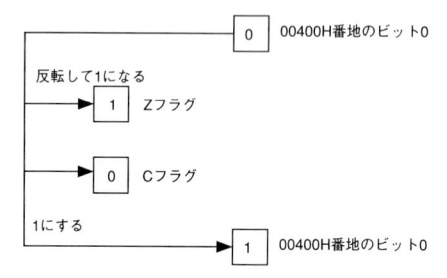

BXOR

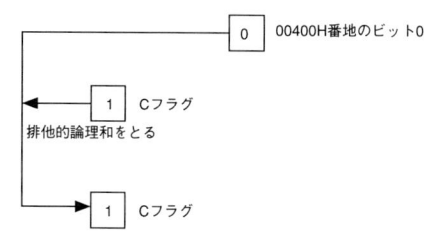

ビット排他的論理和
Bit eXclusive OR carry flag

【構文】
　BXOR　src

【オペレーション】
　C ← src ∀ C

【機能】
・Cフラグとsrcの排他的論理和をとり、Cフラグに格納します。

【選択可能なsrc】

src			
bit,R0	bit,R1	bit,R2	bit,R3
bit,A0	bit,A1	[A0]	[A1]
base:8[A0]	base:8[A1]	bit,base:8[SB]	bit,base:8[FB]
base:16[A0]	base:16[A1]	bit,base:16[SB]	bit,base:16
~~C~~	~~bit,base:11[SB]~~		

【フラグ変化】

フラグ	U	I	O	B	S	Z	D	C
変化	−	−	−	−	−	−	−	○

条件
　C : 演算の結果が"1"のとき"1"、それ以外のとき"0"になります。

【記述例】
　FLAG_Aを00400H番地のRAM_Aの0ビット目と定義し、BXOR命令を実行した場合

```
シンボルの定義
    RAM_A     .EQU      00400H
    FLAG_A    .BTEQU    0, RAM_A

命令の記述
    FSET      C
    MOV.W     #0, RAM_A
    BXOR      FLAG_A
```

【実行例】

```
                                    ┌─── 0  00400H番地のビット0
         ┌──── 1  Cフラグ
     排他的論理和をとる
         └───────────────── 1  Cフラグ
```

CMP

比較
CoMPare

【構文】
CMP.size (:format) src,dest
　　　　　　└─ G , Q , S （指定可能）
　　└─ B , W

【オペレーション】
　dest － src

【機能】
・destからsrcを減算した結果に従って、フラグレジスタの各フラグが変化します。
・サイズ指定子(.size)に(.B)を指定した場合、destがA0またはA1のとき、srcをゼロ拡張し16ビットで演算します。また、srcがA0またはA1のとき、A0またはA1の下位8ビットを演算の対象とします。

【選択可能なsrc / dest】　　　（フォーマット別のsrc/destは次のページを参照してください。）

src				dest			
R0L/R0	R0H/R1	R1L/R2	R1H/R3	R0L/R0	R0H/R1	R1L/R2	R1H/R3
A0/A0*1	A1/A1*1	[A0]	[A1]	A0/A0*1	A1/A1*1	[A0]	[A1]
dsp:8[A0]	dsp:8[A1]	dsp:8[SB]	dsp:8[FB]	dsp:8[A0]	dsp:8[A1]	dsp:8[SB]	dsp:8[FB]
dsp:16[A0]	dsp:16[A1]	dsp:16[SB]	abs16	dsp:16[A0]	dsp:16[A1]	dsp:16[SB]	abs16
~~dsp:20[A0]~~	~~dsp:20[A1]~~	~~abs20~~	#IMM	~~dsp:20[A0]~~	~~dsp:20[A1]~~	~~abs20~~	~~SP/SP~~
~~R2R0~~	~~R3R1~~	~~A1A0~~		~~R2R0~~	~~R3R1~~	~~A1A0~~	

*1 サイズ指定子(.size)に(.B)を指定する場合、srcとdestに同時にA0またはA1を選択できません。

【フラグ変化】

フラグ	U	I	O	B	S	Z	D	C
変化	－	－	○	－	○	○	－	○

条件
　O ： 符号付き演算の結果、+32767(.W)または－32768(.W)、+127(.B)または－128(.B)を超えると "1"、それ以外のとき "0" になります。
　S ： 演算の結果、MSBが "1" になると "1"、それ以外のとき "0" になります。
　Z ： 演算の結果が0のとき "1"、それ以外のとき "0" になります。
　C ： 符号なし演算の結果、0に等しいかまたは0より大きいとき "1"、それ以外のとき "0" になります。

【記述例1】
　RAM_Aを00400H番地と定義し、RAM_AとA0のCMP命令を実行した場合

　シンボルの定義
　　　RAM_A　　.EQU　00400H

　命令の記述
　　　MOV.W　　#2, RAM_A
　　　MOV.W　　#3, A0
　　　CMP.W　　RAM_A, A0

【実行例1】

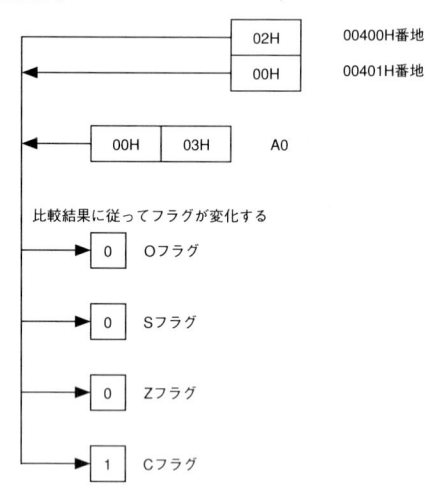

```
              ┌──────┐
         ┌────│ 02H  │   00400H番地
         │    ├──────┤
         │←───│ 00H  │   00401H番地
         │    └──────┘
         │
         │    ┌──────┬──────┐
         │←───│ 00H  │ 03H  │   A0
         │    └──────┴──────┘
         │
         │  比較結果に従ってフラグが変化する
         │
         │    ┌───┐
         ├───→│ 0 │  Oフラグ
         │    └───┘
         │    ┌───┐
         ├───→│ 0 │  Sフラグ
         │    └───┘
         │    ┌───┐
         ├───→│ 0 │  Zフラグ
         │    └───┘
         │    ┌───┐
         └───→│ 1 │  Cフラグ
              └───┘
```

【記述例2】

RAM_Aを00400H番地、RAM_Bを00402H番地と定義し、RAM_AとRAM_BのCMP命令を実行した場合

```
シンボルの定義
    RAM_A    .EQU  00400H
    RAM_B    .EQU  00402H

命令の記述
    MOV.W    #2, RAM_A
    MOV.W    #3, RAM_B
    CMP.W    RAM_A, RAM_B
```

【実行例2】

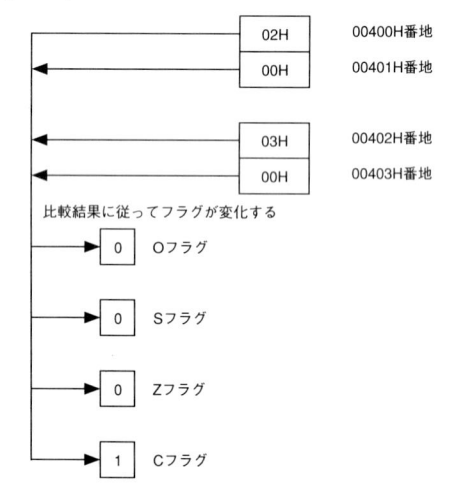

```
              ┌──────┐
         ┌────│ 02H  │   00400H番地
         │    ├──────┤
         │←───│ 00H  │   00401H番地
         │    └──────┘
         │    ┌──────┐
         │←───│ 03H  │   00402H番地
         │    ├──────┤
         │←───│ 00H  │   00403H番地
         │    └──────┘
         │
         │  比較結果に従ってフラグが変化する
         │
         │    ┌───┐
         ├───→│ 0 │  Oフラグ
         │    └───┘
         │    ┌───┐
         ├───→│ 0 │  Sフラグ
         │    └───┘
         │    ┌───┐
         ├───→│ 0 │  Zフラグ
         │    └───┘
         │    ┌───┐
         └───→│ 1 │  Cフラグ
              └───┘
```

【フォーマット別src / dest】

G フォーマット

src				dest			
R0L/R0	R0H/R1	R1L/R2	R1H/R3	R0L/R0	R0H/R1	R1L/R2	R1H/R3
A0/A0*1	A1/A1*1	[A0]	[A1]	A0/A0*1	A1/A1*1	[A0]	[A1]
dsp:8[A0]	dsp:8[A1]	dsp:8[SB]	dsp:8[FB]	dsp:8[A0]	dsp:8[A1]	dsp:8[SB]	dsp:8[FB]
dsp:16[A0]	dsp:16[A1]	dsp:16[SB]	abs16	dsp:16[A0]	dsp:16[A1]	dsp:16[SB]	abs16
~~dsp:20[A0]~~	~~dsp:20[A1]~~	~~abs20~~	#IMM	~~dsp:20[A0]~~	~~dsp:20[A1]~~	~~abs20~~	SP/SP
R2R0	R3R1	A1A0		R2R0	R3R1	A1A0	

*1 サイズ指定子(.size)に(.B)を指定する場合、srcとdestに同時にA0またはA1を選択できません。

Q フォーマット

src				dest			
~~R0L/R0~~	~~R0H/R1~~	~~R1L/R2~~	~~R1H/R3~~	R0L/R0	R0H/R1	R1L/R2	R1H/R3
~~A0/A0~~	~~A1/A1~~	~~[A0]~~	~~[A1]~~	A0/A0	A1/A1	[A0]	[A1]
~~dsp:8[A0]~~	~~dsp:8[A1]~~	~~dsp:8[SB]~~	~~dsp:8[FB]~~	dsp:8[A0]	dsp:8[A1]	dsp:8[SB]	dsp:8[FB]
~~dsp:16[A0]~~	~~dsp:16[A1]~~	~~dsp:16[SB]~~	~~abs16~~	dsp:16[A0]	dsp:16[A1]	dsp:16[SB]	abs16
~~dsp:20[A0]~~	~~dsp:20[A1]~~	~~abs20~~	#IMM*2	~~dsp:20[A0]~~	~~dsp:20[A1]~~	~~abs20~~	SP/SP
~~R2R0~~	~~R3R1~~	~~A1A0~~		R2R0	R3R1	A1A0	

*2 取りうる範囲は-8≦#IMM≦+7です。

S フォーマット*3

src				dest			
~~R0L~~	~~R0H~~	dsp:8[SB]	dsp:8[FB]	R0L	R0H	dsp:8[SB]	dsp:8[FB]
~~abs16~~	#IMM			abs16	A0	A1	
R0L*4	R0H*4	dsp:8[SB]	dsp:8[FB]	R0L*4	R0H*4	~~dsp:8[SB]~~	~~dsp:8[FB]~~
abs16	#IMM			~~abs16~~	A0	A1	

*3 サイズ指定子(.size)には(.B)だけ指定できます。
*4 srcとdestに同じレジスタを選択できません。

DADC

キャリー付き10進加算
Decimal ADdition with Carry

【構文】

DADC.size   src,dest   B , W

【オペレーション】

dest ← src + dest + C

【機能】

・destとsrcとCフラグを10進で加算し、destに格納します。

【選択可能なsrc / dest】

src				dest			
~~R0L/R0~~	R0H/R1	~~R1L/R2~~	~~R1H/R3~~	R0L/R0	~~R0H/R1~~	~~R1L/R2~~	~~R1H/R3~~
~~A0/A0~~	A1/A1	~~[A0]~~	~~[A1]~~	~~A0/A0~~	A1/A1	~~[A0]~~	~~[A1]~~
~~dsp:8[A0]~~	dsp:8[A1]	~~dsp:8[SB]~~	~~dsp:8[FB]~~	dsp:8[A0]	dsp:8[A1]	dsp:8[SB]	dsp:8[FB]
~~dsp:16[A0]~~	~~dsp:16[A1]~~	~~dsp:16[SB]~~	~~abs16~~	dsp:16[A0]	dsp:16[A1]	dsp:16[SB]	abs16
~~dsp:20[A0]~~	~~dsp:20[A1]~~	~~abs20~~	#IMM	~~dsp:20[A0]~~	~~dsp:20[A1]~~	~~abs20~~	
~~R2R0~~	~~R3R1~~	~~A1A0~~		~~R2R0~~	~~R3R1~~	~~A1A0~~	

【フラグ変化】

フラグ	U	I	O	B	S	Z	D	C
変化	—	—	—	—	○	○	—	○

条件
 S : 演算の結果、MSBが"1"になると"1"、それ以外のとき"0"になります。
 Z : 演算の結果が0のとき"1"、それ以外のとき"0"になります。
 C : 演算の結果、+9999(.W)、+99(.B)を超えると"1"、それ以外のとき"0"になります。

【記述例】

```
命令の記述
    FSET    C
    MOV.W   #2, R0
    DADC.W  #3, R0
```

【実行例】

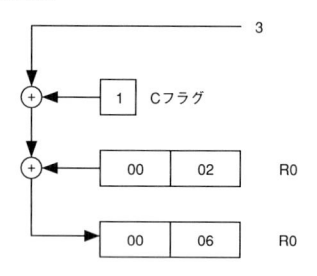

```
            3
            ↓
        (+)←── 1  Cフラグ
            ↓
        (+)←── 00 02   R0
            ↓
               00 06   R0
```

DADD

キャリーなし10進加算
Decimal ADDition

【構文】

DADD.size   src,dest ─── B , W

【オペレーション】

dest ← src + dest

【機能】

・destとsrcを10進で加算し、destに格納します。

【選択可能なsrc / dest】

src				dest			
R0L/R0	R0H/R1	R1L/R2	R1H/R3	R0L/R0	R0H/R1	R1L/R2	R1H/R3
A0/A0	A1/A1	[A0]	[A1]	A0/A0	A1/A1	[A0]	[A1]
dsp:8[A0]	dsp:8[A1]	dsp:8[SB]	dsp:8[FB]	dsp:8[A0]	dsp:8[A1]	dsp:8[SB]	dsp:8[FB]
dsp:16[A0]	dsp:16[A1]	dsp:16[SB]	abs16	dsp:16[A0]	dsp:16[A1]	dsp:16[SB]	abs16
dsp:20[A0]	dsp:20[A1]	abs20	#IMM	dsp:20[A0]	dsp:20[A1]	abs20	
R2R0	R3R1	A1A0		R2R0	R3R1	A1A0	

【フラグ変化】

フラグ	U	I	O	B	S	Z	D	C
変化	-	-	-	-	○	○	-	○

条件
- S ： 演算の結果、MSBが"1"になると"1"、それ以外のとき"0"になります。
- Z ： 演算の結果が0のとき"1"、それ以外のとき"0"になります。
- C ： 演算の結果、+9999(.W)、+99(.B)を超えると"1"、それ以外のとき"0"になります。

【記述例】

```
命令の記述
    MOV.W   #2, R0
    DADD.W  #3, R0
```

【実行例】

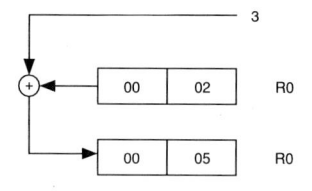

```
            3
            ↓
        (+)←── 00 02   R0
            ↓
               00 05   R0
```

DEC

デクリメント
DECrement

【構文】
DEC.size　dest　　　　　　　　　　B , W

【オペレーション】
dest ← dest − 1

【機能】
・destから1を減算し、destに格納します。

【選択可能なdest】

dest			
R0L[*1]	R0H[*1]	dsp:8[SB][*1]	dsp:8[FB][*1]
abs16[*1]	A0[*2]	A1[*2]	

[*1] サイズ指定子(.size)には(.B)だけ指定できます。
[*2] サイズ指定子(.size)には(.W)だけ指定できます。

【フラグ変化】

フラグ	U	I	O	B	S	Z	D	C
変化	−	−	−	−	○	○	−	−

条件
　S ： 演算の結果、MSBが"1"になると"1"、それ以外のとき"0"になります。
　Z ： 演算の結果が0のとき"1"、それ以外のとき"0"になります。

【記述例】
RAM_Aを00400H番地と定義し、DEC命令を実行した場合

シンボルの定義
　　RAM_A　　.EQU　00400H

命令の記述
　　MOV.B　　#2, RAM_A
　　DEC.B　　RAM_A

【実行例】

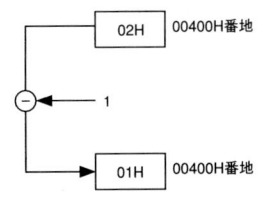

```
           ┌─────┐
           │ 02H │  00400H番地
           └─────┘
              │
    ⊖ ←── 1
              │
           ┌─────┐
           │ 01H │  00400H番地
           └─────┘
```

DIV

符号付き除算
DIVide

【構文】
DIV.size　src　　　　　　　　　　B , W

【オペレーション】
サイズ指定子(.size)が(.B)のとき
　　R0L(商)、R0H(剰余)←R0÷src
サイズ指定子(.size)が(.W)のとき
　　R0(商)、R2(剰余)←R2R0÷src

【機能】
- R2R0(R0)*1を符号付きのsrcで除算します。商をR0(R0L)*1に、剰余をR2(R0H)*1に格納します。剰余の符号は被除数の符号と同一になります。( )*1内はサイズ指定子(.size)に(.B)を指定した場合です。
- サイズ指定子(.size)に(.B)を指定した場合、srcがA0またはA1のとき、A0またはA1の下位8ビットを演算の対象とします。
- サイズ指定子(.size)に(.B)を指定した場合、演算の結果、商が8ビットを超えるか、または除数が0のとき、Oフラグが"1"になります。このとき、R0L、R0Hは不定になります。
- サイズ指定子(.size)に(.W)を指定した場合、演算の結果、商が16ビットを超えるか、または除数が0のとき、Oフラグが"1"になります。このとき、R0、R2は不定になります。

【選択可能なsrc】

src			
R0L/R0	R0H/R1	R1L/R2	R1H/R3
A0/A0	A1/A1	[A0]	[A1]
dsp:8[A0]	dsp:8[A1]	dsp:8[SB]	dsp:8[FB]
dsp:16[A0]	dsp:16[A1]	dsp:16[SB]	abs16
~~dsp:20[A0]~~	~~dsp:20[A1]~~	~~abs20~~	#IMM
~~R2R0~~	~~R3R1~~	~~A1A0~~	

【フラグ変化】

フラグ	U	I	O	B	S	Z	D	C
変化	—	—	○	—	—	—	—	—

条件
O: 演算の結果、商が16ビット(.W)、8ビット(.B)を超えるか、または除数が0のとき "1"、それ以外のとき "0" になります。

【記述例】
RAM_Aを00400H番地と定義し、DIV命令を実行した場合

シンボルの定義
　　RAM_A　　.EQU 00400H

命令の記述
　　MOV.W　　#-5, RAM_A
　　MOV.W　　#0, R2
　　MOV.W　　#8, R0
　　DIV.W　　RAM_A

【実行例】

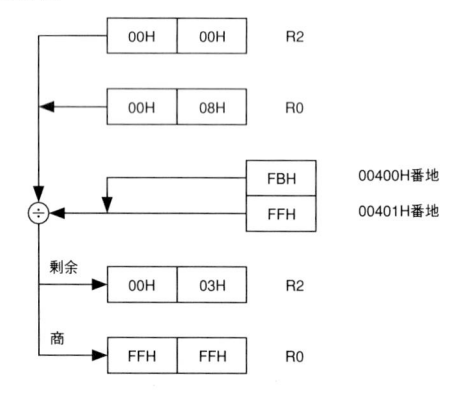

```
        00H  00H    R2
        00H  08H    R0
   ÷
        FBH         00400H番地
        FFH         00401H番地

剰余    00H  03H    R2
商      FFH  FFH    R0
```

DIVU

符号なし除算
DIVide Unsigned

【構文】
DIVU.size　src
　　　└─── B , W

【オペレーション】
　　サイズ指定子(.size)が(.B)のとき
　　　　R0L(商)、R0H(剰余)←R0÷src
　　サイズ指定子(.size)が(.W)のとき
　　　　R0(商)、R2(剰余)←R2R0÷src

【機能】
・R2R0(R0)*1を符号なしのsrcで除算します。商をR0(R0L)*1に、剰余をR2(R0H)*1に格納します。( )*1内はサイズ指定子(.size)に(.B)を指定した場合です。
・サイズ指定子(.size)に(.B)を指定した場合、srcがA0またはA1のとき、A0またはA1の下位8ビットを演算の対象とします。
・サイズ指定子(.size)に(.B)を指定した場合、演算の結果、商が8ビットを超えるか、または除数が0のとき、Oフラグが"1"になります。このとき、R0L、R0Hは不定になります。
・サイズ指定子(.size)に(.W)を指定した場合、演算の結果、商が16ビットを超えるか、または除数が0のとき、Oフラグが"1"になります。このとき、R0、R2は不定になります。

【選択可能なsrc】

src			
R0L/R0	R0H/R1	R1L/R2	R1H/R3
A0/A0	A1/A1	[A0]	[A1]
dsp:8[A0]	dsp:8[A1]	dsp:8[SB]	dsp:8[FB]
dsp:16[A0]	dsp:16[A1]	dsp:16[SB]	abs16
~~dsp:20[A0]~~	~~dsp:20[A1]~~	~~abs20~~	#IMM
~~R2R0~~	~~R3R1~~	~~A1A0~~	

【フラグ変化】

フラグ	U	I	O	B	S	Z	D	C
変化	—	—	○	—	—	—	—	—

条件
　O：演算の結果、商が16ビット(.W)、8ビット(.B)を超えるか、または除数が0のとき"1"、それ以外のとき"0"になります。

【記述例】
　　　RAM_Aを00400H番地と定義し、DIVU命令を実行した場合

　シンボルの定義
　　　RAM_A　　.EQU　00400H

　命令の記述
　　　MOV.W　　#5, RAM_A
　　　MOV.W　　#0, R2
　　　MOV.W　　#8, R0
　　　DIVU.W　　RAM_A

【実行例】

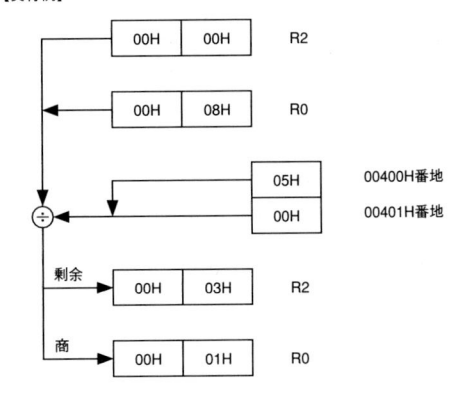

```
         ┌──────┬──────┐
         │ 00H  │ 00H  │  R2
         └──────┴──────┘
         ┌──────┬──────┐
         │ 00H  │ 08H  │  R0
         └──────┴──────┘
                    ┌──────┐
                    │ 05H  │  00400H番地
                    ├──────┤
                    │ 00H  │  00401H番地
                    └──────┘
  剰余   ┌──────┬──────┐
         │ 00H  │ 03H  │  R2
         └──────┴──────┘
  商     ┌──────┬──────┐
         │ 00H  │ 01H  │  R0
         └──────┴──────┘
```

DIVX

符号付き除算
DIVide eXtension

【構文】

DIVX.size　　src ────── B , W

【オペレーション】

サイズ指定子(.size)が(.B)のとき
　　R0L(商)、R0H(剰余)←R0÷src
サイズ指定子(.size)が(.W)のとき
　　R0(商)、R2(剰余)←R2R0÷src

【機能】

- R2R0(R0)*1を符号付きのsrcで除算します。商をR0(R0L)*1に、剰余をR2(R0H)*1に格納します。剰余の符号は除数の符号と同一になります。( )*1内はサイズ指定子(.size)に(.B)を指定した場合です。
- サイズ指定子(.size)に(.B)を指定した場合、srcがA0またはA1のとき、A0またはA1の下位8ビットを演算の対象とします。
- サイズ指定子(.size)に(.B)を指定した場合、演算の結果、商が8ビットを超えるか、または除数が0のとき、Oフラグが"1"になります。このとき、R0L、R0Hは不定になります。
- サイズ指定子(.size)に(.W)を指定した場合、演算の結果、商が16ビットを超えるか、または除数が0のとき、Oフラグが"1"になります。このとき、R0、R2は不定になります。

【選択可能なsrc】

src			
R0L/R0	R0H/R1	R1L/R2	R1H/R3
A0/A0	A1/A1	[A0]	[A1]
dsp:8[A0]	dsp:8[A1]	dsp:8[SB]	dsp:8[FB]
dsp:16[A0]	dsp:16[A1]	dsp:16[SB]	abs16
~~dsp:20[A0]~~	~~dsp:20[A1]~~	~~abs20~~	#IMM
~~R2R0~~	~~R3R1~~	~~A1A0~~	

【フラグ変化】

フラグ	U	I	O	B	S	Z	D	C
変化	−	−	○	−	−	−	−	−

条件

O : 演算の結果、商が16ビット(.W)、8ビット(.B)を超えるか、または除数が0のとき"1"、それ以外のとき"0"になります。

【記述例】

RAM_Aを00400H番地と定義し、DIVX命令を実行した場合

シンボルの定義
　　RAM_A　　.EQU　00400H

命令の記述
　　MOV.W　　#-5, RAM_A
　　MOV.W　　#0, R2
　　MOV.W　　#8, R0
　　DIVX.W　 RAM_A

【実行例】

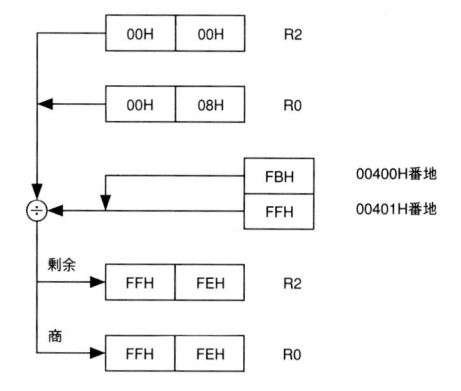

| 00H | 00H | R2 |
| 00H | 08H | R0 |

÷

| FBH | 00400H番地 |
| FFH | 00401H番地 |

剰余
| FFH | FEH | R2 |

商
| FFH | FEH | R0 |

DSBB

ボロー付き10進減算
Decimal SuBtract with Borrow

【構文】
　DSBB.size　src,dest
　　　　└─── B , W

【オペレーション】
　dest ← dest − src − $\overline{C}$

【機能】
　・destからsrcとCフラグの反転を10進で減算し、destに格納します。

【選択可能なsrc / dest】

src				dest			
R0L/R0	R0H/R1	R1L/R2	R1H/R3	R0L/R0	R0H/R1	R1L/R2	R1H/R3
A0/A0	A1/A1	[A0]	[A1]	A0/A0	A1/A1	[A0]	[A1]
dsp:8[A0]	dsp:8[A1]	dsp:8[SB]	dsp:8[FB]	dsp:8[A0]	dsp:8[A1]	dsp:8[SB]	dsp:8[FB]
dsp:16[A0]	dsp:16[A1]	dsp:16[SB]	abs16	dsp:16[A0]	dsp:16[A1]	dsp:16[SB]	abs16
dsp:20[A0]	dsp:20[A1]	abs20	#IMM	dsp:20[A0]	dsp:20[A1]	abs20	
R2R0	R3R1	A1A0		R2R0	R3R1	A1A0	

【フラグ変化】

フラグ	U	I	O	B	S	Z	D	C
変化	−	−	−	−	○	○	−	○

条件
　S : 演算の結果、MSBが"1"になると"1"、それ以外のとき"0"になります。
　Z : 演算の結果が0のとき"1"、それ以外のとき"0"になります。
　C : 演算の結果、0に等しいかまたは0より大きいとき"1"、それ以外のとき"0"になります。

【記述例】
　命令の記述
　　FSET　　　C
　　MOV.W　　#5, R0
　　DSBB.W　　#3, R0

【実行例】

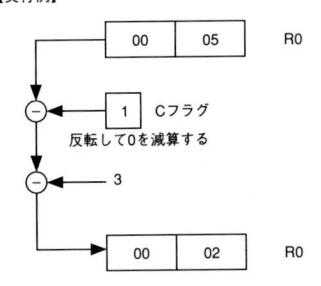

```
         ┌──────┬──────┐
         │  00  │  05  │  R0
         └──────┴──────┘
            │
            ▼
          ⊖ ← ┌───┐ Cフラグ
            │   │ 1 │ 反転して0を減算する
            │   └───┘
            ▼
          ⊖ ← 3
            │
            ▼
         ┌──────┬──────┐
         │  00  │  02  │  R0
         └──────┴──────┘
```

DSUB

ボローなし10進減算
Decimal SUBtract

【構文】
　DSUB.size　src,dest
　　　　└─── B , W

【オペレーション】
　dest ← dest − src

【機能】
　・destからsrcを10進で減算し、destに格納します。

【選択可能なsrc / dest】

src				dest			
R0L/R0	R0H/R1	R1L/R2	R1H/R3	R0L/R0	R0H/R1	R1L/R2	R1H/R3
A0/A0	A1/A1	[A0]	[A1]	A0/A0	A1/A1	[A0]	[A1]
dsp:8[A0]	dsp:8[A1]	dsp:8[SB]	dsp:8[FB]	dsp:8[A0]	dsp:8[A1]	dsp:8[SB]	dsp:8[FB]
dsp:16[A0]	dsp:16[A1]	dsp:16[SB]	abs16	dsp:16[A0]	dsp:16[A1]	dsp:16[SB]	abs16
dsp:20[A0]	dsp:20[A1]	abs20	#IMM	dsp:20[A0]	dsp:20[A1]	abs20	
R2R0	R3R1	A1A0		R2R0	R3R1	A1A0	

【フラグ変化】

フラグ	U	I	O	B	S	Z	D	C
変化	—	—	—	—	○	○	—	○

条件
- S : 演算の結果、MSBが"1"になると"1"、それ以外のとき"0"になります。
- Z : 演算の結果が0のとき"1"、それ以外のとき"0"になります。
- C : 演算の結果、0に等しいかまたは0より大きいとき"1"、それ以外のとき"0"になります。

【記述例】
命令の記述
```
MOV.W   #5, R0
DSUB.W  #3, R0
```

【実行例】

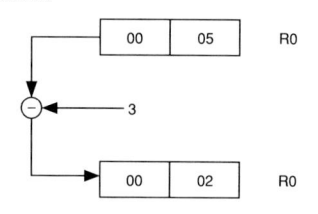

ENTER

スタックフレームの構築
ENTER function

【構文】
ENTER   src

【オペレーション】
```
SP    ← SP − 2
M(SP) ← FB
FB    ← SP
SP    ← SP − src
```

【機能】
- スタックフレームの生成を行います。srcは、スタックフレームのサイズです。
- 下記にサブルーチンコールを行った後、呼び出されたサブルーチンの先頭でENTER命令を実行する前後のスタック領域の状態を示します。

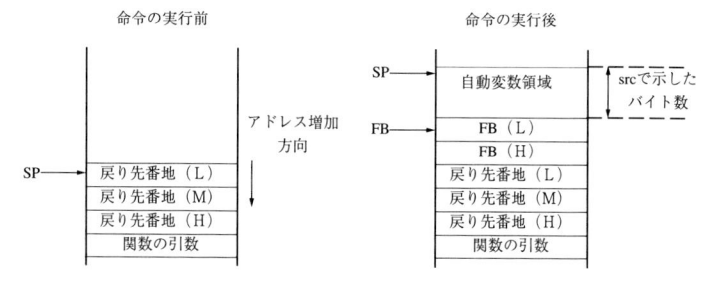

【選択可能なsrc】

src
#IMM8

【フラグ変化】

フラグ	U	I	O	B	S	Z	D	C
変化	—	—	—	—	—	—	—	—

【記述例】
  ENTER #3

EXITD

スタックフレームの解放
EXIT and Deallocate stack frame

【構文】
  EXITD

【オペレーション】

SP	←	FB
FB	←	M(SP)
SP	←	SP + 2
PC$_L$	←	M(SP)
SP	←	SP + 2
PC$_H$	←	M(SP)
SP	←	SP + 1

【機能】
・スタックフレームの解放とサブルーチンからの復帰を行います。
・本命令はENTER命令と対で使用してください。
・下記にENTER命令を実行したサブルーチンの最後でEXITD命令を実行する前後のスタック領域の状態を示します。

命令の実行前

```
SP →  ┌──────────┐
      │ 自動変数領域 │
FB →  ├──────────┤     アドレス増加
      │  FB (L)  │        方向
      │  FB (H)  │         ↓
      │ 戻り先番地 (L) │
      │ 戻り先番地 (M) │
      │ 戻り先番地 (H) │
      │  関数の引数   │
```

命令の実行後

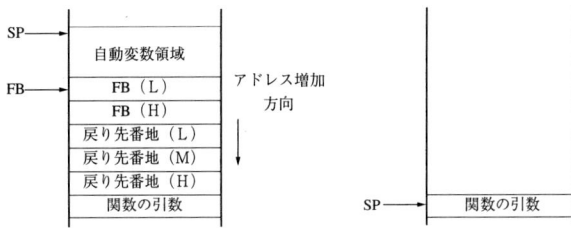

```
      │            │
      │            │
SP →  │  関数の引数 │
```

【フラグ変化】

フラグ	U	I	O	B	S	Z	D	C
変化	—	—	—	—	—	—	—	—

【記述例】
  EXITD

EXTS

符号拡張
EXTend Sign

【構文】
EXTS.size　dest ── B , W

【オペレーション】
dest ← EXT(dest)

【機能】
- destを符号拡張し、destに格納します。
- サイズ指定子(.size)に(.B)を指定した場合、destを16ビットに符号拡張します。
- サイズ指定子(.size)に(.W)を指定した場合、R0を32ビットに符号拡張します。このとき、上位バイトにはR2を使用します。

【選択可能なdest】

dest			
R0L/R0	R0H/R1	R1L/R2	R1H/R3
A0/A0	A1/A1	[A0]	[A1]
dsp:8[A0]	dsp:8[A1]	dsp:8[SB]	dsp:8[FB]
dsp:16[A0]	dsp:16[A1]	dsp:16[SB]	abs16
dsp:20[A0]	dsp:20[A1]	abs20	
R2R0	R3R1	A1A0	

【フラグ変化】

フラグ	U	I	O	B	S	Z	D	C
変化	—	—	—	—	○	○	—	—

条件
- S ： サイズ指定子(.size)に(.B)を指定した場合、演算の結果、MSBが"1"になると"1"、それ以外のとき"0"になります。サイズ指定子(.size)に(.W)を指定した場合、変化しません。
- Z ： サイズ指定子(.size)に(.B)を指定した場合、演算の結果が0のとき"1"、それ以外のとき"0"になります。サイズ指定子に(.W)を指定したときは、変化しません。

【記述例】

命令の記述
　　MOV.W　　#5, R0
　　EXTS.W　　R0

【実行例】

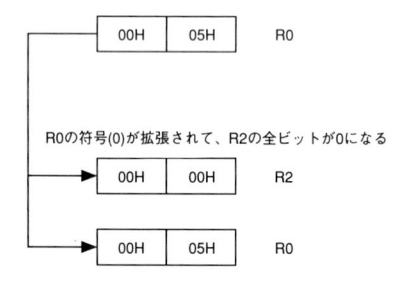

```
        00H   05H    R0
```

R0の符号(0)が拡張されて、R2の全ビットが0になる

```
        00H   00H    R2

        00H   05H    R0
```

FCLR

フラグレジスタのビットクリア
Flag register CLeaR

【構文】
FCLR　dest

【オペレーション】
dest ← 0

【機能】
- destに"0"を格納します。

【選択可能なdest】

dest							
C	D	Z	S	B	O	I	U

【フラグ変化】

フラグ	U	I	O	B	S	Z	D	C
変化	*1	*1	*1	*1	*1	*1	*1	*1

*1 選択したフラグが"0"になります。

【記述例】
```
FCLR    I
FCLR    S
```

FSET

フラグレジスタのビットセット
Flag register SET

【構文】
 FSET dest

【オペレーション】
 dest ← 1

【機能】
 ・destに"1"を格納します。

【選択可能なdest】

dest							
C	D	Z	S	B	O	I	U

【フラグ変化】

フラグ	U	I	O	B	S	Z	D	C
変化	*1	*1	*1	*1	*1	*1	*1	*1

*1 選択したフラグが"1"になります。

【記述例】
```
FSET    I
FSET    S
```

INC

インクリメント
INCrement

【構文】
 INC.size dest B , W

【オペレーション】
 dest ← dest + 1

【機能】
 ・destに1を加算し、destに格納します。

【選択可能なdest】

dest			
R0L[1]	R0H[1]	dsp:8[SB][1]	dsp:8[FB][1]
abs16[1]	A0[2]	A1[2]	

*1 サイズ指定子(.size)には(.B)だけ指定できます。
*2 サイズ指定子(.size)には(.W)だけ指定できます。

347

【フラグ変化】

フラグ	U	I	O	B	S	Z	D	C
変化	—	—	—	—	○	○	—	—

条件
S ： 演算の結果、MSBが"1"になると"1"、それ以外のとき"0"になります。
Z ： 演算の結果が0のとき"1"、それ以外のとき"0"になります。

【記述例】
RAM_Aを00400H番地と定義し、INC命令を実行した場合

シンボルの定義
RAM_A   .EQU 00400H

命令の記述
MOV.B   #2, RAM_A
INC.B   RAM_A

【実行例】

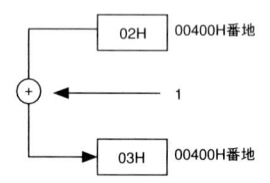

```
        ┌─────┐
        │ 02H │  00400H番地
        └─────┘
           ▲
          ┌─┐
          │+│◄──────── 1
          └─┘
           ▼
        ┌─────┐
        │ 03H │  00400H番地
        └─────┘
```

INT

INT命令割り込み
INTerrupt

【構文】
INT   src

【オペレーション】
SP   ← SP − 2
M(SP) ← (PC + 2)H, FLG
SP   ← SP − 2
M(SP) ← (PC + 2)ML
PC   ← M(IntBase + src × 4)

【機能】
・srcで指定したソフトウエア割り込みが発生します。srcは、ソフトウエア割り込み番号です。
・srcが31以下の場合、Uフラグが"0"になりISPを使用します。
・srcが32以上の場合、Uフラグが示すスタックポインタを使用します。
・INT命令によって発生する割り込みはノンマスカブル割り込みです。

【選択可能なsrc】

src
#IMM[*1][*2]

*1　#IMMは、ソフトウエア割り込み番号です。
*2　取りうる範囲は0 ≦#IMM≦63です。

【フラグ変化】

フラグ	U	I	O	B	S	Z	D	C
変化	○	○	—	—	—	—	○	—

*3　INT命令実行前のフラグはスタック領域に退避され、割り込み後は左のとおりになります。

条件
U ： ソフトウエア割り込み番号が31以下のとき"0"になります。ソフトウエア割り込み番号が32以上のとき変化しません。
I ： "0"になります。
D ： "0"になります。

【記述例】
INT   #0

INTO

オーバフロー割り込み
INTerrupt on Overflow

【構文】
　INTO

【オペレーション】
　SP　　←　SP　−　2
　M(SP)　←　(PC　+　1)H, FLG
　SP　　←　SP　−　2
　M(SP)　←　(PC　+　1)ML
　PC　　←　M(FFFE0₁₆)

【機能】
・Oフラグが"1"のときオーバフロー割り込みが発生し、"0"のとき次の命令を実行します。
・オーバフロー割り込みはノンマスカブル割り込みです。

【フラグ変化】

フラグ	U	I	O	B	S	Z	D	C
変化	○	○	−	−	−	−	○	−

*1 INTO命令実行前のフラグはスタック領域に退避され、割り込み後は左のとおりになります。

条件
　U　：　"0"になります。
　I　：　"0"になります。
　D　：　"0"になります。

【記述例】
　INTO

JCnd

条件分岐
Jump on Condition

【構文】
　JCnd　label

【オペレーション】
　if true then jump label

【機能】
・前命令の実行結果を下記条件で判断し分岐します。Cndで示した条件が真であればlabelへ分岐します。偽であれば次の命令を実行します。
・Cndには次の種類があります。

Cnd	条件		式	Cnd	条件		式
GEU/C	C=1	等しいまたは大きい／Cフラグが"1"	≦	LTU/NC	C=0	小さい／Cフラグが"0"	>
EQ/Z	Z=1	等しい／Zフラグが"1"	=	NE/NZ	Z=0	等しくない／Zフラグが"0"	≠
GTU	C∧Z=1	大きい	<	LEU	C∧Z=0	等しいまたは小さい	≧
PZ	S=0	正またはゼロ	0≦	N	S=1	負	0>
GE	S∀O=0	等しい、または符号付きで大きい	≦	LE	(S∀O)∨Z=1	等しい、または符号付きで小さい	≧
GT	(S∀O)∨Z=0	符号付きで大きい	<	LT	S∀O=1	符号付きで小さい	>
O	O=1	Oフラグが"1"		NO	O=0	Oフラグが"0"	

【選択可能なlabel】

label	Cnd
PC*¹−127 ≦ label ≦ PC*¹+128	GEU/C,GTU,EQ/Z,N,LTU/NC,LEU,NE/NZ,PZ
PC*¹−126 ≦ label ≦ PC*¹+129	LE,O,GE,GT,NO,LT

*1 PCは命令の先頭番地を示します。

【フラグ変化】

フラグ	U	I	O	B	S	Z	D	C
変化	—	—	—	—	—	—	—	—

【記述例】
　　JEQ　　　　label
　　JNE　　　　label

JMP
無条件分岐
JuMP

【構文】
　　JMP(.length) label　　　　　　　S , B , W , A （指定可能）

【オペレーション】
　　PC ← label

【機能】
・labelへ分岐します。

【選択可能なlabel】

.length	label
.S	PC[*1]+2 ≦ label ≦ PC[*1]+9
.B	PC[*1]−127 ≦ label ≦ PC[*1]+128
.W	PC[*1]−32767 ≦ label ≦ PC[*1]+32768
.A	abs20

*1 PCは命令の先頭番地を示します。

【フラグ変化】

フラグ	U	I	O	B	S	Z	D	C
変化	—	—	—	—	—	—	—	—

【記述例】
　　JMP　　　　label

JMPI
間接分岐
JuMP Indirect

【構文】
　　JMPI.length　　src　　　　　　　W , A

【オペレーション】
分岐距離指定子(.length)が(.W)のとき　　　　　　分岐距離指定子(.length)が(.A)のとき
　PC ← PC ± src　　　　　　　　　　　　　　　　PC ← src

【機能】
・srcが示す番地に分岐します。srcがメモリのとき、下位番地が格納されている番地を指定してください。
・分岐距離指定子(.length)に(.W)を指定した場合、命令の先頭番地とsrcを符号付き加算した番地に分岐します。また、srcがメモリのとき、必要なメモリ容量は2バイトです。
・分岐距離指定子(.length)に(.A)を指定した場合、srcがメモリのとき、必要なメモリ容量は3バイトです。

【選択可能なsrc】

分岐距離指定子(.length)に(.W)を指定した場合

src			
~~R0L/R0~~	~~R0H/R1~~	R1L/R2	R1H/R3
~~A0/A0~~	~~A1/A1~~	[A0]	[A1]
dsp:8[A0]	dsp:8[A1]	dsp:8[SB]	dsp:8[FB]
~~dsp:16[A0]~~	~~dsp:16[A1]~~	dsp:16[SB]	abs16
dsp:20[A0]	dsp:20[A1]	~~abs20~~	
~~R2R0~~	~~R3R1~~	~~A1A0~~	

分岐距離指定子(.length)に(.A)を指定した場合

src			
~~R0L/R0~~	~~R0H/R1~~	~~R1L/R2~~	~~R1H/R3~~
~~A0/A0~~	~~A1/A1~~	[A0]	[A1]
dsp:8[A0]	dsp:8[A1]	dsp:8[SB]	dsp:8[FB]
~~dsp:16[A0]~~	~~dsp:16[A1]~~	dsp:16[SB]	abs16
dsp:20[A0]	dsp:20[A1]	~~abs20~~	
R2R0	R3R1	A1A0	

【フラグ変化】

フラグ	U	I	O	B	S	Z	D	C
変化	—	—	—	—	—	—	—	—

【記述例】

RAM_Aを00400H番地と定義し、JMPI命令を実行した場合

シンボルの定義
　　RAM_A　　.EQU　00400H

命令の記述
　　MOV.W　　#5, RAM_A
　　JMPI.W　　RAM_A

【実行例】

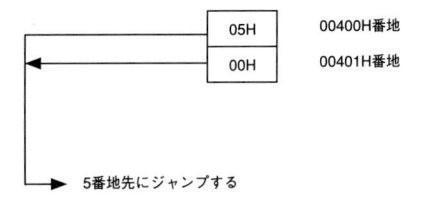

```
         ┌──────┐
         │ 05H  │  00400H番地
         │ 00H  │  00401H番地
         └──────┘

  ──▶ 5番地先にジャンプする
```

JSR

サブルーチン呼び出し
Jump SubRoutine

【構文】

JSR(.length) label
　　　　　　　　　　　W , A （指定可能）

【オペレーション】

SP　　　←　　SP － 1
M(SP)　←　　(PC + n)H
SP　　　←　　SP － 2
M(SP)　←　　(PC + n)ML
PC　　　←　　label

*1　nは命令のバイト数です。

【機能】

・labelへサブルーチン分岐します。

【選択可能なlabel】

.length	label
.W	PC*¹−32767 ≦ label ≦ PC*¹+32768
.A	abs20

*1　PCは命令の先頭番地を示します。

【フラグ変化】

フラグ	U	I	O	B	S	Z	D	C
変化	−	−	−	−	−	−	−	−

【記述例】

```
JSR.W    func
JSR.A    func
```

JSRI

間接サブルーチン呼び出し
Jump SubRoutine Indirect

【構文】

　JSRI.length　src ────── W , A

【オペレーション】

分岐距離指定子(.length)が(.W)のとき

```
SP     ← SP  − 1
M(SP)  ← (PC + n)H
SP     ← SP  − 2
M(SP)  ← (PC + n)ML
PC     ← PC ± src
```

分岐距離指定子(.length)が(.A)のとき

```
SP     ← SP  − 1
M(SP)  ← (PC + n)H
SP     ← SP  − 2
M(SP)  ← (PC + n)ML
PC     ← src
```

*1　nは命令のバイト数です。

【機能】

- srcが示す番地にサブルーチン分岐します。srcがメモリのとき、下位番地が格納されている番地を指定してください。
- 分岐距離指定子(.length)に(.W)を指定した場合、命令の先頭番地とsrcを符号付き加算した番地にサブルーチン分岐します。また、srcがメモリのとき、必要なメモリ容量は2バイトです。
- 分岐距離指定子(.length)に(.A)を指定した場合、srcがメモリのとき、必要なメモリ容量は3バイトです。

【選択可能なsrc】

分岐距離指定子(.length)に(.W)を指定した場合

src			
R0L/R0	R0H/R1	R1L/R2	R1H/R3
A0/A0	A1/A1	[A0]	[A1]
dsp:8[A0]	dsp:8[A1]	dsp:8[SB]	dsp:8[FB]
dsp:16[A0]	dsp:16[A1]	dsp:16[SB]	abs16
dsp:20[A0]	dsp:20[A1]	abs20	
R2R0	R3R1	A1A0	

分岐距離指定子(.length)に(.A)を指定した場合

src			
R0L/R0	R0H/R1	R1L/R2	R1H/R3
A0/A0	A1/A1	[A0]	[A1]
dsp:8[A0]	dsp:8[A1]	dsp:8[SB]	dsp:8[FB]
dsp:16[A0]	dsp:16[A1]	dsp:16[SB]	abs16
dsp:20[A0]	dsp:20[A1]	abs20	
R2R0	R3R1	A1A0	

【フラグ変化】

フラグ	U	I	O	B	S	Z	D	C
変化	−	−	−	−	−	−	−	−

【記述例】

RAM_Aを00400H番地と定義し、JSRI命令を実行した場合

シンボルの定義
```
RAM_A    .EQU  00400H
```

命令の記述
```
MOV.W    #5, RAM_A
JSRI.W   RAM_A
```

【実行例】

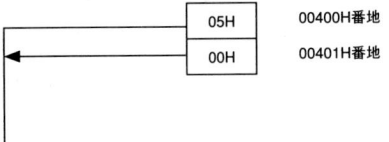

```
          05H     00400H番地
          00H     00401H番地
```

→ 5番地先にサブルーチンジャンプする

LDC

専用レジスタへの転送
LoaD Control register

【構文】
　　LDC　　src,dest

【オペレーション】
　　dest ← src

【機能】
・srcをdestが示す専用レジスタに転送します。srcがメモリのとき、必要なメモリ容量は2バイトです。
・INTBL、またはINTBHに転送する場合は、連続して転送するようにしてください。
・この命令の直後には、割り込み要求を受け付けません。

【選択可能なsrc / dest】

src				dest			
~~R0L~~/R0	~~R0H~~/R1	~~R1L~~/R2	~~R1H~~/R3	FB	SB	SP*1	ISP
~~A0~~/A0	~~A1~~/A1	[A0]	[A1]	FLG	INTBH	INTBL	
dsp:8[A0]	dsp:8[A1]	dsp:8[SB]	dsp:8[FB]				
dsp:16[A0]	dsp:16[A1]	dsp:16[SB]	abs16				
~~dsp:20[A0]~~	~~dsp:20[A1]~~	~~abs20~~	#IMM				
~~R2R0~~	~~R3R1~~	~~A1A0~~					

*1　Uフラグで示すスタックポインタが対象になります。

【フラグ変化】

フラグ	U	I	O	B	S	Z	D	C
変化	*2	*2	*2	*2	*2	*2	*2	*2

*2　destがFLGのときだけ変化します。

【記述例】
　　RAM_Aを00400H番地と定義し、LDC命令を実行した場合

　　シンボルの定義
　　　　RAM_A　　.EQU　00400H

　　命令の記述
　　　　MOV.W　　#2, RAM_A
　　　　LDC　　　RAM_A, FB

【実行例】

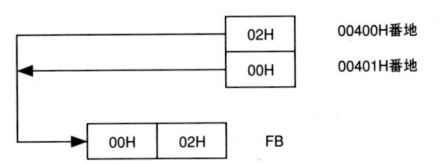

```
          02H     00400H番地
          00H     00401H番地

    00H  02H    FB
```

LDCTX

コンテキストの復帰
LoaD ConTeXt

【構文】
  LDCTX abs16,abs20

【機能】
- タスクのコンテキストをスタック領域から復帰します。
- abs16にはタスク番号が格納されているRAMの番地を、abs20にはテーブルデータの先頭番地を設定してください。
- タスク番号によってテーブルデータの中から必要なレジスタ情報を指定し、そのレジスタ情報に従ってスタック領域のデータを各レジスタに転送します。その後、スタックポインタ（SP）にSPの補正値を加算します。SPの補正値には転送するレジスタのバイト数を設定してください。
- 転送するレジスタの情報は次のとおり構成されています。"1"で転送するレジスタ、"0"で転送しないレジスタを示します。

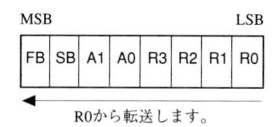

```
MSB                                    LSB
| FB | SB | A1 | A0 | R3 | R2 | R1 | R0 |
```
R0から転送します。

- テーブルデータは次のとおり構成されています。abs20で示した番地がテーブルの基底番地となり、基底番地からabs16の内容の2倍離れた番地に格納されたデータがレジスタの情報、次の番地がスタックポインタの補正値を示します。

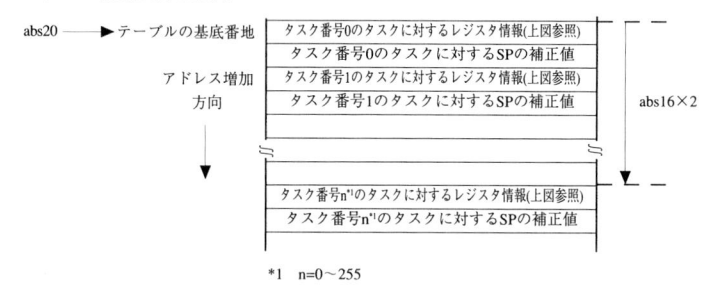

abs20 → テーブルの基底番地

| タスク番号0のタスクに対するレジスタ情報(上図参照) |
| タスク番号0のタスクに対するSPの補正値 |
| タスク番号1のタスクに対するレジスタ情報(上図参照) |
| タスク番号1のタスクに対するSPの補正値 |
| … |
| タスク番号n*1のタスクに対するレジスタ情報(上図参照) |
| タスク番号n*1のタスクに対するSPの補正値 |

abs16×2

アドレス増加方向 ↓

*1 n=0〜255

【フラグ変化】

フラグ	U	I	O	B	S	Z	D	C
変化	—	—	—	—	—	—	—	—

【記述例】
  LDCTX Ram,Rom_TBL

LDE

拡張データ領域からの転送
LoaD from EXtra far data area

【構文】
  LDE.size src,dest
        → B, W

【オペレーション】
  dest ← src

【機能】
- 拡張領域にあるsrcをdestに転送します。
- サイズ指定子(.size)に(.B)を指定した場合、destがA0またはA1のとき、srcをゼロ拡張し16ビットで転送します。

【選択可能なsrc / dest】

src				dest			
~~R0L/R0~~	~~R0H/R1~~	~~R1L/R2~~	~~R1H/R3~~	R0L/R0	R0H/R1	R1L/R2	R1H/R3
~~A0/A0~~	~~A1/A1~~	~~[A0]~~	~~[A1]~~	A0/A0	A1/A1	[A0]	[A1]
~~dsp:8[A0]~~	~~dsp:8[A1]~~	~~dsp:8[SB]~~	~~dsp:8[FB]~~	dsp:8[A0]	dsp:8[A1]	dsp:8[SB]	dsp:8[FB]
~~dsp:16[A0]~~	~~dsp:16[A1]~~	~~dsp:16[SB]~~	abs16	dsp:16[A0]	dsp:16[A1]	dsp:16[SB]	abs16
dsp:20[A0]	~~dsp:20[A1]~~	abs20	#IMM	~~dsp:20[A0]~~	~~dsp:20[A1]~~	~~abs20~~	
~~R2R0~~	~~R3R1~~	~~A1A0~~	[A1A0]	~~R2R0~~	~~R3R1~~	~~A1A0~~	

【フラグ変化】

フラグ	U	I	O	B	S	Z	D	C
変化	—	—	—	—	○	○	—	—

条件
S : 転送の結果、destのMSBが"1"のとき"1"、それ以外のとき"0"になります。
Z : 転送の結果、destが0のとき"1"、それ以外のとき"0"になります。

【記述例】
LDE.W　　[A1A0],R0
LDE.B　　Rom_TBL,A0

LDINTB

INTBレジスタへの転送
LoaD INTB register

【構文】
　　LDINTB　　src

【オペレーション】
　　INTBHL　←　src

【機能】
　・srcをINTBに転送します。
　・LDINTB命令は、以下の命令で構成されるマクロ命令です。
　　　　LDC　#IMM, INTBH
　　　　LDC　#IMM, INTBL

【選択可能なsrc】

src
#IMM20

【フラグ変化】

フラグ	U	I	O	B	S	Z	D	C
変化	—	—	—	—	—	—	—	—

【記述例】
　　LDINTB　　#0F0000H

LDIPL

割り込み許可レベルの設定
LoaD Interrupt Permission Level

【構文】
　　LDIPL　src

【オペレーション】
　IPL　←　src

【機能】
- srcをIPLに転送します。

【選択可能なsrc】

src
#IMM[*1]

*1 取りうる範囲は0≦#IMM≦7です。

【フラグ変化】

フラグ	U	I	O	B	S	Z	D	C
変化	—	—	—	—	—	—	—	—

【記述例】
    LDIPL   #2

MOV
転送
MOVe

【構文】
MOV.size (:format) src,dest
- (:format) → G , Q , Z , S （指定可能）
- .size → B , W

【オペレーション】
dest ← src

【機能】
- srcをdestに転送します。
- サイズ指定子(.size)に(.B)を指定した場合、destがA0またはA1のとき、srcをゼロ拡張し16ビットで転送します。また、srcがA0またはA1のとき、A0またはA1の下位8ビットを転送します。

【選択可能なsrc / dest】　　　　　（フォーマット別のsrc/destは次のページを参照してください。）

src				dest			
R0L/R0	R0H/R1	R1L/R2	R1H/R3	R0L/R0	R0H/R1	R1L/R2	R1H/R3
A0/A0[*1]	A1/A1[*1]	[A0]	[A1]	A0/A0[*1]	A1/A1[*1]	[A0]	[A1]
dsp:8[A0]	dsp:8[A1]	dsp:8[SB]	dsp:8[FB]	dsp:8[A0]	dsp:8[A1]	dsp:8[SB]	dsp:8[FB]
dsp:16[A0]	dsp:16[A1]	dsp:16[SB]	abs16	dsp:16[A0]	dsp:16[A1]	dsp:16[SB]	abs16
~~dsp:20[A0]~~	~~dsp:20[A1]~~	~~abs20~~	#IMM[*2]	~~dsp:20[A0]~~	~~dsp:20[A1]~~	~~abs20~~	
~~R2R0~~	~~R3R1~~	~~A1A0~~	dsp:8[SP][*3]	~~R2R0~~	~~R3R1~~	~~A1A0~~	dsp:8[SP][*2,*3]

*1 サイズ指定子(.size)に(.B)を指定する場合、srcとdestに同時にA0またはA1を選択できません。
*2 srcが#IMMの場合、destにdsp:8[SP]を選択できません。
*3 演算の対象はUフラグで示すスタックポインタです。また、srcとdestに同時にdsp:8 [SP]を選択できません。

【フラグ変化】

フラグ	U	I	O	B	S	Z	D	C
変化	—	—	—	—	○	○	—	—

条件
  S ： 転送の結果、destのMSBが"1"のとき"1"、それ以外のとき"0"になります。
  Z ： 転送の結果が0のとき"1"、それ以外のとき"0"になります。

【記述例】
    MOV.B:S   #0ABH,R0L
    MOV.W   #-1,R2

【フォーマット別src / dest】

G フォーマット

src				dest			
R0L/R0	R0H/R1	R1L/R2	R1H/R3	R0L/R0	R0H/R1	R1L/R2	R1H/R3
A0/A0*1	A1/A1*1	[A0]	[A1]	A0/A0*1	A1/A1*1	[A0]	[A1]
dsp:8[A0]	dsp:8[A1]	dsp:8[SB]	dsp:8[FB]	dsp:8[A0]	dsp:8[A1]	dsp:8[SB]	dsp:8[FB]
dsp:16[A0]	dsp:16[A1]	dsp:16[SB]	abs16	dsp:16[A0]	dsp:16[A1]	dsp:16[SB]	abs16
~~dsp:20[A0]~~	~~dsp:20[A1]~~	~~abs20~~	#IMM*2	~~dsp:20[A0]~~	~~dsp:20[A1]~~	~~abs20~~	~~SP/SP~~
R2R0	R3R1	A1A0	dsp:8[SP]*3	R2R0	R3R1	A1A0	dsp:8[SP]*2*3

*1 サイズ指定子(.size)に(.B)を指定する場合、srcとdestに同時にA0またはA1を選択できません。
*2 srcが#IMMの場合、destにdsp:8[SP]を選択できません。
*3 演算の対象はUフラグで示すスタックポインタです。また、srcとdestに同時にdsp:8 [SP] を選択できません。

Q フォーマット

src				dest			
~~R0L/R0~~	~~R0H/R1~~	~~R1L/R2~~	~~R1H/R3~~	R0L/R0	R0H/R1	R1L/R2	R1H/R3
~~A0/A0~~	~~A1/A1~~	~~[A0]~~	~~[A1]~~	A0/A0	A1/A1	[A0]	[A1]
~~dsp:8[A0]~~	~~dsp:8[A1]~~	~~dsp:8[SB]~~	~~dsp:8[FB]~~	dsp:8[A0]	dsp:8[A1]	dsp:8[SB]	dsp:8[FB]
~~dsp:16[A0]~~	~~dsp:16[A1]~~	~~dsp:16[SB]~~	~~abs16~~	dsp:16[A0]	dsp:16[A1]	dsp:16[SB]	abs16
~~dsp:20[A0]~~	~~dsp:20[A1]~~	~~abs20~~	#IMM*4	~~dsp:20[A0]~~	~~dsp:20[A1]~~	~~abs20~~	~~SP/SP~~
R2R0	R3R1	A1A0		R2R0	R3R1	A1A0	

*4 取りうる範囲は−8≦#IMM≦+7です。

S フォーマット

src				dest			
R0L*5*6*7	R0H*5*6*8	dsp:8[SB]*5	dsp:8[FB]*5	R0L*5*6	R0H*5*6		
abs16*5	#IMM			~~abs16~~	A0*5*8	A1*5*7	
R0L*5*6	R0H*5*6	~~dsp:8[SB]~~	~~dsp:8[FB]~~	R0L*5*6	R0H*5*6	dsp:8[SB]*5	dsp:8[FB]*5
~~abs16~~	#IMM			abs16*5	A0	A1	
~~R0L~~	~~R0H~~	~~dsp:8[SB]~~	~~dsp:8[FB]~~	R0L*5	R0H*5	dsp:8[SB]*5	dsp:8[FB]*5
~~abs16~~	#IMM*9			abs16*5	A0*9	A1*9	

*5 サイズ指定子(.size)には(.B)だけ指定できます。
*6 srcとdestに同じレジスタを選択できません。
*7 srcがR0Lの場合、destにはアドレスレジスタとしてA1だけ選択できます。
*8 srcがR0Hの場合、destにはアドレスレジスタとしてA0だけ選択できます。
*9 サイズ指定子(.size)には(.B)および(.W)を指定できます。

Z フォーマット

src				dest			
~~R0L~~	R0H	dsp:8[SB]	dsp:8[FB]	R0L	R0H	dsp:8[SB]	dsp:8[FB]
~~abs16~~	#0			abs16	~~A0~~	~~A1~~	

MOVA

実効アドレスの転送
MOVe effective Address

【構文】
　MOVA src,dest

【オペレーション】
　dest ← EVA(src)

【機能】
・srcの実効アドレスをdestに転送します。

【選択可能なsrc / dest】

src				dest			
~~R0L/R0~~	~~R0H/R1~~	R1L/R2	R1H/R3	~~R0L/R0~~	~~R0H/R1~~	R1L/R2	R1H/R3
~~A0/A0~~	~~A1/A1~~	~~[A0]~~	[A1]	~~A0/A0~~	~~A1/A1~~	~~[A0]~~	~~[A1]~~
dsp:8[A0]	dsp:8[A1]	dsp:8[SB]	dsp:8[FB]	~~dsp:8[A0]~~	~~dsp:8[A1]~~	~~dsp:8[SB]~~	~~dsp:8[FB]~~
dsp:16[A0]	dsp:16[A1]	dsp:16[SB]	abs16	~~dsp:16[A0]~~	~~dsp:16[A1]~~	~~dsp:16[SB]~~	~~abs16~~
~~dsp:20[A0]~~	~~dsp:20[A1]~~	~~abs20~~	#IMM	~~dsp:20[A0]~~	~~dsp:20[A1]~~	~~abs20~~	
R2R0	R3R1	A1A0		R2R0	R3R1	A1A0	

【フラグ変化】

フラグ	U	I	O	B	S	Z	D	C
変化	—	—	—	—	—	—	—	—

【記述例】

RAM_Aを00400H番地と定義し、RAM_AとA0のMOVA命令を実行した場合

シンボルの定義
　　　RAM_A　　　.EQU 00400H

命令の記述
　　　MOVA　　　RAM_A, A0

【実行例】

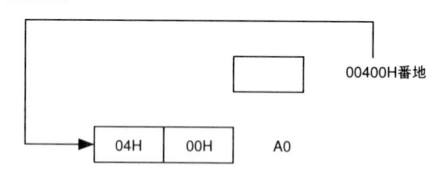

```
                                        00400H番地
      ┌─────┬─────┐
      │ 04H │ 00H │  A0
      └─────┴─────┘
```

MOV*Dir*

4ビットデータ転送
MOVe nibble

【構文】
　　MOV*Dir*　　src,dest

【オペレーション】

Dir	オペレーション
HH	H4:dest ← H4:src
HL	L4:dest ← H4:src
LH	H4:dest ← L4:src
LL	L4:dest ← L4:src

【機能】
・srcまたはdestのどちらか一方にR0Lを選択してください。

Dir	機能
HH	srcの上位4ビットをdestの上位4ビットに転送します
HL	srcの上位4ビットをdestの下位4ビットに転送します
LH	srcの下位4ビットをdestの上位4ビットに転送します
LL	srcの下位4ビットをdestの下位4ビットに転送します

【選択可能なsrc / dest】

src				dest			
R0L/R0	R0H/R1	R1L/R2	R1H/R3	R0L/R0	R0H/R1	R1L/R2	R1H/R3
A0/A0	A1/A1	[A0]	[A1]	A0/A0	A1/A1	[A0]	[A1]
dsp:8[A0]	dsp:8[A1]	dsp:8[SB]	dsp:8[FB]	dsp:8[A0]	dsp:8[A1]	dsp:8[SB]	dsp:8[FB]
dsp:16[A0]	dsp:16[A1]	dsp:16[SB]	abs16	dsp:16[A0]	dsp:16[A1]	dsp:16[SB]	abs16
dsp:20[A0]	dsp:20[A1]	abs20	#IMM	dsp:20[A0]	dsp:20[A1]	abs20	
R2R0	R3R1	A1A0		R2R0	R3R1	A1A0	
R0L/R0	R0H/R1	R1L/R2	R1H/R3	R0L/R0	R0H/R1	R1L/R2	R1H/R3
A0/A0	A1/A1	[A0]	[A1]	A0/A0	A1/A1	[A0]	[A1]
dsp:8[A0]	dsp:8[A1]	dsp:8[SB]	dsp:8[FB]	dsp:8[A0]	dsp:8[A1]	dsp:8[SB]	dsp:8[FB]
dsp:16[A0]	dsp:16[A1]	dsp:16[SB]	abs16	dsp:16[A0]	dsp:16[A1]	dsp:16[SB]	abs16
dsp:20[A0]	dsp:20[A1]	abs20	#IMM	dsp:20[A0]	dsp:20[A1]	abs20	
R2R0	R3R1	A1A0		R2R0	R3R1	A1A0	

【フラグ変化】

フラグ	U	I	O	B	S	Z	D	C
変化	—	—	—	—	—	—	—	—

【記述例】

RAM_Aを00400H番地と定義し、RAM_AとR0LのMOVHH命令を実行した場合

シンボルの定義
RAM_A   .EQU 00400H

命令の記述
MOV.B   #22H, RAM_A
MOV.B   #33H, R0L
MOVHH   RAM_A, R0L

【実行例】

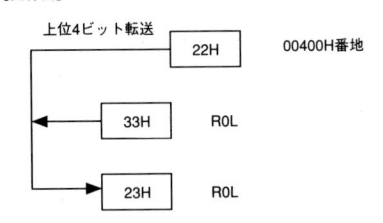

上位4ビット転送
22H   00400H番地
33H   R0L
23H   R0L

MUL
符号付き乗算
MULtiple

【構文】
MUL.size   src,dest ──── B , W

【オペレーション】
dest ← dest × src

【機能】
・srcとdestを符号付きで乗算し、destに格納します。
・サイズ指定子(.size)に(.B)を指定した場合、src、destともに8ビットで演算し、結果を16ビットで格納します。srcまたはdestのどちらか一方にA0またはA1を指定したときはA0またはA1の下位8ビットの内容を演算します。
・サイズ指定子(.size)に(.W)を指定した場合、src、destともに16ビットで演算し、結果を32ビットで格納します。destにR0、R1、A0を選択した場合、結果はそれぞれR2R0、R3R1、A1A0へ格納します。

【選択可能なsrc / dest】

src				dest			
R0L/R0	R0H/R1	R1L/R2	R1H/R3	R0L/R0	R0H/R1	R1L/R2	R1H/R3
A0/A0*1	A1/A1*1	[A0]	[A1]	A0/A0*1	A1/A1	[A0]	[A1]
dsp:8[A0]	dsp:8[A1]	dsp:8[SB]	dsp:8[FB]	dsp:8[A0]	dsp:8[A1]	dsp:8[SB]	dsp:8[FB]
dsp:16[A0]	dsp:16[A1]	dsp:16[SB]	abs16	dsp:16[A0]	dsp:16[A1]	dsp:16[SB]	abs16
dsp:20[A0]	dsp:20[A1]	abs20	#IMM	dsp:20[A0]	dsp:20[A1]	abs20	
R2R0	R3R1	A1A0		R2R0	R3R1	A1A0	

*1 サイズ指定子(.size)に(.B)を指定する場合、srcとdestに同時にA0またはA1を選択できません。

【フラグ変化】

フラグ	U	I	O	B	S	Z	D	C
変化	—	—	—	—	—	—	—	—

【記述例1】

RAM_Aを00400H番地と定義し、RAM_AとA0のMUL命令を実行した場合

シンボルの定義
RAM_A   .EQU 00400H

命令の記述
MOV.W   #-1, RAM_A
MOV.W   #-2, A0
MUL.W   RAM_A, A0

【実行例1】

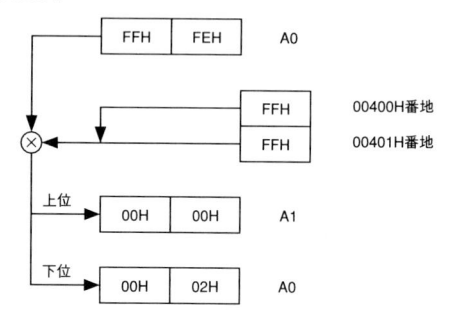

```
           ┌──[FFH][FEH]  A0
           │
           ▼    ┌─[FFH]    00400H番地
          ⊗ ◄──┤
                └─[FFH]    00401H番地

   上位 ──►[00H][00H]  A1
   下位 ──►[00H][02H]  A0
```

【記述例2】

RAM_Aを00400H番地、RAM_Bを00402H番地と定義し、RAM_AとRAM_BのMUL命令を実行した場合

    シンボルの定義
        RAM_A   .EQU 00400H
        RAM_B   .EQU 00402H

    命令の記述
        MOV.W   #-1, RAM_A
        MOV.W   #-2, RAM_B
        MUL.W   RAM_A, RAM_B

【実行例2】

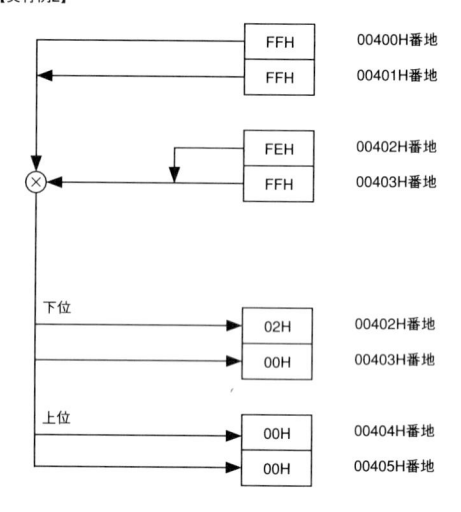

```
           ┌──[FFH]   00400H番地
           │  [FFH]   00401H番地
           ▼
          ⊗ ◄── [FEH]   00402H番地
                [FFH]   00403H番地

   下位 ──►[02H]   00402H番地
          ►[00H]   00403H番地
   上位 ──►[00H]   00404H番地
          ►[00H]   00405H番地
```

MULU

符号なし乗算
MULtiple Unsigned

【構文】
    MULU.size   src,dest
            └────────── B , W

【オペレーション】
    dest ← dest × src

【機能】
- srcとdestを符号なしで乗算し、destに格納します。
- サイズ指定子(.size)に(.B)を指定した場合、src、destともに8ビットで演算し、結果を16ビットで格納します。srcまたはdestのどちらか一方にA0またはA1を選択したときはA0またはA1の下位8ビットの内容を演算します。
- サイズ指定子(.size)に(.W)を指定した場合、src、destともに16ビットで演算し、結果を32ビットで格納します。destにR0、R1、A0を選択した場合、結果はそれぞれR2R0、R3R1、A1A0へ格納します。

【選択可能なsrc / dest】

src				dest			
R0L/R0	R0H/R1	R1L/R2	R1H/R3	R0L/R0	R0H/R1	R1L/R2	R1H/R3
A0/A0*¹	A1/A1*¹	[A0]	[A1]	A0/A0*¹	~~A1/A1~~	[A0]	[A1]
dsp:8[A0]	dsp:8[A1]	dsp:8[SB]	dsp:8[FB]	dsp:8[A0]	dsp:8[A1]	dsp:8[SB]	dsp:8[FB]
dsp:16[A0]	dsp:16[A1]	dsp:16[SB]	abs16	dsp:16[A0]	dsp:16[A1]	dsp:16[SB]	abs16
~~dsp:20[A0]~~	~~dsp:20[A1]~~	~~abs20~~	#IMM	~~dsp:20[A0]~~	~~dsp:20[A1]~~	~~abs20~~	
R2R0	R3R1	A1A0		R2R0	R3R1	A1A0	

*1 サイズ指定子(.size)に(.B)を指定する場合、srcとdestに同時にA0またはA1を選択できません。

【フラグ変化】

フラグ	U	I	O	B	S	Z	D	C
変化	—	—	—	—	—	—	—	—

【記述例1】
RAM_Aを00400H番地と定義し、RAM_AとA0のMULU命令を実行した場合

シンボルの定義
    RAM_A   .EQU 00400H

命令の記述
    MOV.W   #2, RAM_A
    MOV.W   #3, A0
    MULU.W   RAM_A, A0

【実行例1】

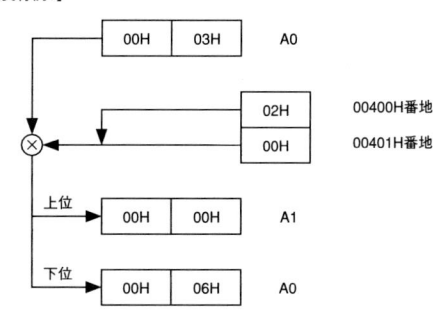

```
          00H  03H    A0
           │    │
           │    │
                02H    00400H番地
                00H    00401H番地
           ×
      上位  00H  00H    A1
      下位  00H  06H    A0
```

【記述例2】
RAM_Aを00400H番地、RAM_Bを00402H番地と定義し、RAM_AとRAM_BのMULU命令を実行した場合

シンボルの定義
    RAM_A   .EQU 00400H
    RAM_B   .EQU 00402H

命令の記述
    MOV.W   #2, RAM_A
    MOV.W   #3, RAM_B
    MULU.W   RAM_A, RAM_B

【実行例2】

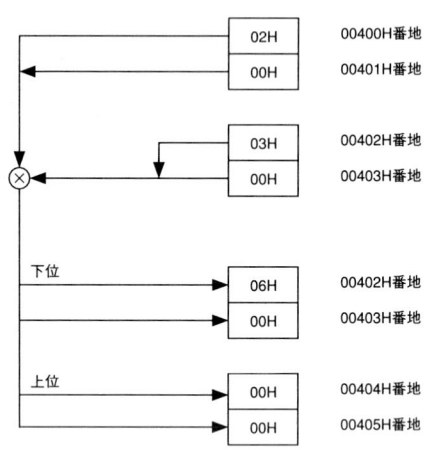

```
02H    00400H番地
00H    00401H番地

03H    00402H番地
00H    00403H番地

下位 → 06H    00402H番地
       00H    00403H番地

上位 → 00H    00404H番地
       00H    00405H番地
```

NEG

2の補数
NEGate

【構文】
NEG.size   dest ──────── B , W

【オペレーション】
dest ← 0 − dest

【機能】
・destの2の補数をとり、destに格納します。

【選択可能なdest】

dest			
R0L/R0	R0H/R1	R1L/R2	R1H/R3
~~A0~~/A0	~~A1~~/A1	[A0]	[A1]
dsp:8[A0]	dsp:8[A1]	dsp:8[SB]	dsp:8[FB]
dsp:16[A0]	dsp:16[A1]	dsp:16[SB]	abs16
~~dsp:20[A0]~~	~~dsp:20[A1]~~	~~abs20~~	
~~R2R0~~	~~R3R1~~	~~A1A0~~	

【フラグ変化】

フラグ	U	I	O	B	S	Z	D	C
変化	−	−	○	−	○	○	−	○

条件
- O : 演算前のdestが−128(.B)または−32768(.W)のとき"1"、それ以外のとき"0"になります。
- S : 演算の結果、MSBが"1"になると"1"、それ以外のとき"0"になります。
- Z : 演算の結果が0のとき"1"、それ以外のとき"0"になります。
- C : 演算の結果が0のとき"1"、それ以外のとき"0"になります。

【記述例】
RAM_Aを00400H番地と定義し、NEG命令を実行した場合

シンボルの定義
```
RAM_A    .EQU  00400H
```

命令の記述
```
MOV.W    #-1, RAM_A
NEG.W    RAM_A
```

【実行例】

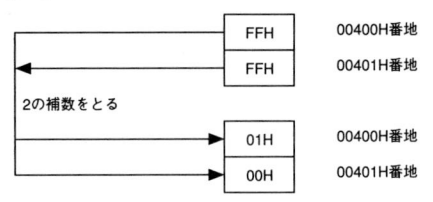

```
        ┌──────  FFH   00400H番地
        │◄───── FFH   00401H番地
   2の補数をとる
        │─────► 01H   00400H番地
        └─────► 00H   00401H番地
```

NOP

ノーオペレーション
No OPeration

【構文】
　NOP

【オペレーション】
　PC ← PC + 1

【機能】
・PCに1を加算します。

【フラグ変化】

フラグ	U	I	O	B	S	Z	D	C
変化	−	−	−	−	−	−	−	−

【記述例】
　NOP

NOT

全ビット反転
NOT

【構文】
　NOT.size (:format) dest
　　　　　　　　　　　　　　G , S（指定可能）
　　　　　　　　　　　　　　B , W

【オペレーション】
　dest ← $\overline{dest}$

【機能】
・destを反転し、destに格納します。

【選択可能なdest】

dest			
R0L*1/R0	R0H*1/R1	R1L/R2	R1H/R3
~~A0~~/A0	~~A1~~/A1	[A0]	[A1]
dsp:8[A0]	dsp:8[A1]	dsp:8[SB]*1	dsp:8[FB]*1
dsp:16[A0]	dsp:16[A1]	dsp:16[SB]	abs16*1
~~dsp:20[A0]~~	~~dsp:20[A1]~~	abs20	
~~R2R0~~	~~R3R1~~	A1A0	

*1　Gフォーマット、Sフォーマットで選択できます。
　　その他のdestはGフォーマットで選択できます。

【フラグ変化】

フラグ	U	I	O	B	S	Z	D	C
変化	−	−	−	−	○	○	−	−

条件
　S : 演算の結果、MSBが"1"になると"1"、それ以外のとき"0"になります。
　Z : 演算の結果が0のとき"1"、それ以外のとき"0"になります。

【記述例】

RAM_Aを00400H番地と定義し、NOT命令を実行した場合

シンボルの定義
　　　RAM_A　　.EQU　00400H

命令の記述
　　　MOV.W　　#1, RAM_A
　　　NOT.W　　RAM_A

【実行例】

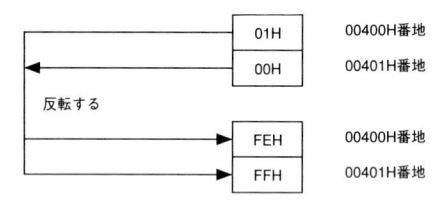

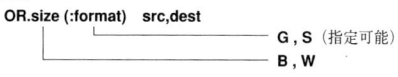

01H	00400H番地
00H	00401H番地

反転する

FEH	00400H番地
FFH	00401H番地

OR
論理和
OR

【構文】
　　OR.size (:format)　src,dest
　　　　　　　　　　　　　　　G , S （指定可能）
　　　　　　　　　　　　　　　B , W

【オペレーション】
　　dest ← src ∨ dest

【機能】
・destとsrcの論理和をとり、destに格納します。
・サイズ指定子(.size)に(.B)を指定した場合、destがA0またはA1のとき、srcをゼロ拡張し16ビットで演算します。また、srcがA0またはA1のとき、A0またはA1の下位8ビットを演算の対象とします。

【選択可能なsrc / dest】　　　（フォーマット別のsrc/destは次のページを参照してください。）

src				dest			
R0L/R0	R0H/R1	R1L/R2	R1H/R3	R0L/R0	R0H/R1	R1L/R2	R1H/R3
A0/A0*1	A1/A1*1	[A0]	[A1]	A0/A0*1	A1/A1*1	[A0]	[A1]
dsp:8[A0]	dsp:8[A1]	dsp:8[SB]	dsp:8[FB]	dsp:8[A0]	dsp:8[A1]	dsp:8[SB]	dsp:8[FB]
dsp:16[A0]	dsp:16[A1]	dsp:16[SB]	abs16	dsp:16[A0]	dsp:16[A1]	dsp:16[SB]	abs16
~~dsp:20[A0]~~	~~dsp:20[A1]~~	~~abs20~~	#IMM	~~dsp:20[A0]~~	~~dsp:20[A1]~~	~~abs20~~	SP/SP
R2R0	R3R1	A1A0		R2R0	R3R1	A1A0	

*1　サイズ指定子(.size)に(.B)を指定する場合、srcとdestに同時にA0またはA1を選択できません。

【フラグ変化】

フラグ	U	I	O	B	S	Z	D	C
変化	−	−	−	−	○	○	−	−

条件
　S : 演算の結果、MSBが"1"になると"1"、それ以外のとき"0"になります。
　Z : 演算の結果が0のとき"1"、それ以外のとき"0"になります。

【記述例1】

RAM_Aを00400H番地と定義し、RAM_AとA0のOR命令を実行した場合

シンボルの定義
　　　RAM_A　　.EQU　00400H

命令の記述
　　　MOV.W　　#2, RAM_A
　　　MOV.W　　#5, A0
　　　OR.W　　　RAM_A, A0

【実行例1】

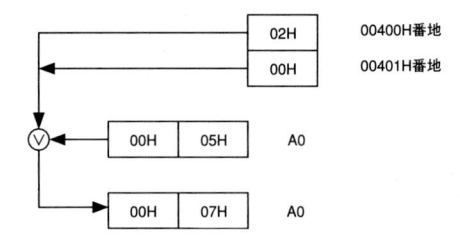

02H	00400H番地
00H	00401H番地

∨ ← | 00H | 05H | A0

| 00H | 07H | A0

【記述例2】

RAM_Aを00400H番地、RAM_Bを00402H番地と定義し、RAM_AとRAM_BのOR命令を実行した場合

シンボルの定義
```
RAM_A    .EQU  00400H
RAM_B    .EQU  00402H
```

命令の記述
```
MOV.W    #2, RAM_A
MOV.W    #5, RAM_B
OR.W     RAM_A, RAM_B
```

【実行例2】

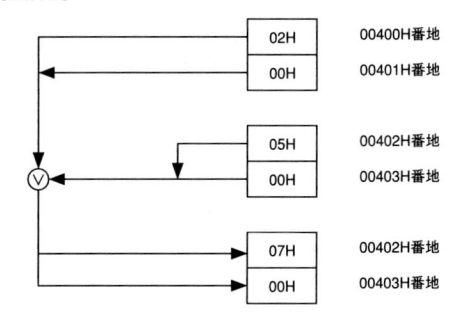

02H	00400H番地
00H	00401H番地
05H	00402H番地
00H	00403H番地
07H	00402H番地
00H	00403H番地

【フォーマット別src / dest】

G フォーマット

src				dest			
R0L/R0	R0H/R1	R1L/R2	R1H/R3	R0L/R0	R0H/R1	R1L/R2	R1H/R3
A0/A0*1	A1/A1*1	[A0]	[A1]	A0/A0*1	A1/A1*1	[A0]	[A1]
dsp:8[A0]	dsp:8[A1]	dsp:8[SB]	dsp:8[FB]	dsp:8[A0]	dsp:8[A1]	dsp:8[SB]	dsp:8[FB]
dsp:16[A0]	dsp:16[A1]	dsp:16[SB]	abs16	dsp:16[A0]	dsp:16[A1]	dsp:16[SB]	abs16
~~dsp:20[A0]~~	~~dsp:20[A1]~~	abs20	#IMM	~~dsp:20[A0]~~	~~dsp:20[A1]~~	abs20	SP/SP
~~R2R0~~	~~R3R1~~	A1A0		~~R2R0~~	~~R3R1~~	A1A0	

*1 サイズ指定子(.size)に(.B)を指定する場合、srcとdestに同時にA0またはA1を選択できません。

S フォーマット*2

src				dest			
~~R0L~~	R0H	dsp:8[SB]	dsp:8[FB]	R0L	R0H	dsp:8[SB]	dsp:8[FB]
~~abs16~~	#IMM			abs16	~~A0~~	~~A1~~	
R0L*3	R0H*3	dsp:8[SB]	dsp:8[FB]	R0L*3	R0H*3	~~dsp:8[SB]~~	~~dsp:8[FB]~~
abs16	#IMM			~~abs16~~	~~A0~~	~~A1~~	

*2 サイズ指定子(.size)には(.B)だけ指定できます。
*3 srcとdestに同じレジスタを選択できません。

POP

レジスタ／メモリの復帰
POP

【構文】
POP.size (:format) dest
　　　　　　　　　　　└─ G , S（指定可能）
　　　└─ B , W

【オペレーション】
サイズ指定子(.size)が(.B)のとき　　サイズ指定子(.size)が(.W)のとき
dest　　　←　　M(SP)　　　　　　dest　　　←　　M(SP)
SP　　　　←　　SP + 1　　　　　　SP　　　　←　　SP + 2

【機能】
・destをスタック領域から復帰します。

【選択可能なdest】

dest			
R0L[*1]/R0	R0H[*1]/R1	R1L/R2	R1H/R3
~~A0~~/A0[*1]	~~A1~~/A1[*1]	[A0]	[A1]
dsp:8[A0]	dsp:8[A1]	dsp:8[SB]	dsp:8[FB]
dsp:16[A0]	dsp:16[A1]	dsp:16[SB]	abs16
~~dsp:20[A0]~~	~~dsp:20[A1]~~	~~abs20~~	
~~R2R0~~	~~R3R1~~	~~A1A0~~	

[*1] Gフォーマット、Sフォーマットで選択できます。
　　その他のdestはGフォーマットで選択できます。

【フラグ変化】

フラグ	U	I	O	B	S	Z	D	C
変化	−	−	−	−	−	−	−	−

【記述例】
RAM_Aを00400H番地と定義し、POP命令を実行した場合

シンボルの定義
　RAM_A　　.EQU　00400H

命令の記述
　LDC　　#0800H, ISP
　MOV.W　#2, RAM_A
　PUSH.W　RAM_A
　POP.W　RAM_A

【実行例】

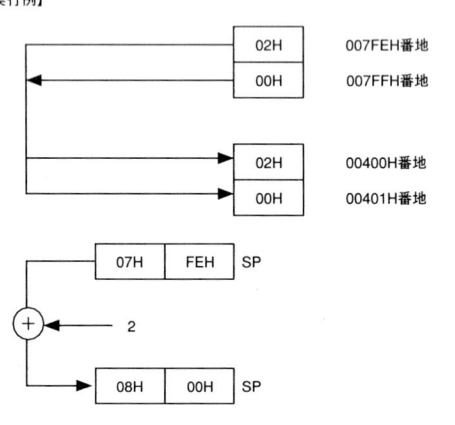

```
              ┌──────┐
              │ 02H  │ 007FEH番地
              │ 00H  │ 007FFH番地
              └──────┘

              ┌──────┐
              │ 02H  │ 00400H番地
              │ 00H  │ 00401H番地
              └──────┘

          ┌──────────┐
          │ 07H │ FEH │ SP
          └──────────┘
              +  2
          ┌──────────┐
          │ 08H │ 00H │ SP
          └──────────┘
```

POPC

専用レジスタの復帰
POP Control register

【構文】
　　POPC　　　dest

【オペレーション】
　　dest　　　←　　M(SP)
　　SP*1　　←　　SP + 2
*1　destがSPの場合、またはUフラグが"0"の状態でdestがISPの場合、SPは2を加算されません。

【機能】
・スタック領域からdestで示す専用レジスタに復帰します。
・割り込みテーブルレジスタを復帰する場合は、必ずINTBH、INTBLを連続して復帰してください。
・この命令の直後には、割り込み要求を受け付けません。

【選択可能なdest】

dest						
FB	SB	SP*2	ISP	FLG	INTBH	INTBL

*2　Uフラグで示すスタックポインタが対象となります。

【フラグ変化】

フラグ	U	I	O	B	S	Z	D	C
変化	*3	*3	*3	*3	*3	*3	*3	*3

*3　destがFLGのときだけ変化します。

【記述例】
　　命令の記述
　　　　LDC　　　#0800H, ISP
　　　　LDC　　　#00380H, SB
　　　　PUSHC　　SB
　　　　POPC　　 SB

【実行例】

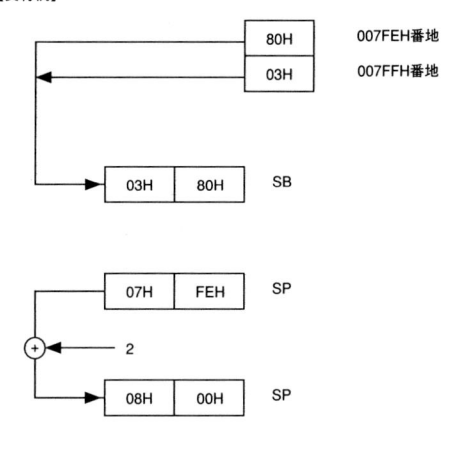

```
                        ┌────┬────┐
              ┌─────────│ 80H│    │  007FEH番地
              │         ├────┼────┤
              │         │ 03H│    │  007FFH番地
              ▼         └────┴────┘

              ┌────┬────┐
              │ 03H│ 80H│  SB
              └────┴────┘

                        ┌────┬────┐
              ┌─────────│ 07H│ FEH│  SP
              │         └────┴────┘
             (+)◄──── 2
              │         ┌────┬────┐
              └────────►│ 08H│ 00H│  SP
                        └────┴────┘
```

POPM

複数レジスタの復帰
POP Multiple

【構文】
　　POPM　　　dest

【オペレーション】
　　dest　　　←　　M(SP)
　　SP　　　 ←　　SP + N*1 × 2
*1　復帰するレジスタ数。

【機能】
・destで選択したレジスタを一括してスタック領域から復帰します。
・スタック領域から以下の優先順位で復帰します。

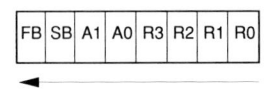

| FB | SB | A1 | A0 | R3 | R2 | R1 | R0 |

◀ R0から復帰します

【選択可能なdest】

dest[*2]
R0 R1 R2 R3 A0 A1 SB FB

*2 複数のdestを選択することができます。

【フラグ変化】

フラグ*	U	I	O	B	S	Z	D	C
変化	—	—	—	—	—	—	—	—

【記述例】
```
命令の記述
    LDC     #0800H, ISP
    LDC     #00380H, SB
    LDC     #00480H, FB
    PUSHM   SB, FB
    POPM    SB, FB
```

【実行例】

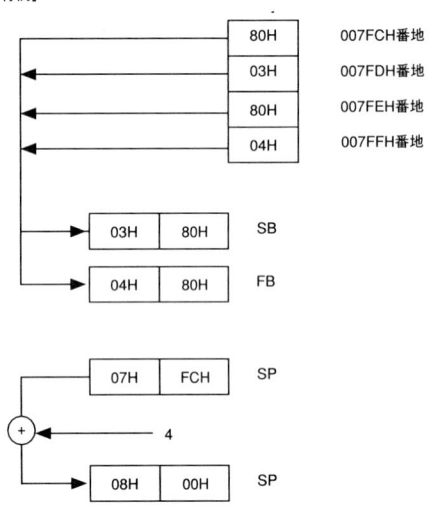

80H		007FCH番地
03H		007FDH番地
80H		007FEH番地
04H		007FFH番地

| 03H | 80H | SB |
| 04H | 80H | FB |

| 07H | FCH | SP |

+ ← 4

| 08H | 00H | SP |

PUSH

レジスタ／メモリ／即値の退避
PUSH

【構文】
PUSH.size (:format)   src
          └─ G , S（指定可能）
    └─ B , W

【オペレーション】

サイズ指定子(.size)が(.B)のとき
SP   ← SP − 1
M(SP) ← src

サイズ指定子(.size)が(.W)のとき
SP   ← SP − 2
M(SP) ← src

【機能】
・srcをスタック領域へ退避します。

【選択可能なsrc】

src			
R0L*1/R0	R0H*1/R1	R1L/R2	R1H/R3
~~A0~~/A0*1	~~A1~~/A1*1	[A0]	[A1]
dsp:8[A0]	dsp:8[A1]	dsp:8[SB]	dsp:8[FB]
dsp:16[A0]	dsp:16[A1]	dsp:16[SB]	abs16
~~dsp:20[A0]~~	~~dsp:20[A1]~~	~~abs20~~	#IMM
~~R2R0~~	~~R3R1~~	~~A1A0~~	

*1 Gフォーマット、Sフォーマットで選択できます。
　　その他のsrcはGフォーマットで選択できます。

【フラグ変化】

フラグ	U	I	O	B	S	Z	D	C
変化	―	―	―	―	―	―	―	―

【記述例】
RAM_Aを00400H番地と定義し、PUSH命令を実行した場合

シンボルの定義
```
RAM_A   .EQU  00400H
```

命令の記述
```
LDC     #0800H, ISP
MOV.W   #2, RAM_A
PUSH.W  RAM_A
```

【実行例】

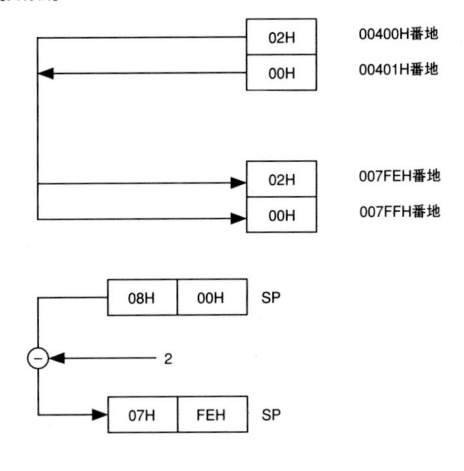

02H	00400H番地
00H	00401H番地

02H	007FEH番地
00H	007FFH番地

| 08H | 00H | SP |

　－ 2

| 07H | FEH | SP |

PUSHA
実効アドレスの退避
PUSH effective Address

【構文】
PUSHA　src

【オペレーション】
SP　←　SP － 2
M(SP)　←　EVA(src)

【機能】
・srcの実効アドレスをスタック領域へ退避します。

【選択可能なsrc】

src			
~~R0L/R0~~	~~R0H/R1~~	~~R1L/R2~~	~~R1H/R3~~
~~A0/A0~~	~~A1/A1~~	~~[A0]~~	~~[A1]~~
dsp:8[A0]	dsp:8[A1]	dsp:8[SB]	dsp:8[FB]
dsp:16[A0]	dsp:16[A1]	dsp:16[SB]	abs16
~~dsp:20[A0]~~	~~dsp:20[A1]~~	abs20	
~~R2R0~~	~~R3R1~~	A1A0	

【フラグ変化】

フラグ	U	I	O	B	S	Z	D	C
変化	—	—	—	—	—	—	—	—

【記述例】

RAM_Aを00400H番地と定義し、PUSHA命令を実行した場合

シンボルの定義
RAM_A   .EQU 00400H

命令の記述
LDC   #0800H, ISP
PUSH A   RAM_A

【実行例】

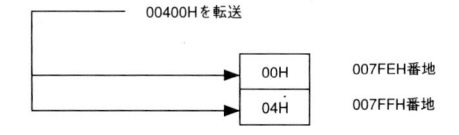

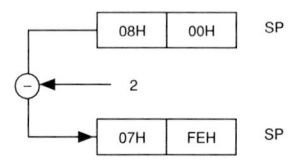

（00400Hを転送。007FEH番地に00H、007FFH番地に04H。SP: 08H 00H → 07H FEH、−2）

PUSHC

専用レジスタの退避
PUSH Control register

【構文】
PUSHC   src

【オペレーション】
SP   ←   SP − 2
M(SP)   ←   src*1

*1 srcがSPの場合、またはUフラグが"0"の状態でsrcがISPの場合、2を減算される前のSPが退避されます。

【機能】
・srcで示す専用レジスタをスタック領域へ退避します。

【選択可能なsrc】

src						
FB	SB	SP*2	ISP	FLG	INTBH	INTBL

*2 Uフラグで示すスタックポインタが対象となります。

【フラグ変化】

フラグ	U	I	O	B	S	Z	D	C
変化	—	—	—	—	—	—	—	—

【記述例】
　　命令の記述
　　　　LDC　　　　#0800H, ISP
　　　　LDC　　　　#00380H, SB
　　　　PUSHC　　　SB

【実行例】

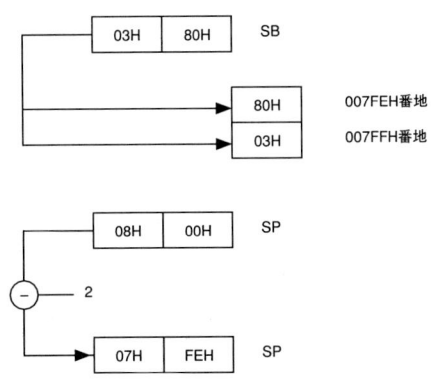

```
         ┌──────┬──────┐
         │ 03H  │ 80H  │  SB
         └──────┴──────┘

         ┌──────┐
         │ 80H  │  007FEH番地
         ├──────┤
         │ 03H  │  007FFH番地
         └──────┘

         ┌──────┬──────┐
         │ 08H  │ 00H  │  SP
         └──────┴──────┘
              │
            ⊖─ 2
              ↓
         ┌──────┬──────┐
         │ 07H  │ FEH  │  SP
         └──────┴──────┘
```

PUSHM

複数レジスタの退避
PUSH Multiple

【構文】
　　PUSHM　　src

【オペレーション】
　　SP　　　　←　　SP － N*¹ × 2
　　M(SP)　　←　　src
　　*1　退避するレジスタ数。

【機能】
・srcで選択したレジスタを一括してスタック領域へ退避します。
・スタック領域へは以下の優先順位で退避します。

| R0 | R1 | R2 | R3 | A0 | A1 | SB | FB |

　　　　　←　　FBから退避します

【選択可能なsrc】

src*²
R0　R1　R2　R3　A0　A1　SB　FB

*2　複数のsrcを選択することができます。

【フラグ変化】

フラグ	U	I	O	B	S	Z	D	C
変化	—	—	—	—	—	—	—	—

【記述例】

　　命令の記述
　　　　LDC　　　　#0800H, ISP
　　　　LDC　　　　#00380H, SB
　　　　LDC　　　　#00480H, FB
　　　　PUSHM　　　SB, FB

【実行例】

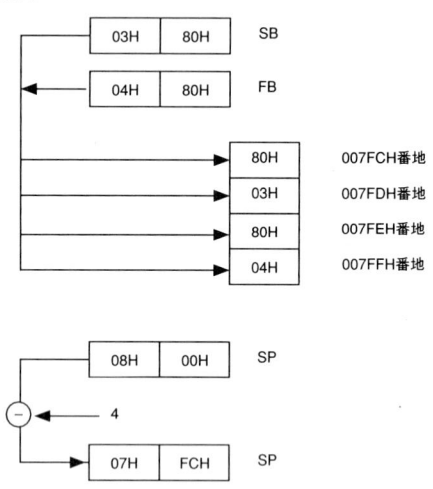

```
          03H  80H   SB
          04H  80H   FB

                80H  007FCH番地
                03H  007FDH番地
                80H  007FEH番地
                04H  007FFH番地

          08H  00H   SP
        ⊖ ← 4
          07H  FCH   SP
```

REIT
割り込みからの復帰
REturn from InTerrupt

【構文】
REIT

【オペレーション】
PC_L ← M(SP)
SP ← SP + 2
PC_H,FLG ← M(SP)
SP ← SP + 2

【機能】
・割り込み要求が受け付けられたときに退避したPCおよびFLGを復帰し、割り込みルーチンから戻ります。

【フラグ変化】

フラグ	U	I	O	B	S	Z	D	C
変化	*1	*1	*1	*1	*1	*1	*1	*1

*1 割り込み要求が受け付けられる前のFLGの状態に戻ります。

【記述例】
REIT

RMPA
積和演算
Repeat MultiPle & Addition

【構文】
RMPA.size
        └─── B , W

【オペレーション】*1
Repeat
  R2R0(R0)*2 ← R2R0(R0)*2 + M(A0) × M(A1)
  A0 ← A0 + 2 (1)*2
  A1 ← A1 + 2 (1)*2
  R3 ← R3 − 1
Until R3 = 0

*1 R3に0を設定して実行したとき、本命令は無視されます。
*2 ( )*2内は、サイズ指定子(.size)に(.B)を指定した場合です。

【機能】
・A0を被乗数番地、A1を乗数番地、R3を回数とする積和演算を行います。演算は符号付きで行い、結果はR2R0(R0)*1に格納します。
・演算中にオーバフローするとOフラグが"1"になり、演算を終了します。R2R0(R0)*1には、最後の加算結果を格納しています。A0、A1、およびR3は不定です。
・命令終了時のA0またはA1の内容は、最後に読み出したデータの次の番地を示します。
・命令実行中に割り込み要求があった場合は、演算の加算終了後(R3の内容が1減算された後)に割り込みを受け付けます。
・R2R0(R0)*1には初期値を設定してください。
　*1　( )*1内は、サイズ指定子(.size)に(.B)を指定した場合です。

【フラグ変化】

フラグ	U	I	O	B	S	Z	D	C
変化	―	―	○	―	―	―	―	―

条件
　O ： 演算中に+2147483647(.W)または－2147483648(.W)、+32767(.B)または－32768(.B)を超えると"1"、それ以外のとき"0"になります。

【記述例】
RAM_Aを00400H番地、RAM_Bを00402H番地、RAM_Cを00404H番地、RAM_Dを00406H番地と定義し、RMPA命令を実行した場合

```
シンボルの定義
    RAM_A    .EQU  00400H
    RAM_B    .EQU  00402H
    RAM_C    .EQU  00404H
    RAM_D    .EQU  00406H

命令の記述
    MOV.W    #1, RAM_A
    MOV.W    #1, RAM_B
    MOV.W    #2, RAM_C
    MOV.W    #1, RAM_D
    MOV.W    #RAM_A, A0
    MOV.W    #RAM_C, A1
    MOV.W    #2, R3
    MOV.W    #0, R2
    MOV.W    #0, R0
    RMPA.W
```

【実行例】

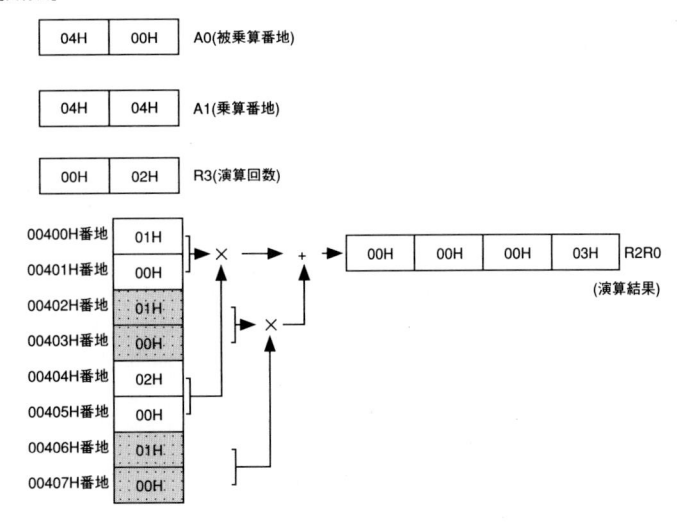

| 04H | 00H | A0(被乗算番地) |

| 04H | 04H | A1(乗算番地) |

| 00H | 02H | R3(演算回数) |

00400H番地	01H
00401H番地	00H
00402H番地	01H
00403H番地	00H
00404H番地	02H
00405H番地	00H
00406H番地	01H
00407H番地	00H

| 00H | 00H | 00H | 03H | R2R0 (演算結果) |

ROLC

キャリー付き左回転
ROtate to Left with Carry

【構文】
　ROLC.size　dest　　　　　　　　　B , W

【オペレーション】

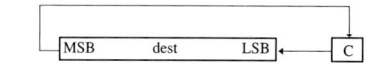

MSB　dest　LSB ← C

【機能】
・destをCフラグを含めて1ビット左へ回転します。

【選択可能なdest】

dest			
R0L/R0	R0H/R1	R1L/R2	R1H/R3
~~A0~~/A0	~~A1~~/A1	[A0]	[A1]
dsp:8[A0]	dsp:8[A1]	dsp:8[SB]	dsp:8[FB]
dsp:16[A0]	dsp:16[A1]	dsp:16[SB]	abs16
~~dsp:20[A0]~~	~~dsp:20[A1]~~	~~abs20~~	
~~R2R0~~	~~R3R1~~	~~A1A0~~	

【フラグ変化】

フラグ	U	I	O	B	S	Z	D	C
変化	−	−	−	−	○	○	−	○

条件
　S：演算の結果、MSBが"1"のとき"1"、それ以外のとき"0"になります。
　Z：演算の結果、destが0のとき"1"、それ以外のとき"0"になります。
　C：シフトアウトしたビットが"1"のとき"1"、それ以外のとき"0"になります。

【記述例】
　RAM_Aを00400H番地と定義し、ROLC命令を実行した場合

　　シンボルの定義
　　　RAM_A　　.EQU　00400H

　　命令の記述
　　　FSET　　　C
　　　MOV.W　　#5555H, RAM_A
　　　ROLC.W　　RAM_A

【実行例】

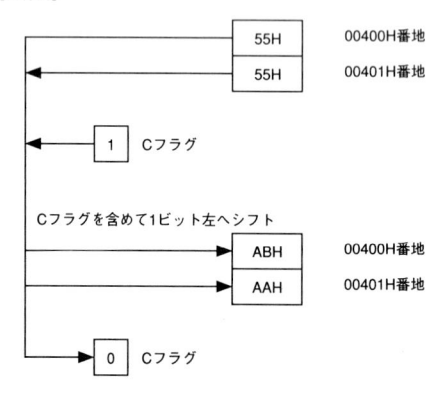

55H　　00400H番地
55H　　00401H番地

1　Cフラグ

Cフラグを含めて1ビット左へシフト

ABH　　00400H番地
AAH　　00401H番地

0　Cフラグ

RORC

キャリー付き右回転
ROtate to Right with Carry

【構文】

RORC.size dest ────── B , W

【オペレーション】

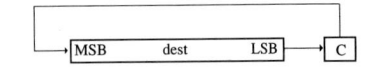

MSB → dest → LSB → C ┐
↑_____|

【機能】

・destをCフラグを含めて1ビット右へ回転します。

【選択可能なdest】

dest			
R0L/R0	R0H/R1	R1L/R2	R1H/R3
~~A0~~/A0	~~A1~~/A1	[A0]	[A1]
dsp:8[A0]	dsp:8[A1]	dsp:8[SB]	dsp:8[FB]
dsp:16[A0]	dsp:16[A1]	dsp:16[SB]	abs16
~~dsp:20[A0]~~	~~dsp:20[A1]~~	~~abs20~~	
~~R2R0~~	~~R3R1~~	~~A1A0~~	

【フラグ変化】

フラグ	U	I	O	B	S	Z	D	C
変化	—	—	—	—	○	○	—	○

条件
S : 演算の結果、MSBが"1"のとき"1"、それ以外のとき"0"になります。
Z : 演算の結果、destが0のとき"1"、それ以外のとき"0"になります。
C : シフトアウトしたビットが"1"のとき"1"、それ以外のとき"0"になります。

【記述例】

RAM_Aを00400H番地と定義し、RORC命令を実行した場合

シンボルの定義
 RAM_A .EQU 00400H

命令の記述
 FSET C
 MOV.W #5555H, RAM_A
 RORC.W RAM_A

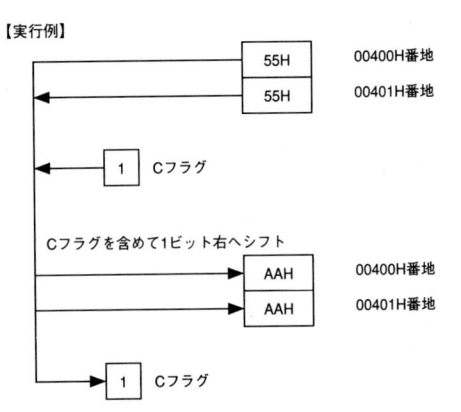

【実行例】

```
              ┌──── 55H   00400H番地
         ┌────┤ 55H   00401H番地
         │
         │   ┌───┐
         └───│ 1 │ Cフラグ
             └───┘

   Cフラグを含めて1ビット右へシフト

         ┌──── AAH   00400H番地
         ├──── AAH   00401H番地
         │
         │   ┌───┐
         └───│ 1 │ Cフラグ
             └───┘
```

ROT

回転
ROTate

【構文】

ROT.size　src,dest
　　　　　　　　　　　B , W

【オペレーション】

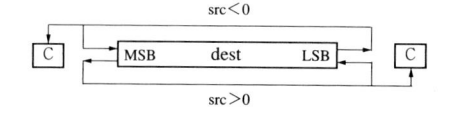

```
            src＜0
      ┌──────────────────┐
   ┌──┤C├──┤MSB  dest  LSB├──┤C├──┐
   │  └──┘  └──────────────┘  └──┘  │
   └──────────────────┘
            src＞0
```

【機能】

- destをsrcで示すビット数分回転します。LSB(MSB)からあふれたビットはMSB(LSB)とCフラグに転送します。
- 回転方向は、srcの符号で指定します。srcが正のとき左回転、負のとき右回転です。
- srcが即値の場合、回転回数は−8〜−1および+1〜+8です。−9以下、0、および+9以上は設定できません。
- srcがレジスタの場合、サイズ指定子(.size)に(.B)を指定したとき、回転回数は−8〜+8です。0は設定できますが、回転しません。また、フラグレジスタの各フラグも変化しません。−9以下および+9以上を設定すると回転した結果は不定になります。
- srcがレジスタの場合、サイズ指定子(.size)に(.W)を指定したとき、回転回数は−16〜+16です。0は設定できますが、回転しません。また、フラグレジスタの各フラグも変化しません。−17以下および+17以上を設定すると回転した結果は不定になります。

【選択可能なsrc / dest】

src				dest			
R0L/R0	R0H/R1	R1L/R2	R1H*1/R3	R0L/R0	R0H/R1*1	R1L/R2	R1H/R3*1
A0/A0	A1/A1	[A0]	[A1]	A0/A0	A1/A1	[A0]	[A1]
dsp:8[A0]	dsp:8[A1]	dsp:8[SB]	dsp:8[FB]	dsp:8[A0]	dsp:8[A1]	dsp:8[SB]	dsp:8[FB]
dsp:16[A0]	dsp:16[A1]	dsp:16[SB]	abs16	dsp:16[A0]	dsp:16[A1]	dsp:16[SB]	abs16
dsp:20[A0]	dsp:20[A1]	abs20	#IMM*2	dsp:20[A0]	dsp:20[A1]	abs20	
R2R0	R3R1	A1A0	.	R2R0	R3R1	A1A0	

*1　srcがR1Hの場合、destにR1またはR1Hを選択できません。
*2　取りうる範囲は−8≦#IMM≦+8です。ただし、0は設定できません。

【フラグ変化】

フラグ	U	I	O	B	S	Z	D	C
変化	−	−	−	−	○	○	−	○

*1　回転回数が0のとき、フラグは変化しません。

条件
- S : 演算の結果、MSBが"1"のとき"1"、それ以外のとき"0"になります。
- Z : 演算の結果が0のとき"1"、それ以外のとき"0"になります。
- C : 最後にシフトアウトしたビットが"1"のとき"1"、それ以外のとき"0"になります。

【記述例】

RAM_Aを00400H番地と定義し、ROT命令を実行した場合

シンボルの定義
　　RAM_A　　.EQU　00400H

命令の記述
　　FSET　　C
　　MOV.W　#5555H, RAM_A
　　ROT.W　#1, RAM_A

【実行例】

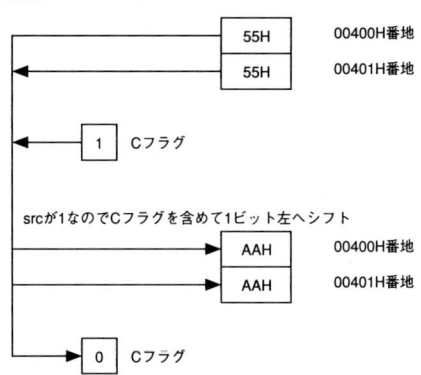

```
                    ┌──┐
         ┌─────────│55H│   00400H番地
         │         ├──┤
         │◀────────│55H│   00401H番地
         │         └──┘
         │         ┌─┐
         │◀────────│1│ Cフラグ
         │         └─┘
     srcが1なのでCフラグを含めて1ビット左へシフト
         │         ┌──┐
         └────────▶│AAH│   00400H番地
                   ├──┤
         ─────────▶│AAH│   00401H番地
                   └──┘
                   ┌─┐
         ─────────▶│0│ Cフラグ
                   └─┘
```

RTS

サブルーチンからの復帰
ReTurn from Subroutine

【構文】
　　RTS

【オペレーション】
　　PCML　　←　M(SP)
　　SP　　　←　SP + 2
　　PCH　　 ←　M(SP)
　　SP　　　←　SP + 1

【機能】
・サブルーチンから復帰します。

【フラグ変化】

フラグ	U	I	O	B	S	Z	D	C
変化	—	—	—	—	—	—	—	—

【記述例】
　　RTS

SBB

ボロー付き減算
SuBtract with Borrow

【構文】
　　SBB.size　src,dest　　　　　　　　　　B , W

【オペレーション】
　　dest ← dest － src － $\overline{C}$

【機能】
・destからsrcとCフラグの反転を減算し、destに格納します。
・サイズ指定子(.size)に(.B)を指定した場合、destがA0またはA1のとき、srcをゼロ拡張し16ビットで演算します。また、srcがA0またはA1のとき、A0またはA1の下位8ビットを演算の対象とします。

【選択可能なsrc / dest】

src				dest			
R0L/R0	R0H/R1	R1L/R2	R1H/R3	R0L/R0	R0H/R1	R1L/R2	R1H/R3
A0/A0*1	A1/A1*1	[A0]	[A1]	A0/A0*1	A1/A1*1	[A0]	[A1]
dsp:8[A0]	dsp:8[A1]	dsp:8[SB]	dsp:8[FB]	dsp:8[A0]	dsp:8[A1]	dsp:8[SB]	dsp:8[FB]
dsp:16[A0]	dsp:16[A1]	dsp:16[SB]	abs16	dsp:16[A0]	dsp:16[A1]	dsp:16[SB]	abs16
~~dsp:20[A0]~~	~~dsp:20[A1]~~	abs20	#IMM	~~dsp:20[A0]~~	~~dsp:20[A1]~~	abs20	
~~R2R0~~	~~R3R1~~	~~A1A0~~		~~R2R0~~	~~R3R1~~	~~A1A0~~	

*1 サイズ指定子(.size)に(.B)を指定する場合、srcとdestに同時にA0またはA1を選択できません。

【フラグ変化】

フラグ	U	I	O	B	S	Z	D	C
変化	—	—	○	—	○	○	—	○

条件
- O : 符号付き演算の結果、+32767(.W)または−32768(.W)、+127(.B)または−128(.B)を超えると"1"、それ以外のとき"0"になります。
- S : 演算の結果、MSBが"1"になると"1"、それ以外のとき"0"になります。
- Z : 演算の結果が0のとき"1"、それ以外のとき"0"になります。
- C : 符号なし演算の結果、0に等しいかまたは0より大きいとき"1"、それ以外のとき"0"になります。

【記述例1】

RAM_Aを00400H番地と定義し、RAM_AとA0のSBB命令を実行した場合

シンボルの定義
```
RAM_A    .EQU 00400H
```

命令の記述
```
FSET     C
MOV.W    #2, RAM_A
MOV.W    #5, A0
SBB.W    RAM_A, A0
```

【実行例1】

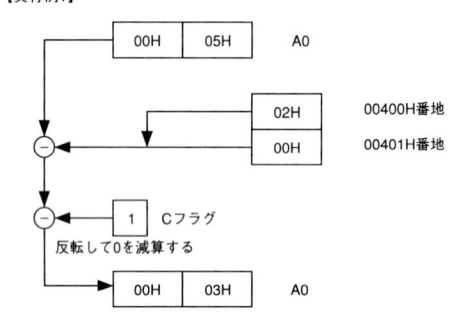

```
        00H  05H   A0
         │
         ▼
        ┌─┐       02H    00400H番地
        │-│◀──    00H    00401H番地
        └─┘
         │
         ▼
        ┌─┐
        │-│◀── 1  Cフラグ
        └─┘    反転して0を減算する
         │
         ▼
        00H  03H   A0
```

【記述例2】

RAM_Aを00400H番地、RAM_Bを00402H番地と定義し、RAM_AとRAM_BのSBB命令を実行した場合

シンボルの定義
```
RAM_A    .EQU 00400H
RAM_B    .EQU 00402H
```

命令の記述
```
FSET     C
MOV.W    #2, RAM_A
MOV.W    #5, RAM_B
SBB.W    RAM_A, RAM_B
```

【実行例2】

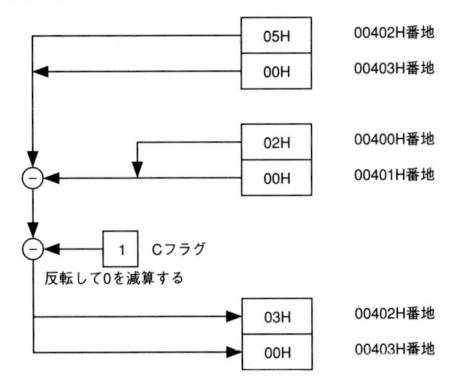

```
          ┌─────┐
     ┌───→│ 05H │  00402H番地
     │ ┌─→├─────┤
     │ │  │ 00H │  00403H番地
     │ │  └─────┘
     │ │
     │ │  ┌─────┐
     │ │┌→│ 02H │  00400H番地
   ┌─┴─┐│ ├─────┤
   │ − │┤ │ 00H │  00401H番地
   └─┬─┘│ └─────┘
     │  │
   ┌─┴─┐│  ┌───┐
   │ − │┼──│ 1 │  Cフラグ
   └─┬─┘│  └───┘
     │  │  反転して0を減算する
     │  │
     │  │  ┌─────┐
     └──┼→│ 03H │  00402H番地
        │ ├─────┤
        └→│ 00H │  00403H番地
          └─────┘
```

SBJNZ

減算&条件分岐
SuBtract then Jump on Not Zero

【構文】

SBJNZ.size　src,dest,label
　　　　　　└──────── B , W

【オペレーション】

　dest ← dest − src
　if dest ≠ 0 then jump label

【機能】

- destからsrcを減算し、destに格納します。
- 減算した結果、0以外のときlabelへ分岐します。0のとき次の命令を実行します。
- 本命令のオペコードは、ADJNZと同じです。

【選択可能なsrc / dest / label】

src	dest			label
#IMM*¹	R0L/R0 R1H/R3 [A0] dsp:8[A1] dsp:16[A0] abs16	R0H/R1 ~~A0~~/A0 [A1] dsp:8[SB] dsp:16[A1]	R1L/R2 ~~A1~~/A1 dsp:8[A0] dsp:8[FB] dsp:16[SB]	PC*²−126≦ label ≦ PC*²+129

*1　取りうる範囲は−7≦#IMM≦+8です。
*2　PCは命令の先頭番地を示します。

【フラグ変化】

フラグ*	U	I	O	B	S	Z	D	C
変化	−	−	−	−	−	−	−	−

【記述例】

　　RAM_Aを00400H番地と定義し、SBJNZ命令を実行した場合

　　　シンボルの定義
　　　　RAM_A　　.EQU 00400H
　　　　LABEL_A :

　　　命令の記述
　　　　MOV.W　　#2, RAM_A
　　　　SBJNZ.W　#1, RAM_A, LABEL_A

【実行例】

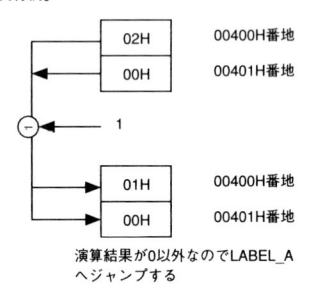

```
   ┌──── 02H    00400H番地
   │     00H    00401H番地
   │
  (−)◄──── 1
   │
   ├──► 01H    00400H番地
   └──► 00H    00401H番地
```

演算結果が0以外なのでLABEL_A
へジャンプする

SHA
算術シフト
SHift Arithmetic

【構文】
SHA.size   src,dest ────── B , W , L

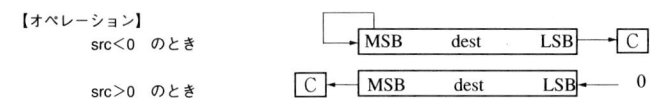

【オペレーション】

src＜0 のとき　　　┌──► MSB dest LSB ──► C
　　　　　　　　 └──────────────────┘

src＞0 のとき　　C ◄── MSB dest LSB ◄── 0
　　　　　　　　　　 └──────────────┘

【機能】
・destをsrcで示すビット数分算術シフトします。LSB(MSB)からあふれたビットはCフラグに転送します。
・シフト方向は、srcの符号で指定します。srcが正のとき左シフト、負のとき右シフトです。
・srcが即値の場合、シフト回数は−8〜−1および+1〜+8です。−9以下、0、および+9以上は設定できません。
・srcがレジスタの場合、サイズ指定子(.size)に(.B)を指定したとき、シフト回数は−8〜+8です。0は設定できますが、シフトしません。また、フラグレジスタの各フラグも変化しません。−9以下および+9以上を設定するとシフトした結果は不定になります。
・srcがレジスタの場合、サイズ指定子(.size)に(.W)または(.L)を指定したとき、シフト回数は−16〜+16です。0は設定できますが、シフトしません。また、フラグレジスタの各フラグも変化しません。−17以下および+17以上を設定するとシフトした結果は不定になります。

【選択可能なsrc / dest】

src				dest			
R0L/R0	R0H/R1	R1L/R2	R1H*1/R3	R0L/R0	R0H/R1*1	R1L/R2	R1H/R3*1
A0/A0	A1/A1	[A0]	[A1]	A0/A0	A1/A1	[A0]	[A1]
dsp:8[A0]	dsp:8[A1]	dsp:8[SB]	dsp:8[FB]	dsp:8[A0]	dsp:8[A1]	dsp:8[SB]	dsp:8[FB]
dsp:16[A0]	dsp:16[A1]	dsp:16[SB]	abs16	dsp:16[A0]	dsp:16[A1]	dsp:16[SB]	abs16
dsp:20[A0]	dsp:20[A1]	abs20	#IMM*2	dsp:20[A0]	dsp:20[A1]	abs20	
R2R0	R3R1	A1A0		R2R0*3	R3R1*3	A1A0	

*1 srcがR1Hの場合、destにR1またはR1Hを選択できません。
*2 取りうる範囲は−8≦#IMM≦+8です。ただし、0は設定できません。
*3 サイズ指定子(.size)には(.L)だけ指定できます。その他のdestは(.B)または(.W)を指定できます。

【フラグ変化】

フラグ	U	I	O	B	S	Z	D	C
変化	−	−	○	−	○	○	−	○

*1 シフト回数が0のとき、フラグは変化しません。

条件
O ： 演算の結果、MSBが"1"から"0"へ、または"0"から"1"へ変化したとき"1"、それ以外のとき"0"になります。ただし、サイズ指定子(.size)に(.L)を指定したときは変化しません。
S ： 演算の結果、MSBが"1"になると"1"、それ以外のとき"0"になります。
Z ： 演算の結果が0のとき"1"、それ以外のとき"0"になります。ただし、サイズ指定子(.size)に(.L)を指定したときは不定になります。
C ： 最後にシフトアウトしたビットが"1"のとき"1"、それ以外のとき"0"になります。ただし、サイズ指定子(.size)に(.L)を指定したときは不定になります。

【記述例】

　　RAM_Aを00400H番地と定義し、SHA命令を実行した場合

　　シンボルの定義
　　　RAM_A　　.EQU　00400H

　　命令の記述
　　　FSET　　C
　　　MOV.W　#-2, RAM_A
　　　SHA.W　#-1, RAM_A

【実行例】

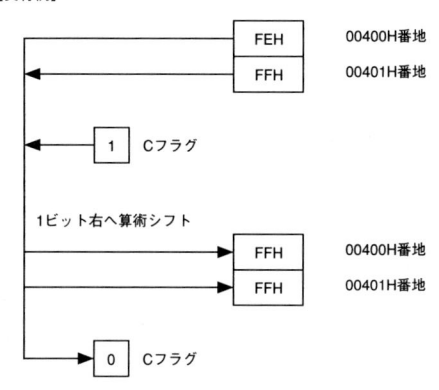

```
              ┌──── FEH    00400H番地
    ◄─────────┤
              └──── FFH    00401H番地

    ◄──── 1    Cフラグ

    1ビット右へ算術シフト

              ┌──── FFH    00400H番地
    ─────────►┤
              └──── FFH    00401H番地

          0    Cフラグ
```

SHL

論理シフト
SHift Logical

【構文】

　SHL.size　　src,dest ───── B , W , L

【オペレーション】

　src<0 のとき　　　0 ─► [MSB　dest　LSB] ─► C

　src>0 のとき　　　C ◄─ [MSB　dest　LSB] ◄─ 0

【機能】

- destをsrcで示すビット数分論理シフトします。LSB(MSB)からあふれたビットはCフラグに転送します。
- シフト方向は、srcの符号で指定します。srcが正のとき左シフト、負のとき右シフトです。
- srcが即値の場合、シフト回数は−8〜−1および+1〜+8です。−9以下、0、および+9以上は設定できません。
- srcがレジスタの場合、サイズ指定子(.size)に(.B)を指定したとき、シフト回数は−8〜+8です。0は設定できますが、シフトしません。また、フラグレジスタの各フラグも変化しません。−9以下および+9以上を設定するとシフトした結果は不定になります。
- srcがレジスタの場合、サイズ指定子(.size)に(.W)または(.L)を指定したとき、シフト回数は−16〜+16です。0は設定できますが、シフトしません。また、フラグレジスタの各フラグも変化しません。−17以下および+17以上を設定するとシフトした結果は不定になります。

【選択可能なsrc / dest】

src				dest			
R0L/R0	R0H/R1	R1L/R2	R1H*1/R3	R0L/R0	R0H/R1*1	R1L/R2	R1H/R3*1
A0/A0	A1/A1	[A0]	[A1]	A0/A0	A1/A1	[A0]	[A1]
dsp:8[A0]	dsp:8[A1]	dsp:8[SB]	dsp:8[FB]	dsp:8[A0]	dsp:8[A1]	dsp:8[SB]	dsp:8[FB]
dsp:16[A0]	dsp:16[A1]	dsp:16[SB]	abs16	dsp:16[A0]	dsp:16[A1]	dsp:16[SB]	abs16
dsp:20[A0]	dsp:20[A1]	abs20	#IMM*2	dsp:20[A0]	dsp:20[A1]	abs20	
R2R0	R3R1	A1A0		R2R0*3	R3R1*3	A1A0	

*1　srcがR1Hの場合、destにR1またはR1Hを選択できません。
*2　取りうる範囲は−8≦#IMM≦+8です。ただし、0は設定できません。
*3　サイズ指定子(.size)には(.L)だけ指定できます。その他のdestを(.B)または(.W)を指定できます。

【フラグ変化】

フラグ	U	I	O	B	S	Z	D	C
変化	−	−	−	−	○	○	−	○

*1 シフト回数が0のとき、フラグは変化しません。

条件
- S : 演算の結果、MSBが"1"になると"1"、それ以外のとき"0"になります。
- Z : 演算の結果が0のとき"1"、それ以外のとき"0"になります。ただし、サイズ指定子(.size)に(.L)を指定したときは不定になります。
- C : 最後にシフトアウトしたビットが"1"のとき"1"、それ以外のとき"0"になります。ただし、サイズ指定子(.size)に(.L)を指定したときは不定になります。

【記述例】
　RAM_Aを00400H番地と定義し、SHL命令を実行した場合

　シンボルの定義
　　RAM_A　　.EQU　00400H

　命令の記述
　　FSET　　C
　　MOV.W　 #-2, RAM_A
　　SHL.W　 #-1, RAM_A

【実行例】

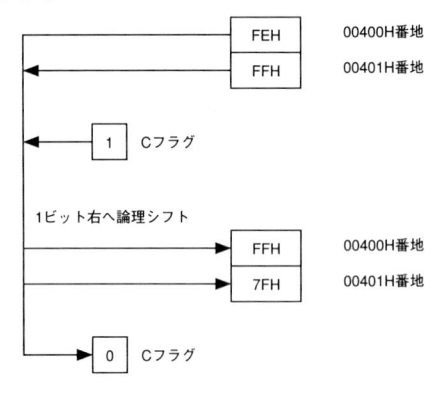

```
          ┌─────┐
     ◄────│ FEH │   00400H番地
          ├─────┤
     ◄────│ FFH │   00401H番地
          └─────┘

     ┌───┐
  ◄──│ 1 │   Cフラグ
     └───┘

  1ビット右へ論理シフト

          ┌─────┐
     ────►│ FFH │   00400H番地
          ├─────┤
     ────►│ 7FH │   00401H番地
          └─────┘

     ┌───┐
     │ 0 │   Cフラグ
     └───┘
```

SMOVB
逆方向のストリング転送
String MOVe Backward

【構文】
　SMOVB.size ──── B , W

【オペレーション】*1

サイズ指定子(.size)が(.B)のとき
```
Repeat
    M(A1)   ← M(2^16 × R1H + A0)
    A0*2    ← A0 − 1
    A1      ← A1 − 1
    R3      ← R3 − 1
Until
    R3 = 0
```

サイズ指定子(.size)が(.W)のとき
```
Repeat
    M(A1)   ← M(2^16 × R1H + A0)
    A0*2    ← A0 − 2
    A1      ← A1 − 2
    R3      ← R3 − 1
Until
    R3 = 0
```

*1 R3に0を設定して実行したとき、本命令は無視されます。
*2 A0がアンダフローした場合、R1Hの内容は1減算されます。

【機能】
- 20ビットで示される転送元番地から16ビットで示される転送先番地にアドレスの減算方向へストリング転送を行います。
- 転送元番地の上位4ビットはR1H、転送元番地の下位16ビットはA0、転送先番地はA1、転送回数はR3に設定します。
- 命令終了時のA0またはA1は、最後に読み出したデータの次の番地を示します。
- 命令実行中に割り込み要求があった場合は、1データ転送終了後に割り込みを受け付けます。

【フラグ変化】

フラグ	U	I	O	B	S	Z	D	C
変化	—	—	—	—	—	—	—	—

【記述例】

RAM_Aを00400H番地、RAM_Bを00402H番地、RAM_Cを00404H番地、RAM_Dを00406H番地と定義し、SMOVB命令を実行した場合

```
シンボルの定義
    RAM_A    .EQU  00400H
    RAM_B    .EQU  00402H
    RAM_C    .EQU  00404H
    RAM_D    .EQU  00406H
命令の記述
    MOV.W    #55H, RAM_A
    MOV.W    #0AAH, RAM_B
    MOV.W    #0, R1
    MOV.W    #RAM_B, A0
    MOV.W    #RAM_D, A1
    MOV.W    #2, R3
    SMOVB.W
```

【実行例】

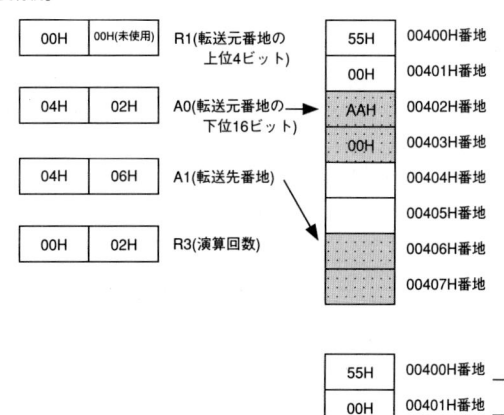

00H	00H(未使用)	R1(転送元番地の上位4ビット)
04H	02H	A0(転送元番地の下位16ビット)
04H	06H	A1(転送先番地)
00H	02H	R3(演算回数)

値	番地
55H	00400H番地
00H	00401H番地
AAH	00402H番地
00H	00403H番地
	00404H番地
	00405H番地
	00406H番地
	00407H番地

値	番地	
55H	00400H番地	
00H	00401H番地	
AAH	00402H番地	
00H	00403H番地	
55H	00404H番地	
00H	00405H番地	2回目
AAH	00406H番地	
00H	00407H番地	1回目

SMOVF

順方向のストリング転送
String MOVe Forward

【構文】

SMOVF.size ── B , W

【オペレーション】*1

サイズ指定子(.size)が(.B)のとき

Repeat
$\quad$ M(A1) ← M(2^{16} × R1H + A0)
$\quad$ A0*2 ← A0 + 1
$\quad$ A1 ← A1 + 1
$\quad$ R3 ← R3 − 1
Until $\quad$ R3 = 0

サイズ指定子(.size)が(.W)のとき

Repeat
$\quad$ M(A1) ← M(2^{16} × R1H + A0)
$\quad$ A0*2 ← A0 + 2
$\quad$ A1 ← A1 + 2
$\quad$ R3 ← R3 − 1
Until $\quad$ R3 = 0

*1 R3に0を設定して実行したとき、本命令は無視されます。
*2 A0がオーバフローした場合、R1Hの内容は1加算されます。

【機能】

・20ビットで示される転送元番地から16ビットで示される転送先番地にアドレスの加算方向へストリング転送を行います。
・転送元番地の上位4ビットはR1H、転送元番地の下位16ビットはA0、転送先番地はA1、転送回数はR3に設定します。
・命令終了時のA0またはA1は、最後に読み出したデータの次の番地を示します。
・命令実行中に割り込み要求があった場合は、1データ転送終了後に割り込みを受け付けます。

【フラグ変化】

フラグ	U	I	O	B	S	Z	D	C
変化	−	−	−	−	−	−	−	−

【記述例】

RAM_Aを00400H番地、RAM_Bを00402H番地、RAM_Cを00404H番地、RAM_Dを00406H番地と定義し、SMOVF命令を実行した場合

シンボルの定義
```
    RAM_A    .EQU  00400H
    RAM_B    .EQU  00402H
    RAM_C    .EQU  00404H
    RAM_D    .EQU  00406H
```

命令の記述
```
    MOV.W    #55H, RAM_A
    MOV.W    #0AAH, RAM_B
    MOV.W    #0, R1
    MOV.W    #RAM_A, A0
    MOV.W    #RAM_C, A1
    MOV.W    #2, R3
    SMOVF.W
```

【実行例】

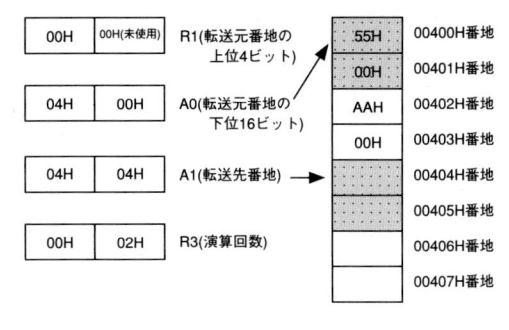

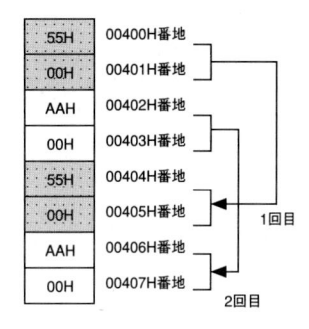

（図：R1（転送元番地の上位4ビット）=00H 00H(未使用)、A0（転送元番地の下位16ビット）=04H 00H、A1（転送先番地）=04H 04H、R3（演算回数）=00H 02H）

メモリ:
- 00400H番地: 55H
- 00401H番地: 00H
- 00402H番地: AAH
- 00403H番地: 00H
- 00404H番地: （転送先）
- 00405H番地
- 00406H番地
- 00407H番地

実行後:
- 00400H番地: 55H
- 00401H番地: 00H
- 00402H番地: AAH
- 00403H番地: 00H
- 00404H番地: 55H
- 00405H番地: 00H ← 1回目
- 00406H番地: AAH
- 00407H番地: 00H ← 2回目

SSTR
ストリングストア
String SToRe

【構文】
SSTR.size ────── B , W

【オペレーション】*1

サイズ指定子(.size)が(.B)のとき
```
Repeat
    M(A1)  ←  R0L
    A1     ←  A1 + 1
    R3     ←  R3 − 1
Until      R3 = 0
```

サイズ指定子(.size)が(.W)のとき
```
Repeat
    M(A1)  ←  R0
    A1     ←  A1 + 2
    R3     ←  R3 − 1
Until      R3 = 0
```

*1 R3に0を設定して実行したとき、本命令は無視されます。

【機能】
- R0をストアするデータ、A1を転送するアドレス、R3を転送回数とし、ストリングストアを行います。
- 命令終了時のA0またはA1の内容は、最後に書き込んだデータの次の番地を示します。
- 命令実行中に割り込み要求があった場合は、1データ転送終了後に割り込みを受け付けます。

【フラグ変化】

フラグ	U	I	O	B	S	Z	D	C
変化	−	−	−	−	−	−	−	−

【記述例】
RAM_Aを00400H番地、RAM_Bを00402H番地、RAM_Cを00404H番地、RAM_Dを00406H番地と定義し、SSTR命令を実行した場合

シンボルの定義
```
RAM_A   .EQU 00400H
RAM_B   .EQU 00402H
RAM_C   .EQU 00404H
RAM_D   .EQU 00406H
```

命令の記述
```
MOV.W   #55H, R0
MOV.W   #RAM_A, A1
MOV.W   #4, R3
SSTR.W
```

【実行例】

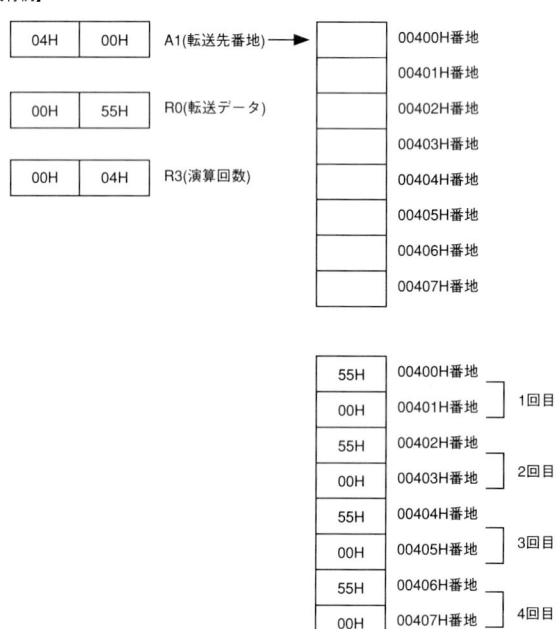

04H	00H	A1(転送先番地) →		00400H番地
				00401H番地
00H	55H	R0(転送データ)		00402H番地
				00403H番地
00H	04H	R3(演算回数)		00404H番地
				00405H番地
				00406H番地
				00407H番地

55H	00400H番地	┐
00H	00401H番地	┘ 1回目
55H	00402H番地	┐
00H	00403H番地	┘ 2回目
55H	00404H番地	┐
00H	00405H番地	┘ 3回目
55H	00406H番地	┐
00H	00407H番地	┘ 4回目

STC

専用レジスタからの転送
STore from Control register

【構文】
　STC　　　src,dest

【オペレーション】
　dest ← src

【機能】
・destにsrcで示す専用レジスタを転送します。destがメモリのとき、下位番地の格納番地を指定してください。
・destがメモリの場合、srcがPCのとき、必要なメモリ容量は3バイトです。srcがPC以外のとき、必要なメモリ容量は2バイトです。

【選択可能なsrc / dest】

src				dest			
FB	SB	SP*1	ISP	R0L/R0	R0H/R1	R1L/R2	R1H/R3
FLG	INTBH	INTBL		A0/A0	A1/A1	[A0]	[A1]
				dsp:8[A0]	dsp:8[A1]	dsp:8[SB]	dsp:8[FB]
				dsp:16[A0]	dsp:16[A1]	dsp:16[SB]	abs16
				dsp:20[A0]	dsp:20[A1]	abs20	
				R2R0	R3R1	A1A0	
PC				R0L/R0	R0H/R1	R1L/R2	R1H/R3
				A0/A0	A1/A1	[A0]	[A1]
				dsp:8[A0]	dsp:8[A1]	dsp:8[SB]	dsp:8[FB]
				dsp:16[A0]	dsp:16[A1]	dsp:16[SB]	abs16
				dsp:20[A0]	dsp:20[A1]	abs20	
				R2R0	R3R1	A1A0	

*1 Uフラグで示すスタックポインタが対象になります。

【フラグ変化】

フラグ	U	I	O	B	S	Z	D	C
変化	—	—	—	—	—	—	—	—

【記述例】

RAM_Aを00400H番地と定義し、STC命令を実行した場合

シンボルの定義
RAM_A   .EQU 00400H

命令の記述
LDC   #480H, FB
STC   FB, RAM_A

【実行例】

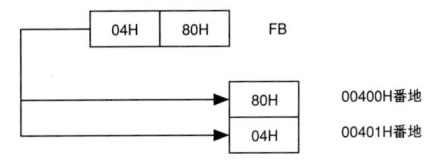

```
        04H  80H    FB
              ↓
              80H   00400H番地
              04H   00401H番地
```

STCTX

コンテキストの退避
STore ConTeXt

【構文】
STCTX   abs16,abs20

【機能】
・タスクのコンテキストをスタック領域へ退避します。
・abs16にはタスク番号が格納されているRAMの番地を、abs20にはテーブルデータの先頭番地を設定してください。
・タスク番号によってテーブルデータの中から必要なレジスタ情報を指定し、そのレジスタ情報に従って各レジスタをスタック領域に転送します。その後、スタックポインタ(SP)からSPの補正値を減算します。SPの補正値には転送するレジスタのバイト数を設定してください。
・転送するレジスタの情報は次のとおり構成されています。"1"で転送するレジスタ、"0"で転送しないレジスタを示します。

```
MSB                                    LSB
| FB | SB | A1 | A0 | R3 | R2 | R1 | R0 |
```
FBから転送します。

・テーブルデータは次のとおり構成されています。abs20で示した番地がテーブルの基底番地となり、基底番地からabs16の内容の2倍離れた番地に格納されたデータがレジスタの情報、次の番地がスタックポインタの補正値を示します。

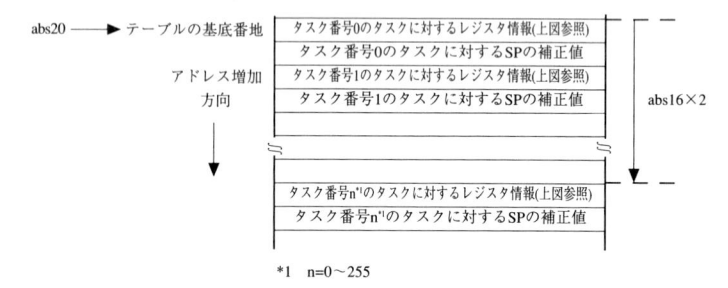

```
abs20 ──→ テーブルの基底番地    ┌─────────────────────────────────────┐
                                │ タスク番号0のタスクに対するレジスタ情報(上図参照) │
                                ├─────────────────────────────────────┤
                                │ タスク番号0のタスクに対するSPの補正値         │
          アドレス増加            ├─────────────────────────────────────┤
          方向                    │ タスク番号1のタスクに対するレジスタ情報(上図参照) │   abs16×2
            ↓                   ├─────────────────────────────────────┤
                                │ タスク番号1のタスクに対するSPの補正値         │
                                ├─────────────────────────────────────┤
                                │                                     │
                                ├─────────────────────────────────────┤
                                │ タスク番号n*1のタスクに対するレジスタ情報(上図参照)│
                                ├─────────────────────────────────────┤
                                │ タスク番号n*1のタスクに対するSPの補正値       │
                                └─────────────────────────────────────┘
                          *1 n=0~255
```

【フラグ変化】

フラグ	U	I	O	B	S	Z	D	C
変化	—	—	—	—	—	—	—	—

【記述例】

STCTX   Ram,Rom_TBL

STE
拡張データ領域への転送
STore to EXtra far data area

【構文】
STE.size   src,dest
          └─────────── B , W

【オペレーション】
dest ← src

【機能】
・srcを拡張領域にあるdestに転送します。
・サイズ指定子(.size)に(.B)を指定した場合、srcがA0またはA1のとき、A0またはA1の下位8ビットを演算の対象とします。ただし、フラグは演算前のA0またはA1の状態(16ビット)で変化します。

【選択可能なsrc/dest】

src				dest			
R0L/R0	R0H/R1	R1L/R2	R1H/R3	~~R0L/R0~~	~~R0H/R1~~	R1L/R2	R1H/R3
A0/A0	A1/A1	[A0]	[A1]	~~A0/A0~~	~~A1/A1~~	~~[A0]~~	~~[A1]~~
dsp:8[A0]	dsp:8[A1]	dsp:8[SB]	dsp:8[FB]	~~dsp:8[A0]~~	~~dsp:8[A1]~~	~~dsp:8[SB]~~	~~dsp:8[FB]~~
dsp:16[A0]	dsp:16[A1]	dsp:16[SB]	abs16	~~dsp:16[A0]~~	~~dsp:16[A1]~~	~~dsp:16[SB]~~	~~abs16~~
~~dsp:20[A0]~~	~~dsp:20[A1]~~	abs20	#IMM	dsp:20[A0]	dsp:20[A1]	abs20	
~~R2R0~~	~~R3R1~~	~~A1A0~~		R2R0	R3R1	[A1A0]	

【フラグ変化】

フラグ	U	I	O	B	S	Z	D	C
変化	—	—	—	—	○	○	—	—

条件
　S：演算の結果、MSBが"1"のとき"1"、それ以外のとき"0"になります。
　Z：演算の結果が0のとき"1"、それ以外のとき"0"になります。

【記述例】
　　STE.B　　R0L,[A1A0]
　　STE.W　　R0,10000H[A0]

STNZ
条件付き転送
STore on Not Zero

【構文】
　　STNZ　　　src,dest

【オペレーション】
　　if Z = 0 then　dest ← src

【機能】
・Zフラグが"0"のとき、srcをdestに転送します。

【選択可能なsrc / dest】

src		dest			
#IMM8		R0L	R0H	dsp:8[SB]	dsp:8[FB]
		abs16	A0	A1	

【フラグ変化】

フラグ	U	I	O	B	S	Z	D	C
変化	—	—	—	—	—	—	—	—

【記述例】
　　　RAM_Aを00400H番地と定義し、STNZ命令を実行した場合

　　シンボルの定義
　　　　RAM_A　　.EQU　00400H

　　命令の記述
　　　　FCLR　　Z
　　　　STNZ　　#5, RAM_A

【実行例】

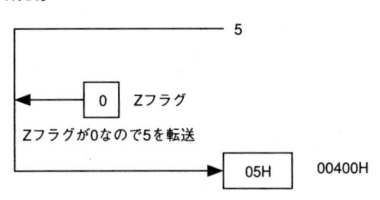

Zフラグが0なので5を転送

0 Zフラグ
05H　00400H

STZ

条件付き転送
STore on Zero

【構文】
    STZ   src,dest

【オペレーション】
    if Z = 1 then   dest ← src

【機能】
・Zフラグが"1"のとき、srcをdestに転送します。

【選択可能なsrc / dest】

src	dest			
#IMM8	R0L	R0H	dsp:8[SB]	dsp:8[FB]
abs16	~~A0~~	~~A1~~		

【フラグ変化】

フラグ	U	I	O	B	S	Z	D	C
変化	―	―	―	―	―	―	―	―

【記述例】
RAM_Aを00400H番地と定義し、STZ命令を実行した場合

    シンボルの定義
        RAM_A   .EQU 00400H

    命令の記述
        FSET   Z
        STZ   #5, RAM_A

【実行例】

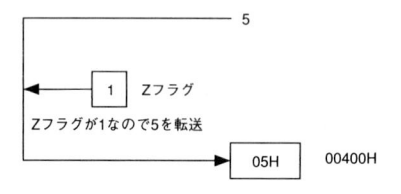

```
                    ┌──────── 5
                    │
         ┌───┐
     ←───│ 1 │ Zフラグ
         └───┘
Zフラグが1なので5を転送
                            ┌─────┐
                            │ 05H │   00400H
                            └─────┘
```

STZX

条件付き転送
STore on Zero eXtention

【構文】
    STZX   src1,src2,dest

【オペレーション】
    If Z = 1 then
                dest ← src1
    else
                dest ← src2

【機能】
・Zフラグが"1"のとき、src1をdestに転送します。"0"のとき、src2をdestに転送します。

【選択可能なsrc / dest】

src	dest			
#IMM8	R0L	R0H	dsp:8[SB]	dsp:8[FB]
abs16	~~A0~~	~~A1~~		

【フラグ変化】

フラグ	U	I	O	B	S	Z	D	C
変化	—	—	—	—	—	—	—	—

【記述例】

　　RAM_Aを00400H番地と定義し、STZX命令を実行した場合

　シンボルの定義
　　　RAM_A　　　.EQU　00400H

　命令の記述
　　　FSET　　　　Z
　　　STZX　　　　#1, #5, RAM_A

【実行例】

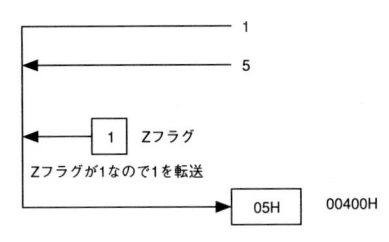

```
           ┌──────── 1
           │
           ├──────── 5
           │
           │  ┌───┐
           └──│ 1 │ Zフラグ
              └───┘
   Zフラグが1なので1を転送
                        ┌─────┐
                        │ 05H │  00400H
                        └─────┘
```

SUB
ボローなし減算
SUBtract

【構文】

SUB.size (:format) src, dest
　　　　　　└────────── G , S （指定可能）
　　└────────────────── B , W

【オペレーション】

　dest ← dest − src

【機能】

・destからsrcを減算し、destに格納します。
・サイズ指定子(.size)に(.B)を指定した場合、destがA0またはA1のとき、srcをゼロ拡張し16ビットで演算します。また、srcがA0またはA1のとき、A0またはA1の下位8ビットを演算の対象とします。

【選択可能なsrc / dest】　　　　　　　　（フォーマット別のsrc/destは次のページを参照してください。）

src				dest			
R0L/R0	R0H/R1	R1L/R2	R1H/R3	R0L/R0	R0H/R1	R1L/R2	R1H/R3
A0/A0*1	A1/A1*1	[A0]	[A1]	A0/A0*1	A1/A1*1	[A0]	[A1]
dsp:8[A0]	dsp:8[A1]	dsp:8[SB]	dsp:8[FB]	dsp:8[A0]	dsp:8[A1]	dsp:8[SB]	dsp:8[FB]
dsp:16[A0]	dsp:16[A1]	dsp:16[SB]	abs16	dsp:16[A0]	dsp:16[A1]	dsp:16[SB]	abs16
~~dsp:20[A0]~~	~~dsp:20[A1]~~	~~abs20~~	#IMM	~~dsp:20[A0]~~	~~dsp:20[A1]~~	~~abs20~~	~~SP/SP~~
~~R2R0~~	~~R3R1~~	~~A1A0~~		~~R2R0~~	~~R3R1~~	~~A1A0~~	

*1　サイズ指定子(.size)に(.B)を指定する場合、srcとdestに同時にA0またはA1を選択できません。

【フラグ変化】

フラグ	U	I	O	B	S	Z	D	C
変化	—	—	○	—	○	○	—	○

条件
　O ： 符号付き演算の結果、+32767(.W)または−32768(.W)、+127(.B)または−128(.B)を超えると"1"、それ以外のとき"0"になります。
　S ： 演算の結果、MSBが"1"になると"1"、それ以外のとき"0"になります。
　Z ： 演算の結果が0のとき"1"、それ以外のとき"0"になります。
　C ： 符号なし演算の結果、0に等しいかまたは0より大きいとき"1"、それ以外のとき"0"になります。

【記述例1】

　RAM_Aを00400H番地と定義し、RAM_AとA0のSUB命令を実行した場合

　シンボルの定義
　　RAM_A　　.EQU　00400H

　命令の記述
　　MOV.W　　#2, RAM_A
　　MOV.W　　#5, A0
　　SUB.W　　RAM_A, A0

【実行例1】

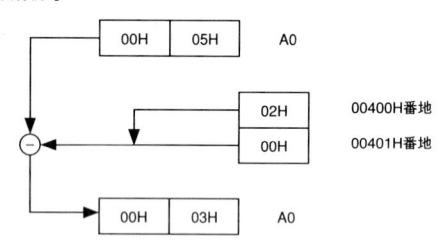

```
              ┌──┬──┐
              │00H│05H│   A0
              └──┴──┘
                    ┌──┐
                    │02H│  00400H番地
              ┌─────┤   │
           (-)◄─────│00H│  00401H番地
              │     └──┘
              ▼
              ┌──┬──┐
              │00H│03H│   A0
              └──┴──┘
```

【記述例2】

　RAM_Aを00400H番地、RAM_Bを00402H番地と定義し、RAM_AとRAM_BのSUB命令を実行した場合

　シンボルの定義
　　RAM_A　　.EQU　00400H
　　RAM_B　　.EQU　00402H

　命令の記述
　　MOV.W　　#2, RAM_A
　　MOV.W　　#5, RAM_B
　　SUB.W　　RAM_A, RAM_B

【実行例2】

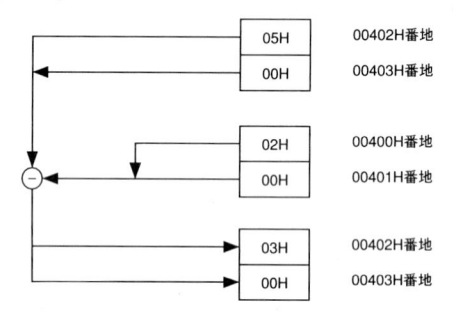

```
              ┌──┐
              │05H│  00402H番地
              │00H│  00403H番地
              └──┘
                    ┌──┐
                    │02H│  00400H番地
           (-)◄─────│00H│  00401H番地
              │     └──┘
              ▼
              ┌──┐
              │03H│  00402H番地
              │00H│  00403H番地
              └──┘
```

【フォーマット別 src / dest】

G フォーマット

src				dest			
R0L/R0	R0H/R1	R1L/R2	R1H/R3	R0L/R0	R0H/R1	R1L/R2	R1H/R3
A0/A0*1	A1/A1*1	[A0]	[A1]	A0/A0*1	A1/A1*1	[A0]	[A1]
dsp:8[A0]	dsp:8[A1]	dsp:8[SB]	dsp:8[FB]	dsp:8[A0]	dsp:8[A1]	dsp:8[SB]	dsp:8[FB]
dsp:16[A0]	dsp:16[A1]	dsp:16[SB]	abs16	dsp:16[A0]	dsp:16[A1]	dsp:16[SB]	abs16
~~dsp:20[A0]~~	~~dsp:20[A1]~~	~~abs20~~	#IMM	~~dsp:20[A0]~~	~~dsp:20[A1]~~	~~abs20~~	~~SP/SP~~
~~R2R0~~	~~R3R1~~	~~A1A0~~		~~R2R0~~	~~R3R1~~	~~A1A0~~	

*1 サイズ指定子(.size)に(.B)を指定する場合、srcとdestに同時にA0またはA1を選択できません。

S フォーマット*2

src				dest			
~~R0L~~	~~R0H~~	~~dsp:8[SB]~~	~~dsp:8[FB]~~	R0L	R0H	dsp:8[SB]	dsp:8[FB]
abs16	#IMM			abs16	A0	A1	
R0L*3	R0H*3	dsp:8[SB]	dsp:8[FB]	R0L*3	R0H*3	~~dsp:8[SB]~~	~~dsp:8[FB]~~
abs16	~~#IMM~~			~~abs16~~	A0	A1	

*2 サイズ指定子(.size)には(.B)だけ指定できます。
*3 srcとdestに同じレジスタを選択できません。

TST
テスト
TeST

【構文】

TST.size   src,dest   B , W

【オペレーション】

dest ∧ src

【機能】
- srcとdestの論理積をとった結果でフラグレジスタの各フラグが変化します。
- サイズ指定子(.size)に(.B)を指定した場合、destがA0またはA1のとき、srcをゼロ拡張し16ビットで演算します。また、srcがA0またはA1のとき、A0またはA1の下位8ビットを演算の対象とします。

【選択可能なsrc / dest】

src				dest			
R0L/R0	R0H/R1	R1L/R2	R1H/R3	R0L/R0	R0H/R1	R1L/R2	R1H/R3
A0/A0*1	A1/A1*1	[A0]	[A1]	A0/A0*1	A1/A1*1	[A0]	[A1]
dsp:8[A0]	dsp:8[A1]	dsp:8[SB]	dsp:8[FB]	dsp:8[A0]	dsp:8[A1]	dsp:8[SB]	dsp:8[FB]
dsp:16[A0]	dsp:16[A1]	dsp:16[SB]	abs16	dsp:16[A0]	dsp:16[A1]	dsp:16[SB]	abs16
~~dsp:20[A0]~~	~~dsp:20[A1]~~	~~abs20~~	#IMM	~~dsp:20[A0]~~	~~dsp:20[A1]~~	~~abs20~~	
~~R2R0~~	~~R3R1~~	~~A1A0~~		~~R2R0~~	~~R3R1~~	~~A1A0~~	

*1 サイズ指定子(.size)に(.B)を指定する場合、srcとdestに同時にA0またはA1を選択できません。

【フラグ変化】

フラグ	U	I	O	B	S	Z	D	C
変化	—	—	—	—	○	○	—	—

条件
S : 演算の結果、MSBが"1"のとき"1"、それ以外のとき"0"になります。
Z : 演算の結果が0のとき"1"、それ以外のとき"0"になります。

【記述例1】

RAM_Aを00400H番地と定義し、RAM_AとA0のTST命令を実行した場合

　シンボルの定義
　　　　RAM_A   .EQU 00400H

　命令の記述
　　　　MOV.W   #2, RAM_A
　　　　MOV.W   #5, A0
　　　　TST.W   RAM_A, A0

【実行例1】

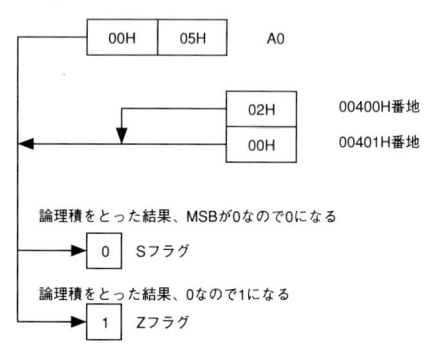

```
              00H   05H    A0

                     02H    00400H番地
                     00H    00401H番地
```

論理積をとった結果、MSBが0なので0になる
　0　Sフラグ

論理積をとった結果、0なので1になる
　1　Zフラグ

【記述例2】

　RAM_Aを00400H番地、RAM_Bを00402H番地と定義し、RAM_AとRAM_BのTST命令を実行した場合

　　シンボルの定義
　　　　RAM_A　　.EQU　00400H
　　　　RAM_B　　.EQU　00402H

　　命令の記述
　　　　MOV.W　　#0, RAM_A
　　　　MOV.W　　#0, RAM_B
　　　　TST.W　　RAM_A, RAM_B

【実行例2】

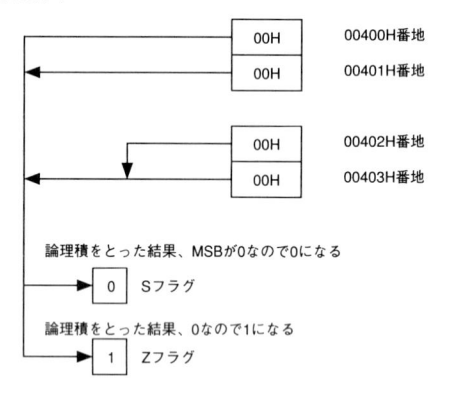

```
                     00H    00400H番地
                     00H    00401H番地

                     00H    00402H番地
                     00H    00403H番地
```

論理積をとった結果、MSBが0なので0になる
　0　Sフラグ

論理積をとった結果、0なので1になる
　1　Zフラグ

UND

未定義命令割り込み
UNDefined instruction

【構文】
　UND

【オペレーション】
　SP　　　　← SP − 2
　M(SP)　　← (PC + 1)H, FLG
　SP　　　　← SP − 2
　M(SP)　　← (PC + 1)ML
　PC　　　　← M(FFFDC$_{16}$)

【機能】
・未定義命令割り込みが発生します。
・未定義命令割り込みはノンマスカブル割り込みです。

【フラグ変化】

フラグ	U	I	O	B	S	Z	D	C
変化	○	○	—	—	—	—	○	—

条件
- U : "0" になります。
- I : "0" になります。
- D : "0" になります。

*1 UND命令実行前のフラグはスタック領域に退避され、割り込み後は左のとおりになります。

【記述例】
UND

WAIT
ウエイト
WAIT

【構文】
WAIT

【オペレーション】

【機能】
- プログラムの実行を停止します。IPLよりも高い優先順位の割り込みを受け付けるか、リセットが発生するとプログラムの実行を開始します。

【フラグ変化】

フラグ	U	I	O	B	S	Z	D	C
変化	—	—	—	—	—	—	—	—

【記述例】
WAIT

XCHG
交換
eXCHanGe

【構文】
XCHG.size src,dest   B , W

【オペレーション】
dest ←→ src

【機能】
- srcとdestの内容を交換します。
- サイズ指定子(.size)に(.B)を指定した場合、destがA0またはA1のとき、srcをゼロ拡張した16ビットのデータがA0またはA1に入り、A0またはA1の下位8ビットがsrcに入ります。

【選択可能なsrc / dest】

src				dest			
R0L/R0	R0H/R1	R1L/R2	R1H/R3	R0L/R0	R0H/R1	R1L/R2	R1H/R3
~~A0/A0~~	~~A1/A1~~	~~[A0]~~	~~[A1]~~	A0/A0	A1/A1	[A0]	[A1]
dsp:8[A0]	dsp:8[A1]	dsp:8[SB]	dsp:8[FB]	dsp:8[A0]	dsp:8[A1]	dsp:8[SB]	dsp:8[FB]
~~dsp:16[A0]~~	~~dsp:16[A1]~~	~~dsp:16[SB]~~	~~abs16~~	dsp:16[A0]	dsp:16[A1]	dsp:16[SB]	abs16
~~dsp:20[A0]~~	~~dsp:20[A1]~~	~~abs20~~	~~#IMM~~	dsp:20[A0]	dsp:20[A1]	~~abs20~~	
~~R2R0~~	~~R3R1~~	~~A1A0~~	~~[A1A0]~~	~~R2R0~~	~~R3R1~~	~~A1A0~~	

【フラグ変化】

フラグ	U	I	O	B	S	Z	D	C
変化	—	—	—	—	—	—	—	—

【記述例】

RAM_Aを00400H番地と定義し、RAM_AとR0のXCHG命令を実行した場合

シンボルの定義
  RAM_A .EQU 00400H

命令の記述
  MOV.W #2, RAM_A
  MOV.W #5, R0
  XCHG.W R0, RAM_A

【実行例】

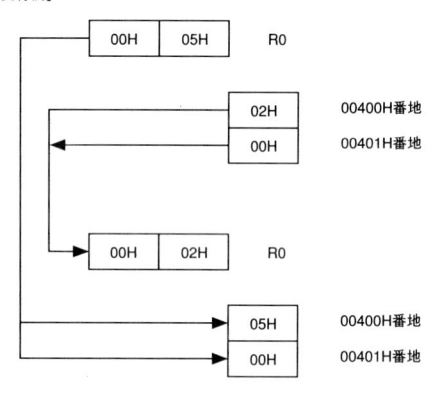

| 00H | 05H | R0 |

| 02H | 00400H番地 |
| 00H | 00401H番地 |

| 00H | 02H | R0 |

| 05H | 00400H番地 |
| 00H | 00401H番地 |

XOR

排他的論理和
eXclusive OR

【構文】
 XOR.size src,dest ――――― B , W

【オペレーション】
 dest ← dest ∀ src

【機能】
・srcとdestの排他的論理和をとり、destに格納します。
・サイズ指定子(.size)に(.B)を指定した場合、destがA0またはA1のとき、srcをゼロ拡張し16ビットで演算します。また、srcがA0またはA1のとき、A0またはA1の下位8ビットを演算の対象とします。

【選択可能なsrc / dest】

src				dest			
R0L/R0	R0H/R1	R1L/R2	R1H/R3	R0L/R0	R0H/R1	R1L/R2	R1H/R3
A0/A0*¹	A1/A1*¹	[A0]	[A1]	A0/A0*¹	A1/A1*¹	[A0]	[A1]
dsp:8[A0]	dsp:8[A1]	dsp:8[SB]	dsp:8[FB]	dsp:8[A0]	dsp:8[A1]	dsp:8[SB]	dsp:8[FB]
dsp:16[A0]	dsp:16[A1]	dsp:16[SB]	abs16	dsp:16[A0]	dsp:16[A1]	dsp:16[SB]	abs16
~~dsp:20[A0]~~	~~dsp:20[A1]~~	abs20	#IMM	~~dsp:20[A0]~~	~~dsp:20[A1]~~	~~abs20~~	
~~R2R0~~	~~R3R1~~	~~A1A0~~		~~R2R0~~	~~R3R1~~	~~A1A0~~	

*1 サイズ指定子(.size)に(.B)を指定する場合、srcとdestに同時にA0またはA1を選択できません。

【フラグ変化】

フラグ	U	I	O	B	S	Z	D	C
変化	ー	ー	ー	ー	○	○	ー	ー

条件
 S : 演算の結果、MSBが"1"のとき"1"、それ以外のとき"0"になります。
 Z : 演算の結果が0のとき"1"、それ以外のとき"0"になります。

【記述例1】
RAM_Aを00400H番地と定義し、RAM_AとA0のXOR命令を実行した場合

シンボルの定義
  RAM_A .EQU 00400H

命令の記述
  MOV.W #3, RAM_A
  MOV.W #5, A0
  XOR.W RAM_A, A0

【実行例1】

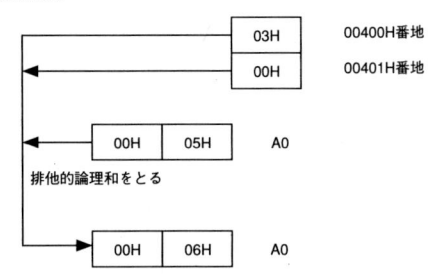

	03H	00400H番地
	00H	00401H番地

| 00H | 05H | A0 |

排他的論理和をとる

| 00H | 06H | A0 |

【記述例2】
RAM_Aを00400H番地、RAM_Bを00402H番地と定義し、RAM_AとRAM_BのXOR命令を実行した場合

シンボルの定義
  RAM_A .EQU 00400H
  RAM_B .EQU 00402H

命令の記述
  MOV.W #3, RAM_A
  MOV.W #5, RAM_B
  XOR.W RAM_A, RAM_B

【実行例2】

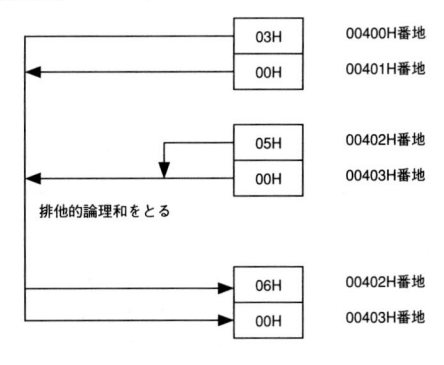

03H	00400H番地
00H	00401H番地
05H	00402H番地
00H	00403H番地

排他的論理和をとる

| 06H | 00402H番地 |
| 00H | 00403H番地 |

索引

―― CPUのレジスタ ――

A0 —— 20, 46
A1 —— 20, 46
FB(フレーム・ベース・レジスタ) —— 20, 46
FLG(フラグ・レジスタ) —— 21
INTB(割り込みテーブル・ベース・レジスタ) —— 21
ISP(割り込みスタック・ポインタ) —— 21, 60
PC(プログラム・カウンタ) —— 21
R0 —— 20, 46
R1 —— 20, 46
R2 —— 20, 46
R3 —— 20, 46
SB(スタティック・ベース・レジスタ) —— 20, 25, 71
USP(ユーザ・スタック・ポインタ) —— 21, 60
アドレス・レジスタ —— 46, 47
オーバーフロー・フラグ(O) —— 49
キャリー・フラグ(C) —— 48

サイン・フラグ(S) —— 48
スタック・ポインタ指定フラグ(U) —— 49
スタティック・ベース・レジスタ(SB) —— 20, 25, 47
ゼロ・フラグ(Z) —— 48
データ・レジスタ —— 46, 47
デバッグ・フラグ(D) —— 48
フラグ・レジスタ(FLG) —— 21, 48
フレーム・ベース・レジスタ(FB) —— 20, 46, 47
プログラム・カウンタ(PC) —— 21
ベース・レジスタ —— 20
ユーザ・スタック・ポインタ(USP) —— 21
レジスタ・バンク指定フラグ(B) —— 48
割り込み許可フラグ(I) —— 49
割り込みスタック・ポインタ(ISP) —— 21, 47
割り込みテーブル・レジスタ(INTB) —— 21, 47

―― 周辺機能のレジスタ(記号順) ――

【アルファベット】

ADCON0(A-D制御レジスタ0) —— 203
ADCON1(A-D制御レジスタ1) —— 204
ADCON2(A-D制御レジスタ2) —— 204
AD(A-Dレジスタ) —— 204
CM0(システム・クロック制御レジスタ0) —— 102
CM1(システム・クロック制御レジスタ1) —— 103
CSPR(カウント・ソース保護モード・レジスタ) —— 211
DPR(ポートP1駆動能力制御レジスタ) —— 138
FMR1(フラッシュ・メモリ制御レジスタ1) —— 228
FMR4(フラッシュ・メモリ制御レジスタ4) —— 228

HRA0(高速オンチップ・オシレータ制御レジスタ0) —— 100
HRA1(高速オンチップ・オシレータ制御レジスタ1) —— 100
HRA2(高速オンチップ・オシレータ制御レジスタ2) —— 100
ICCR1(IICバス・コントロール・レジスタ1) —— 268
ICCR2(IICバス・コントロール・レジスタ2) —— 269
ICDRR(IICバス受信データ・レジスタ) —— 273
ICDRS(IICバス・シフトレジスタ) —— 273

ICDRT（IICバス送信データ・レジスタ）—— 273
ICIER（IICバス・インタラプト・イネーブル・レジスタ1）
　　　—— 271
ICMR（IICバス・モード・レジスタ1）—— 270
ICSR（IICバス・ステータス・レジスタ）—— 272
INT0F（INT0入力フィルタ選択レジスタ）—— 216
INT0IC（INT0割り込み制御レジスタ）—— 56
INTEN（外部入力許可レジスタ）—— 215
KIEN（キー入力許可レジスタ）—— 218
OCD（発振停止検出レジスタ）—— 104
OFS（オプション機能選択レジスタ）
　　　—— 210, 213, 224
P1（ポートP1レジスタ）—— 133
P3（ポートP3レジスタ）—— 133
P4（ポートP4レジスタ）—— 133
PD1（ポートP1方向レジスタ）—— 133
PD3（ポートP3方向レジスタ）—— 133
PD4（ポートP4方向レジスタ）—— 133
PM0（プロテクト・モード・レジスタ0）—— 139
PM1（プロテクト・モード・レジスタ1）—— 139
PRCR（プロテクト・レジスタ）—— 131
PREX（プリスケーラXレジスタ）—— 143
PREZ（プリスケーラZレジスタ）—— 158
PUM（タイマZ波形出力制御レジスタ）—— 160
PUR0（プルアップ制御レジスタ0）—— 138
PUR1（プルアップ制御レジスタ1）—— 138
SAR（スレーブ・アドレス・レジスタ）—— 273
SSCRH（SSコントロール・レジスタH）—— 247
SSCRL（SSコントロール・レジスタL）—— 247
SSER（SSイネーブル・レジスタ）—— 248
SSMR2（SSモード・レジスタ2）—— 250
SSMR（SSモード・レジスタ）—— 248
SSRDR（SSレシーブ・データ・レジスタ）—— 250

SSSR（SSステータス・レジスタ）—— 249
SSTDR（SSトランスミット・データ・レジスタ）—— 250
TCC0（タイマC制御レジスタ0）—— 173
TCC1（タイマC制御レジスタ1）—— 174
TCOUT（タイマC出力制御レジスタ）—— 175
TCSS（タイマ・カウント・ソース設定レジスタ）
　　　—— 144, 160
TC（タイマCレジスタ）—— 172
TM0（キャプチャ，コンペア0レジスタ）—— 173
TM1（コンペア1レジスタ）—— 173
TXMR（タイマXモード・レジスタ）—— 143
TX（タイマXレジスタ）—— 143
TZMR（タイマZモード・レジスタ）—— 158
TZOC（タイマZ出力制御レジスタ）—— 159
TZPR（タイマZプライマリ・レジスタ）—— 159
TZSC（タイマZセカンダリ・レジスタ）—— 159
U0BRG（UART0ビット・レート・レジスタ）—— 181
U0C0（UART0送受信制御レジスタ0）—— 182
U0C1（UART0送受信制御レジスタ1）—— 183
U0MR（UART0送受信モード・レジスタ）—— 182
U0RB（UART0受信バッファ・レジスタ）—— 181
U0TB（UART0送信バッファ・レジスタ）—— 180
UCON（UART0送受信制御レジスタ2）
　　　—— 149, 183
VCA1（電圧検出レジスタ1）—— 124
VCA2（電圧検出レジスタ2）—— 124
VW1C（電圧監視1回路制御レジスタ）—— 125
VW2C（電圧監視2回路制御レジスタ）—— 126
WDC（ウォッチ・ドッグ・タイマ制御レジスタ）—— 210
WDTR（ウォッチ・ドッグ・タイマ・リセット・レジスタ）
　　　—— 210
WDTS（ウォッチ・ドッグ・タイマ・スタート・レジスタ）
　　　—— 211

―――― 周辺機能のレジスタ（名称順） ――――

【アルファベット】
A-D制御レジスタ0（ADCON0）—— 203
A-D制御レジスタ1（ADCON1）—— 204

A-D制御レジスタ2（ADCON2）—— 204
A-Dレジスタ（AD）—— 204

IICバス・インタラプト・イネーブル・レジスタ1(ICIER) —— 271
IICバス・コントロール・レジスタ1(ICCR1) —— 268
IICバス・コントロール・レジスタ2(ICCR2) —— 269
IICバス・シフトレジスタ(ICDRS) —— 273
IICバス・ステータス・レジスタ(ICSR) —— 272
IICバス・モード・レジスタ1(ICMR) —— 270
IICバス受信データ・レジスタ(ICDRR) —— 273
IICバス送信データ・レジスタ(ICDRT) —— 273
INT0割り込み制御レジスタ(INT0IC) —— 56
INT0入力フィルタ選択レジスタ(INT0F) —— 216
SSイネーブル・レジスタ(SSER) —— 248
SSコントロール・レジスタH(SSCRH) —— 247
SSコントロール・レジスタL(SSCRL) —— 247
SSステータス・レジスタ(SSSR) —— 249
SSトランスミット・データ・レジスタ(SSTDR) —— 250
SSモード・レジスタ(SSMR) —— 248
SSモード・レジスタ2(SSMR2) —— 250
SSレシーブ・データ・レジスタ(SSRDR) —— 250
UART0受信バッファ・レジスタ(U0RB) —— 181
UART0送受信制御レジスタ0(U0C0) —— 182
UART0送受信制御レジスタ1(U0C1) —— 183
UART0送受信制御レジスタ2(UCON) —— 183
UART0送受信モード・レジスタ(U0MR) —— 182
UART0送信バッファ・レジスタ(U0TB) —— 180
UART0ビット・レート・レジスタ(U0BRG) —— 181
UART送受信制御レジスタ2(UCON) —— 149

【あ・ア行】
ウォッチ・ドッグ・タイマ・スタート・レジスタ(WDTS) —— 211
ウォッチ・ドッグ・タイマ・リセット・レジスタ(WDTR) —— 210
ウォッチ・ドッグ・タイマ制御レジスタ(WDC) —— 210
オプション機能選択レジスタ(OFS) —— 210, 213, 224
外部入力許可レジスタ(INTEN) —— 215

【か・カ行】
カウント・ソース保護モード・レジスタ(CSPR) —— 211
キー入力許可レジスタ(KIEN) —— 218
キャプチャ,コンペア0レジスタ(TM0) —— 173
高速オンチップ・オシレータ制御レジスタ0(HRA0) —— 100
高速オンチップ・オシレータ制御レジスタ1(HRA1) —— 100
高速オンチップ・オシレータ制御レジスタ2(HRA2) —— 100
コンペア1レジスタ(TM1) —— 173

【さ・サ行】
システム・クロック制御レジスタ0(CM0) —— 102
システム・クロック制御レジスタ1(CM1) —— 103
スレーブ・アドレス・レジスタ(SAR) —— 273

【た・タ行】
タイマ・カウント・ソース設定レジスタ(TCSS) —— 144, 160
タイマC出力制御レジスタ(TCOUT) —— 175
タイマC制御レジスタ0(TCC0) —— 173
タイマC制御レジスタ1(TCC1) —— 174
タイマCレジスタ(TC) —— 172
タイマXモード・レジスタ(TXMR) —— 143
タイマXレジスタ(TX) —— 143
タイマZ出力制御レジスタ(TZOC) —— 159
タイマZセカンダリ・レジスタ(TZSC) —— 159
タイマZ波形出力制御レジスタ(PUM) —— 160
タイマZプライマリ・レジスタ(TZPR) —— 159
タイマZモード・レジスタ(TZMR) —— 158
電圧監視1回路制御レジスタ(VW1C) —— 125
電圧監視2回路制御レジスタ(VW2C) —— 126
電圧検出レジスタ1(VCA1) —— 124
電圧検出レジスタ2(VCA2) —— 124

【は・ハ行】

発振停止検出レジスタ（OCD）—— **104**
フラッシュ・メモリ制御レジスタ1（FMR1）—— **228**
フラッシュ・メモリ制御レジスタ4（FMR4）—— **228**
プリスケーラXレジスタ（PREX）—— **143**
プリスケーラZレジスタ（PREZ）—— **158**
プルアップ制御レジスタ —— **137**
プルアップ制御レジスタ0（PUR0）—— **138**
プルアップ制御レジスタ1（PUR1）—— **138**
プロテクト・モード・レジスタ0（PM0）—— **139**
プロテクト・モード・レジスタ1（PM1）—— **139**
プロテクト・レジスタ（PRCR）—— **131**，**132**
ポートP1駆動能力制御レジスタ（DPR）
　　—— **138**，**139**
ポートP1方向レジスタ（PD1）—— **133**
ポートP1レジスタ（P1）—— **133**
ポートP3方向レジスタ（PD3）—— **133**
ポートP3レジスタ（P3）—— **133**
ポートP4方向レジスタ（PD4）—— **133**
ポートP4レジスタ（P4）—— **133**

【わ・ワ行】

割り込み制御レジスタ —— **55**

──── **アセンブラ命令** ────

ABS —— **316**
ADC —— **316**
ADCF —— **318**
ADD —— **319**
ADJNZ —— **321**
AND —— **322**
BAND —— **30**，**323**
BCLR —— **324**
BM*Cnd* —— **30**，**34**，**325**
BNAND —— **325**
BNOR —— **326**
BNOT —— **327**
BNTST —— **328**
BNXOR —— **328**
BOR —— **30**，**329**
BRK —— **50**，**306**，**330**
BSET —— **330**
BTST —— **331**
BTSTC —— **30**，**332**
BTSTS —— **30**，**333**
BXOR —— **334**
CMP —— **335**
DADC —— **337**
DADD —— **338**
DEC —— **339**
DIV —— **31**，**339**
DIVU —— **340**
DIVX —— **31**，**342**
DSBB —— **343**
DSUB —— **343**
ENTER —— **34**，**344**
EXITD —— **23**，**34**，**345**
EXTS —— **346**
FCLR —— **346**
FSET —— **347**
INC —— **347**
INT —— **348**
INTO —— **50**，**349**
J*Cnd* —— **349**
JMP —— **350**
JMPI —— **350**
JSR —— **23**，**351**
JSRI —— **352**
LDC —— **353**
LDCTX —— **354**
LDE —— **354**
LDINTB —— **355**
LDIPL —— **355**

MOV —— 80, 356
MOVA —— 34, 357
MOV*Dir* —— 358
MUL —— 359
MULU —— 360
NEG —— 362
NOP —— 363
NOT —— 363
OR —— 364
POP —— 366
POPC —— 367
POPM —— 34, 367
PUSH —— 368
PUSHA —— 369
PUSHC —— 370
PUSHM —— 34, 371
REIT —— 36, 60, 372
RMPA —— 372
ROLC —— 374
RORC —— 375
ROT —— 376

RTS —— 377
SBB —— 377
SBJNZ —— 379
SHA —— 380
SHL —— 381
SMOVB —— 33, 382
SMOVF —— 33, 383
SSTR —— 385
STC —— 386
STCTX —— 387
STE —— 388
STNZ —— 34, 389
STZ —— 34, 390
STZX —— 34, 390
SUB —— 391
TST —— 393
UND —— 50, 394
WAIT —— 111, 395
XCHG —— 395
XOR —— 396

—— 一般用語 ——

【数字】

10進 —— 43
10進加算命令 —— 83
10進減算命令 —— 83
10進数 —— 30
20ビット・ディスプレースメント付きアドレス・レジスタ相対アドレッシング —— 74
20ビット絶対アドレッシング —— 74
32ビット・アドレス・レジスタ間接アドレッシング —— 74
32ビット・レジスタ直接アドレッシング —— 75
4線式バス通信モード —— 246, 259
4ビット転送命令 —— 80

【アルファベット】

A-Dコンバータ —— 195

A-D変換開始トリガ —— 196
BCD（Binary Code Decimal） —— 43
Binary Code Decimal（BCD） —— 44
BRK命令割り込み —— 35, 52
CLK極性選択 —— 186
CM05ビット（メイン・クロック停止ビット） —— 97
CM13ビット（ポートXIN-XOUT切り替えビット） —— 97
CPU書き換えモード —— 220, 225
CPUクロック —— 101
C言語 —— 19
E8エミュレータ —— 299
EW0モード —— 225
EW1モード —— 227

FB相対アドレッシング —— 78
FLG直接アドレッシング —— 78
fRING —— 102
fRING128 —— 102
fRING-fast —— 102
fRING-S —— 102
High-performance Embedded Workshop —— 295
HRA00ビット（高速オンチップ・オシレータ許可ビット）
　　—— 97
HRA01ビット（高速オンチップ・オシレータ選択ビット）
　　—— 97
I^{2}C —— 265
I^{2}Cバス・インターフェース（IIC） —— 93
IDコード・チェック機能 —— 221
IIC（I^{2}Cバス・インターフェース） —— 93, 265
$\overline{INT0}$入力フィルタ —— 216
$\overline{INT0}$割り込み —— 215
$\overline{INT1}$割り込み —— 215, 216
$\overline{INT3}$割り込み —— 215, 217
INTAサイクル —— 27
Inter IC bus Controller —— 265
INT0命令割り込み —— 52
INT命令割り込み —— 35, 52
INT割り込み —— 215
LSBファースト選択 —— 186
M16C/60 —— 19
M16Cコア —— 14
MODE端子 —— 300
MSBファースト選択 —— 186
OCD2ビット（システム・クロック選択ビット） —— 97
PCブレーク —— 305, 310
PWM波形 —— 162
R8C/10 —— 17, 289
R8C/11 —— 17, 292
R8C/12 —— 17, 289
R8C/13 —— 17, 292
R8C/14 —— 18
R8C/15 —— 18, 93
R8C/16 —— 18

R8C/17 —— 18, 93
R8C/Tinyシリーズ —— 13
R8Cコア —— 14
ROMコード・プロテクト機能 —— 221, 223
SB相対アドレッシング —— 78
SFR（Special Function Register） —— 40, 42, 306
Special Function Register（特殊機能レジスタ） —— 42
SSU（チップ・セレクト付きクロック同期型シリアルI/O）
　　—— 93, 245
Synchronous Serial communication Unit（SSU）
　　—— 245
Tinyマイコン —— 13
UART0 —— 179
UND命令割り込み —— 35
Universal Asynchronous Receiver Transmitter
　　—— 179
WAIT時周辺機能クロック停止ビット（CM02ビット）
　　—— 109
WDT（ウォッチ・ドッグ・タイマ） —— 209
XIN-XOUT駆動能力選択ビット（CM15ビット）
　　—— 108

【あ・ア行】

アウトプット・コンペア・モード —— 170, 176
アドレス・ブレーク割り込み —— 52
アドレス・レジスタ間接アドレッシング —— 77
アドレス・レジスタ相対アドレッシング —— 77
アドレス一致割り込み —— 35, 52
アドレス空間 —— 20, 39
アドレッシング・モード —— 25, 67
一般命令アドレッシング —— 67
イベント・カウンタ・モード —— 142, 147
イレーズ・サスペンド機能 —— 244
インサーキット・エミュレータ —— 299, 311
インデックス・アドレッシング —— 28
インプット・キャプチャ・モード —— 170, 174
ウェイト・モード —— 109, 110, 111, 112
ウォッチ・ドッグ・タイマ —— 209
ウォッチ・ドッグ・タイマ・リセット —— 117, 120

ウォッチ・ドッグ・タイマ割り込み —— 52
エミュレータ・デバッガ —— 295
演算命令 —— 84
エンディアン —— 43
オーバーフロー割り込み命令 —— 35
オーバーフロー割り込み —— 52
オブジェクト・モジュール —— 295
オブジェクト効率 —— 19
オペコード —— 24
オンチップ・オシレータ —— 96, 97, 99, 104
オンチップ・オシレータ・クロック —— 99
オンチップ・オシレータ・モード —— 109
オンチップ・デバッガ —— 14
オンチップ・デバッギング・エミュレータ —— 299

【か・カ行】
外部エディタの登録 —— 297
外部割り込み —— 215
加算命令 —— 87
可変ベクタ・テーブル —— 53
間接サブルーチン・コール命令 —— 86
間接分岐命令 —— 86
キー入力割り込み —— 218
疑似的EEPROM —— 242
クリア・ステータス・レジスタ —— 232
繰り返しモード —— 196, 202
クロック同期型シリアル・フォーマット —— 285
クロック同期型シリアルI/Oモード —— 183
クロック同期型通信モード —— 246, 254
クロック発生回路 —— 96
クロック非同期型シリアルI/Oモード —— 189
減算命令 —— 87
高級言語 —— 19
高速オンチップ・オシレータ —— 96, 97, 99
高速オンチップ・オシレータ・クロック
　　　　　　　　　　　 —— 99, 105, 106, 107
高速モード —— 109
固定(割り込み)ベクタ・テーブル —— 42, 53
コンフィグレーション —— 299

【さ・サ行】
再帰呼び出し —— 22
サブルーチン —— 22
サンプル＆ホールド機能 —— 197
サンプル＆ホールド機能付きA-Dコンバータ —— 195
識別用データ —— 242
システム・クロック —— 101
システム・クロック分周比選択ビット —— 108
実効アドレス転送命令 —— 83
シフト命令 —— 85
シミュレータ —— 295
周辺機能クロック —— 102
周辺機能割り込み —— 49, 53, 112, 115
周辺データ・バス —— 93
受信モード —— 286
条件ストア命令 —— 81
条件ビット転送命令 —— 88
条件分岐命令 —— 85, 87
シリアル・インターフェース —— 179
シングル・ステップ割り込み —— 33, 36, 52
シングル・チップ・モード —— 93
シングル・マスタ —— 245
スタート・ビット —— 189
スタートアップ・ファイル —— 296
スタック・フレーム —— 22, 34
スタック・フレーム解除命令 —— 89
スタック・フレーム構築命令 —— 89
スタック・ポインタ —— 47
ストップ・ビット —— 189
ストップ・モード —— 109, 110, 113, 115
ストリング —— 32, 43
ストリング命令 —— 81
スレーブ受信モード —— 282
スレーブ送信モード —— 281
整数 —— 43
セカンダリ期間 —— 162
積和演算命令 —— 84
絶対アドレッシング —— 77
絶対精度 —— 201, 202

専用レジスタ —— 21
専用レジスタ直接アドレッシング —— 75
送信モード —— 285
相対アドレッシング —— 28
即値のプッシュ —— 83
ソフトウェア・リセット —— 117, 121
ソフトウェア割り込み —— 49

【た・タ行】
タイマ —— 141
タイマ・モード —— 142, 144, 158, 161
タイマC —— 141, 170
タイマX —— 141, 142
タイマZ —— 141, 157
多重割り込み —— 61
タスク・コンテキストの退避命令 —— 89
タスク・コンテキストの復帰命令 —— 89
ダミー・データ —— 187
単発モード —— 196, 202
逐次比較変換方式 —— 195
チップ・セレクト付きクロック同期型シリアルI/O（SSU）
　　—— 93, 245
中速モード —— 109
直交性 —— 29
通常動作モード —— 109
ディジタル・フィルタ —— 126
低速オンチップ・オシレータ —— 96, 97, 99
低速オンチップ・オシレータ・クロック
　　—— 99, 105, 107
データ・フラッシュ —— 16, 42, 93, 129, 242
データ・フラッシュ領域 —— 220
データ条件 —— 300
デバッガ —— 297
デバッグ機能 —— 299
電圧監視1リセット —— 117, 120, 126, 127
電圧監視2リセット —— 52, 117, 120, 127
電圧監視2割り込み —— 127
電圧検出回路 —— 123
転送命令 —— 80

特殊機能レジスタ（SFR） —— 42
特殊割り込み —— 49
特定命令アドレッシング —— 67
トレース機能 —— 300

【な・ナ行】
内部データ・バス —— 93
ニブル（4ビット） —— 32, 43
ノイズ除去回路 —— 287
ノイズ耐性 —— 19
ノイズ輻射 —— 19
ノンマスカブル割り込み —— 35, 49

【は・ハ行】
ハードウェア・ブレーク —— 310
ハードウェア・リセット —— 112, 115, 117
ハードウェア割り込み —— 49
バイト（8ビット） —— 43
バス・インターフェース —— 265
バス・サイクル —— 300
発振停止検出機能 —— 97, 115
発振停止検出割り込み —— 52
パラレル入出力モード —— 220, 221
パルス周期測定モード —— 142, 154
パルス出力モード —— 142, 147
パルス幅測定モード —— 142, 151
パワーONリセット —— 117, 119
パワー・コントロール —— 109
汎用レジスタ —— 20
ビット —— 44
ビット・テスト命令 —— 87
ビット・レート —— 191
ビット同期回路 —— 287
ビット命令 —— 87
ビット命令アドレッシング —— 67
微分非直線性誤差 —— 201, 203
標準シリアル入出力モード —— 220, 238
ビルド —— 297
ブートROM領域 —— 219

複数レジスタの退避 —— 83
複数レジスタの復帰 —— 83
符号付き整数 —— 31
プライマリ期間 —— 162
フラッシュ・メモリ —— 14, 219
プリフェッチ —— 90
プルアップ抵抗 —— 137
フルスペック・エミュレータ —— 310
ブレーク機能 —— 300
ブレーク命令割り込み —— 35
フレームワーク —— 296
プログラマブル・ウェイト・ワンショット発生モード
　　　—— 158, 167
プログラマブル・ワンショット発生モード
　　　—— 158, 165
プログラマブル入出力ポート —— 132
プログラマブル波形発生モード —— 158, 162
プログラム —— 232
プログラム・カウンタ(PC) —— 47
プログラム・カウンタ相対アドレッシング —— 76
プロジェクト —— 296
プロセッサ割り込み優先レベル(IPL) —— 49
ブロック・イレーズ —— 232
プロテクト —— 131
プロテクトの設定/解除 —— 131
分解能 —— 195
分岐アドレス情報 —— 300
分岐命令 —— 85

【ま・マ行】

マスカブル割り込み —— 26, 35, 49
マスタ受信モード —— 278
マスタ送信モード —— 274
マルチマスタ —— 245, 267
未使用端子処理 —— 137
未定義命令割り込み —— 35, 50
命令キュー・バッファ —— 90
命令フェッチ・アドレス —— 300
命令フォーマット —— 24

メイン・クロック —— 97, 104, 105, 106
メイン・クロック発振回路 —— 96, 97
メモリ配置 —— 39
モニタ・デバッガ —— 310

【や・ヤ行】

ユーザ・スタック・ポインタ(USP) —— 47
ユーザROM領域 —— 219
予約領域 —— 219

【ら・ラ行】

リード・アレイ —— 232
リード・ステータス・レジスタ —— 232
リエント —— 24
リエントラント・プログラム —— 24
リセット・シーケンス —— 121
リセット機能 —— 117
リトル・エンディアン —— 42
レジスタ・バンク —— 59
レジスタ・バンク0 —— 46
レジスタ・バンク1 —— 46
レジスタ直接アドレッシング —— 77
ロング・ワード(32ビット) —— 43

【わ・ワ行】

ワークスペース —— 301
ワード(16ビット) —— 43
割り込み —— 26
割り込みアクノリッジ・バス・サイクル —— 27
割り込み応答時間 —— 57
割り込みシーケンス —— 57
割り込み発生命令割り込み —— 35
割り込み発生要因の変更 —— 64
割り込み番号 —— 26
割り込みベクタ —— 26, 53
割り込みベクタ・テーブル —— 53
割り込み優先レベル —— 26
割り込み優先レベル判定回路 —— 58

専用レジスタ —— 21
専用レジスタ直接アドレッシング —— 75
送信モード —— 285
相対アドレッシング —— 28
即値のプッシュ —— 83
ソフトウェア・リセット —— 117, 121
ソフトウェア割り込み —— 49

【た・タ行】
タイマ —— 141
タイマ・モード —— 142, 144, 158, 161
タイマC —— 141, 170
タイマX —— 141, 142
タイマZ —— 141, 157
多重割り込み —— 61
タスク・コンテキストの退避命令 —— 89
タスク・コンテキストの復帰命令 —— 89
ダミー・データ —— 187
単発モード —— 196, 202
逐次比較変換方式 —— 195
チップ・セレクト付きクロック同期型シリアルI/O（SSU）
　—— 93, 245
中速モード —— 109
直交性 —— 29
通常動作モード —— 109
ディジタル・フィルタ —— 126
低速オンチップ・オシレータ —— 96, 97, 99
低速オンチップ・オシレータ・クロック
　—— 99, 105, 107
データ・フラッシュ —— 16, 42, 93, 129, 242
データ・フラッシュ領域 —— 220
データ条件 —— 300
デバッガ —— 297
デバッグ機能 —— 299
電圧監視1リセット —— 117, 120, 126, 127
電圧監視2リセット —— 52, 117, 120, 127
電圧監視2割り込み —— 127
電圧検出回路 —— 123
転送命令 —— 80

特殊機能レジスタ（SFR） —— 42
特殊割り込み —— 49
特定命令アドレッシング —— 67
トレース機能 —— 300

【な・ナ行】
内部データ・バス —— 93
ニブル（4ビット） —— 32, 43
ノイズ除去回路 —— 287
ノイズ耐性 —— 19
ノイズ輻射 —— 19
ノンマスカブル割り込み —— 35, 49

【は・ハ行】
ハードウェア・ブレーク —— 310
ハードウェア・リセット —— 112, 115, 117
ハードウェア割り込み —— 49
バイト（8ビット） —— 43
バス・インターフェース —— 265
バス・サイクル —— 300
発振停止検出機能 —— 97, 115
発振停止検出割り込み —— 52
パラレル入出力モード —— 220, 221
パルス周期測定モード —— 142, 154
パルス出力モード —— 142, 147
パルス幅測定モード —— 142, 151
パワーONリセット —— 117, 119
パワー・コントロール —— 109
汎用レジスタ —— 20
ビット —— 44
ビット・テスト命令 —— 87
ビット・レート —— 191
ビット同期回路 —— 287
ビット命令 —— 87
ビット命令アドレッシング —— 67
微分非直線性誤差 —— 201, 203
標準シリアル入出力モード —— 220, 238
ビルド —— 297
ブートROM領域 —— 219

複数レジスタの退避 ── 83
複数レジスタの復帰 ── 83
符号付き整数 ── 31
プライマリ期間 ── 162
フラッシュ・メモリ ── 14, 219
プリフェッチ ── 90
プルアップ抵抗 ── 137
フルスペック・エミュレータ ── 310
ブレーク機能 ── 300
ブレーク命令割り込み ── 35
フレームワーク ── 296
プログラマブル・ウェイト・ワンショット発生モード
 ── 158, 167
プログラマブル・ワンショット発生モード
 ── 158, 165
プログラマブル入出力ポート ── 132
プログラマブル波形発生モード ── 158, 162
プログラム ── 232
プログラム・カウンタ(PC) ── 47
プログラム・カウンタ相対アドレッシング ── 76
プロジェクト ── 296
プロセッサ割り込み優先レベル(IPL) ── 49
ブロック・イレーズ ── 232
プロテクト ── 131
プロテクトの設定/解除 ── 131
分解能 ── 195
分岐アドレス情報 ── 300
分岐命令 ── 85

【ま・マ行】
マスカブル割り込み ── 26, 35, 49
マスタ受信モード ── 278
マスタ送信モード ── 274
マルチマスタ ── 245, 267
未使用端子処理 ── 137
未定義命令割り込み ── 35, 50
命令キュー・バッファ ── 90
命令フェッチ・アドレス ── 300
命令フォーマット ── 24

メイン・クロック ── 97, 104, 105, 106
メイン・クロック発振回路 ── 96, 97
メモリ配置 ── 39
モニタ・デバッガ ── 310

【や・ヤ行】
ユーザ・スタック・ポインタ(USP) ── 47
ユーザROM領域 ── 219
予約領域 ── 219

【ら・ラ行】
リード・アレイ ── 232
リード・ステータス・レジスタ ── 232
リエント ── 24
リエントラント・プログラム ── 24
リセット・シーケンス ── 121
リセット機能 ── 117
リトル・エンディアン ── 42
レジスタ・バンク ── 59
レジスタ・バンク0 ── 46
レジスタ・バンク1 ── 46
レジスタ直接アドレッシング ── 77
ロング・ワード(32ビット) ── 43

【わ・ワ行】
ワークスペース ── 301
ワード(16ビット) ── 43
割り込み ── 26
割り込みアクノリッジ・バス・サイクル ── 27
割り込み応答時間 ── 57
割り込みシーケンス ── 57
割り込み発生命令割り込み ── 35
割り込み発生要因の変更 ── 64
割り込み番号 ── 26
割り込みベクタ ── 26, 53
割り込みベクタ・テーブル ── 53
割り込み優先レベル ── 26
割り込み優先レベル判定回路 ── 58

| 著 | 者 | 略 | 歴 |

石丸　善行（Yoshiyuki Ishimaru）
1983年　三菱電機株式会社 入社
現在　株式会社ルネサス テクノロジ MCU製品技術部 所属
汎用マイコンのマーケティング業務に従事

新海　栄治（Eiji Shinkai）
1990年　三菱電機セミコンダクタソフトウエア株式会社 入社
現在　株式会社ルネサス ソリューションズ 研修センタ 所属
ルネサスマイコンセミナーの講師，およびカリキュラム開発に従事

吉岡　桂子（Keiko Yoshioka）
1984年　株式会社日立製作所 入社
現在　株式会社ルネサス ソリューションズ ツール技術部 所属
マイコン開発環境の開発，マーケティングに従事

笹原　裕司（Hiroshi Sasahara）
1984年　三菱電機セミコンダクタソフトウエア株式会社 入社
現在　株式会社ルネサス ソリューションズ マイコン応用技術部 所属
マイコンの機種応用技術活動に従事

中村　和夫（Kazuo Nakamura）
1979年　三菱電機株式会社 入社
現在　株式会社ルネサス テクノロジ 汎用製品統括本部 所属
32ビット・マイコンのCPUコアの設計に従事
【主な著書・執筆記事など（共著を含む）】
基礎からのメモリ応用，CQ出版社，1987年.
MIPS-X RISCの実現，ポール・チョウ編（共訳），CQ出版社，1992年.
Fuzzy Inference and Fuzzy Inference Processor，IEEE Micro，1993年10月号.
ビギナーのための8086入門，インターフェース，1982年8月号，CQ出版社.
メモリICの基礎と応用，インターフェース，1984年8月号，CQ出版社.
マルチバスの基礎と設計，インターフェース，1985年5月号，CQ出版社.

- ●**本書記載の社名,製品名について** ── 本書に記載されている社名および製品名は,一般に開発メーカーの登録商標です.なお,本文中では™, ®, ©の各表示を明記していません.
- ●**本書掲載記事の利用についてのご注意** ── 本書掲載記事は著作権法により保護され,また工業所有権が確立されている場合があります.したがって,記事として掲載された技術情報をもとに製品化をするには,著作権者および工業所有権者の許可が必要です.また,掲載された技術情報を利用することにより発生した損害などに関して,CQ出版社および著作権者ならびに工業所有権者は責任を負いかねますのでご了承ください.
- ●**本書に関するご質問について** ── 文章,数式などの記述上の不明点についてのご質問は,必ず往復はがきか返信用封筒を同封した封書でお願いいたします.ご質問は著者に回送し直接回答していただきますので,多少時間がかかります.また,本書の記載範囲を越えるご質問には応じられませんので,ご了承ください.

R〈日本複写権センター委託出版物〉
本書の全部または一部を無断で複写複製(コピー)することは,著作権法上での例外を除き,禁じられています.本書からの複製を希望される場合は,日本複写権センター(TEL:03-3401-2382)にご連絡ください.

R8C/Tinyマイコン・リファレンス・ブック

2005年10月1日　初版発行　　　　　　　　© 石丸 善行/新海 栄治/吉岡 桂子/笹原 裕司/中村 和夫 2005
　　　　　　　　　　　　　　　　　　　　　　　　　　　　(無断転載を禁じます)

　　　　　　　　　　　　　　著　者　　石　丸　善　行
　　　　　　　　　　　　　　　　　　　新　海　栄　治
　　　　　　　　　　　　　　　　　　　吉　岡　桂　子
　　　　　　　　　　　　　　　　　　　笹　原　裕　司
　　　　　　　　　　　　　　　　　　　中　村　和　夫
　　　　　　　　　　　　　　発行人　　増　田　久　喜
　　　　　　　　　　　　　　発行所　　CQ出版株式会社
　　　　　　　　　　　　　　　〒170-8461　東京都豊島区巣鴨1-14-2
　　　　　　　　　　　　　　　☎03-5395-2123 (出版部)
　　　　　　　　　　　　　　　☎03-5395-2141 (販売部)
(定価はカバーに表示してあります)　　　振替　00100-7-10665

乱丁,落丁本はお取り替えします　　　　　　　　DTP・印刷・製本　東京書籍印刷(株)
　　　　　　　　　　　　　　　　　　　　　　　カバー・表紙デザイン　千村 勝紀
　　　　　　　　　　　　　　　　　　　　　　　カバー写真　宇田 誠之(raytrick)
　　　　　　　　　　　　　　　　　　　　　　　　　　　　　　　Printed in Japan